Klaus Lagemann

Rechnerstrukturen

Verhaltensbeschreibung und Entwurfsebenen

Eine Einführung für Elektrotechniker und Informatiker

Mit 441 Abbildungen

Springer-Verlag Berlin Heidelberg NewYork
London Paris Tokyo 1987

Professor Dr.-Ing. Klaus Lagemann
FB Informatik
Universität Hamburg
Schlüterstraße 70
2000 Hamburg 13

ISBN 978-3-540-17618-3 ISBN 978-3-642-88060-5 (eBook)
DOI 10.1007/978-3-642-88060-5

CIP-Kurztitelaufnahme der Deutschen Bibliothek
Lagemann, Klaus:
Rechnerstrukturen: Verhaltensbeschreibung u. Entwurfsebenen;
e. Einf. für Elektrotechniker u. Informatiker/Klaus Lagemann.
Berlin; Heidelberg; NewYork; London; Paris; Tokyo: Springer, 1987

Benutzungshinweise

Neue Begriffe werden in *Kursivschrift* hervorgehoben. Sie sind auch im Stichwortverzeichnis mit Seitenangaben festgehalten.

Abkürzungen und Formeln sind in einem gesonderten Verzeichnis zusammengefaßt. Dabei wird nicht zwischen allgemein üblichen und speziell für dieses Buch eingeführten Formen unterschieden.

Die Literaturverweise sind für jedes Kapitel in sich durchlaufend numeriert.

Wegen der großen Bildanzahl sind die Bilder abschnittsweise durchnumeriert. Z.B. tragen die Bilder des Abschnitts 5.1 die Nummern 51.1, 51.2, ... Tabellen werden als Bilder aufgefaßt und somit nicht gesondert numeriert.

Gleichungen, Definitionen, Sätze und Beispiele bilden eine einzige Gruppe, und sie sind ebenfalls abschnittsweise durchnumeriert. So folgen z.B. in Abschnitt 5.1 aufeinander: Gleichungen (51.1), (51.2), (51.3), Satz 51.4, Beispiel 51.5, Beispiel 51.6, Beispiel 51.7, Gleichungen (51.8), (51.9), (51.10), Def. 51.11, Satz 51.12, ... Auf diese Weise lassen sich im Text zitierte Verweise leicht bis zur Zielstelle rückverfolgen.

Vorwort

Dieses Buch ist als Einführung in das Gebiet der *Rechnerstrukturen* gedacht, und es wendet sich zunächst an Informatiker und Elektrotechniker, die am Beginn ihres Studiums stehen. Darüber hinaus mag es aber auch eine Hilfe für Studenten oder Absolventen sein, die sich im Rahmen eines Nebenfachstudiums, wegen beruflicher Anforderung oder einfach aus Neigung mit diesem Thema auseinandersetzen wollen.

Die Spannweite der *Rechnerstrukturen* von kompletten Rechnern einerseits bis hin zur Realisierung durch mikroelektronische Bauelemente andererseits ist ziemlich groß. Vergleichbare Literatur bewältigt die inhaltliche Fülle oft entweder durch Spezialisierung auf ein Teilthema oder durch Komprimieren auf Faktenvermittlung. Dieses Buch will dagegen vor allem die *Entwurfsmethoden* in den Vordergrund stellen und dabei verdeutlichen, daß sich gewisse übergreifende Aspekte wie z.B. die Begriffspaare *Verhalten und Struktur* oder *Top-Down und Bottom-Up* recht gut eignen, um die verschiedenen Teilthemen nach einigermaßen einheitlichen Leitlinien zu diskutieren.

Dieses Buch ist eine *Einführung* in dem Sinne, daß der Leser den Zusammenhang zwischen Teilthemen begreifen und die Entwurfsmethoden prinzipiell richtig beurteilen und einsetzen kann. Konkrete, in der Praxis unter Kostenkriterien tatsächlich effiziente Entwurfsergebnisse erfordern allerdings etliches Zusatzwissen. Der Leser sollte aber durch dieses Buch in die Lage versetzt sein, sich selbständig in der umfangreichen, z.T. hervorragenden vertiefenden Literatur zurechtzufinden.

Eine *Rechnerstruktur* im Sinne dieses Buches ist eine Komposition aus *Funktionseinheiten* und gegenseitigen *Verbindungen*. Die moderne Technologie der *sehr hoch integrierten Schaltungen* (VLSI; *Very Large Scale Integration*) erlaubt derzeit Rechnerstrukturen mit bereits mehr als einer Million elektronischer Komponenten auf einem kleinen Halbleiterkristallplättchen (*Chip*). Mikroelektronische Systeme aus derart vielen Komponenten lassen sich nur noch beherrschen, wenn ihr Entwickler

- eine zweckmäßige *Hierarchie von Ebenen* unterschiedlicher Detaillierungsgrade einführt und konsequent beachtet,
- sowie auf jeder Ebene geeignete *Rechnerprogramme* als Hilfsmittel einsetzt (CAD; *Computer Aided Design*).

Es zeichnet sich ab, daß *hierarchische Gliederung* und *Einsatz von Rechnerprogrammen* in den Entwicklungslaboratorien bald zur Selbstverständlichkeit werden wird. Deshalb erscheint es sinnvoll, diese beiden Gesichtspunkte bereits in einer "Einführung in das Gebiet der Rechnerstrukturen" hinreichend herauszustellen.

Um einen Ansatz für eine *hierarchische Gliederung* zu gewinnen, führt Kapitel 1 zunächst einige *Nachrichtenebenen* ein. Jede dieser Ebenen ist charakterisiert durch die Form der über die Verbindungen ausgetauschten *Nachrichten*. Auf der höchsten Ebene, hier genannt *Hauptblockebene*, erscheinen sie als komplexe Gebilde, also z.B. als *Programmtexte* oder *Operandensätze*. In der nächst niederen Ebene, in der *Registertransferebene*, werden sie vorzugsweise z.B. als *Binärwörter* ausgetauscht. Die *Schaltwerkebene* behandelt die Nachrichten einfach als Folgen von Binärwerten **0** und **1**. Auf der Ebene der *elektrischen Schaltungen* äußern sie sich durch *Strom-Spannungs-Beziehungen*.

Der Gedanke der Hierarchie läßt sich formal betonen, indem jeder Nachrichtenebene ein eigenes Kapitel gewidmet sei. Um den Leser ein wenig zu nötigen, seine Gedanken ausschließlich auf die jeweilige Ebene zu konzentrieren, sind die Kapitel nach dem *Top-Down-Prinzip* angeordnet. Dies zwingt dazu, gewisse Randbedingungen dieser Ebene als vorgegeben hinzunehmen und nicht dauernd nach deren Begründung aus der nächst niederen Ebene zu schielen.

Man beachte, daß diese strenge Trennung nach Ebenen vor allem methodisch begründet ist und der Übersicht oder Fehlerfreiheit beim Beherrschen komplexer Strukturen dienen soll. Weiter unten folgen noch Hinweise, daß sich aus inhaltlicher Sicht eher eine Tendenz zum Vermischen der Ebenen abzeichnet.

Trotz der Trennung verbleiben den Ebenen aber auch einige – eher formale – Gemeinsamkeiten. So läßt sich z.B. stets folgende Grundsituation feststellen:

> Es gibt eine Menge *elementarer Funktionseinheiten* mit definiertem *Verhalten*.

Im Falle eines Entwurfsvorgangs fungiert eine *Nachrichtenebene* speziell auch als *Entwurfsebene*; pauschal läßt sich sagen:

> Das verlangte *Verhalten* (einer zu entwerfenden Rechnerstruktur) ist durch eine geeignete *Struktur* aus *elementaren Funktionseinheiten* (dieser *Entwurfsebene*) zu realisieren.

Die Verfahren für solche Entwurfsvorgänge unterscheiden sich in den Ebenen durchaus erheblich. Im allgemeinen sind sie auf den niedrigeren Ebenen stärker formalisiert und ausgefeilt, während auf den höheren Ebenen häufig intuitive oder auf Erfahrung gegründete Entwurfsentscheidungen dominieren.

Sobald die Entwurfsmethoden in Rechnerprogramme gefaßt werden, stellen sich für die Ebenen weitere Gemeinsamkeiten ein: So müssen z.B. Ausdrucksmittel zur *textuellen Beschreibung* von *Verhalten* und *Strukturen* verfügbar sein. Sie können grundsätzlich auf allen Ebenen denselben Regeln folgen; dieses Buch verwendet eine Notation, die sich an die bekannte höhere Programmiersprache PASCAL anlehnt.

Die oben betonte, methodisch motivierte hierarchische Gliederung darf nicht darüber hinwegtäuschen, daß die Ebenen inhaltlich stark verkoppelt sind. Z.B. sollen die Verbindungen auf der *Ebene der elektrischen Schaltungen* möglichst kurz und kreuzungsarm sein; diese Forderung läßt sich auf den oberen Ebenen durch spezielle *Architekturen*, z.B. durch *systolische Arrays* berücksichtigen. Die methodische Trennung und die inhaltliche Verkoppelung der Ebenen lassen sich gedanklich etwa auf folgende Weise in Einklang bringen:

> Durch Entwurfsvorgänge (vieler Entwickler) sammelt sich Erfahrung und Wissen darüber an, welche Strukturen auf der untersten Ebene besonders günstig realisierbar sind. Daraus ergeben sich Randbedingungen für die nächst höhere Ebene, die sich als eine Menge zulässiger *elementarer Funktionseinheiten* und *Entwurfsregeln* äußern können. Damit lassen sich auch für diese Ebene wiederum günstige Strukturen finden und Randbedingungen für die wiederum nächst höhere ableiten. Man kann sich also einen über viele Entwurfsvorgänge wirkenden *Bottom-Up-Einfluß* vorstellen, der für alle Ebenen die jeweils gültigen *elementaren Funktionseinheiten* und *Entwurfsregeln* kreiert. Der einzelne konkrete Entwurfsvorgang kann sich dann auf bestimmte gerade gültige Bedingungen abstützen und sich somit nach der *Top-Down-Methode* mit strenger Trennung der Entwurfsebenen abspielen.

Der *Bottom-Up-Einfluß* wirkt sich - im Vergleich zu einem einzelnen Entwurfsvorgang - zwar relativ langfristig aus; jedoch verändern sich die technologischen Prozesse der Mikroelektronik immerhin so schnell, daß ein Entwickler die Gültigkeit der bisherigen Randbedingungen immer wieder überprüfen können sollte. Deshalb befaßt sich dieses einführende Buch mit tatsächlich allen Ebenen, insbesondere also auch mit der *Ebene der elektrischen Schaltungen*. (Um Mißverständnissen vorzubeugen, sei eingeflochten, daß hier keine Einführung in die Elektrotechnik an sich versucht wird, sondern daß lediglich die elektrischen Schaltungen - ausgehend von Verhaltensbeschreibungen und ohne Erklärung des physikalischen Hintergrunds - zur Sprache kommen sollen). Dabei zeigt sich, daß kein zwingender Anlaß besteht, Strukturen aus elektrischen Bauelementen formal wesentlich anders zu behandeln als die Strukturen der höheren Nachrichtenebenen.

Da der *Bottom-Up-Einfluß* seinen Ausgangspunkt derzeit bei der Herstellungstechnologie der Mikroelektronik hat, ist der letzte und größte Abschnitt dieses Buches den integrierten Schaltungen gewidmet. Um die wesentlichen und längerfristig gültigen Prinzipien herauszustellen, werden von den Herstellungsprozessen nur die Grundzüge besprochen; der inzwischen erreichte technologische Stand der Mikroelektronik beruht auf einer Vielzahl zusätzlicher Prozeßschritte, die sich im Rahmen dieser Einführung weder unterbringen noch verständlich begründen lassen. Damit der Leser die Ursache für den ständig steigenden *Integrationsgrad* abschätzen kann, sei auch die Wechselwirkung von *Fehlermechanismen* sowie *Wirtschaftlichkeits-* und *Kostenüberlegungen* diskutiert. Leider war ein an sich wünschenswertes, übergreifendes Kapitel über *Computer Aided Design* (CAD) in diesem Buch nicht mehr unterzubringen; der letzte Abschnitt liefert dazu aber wenigstens einen ausführlichen Überblick.

Abschließend möchte ich mich beim Springer-Verlag für die kooperative Zusammenarbeit und für die zügige Herstellung des Buches bedanken.

Hamburg, im Frühjahr 1987 K. Lagemann

Formelzeichen, Abkürzungen

Die Liste führt Formelzeichen, Maßeinheiten, Benennungen oder Abkürzungen auf. Die Angabe in Klammern verweist auf Abschnitte mit näheren Erläuterungen. Ein tiefgestelltes X steht stellvertretend für irgendeinen Index. Die besonders oft benutzten Indizes sind in Teil B notiert. Der Teil C listet Sonderzeichen sowie solche Begriffe auf, die mit Ziffern oder griechischen Buchstaben beginnen.

A: Hauptbegriffe

A: Akkumulator (3.3)
A: Ampere (Maßeinheit) (5.1)
A: Anode (5.4; 5.7)
A, A_I, A_N: Kurzschlußstromverstärkung (5.5)
A_{XX}: Zweitorkoeffizienten (5.3)
AA: Anfangsadresse (4.5)
ABUS: Adreßbus (3.1; 4.4)
ADD: Addierer (3.1; 4.4)
AG: Ausgabegerät (2.1; 2.2; 3.3)
AGW: Ausgabewerk (3.3)
ALU: Arithmetisch logische Einheit (3.1; 4.4)
alu: Zweistellige Verknüpfung (3.4)
ASCII: American standard code for information interchange (1.1)
ASIC: Application specified integrated circuit (4.4; 5.7)

B: Basisgebiet (5.7)
B, B_C, B_L: Blindleitwert (5.2)
B_I, B_N: Kurzschlußstromverstärkung (5.5)
B_X: Bitleitung (4.4; 5.7)
b(SN): Anzahl der UND-Glieder (4.1)

C: Modus "unmittelbare Adressierung" (3.3)
C: Takteingang (4.2)
c: 4-Bit-Konstante
C, C_X: Kapazität (5.2)
CAD: Computer aided design (1.3; 5.7)
CAM: Content addressable memory (4.4)
CCD: Charge coupled device (2.2)
cj: 4-Bit-Bedingung (3.4)
CLA: Carry look ahead (4.4)
CMOS: Complementary MOS (5.6)
CN: Nachfolgebedingung (3.4)
COD: Codierer (4.4)
CPU: Zentraleinheit (Central processing unit) (2.1)
cs: 16-Bit-Konstante (3.3)
c(SN): Anzahl der UND-Glied-Eingänge (4.1)
CY: Carry (3.1; 4.4)

D: Modus "direkte Adressierung" (3.3)
D: Diffusionsgebiet (5.7)
d: Phasenverschiebung (5.2)
d_{ox}: Oxiddicke (5.6)
DBUS: Datenbus (3.1; 4.4)
DCTL: Direct coupled transistor logic (5.5; 5.7)
DEC: Decodierer (3.1; 4.4)
DEMUX: Demultiplexer (3.1; 4.4)
DRC: Design rule check (5.7)
DTL: Dioden-Transistor-Logik (5.5; 5.7)

E: Emittergebiet
EBCDIC: Extended binary coded decimal interchange code (1.2)
ECL: Emitter coupled logic (5.5; 5.7)
EG: Eingabegerät (2.1; 3.3)
EGW: Eingabewerk (3.3)
ELEC: Datentyp "elektrisch" (1.3)
EQ: Equal (3.1; 4.4)
EPROM: Erasable PROM (4.4)
ERC: Electrical rule check (5.7)

F: Flag-Register (3.3)
F: Farad (Maßeinheit) (5.2)
f: Frequenz (5.2)
$f^{-1}(\mathbf{0})$: 0-Punkt-Menge (4.1)
$f^{-1}(\mathbf{1})$: 1-Punkt-Menge (4.1)
$f^{-1}(*)$: *-Punkt-Menge (4.1)
FE: Funktionseinheit (5.7)
FPLA: Field PLA (5.7)

G, G_X: Leitwert (5.1)
g, g_X: Differentieller Leitwert (5.5)
GND: Ground (Bezugspotential) (5.7)
GR: Greater (3.1; 4.4)

H: Henry (Maßeinheit) (5.2)
H, H^*: Hauptschritt, Hauptzustand (3.4; 4.5)
h_{XX}: Zweitorkoeffizienten (5.3)
HA: Halbaddierer (4.4)
HS: Hauptspeicher (2.1; 3.3)
Hz: Hertz (Maßeinheit) (5.2)

I: Isolationsgebiet (5.7)
I: Modus "indirekte Adressierung" (3.4)
I: Befehlsregister (instruction register) (3.3; 4.5)
I_X: Teile vom Befehlsregister I (3.4; 4.5)
I, I_X: Information (1.1)
I, I_X: Strom (vorzugsweise: zeitunabhängig) (1.2; 5.1)
i, i_X: Strom (zeitlich veränderlich) (5.2)
$\hat{i}$: Spitzenwert von i (5.2)
I_0: Stromquelle (5.1)

I_S: Sperrstrom (5.4)

IBUS: Interner Bus (3.4)

IM: Imaginär (5.2)

I^2L: Integrated injection logic (5.5; 5.7)

J: Joule (Maßeinheit) (5.1)

j: Zeichen für $\sqrt{-1}$ (5.2)

K: Kathode (5.4; 5.7)

K: Kontaktloch (5.7)

k: Boltzmann-Konstante (5.4)

k, k': Anteilige Kosten (5.7)

K_C: Chipkosten (5.7)

k_C, k_C': Anteilige Chipkosten (5.7)

K_W: Scheibenkosten (5.7)

k_W, k_W': Anteilige Scheibenkosten (5.7)

ka: Kurzadresse (3.4)

KV: Karnaugh-Veitch (4.1)

L: Kanallänge (5.6)

L, L_X: Induktivität (5.2)

LE: Less (3.1; 4.4)

LED: Light emitting diode (5.4)

LSI: Large Scale Integration (5.7)

LW: Leitwerk (2.1; 3.3)

m: Modusteil (3.4)

m: Übersteuerungsfaktor (5.5)

M: Leiterbahn, Metall (5.7)

m_X: Minterm (4.1)

M_X: Maxterm (4.1)

MA: Maske (3.1; 4.4)

MIMD: Multiple instruction multiple data (2.2)

mod: Modulofunktion (4.1)

mode: Modifikationsteil (3.3)

MOS: Metal oxide silicon (5.6)

MR: Memory read (3.3; 4.4)

MSI: Medium Scale Integration (5.7)

MUX: Multiplexer (3.1; 4.4)

MW: Memory write (3.1; 4.4)

n: Negativ leitend (5.7)

n^+: Stark negativ leitend (5.7)

n: Integrationsgrad, Komponenten pro Chip (5.7)

n_W: Komponenten pro Scheibe (wafer) (5.7)

$\mathbb{N}$: Menge der natürlichen Zahlen (4.1)

N, N_X: Nachricht (1.1)

NM: Nachfolgemodus (3.4; 4.5)

NMOS: n-Kanal-MOS (5.7)

oa: Operandenadresse im Hauptspeicher (3.3)

ob: 4-Bit-Objekt (3.4)

object: Objekt (3.3)

OCR: Optical character recognition (1.1)

opc: Operationscode (3.4)

opcode: Operationsteil (3.3)

oper: Operand (3.4)

opw: Operationswerk (4.5)

OV: Overflow (3.1; 4.4)

P: Programmzähler (3.3)

P: Polysilizium (5.7)

p: Positiv leitend (5.7)

p^+: Stark positiv leitend (5.7)

P, P_X: Leistung (5.1)

pa: Programmadresse (3.4)

PAL: Programable array logic (4.4; 5.7)

PC: Personal computer (2.2)

PG: Peripheres Gerät (2.1)

PI: Eingaberegister im Port (3.3)

p-MOS: p-Kanal-MOS (5.7)

PLA: Programable logic array (4.4; 5.7)

PO: Parity odd (3.1; 4.4)

PO: Ausgaberegister im Port (3.3)

por: 4-Bit-Portadresse (3.4)

PR: Port read (3.3)

PROM: Programable ROM (4.4; 5.7)

PW: Port write (3.3)

q: Elementarladung (5.4)

Q: Ladung (5.2)

$\mathbb{Q}$: Menge der Binärwerte (4.1)

$\mathbb{Q}^n$: n-Würfel (4.1)

qua: 4-Bit-Anzahl (3.4)

R, R_X: Register (3.4)

r: Registerteil (3.4)

R, R_X: Widerstand (1.2)

r_X: Differentieller Widerstand (5.4)

RAM: Random access memory (4.4)

RBT: Registertyp auf Basis von SBT (3.1)

RCTL: Resistor coupled transistor logic (5.5)

RDT: Registertyp einschließlich "Don't Care" (3.1)

RE: Real (5.2)

RHT: Registertyp einschließlich "unterbrochen" (3.1)

RK: Rechnerkern (2.1)

ROM: Read only memory (4.4; 5.7)

RT: Registertyp (1.3; 3.1)

RW: Rechenwerk (2.1; 3.3)

RWM: Read write memory (4.4)

s: Registerteil (3.4)

S: Siemens (Maßeinheit) (5.1)

S: Steilheit (5.6)

$\mathbb{SA}$: Schaltalgebraischer Ausdruck (4.1)

sa0: 0-Haftfehler (stuck at zero) (5.7)

sa1: 1-Haftfehler (stuck at one) (5.7)

SBT: Schalttyp für Binärwerte (3.1)

SDT: Schalttyp mit "Don't care" (3.1)

SHT: Schalttyp mit "High" (3.1)

SIMD: Single instruction multiple data (2.2)

SISD: Single instruction single data (2.2)

SMA: Spezialmaske (3.4; 4.4)

SN: Schaltnetz (4.1)

SS: Steuerschritt (3.4)

SSI: Small Scale Integration (5.7)

ST: Schalttyp (1.3; 3.1)

STW: Steuerwerk (3.3; 4.5)

T: Temporary register (3.3)

T: Temperatur (absolut) (5.4)

T: Periodenlänge (5.2)

T^1: Taktimpulsdauer (4.2)

T^0: Taktimpulspause (4.2)

t: Zeit (5.2)

t_d, t_s, t_r, t_f: Transistorschaltzeiten (5.5)

TPZ: Taktpegelgesteuertes Zeitglied (4.2)

TP2FZ: Pseudo-Zweiflankengesteuertes Zeitglied (4.2)

TRFZ: Taktrückflankengesteuertes Zeitglied (4.2)
TTL: Transistor-Transistor-Logik (5.5; 5.7)
TVFZ: Taktvorderflankengesteuertes Zeitglied (4.2)
TZ: Taktgesteuertes Zeitglied (4.2)
TZS: Torzeitsteuerung (3.4; 4.5)
T2FZ: Zweiflankengesteuertes Zeitglied (4.2)

U, U^+: Unterschritt, Unterzustand (3.4; 4.5)
U, U_x: Spannung (vorzugsweise: zeitunabhängig) (1.2; 5.1)
u, u_x: Spannung (zeitlich veränderlich) (5.2)
$\hat{u}$: Spitzenwert von u (5.2)
u: Mittelwert von u (5.2)
U_0: Batteriespannung (1.2; 5.1)
U_{CC}: Versorgungsspannung (Bipolarschaltungen) (5.5)
U_{DD}: Versorgungsspannung (MOS-Schaltungen) (5.6)
U_{eff}: Effektivwert von u (5.2)
U_{INV}: Logic inverter voltage (5.6)
U_P: Abschnürspannung (pinch off voltage) (5.6)
U_T: Temperaturspannung (5.4)
U_{TH}: Schwellspannung (Threshold voltage) (5.6)
ULA: Uncommitted logic array (5.7)

V: Nachfolge-Unterschritt (3.4; 4.5)
V: Volt (Maßeinheit) (5.1)
v: Zustandsvektor, Zustand (4.2)
v_x: Zustandsvariable (4.2)
v_i, v_p, v_u: Verstärkung (5.5)
VA: Volladdierer (4.4)
VLSI: Very Large Scale Integration (5.7)

W: Nachfolge-Unterschritt (3.4)
W: Watt (Maßeinheit) (5.1)
W: Kanalbreite (5.6)
W, W_x: Energie (5.1)
W_x: Wortleitung (4.4; 5.7)

X: Modus "indizierte Adressierung" (3.4)
x: Eingangsvektor, Eingangszustand, Punkt (4.1; 4.2)
x_x: Eingangsvariable (4.1; 4.2)
X, X_x: Eingangsnachricht (1.1)
X, X_C, X_L: Blindwiderstand (5.2)

y: Ausgangsvektor, Ausgangszustand (4.2)
y_x: Ausgangsvariable (4.1; 4.2)
Y, Y_x: Ausgangsnachricht (1.1)
Y, Y_x: Scheinleitwert (5.2)
Y_{xx}: Zweitorkoeffizienten (5.3)
Y_C: Chipausbeute (chip yield) (5.7)
Y_E: Komponentenausbeute (component yield) (5.7)

z: Zustandsvektor, Zustand (4.2)
z_x: Zustandsvariable (4.2)
Z, Z_x: Scheinwiderstand (5.2)
Z_{xx}: Zweitorkoeffizienten (5.3)

B: Indizes

B: Basis (5.5)
B: Bulk, Body (5.6)
C: Steuerprozessor (1.1)
C: Kollektor (5.5)
D: Diffusion (5.5)
D: Drain (5.6)
E: Empfänger (1.1)
E: Emitter (5.5)
G: Gate (5.6)
I: Invers (5.5)
N: Normal (5.5)
P: Prozessor (1.1)
Q: Operandenprozessor (1.1)
S: Sender (1.1)
S: Sperren (5.5)
S: Source (5.6)
t: Zeitpunkt (4.1)
t-1: Vorangehender Zeitpunkt (4.1)
Ü: Übersteuerung (5.5)
X: Eingang (5.5)
Y: Ausgang (5.5)
0: Spannungs- / Stromquelle (1.2)

C: Sonderzeichen, u.s.w.

$\wedge$: UND-Symbol (4.1)
$\vee$: ODER-Symbol (4.1)
$\oplus$: Antivalenz-Symbol (4.1)
$\equiv$: Äquivalenz-Symbol (4.1)
': NICHT-Symbol (4.1)
$\bigwedge$ Vielfach-UND (4.1)
$\bigvee$ Vielfach-ODER (4.1)
$\langle x_x \ldots x_x \rangle$: Eingangsvektor (4.1)
$\langle y_x \ldots y_x \rangle$: Ausgangsvektor (4.1)
0, **1**: Binärwerte (4.1)
*: Don't-Care-Wert (4.1)
$\mathbb{0}$: Nullfunktion (4.1)
$\mathbb{1}$: Einsfunktion (4.1)
α: Phasenwinkel (5.2)
δ: Überführungsfunktion (4.2)
δ: Abklingkonstante (5.2)
ϵ, ϵ_0: Dielektrizitätskonstante (5.6)
λ: Ausgangsfunktion (4.2)
τ: Zeitkonstante (5.2)
τ: Zeitkonstante (5.6)
τ, τ_x: Verzögerung (4.2)
φ: Magnetischer Fluß (5.2)
φ: Phasenwinkel (5.2)
φ, φ^1, φ^2: Phasensignale (5.6)
Ψ: Phasenwinkel (5.2)
Ω: Ohm (Maßeinheit) (5.1)
Ω: Kreisfrequenz (5.2)
ω, ω_x: Kreisfrequenz (5.2)

Inhaltsverzeichnis

1. Nachrichtendarstellung und Nachrichtenebenen 1

1.1 Informationsverarbeitung 1

1.1.1 Weitergabe von Information durch Nachricht 2
1.1.2 Begriffe für digitale Nachrichten 3
1.1.3 Informationsverarbeitung mit einem Prozessor 5
1.1.4 Reale und virtuelle Prozessoren 6
1.1.5 Beispiel und Vertiefung 7

1.2 Binäre Nachrichten 10

1.2.1 Technische Realisierbarkeit von Binärwerten 10
1.2.2 Dualzahlen und Hexa-Notation 12
1.2.3 Elementare Verarbeitung von Dualzahlen 13
1.2.4 Einige Binärcodes 14

1.3 Entwerfen auf verschiedenen Nachrichtenebenen 16

1.3.1 Nachrichtenebenen 16
1.3.2 Funktionseinheiten: Unterschied von Verhalten und Struktur 17
1.3.3 Analyse und Synthese; Entwurfsregeln im Wechselspiel von Top-Down- und Bottom-Up-Methode 18
1.3.4 Textuelle Verhaltens- und Strukturbeschreibungen 20

2. Die Hauptblockebene 24

2.1 Struktur und Verhalten eines Rechners insgesamt 25

2.1.1 Die Rechnerstruktur als reale Funktionseinheit 25
2.1.2 Virtuelles Verhalten von Rechnern 25
2.1.3 Anmerkungen zu anderen Konzepten 28

2.2 Hauptblöcke als elementare Funktionseinheiten 28

2.2.1 Rechenwerk, Leitwerk, Hauptspeicher 29
2.2.2 Periphere Speicher 29
2.2.3 Eingabe- und Ausgabegeräte 32

3. Die Registertransferebene 37

3.1 Textuelle Verhaltens- und Strukturbeschreibungen 37

3.1.1 Weitere Ausdrucksmittel 38
3.1.2 Elementare Funktionseinheiten ohne Speicherverhalten 39
3.1.3 Funktionseinheiten für den Tristate-BUS 41
3.1.4 Elementare Funktionseinheiten mit Speicherverhalten 42

3.1.5 Modellierung offener Eingänge 43
3.1.6 Struktur und Verhalten beim Registertransfer 44

3.2 Programmablage im Hauptspeicher 46

3.2.1 Der Hauptspeicher auf Registertransferebene 46
3.2.2 Ein PASCAL-Programm im Hauptspeicher 47
3.2.3 Das Maschinenprogramm im Hauptspeicher 48

3.3 Maschinenprogramm und Architektur 49

3.3.1 Befehlsformat und Befehlswirkung 50
3.3.2 Die Architektur von DEMOCOM1 52
3.3.3 "Befehl holen" und "Befehl ausführen" 52
3.3.4 Die Abwicklung des Maschinenprogramms 53

3.4 Ein verbesserter Rechner: DEMOCOM 2 56

3.4.1 Mängel von DEMOCOM1 und die Architektur von DEMOCOM 2 56
3.4.2 Befehlsformat 1: Eineinhalb-Adreß-Befehle; Adressierungsarten 58
3.4.3 Weitere Befehlsformate 64
3.4.4 Eine Verhaltensbeschreibung für das Steuerwerk 67
3.4.5 Zu den Entwurfsentscheidungen bei DEMOCOM 2 69

4. Die Schaltwerkebene 72

4.1 Schaltnetze 73

4.1.1 Schaltfunktionen für Verhaltensbeschreibungen 73
4.1.2 Schaltfunktionen für elementare Funktionseinheiten 75
4.1.3 Schaltalgebraische Ausdrücke 77
4.1.4 Minterme, Maxterme, Hauptsatz der Schaltalgebra 80
4.1.5 Schaltnetzentwurf mit Hilfe des KV-Diagramms 82
4.1.6 Unvollständig spezifizierte Schaltfunktionen 87
4.1.7 Funktionsbündel 88
4.1.8 Verhaltensbeschreibung durch kompakte Funktionstabellen 90
4.1.9 Andere Basismengen; speziell NAND- und NOR-Netze 92
4.1.10 Kontaktnetze und WIRED-DOT 94
4.1.11 Textuelle Verhaltens- und Strukturbeschreibungen 96

4.2 Getaktete Schaltwerke 98

4.2.1 Schaltwerkmodelle 98
4.2.2 Verhaltensbeschreibung von Zeitgliedern in getakteten Schaltwerken 99
4.2.3 Zeitglieder in getakteten Schaltwerken 101
4.2.4 Entwurf getakteter Schaltwerke 104
4.2.5 Zeitrasterung bei Mealy- und Moore-Modellen 109

4.3 Nicht-getaktete Schaltwerke 111

4.3.1 Analyse und Darstellungsmittel 111
4.3.2 Nicht-getaktete Zeitglieder; Hasards 113

4.3.3 Entwurf nicht-getakteter Schaltwerke 118
4.3.4 Flipflops 122

4.4 Spezielle Schaltnetze und Schaltwerke 126

4.4.1 Hinweise zum Entwurfsvorgang am Beispiel einfacher regulärer Schaltnetze 126
4.4.2 Schaltnetze für einfache ALU-Funktionen 130
4.4.3 Register und Zähler 136
4.4.4 Datenwege und Tore 138
4.4.5 Schreib-Lese-Speicher : RAM , CAM 140
4.4.6 Festwertspeicher : ROM, PLA, PAL 142
4.4.7 DEMOCOM 2 auf Schaltwerkebene 147

4.5 Komplexe Schaltwerke und Mikroprogrammierung 148

4.5.1 Die Kopplung von Schaltwerken 149
4.5.2 Schema eines ROM-Steuerwerks für DEMOCOM 2 150
4.5.3 Struktur eines mikroprogrammierten Steuerwerks für DEMOCOM 2 152
4.5.4 Feinstrukturen zur Adreßbildung 154
4.5.5 Optimierungsmöglichkeiten 161
4.5.6 Textuelle Beschreibung und virtuelles Verhalten mikroprogrammierter Steuerwerke 164

5. Die Ebene der elektrischen Schaltungen 167

5.1 Netze aus linearen zeitunabhängigen Zweipolen 169

5.1.1 Strom-Spannungs-Beziehungen am Widerstand 170
5.1.2 Reihen- und Parallelschaltungen 171
5.1.3 Größen und Maßeinheiten 173
5.1.4 Leistung und Energie; Richtungen 174
5.1.5 Kirchhoffsche Gesetze und systematische Netzanalyse 175
5.1.6 Ersatzzweipole, Verhaltens- und Strukturbeschreibungen 178
5.1.7 Zur Synthese von Netzen 180
5.1.8 Zur Realisierbarkeit von Schaltnetzen 181

5.2 Netze mit zeitabhängigen linearen Zweipolen 183

5.2.1 Kondensator und Kapazität 183
5.2.2 Spule und Induktivität 187
5.2.3 Der Reihenschwingkreis 188
5.2.4 Sinus-Wechselspannungen und -ströme 191
5.2.5 Netze mit komplexen Widerständen 197
5.2.6 Quellen für beliebige periodische Funktionen 199
5.2.7 Verhaltens- und Strukturbeschreibungen 201
5.2.8 Synthese von Netzen 202

5.3 Lineare passive Zweitore 202

5.3.1 Zweitor im Sender- Empfänger- Modell 202
5.3.2 Verhaltensbeschreibung für Zweitore 203
5.3.3 Varianten der Zweitorgleichungen 205
5.3.4 Strukturen aus Zweitoren 207

5.3.5 Wirkungsrichtung bei Zweitoren 210

5.4 Nichtlineare passive Zweipole; Halbleiterdioden 211

5.4.1 Nichtlineare passive Zweipole 211
5.4.2 Verknüpfungsglieder mit nichtlinearen passiven Zweipolen 213
5.4.3 Halbleiterdioden 214
5.4.4 Spezialdioden 217

5.5 Bipolar-Transistoren 217

5.5.1 Gedankenexperimente mit gesteuerten Quellen 219
5.5.2 Der ideale Bipolar-Transistor in Basisschaltung 226
5.5.3 Der ideale Transistor in Emitterschaltung 231
5.5.4 Der ideale Transistor als Spannungsschalter 234
5.5.5 Zum Zeitverhalten des Spannungsschalters 235
5.5.6 Anmerkungen zum realen Transistor 238
5.5.7 Realisierungen von Verknüpfungsgliedern mit dem Prinzip des Spannungsschalters 239
5.5.8 Das Prinzip des Stromschalters 241
5.5.9 Textuelle Beschreibungen 243

5.6 Feldeffekt-Transistoren 243

5.6.1 Strom- Spannungs-Beziehungen für MOS-Transistoren 244
5.6.2 Gleichstromverhalten von Verknüpfungsgliedern 249
5.6.3 Zeitverhalten und dynamische Technik 252
5.6.4 Hinweise zum Demonstrationsrechner DEMOCOM 2 254
5.6.5 CMOS-Schaltungen 255

5.7 Integrierte Schaltungen 258

5.7.1 Herstellung integrierter Schaltungen durch den Planarprozeß 259
5.7.2 Der Anstieg des Integrationsgrades 265
5.7.3 Standardschaltungen 269
5.7.4 Die Lösung des Stückzahlenproblems durch Mikroprozessoren oder Semi-Kundenschaltungen 275
5.7.5 Entwerfen und Testen als wesentliche Zukunftsprobleme 280

Literaturverzeichnis 286

Sachverzeichnis 289

1 Nachrichtendarstellung und Nachrichtenebenen

Dieses erste Kapitel stellt einfache Modelle zur Informationsverarbeitung vor und gibt einen Überblick über die gebräuchlichen Begriffe.

Abschnitt 1.1 befaßt sich mit *Informationsverarbeitung* an sich. *Information* ist zunächst nur abstraktes Wissen über Sachverhalte; für die maschinelle Verarbeitung ist es in die konkrete Form der *Nachricht* zu bringen. Maschinelle Informationsverarbeitung spielt sich daher weitgehend als *Nachrichtenverarbeitung* ab. Dementsprechend beziehen sich die üblichen Begriffe, allem voran der Begriff des *Zeichens*, auf die *Darstellung von Nachrichten*. Die Nachrichtenverarbeitung wird vollzogen von *Prozessoren*; dabei läßt sich nach *realen* und *virtuellen Prozessoren* unterscheiden, je nach dem, ob materieller Aufbau oder die ausgeübte Funktion diskutiert werden.

Abschnitt 1.2 konzentriert sich auf *binäre Nachrichten*. Die *Binärdarstellung* erweist sich einerseits als technisch besonders gut realisierbar; andererseits läßt sich dadurch das *Dualzahlensystem* verwenden, wodurch sich grundlegende Operationen wie z.B. Addition und Multiplikation sehr einfach abwickeln lassen.

Abschnitt 1.3 geht davon aus, daß nachrichtenverarbeitende Systeme heutzutage aus hunderttausenden elektronischer Komponenten zusammengesetzt sind. Ohne eine hierarchische Strukturierung sind solche Systeme weder entwerfbar, noch beschreibbar oder handhabbar. Als Strukturierungsschema werden hier *Nachrichtenebenen* eingeführt. Das *Entwerfen* eines solchen Systems läßt sich dann als Folge von Entwurfsschritten auffassen, in der – unter fortlaufender Verfeinerung über die Nachrichtenebenen hinweg – *gefordertes Verhalten* durch *Strukturen* aus *Funktionseinheiten* erfüllt wird. Da Entwurfsvorgänge ohne Rechnerhilfe kaum noch möglich sind, wird auch ein Überblick über Beschreibungshilfsmittel unentbehrlich.

Die Hierarchie der Nachrichtenebenen dient auch als Grundlage zur Einteilung dieses Buches in Kapitel. Dabei wird bewußt die "Top-Down-Gliederung" gewählt: Ein Entwerfer kann umfangreiche Systeme nur begreifen und beherrschen, wenn er gewisse Entwurfsregeln auf der betrachteten Nachrichtenebene als gegeben akzeptiert und diese nicht ständig durch "Schielen auf die darunter liegende Ebene" anzweifelt. Selbstverständlich sollte er sich von der Berechtigung und Tragfähigkeit dieser Regeln überzeugen können, indem er das Kapitel der nächst niederen Nachrichtenebene durcharbeitet.

Es muß hier aber deutlich eine Warnung ausgesprochen werden: Die Einteilung in diese Nachrichtenebenen ist in vielen Details einfach das Ergebnis historischer Entwicklung, die bis zum heutigen Tage stark vom "von-Neumann-Konzept" geprägt ist (s. Kapitel 2). Die modernen technologischen Prozesse zur Herstellung von mikroelektronischen Schaltungen favorisieren ganz bestimmte Prinzipien, z.B. kurze Leiterbahnen oder reguläre Strukturen. Solche Forderungen wirken auf die darüber liegenden Nachrichtenebenen zurück und beeinflussen dort die Entwurfsregeln. Dabei wird auf der obersten Ebene auch das von-Neumann-Konzept infrage gestellt.

Kurz gesagt wird auch künftig eine hierarchische Gliederung in Nachrichtenebenen unumgänglich sein. Es können sich aber gegenseitige Abgrenzung und die jeweils gültigen Entwurfsregeln langfristig durchaus ändern. Es wird daher künftig vermehrt auch Bedarf an Fachleuten geben, die solche vertikalen Rückwirkungen erkennen und in jeweils bessere oder neue Entwurfsregeln umsetzen können.

1.1 Informationsverarbeitung

Information ist das Wissen über einen Sachverhalt. Dementsprechend verfolgt die *Informationsverarbeitung* das Ziel, aus vorhandenem Wissen neues Wissen abzuleiten; bei der *maschinellen Informationsverarbeitung* geschieht dies mit Hilfe von Maschinen, heute vorzugsweise mit Rechnern. Der Abschnitt 1.1 bringt dazu einige Grundüberlegungen und Grundbegriffe.

Abschnitt 1.1.1 verdeutlicht, daß *Information* zwecks Verarbeitung in eine konkrete Form, genannt *Nachricht*, gebracht sein muß, und zeigt dies am Beispiel der Weitergabe von Information.

Abschnitt 1.1.2 erläutert, basierend auf der DIN-Norm 44300, die Grundbegriffe der Informationsverarbeitung; sie ranken sich im wesentlichen um das *Zeichen*, also um den elementaren Bestandteil *digitaler Nachrichten*.

Abschnitt 1.1.3 führt mit dem *Prozessor* ein Gebilde zur Informationsverarbeitung ein und verdeutlicht das Grundmuster von *Operandenprozessor* und *Steuerprozessor*.

Abschnitt 1.1.4 weist mit der Differenzierung nach *realem* und *virtuellem* Prozessor auf den Unterschied von materieller Verwirklichung und ausgeübter Funktion eines Prozessors hin.

Abschnitt 1.1.5 schließlich veranschaulicht die Begriffe an einem Beispiel und benennt einige typische Darstellungsmittel wie z.B. den ASCII (American Standard Code of Information Interchange).

1.1.1 Weitergabe von Information durch Nachricht

Die einfachste Form einer Informationsverarbeitung besteht in der Weitergabe von *Information* durch einen *Sender* an einen *Empfänger*. So möge z.B. ein deutscher Geschäftsmann seinem Partner folgende Information übermitteln:

"Ankunft morgen abend am Bahnhof"

Will sich der Reisende allerdings nach England begeben, würde folgende Form der Information zweckmäßiger sein:

"Arrival tomorrow evening at station"

Offensichtlich ist die *Bedeutung* der Information jeweils gleich, während ihre Darstellung als *Nachricht* den äußeren Erfordernissen angepaßt ist. Die deutsche Norm DIN 44300 [1.1] sagt dazu:

- Als Fußnote:
  Information: Kenntnis von Sachverhalten oder Vorgängen

- Als genormter Begriff:
  Nachricht: Zeichen oder kontinuierliche Funktionen, die zum Zwecke der Weitergabe Information aufgrund bekannter oder unterstellter Abmachungen darstellen. (Information wird zum Zweck der Weitergabe in Nachricht eingebettet.)

Der Begriff *Information* wird in der Alltagssprache ziemlich unscharf benutzt, und die Norm macht keinen Versuch einer schärferen Definition. Dagegen präzisiert die Norm durch Rückgriff auf andere Begriffe, wie z.B. *Zeichen*, recht konkret, wie eine *Nachricht* beschaffen sein soll.

Eine Informationsweitergabe läßt sich z.B. nach Bild 11.1 veranschaulichen: Ein *Sender* muß die weiterzugebende Information I_S zunächst zu einer Nachricht N_S *konkretisieren*; solche Nachricht besteht z.B. aus Zeichen, im Falle des Geschäftsmanns aus der Zeichenfolge "Ankunft morgen abend am Bahnhof". Der *Übertragungskanal* dient der unveränderten Weitergabe der Nachricht; demnach erhält der *Empfänger* dieselbe Nachricht $N_E = N_S$, der er die zu übermittelnde Information I_E durch *Interpretation* entnimmt.

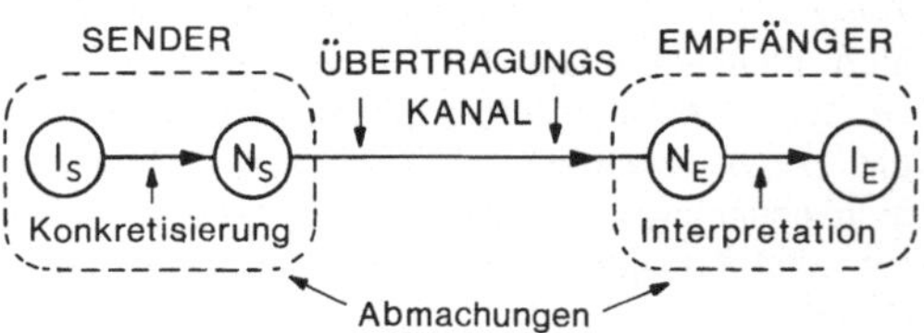

Bild 11.1.
Modell für Informationsweitergabe

Konkretisieren heißt nicht: "Umwandeln einer Information in eine Nachricht" sondern vielmehr "Einbetten der Information in eine Nachricht". Die Information steckt also in der weitergegebenen Nachricht; sie kann aber vom Empfänger nur richtig *interpretiert* werden, wenn *Abmachungen* zwischen Sender und Empfänger vorliegen. Im Falle des Geschäftsmanns muß die "Kenntnis der deutschen Sprache" als abgemacht gelten. Spielt sich der Vorgang in England ab, so gehört die "Kenntnis der englischen Sprache" zu den Abmachungen und die gleiche Information wird in eine völlig andere, nunmehr englisch-sprachige Nachricht eingebettet.

Auch im Alltagsleben läßt sich Information zwischen Menschen nur in Form von Nachrichten weitergeben. Dabei sind fehlende oder unvollständige Abmachungen eine unerschöpfliche Quelle für Mißverständnisse oder für bewußte Irreführung. Zu den Abmachungen zählt natürlich nicht nur eine gemeinsame Umgangssprache sondern vielmehr jede Art gemeinsamen Hintergrunds, wie er aus Beruf, Hobby, Familienleben, Kulturkreis, kurz aus jeder Art Lebenserfahrung entstanden sein kann. Viele nette Beispiele verbunden mit tiefer gehender Diskussion findet man in [1.2].

Sobald Information mit technischen Mitteln weitergegeben oder verarbeitet wird, fallen vor allem Aufgaben und Lösungen zur Weitergabe oder Verarbeitung von Nachrichten an. Deswegen ist es zweckmäßig, neben dem Begriff der Information auch den spezielleren Begriff der Nachricht zu benutzen. Bei anders gelagerten Diskussionen ist das Nebeneinander dieser Begriffe oft weniger hilfreich oder gar hinderlich.

1.1.2 Begriffe für digitale Nachrichten

Nachrichten werden im Alltagsleben auf recht verschiedene Weise ausgetauscht. Am häufigsten dürfte es zu *gesprochenen Nachrichten* kommen. Sie sind markante Vertreter für *vorübergehende Nachrichten*, also solche Nachrichten, die nur im Moment ihrer Übertragung zwischen Sender und Empfänger existieren. Vorübergehender Natur sind z.B. auch Nachrichten per Musik, Gestik, Mimik oder direktem Körperkontakt. Demgegenüber stehen die *schriftlichen Nachrichten*. Sie sind *dauerhaft* niedergelegt und benutzen dazu ein entsprechendes Medium, wie Papier, Folie, Magnetband usw. Der Begriff "Schrift" ist allgemein gemeint; er umfaßt neben konventioneller Buchstabenschrift auch z.B. jede Art bildlicher Darstellung.

In der Informationsverarbeitung dominieren die schriftlichen Nachrichten und so ist die Begriffswelt insbesondere hierauf ausgerichtet. Technisch bedingt sind Nachrichten in Form kontinuierlicher Funktionen in der Nachrichtenverarbeitung derzeit nicht so gebräuchlich. Die folgende Begriffsübersicht konzentriert sich daher auf Nachrichten aus Zeichen; dabei entstammt die Begriffserklärung jeweils wörtlich der DIN 44300, während Beispiele und Hinweise vom Autor stammen.

Zeichen (character)

Ein Element aus einer zur Darstellung von Information vereinbarten endlichen Menge von Elementen. Die Menge wird *Zeichenvorrat (character set)* genannt.

Beispiele:

Z_1 = {A, B, C, D, E, F, G}
Z_2 = {0, 1, 2, 3, 4, 5, 6, 7, 8, 9, B, V, E, R}
Z_3 = {+, -, /, *, A, 7, 2, 5, 3}
Z_4 = {V200, E03, BR81, BR99}

Hinweise:

- Die Begriffe *Zeichen* und *Zeichenvorrat* werden, ähnlich wie in der Mathematik "Element" und "Menge", als nicht weiter erläuterungsfähiges Begriffspaar eingeführt.
- Wie am Zeichenvorrat Z_4 ersichtlich, können Zeichen aus Zeichen eines anderen Zeichenvorrats zusammengesetzt sein.

Binärzeichen (binary element, binary digit)

Jedes der Zeichen aus einem Zeichenvorrat von zwei Zeichen.

Beispiele: Z_1 = {0, 1} Z_4 = {ROT, GRUEN}
Z_2 = {A, Z} Z_5 = {LOW, HIGH}
Z_3 = {+, -} Z_6 = {EIN, AUS}

Bit (bit)

1. Kurzform für Binärzeichen; auch für Dualziffer, wenn es auf den Unterschied nicht ankommt (das Bit, die Bits).
2. Sondereinheit für Anzahl der Binärentscheidungen (Kurzzeichen: bit)

Hinweis: Die zweite Definition gehört zur - hier nicht diskutierten - Shannonschen Informationstheorie (s. z.B. [1.2])

Alphabet (alphabet)

Ein (in vereinbarter Reihenfolge) geordneter Zeichenvorrat.

Beispiele:

A_1 = {0, 1, 2, 3, 4, 5, 6, 7, 8, 9}
A_2 = {0, 1, 2, 3, 4, 5, 6, 7, 8, 9, ·, E, ↑, +, -}
A_3 = {0, 1, 2, ... 9, A, B, ... Z, +, -, *, /, ...}
A_4 = {So, Mo, Di, Mi, Do, Fr, Sa}

Hinweis: Geordnete Zeichenvorräte lassen sich besonders übersichtlich handhaben, z.B. bei Vorschriften für Codes.

numerisch (numeric)

Sich auf einen Zeichenvorrat beziehend, der aus Ziffern oder aus Ziffern und Sonderzeichen zur Darstellung von Zahlen besteht.

Hinweis:

Das Alphabet A_1 besteht nur aus Ziffern. Das Alphabet A_2 enthält Ziffern und Sonderzeichen, und zwar speziell solche, die zur Zahlendarstellung nützlich sind, z.B.:

Ganze Zahl : 23
Festpunktzahl : 273.24
Potenz : 2↑4
Gleitpunktzahl : 3.17*E-3

alphanumerisch (alphanumeric)

Sich auf einen Zeichenvorrat beziehend, der mindestens aus den Dezimalziffern und den Buchstaben des gewöhnlichen Alphabets besteht.

Beispiel: Alphabet A_3

Daten (data)

wie Nachricht

Hinweis:

Die Begriffe "Nachricht" und "Nachrichtenverarbeitung" entstammen ursprünglich der Elektrotechnik. Dagegen kamen die Begriffe "Daten" und "Datentechnik" zusammen mit dem Computer auf. Inhaltliche Unterschiede zwischen "Nachricht" und "Daten" sind tatsächlich kaum feststellbar, so daß die DIN 44300 einfach beide Begriffe gleichbedeutend nebeneinander existieren läßt. Letztlich ist es reine Gewohnheit, in welchem Zusammenhang welcher der beiden Begriffe benutzt wird.

Wort (word)

Eine Folge von Zeichen, die in einem bestimmten Zusammenhang als eine Einheit bezeichnet wird.

Stelle (position)

Die einem Zeichen innerhalb einer Folge von Zeichen zukommende Lage.

Beispiel: MORGEN IST SONNTAG

(↑ 3. Stelle des 1. Worts; ↑ 4. Stelle des 3. Worts)

3. Stelle — 4. Stelle
1. Wort 2. Wort 3. Wort
digitale Nachricht

Hinweis: Oftmals bildet man aus den Zeichen eines Zeichenvorrats Z_1 zunächst Wörter und definiert diese anschließend als Zeichen eines neuen Zeichenvorrats Z_2.

Beispiel: Z_1 = {A, B, C, D, ... Z}
Wörter: SO, MO, DI, MI, DO, FR, SA
Z_2 = {SO, MO, DI, MI, DO, FR, SA}

Code (Code)

Eine Vorschrift für die eindeutige Zuordnung (Codierung) der Zeichen eines Zeichenvorrats zu denjenigen eines anderen Zeichenvorrats (Bildmenge).

Hinweis: Spezielle Codes folgen in verschiedenen Abschnitten. Hier vorab zwei Einführungsbeispiele:

Beispiel 1:

Z_1 = {1, 2, 3, 4, 5}
Z_2 = {sehr gut, gut, befriedigend, ausreichend, mangelhaft}

Beide Zeichenvorräte sind Alphabete, so daß sich die Zuordnung einfach nach der Notations-Reihenfolge richten kann. Die Zeichen aus Z_2 sind Wörter aus dem Buchstaben-Alphabet.

Beispiel 2:

Z_1 = {□, +, x, ·, △, ○, ~, /, :, =}
Z_2 = {F, L, P}

Diese Zeichenvorräte sind nicht als Alphabete gemeint. Man muß daher alle Zuordnungen einzeln auflisten. Der Code soll hier veranschaulichen, welche der Zeichen aus Z_1 als Fläche, als Linien oder als Punkte erscheinen. Der Code ist surjektiv, also nicht umkehrbar:

□, △, ○ → F
~, /, x, +, = → L
:, · → P

Binärcode (binary code)

Ein Code, bei dem jedes Zeichen der Bildmenge ein Wort aus Binärzeichen ist (Binärwort).

Beispiel: Dualcode für Dezimalziffern

Z_1 = {0,1,2,3,4,5,6,7,8,9}
Z_2 = {0000,0001,0010,0011,0100, 0101,0110,0111,1000,1001}

Beide Zeichenvorräte sind Alphabete, so daß die Zuordnung wieder gemäß der Notations-Reihenfolge möglich ist, also

0 <--> 0000
1 <--> 0001
... ...
9 <--> 1001

Neben diesem Code sind in der Informationsverarbeitung noch etliche weitere Binärcodes gebräuchlich.

Symbol (symbol)

Ein Zeichen oder Wort, dem eine Bedeutung beigemessen wird.

Hinweis:

Mit dieser Definition wird berücksichtigt, daß eine Nachricht ja Information darstellen soll. Vom "Symbol" spricht man, wenn in erster Linie an die dem Zeichen anhaftende Information gedacht ist. Die symbolische Bedeutung eines Zeichens muß zwischen Sender und Empfänger "abgemacht" sein.

Beispiel 1:

In der Mathematik gilt für das Zeichen "-" die symbolhafte Bedeutung MINUS als abgemacht. Im gewöhnlichen Schrifttext wird das gleiche Zeichen als Symbol für BINDESTRICH verwendet.

Beispiel 2:

Die Zeichen des Vorrats {V200,E03, BR81,BR99} sind unter Eisenbahnkennern als Symbole für Baureihenbezeichnungen deutscher Lokomotiven "abgemacht".

Datenträger (data medium)

Mittel, auf dem Daten aufbewahrt werden können.

Hinweis 1: Gleichbedeutend: *Nachrichtenträger*

Hinweis 2: Man kann unterscheiden:

Vorübergehende Träger:
Luft, Licht, elektrischer Strom, Wasser usw.

Dauerhafte Träger:
Papier, Pappe, Stein, Holz, Magnetmaterial usw.

In der Informationsverarbeitung findet man dauerhafte Träger in speziellen Formen: Lochkarte, Magnetband, Magnetplatte, Formulare usw.

Hinweis 3:

Eine Nachricht ist zwar Konkretisierung einer Information; trotzdem wird sie erst existent, wenn sie durch einen geeigneten physikalischen Effekt repräsentiert wird.

Signal (signal)

Die physikalische Darstellung von Nachrichten oder Daten

Hinweis:

Gemeint ist die physikalische Erscheinungsform, z.B. als "Folge elektrischer Impulse" oder "als Druckschwankung in der Luft". In der Praxis wird allerdings - über die Norm hinausgehend - bereits dann von "Signal" gesprochen, wenn man sich eine Nachricht als irgendwie technisch realisiert vorstellt. So ist z.B. "Binärsignal" für technisch realisierte "Binärzeichen" sehr gebräuchlich.

1.1.3 Informationsverarbeitung mit einem Prozessor

Um die grafischen Darstellungen übersichtlich zu halten, seien "Konkretisierung" und "Interpretation" im weiteren nicht explizit eingezeichnet. Das Sender-Empfänger-Modell vereinfacht sich entsprechend Bild 11.2; abgehende Nachrichten seien nun mit Y, ankommende Nachrichten mit X bezeichnet.

Nach Bild 11.3 entsteht *Informationsverarbeitung* durch Einfügen eines *Prozessors* in den Übertragungskanal; er interpretiert die eingehende Nachricht X_P und verarbeitet sie zu einer (anderen) abgehenden Nachricht Y_P. Ein Beispiel

– wiederum aus dem Alltagsleben – soll die typische Arbeitsweise eines solchen, in diesem Fall menschlichen Prozessors verdeutlichen:

> Urlauber S (Sender) schreibt einen Brief in deutscher Sprache an Vermieter E (Empfänger), in dem er sich nach einer Ferienwohnung erkundigt. Da Herr E aber nur englisch spricht, beauftragt Herr S einen Dolmetscher, Herrn P (Prozessor), mit der Übersetzung und anschließender Weiterleitung an Herrn E.

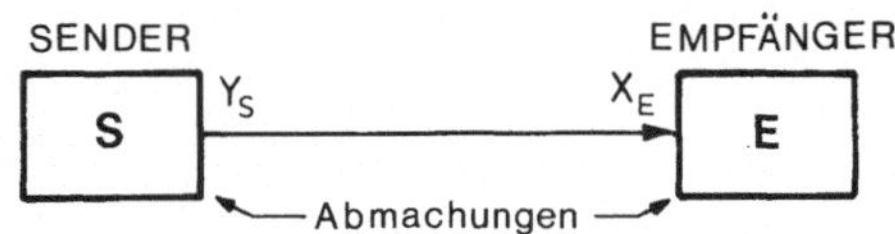

Bild 11.2.
Vereinfachte Darstellung für Sender und Empfänger

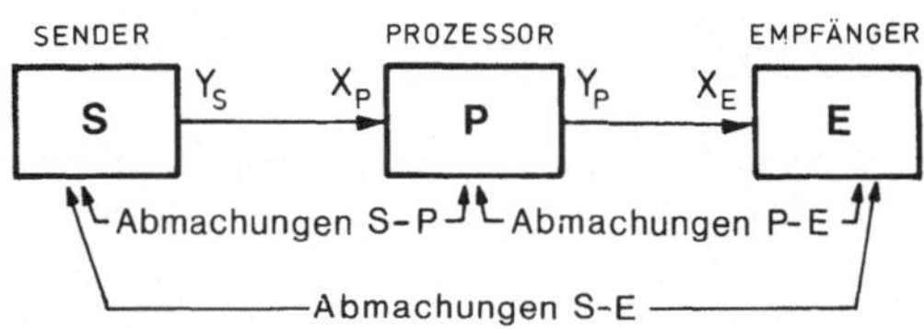

Bild 11.3.
Sender-Prozessor-Empfänger-Modell

Selbstverständlich setzt eine solche Nachrichtenweitergabe (implizite) Abmachungen zwischen Urlauber S und Vermieter E voraus, z.B. darüber, was unter "Ferienwohnung" zu verstehen ist. Offensichtlich aber sind auch zwischen den Herren S und P Abmachungen nötig; sie sind völlig anderer Art und betreffen z.B. das Verständnis darüber, was "übersetzen" bedeutet. Offenbar setzt sich die an Herrn P gehende Nachricht aus zwei wesentlichen Teilen zusammen:

- Der erste Teil betrifft die *Steuernachricht*; sie ist inhaltlich an Herrn P selbst gerichtet und sagt ihm, wie der an ihn ergehende Auftrag auszuführen ist. In diesem Fall besagt die *Steuernachricht*: "Übersetze nachfolgende Operandennachricht ins Englische".
- Der zweite Teil ist die *Operandennachricht*; in diesem Fall der Brief an Herrn E in deutscher Sprache. Sie geht Herrn P inhaltlich nichts an, und er soll sie lediglich gemäß der Steuernachricht bearbeiten.

Diese Zweiteilung ist für maschinelle Informationsverarbeitung recht typisch; dazu sei – in Anlehnung an [1.9] – definiert:

Def.11.1:

> *Auftrag* =
> (Steuernachricht, Operandennachricht)

Zur maschinellen Abwicklung eines Auftrags kann man sich den Prozessor in vier Teilprozessoren gegliedert denken (Bild 11.4): In einer ersten Arbeitsphase muß der Prozessor den ankommenden Auftrag X_P nach Steuernachricht Y'_{Q1} und Operandennachricht Y_{Q1} trennen. Diese Trennung vollzieht der Operandenprozessor Q1, wobei der zeitliche Ablauf vom Steuerprozessor C1 über (prozessorinterne) Signale $X'_{Q1}=Y_{C1}$ geregelt sei. Damit eine derartige Trennung überhaupt möglich ist, müssen Steuernachricht und Operandennachricht an irgendwelchen – dem Prozessor C1 vorab bekannten – Merkmalen unterscheidbar sein. Im Beispiel des Dolmetschers könnte die Steuernachricht einfach auf einem getrennten Anschreiben notiert sein. Die abgetrennte Steuernachricht $X_{C2}=Y'_{Q1}$ geht an den Steuerprozessor C2, und er kann nun in der <u>zweiten Arbeitsphase</u> die gewünschte Bearbeitung der Operandennachricht im Operandenprozessor Q2 veranlassen und überwachen. Im vorliegenden Beispiel würde nun die Übersetzung ins Englische ablaufen.

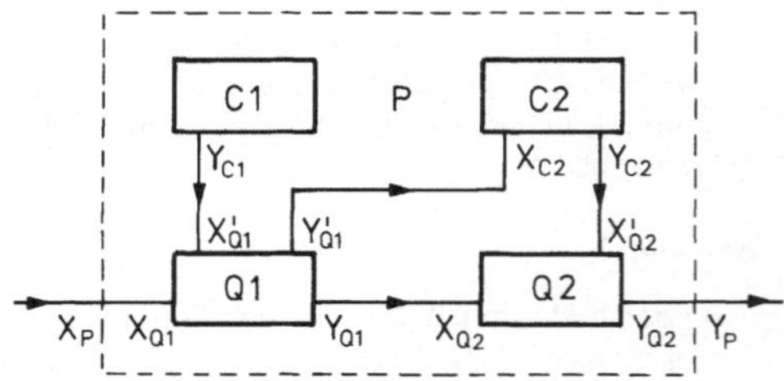

Bild 11.4.
Grobgliederung des Prozessors nach Teilaufgaben

1.1.4 Reale und virtuelle Prozessoren

Das Modell in Bild 11.4 mag zwar die Arbeitsweise des Prozessors P veranschaulichen, doch ist wohl zweifelhaft, wie gut dadurch die Realität getroffen wird. Der im Beispiel als Prozessor tätige Dolmetscher kennt keine Gliederung in vier Teilprozessoren sondern erledigt alle Teilaufgaben mit demselben einzigen Gehirn. Immerhin, ein maschineller Prozessor könnte durchaus nach Bild 11.4 gebaut sein.

Jedoch ist eine schlechte Ausnutzung seiner Teile offensichtlich: In der ersten Arbeitsphase wirken nur die Teilprozessoren C1 und Q1, in der zweiten Phase nur die Teilprozessoren C2 und Q2. Naheliegenderweise wird man also nur je einen Teilprozessor C und Q bereitstellen und darauf die beiden Arbeitsphasen nacheinander abwickeln (Bild 11.5).

Je nach Standpunkt oder Fragestellung läßt sich nun zwischen *realen* und *virtuellen Prozessoren* unterscheiden. Unter einem *realen Prozessor* sei ein materiell verwirklichtes technisches Gebilde verstanden, etwa jenes nach Bild 11.5. Von Interesse ist bei ihm z.B. der materielle Realisierungsaufwand oder die Leistungsfähigkeit und Flexibilität im Hinblick auf eine gewisse Vielzahl durchführbarer Aufgaben der Informationsverarbeitung. Von einem *virtuellen Prozessor* läßt sich dagegen sprechen, wenn die jeweils gerade bearbeitete Aufgabe im Vordergrund der Überlegungen steht. Z.B. wirkt der reale Prozessor nach Bild 11.5 in der erwähnten ersten Arbeitsphase als virtueller Prozessor mit der - im Augenblick einzigen - Fähigkeit, Steuernachricht und Operandennachricht zu trennen; in der zweiten Arbeitsphase wirkt er als ein anderer virtueller Prozessor mit der - dann einzigen - Fähigkeit zur Übersetzung ins Englische. Das Konzept virtueller Prozessoren erleichtert es oft, Aufgaben der Informationsverarbeitung konzeptionell zu gliedern, ohne dabei schon Einzelheiten der materiellen Verwirklichung der realen Prozessoren bedenken zu müssen.

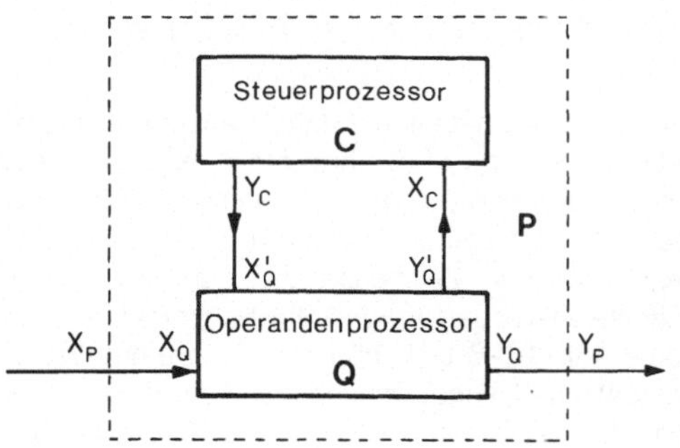

Bild 11.5.
Unterteilung eines Prozessors in Steuerprozessor und Operandenprozessor

1.1.5 Beispiel und Vertiefung

Der Sinn dieses Beispiels ist es, die wichtigsten der genannten Begriffe in einem größeren Zusammenhang zu sehen und außerdem in etlichen Details, z.B. in Codierungsfragen, konkreter zu werden.

Zunächst sei die <u>geplante Informationsverarbeitung</u> beschrieben: Der Prozessor möge folgende Frage beantworten: "Ab welchem Durchmesserwert (1 m, 2 m, 3 m, usw.) überschreitet die zugehörige Kreisfläche einen vorgebbaren Wert (von z.B. 10 m²) ?"

Die notwendigen <u>Abmachungen</u> zwischen <u>Sender</u> und <u>Empfänger</u> betreffen einige gemeinsame mathematische Grundlagen, z.B. dahingehend, was "Durchmesser" bedeutet. Die <u>Abmachungen</u> zwischen <u>Sender</u> und <u>Prozessor</u> können dagegen sehr verschieden aussehen; dazu zwei Beispielfälle:

Im ersten Fall gelte als "abgemacht", daß im Prozessor ein lauffähiges Programm KREISE existiere, das gerade solche Aufgabe lösen kann. Die vom Prozessor zu empfangende Nachricht besteht aus:

Steuernachricht:
  Benutze das Programm KREISE

Operandennachricht:
  Mindestkreisfläche 10 m²

Auf das Unentbehrliche komprimiert lautet die Nachricht dann:

KREISE 10

Im zweiten Fall gelte als "abgemacht", daß der Prozessor Programme in wahlweise einer der höheren Programmiersprachen ALGOL, COBOL, FORTRAN oder PASCAL laufen lassen kann. Die vom Prozessor zu empfangene Nachricht ist bereits hierarchisch zu gliedern:

Höhere Steuernachricht: PASCAL

Höhere Operandennachricht:
  (Niedrigere Steuernachr.: PASCAL-Prog.
  Niedrigere Operandennachr.: 10)

Die niedrigere Steuernachricht ist in diesem Fall das komplette PASCAL-Programm in Bild 11.6, das man sich anstelle von <PASCAL-PROGRAMM> in folgende Gesamtnachricht eingebettet denken kann:

PASCAL (<PASCAL-PROGRAMM> 10)

Man erkennt, daß auch das PASCAL-Programm selbst zweistufig ist: Es enthält Steuernachrichten (Sonderzeichen und die fettgedruckten *Schlüsselwörter*), die vom PASCAL-Compiler

```
program KREISE;
  const PI = 3.1415;
  var D,F,G: REAL;
  begin
    D := 0; F := 0;
    READLN (G);
    while F < G do
      begin
        D := D + 1;
        F := (D/2) * (D/2) * PI
      end;
    WRITELN (D)
  end.
```

Bild 11.6.
PASCAL-Programm für das Beispiel

als *Symbole* interpretierbar sind und ihn zu speziellen Reaktionen veranlassen. Die in Großbuchstaben geschriebenen Programmteile sind dagegen Operandennachrichten und vom PASCAL-Compiler in ihrer Bedeutung nicht interpretierbar.

Das PASCAL-Programm kann auch gut als Beispiel dafür dienen, daß zwischen Sender und Prozessor (sowie auch zwischen Prozessor und Empfänger) ganz allgemeine Abmachungen zum Abfassen geschriebener Nachrichten vorliegen müssen: Im Programm taucht u.a. die Flächenformel

F := D/2 * D/2 * PI

auf. In mathematischer Schreibweise würde sie lauten:

$$F = \left(\frac{d}{2}\right)^2 \pi$$

Historisch bedingt und in den meisten Fällen auch heute noch bindend gilt als wesentliche Abmachung, daß Nachrichten am Prozessor als lineare sequentielle Zeichenfolge eintreffen müssen. Überdies sind nur ganz bestimmte Zeichen zugelassen, zu denen die Zeichen π und ^{2}, d.h. die hochgestellte 2, nicht gehören. Überdies steht das Zeichen π stellvertretend für die Zahl 3.1415... und wirkt daher als Symbol; diese Bedeutung ist aber in PASCAL nicht abgemacht, so daß sie explizit im Programm eingeführt werden muß, hier durch die Konstantendefinition PI=3.1415. Meistens wird ein alphanumerischer Zeichenvorrat mit Buchstaben, Ziffern und Sonderzeichen verwendet. Dabei kann es Variationen bei den zugelassenen Sonderzeichen geben sowie in der Frage, wieweit Groß- und Kleinbuchstaben unterschieden werden.

0123456789
⑀⑁⑂|
ABCDEFGHIJKLM
NOPQRSTUVWXYZ
. ¬ = + - / *

Bild 11.7.
OCR-A-Schrift nach DIN 66008

Zur physikalischen Darstellung einer Nachricht bedarf es eines Nachrichtenträgers. So ist das Programm des Bildes 11.6 natürlich auf Papier geschrieben; als physikalisches Signal dient der Schwarz-Weiß-Kontrast. Selbst heutzutage ist eine derartige Schrift nur schlecht maschinell lesbar. Bekannt und z.B. im Bankwesen weit verbreitet ist dagegen die OCR-A-Schrift nach Bild 11.7 [1.4]. Die Zeichen sind so gestaltet, daß sie sich auch noch bei leicht fehlerhafter Ausführung (z.B. unterschiedliche Druckstärke, Höhenversatz, Verkantung) gut voneinander unterscheiden.

Als Nachrichtenträger früher unentbehrlich und heute immer noch in Gebrauch war und ist die *Lochkarte*. Das Signal besteht in der An- bzw. Abwesenheit von Löchern an Kreuzungspunkten von Spalten und Zeilen. In der bekannten Form nach Bild 11.8 gibt es 80 Spalten; pro Spalte ist ein Zeichen unterbringbar, codiert mit maximal 3 Löchern auf 12 Zeilen. Als Beispiel ist die Flächenformel als Zeichenfolge dargestellt. Den Code für alle Zeichen findet man z.B. in [1.2].

Damit ein Prozessor den Inhalt einer Lochkarte erfassen kann, muß ihm ein Lesegerät, ein *Lochkartenleser*, zur Verfügung stehen. Es zieht die 12-zeilige Lochkarte – im Bild 11.8 senkrecht zur Zeichenebene – an 12 Lichtschranken vorbei, so daß die Nachricht in eine Folge von 12-Bit-Worten an 12 Stromleitern umgewandelt wird. Ordnet man den Stromwerten "Strom", "kein Strom" z.B. die Binärwerte **1** und **0** zu, erscheint der Anfang der Formel nun in folgendem 12-Bit-Code:

F	1	0	0	0	0	0	0	0	1	0	0	0
␣	0	0	0	0	0	0	0	0	0	0	0	0
:	0	0	0	0	0	0	0	1	0	0	1	0
=	0	0	0	0	0	1	0	0	0	0	1	0
␣	0	0	0	0	0	0	0	0	0	0	0	0
(	0	0	1	0	0	0	1	0	0	0	1	0
D	1	0	0	0	0	0	1	0	0	0	0	0

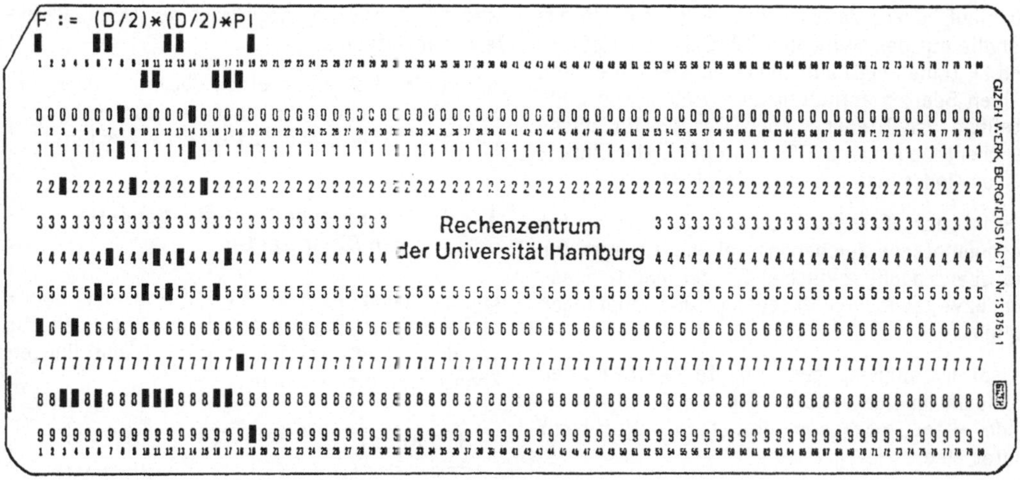

Bild 11.8.
Codierungsbeispiel auf einer Lochkarte

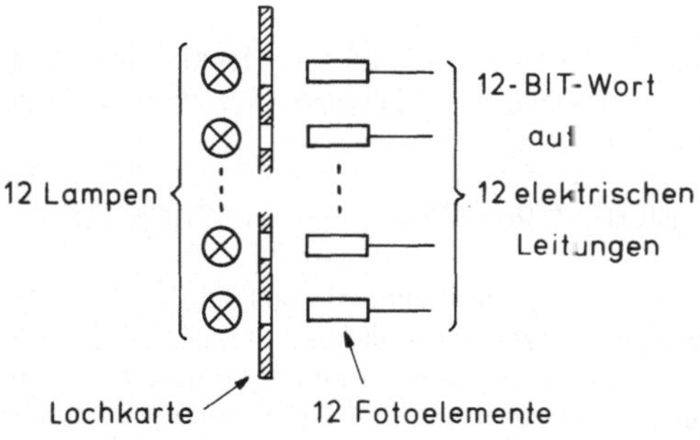

Bild 11.9.
Prinzip des Lochkartenlesers

Auch der Zwischenraum, symbolisch "␣", ist ein vollgültiges Zeichen. Lochkarten sind recht platzaufwendig, und sie sind besonders bei den heutzutage üblichen Programmgrößen durch Medien mit höherer Aufzeichnungsdichte, z.B. durch Magnetband und Magnetplatte weitgehend verdrängt worden. Aber auch schon das Codierungsprinzip an sich, also die 12-Bit-Darstellung, gilt aus heutiger Sicht als unzweckmäßig. Gängig ist inzwischen der *7-Bit-Code ASCII* nach Bild 11.10 (und der fast gleiche ISO-7-Bit-Code [1.7]). Der Anfang obiger Formel lautet demnach:

F	1 0 0 0 1 1 0	46
␣	0 1 0 0 0 0 0	20
:	0 1 1 1 0 1 0	3A
=	0 1 1 1 1 0 1	3D
␣	0 1 0 0 0 0 0	20
(	0 1 0 1 0 0 0	28
D	1 0 0 0 1 0 0	44

<table>
<tr><td>Binär</td><td></td><td>000</td><td>001</td><td>010</td><td>011</td><td>100</td><td>101</td><td>110</td><td>111</td></tr>
<tr><td></td><td>Hexa</td><td>0</td><td>1</td><td>2</td><td>3</td><td>4</td><td>5</td><td>6</td><td>7</td></tr>
<tr><td>0000</td><td>0</td><td>NUL</td><td>DLE</td><td>SP</td><td>0</td><td>@</td><td>P</td><td>`</td><td>p</td></tr>
<tr><td>0001</td><td>1</td><td>SOH</td><td>DC1</td><td>!</td><td>1</td><td>A</td><td>Q</td><td>a</td><td>q</td></tr>
<tr><td>0010</td><td>2</td><td>STX</td><td>DC2</td><td>"</td><td>2</td><td>B</td><td>R</td><td>b</td><td>r</td></tr>
<tr><td>0011</td><td>3</td><td>ETX</td><td>DC3</td><td>#</td><td>3</td><td>C</td><td>S</td><td>c</td><td>s</td></tr>
<tr><td>0100</td><td>4</td><td>EOT</td><td>DC4</td><td>$</td><td>4</td><td>D</td><td>T</td><td>d</td><td>t</td></tr>
<tr><td>0101</td><td>5</td><td>ENQ</td><td>NAK</td><td>%</td><td>5</td><td>E</td><td>U</td><td>e</td><td>u</td></tr>
<tr><td>0110</td><td>6</td><td>ACK</td><td>SYN</td><td>&</td><td>6</td><td>F</td><td>V</td><td>f</td><td>v</td></tr>
<tr><td>0111</td><td>7</td><td>BEL</td><td>ETB</td><td>'</td><td>7</td><td>G</td><td>W</td><td>g</td><td>w</td></tr>
<tr><td>1000</td><td>8</td><td>BS</td><td>CAN</td><td>(</td><td>8</td><td>H</td><td>X</td><td>h</td><td>x</td></tr>
<tr><td>1001</td><td>9</td><td>HT</td><td>EM</td><td>)</td><td>9</td><td>I</td><td>Y</td><td>i</td><td>y</td></tr>
<tr><td>1010</td><td>A</td><td>LF</td><td>SUB</td><td>*</td><td>:</td><td>J</td><td>Z</td><td>j</td><td>z</td></tr>
<tr><td>1011</td><td>B</td><td>VT</td><td>ESC</td><td>+</td><td>;</td><td>K</td><td>[</td><td>k</td><td>{</td></tr>
<tr><td>1100</td><td>C</td><td>FF</td><td>FS</td><td>,</td><td><</td><td>L</td><td>\</td><td>l</td><td>|</td></tr>
<tr><td>1101</td><td>D</td><td>CR</td><td>GS</td><td>-</td><td>=</td><td>M</td><td>]</td><td>m</td><td>}</td></tr>
<tr><td>1110</td><td>E</td><td>SO</td><td>RS</td><td>.</td><td>></td><td>N</td><td>^</td><td>n</td><td>~</td></tr>
<tr><td>1111</td><td>F</td><td>SI</td><td>US</td><td>/</td><td>?</td><td>O</td><td>_</td><td>o</td><td>DEL</td></tr>
</table>

Bild 11.10.
ASCII (American Standard Code for Information Interchange)

Pro Zeichen setzt sich der 7-Bit-Code aus den 3 Bits der Spalten sowie aus den 4 Bits der Zeilenüberschrift zusammen. Spaltenüberschrift und Zeilenüberschrift können auch - in der sogenannten *Hexa-Notation*; s. Abschnitt 1.2.2 - zur angegebenen Kurzschreibweise zusammengefaßt werden. Der Zwischenraum ist in Bild 11.9 symbolisch durch SP (englisch: SPACE) ausgedrückt. Andere, z.B. von der Schreibmaschine her gewohnte Zeichen wie "Wagenrücklauf" oder "Zeilenvorschub" tauchen in der Tabelle mit den Symbolen CR (Carriage Return) und LF (Line Feed) auf. Insbesondere die ersten beiden Spalten enthalten die symbolische Darstellung von Steuerzeichen für die Nachrichtenübertragung; z.B ETX (End of Text). Einzelheiten findet man z.B. auch in [1.8].

ASCII oder ISO-7-Bit-Code sind sowohl für rechnerinterne Zeichendarstellung als auch für die Übertragung zwischen Sender und Prozessor bzw. zwischen Prozessor und Empfänger üblich.

Es sei der eingangs geschilderte zweite Fall an Abmachungen unterstellt; die - z.B. im ASCII-Code - am Prozessor eintreffende Nachricht lautet also:

PASCAL <PASCAL PROGRAMM> 10

Der reale Prozessor zur Bearbeitung dieses Auftrags sei ein Universalrechner. Er wirkt vorab - gesteuert von seinem Betriebssystem - wie ein virtueller Prozessor mit der Fähigkeit, eine Steuernachricht (hier: PASCAL) abtrennen zu können. Daraufhin wird der reale Prozessor zu einem neuen virtuellen Prozessor mit der - nun ausschließlichen - Fähigkeit, ein beliebiges PASCAL-Programm empfangen und ausführen zu können. Diese Ausführung beginnt mit dem "Erkennen der Steuernachricht"; diese ist das PASCAL-Programm, das - nach dem sogenannten *Compilieren* - den realen Prozessor in einen weiteren, nun sehr speziellen Prozessor, überführt: Er kann nämlich nur noch genau gemäß dem PASCAL-Programm handeln, also den gewünschten Durchmesserwert aus der betreffenden Operandennachricht (hier: 10) berechnen.

1.2 Binäre Nachrichten

In der maschinellen Informationsverarbeitung ist fast ausschließlich die Binärdarstellung von Nachrichten, also die Darstellung mit Binärwerten **0** und **1** gebräuchlich.

Abschnitt 1.2.1 begründet den Vorteil binärer Darstellung aus Sicht der elektrotechnischen Realisierbarkeit.

Abschnitt 1.2.2 befaßt sich mit dem Unterschied zwischen Zahlensystemen (*dual, dezimal, hexadezimal*) und der Anzahl darstellbarer Werte (*binär, ternär, denär*).

Abschnitt 1.2.3 deutet am Beispiel von Addition und Multiplikation den Vorteil von *Dualzahlenverarbeitung* gegenüber der Dezimalzahlenverarbeitung an.

Abschnitt 1.2.4 gibt einen Überblick über *Binär-Codes* und weist auf Möglichkeiten zur *Fehlererkennung* und *Fehlerkorrektur* hin.

1.2.1 Technische Realisierbarkeit von Binärwerten

Entsprechend Abschnitt 1.1.2 müssen Nachrichten durch Signale physikalisch dargestellt werden. Für kontinuierliche Darstellungen könnte man z.B. wählen:

HELLIGKEIT:	"DUNKEL"	BIS "HELL"
SCHALLSTÄRKE:	"LEISE"	BIS "LAUT"
GESCHWINDIGK.:	"LANGSAM"	BIS "SCHNELL"
DRUCK:	"GERING"	BIS "HOCH"
ELEKTR. STROM:	"KLEIN"	BIS "GROSS"
MAGNET. FELD:	"KLEIN"	BIS "GROSS"

Jeder solche physikalische Effekt läßt sich auch in binäre Form bringen, und zwar einfach durch den Gegensatz

NICHT VORHANDEN <--> VORHANDEN

Meistens ist es technisch deutlich einfacher, zwischen zwei Binärwerten umzuschalten als einen speziellen Wert in einem kontinuierlichen Bereich einzustellen. Z.B. läßt sich die "HELLIGKEIT" einer Lampe mit einem AN-AUS-Schalter leicht binär umschalten, während kontinuierliche Änderung zumindestens einen kontinuierlich einstellbaren Widerstand erfordert.

Einige physikalische Effekte, wie z.B. ELEKTRISCHER STROM, MAGNETISCHES FELD oder GESCHWINDIGKEIT lassen eine Richtungsumkehr zu im Sinne eines weiteren Gegensatzpaares

VORWÄRTS <--> RÜCKWÄRTS.

Offenbar also lassen sich physikalische Effekte im allgemeinen technisch einfacher für binäre als für kontinuierliche Wertebereiche einsetzen. Kontinuierliche Darstellungen haben oft mit Genauigkeitsproblemen zu kämpfen: Im einfachen Schaltkreis nach Bild 12.1 gilt für den elektrischen Strom I

$$I = U_0/R.$$

Tatsächlich sind Spannungsquelle U_0 und Widerstand R als Bauelemente mit einer gewissen *Toleranz* versehen, d.h. der Produzent garantiert die von ihm angegebenen Werte nur für einen gewissen *Toleranzbereich*. Sei dieser Toleranzbereich z.B. 5% beidseitig vom Nominalwert, so kann der Stromwert schlimmstenfalls zwischen je einem Maximal- und einem Minimalwert schwanken:

$$\text{Maximal:}\quad I = (1.05 \cdot U_0)/(0.95 \cdot R) = 1.11 \cdot I$$
$$\text{Minimal:}\quad I = (0.95 \cdot U_0)/(1.05 \cdot R) = 0.90 \cdot I$$

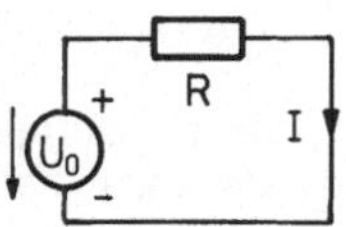

Bild 12.1.
Einfacher Stromkreis

Die möglicherweise kleinen Toleranzen der Einzelbauelemente können sich in Schaltungen in wesentlich größeren Gesamttoleranzen äußern. Damit wird auch ein denkbarer Mittelweg zwischen rein kontinuierlicher Darstellung einerseits und binärer Darstellung andererseits von vornherein problematisch: Denkbar wäre es ja, den verfügbaren kontinuierlichen Wertebereich in z.B. 10 Teile zu *diskretisieren* und somit zu einer *denären* Darstellung zu kommen. Ein – früher gelegentlich auch praktisch ausgeführtes – Beispiel ist die *Stromsummenschaltung* nach Bild 12.2. Mit den Werten $U_0 = 1\,V$ und $R_1 = 1000\,\Omega$ lassen sich über die – im Prinzip elektronischen – Schalter S_1, S_2, S_4 und S_8 u.a. 10 Stromwerte in gleichen Stufen von je 1 mA

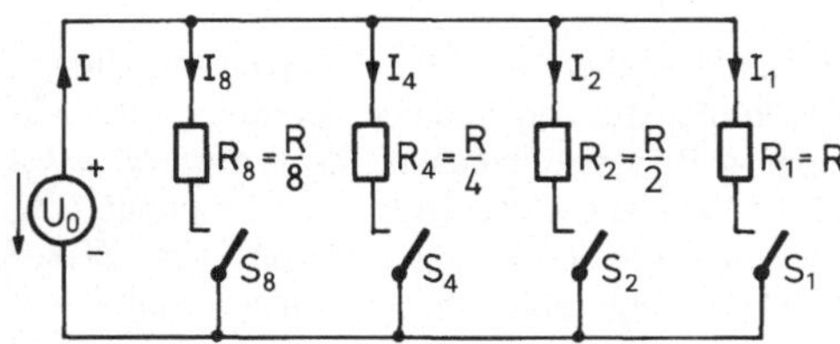

S_8	S_4	S_2	S_1	I
AUS	AUS	AUS	AUS	0 mA
AUS	AUS	AUS	AN	1 mA
AUS	AUS	AN	AUS	2 mA
AUS	AUS	AN	AN	3 mA
AUS	AN	AUS	AUS	4 mA
AUS	AN	AUS	AN	5 mA
AUS	AN	AN	AUS	6 mA
AUS	AN	AN	AN	7 mA
AN	AUS	AUS	AUS	8 mA
AN	AUS	AUS	AN	9 mA

Bild 12.2.
Stromsummenschaltung

einstellen. Dazu gilt:

$$\text{Wenn } S_i = \text{AUS, dann } w_i = 0$$
$$\text{Wenn } S_i = \text{AN, dann } w_i = 1$$
$$\text{mit } i \in \{1,2,4,8\}$$

$$I = w_8 \cdot I_8 + w_4 \cdot I_4 + w_2 \cdot I_2 + w_1 \cdot I_1$$
$$= U_0(8 \cdot w_8 + 4 \cdot w_4 + 2 \cdot w_2 + w_1)/R$$

Wären die Widerstände ohne Toleranzen, ließen sich die gewünschten Stromwerte problemlos einstellen. Tatsächlich aber sind Widerstände toleranzbehaftete Massenprodukte, die je nach Qualität und Preis in Toleranzklassen von z.B. 20%, 10%, 5%, 1% oder 0.5% fallen. Da es viel zu teuer wäre, jeden Widerstand vor seiner konkreten Anwendung auf seinen tatsächlichen Wert hin auszumessen, müssen elektronische Schaltungen so entworfen werden, daß sie auch in der unglücklichsten Kombination der Toleranzen noch einwandfrei arbeiten. Im vorliegenden Beispiel wäre die zulässige Stromabweichung $\Delta I = 0.5\,mA$ bzw. 5% vom Strombereich (10 mA). Festzustellen ist die zulässige Toleranz ΔR. Es gilt dann:

$$I - \Delta I = U_0(8w_8 + 4w_4 + 2w_2 + w_1)/(R + \Delta R)$$

Nach Division durch obige Gleichung:

$$(I - \Delta I)/I = R/(R + \Delta R)$$
$$\Delta I/I = \Delta R(1 - \Delta I/I)/R$$

Nach Vernachlässigen von Größen zweiter Ordnung:

$$\Delta R/R \approx \Delta I/I$$

Nach dieser Rechnung beträgt die zulässige Widerstandstoleranz etwa so viel wie die relative zulässige Stromabweichung, also 5%. Die Stromsummenschaltung wäre also noch mit erträglichem Aufwand realisierbar. Leider aber unterliegen auch die übrigen Bauelemente, hier z.B. die elektronischen Schalter, erheblichen Toleranzbedingungen. Abgesehen davon sind in der Regel alle Bauelemente-Werte noch lebensdauer- und temperaturabhängig. Deshalb besteht die Tendenz, so wenig diskrete Werte unterscheiden zu müssen wie irgend möglich, so daß der Trend zur Binärwertdarstellung einleuchtend ist.

Die zur Binärwertdarstellung passende Schaltungstechnik heißt *Digitaltechnik*. Kontinuierliche Darstellungen werden durch *Analogtechnik* realisiert. Der etwas unglückliche Begriff *analog* geht ursprünglich auf die *Analog-*

Rechner zurück; es sind Rechner die – vorzugsweise physikalische – Problemstellungen durch ein *elektrisches Analogon* nachbilden und simulieren. Dabei kam es eher auf einfache Schaltungstechnik an, wobei die toleranzbedingten Ungenauigkeiten in Kauf genommen werden mußten. Heutzutage sind *Digitalrechner* leistungsfähig genug, um diese physikalischen Problemstellungen direkt mit numerischen Methoden effizient und vor allem wesentlich genauer bearbeiten zu können.

1.2.2 Dualzahlen und Hexa-Notation

Im deutschen – weniger im englischen – Sprachraum werden die Begriffe *dual* und *binär* deutlich unterschieden. Die Begriffe *dual, dezimal, hexadezimal* usw. beziehen sich auf *Zahlensysteme* zur Basis 2, 10, 16 usw. Dagegen deuten die Begriffe *binär, ternär, denär* usw. an, daß es zwei, drei bzw. 10 Zeichen zur *Darstellung von Werten* geben soll. Unter Menschen aller Kulturnationen ist <u>denäre</u> Wertdarstellung mit den Ziffern 0 bis 9 allgemein üblich. Dagegen sind z.B. längst nicht alle Maßsysteme <u>dezimal</u> aufgebaut, so nicht das Zeitmaßsystem von Sekunden, Minuten, Stunden usw.

Bei Rechnern ist binäre Darstellung inzwischen selbstverständlich. Die Frage des verwendeten Zahlensystems betrifft zunächst ja nur einen Teil der Nachrichtenverarbeitung, nämlich jenen, wo Zeichen tatsächlich Zahlen – und nicht z.B. Buchstaben – bedeuten sollen. Dabei ist heutzutage überwiegend das duale, manchmal auch noch das dezimale Zahlensystem in Gebrauch. Warum dies so ist, soll in Abschnitt 1.2.3 deutlich werden.

Bild 12.3 zeigt die ersten 20 natürlichen Dualzahlen und die entsprechenden Dezimalzahlen dazu. Erste und unangenehme Erkenntnis: Dualzahlen umfassen in der Regel viele Stellen und sind für den Menschen schlecht zu handhaben.

Dual	Dezimal
0	0
1	1
10	2
11	3
100	4
101	5
110	6
111	7
1000	8
1001	9

Dual	Dezimal
1010	10
1011	11
1100	12
1101	13
1110	14
1111	15
10000	16
10001	17
10010	18
10011	19

Bild 12.3.
Die ersten 20 Dual- bzw. Dezimalzahlen

Dual	Hexa
0000	0
0001	1
0010	2
0011	3
0100	4
0101	5
0110	6
0111	7

Dual	Hexa
1000	8
1001	9
1010	A
1011	B
1100	C
1101	D
1110	E
1111	F

Bild 12.4.
Die Hexa-Notation

In der Anwendungspraxis erstaunlich häufig benötigt wird die wechselseitige Umwandlung von Dezimal- in Dualzahlen; dazu je ein Beispiel:

<u>Wandlung der Zahl 19 ins Dualsystem</u>

Methode: Fortlaufende Teilung durch 2 mit Resten. Die Restwerte ergeben zusammen die Dualzahl.

19 : 2 = 9 Rest 1
9 : 2 = 4 Rest 1
4 : 2 = 2 Rest 0
2 : 2 = 1 Rest 0
1 : 2 = 0 Rest 1

Also: 19 <--> 10011

<u>Wandlung der Zahl 11101 ins Dezimalsystem</u>

Methode: Die Binärwerte dienen als Gewichte beim Bilden der Quersumme aus gewichteten Zweierpotenzen.

$$1 \cdot 16 + 1 \cdot 8 + 1 \cdot 4 + 0 \cdot 2 + 1 \cdot 1 = 29$$

Für den Menschen wird der Umgang mit Binärwerten oftmals angenehmer, wenn er eine Folge von 4 Bits entsprechend der *Hexa-Notation* in Bild 12.4 zusammenfaßt. Formal handelt es sich um einen Code, nämlich um den *Hexa-Code*; er dient lediglich der Kurzschreibweise für Binärwörter als *Hexazahlen*. Z.B. sind gleichbedeutend:

Dualzahl:	1101	0111	0110	0111
Hexazahl:	D	7	6	F

Falls Verwechselungen drohen, sollte man die Zahlenbasis mit notieren, z.B.

27254_{10} : Dezimalzahl
27254_{16} : Hexazahl

Beliebt ist die Hexanotation vor allem dann, wenn die dargestellten Binärwörter nicht spe-

i	4	3	2	1	0
a	9	6	6	3	5
b	9	9	9	2	4
c	1	1	0	0	0
ü	1	1	1	0	0
s	9	6	5	5	9

Additionsbeispiel

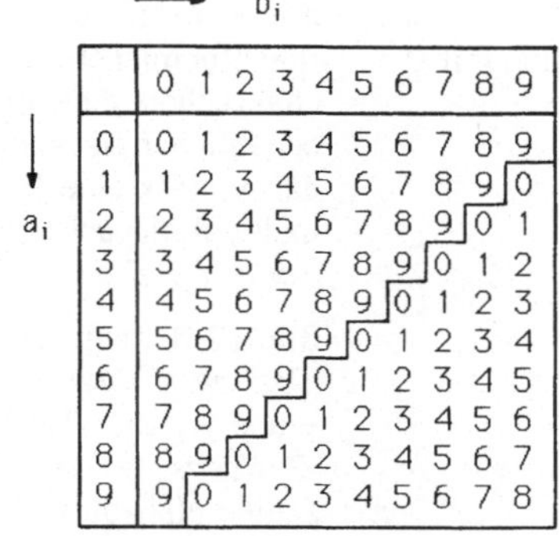

a_i \ b_i	0	1	2	3	4	5	6	7	8	9
0	0	1	2	3	4	5	6	7	8	9
1	1	2	3	4	5	6	7	8	9	0
2	2	3	4	5	6	7	8	9	0	1
3	3	4	5	6	7	8	9	0	1	2
4	4	5	6	7	8	9	0	1	2	3
5	5	6	7	8	9	0	1	2	3	4
6	6	7	8	9	0	1	2	3	4	5
7	7	8	9	0	1	2	3	4	5	6
8	8	9	0	1	2	3	4	5	6	7
9	9	0	1	2	3	4	5	6	7	8

Ergebnisse für $c_i = 0$

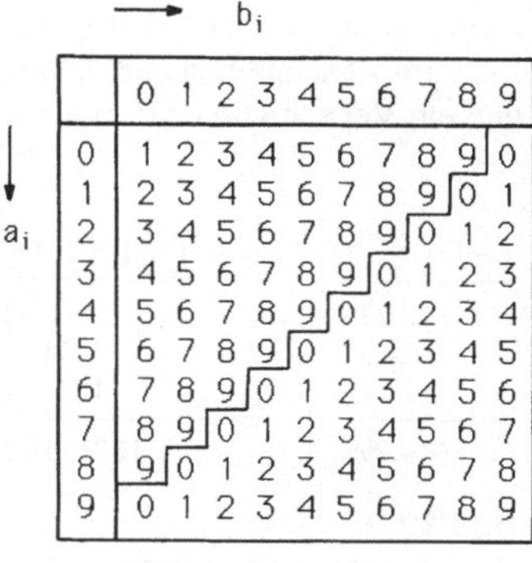

a_i \ b_i	0	1	2	3	4	5	6	7	8	9
0	1	2	3	4	5	6	7	8	9	0
1	2	3	4	5	6	7	8	9	0	1
2	3	4	5	6	7	8	9	0	1	2
3	4	5	6	7	8	9	0	1	2	3
4	5	6	7	8	9	0	1	2	3	4
5	6	7	8	9	0	1	2	3	4	5
6	7	8	9	0	1	2	3	4	5	6
7	8	9	0	1	2	3	4	5	6	7
8	9	0	1	2	3	4	5	6	7	8
9	0	1	2	3	4	5	6	7	8	9

Ergebnisse für $c_i = 1$

Bild 12.5.
Dezimalzahlenaddition

ziell Zahlen sondern irgendwelche Zeichen bedeuten sollen. Ein Beispiel ist die Beschreibung für den ASCII mit zwei Hexazeichen pro ASCII-Zeichen (Abschnitt 1.1.5).

1.2.3 Elementare Verarbeitung von Dualzahlen

Abschnitt 1.2.1 behandelte den Vorteil binärer Darstellung aus Sicht der technischen Realisierbarkeit. Durch den Übergang zum Dualzahlensystem stellt sich aber auch ein Nutzen in funktioneller Sicht ein, der hier kurz am Beispiel von Addition und Multiplikation angedeutet sei.

Vorab veranschaulicht Bild 12.5 den entsprechenden Vorgang bei der Addition zweier Dezimalzahlen a und b. Das Additionsschema enthält auch die internen abgegebenen und empfangenen Stellenüberträge u_i und c_i. Pro Stelle i ist ein technischer verwirklichter Additionsmechanismus nötig, der mit den gezeigten 200 Additionsfällen fertig werden muß; die Zickzacklinie innerhalb des Ergebnisfeldes trennt die Fälle mit und ohne Stellenausgangsübertrag u_i.

Eine ähnliche Überlegung für Dualzahlen ergibt lediglich 8 zu unterscheidende Additionsfälle (Bild 12.6). Deswegen läßt sich dazu eine relativ einfache technische Lösung angeben (Bild 13.1): Zunächst sind diese 8 Fälle in einer Funktionstabelle auflistbar (Teilbild c). Sodann läßt sich mit den Methoden des Kapitels 4 ein *Volladdierer* z.B. aus *NAND-Gliedern* konstruieren (Teilbild d). Ein NAND-Glied selbst läßt sich nach Teilbild g mit den elektronischen Bauelementen aus Teilbild f realisieren. Andererseits bilden 8 kettenförmig verbundene Volladdierer das 8-Bit-Dualzahlen-Addiernetz nach Teilbild b. (Die Vielzahl der Benennungen im Bild 13.1 hängt mit der im Abschnitt 1.3.4 diskutierten Beschreibungstechnik zusammen). Zwar benötigt eine Dualzahl gegenüber einer Dezimalzahl etwa die dreifache Stellenanzahl und somit die dreifache Anzahl an Stellenadditionseinrichtungen. Jedoch ist dieser Nachteil verschwindend klein gegenüber dem Vorteil des einfachen Aufbaus.

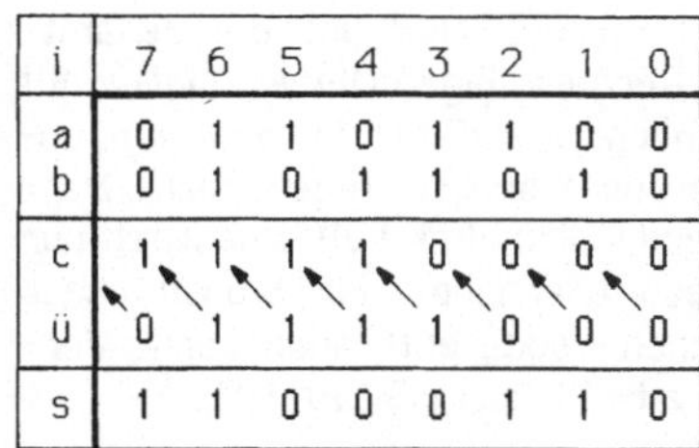

i	7	6	5	4	3	2	1	0
a	0	1	1	0	1	1	0	0
b	0	1	0	1	1	0	1	0
c	1	1	1	1	0	0	0	0
ü	0	1	1	1	1	0	0	0
s	1	1	0	0	0	1	1	0

Additionsbeispiel

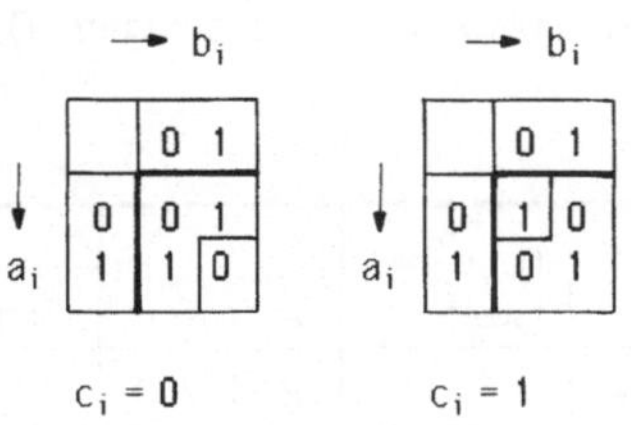

a_i \ b_i	0	1
0	0	1
1	1	0

$c_i = 0$

a_i \ b_i	0	1
0	1	0
1	0	1

$c_i = 1$

Bild 12.6.
Dualzahlenaddition

Bild 12.7 stellt einen ähnlichen Vergleich für die Multiplikation an. Bei Dezimalzahlen sind Stellenwerte sowohl zu multiplizieren als auch zu addieren. Sofern man Multiplikation nicht auf die zeitaufwendige wiederholte Addition zurückführen will, bedarf es eines komplexen Stellenmultiplikationswerks. Bei Dualzahlen dagegen tritt eine Stellenmultiplikation überhaupt nicht auf, da "Multiplikation mit 1" einfach ein Abschreiben und "Multiplikation mit 0" nur ein Verschieben zur Folge hat.

385 * 647	1100 * 1101
2695	1100
1540	1100
2310	1100
249095	10011100

Bild 12.7.
Schema von Dezimalzahlen- und Dualzahlenmultiplikation

Binäre Verarbeitung wird in Kapitel 4 näher behandelt; hier sollte sie nur als Indiz dafür stehen, daß sich durch sie die Grundfunktionen besonders einfach gestalten.

1.2.4 Einige Binärcodes

Früher hatte die geschickte Wahl von Codes oft einen beträchtlichen Einfluß auf die Gesamtkosten einer Rechenanlage. Dieses Motiv gilt derzeit kaum noch, so daß nur noch wenige unterschiedliche Codes praktisch gebraucht werden. Der folgende Überblick soll eigentlich nur andeuten, wieso überhaupt der Wunsch nach unterschiedlichen Codes entstehen kann. Vertiefung bieten z.B. [1.2], [1.9], [1.10].

Moderne Rechner benutzen normalerweise intern das duale Zahlensystem. Da Menschen aber vorzugsweise im Dezimalsystem denken, muß ein Rechner die eingegebenen Dezimalzahlen erst in Dualzahlen umwandeln und sinngemäß die Ergebnisse wieder ins Dezimalsystem transformieren. In der Anfangszeit der Rechentechnik bedeutete diese Wandlung oft einen erheblichen Rechenzeit- und Kostenaufwand, so daß viele kleine Rechner auch intern im Dezimalsystem arbeiteten, allerdings mit *binär codierten Dezimalziffern*.

Bild 12.8 zeigt einige dieser *Binärcodes für Dezimalziffern* (kurz: *BCD*). Am einsichtigsten - und weitaus am häufigsten benutzt - ist der *Dualcode*; es sind einfach die ersten 10 Dualzahlen alphabetisch den Dezimalziffern 0 bis 9 zugeordnet. Wichtet man die Stellen mit den Gewichten 8,4,2 und 1, läßt sich zu jeder 4-Bit-Gruppe die zugehörige Dezimalziffer als gewichtete Quersumme bilden.

Am Beispiel der Dezimalzahl 365 sei der Unterschied zwischen reiner Dualcodierung und der *Dezimal-Binär-Codierung* verdeutlicht:

Dual:	101101101
Dezimal-Binär:	0011 0110 1101

Dezimal-Binär-Codierung wird mit dem Nachteil höherer Anzahl von Binärstellen erkauft. Ohne dies hier zu zeigen, sei angemerkt, daß arithmetische Operationen, insbesondere auch die Subtraktion, relativ umständlich werden. Eine gewisse Abhilfe gelang mit dem *Drei-Exzess-Code* und mit dem *Aiken-Code*; Mit diesen Codes läßt sich leicht - das für Subtraktionen günstige - *Neunerkomplement* bilden, in dem alle vier Bits komplementiert werden; so wird z.B. aus 3 <--> 0110 das Neunerkomplement 6 <--> 1001.

Der *Gray-Code* gehört zur Klasse der *einschrittigen Codes*: Zwei aufeinanderfolgend

	Dual		Drei-Exzess	Aiken	Gray	Biquinär	2-aus-5
Gew.	8 4 2 1	P		2 4 2 1		5 4 3 2 1 0	
0	0 0 0 0	1	0 0 1 1	0 0 0 0	0 0 0 0	0 0 0 0 0 1	1 1 0 0 0
1	0 0 0 1	0	0 1 0 0	0 0 0 1	0 0 0 1	0 0 0 0 1 0	0 0 0 1 1
2	0 0 1 0	0	0 1 0 1	0 0 1 0	0 0 1 1	0 0 0 1 0 0	0 0 1 0 1
3	0 0 1 1	1	0 1 1 0	0 0 1 1	0 0 1 0	0 0 1 0 0 0	0 0 1 1 0
4	0 1 0 0	0	0 1 1 1	0 1 0 0	0 1 1 0	0 1 0 0 0 0	0 1 0 0 1
5	0 1 0 1	1	1 0 0 0	1 0 1 1	0 1 1 1	1 0 0 0 0 1	0 1 0 1 0
6	0 1 1 0	1	1 0 0 1	1 1 0 0	0 1 0 1	1 0 0 0 1 0	0 1 1 0 0
7	0 1 1 1	0	1 0 1 0	1 1 0 1	0 1 0 0	1 0 0 1 0 0	1 0 0 0 1
8	1 0 0 0	0	1 0 1 1	1 1 1 0	1 1 0 0	1 0 1 0 0 0	1 0 0 1 0
9	1 0 0 1	1	1 1 0 0	1 1 1 1	1 0 0 0	1 1 0 0 0 0	1 0 1 0 0

Bild 12.8.
Einige Binärcodes für Dezimalziffern

notierte Binärwörter unterscheiden sich immer genau an einer Stelle. Nützlich sind solche Codes, wenn bei ihrer Anwendung die Codewörter tatsächlich in der angegebenen Reihenfolge vorkommen. Ein bekanntes Beispiel ist die *Codierscheibe* nach Bild 12.9. Sie könnte z.B. auf einer sich drehenden Motorwelle montiert sein und zum Abtasten von Winkelstellungen dienen. Würde man z.B. den Dualcode verwenden, ändern sich von Stellung zu Stellung manchmal mehrere Bits gleichzeitig, z.B. beim Übergang von 7 <--> 0111 nach 8 <--> 1000; dadurch kann es durch mechanische Toleranzen zufallsbedingt irgendwelche unerwünschten Zwischenstellungen geben, z.B. 0101 oder 1111. Mit einem einschrittigen Code ist diese Gefahr ausgeschlossen. Einschrittige Codierung spielt eine wichtige Rolle beim Entwurf ungetakteter Schaltwerke (Kapitel 4).

Die Dezimalziffern lassen sich auch mit mehr als der erforderlichen Mindestanzahl von 4 Bits codieren. Der *Biquinär-Code* halbiert den Dezimalziffernbereich durch sein höchstwertiges Bit und gibt pro Hälfte mit genau einem Binärwert **1** die gemeinte Dezimalziffer an; vorteilhaft ist dieser Code bei der Ansteuerung gewisser elektronischer Anzeigeeinrichtungen. Der *2-aus-5-Code* hat pro Dezimalziffer genau zwei Binärwerte **1**. Er bietet damit die Möglichkeit der *Fehlererkennung*: Unter der Annahme, daß - z.B. bei einer Übertragung über eine Leitung höchstens eines der Bits verfälscht werden kann, spürt simples Nachzählen der im eingetroffenen Binärwert vorhandenen Binärwerte **1** einen Übertragungsfehler auf.

Hieran läßt sich - aktuell und nicht auf die Codierung von Dezimalziffern beschränkt - das weite Feld der *Fehlererkennung* und *Fehlerkorrektur* anschließen. Die bekannteste Form betrifft das *Parity-Bit*, hier gezeigt am Dual-Code (Bild 12.8, Spalte P). Dabei wird jedes Binärwort um ein zusätzliches Bit gerade so ergänzt, daß die Gesamtzahl der Binärwerte **1** pro Wort ungerade wird. Damit wird - wie beim 2-aus-5-Code - die Verfälschung eines Bits maschinell überprüfbar; Einzelheiten folgen in Abschnitt 4.4. Durch Hinzufügen mehrerer Parity-Bits lassen sich auch mehrere Bit-Fehler pro Wort erkennen und in gewissem Umfang auch automatisch beseitigen. Solche Techniken sind beim Abspeichern und beim Übertragen von Nachrichten allgemein üblich [1.8].

Alphanumerische Zeichenvorräte umfassen oft mehr als 64 Zeichen, und sie sind dann meistens mit 7 Bits codiert (wobei ein achtes Bit als Parity-Bit angefügt sein kann). Als Beispiel wurde schon der ASCII erwähnt (Bild 11.10) und der bis auf ein einziges Zeichen identische ISO-7-Bit-Code nach DIN 66003. Es gibt auch 8-Bit-Codes, z.B. IBM EBCDIC (Extended binary coded decimal interchange code), oder 6-Bit-Codes, z.B. den eingeschränkten ASCII ohne Unterschied zwischen Groß- und Kleinbuchstaben und ohne Steuerzeichen.

Vom Prinzip her interessant ist der vom Fernschreiber her bekannte 5-Bit-Code CCIT-2.

0	0 0 0 0
1	0 0 0 1
2	0 0 1 1
3	0 0 1 0
4	0 1 1 0
5	0 1 1 1
6	0 1 0 1
7	0 1 0 0
8	1 1 0 0
9	1 1 0 1
10	1 1 1 1
11	1 1 1 0
12	1 0 1 0
13	1 0 1 1
14	1 0 0 1
15	1 0 0 0

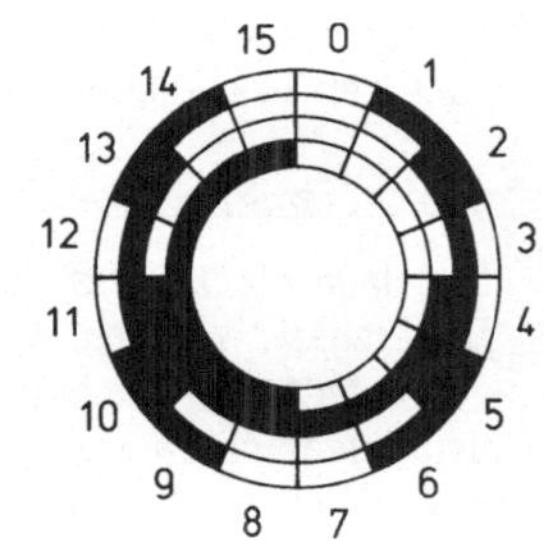

Bild 12.9.
Einschrittiger Code für eine Codierscheibe mit 16 Stellungen

	BU	ZI		BU	ZI
0 0 0 0 0	-	-	1 0 0 0 0	E	3
0 0 0 0 1	T	5	1 0 0 0 1	Z	+
0 0 0 1 0	CR	CR	1 0 0 1 0	D	·
0 0 0 1 1	O	9	1 0 0 1 1	B	?
0 0 1 0 0	SP	SP	1 0 1 0 0	S	'
0 0 1 0 1	H	NS	1 0 1 0 1	Y	6
0 0 1 1 0	N	,	1 0 1 1 0	F	NS
0 0 1 1 1	M	.	1 0 1 1 1	X	/
0 1 0 0 0	LF	LF	1 1 0 0 0	A	-
0 1 0 0 1	L	)	1 1 0 0 1	W	2
0 1 0 1 0	R	4	1 1 0 1 0	J	WD
0 1 0 1 1	G	NS	1 1 0 1 1	ZI	ZI
0 1 1 0 0	I	8	1 1 1 0 0	U	7
0 1 1 0 1	P	0	1 1 1 0 1	Q	1
0 1 1 1 0	C	:	1 1 1 1 0	K	(
0 1 1 1 1	V	=	1 1 1 1 1	BU	BU

ZI : Ziffernumschaltung
BU : Buchstabenumschaltung
SP : Zwischenraum (SPACE)
CR : Wagenrücklauf (Carriage Return)
LF : Zeilenvorschub (Line Feed)
NS : Nationales Sonderzeichen
WD : Wer da ?

Bild 12.10.
5-Kanal-Fernschreibcode CCIT-2

Fast jedes 5-Bit-Wort ist mit zwei Bedeutungen belegt, über die durch zwischendurch in den Text eingefügte Zeichen BU (Umschalten auf Buchstaben) bzw. ZI (Umschalten auf Ziffern und Sonderzeichen) entschieden wird (Bild 12.10). Dieser Code war bis etwa 1970 auch für Rechner gebräuchlich, da oft umgebaute Fernschreiber als Eingabegerät dienten.

1.3 Entwerfen auf verschiedenen Nachrichtenebenen

Rechner, und mithin auch Prozessoren, bestehen heutzutage aus einigen hunderttausend elektronischen Komponenten. Um mit dieser Vielzahl überhaupt noch sinnvoll und fehlerfrei umgehen zu können, bedarf es einer hierarchischen Gliederung nach Ebenen. Ergänzend dazu werden - für alle Ebenen möglichst ähnliche - Darstellungsmittel benötigt, wobei sowohl das funktionelle Verhalten als auch der strukturelle Aufbau zu berücksichtigen sind.

Abschnitt 1.3.1 führt die *Nachrichtenebenen* ein, also *Rechnerebene, Hauptblockebene, Registertransferebene, Schaltwerkebene, Ebene* der *elektronischen Schaltungen* und *physikalische Ebene*; dazu gehören jeweils typische Formen der Nachrichtendarstellung.

Abschnitt 1.3.2 ersetzt den Begriff *Prozessor* durch den der *Funktionseinheit* und differenziert nach *Verhalten* (als "schwarzer Kasten") und interner *Struktur*.

Abschnitt 1.3.3 befaßt sich mit *Analyse* und *Synthese*, erklärt die *Top-Down-Methode* als geeignet für den einzelnen Entwurfsvorgang und beschreibt den *Bottom-Up-Einfluß* als maßgeblich vorwiegend für das Entstehen von *Entwurfsregeln*.

Abschnitt 1.3.4 schließlich bringt einige Prinzipien zu *textuellen Verhaltens-* und *Strukturbeschreibungen*; sie sind unentbehrlich, sofern ein Entwickler für Entwurfsvorgänge auf Rechnerhilfe (Computer Aided Design; CAD) zurückgreifen will.

1.3.1 Nachrichtenebenen

Wenn ein Benutzer einen Auftrag wie "Gehaltsabrechnung für die Mitarbeiter eines Betriebes" an einen Rechner übergeben will, wird er wenig geneigt sein, die entsprechenden Nachrichten als Folge elektrischer Spannungssignale zu formulieren. Offenbar können Aufträge auf ganz unterschiedlichen Ebenen, hier genannt: *Nachrichtenebenen*, anfallen und dementsprechend gibt es auch unterschiedlich komplexe Steuer- und Operandennachrichten:

Rechnerebene

Auf dieser Ebene dient als realer Prozessor eine Rechenanlage insgesamt. Ein Auftrag - hier oft auch *Job* genannt - ist von der Komplexität wie z.B. "Gehaltsabrechnung". Die Steuernachricht setzt sich zusammen aus Angaben über Auftraggeber, Prioritätsrechte usw. Die Operandennachricht enthält z.B. die Namen der verwendeten Dateien. Durch die Steuernachricht entsteht ein virtueller Prozessor mit der Fähigkeit, für diesen speziellen Auftraggeber die angegebenen Dateien bearbeiten zu können.

Hauptblockebene

Auf dieser Ebene erscheint eine Rechenanlage in mehrere *Hauptblöcke* untergliedert, wie z.B. Zentraleinheit, Hauptspeicher, Eingabe- und Ausgabegeräte oder peripherer Speicher. Jeder Hauptblock bildet - nach den hier entwickelten Modellvorstellungen - einen eigenen realen Prozessor mit - abgesehen von der Zentraleinheit - weitgehend unveränderlichen Aufgaben. Die Steuernachricht für die Zentraleinheit betrifft z.B. den Umgang mit genau einer Datei und enthält z.B. den Namen, den Umfang, die konkrete Lagerung auf einem peripheren Speicher und die Art (z.B. PASCAL-Programm). Insgesamt versetzt diese Steuernachricht die Zentraleinheit in das Stadium eines virtuellen Prozessors, der gerade diese Datei bearbeiten - z.B. ein PASCAL-Programm ausführen - kann. Als Operandennachricht dient dann der Text dieser Datei.

Registertransferebene

Die Hauptblöcke, insbesondere auch die Zentraleinheit, werden nun auf der Ebene des *Registertransfer* betrachtet. Die Elemente der Nachrichten sind jetzt formal ziemlich einheitlich; es handelt sich um *Binärwörter* meist konstanter Länge, z.B. mit 16 Bit oder 32 Bit. Reale Prozessoren sind *Register, Addiernetze* und ähnliche Gebilde; abgesehen vom *Steuerwerk* (der Zentraleinheit) sind diese Gebilde auf eine bestimmte Aufgabe spezialisiert, so daß es auf dieser - und den noch niedrigeren Ebenen - kaum noch Sinn ergibt, virtuelle Prozessoren herauszukristallisieren. Steuernachrichten auf der

Registertransferebene heißen oft *Befehle*; es sind Binärworte (oder Binärwortgruppen), die z.B. durch Compilierung eines PASCAL-Programms (auf der Hauptblockebene) entstanden sein können. Die Operandennachrichten erscheinen ebenfalls als Binärwörter, tragen dann aber die Bedeutung von Zahlen oder anderen bearbeitungsfähigen Zeichen.

Schaltwerkebene

Die Nachrichten dieser Ebene nehmen einheitlich die Form von Binärwerten **0** oder **1** an. (Reale) Prozessoren sind z.B. *Verknüpfungsglieder* (*UND-Glied, ODER-Glied, NICHT-Glied* usw.) und *Zeitglieder* zur Bearbeitung solcher Binärwerte. Die Grenze zwischen Steuernachricht und Operandennachricht verschwimmt hier oftmals; im wesentlichen sind Steuernachrichten solche Bitwerte, die zu bestimmten Zeitpunkten auftreten und somit den zeitlichen Ablauf in der Bearbeitung der Operanden festlegen.

Die Ebene elektrischer Schaltungen

Nachrichten äußern sich als elektrische Ströme und Spannungen. Die Prozessoren zur Informationsverarbeitung sind elektrische Gebilde, die über Strom- oder Spannungsänderungen an Eingängen entsprechende Reaktionen an Ausgängen hervorrufen. Die einfachsten Prozessoren (in diesem Sinne) sind elektronische Bauelemente, wie z.B. *Transistoren*.

Die physikalische Ebene

Auf dieser Ebene lassen sich die physikalischen Effekte behandeln, mit denen die elektrischen Bauelemente wirken. Heutzutage spielen dabei besonders die *mikroelektronischen Schaltungen* eine Rolle mit dem zentralen Problem der möglichst geringen geometrischen Abmessungen. Neben der Beherrschung der physikalisch-technologischen Fabrikationsprozesse ist der *rechnerunterstützte Entwurf* (Computer Aided Design; CAD) wesentliche Voraussetzung für den rasanten Fortschritt auf diesem Gebiet. Leider gestattet der beschränkte Umfang dieses Buches nur einen groben Überblick zu diesem hochaktuellen Gebiet.

Die Gliederung in diese Nachrichtenebenen bietet eine gute Möglichkeit zur Kapiteleinteilung dieses Buches. Die *Rechnerebene* wird hier allerdings nicht behandelt, denn eine Diskussion auf dieser Ebene würde sich mit Rechenanlagen insgesamt, z.B. der Bewertung deren Leistungsfähigkeit befassen müssen. Die *Hauptblockebene* wird relativ kurz gestreift; die dort wichtigen Fragestellungen zielen letztlich mehr in die Richtung *virtueller Prozessoren* und sie gehören daher eher in den Bereich von "Algorithmen und Datenstrukturen". Dabei beschränkt sich dieses Buch auf das bekannte *von-Neumann-Konzept*; die vielfältigen Ansätze für *neuartige Rechnerarchitekturen* überschreiten (derzeit noch) die Ziele eines Einführungsbuches (s. z.B. [1.11]).

Es sei vermerkt, daß die Einteilung in diese Nachrichtenebenen im Detail nicht immer konsequent durchzuhalten ist. Insbesondere sind die Hinweise zu Steuernachrichten und Operandennachrichten bei den jeweiligen Nachrichtenebenen nur exemplarisch gemeint; sie sollen vor allem die qualitativen Unterschiede betonen.

1.3.2 Funktionseinheiten: Unterschied von Verhalten und Struktur

Allgemein ist der Begriff *Prozessor* vorzugsweise bei komplexen Aufgaben der Informationsverarbeitung gebräuchlich, so wie sie auf der Rechnerebene oder der Hauptblockebene anfallen. Auf den niedrigeren Ebenen klingt dieser Begriff dagegen etwas zu mächtig; deshalb sei statt dessen - wieder in Anlehnung an [1.9] - von nun an der Begriff *Funktionseinheit* verwendet.

Wenn eine Funktionseinheit einen Auftrag übernimmt, interessiert an sich nur sein *Verhalten* als "schwarzer Kasten", z.B. als Wechselwirkung von empfangenen und abgegebenen Nachrichten. Das Verhalten selbst ist realisiert durch den internen Aufbau, also durch eine *Struktur* aus einfacheren Funktionseinheiten. Es erhöht die Übersicht, die Begriffe Verhalten und Struktur außerdem noch an die Hierarchie der Nachrichtenebenen zu binden. Dazu sei festgelegt:

Def.13.1:

Eine Funktionseinheit, die - auf der gegebenen Nachrichtenebene - nicht in einfachere Funktionseinheiten zerlegbar ist, heißt *elementar*.

Das Beispiel in Bild 13.1 möge den Sachverhalt verdeutlichen: Das Teilbild a beschreibt symbolisch ein 8-Bit-Dualzahlen-Addiernetz als *elementare Funktionseinheit* auf der Registertransferebene; diese Funktionseinheit kann

Bestandteil von Strukturen sein, wie in Kapitel 3 beschrieben. Die *Verhaltensbeschreibung* bedient sich ankommender und abgehender Nachrichten, hier der Binärwörter a,b und c, sowie dazu passender Operatoren. Bild 13.1b beschreibt die Anordnung auf der Schaltwerkebene als nicht-elementare Funktionseinheit, und zwar durch eine *Strukturbeschreibung* in grafischer Form. Die Strukturelemente, also die *Volladdierer* VA, sind - immer noch auf der Schaltwerkebene - zwar einfachere, aber noch keine elementaren Funktionseinheiten. Bild 13.1c gibt dazu in Tabellenform eine Verhaltensbeschreibung an. Dazu gehört mit Teilbild d eine Strukturbeschreibung aus nunmehr elementaren Funktionseinheiten, nämlich den NAND-Gliedern. Deren Verhalten ist in Teilbild e festgelegt. In Teilbild g ist das NAND-Glied nun auf der Ebene der elektrischen Schaltungen als nicht-elementare Funktionseinheit strukturell beschrieben. Die elementaren Funktionseinheiten dieser Ebene sind z.B. Transistoren, Dioden, Widerstände (Bild 13.1f). Ihr Verhalten läßt sich, wie in Kapitel 5 gezeigt, durch Strom-Spannungs-Beziehungen ausdrücken.

Im Einzelfall kann es strittig sein, ob zwei elementare Funktionseinheiten als gleich oder als verschieden gelten sollen. Z.B. haben die Widerstände R1 und R2 in Bild 13.1g unterschiedliche Werte. Man kann sie aber trotzdem als gleiche Funktionseinheiten, dann aber mit unterschiedlichen Parametern ansehen. Im allgemeinen schließt also das Entwerfen einer Struktur auch das Festlegen von Parametern für die elementaren Funktionseinheiten ein.

1.3.3 Analyse und Synthese; Entwurfsregeln im Wechselspiel von Top-Down- und Bottom-Up-Methode

Mit den eben eingeführten Begriffen läßt sich ziemlich einfach sagen:

Def.13.2:

Analyse ist das Bestimmen des Verhaltens für eine vorgegebene Struktur.

Synthese ist das Entwickeln einer Struktur, die ein vorgegebenes Verhalten realisiert.

Beide Vorgänge bewegen sich innerhalb einer jeweils speziellen Nachrichtenebene. Z.B. würde die Analyse der Struktur von Bild 13.1d das Verhalten nach Teilbild c liefern, während die Synthese von dieser Tabelle ausgehend (mit den Methoden aus Kapitel 4) z.B. gerade diese Struktur ergibt.

Formal ist ein *Entwurfsvorgang* eine Folge von Entwurfsschritten über mehrere Nachrichtenebenen hinweg. Dabei lassen sich - im Idealfall - die beiden folgenden Schritte abwechseln:

A. Überführen der Verhaltensbeschreibung einer elementaren Funktionseinheit der höheren Ebene in eine Verhaltensbeschreibung als nicht-elementare Funktionseinheit auf der nächst niedrigeren Ebene.

B. Synthese einer Struktur aus elementaren Funktionseinheiten dieser Ebene.

In der Praxis ist ein solch idealer Entwurfsvorgang nur selten anzutreffen. Dafür gibt es ganz verschiedenartige Gründe; sie sind vorab - also zu Beginn dieses einführenden Buches - nur schwerlich einsichtig zu machen, da dazu eine gewisse eigene Erfahrung im Entwerfen gehört. Der Leser möge die folgenden Anmerkungen als Anregung auffassen und beim Lesen späterer Kapitel gelegentlich an diese Stelle zurückblättern.

Zunächst einmal sind Verhaltensbeschreibungen für Funktionseinheiten, besonders solchen der höheren Nachrichtenebenen, oft derart umfangreich, daß allein schon deren fehlerfreie Formulierung problematisch ist. Z.B. ist das Verhalten der Zentraleinheit eines Rechners weder auf der Hauptblockebene (als dort elementar) noch auf der Registertransferebene (als dort nicht-elementar) wirklich streng im Sinne einer "Black-Box-Beschreibung" ausdrückbar. Daher wird das Verhalten oft durch ein *Strukturmodell* beschrieben. Demnach wären eigentlich zwei Arten von Strukturen von ihrem Zweck her zu unterscheiden:

- Eine Struktur als Modell:
  Sie dient dazu, das Verhalten einer nicht-elementaren Funktionseinheit zu erklären etwa in folgendem Sinne: Die Funktionseinheit verhält sich als "Black-Box" gerade so wie dieses *Strukturmodell*. Ein Strukturmodell sollte möglichst einsichtig sein.
- Eine Struktur als Entwurfsergebnis:
  Sie ist das Ziel der Synthese und sie realisiert ein gefordertes Verhalten. Eine Struktur als *Entwurfsergebnis* sollte möglichst kostengünstig mit den elementaren Funktionseinheiten realisiert sein.

In der Entwurfspraxis kommt es immer wieder vor, daß ein gefordertes Verhalten zunächst durch ein Strukturmodell ausgedrückt und da-

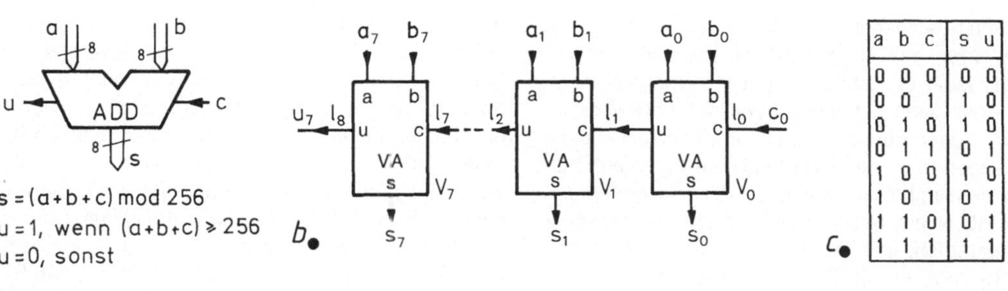

a	b	c	s	u
0	0	0	0	0
0	0	1	1	0
0	1	0	1	0
0	1	1	0	1
1	0	0	1	0
1	0	1	0	1
1	1	0	0	1
1	1	1	1	1

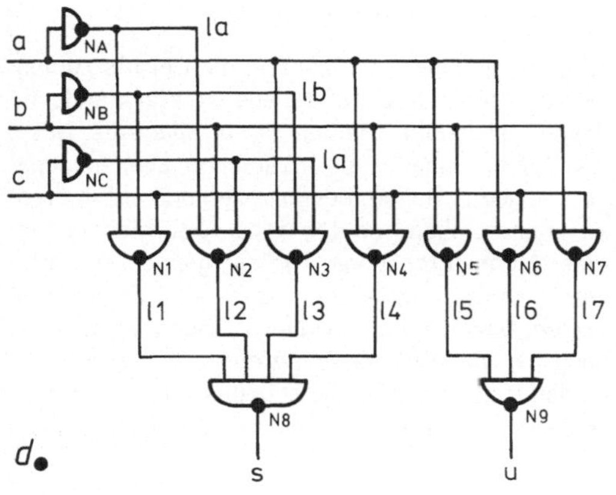

x_1	x_2	y
0	0	1
0	1	1
1	0	1
1	1	0

a. 8-Bit-Dualzahlen-Addiernetz; Verhalten auf Registertransferebene

b. 8-Bit-Dualzahlen-Addiernetz: Grobstruktur auf Schaltwerkebene

c. 1-Bit-Volladdierer; Verhalten auf Schaltwerkebene

d. 1-Bit-Volladdierer; Struktur aus NAND-Gliedern

e. NAND-Glied; Verhalten als elementare Funktionseinheit auf Schaltwerkebene

f. Benennungen von Anschlüssen, Strömen und Spannungen für die Verhaltensbeschreibung elementarer Funktionseinheiten (Widerstand, Diode, Transistor) auf der Ebene elektrischer Schaltungen

g. NAND-Glied; Struktur als nicht-elementare Funktionseinheit auf der Ebene elektrischer Schaltungen

Bild 13.1.
Beispiel für Verhalten und Struktur auf verschiedenen Nachrichtenebenen

raufhin nun eine Struktur per Synthese entworfen wird. Es kann dann kaum verwundern, daß sich die Struktur des Modells oft im Entwurfsergebnis niederschlägt; dabei aber kann das Entwurfsoptimum deutlich verfehlt werden.

Das Nebeneinander von Strukturmodell und Entwurfsergebnis zieht sich durch alle Nachrichtenebenen. Z.B. findet man auf der Schaltwerkebene das sogenannte JK-Flipflop oft als Struktur aus 8 NAND-Gliedern dargestellt (s. Bild 43.23c). Dies ist natürlich nur ein Modell, an dem das Verhalten des JK-Flipflops leicht nachvollziehbar ist; die tatsächliche Struktur weicht davon - beeinflußt durch Randbedingungen aus der Ebene der elektrischen Schaltungen - meistens erheblich ab. Auf jener Ebene gilt z.B. ein Transistor als elementar. Trotzdem wird sein Verhalten gerne durch ein Strukturmodell, genannt auch: *Ersatzschaltung*, erklärt (Bild 55.12), obgleich dessen Bestandteile, wie z.B. die Dioden, konkret gar nicht vorhanden sind.

Ein anderer Problemkreis gilt der Philosophie des Entwerfens ganz allgemein, gekennzeichnet durch Begriffe wie *Top-Down-Methode* oder *Bottom-Up-Einfluß*. Die genannten Schritte A und B zielen ganz eindeutig auf den Top-Down-Entwurf ab, also auf den Durchgang durch die

Nachrichtenebenen von oben nach unten. Beim Entwerfen auf einer bestimmten Ebene angelangt, kann ein nächster Entwurfsschritt doch wohl nur dann gelingen, wenn die *Entwurfsregeln* dieser Ebene bekannt sind. Dazu gehören Aussagen zu den verfügbaren elementaren Funktionseinheiten sowie zu deren Kombinierbarkeit. Nun müssen diese Regeln ja irgendwo herstammen, und tatsächlich sind sie meistens nichts anderes als Rückwirkungen aus den darunter liegenden Ebenen:

- Die *Top-Down-Methode* ist vernünftig im konkreten Einzelfall eines Entwurfsvorhabens. Sie bedient sich dabei der jeweils gültigen Entwurfsregeln.
- Beim *Bottom-Up-Einfluß* entsteht pro Ebene über viele Entwurfsvorgänge hinweg ein Schatz von Erfahrungen, der in formalisierter Weise der jeweils darüber liegenden Ebene als Satz von Entwurfsregeln zur Verfügung gestellt wird.

Aber auch im Einzelfall bleibt reiner Top-Down-Entwurf unerfüllbar; insbesondere ergeben sich die Parameterwerte für das Zeitverhalten meistens erst aus Entwurfseinzelheiten der niedrigeren Ebenen.

Ein ganz einfaches Beispiel mag hier hilfreich sein: Zum Entwurf einer Struktur auf Schaltwerkebene eignet sich als Hilfsmittel recht gut die Schaltalgebra (Kapitel 4). Ohne den Bottom-Up-Einfluß würden als elementare Funktionseinheiten vornehmlich sogenannte UND-, ODER- und NICHT-Glieder verwendet werden. Tatsächlich aber kommen über den Bottom-Up-Einfluß aus der elektrotechnischen Ebene spezielle Entwurfsregeln zustande, die z.B. verlangen, daß vorzugsweise NAND- bzw. NOR-Glieder zu verwenden und zu speziellen nichtelementaren Strukturen (Komplex-Gates) zu verknüpfen sind. Im Entwurfs-Einzelfall hängt z.B. das Zeitverhalten eines NAND-Glieds auch davon ab, in welcher räumlichen Entfernung zu nachgeschalteten Gliedern es auf physikalischer Ebene untergebracht ist.

Der rasante Fortschritt der Technologie der mikroelektronischen Schaltungen hat auf der physikalischen Ebene etliche neue Erfahrungen und Kenntnisse gebracht. Bisher dringt der Bottom-Up-Einfluß nur verhältnismäßig langsam in die höheren Ebenen vor und schafft entsprechend neue, angepaßte Entwurfsregeln. Immerhin ist klar, daß das auf der Hauptblockebene bisher für Universalrechner nahezu ausschließlich angewandte von-Neumann-Konzept ins Wanken gerät. Vielleicht entfällt künftig sogar das traditionelle Verständnis zum Wechselspiel von "Verknüpfen" und "Zeitablauf". Derzeit steht zweifellos das Verknüpfen von Nachrichten zu neuen Nachrichten im Vordergrund und man unterstellt, daß das Einbetten in einen Zeitablauf "schon irgendwie" gelingen wird. Möglicherweise sollten die Prioritäten umgekehrt werden: Als elementare Funktionseinheiten könnten *Zeitfenster* dienen, über deren Kombinierbarkeit - sequentiell, parallel, konkurrent - es Regeln gibt; die erwünschten Verknüpfungen werden "schon irgendwie" auf diese Zeitfenster verteilbar sein.

Allgemein mögen sich künftig die Details zu den verschiedenen Nachrichtenebenen stark ändern; davon unberührt bleiben wird aber die Notwendigkeit, überhaupt in solchen Ebenen denken, argumentieren, beschreiben und entwerfen zu können. Ziemlich treffend läßt sich daher eine Nachrichtenebene, für die gerade ein Entwurfsvorgang aussteht, kurz als *Entwurfsebene* bezeichnen. (In diesem Buch wird dennoch der Begriff *Nachrichtenebene* bevorzugt, da dadurch unschöne Sprachkonstrukte wie z.B. "Entwurf auf einer Entwurfsebene" vermeidbar sind).

1.3.4 Textuelle Verhaltens- und Strukturbeschreibungen

Wie schon erwähnt, bedient sich der Entwickler eines informationsverarbeitenden Systems selbst der Hilfe von Rechnern. Dazu muß er Verhaltens- und Strukturbeschreibungen in eine *textuelle* Form bringen können. Unter dem Oberbegriff *Hardwarebeschreibungssprachen* gibt es eine Vielzahl von Darstellungsweisen, die aber recht uneinheitlich und oft auf spezielle Belange ausgerichtet sind. In diesem Abschnitt soll klar werden, welche Ausdrucksmittel eine solche Beschreibungssprache im Prinzip haben sollte, wobei auf eine gewisse - bei praktisch verwendeten Sprachen derzeit noch nicht übliche - Einheitlichkeit für alle Nachrichtenebenen Wert gelegt sei.

Wie in der Praxis oft, so soll sich die hier gewählte Ausdrucksweise an eine bewährte höhere Programmiersprache, in diesem Fall an PASCAL anlehnen. Solch Vorgehen ist einerseits praktisch, weil es dem Anwender einigen Lernaufwand erspart und weil sich - so auch hier - wesentliche Gedanken gut vorbringen lassen, ohne sich im Detail mit unbekannten Sprachkonstrukten abmühen zu müssen. Andererseits besteht aber auch die Gefahr von Mißbrauch und Verwässerung einer an sich grammatisch sauber konstruierten Sprache; weiterhin kann dem Anwender auch leicht die eventuell geänderte Semantik, also die Bedeutung, von Sprachkonstrukten entgehen. Als Anwendungsbeispiel sollen die verschiedenen Beschreibungen aus Bild 13.1 dienen. Der Leser möge sich nicht daran stören, daß einige inhaltliche Aspekte hier nicht weiter erklärt werden; denn sie greifen zum Teil auf spätere Kapitel vor. Es geht hier ausschließlich um formale, ausdruckstechnische Aspekte; sie sind auch ohne Verständnis der inhaltlichen Aussagen nachvollziehbar (Die Variationen in der Beschriftung des Bilds 13.1, z.B. verschiedene Schrifttypen, Groß- und Kleinschreibung, Indexschreibweise, gehen auf unterschiedliche Erfordernisse in späteren Kapiteln zurück).

```
box NAND2;
  input X1,X2: ST;
  output Y: ST;
  begin Y=(X1 ∧ X2)' end
```

Bild 13.2.
Verhaltensbeschreibung für ein NAND-Glied auf Schaltwerkebene (zu Bild 13.1e).

Bild 13.2 gibt eine *textuelle Verhaltensbeschreibung* zum NAND-Glied aus Bild 13.1e wieder. Sie beginnt mit dem Schlüsselwort **box**, dem ein frei wählbarer Name für die beschriebene Funktionseinheit folgt. Die inhaltliche Aussage der Verhaltensbeschreibung steckt im *Anweisungsteil*, der in die Klammern **begin** und **end** eingeschlossen ist. Dem Anweisungsteil voran geht ein *Deklarationsteil*, in dem die verwendeten Variablennamen näher erläutert sind. Alle modernen höheren Programmiersprachen verfügen über ein Deklarationskonzept; dadurch läßt sich ein Programm - durch den Compiler - schon vor Ausführung auf syntaktische, also auf formale Fehler überprüfen. Bei Hardware-Beschreibungssprachen kommt im Deklarationsteil (zusätzlich) ein spezifischer Umstand zum Ausdruck: Es werden ja *Funktionseinheiten* beschrieben, also physisch oder nach Wirkung gegen eine Umgebung abgrenzbare Gebilde. Es gibt deshalb *Anschlüsse*, im vorliegenden Fall *Eingänge* und *Ausgänge*, die unter den Schlüsselworten **input** und **output** aufzulisten sind. Dazu ist mit der Angabe ST (Schalttyp) noch ein *Datentyp* aufgeführt; er besagt in diesem Fall, daß die Variablen X1, X2 und Y nur Binärwerte **0** und **1** annehmen dürfen und daß weiterhin auf diesen Variablen entsprechende Operationen, wie ∧ (UND), ∨ (ODER) und ' (NICHT) ausführbar sind.

```
box VA;
  input A,B,C: ST;
  output S,U: ST;
  begin
    |A' ∧ B' ∧ C'|: {S=0, U=0}
    |A' ∧ B' ∧ C |: {S=1, U=0}
    |A' ∧ B  ∧ C'|: {S=1, U=0}
    |A' ∧ B  ∧ C |: {S=0, U=1}
    |A  ∧ B' ∧ C'|: {S=1, U=0}
    |A  ∧ B' ∧ C |: {S=0, U=1}
    |A  ∧ B  ∧ C'|: {S=0, U=1}
    |A  ∧ B  ∧ C |: {S=1, U=1}
  end
```

Bild 13.3.
Verhaltensbeschreibung für einen Volladdierer auf Schaltwerkebene (zu Bild 13.1c)

Ganz ähnlich läßt sich auch das Verhalten des Volladdierers beschreiben (Bild 13.3). Der Anweisungsteil ist einfach eine 1:1-Wiedergabe der Funktionstabelle von Bild 13.1c. Natürlich kann man sich dazu auch knappere Ausdrucksmittel vorstellen; ein Beispiel wird in Abschnitt 4.1.11 gebracht. Hier soll es wiederum nur um Formalia gehen: Der Anweisungsteil besteht aus einer Liste gleichzeitig ausführbarer Anweisungen. Deshalb ist zwischen ihnen ein Komma notiert; dagegen sollen nacheinander auszuführende Anweisungen - wie in PASCAL - durch ein Semikolon getrennt werden. Um die Niederschrift kurz zu halten, sei die PASCAL-Konstruktion

```
if C then begin a;a;... end
```

niedergeschrieben in der Form

```
|C|: {a;a;...}
```

Jede der Anweisungen in Bild 13.3 ist also bedingt; d.h. der jeweils in geschweiften Klammern genannte Teil ist nur bei erfüllter Bedingung auszuführen. Im allgemeinen ist bei gleichzeitig ausführbaren Anweisungen auf Widerspruchsfreiheit in den Zuweisungen zu achten; sie ist hier gegeben, da von den acht Bedingungen immer genau eine erfüllt ist. Angemerkt sei, daß als *Zuweisungszeichen* - z.B. in der Teilanweisung S=0 - das reine Gleichheitszeichen (=) anstelle des PASCAL-üblichen Symbols (:=) verwendet wird. Der Grund wird in Abschnitt 3.1 erklärt; er beruht auf dem in Hardware-Beschreibungssprachen oft sinnvollen Unterschied zwischen Zuweisungen ohne bzw. mit Speicherwirkung.

Passend zur Struktur von Bild 13.1d läßt sich nun auch eine *Strukturbeschreibung* für den

```
structure VAS;
  input A,B,C: ST;
  output S,U: ST;
  unit N5,N6,N7: NAND2;
       N1,N2,N3,N4,N9: NAND3;
       N8: NAND4;
       NA,NB,NC: NOT;
  locnode L1,L2,L3,L4,L5,L6,L7,
          LA,LB,LC: ST;
  begin
    NA: A,LA;  NB: B,LB;  NC: C,LC;
    N1: LA,LB,C,L1;     N2: LA,B,LC;
    N3: A,LB,LC,L3;     N4: A,B,C;
    N5: A,B,L5;  N6: A,C,L6;  N7: B,C,L7;
    N8: L1,L2,L3,L4,S;  N9: L5,L6,L7,U
  end
```

Bild 13.4.
Strukturbeschreibung für einen Volladdierer auf Schaltwerkebene (zu Bild 13.1d)

Volladdierer angeben (Bild 13.4). Sie wird eingeleitet durch das Schlüsselwort **structure**. Der Deklarationsteil unterscheidet sich bei den Angaben zu **input** und **output** nicht von der Verhaltensbeschreibung in Bild 13.3. Hinzu kommt jedoch - unter dem Schlüsselwort **unit** - eine Liste der Strukturelemente mit jeweiliger Angabe deren Typs. Im vorliegenden Beispiel sind die Elemente N5,N6 und N7 vom Typ NAND2, beschrieben in Bild 13.2. Sinngemäß muß man sich weitere Verhaltensbeschreibungen NAND4, NAND3 und NOT als gegeben vorstellen. Interne Knoten der Struktur bekommen eigene Namen (s. Bild 13.1d), die unter dem Schlüsselwert **locnode** aufgeführt sind. Der Anweisungsteil, zwischen **begin** und **end**, ist im Prinzip eine Liste der Strukturelemente (units); zu jedem sind die Anschlußknoten genannt, wobei sich die Notationsreihenfolge auf die **input**- /**output**-Deklaration des betreffenden Unit-Typs bezieht. So ist z.B. das NAND-Glied N5 mit seinen Anschlüssen X1, X2, Y (laut Bild 13.1e) tatsächlich an die Knoten A,B und L5 angeschlossen.

Ähnlich läßt sich auch die Struktur von Bild 13.1b beschreiben. Da hier 8 Strukturelemente auf regelmäßige Art zu verbinden sind, läßt sich vorteilhaft der Begriff des **arrays** verwenden, und zwar sowohl für Knoten als auch für Strukturelemente (Bild 13.5). Anstelle des PASCAL-Konstrukts

for I:= 0 **to** 7 **do** anweisung

sei die speziellere Form

conc I(0 **to** 7) **do** anweisung

```
structure ADS;
  input A,B: array [0..7] of ST;  C0: ST;
  output S: array [0..7] of ST;  U7: ST;
  unit V:    array [0..7] of VA;
  locnode L: array [0..8] of ST;
  locvar I:  INTEGER;
  begin
    conc I (0 to 7) do
      V[I]: A[I],B[I],L[I],S[I],L[I+1];
    L[0]=C0;  U7=L[8]
  end
```

Bild 13.5.
Strukturbeschreibung für einen 8-Bit-Addierer auf Schaltwerkebene (zu Bild 13.1b)

verwendet; sie betont, daß die nachfolgende Anweisung für alle Indexwerte gleichzeitig (concurrent) durchzuführen ist. Für eine sequentielle Ausführung würde dagegen die Form

sequ I(0 **to** 7) **do** anweisung

zu wählen sein. Außerdem kann einfache Gleichsetzung von Knotennamen sinnvoll sein, wie hier: L[0]=C0 bzw. U7=L[8]. Man beachte, daß das Strukturelement V durch die **unit**-Deklaration VA als Verhaltensbeschreibung eingeführt ist; durch simplen Austausch von VA gegen VAS wird die Strukturbeschreibung des Volladdierers wirksam, so daß man zu einer geschachtelten Struktur kommt.

Eine Verhaltensbeschreibung auf Registertransferebene setzt einen anderen Datentyp voraus, hier genannt: RT (*Register-Typ*) (Bild 13.6). Für Variable solchen Typs sind andere Operationen definiert, hier z.B. die Modulo-Addition. Typisch ist die Form von Nachrichten-Zeichen als *Binärwort*; deren Bit-Anzahl und Bit-Numerierung läßt sich durch Zahlenangaben in spitzen Klammern bezeichnen. Einzelheiten folgen in Abschnitt 3.1.

```
box ADD;
  input A,B <0..7>: RT;   C: RT;
  output S <0..7>: RT;   U: RT;
  begin
    S=(A+B+C) mod 256,
    |A+B+C<256|: U=0,
    |A+B+C≥256|: U=1
  end
```

Bild 13.6.
Verhaltensbeschreibung für einen 8-Bit-Addierer auf Registertransferebene (zu Bild 13.1a)

```
box RE (R: OHM);
  terminal P,Q: ELEC;
  termvar U(P,Q): VOLT;
          I(P): AMP;
  begin U=R*I end

box DI (IS: AMP);
  terminal A,K: ELEC;
  termvar U(A,K): VOLT;
          I(A): AMP;
  begin
    I=IS*(EXP(U/0.025)-1)
  end
```

Bild 13.7.
Verhaltensbeschreibung von Widerstand und Diode auf der Ebene elektrischer Schaltungen (zu Bild 13.1f)

Formal ähnlich sind Verhaltensbeschreibungen auf der Ebene der elektrischen Schaltungen möglich (Bild 13.7). Allerdings läßt sich dort nicht nach Eingängen und Ausgängen differenzieren, so daß unter dem Schlüsselwort **terminal** einfach nur *Anschlüsse* vom Datentyp ELEC (elektrisch) erscheinen. Weiterhin sind diese Anschlüsse - anders als bisher - nicht auch Bezeichner für Variable. Vielmehr sind sie lediglich elektrische Knoten, an denen man z.B. Spannungen und Ströme feststellen kann. So sind denn unter **termvar** die Namen sowie Zählrichtung entsprechender Variablen festzulegen. Z.B. bedeutet die Angabe U(P,Q): VOLT, daß eine Spannung mit Namen U zwischen den Anschlüssen P und Q liegen soll, wobei Knoten P das höhere Potential angibt. Sinngemäß bezeichnen I(P): AMP oder I(-P): AMP einen in den Anschluß hineinfließenden bzw. aus ihm herausfließenden Strom mit Namen I. Der Anweisungsteil enthält die Strom-Spannungs-Beziehung. Dabei wird auch das Prinzip der *Parameterübergabe* sichtbar. Z.B. ist das Verhalten der Diode auch von einem Parameterwert IS, also einem Sperrstrom abhängig. Im allgemeinen sind allerdings Verhaltensbeschreibungen auf der elektrischen Ebene recht schwierig handhabbar, so daß sie - z.B. in Simulationsprogrammen für elektrische Netze, wie das bekannte SPICE [1.13] - für den Anwender im Detail nicht erkennbar, implizit vorgefertigt bereitgestellt werden. Daher sei hier auch auf die Verhaltensbeschreibung des Transistors verzichtet. Einzelheiten folgen in Kapitel 5.

Dagegen lassen sich Strukturbeschreibungen, z.B. jene für Bild 13.1g, in gewohnter Weise in textuelle Form bringen. Im Bild 13.8 muß man sich den Transistortyp TR mit seinen Parametern in der Art des Bildes 13.7 beschrieben denken.

In der Praxis tatsächlich verwendeter Beschreibungssprachen sind die hier geschilderten Prinzipien nicht immer leicht wiederzuerkennen, da - oft im Interesse möglichst knapper Ausdrucksweise, meistens einfach auch historisch bedingt - besonders der Deklarationsteil stark vereinfacht ist oder ganz fehlt. Andererseits sind textuelle Verhaltensbeschreibungen inzwischen ein unentbehrliches Handwerkzeug geworden, so daß in den späteren Kapiteln weitere Beispiele und Ergänzungen gebracht werden.

```
structure NAND-Glied;
  terminal GND,UCC,X1,X2,Y: ELEC;
  termvar U1(X1,GND), U2(X2,GND),
          UY(Y,GND): VOLT;
          I1(-X1), I2(-X2), IY(Y): AMP;
  unit D1,D2,D3,D4: DI(10E-13);
       R1: RE(5000);   R2: RE(2000);
       T1: TR(......);
  locnode L1,L2,L3: ELEC;
  begin
    D1: L1,X1;      D2: L1,X2;
    D3: L1,L2;      D4: L2,L3;
    R1: UCC,L1;     R2: UCC,Y;
    T1: Y,L3,GND;
  end
```

Bild 13.8.
Strukturbeschreibung eines NAND-Glieds auf der Ebene elektrischer Schaltungen (zu Bild 13.1g)

2 Die Hauptblockebene

Wie in Abschnitt 1.3.3 angesprochen, setzt das Entwerfen u.a. definierte Entwurfsregeln voraus. Dazu gehört eine Übersicht über die verfügbaren elementaren Funktionseinheiten, und es wäre natürlich, sie auf jeder Nachrichtenebene vorab vorzustellen. In den Kapiteln 3, 4 und 5 sei auch weitgehend so verfahren; jedoch nicht so auf der Hauptblockebene. Im Jahre 1946 nämlich stellte John von Neumann ein Rechnerkonzept vor, nach dem praktisch alle in nennenswerten Stückzahlen produzierten Rechner bis zum heutigen Tage realisiert werden. Dieses Prinzip erlaubt es, mit niedrigem Materialaufwand, d.h. mit einfacher *Hardware*, zu kostengünstigen realen Prozessoren zu kommen, die auf flexible Weise, nämlich durch Programme, bzw. allgemeiner durch *Software*, zu nahezu beliebigen virtuellen Prozessoren gemacht werden können. Dieses Grundziel erweist sich wegen der einerseits laufend fallenden Materialkosten und des andererseits ständig steigenden Software-Aufwands als problematisch. Jedoch ist eine allgemeine Ablösung des *von-Neumann-Konzepts* noch nicht in Sicht, so daß es weiterhin als Ausgangspunkt für eine Diskussion auf der Hauptblockebene dienen kann.

Insgesamt fällt das Kapitel 2 vergleichsweise kurz aus, und zwar aus zwei Gründen:

- Ein Rechner - als reale Funktionseinheit - ist durch das von-Neumann-Konzept in seiner Struktur weitgehend festgelegt. Der Vorgang des Entwerfens beschränkt sich weitgehend - im Sinne von Abschnitt 1.3.3 - auf das Festlegen von Parametern. Dies sind z.B. Angaben zur Leistungsfähigkeit einer Zentraleinheit, zur Größe eines Hauptspeichers, zur Art notwendiger peripherer Speicher oder zur Geschwindigkeit von Ein- bzw. Ausgabegeräten. Das vorliegende Buch will sich aber nur mit solchen Entwurfsvorgängen beschäftigen, in denen tatsächlich die Suche nach einer geeigneten realen Struktur selbst im Vordergrund steht.
- Der Hauptschwerpunkt des Entwerfens liegt auf der Hauptblockebene eigentlich im virtuellen Bereich. Es geht darum, einem realen Prozessor durch Entwerfen von Programmen und Datenstrukturen möglichst flexibel aufgabengerechte virtuelle Eigenschaften geben zu können. Zwar können daraus konkrete Anforderungen an Leistungsdaten des realen Prozessors erwachsen, z.B. zur Speichergröße; jedoch gehört diese Art des Entwerfens doch vornehmlich in die Fachdisziplin "Algorithmen und Datenstrukturen". Es sei vorsichtshalber angemerkt, daß dort zwar die Gedankenobjekte ganz anders sein können als in diesem Buch; die Grundideen des Entwerfens sind jedoch methodisch sehr ähnlich. Auch dort gibt es solche Begriffspaare wie Verhalten/Struktur, nicht-elementar/elementar oder Top-Down/Bottom-Up.

Das Kapitel 2 gliedert sich in folgende Abschnitte:

Abschnitt 2.1 beschäftigt sich mit der *Hauptblockebene* insgesamt. Im Vordergrund steht das *von-Neumann-Konzept* in seiner realen Struktur und in seiner Wandelbarkeit zu nahezu beliebigem virtuellen Verhalten. Einige Anmerkungen zu anderen Konzepten sind lediglich als Kontrast gedacht.

Abschnitt 2.2 stellt einige *elementare Funktionseinheiten* vor, speziell die *peripheren Speicher* und die *Ein-/Ausgabegeräte*. Auch hier sind die Verhaltensmerkmale wesentlich durch Parameter, also durch Angaben zu Kapazität, Geschwindigkeit oder Kosten gegeben.

2.1 Struktur und Verhalten eines Rechners insgesamt

Dieser Abschnitt stellt das John-von-Neumann-Konzept von seiner materiellen Seite, also als realen Prozessor, vor und verdeutlicht das Grundprinzip seiner universellen Anwendbarkeit, nämlich die Programmierbarkeit zum virtuellen Prozessor.

Abschnitt 2.1.1 betrachtet den Rechner als *reale Funktionseinheit* und zeigt die typische Grundstruktur aus Eingabegerät, Ausgabegerät, Hauptspeicher, Rechenwerk und Leitwerk.

Abschnitt 2.1.2 verdeutlicht, daß die Ausführbarkeit von Maschinenprogrammen weitgehende Freizügigkeit bei der Gestaltung virtueller Prozessoren erlaubt. Als Beispiele dienen das *Urladen*, das Einlesen beliebiger Nachrichten sowie das *Übersetzen (Compilieren; Assemblieren)* von Programmtexten in Maschinensprache.

Abschnitt 2.1.3 bringt einige Anmerkungen zu anderen Konzepten, um den Interessierten einen Anknüpfungspunkt für eigenständige Vertiefung zu bieten.

2.1.1 Die Rechnerstruktur als reale Funktionseinheit

Ein Rechner braucht als reale Funktionseinheit sicherlich je ein *Eingabegerät* EG, *Ausgabegerät* AG und einen verarbeitenden *Rechnerkern* RK (Bild 21.1). Wie in Abschnitt 1.1.3 erläutert, empfängt eine solche Funktionseinheit einen Auftrag, bestehend aus Steuernachricht und Operandennachricht. Typisch für den John-von-Neumann-Rechner ist es, daß die Steuernachricht, hier vor allem in Form eines Programmtextes, zunächst vollständig im Rechnerkern abgelegt wird, bevor sie ihre steuernde Wirkung entfaltet. Gerade dadurch entsteht die Flexibilität; denn jedes neue derart abgelegte Programm schafft einen neuen virtuellen Prozessor.

Der Rechnerkern enthält daher einen eigenständigen *Hauptspeicher* HS (Bild 21.2); er ist je nach Bedarf funktionell unterschiedlich einteilbar in *Programmbereich* HS-P (zur Ablage von Steuernachrichten bzw. Programmen) und *Operandenbereich* HS-O (zur Ablage von Operanden). Aufgabe des Prozessors ist letztlich, die mit dem Auftrag eingehende Operandennachricht zu einer neuen Operandennachricht zu verarbeiten. Dazu dient das *Rechenwerk* RW; es bekommt diese Operanden aus dem Operandenbereich HS-O und liefert die Ergebnisse dahin zurück. Die konkrete Abwicklung des Auftrags verläuft entsprechend der Steuernachricht, also entsprechend dem Programm. Dazu erhält ein *Leitwerk* LW Zugriff zum Programmbereich HS-P und generiert eine

Bild 21.1.
Grobstruktur eines Rechners auf Hauptblockebene

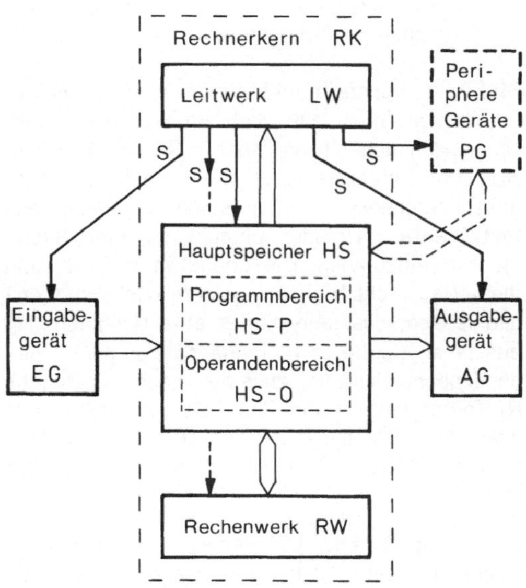

Bild 21.2.
Rechnerstruktur auf Hauptblockebene nach dem von-Neumann-Konzept

sinnvolle Folge von Steuersignalen S. Rechnerwerk und Leitwerk sind einander konstruktiv verwandt, und sie werden oft unter dem Begriff *Zentraleinheit* (Central Processing Unit, CPU) zusammengefaßt.

Dieses Konzept ist im Laufe der Zeit ergänzt und verfeinert worden. Auf Hauptblockebene sind mehrere Eingabe- und Ausgabegeräte möglich und allgemein üblich sind *periphere Speicher*, z.B. Magnetplatten, zur Aufnahme großer Nachrichtenbestände (gebräuchlicher spricht man hier von "Datenbeständen").

2.1.2 Virtuelles Verhalten von Rechnern

Damit ein realer Prozessor ein weitgehend beliebiges virtuelles Verhalten aufweisen kann, braucht er eigentlich nur über zwei Grundfähigkeiten zu verfügen.

A. Es muß einen Einlesemechanismus geben, genannt *Urlader*, der eine Nachricht, also einen Text aus alphanumerischen Zeichen, über ein Eingabegerät EG einlesen und im Operandenbereich HS-O ablegen kann.

B. Es muß einen Interpretationsmechanismus geben, der den Operandenbereich nunmehr zum Programmbereich erklärt, die darin abgespeicherte Nachricht als Programm auffaßt und dieses - wie in Kapitel 3 beschrieben - ausführen will.

Bild 21.3 veranschaulicht die nun erreichte Flexibilität; dort wie auch im weiteren seien Operandennachrichten durch Rechteckkästen, Steuernachrichten durch abgerundete Symbole gekennzeichnet. Der - im realen Prozessor fest installierte - Urlader erlaubt es, eine Nachricht N einzulesen. Die Grundfähigkeit B kann diese Nachricht N als Programm wirksam werden lassen, das seinerseits eine Nachricht N_Q aus einer Quelle (z.B. Eingabegerät oder Operandenbereich) holt, zu einer neuen Nachricht N_Z formt und an ein Ziel (z.B. Ausgabegerät oder Operandenbereich) übergibt. Die Fähigkeit B läßt sich nun auf die Nachricht N_Q anwenden, usw.

Im Prinzip kann der Urlader ein ganz primitives Programm sein; früher bestand es oft einfach in einer Folge manueller Schalterbetätigung. Dieser Urlader braucht nach Einschalten des Rechners nur einmal aktiviert zu werden, und er liest dabei ein Leseprogramm L1 in den Operandenbereich HS-O (Bild 21.4). Dieses Leseprogramm kann seinerseits, mit Fähigkeit B, ein komfortableres Leseprogramm L2 einlesen. So läßt sich der reale Prozessor in eine Folge virtueller Prozessoren mit der zunehmend verbesserten Fähigkeit, zum Nachrichten-Einlesen überführen.

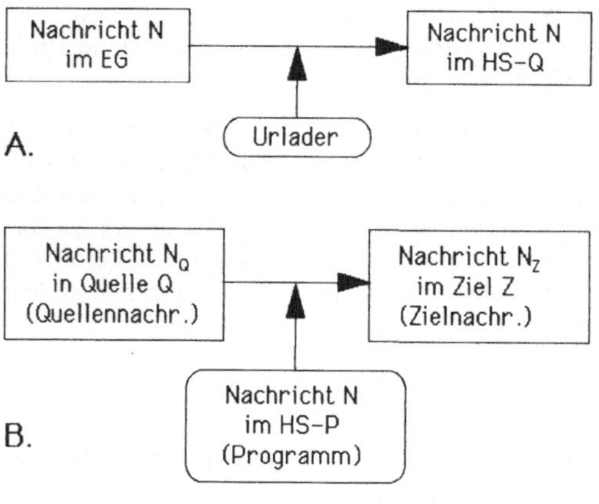

A. Grundfähigkeit zum Urladen
B. Grundfähigkeit zur Programmausführung

Bild 21.3.
Modell für die Grundfähigkeiten eines realen Prozessors

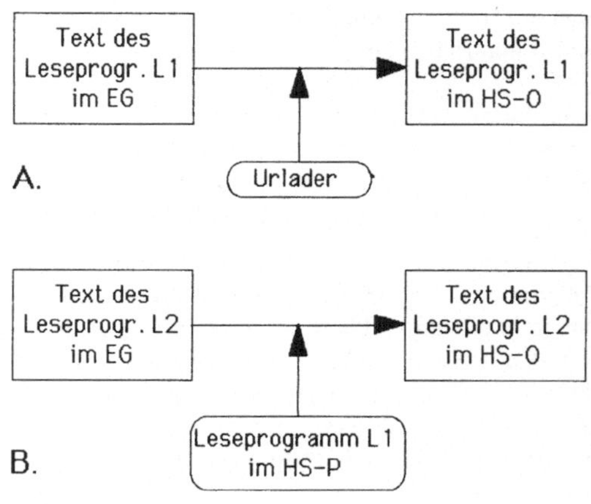

Bild 21.4.
Iteratives Einlesen von Leseprogrammen

Mit einem solchen Leseprogramm läßt sich natürlich auch der Text eines *Ausgabeprogramms* einlesen, so daß der reale Prozessor die virtuelle Fähigkeit zur Ausgabe von Nachrichten aus dem Operandenbereich an ein Ausgabegerät erhalten kann.

Die Grundfähigkeit B beschreibt eine notwendige, nicht aber auch schon hinreichende Voraussetzung. Es müssen nämlich Nachrichten, die als Programm ausführbar sein sollen, die spezielle Form eines *Maschinenprogramms* aufweisen; sie ist - wie in Kapitel 3 gezeigt wird - genau auf die Struktur des realen Prozessors abgestimmt. Ein Programm in höherer Programmiersprache, z.B. das PASCAL-Programm von Bild 11.6 genügt dieser Form nicht, denn solche höheren Sprachen sind ja gerade mit dem Ziel der Maschinenunabhängigkeit geschaffen worden. Ein Programm in höherer Sprache muß zunächst *compiliert*, d.h. in Maschinensprache übersetzt werden. Diese Aufgabe löst der Rechner selbst in folgenden Schritten:

1. Ein Leseprogramm liest den zu übersetzenden Programmtext in einen Operandenbereich, hier genannt: HS-OP.
2. Ein Leseprogramm holt den Text des *Compilers*, also des Übersetzungsprogramms, in einen Operandenbereich HS-OC.

3. Die Grundfähigkeit B macht den Compilertext zu einem lauffähigen Programm im Programmbereich HS-PC (Bild 21.5). Der Compiler sieht den zu übersetzenden Programmtext im Bereich HS-OP (genannt: *Quellentext*) als eingehende Nachricht an, formt daraus einen inhaltlich gleichen Text in Maschinensprache (genannt: *Zieltext*) und legt ihn im selben oder in einem anderen Operandenbereich ab.

Maschinenprogramme sind - wie sich in Kapitel 3 zeigen wird - Folgen von Binärwörtern, die ein Mensch nur mühsam lesen oder bearbeiten kann. Deswegen sind symbolische Schreibweisen, genannt *Assemblersprachen*, üblich. Sinngemäß zum Compiler bedarf es nun auch der *Assembler*, die einen Programmtext von der Assemblersprache in die Maschinensprache übersetzen (Bild 21.6).

Compiler und Assembler sind, häufig benutzte, Spezialfälle in der Klasse der *Übersetzungsprogramme*. Ein *Übersetzer* transferiert einen Programmtext von irgendeiner Sprache A in eine Sprache B (Bild 21.7). Noch weiter verallgemeinert, kommt man zur Nachrichtenverarbeitung durch einen Prozessor; sie erweist sich als *Textbearbeitung*, durch die - wie in Bild 21.3 - aus einem Text N_Q ein anderer Text N_Z gewonnen wird.

Textbearbeitungsprogramme, darunter z.B. die Übersetzer, sind meistens sehr umfangreich. Es erhebt sich die Frage, wie solche Programme in Maschinensprachenform zustande kommen. Früher wurde z.B. ein Assembler selbst direkt in Maschinensprache geschrieben; ein Compiler konnte dann in Assemblersprache entworfen und von einem Assembler in Maschinensprache übersetzt werden. Solche umständlichen Wege sind inzwischen nicht mehr nötig. Heutzutage wird z.B. ein PASCAL-Compiler (für einen neuen Rechner) selbst in PASCAL

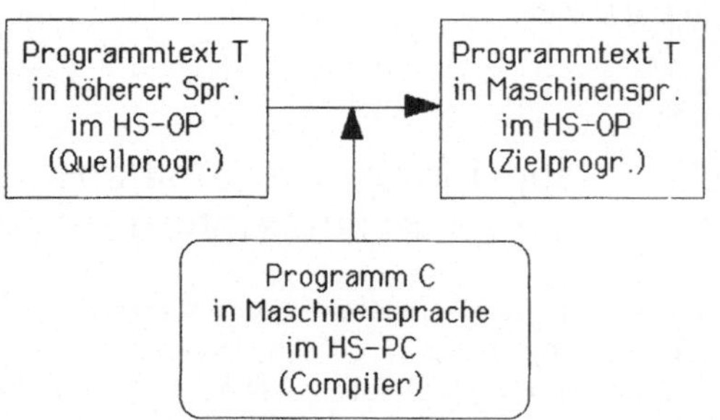

Bild 21.5.
Prinzip der Compilierung

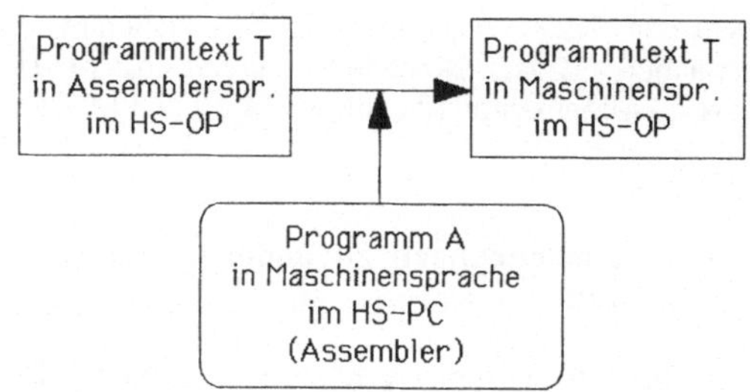

Bild 21.6.
Prinzip der Assemblierung

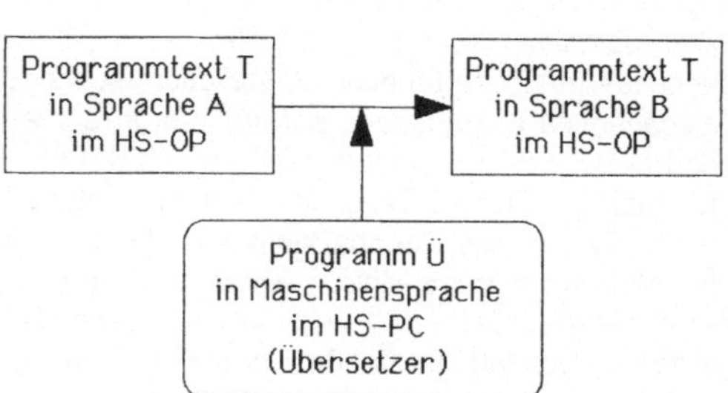

Bild 21.7.
Prinzip allgemeiner Programmübersetzung

formuliert und mit dem PASCAL-Compiler eines existierenden Rechners in die Maschinensprache des neuen Rechners übersetzt (genannt: *Kreuz-Compilierung, Cross-Compiling*). Falls für die Compiler-Entwicklung kein existierender Rechner verwendbar ist, läßt sich ein iteratives Vorgehen ähnlich dem des iterativen Einlesens von Bild 21.4 denken: Man schreibt in Assemblersprache einen ganz einfachen Compiler für einen nur geringen Teil des Sprachumfangs der höheren Sprache. Mit diesem geringen Sprachumfang formuliert man einen mächtigeren Compiler für einen größeren Teil des Sprachumfangs, usw.

Die vorstehenden Bemerkungen dienen vornehmlich der Grundeinsicht, daß sich der reale Prozessor des von-Neumann-Konzepts weitgehend beliebig zu virtuellem Verhalten programmieren läßt. Die tatsächliche Ausführung ist nach vielen Entwicklungsjahren sehr weit verfeinert worden, und sie schlägt sich letztlich im jeweiligen *Betriebssystem* eines Rechners nieder. Eine Vertiefung dieser Gedanken führt in den Bereich der *Algorithmen und Datenstrukturen*, der außerhalb der Zielrichtung dieses Buches liegt. Zur Einführung sei - aus der ungeheuren Literaturfülle - jeweils ein Buch für die hier genannten Aspekte genannt: "Algorithmen und Datenstrukturen" [2.1], "Betriebssysteme" [2.2], "Compiler" [2.3], "Maschinensprachen" [2.4], "Rechnerorganisation" [1.9] sowie "Allgemeiner Überblick" [1.2] und [1.3].

2.1.3 Anmerkungen zu anderen Konzepten

In seiner Grundform von Bild 21.2 kann ein von-Neumann-Rechner genau einen Auftrag in einer Folge von Schritten bearbeiten, wobei die Operanden ebenfalls nacheinander gelesen, bearbeitet oder ausgegeben werden. Man spricht auch von *Single-Instruction-Stream / Single-Data-Stream-Machine* (*SISD*). Man kann durchaus mehrere Eingabegeräte oder mehrere Ausgabegeräte zulassen; sofern sie alternierend aktiv werden, ändert sich am SISD-Prinzip nichts. Durch Programmierung, speziell durch Betriebssystemmaßnahmen, läßt sich ein *Mehrprogrammbetrieb* erreichen; virtuell wirkt der Rechner dann so, als ob mehrere Benutzer gleichzeitig mit ihm umgehen können. Auf der realen Seite sorgt das Betriebssystem jedoch dafür, daß die Benutzeraufträge zeitlich ineinandergeschachtelt, z.B. nach dem *Zeitscheibenverfahren* (*Timesharing*), ausgeführt werden. Der Rechner als realer Prozessor sieht alle Benutzeraufträge sowie die steuernde Wirkung des Betriebssystems als einen einzigen großen Auftrag an, den er durchaus nach dem SISD-Prinzip des von-Neumann-Rechners bearbeiten kann.

Das Grundkonzept wird ein wenig durchlöchert, wenn der Rechner einen Auftrag irgendwie in tatsächlich gleichzeitig ausführbare Teilaufträge zerlegen kann. Die *Single-Instruction-Stream / Multi-Data-Stream-Machine* (*SIMD*) hat mehrere, u.U. sogar sehr viele Rechenwerke; ein einziger Schritt in der Auftragsabwicklung aktiviert etliche gleichzeitig ausführbare Rechenoperationen. Bekannt sind dabei insbesondere *Feldrechner*; mit ihnen sind gut Aufträge lösbar, die schon von sich aus einen hohen Grad von Parallelität aufweisen, wie z.B. bei Matrixoperationen. Es läßt sich aber auch schon erahnen, daß es schwierig wird, die Universalität des Grundkonzepts zu wahren; denn der Grad gleichzeitiger Ausführbarkeit hängt vom Auftragsinhalt selbst ab. Mit der Durchlöcherung des von-Neumann-Konzepts treibt man leicht in Richtung von realen Spezialprozessoren, die nur für jeweils eine eingeschränkte Klasse von Aufträgen nutzbar sind.

Noch weiter geht die *Multi-Instruction-Stream / Multi-Data-Stream-Machine* (*MIMD*). Hierbei werden auch die Auftragsschritte auf gleichzeitige Ausführbarkeit hin untersucht. Der reale Prozessor, speziell die Zentraleinheit, kann dann aus einer regulären Struktur von Zellen bestehen, die teils als Leitwerk, teils als Rechenwerk und teils als lokaler Speicher wirken. Ein beigeordneter normaler Rechner sorgt für eine variable Verteilung gleichzeitig ausführbarer Teilaufträge.

Man kann sich auf den Standpunkt stellen, daß immer noch Grundzüge des von-Neumann-Konzepts durchschimmern, da ja noch "Instruction" und "Data", also Steuernachricht und Operandennachricht, getrennt nebeneinander erkennbar bleiben. Aus der Thematik der *systolischen Arrays* ist aber bekannt, daß selbst dieser Unterschied nicht zwingend ist (s. auch Abschnitt 5.7.4). Der Bottom-Up-Einfluß aus der physikalischen Ebene legt es nahe, auf der Hauptblockebene mit Strukturen aus gleichen Prozessorzellen zu arbeiten, die nur mit ihren Nachbarn kommunizieren: Ein Prozessor wirkt vorwiegend als Rechenwerk, das - schon teilweise bearbeitete - Operanden empfängt, sie ein kleines Teilstück weiterbearbeitet und dann dieses Zwischenergebnis zu den Nachbarprozessoren weiterreicht. Etwas übertrieben läßt sich sagen, daß es keine eindeutige Zuordnung von Teilaufträgen an Prozessoren mehr gibt, sondern daß alle Prozessoren an allen Teilaufgaben quasi-gleichzeitig arbeiten. Eine eigenständige Steuernachricht gibt es - beim derzeitigen Stand - normalerweise nicht. Vielmehr sind solche systolischen Arrays durch die Art ihrer Prozessoren - und durch die Art der Beschickung mit Operanden - so gut wie fest auf eine bestimmte Aufgabe programmiert.

Festgehalten sei, daß diese Konzepte die Tendenz zur Spezialisierung auf Aufgabenklassen mit sich bringen. Man könnte sie im Detail auf der Registertransferebene diskutieren; dies entspräche aber kaum noch dem Charakter eines einführenden Lehrbuchs. Einen Überblick findet man z.B. bei Jessen [1.9]; weitreichende Vertiefung bietet Giloi [1.11].

2.2 Hauptblöcke als elementare Funktionseinheiten

Wie schon gesagt, besteht das Entwerfen auf der Hauptblockebene, sofern man beim von-Neumann-Konzept bleibt, zu großen Teilen im Festlegen geeigneter Parameterwerte für die beteiligten Hauptblöcke. Insgesamt führt diese Aufgabe stark in die Richtung der Leistungsanalyse von Rechnern, wobei Beschreibungstechnik und Methoden von denen dieses Buches relativ weit abweichen können [s. z.B. 1.9]. So sollen hier nur einige Hinweise gegeben werden.

Abschnitt 2.2.1 befaßt sich mit den Hauptblöcken des *Rechnerkerns*, speziell also mit *Hauptspeicher*, *Rechenwerk* und *Leitwerk*.

Abschnitt 2.2.2 kennzeichnet das *Verhalten peripherer Speicher* durch typische Leistungsdaten wie *Zugriffszeit*, *Datenrate* und *Kapazität*. Es folgen kurze Hinweise zur denkbaren Diskussion konstruktiver und funktioneller Details niedrigerer Ebenen.

Abschnitt 2.2.3 gibt einen Überblick über die *Eingabe-* und *Ausgabegeräte* vornehmlich mit dem Ziel, deren Einsatzzweck zu verdeutlichen.

2.2.1 Rechenwerk, Leitwerk, Hauptspeicher

Rechenwerk und *Leitwerk* (Bild 21.2) sind seit jeher technologisch gleichartig realisiert, so daß sie bautechnisch und begrifflich oft zur *Zentralverarbeitungseinheit* (*central processing unit; CPU*) zusammengefaßt sind. Hauptleistungsmerkmal war und ist die Arbeitsgeschwindigkeit, ausgedrückt z.B. durch die Taktrate der elektrotechnischen Komponenten, kombiniert natürlich mit einem sinnfälligen Maß für die Mächtigkeit der verarbeiteten Steuernachrichten oder Operanden. Jedenfalls versuchen die Konstrukteure stets – soweit von den Kosten her verantwortbar – die Technologie mit der jeweils höchsten Grundgeschwindigkeit der elektrotechnischen Ebene einzusetzen. Um 1940 benutzte Konrad Zuse noch Relais, ab ca. 1946 waren Elektronenröhren serienreif. Ab etwa 1960 wurden sie durch die Bipolar-Transistoren abgelöst. Um 1970 läutete der MOS-Transistor die Technik der hochintegrierten Schaltungen ein, mit der heute und auch noch künftig die Rechnerkerne in der Regel verwirklicht werden. Die üblichen Taktraten liegen oberhalb von 10 MHz.

Der *Hauptspeicher* leidet schon immer unter zwei kaum vereinbaren Optimierungskriterien. Zum einen soll die *Zugriffszeit*, also die Dauer einer Lese- oder Schreiboperation möglichst gering sein; dies ist nur mit entsprechend teuren elektronischen Komponenten möglich. Zum anderen ist hohe *Speicherkapazität*, also große Anzahl von Speicherwörtern, gewünscht; dazu sollten die elektronischen Komponenten möglichst preisgünstig sein. Wegen dieses Widerspruches werden die peripheren Speicher des nächsten Abschnitts unentbehrlich. Die Röhren, oder später die Transistoren, waren für Hauptspeicher zu teuer. Für schnelleren Zugriff benutzte man (ab 1946) Verzögerungsleitungen, für langsamere und damit billigere Lösungen waren Magnettrommeln mit Zugriffszeiten im Millisekundenbereich gebräulich. Eine erste auf längere Zeit tragfähige Lösung gelang um etwa 1953 mit dem *Magnetkernspeicher*. Mit ihm reduzierten sich die Zugriffszeiten herab bis zu einigen Mikrosekunden bei Speicherkapazitäten von wenigen tausend Bit. Der Durchbruch bei den MOS-Schaltungen um das Jahr 1970 ergriff auch die Speichertechnik; mehr noch gilt der Hauptspeicher wegen seiner intern regulären Struktur seitdem sogar als Motor des Fortschritts in der Mikroelektronik (s. auch Abschnitt 5.7.3). Einzelne Speicherbausteine erreichen derzeit bis zu etwa 1 Million Bit; komplette Hauptspeicher können schon bei kleineren Rechenanlagen um die 10 Millionen Speicherworte zu je 32 Bit umfassen. Die Zugriffszeiten gehen herab bis zu wenigen Nanosekunden.

Insgesamt haben sich Zentraleinheit und Hauptspeicher technologisch soweit angenähert, daß sie oft gemeinsam als hochintegrierte Schaltung hergestellt und, zusammen mit weiteren Einheiten wie z.B. Gerätesteuerungen, als *Ein-Chip-Mikrocomputer* angeboten werden. Einzelheiten werden in den weiteren Kapiteln bis in die physikalische Ebene hinein verfolgt.

2.2.2 Periphere Speicher

Die über die Jahre hin gesteigerte Leistungsfähigkeit der Zentraleinheiten erlaubte es, mit dem Rechner immer kompliziertere Aufgaben anzugehen. Mit ihnen wuchs auch die Nachfrage an Speichermöglichkeit unaufhaltsam. So ist der Bedarf an Speicherkapazität heute, genau wie früher, in der Regel wesentlich höher, als sich unter Kostengesichtspunkten mit Hauptspeichern befriedigen läßt. Das Problem hat sich nur quantitativ, nicht aber qualitativ verschoben.

Heute wie früher versucht man dieses Problem durch *periphere Speicher* zu lösen. Im Prinzip sind dies Speicher mit vergleichsweise geringen Kosten pro Bit, bei denen man aber z.T. – leider – beträchtliche Einbußen in der Arbeitsgeschwindigkeit hinnehmen muß. Solche Speicher eignen sich sich daher für jene Datenbestände, auf die nur relativ selten zugegriffen wird. Der Begriff "selten" ist allerdings sehr schwammig; er kann Zugriffsperioden von "etlichen Jahren" bis hinunter zu "einigen Millisekunden" meinen.

Die derzeit gebräuchlichen *peripheren Speicher* basieren durchweg auf motorisch bewegten Flächen oder Bändern, die mit einer magnetisierbaren Schicht bedeckt sind. In der Frühzeit der Rechnertechnologie dominierte der *Magnettrommelspeicher* (Bild 22.1). Die rotierende Oberfläche ist in *Spuren* eingeteilt, denen je ein *Lese-Schreib-Kopf* (kurz: Kopf) fest zugeordnet ist. Beim Lesen erzeugt der Kopf, abhängig von der Magnetisierungsrichtung des unter ihm liegenden Magnetschichtanteils, einen Stromimpuls, der verstärkt über eine Steuerelektronik zum Rechnerkern gelangt. Beim Schreiben bewirkt der Kopf, abhängig von der angeboten Stromrichtung, die Magnetisierung des unter ihm liegenden Oberflächenanteils. Eine Trommel ist durch drei typische Verhaltensparameter, genannt auch: *Leistungsdaten*, gekennzeichnet:

Mittlere Zugriffszeit: Dauer einer halben Trommelumdrehung; im Mittel dauert es gerade so lang, bis ein bestimmter Punkt in der Spur gerade unter dem Kopf angekommen ist.

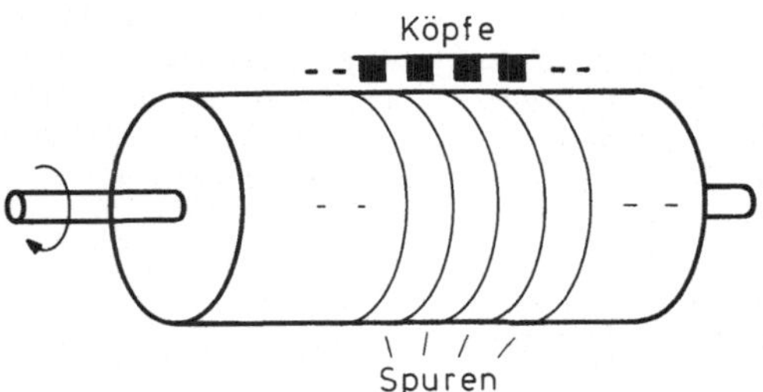

Bild 22.1.
Prinzip des Magnettrommelspeichers

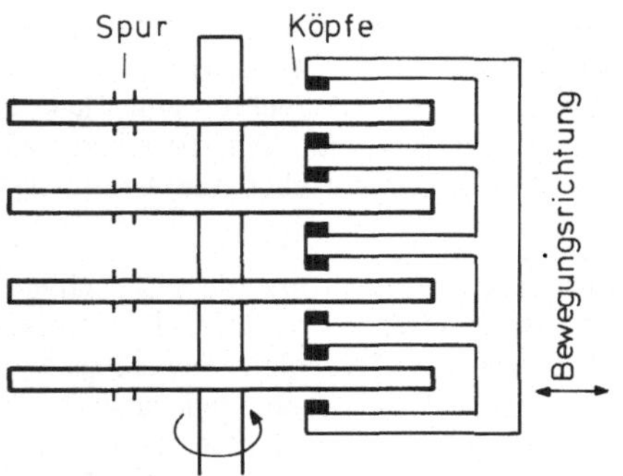

Bild 22.2.
Prinzip des Magnetplattenspeichers

Datenrate: Anzahl der Bits, die pro Sekunde durch die Trommeldrehung unter dem Kopf hindurchlaufen.

Kapazität: Anzahl der Bits auf allen Spuren.

Bild 22.4 führt für die Trommel einige Zahlenwerte auf. Aus dem Kehrwert der Datenrate ergibt sich eine Übertragungsdauer pro Bit, die um etwa den Faktor 1000 niedriger als die Zugriffszeit liegt. Um diese verhältnismäßig hohe Zugriffszeit nicht zu schädlich werden zu lassen, werden pro Zugriff immer ganze Blöcke von z.B. 1000 Bit vom oder zum Hauptspeicher übertragen.

Betriebstechnisch ähnlich, jedoch konstruktiv nach anderem Prinzip, arbeitet der *Festkopf-Magnetplattenspeicher*. Eine oder mehrere Platten sind beidseitig magnetisch beschichtet. Die Oberflächen sind in konzentrische Spuren gegliedert. Anders als in Bild 22.2 ist pro Seite und pro Spur ein Kopf <u>fest</u> installiert. Die Leistungsmerkmale gleichen qualitativ denen der Trommel, jedoch sind höhere Kapazitäten erreichbar.

Besonders verbreitet ist derzeit der *Magnetplattenspeicher mit beweglichen Köpfen* (Bild 22.2). Es gibt pro Oberfläche nur einen einzigen Kopf, der radial auf die jeweils gewünschte Spur verfahrbar ist. Die Zugriffszeit erhöht sich nun um die *Kopf-Einstellzeit* (im Mittel etwa 5-20 ms). (Die besonders niedrigen Werte der Zugriffszeit im Bild 22.4 sind nur durch den Festkopf-Magnetplattenspeicher erreichbar). Neben der Ausführung mit <u>fest montierten Platten</u> gibt es auch solche mit austauschbaren Plattenstapeln; genannt: *Wechselplattenspeicher*.

Mit in jeder Beziehung deutlich geringeren Leistungsdaten hat sich die *Diskette*, genannt auch *Floppy Disk*, im Bereich der kleinen Rechner eingeführt. Die Platten sind in sich beweglich und die Köpfe liegen direkt auf der Oberfläche auf. Die Diskette ist betriebstechnisch ebenfalls ein Wechselplattenspeicher (mit nur einer Platte), wobei das Auswechseln besonders leicht vonstatten geht.

Schon aus der Anfangszeit des Rechnerbaus stammt auch der *Magnetbandspeicher* (Bild 22.3). Ein magnetisch beschichtetes Band trägt z.B. 8 Spuren (zum Aufzeichnen von 8-Bit-Wörtern). Der Antriebsmechanismus ähnelt dem der Cassetten in Phonogeräten. Die relativ schweren Wickelspulen lassen sich beim Erreichen der gewünschten Position nicht abrupt abbremsen; daher gibt es jeweils eine lose durchhängende Schleife, die beim Bremsen als

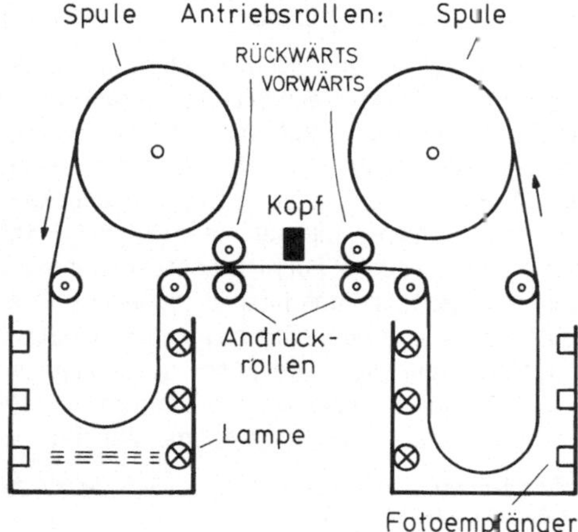

Bild 22.3.
Prinzip des Magnetbandspeichers

	Zugriffszeit [ms]	Datenrate [10^6 Bits]	Kapazität Bits
Trommel	3 ... 30	2 ... 20	10^6 ... 10^8
Platte	2 ... 200	1 ... 10	10^7 ... 10^9
Diskette	200 ... 300	0.3 ... 0.5	10^6 ... 10^7
Band	Minuten	1 ... 7	10^8 ... 10^9

Bild 22.4.
Leistungsdaten magnetomotorischer Speicher (in grober Näherung)

vergleichsweise massearmer Puffer wirkt. Die Durchhanglänge der Schleife wird in einem Regelkreis fotoelektrisch gesteuert. Die Zugriffszeit, also der Durchlauf des Bandes bis zu einer gewünschten Position, dauert minutenlang. Betriebstechnisch eignet sich ein Magnetbandspeicher also zum gelegentlichen Lesen oder Schreiben vergleichsweise großer Datenblöcke.

Die Zahlenwerte in Bild 22.4 können - bei der Vielzahl bautechnischer Varianten und beim unterschiedlich raschen Fortschritt in der Technologie - nur einen groben Vergleich der Gerätetypen bieten. Auch lassen sich keine einfachen Kosten-Nutzen-Analysen allgemein formulieren. Üblich ist das Maß "Kosten pro gespeichertes Bit"; pauschal läßt sich sagen, daß sie in der Folge "Hauptspeicher", "Trommel", "Platte", "Diskette", "Magnetband" um einige Größenordnungen fallen. Im Detail sind solche Vergleiche aber schwierig. Zum Beispiel ist eine Trommel eine in sich geschlossene bautechnische Einheit mit fester Kapazität. Bei Wechselplattenspeicher, Diskette oder Magnetbandspeicher lassen sich jedoch die Datenträger, also Platte oder Band, beliebig oft austauschen. Die Kapazität ist prinzipiell ins Unendliche steigerbar und bei der Kostenberechnung kann der Gerätekostenanteil im - praktisch kaum erreichbaren - Grenzfall vernachlässigbar werden.

Der Magnetplattenspeicher weist sowohl die höchste Typenvielfalt als auch die größte Anwendungsbreite auf. Z.B. dient er im Mehrprogrammbetrieb größerer Rechenanlagen den einzelnen Benutzern als Dauerspeicher für Programme und Operanden und auch zur mittelfristigen Datensicherung; daneben verwendet das Betriebssystem ihn aber auch zum Ein- und Auslagern sich gegenseitig kurzfristig verdrängender laufender Programme. Der Magnetbandspeicher dagegen eignet sich eher für die Archivierung von Datenbeständen.

Da die kürzesten Zugriffszeiten der genannten peripheren Hauptspeicher immer noch um etwa den Faktor 10^5 bis 10^6 über denen des Hauptspeichers liegen, hat es nicht an Versuchen gefehlt, diese Lücke durch andere Speicherprinzipien zu schließen, z.B. durch die *Magnetic Bubbles*, oder durch *Charge Coupled Devices* (CCD). Bisher ist es aber nicht gelungen, solche Speicher mit hinreichend niedrigen Bit-Kosten zu realisieren. Für besonders große Kapazitäten sind künftig verstärkt auch *optische Speicher* zu erwarten.

Die oben angesprochenen Leistungsdaten beschreiben das Verhalten der peripheren Speicher so weit, daß damit grundsätzlich ein Rechner auf Hauptblockebene "entwerfbar" wird. Ähnlich wie bei den Hauptblöcken des Rechnerkerns, also bei Rechenwerk, Leitwerk und Hauptspeicher, muß es natürlich auch Konstrukteure solcher peripherer Speicher geben. Also auch bei ihnen gibt es "niedrigere Entwurfsebenen", die z.T. sogar deutlich den Charakter von Nachrichtenebenen tragen, und auch dort ist der in Abschnitt 1.3.3 zitierte, von einer physikalischen Ebene ausgehende Bottom-Up-Einfluß erkennbar. Allerdings ist es wohl zweckmäßig, konstruktiv und funktionell bedingten Einfluß zu unterscheiden:

Der konstruktive Bereich ist gekennzeichnet durch die physikalische Wirkungsweise z.B. der Magnetisierung, durch den Übergang zu elektrischen Signalen sowie durch den hohen Anteil der elektromechanisch-feinwerktechnischen Einrichtungen. Im Endergebnis entsteht ein Hauptblock, dessen Verhalten als "schwarzer Kasten" sich in Nutz- und Steuersignalen und eben den Leistungsdaten äußert.

Der funktionelle Aspekt setzt bei der inhaltlichen Bedeutung dieser Signale an. Sie müssen Aussagen treffen wie "Suche Spur mit der Nummer 200", "Suche Spuranfang", "Lies den Namen einer gespeicherten Nachricht", "Stelle fest, ob Zugriff erlaubt", usw. So speichert ein Block einer Spur neben den eigentlichen Nutzdaten etliche Steuer- und Hilfsangaben, die letztlich dazu führen, daß die gespeicherten Bits bestimmten hierarchisch gegliederten Datenformaten zugeordnet sind. Der Aufbau oder die Entschlüsselung solcher Datenformate ist selbst wiederum eine Aufgabe der Nachrichtenverarbeitung. Tatsächlich sind die Steuereinrichtungen für periphere Geräte oftmals genauso komplex wie Leitwerk und Rechenwerk des betreffenden Rechners selbst. Anders ausgedrückt läßt sich der Entwurf einer Steuerung für einen peripheren Speicher als eine spezielle Entwurfsaufgabe im Bereich der Rechnerstrukturen auffassen. Insofern wird der funktionelle Aspekt durch den Inhalt dieses Buches implizit mit abgedeckt.

Eine erste Vertiefung bieten [1.8] und [1.9]; der konstruktive Teil wird zusätzlich in [1.5] betont.

2.2.3 Eingabe- und Ausgabegeräte

Die Technik der Eingabe und Ausgabe bildet ein weitläufiges, unübersichtliches Feld, für das sich weder eine verbindliche Abgrenzung insgesamt noch ein einfaches Gliederungsprinzip leicht angeben lassen. Unter der Annahme, daß eine Rechnerstruktur nach Bild 21.2 tatsächlich nur die dort aufgeführten Hauptblöcke kennt, müssen *Eingabe* und *Ausgabe* begrifflich sehr weit gefaßt sein und jegliche Art der Kommunikation mit menschlichen oder maschinellen Einrichtungen einschließen. Im Bild 22.5 sei eine Klassifizierung in fünf - nicht überschneidungsfreie - Kategorien gewählt, die ein "Entwerfer" beim Zusammenstellen einer Rechenanlage vor Augen haben könnte.

Vor einer kurzen Diskussion dieser Kategorien sei angemerkt, daß - ähnlich wie bei den peripheren Speichern - konstruktive und funktionelle Aspekte unterscheidbar sind. In funktioneller Hinsicht ist wiederum die Bedeutung von Signalen zu beachten und Datenformate zu schaffen, die beträchtliche, mehrschichtige Komplexität erreichen können, wie z.B. beim ISO-7-Schichten-Modell der Datenfernübertragung.

Indirekte menschliche Eingabe

Aus dem Zweck jeder Datenverarbeitung folgt zwingend, daß eine Rechenanlage seine Eingabenachrichten vornehmlich auch von einem Menschen empfangen kann. Unentbehrlich sind daher Geräte, die menschliche Ausdrucksmittel, wie Handbewegungen oder Sprache, in eine rechnergerechte Form umsetzen können. Historisch gesehen dominierte zunächst die *indirekte menschliche Eingabe*; dabei benutzt der Mensch ein vom Rechner unabhängiges Gerät, das seine Eingabenachricht in maschinell lesbarer Form auf einen Datenträger ausgibt:

Frühere Rechner konnten nur im *Stapelbetrieb* (*Batch-Betrieb*) arbeiten; d.h. ein Auftrag mußte erst vollständig ausgeführt sein, bevor der nächste begonnen werden konnte. Es wäre äußerst unwirtschaftlich gewesen, den einzelnen Auftrag durch die langsame menschliche Arbeitsweise bei der Eingabe drastisch in die Länge zu ziehen. Deshalb wurde der Eingabevorgang, soweit er direkt von menschlicher Arbeitsgeschwindigkeit abhängt, vom Rechner abgekoppelt (*Off-Line-Eingabe*). Bekannt geworden waren insbesondere die *Kartenlocher* und *Streifenlocher*, die eine per Tastatur eingegebene menschliche Nachricht in die Form eines Lochkartenstapels bzw. eines Lochstreifens umsetzten (s. Abschnitt 1.1.5). Als Eingabegerät am Rechner dienten dementsprechend *Lochkartenleser* bzw. *Lochstreifenleser* mit Lesegeschwindigkeiten bis maximal ca. 3000 Zeichen/Sekunde. Heutzutage hat die Off-Line-Eingabe viel an Bedeutung verloren: Rechner, die für mehrere Benutzer zugänglich sind, verfügen über ein Betriebssystem, mit dem er mehrere Aufträge quasi-gleichzeitig ausführen kann; insbesondere nutzt er die Eingabepause des einen Benutzers, um zwischenzeitlich Aufträge anderer Benutzer weiterzubearbeiten. Andererseits sind Rechner ohne solch Betriebssystem so preiswert, daß sich ein Benutzer ein solches Exemplar ganz allein für sich leisten kann; der Begriff *Personal-Computer* (PC; persönlicher Rechner) charakterisiert diese Situation durchaus treffend.

Die Kartenlocher und Streifenlocher dienen der Eingabe sowohl der Programme als auch der zugehörigen Operanden. Es gibt aber auch viele andersartige Betriebsfälle, wobei insbesondere große Mengen von Operanden in systematischer Form weitab vom Rechner anfallen. Es ist dann vernünftig, solche Operanden möglichst gleich in maschinenlesbarer Form zu notieren. Für Verkehrszählungen, Volksbefragungen usw. sind Formulare als Datenträger gebräuchlich, bei denen bestimmte aus einer Vielzahl mög-

Eingabe durch den Menschen		Ausgabe für den Menschen	Nachrichtenaustausch mit anderen Rechnern	Anschluß technischer Prozesse
indirekt	*direkt*		*über Datenträger*	*über Datenleitungen an*
Kartenlocher Streifenlocher Markierungsleser Belegleser Magnetschriftleser Bildabtaster	Tastatur Lichtgriffel Rollkugel Steuerknüppel Sprache	Anzeigen Bildschirm Drucker Plotter Sprache	(Lochstreifen Magnetband Magnetplatte) *über Datenleitungen* (Schnittstellen und Protokolle)	Geräte Sensoren (Temperaturfühler Druckmesser...) Aktuatoren (Motoren Relais...)

Bild 22.5.
Möglichkeiten zur Kommunikation eines Rechners mit der Umgebung

licher Operanden durch Bleistiftmarkierungen hervorgehoben werden. Der Rechner benötigt in diesem Fall einen *Markierungsleser*. Im Konsumgüterbereich kennzeichnen die Produzenten ihre Artikel häufig mit einem *Balken-Code* (*Strich-Code*), der im Verkaufsgeschäft vom Rechner an der Kasse per Abtastung durch einen Stift ablesbar ist. Bei Buchungsvorgängen z.B. im Bankwesen fallen Belege in Maschinenschrift an, die auch als Eingabe für einen Rechner dienen. Die Schrifttypen sind häufig speziell geformt wie z.B. bei der OCR-Schrift (optical character recognition) von Bild 11.7, um die Eingabe über den *Belegleser* des Rechners besonders sicher zu gestalten. Oft ist der Beleginhalt zusätzlich auch noch auf einem aufgedruckten Magnetstreifen festgehalten; der Rechner benötigt zur Eingabe dann einen *Magnetschriftleser*. Das Lesen von *Handschriften* hat sich bisher in der Praxis nur beschränkt eingeführt; bei der großen Vielfalt von Schreibweisen lassen sich die einzelnen Zeichen kaum hinreichend sicher maschinell erkennen. Schließlich gibt es noch die Eingabe von grafischen Darstellungen aller Art durch zeilenweises *Abtasten*; als Eingabegerät dient also ein *Bildabtaster*.

Direkte menschliche Eingabe

Die indirekte Eingabe bringt - aus Benutzersicht - oft einen ziemlich umständlichen Betriebsablauf mit sich. In vielen Anwendungen ist ein möglichst rascher Wechsel von Eingabe- und Ausgabevorgängen höchst erwünscht oder gar unverzichtbar. Dank leistungsfähiger Hardware und moderner Betriebssysteme lassen sich solche Wünsche durch quasi-gleichzeitige Auftragsabwicklung im Mehrprogrammbetrieb häufig gut erfüllen. Als Ausgabegerät dient vornehmlich ein Bildschirm ähnlich dem von Fernsehgeräten. Eine vom Menschen ausgehende Eingabenachricht gelangt, ohne einen weiteren Datenträger zu benutzen, direkt in den Rechnerkern.

Am häufigsten wird auch hier eine Tastatur eingesetzt. Jedes eingegebene Zeichen erscheint zur Kontrolle sofort auf dem Bildschirm.

Rasch wachsende Bedeutung erlangt die *grafische Eingabe*. Dazu führte sich zunächst insbesondere der *Lichtgriffel* (*light pen*) ein. Dabei gibt der Rechner auf dem Bildschirm ein spezielles Lichtzeichen aus, je nach Ausführungsform bezeichnet z.B. als *Fadenkreuz* oder *Cursor*. Der Benutzer hält den Lichtgriffel so an die Bildschirmoberfläche, daß dieser das vom Lichtzeichen ausgehende Lichtsignal auffangen und in elektrischer Form an den Rechner zurückführen kann. Es entsteht somit ein in sich geschlossener Kreis von Lichtzeichenausgabe und Lichtgriffeleingabe, wodurch der Benutzer das Lichtzeichen mit dem Griffel beliebig über den Bildschirm ziehen und dadurch ein Linienbild ausdrücken kann.

Hauptnachteile der Lichtgriffel-Eingabe sind die verhältnismäßig geringe Bewegungsgeschwindigkeit sowie die schnelle Ermüdung von Hand und Arm beim Positionieren. Man benutzt daher inzwischen meistens lieber zweidimensional wirkende Steuereinrichtungen wie *Rollkugel* (engl.: *mouse*) oder *Steuerknüppel* (engl.: *joy stick*), mit denen sich die Position eines Fadenkreuzes bzw. eines Cursors absolut oder relativ auf dem Bildschirm verändern läßt. Die grafische Eingabe führt zu einer besonders intensiven Form des *interaktiven Betriebs*, also zu besonders häufigem Wechsel zwischen Ausgabe durch den Rechner und Eingabe durch den Menschen.

Alle bisher genannten Eingabetechniken finden ihren Ausgangspunkt in geeigneten manuellen Tätigkeiten. Daneben wird seit langem intensiv daran gearbeitet, auch das typisch menschliche Kommunikationsmittel, nämlich die Sprache, zur Eingabe verwenden zu können. Um einem möglichen Irrtum vorzubeugen, sei angemerkt, daß es hier nicht um die Formulierung von Nachrichten in Worten oder Sätzen der natürlichen Sprache – etwa im Gegensatz zu solchen einer Programmiersprache – geht; dieses Thema wird innerhalb des Fachgebiets der "Künstlichen Intelligenz" verfolgt, und die Problematik tritt auch dann schon auf, wenn eine Nachricht dem Rechner mit einem der konventionellen Eingabegeräte bekannt gemacht wird. Vielmehr verfolgt die *Spracheingabe* das Ziel, gesprochene Worte einer Nachricht in eine geschriebene Form zu überführen. Das entsprechende Eingabegerät muß über ein Mikrophon verfügen, das das ankommende Schallwellengemisch in ein Gemisch elektrischer Signale umformt. Das Hauptproblem besteht darin, in diesem Gemisch einzelne Wörter gegeneinander zu isolieren und dann zu analysieren, welches Wort jeweils eigentlich gemeint ist. Bei derzeit praktisch eingesetzten Spracheingabegeräten ist der zugelassene Wortschatz ziemlich stark begrenzt.

Ausgabe an den Menschen

Während die Nachrichten bei der Eingabe vom intelligenten Benutzer zu einem vergleichsweise dummen Partner, also zum Rechner, fließen, liegen bei der Ausgabe umgekehrte Verhältnisse vor. Dank der überlegenen Fähigkeit des Gehirns zur Assoziation ankommender Nachrichten mit eigenen Kenntnissen und Erfahrungen bereitet es einem Benutzer kaum Schwierigkeiten, auch stark stilisierte oder gar verstümmelte Darstellungen noch sicher zu lesen. Insofern mildern sich hier die Probleme der Verständigung zwischen Mensch und Maschine.

Für einfachste Ansprüche genügen *Anzeigeeinrichtungen*, z.B. in Form einzelner Lampen oder Leuchtdioden. Sie lassen sich zur Wiedergabe von Zeichen oder Wörtern auch in Gruppen organisieren, wie z.B. die Sieben-Segment-Anzeige in Bild 41.29.

Sehr viel komfortabler ist die *Bildschirmanzeige*. Bei den derzeit meistens gebräuchlichen Bildschirmgeräten mit *Zeilenraster*, läuft ein Elektronenstrahl zeilenweise über den Bildschirm, wobei seine Stärke entsprechend der gewünschten Helligkeit variiert wird. Die Ähnlichkeit mit Fernsehbildschirmen ist sehr groß, doch wird oft eine höhere Auflösung, d.h. eine größere Zeilenanzahl angestrebt. Für viele Zwecke, z.B. für die interaktive Programmentwicklung, genügen einfarbige Bildschirme. Beim *Computer Aided Design* (CAD) dient der Bildschirm, zusammen mit Lichtgriffel, Rollkugel oder Joy-Stick, sozusagen als Zeichenbrett; dabei sind hohe Auflösung und Farbdarstellung heutzutage nahezu unentbehrlich.

Neben Bildschirmen mit Zeilenraster gibt es auch solche mit *Vektorablenkung*. Bei ihnen folgt der Bildschirmstrahl – mit gleichbleibender Helligkeit, ähnlich einem Oszilloskop – direkt den darzustellenden Linien. Aus Kostengründen verlieren sie derzeit an Konkurrenzfähigkeit.

Für die Ausgabe von Textnachrichten auf Papier gibt es eine Vielzahl unterschiedlicher *Drucker*, die sich grob nach drei Gesichtspunkten klassifizieren lassen:

1. *Seriendrucker* (genannt auch: *Schreiber*) geben einzelne Zeichen nacheinander aus, z.B. wie bei einer Schreibmaschine. Für höheren Papierausstoß nimmt man *Paralleldrucker* (genannt auch: *Zeilendrucker*), die immer alle Zeichen einer Druckzeile gleichzeitig ausgeben.

2. *Typendrucker* arbeiten mit einem bestimmten Satz an Zeichentypen, ebenfalls bekannt von der Schreibmaschine. *Rasterdrucker* (genannt auch: *Matrixdrucker*) setzen jedes Zeichen aus einer Matrix von einzeln aktivierbaren Punkten zusammen. Oft sind Rasterdrucker preiswerter und im Betrieb leiser; es mangelt aber häufig an der Qualität des Schriftbildes.

3. *Mechanische Drucker* übertragen die Farbe mittels Hammer oder durch Bewegung des Druckkopfs auf das Papier. Die *nicht-mechanischen Drucker* erzeugen das Schriftbild durch elektrostatische, chemische oder wärmetechnische Abläufe.

Die Ausgabe nicht-zeilenorientierter Nachrichten, wie vor allem jede Art von Grafik, besorgen die *Plotter*. Beim *Vektorplotter* ist ein Stift vorgesehen, der das gewünschte Linienbild direkt auf das Papier aufzeichnet; mehrfarbige Zeichnungen lassen sich durch Auswechseln von Farbstiften erreichen. An Unterformen existieren der *Tischplotter* mit feststehendem Zeichenpapier sowie der *Trommelplotter*, bei dem das Papier in Vertikal- und der Stift in Horizontalrichtung bewegt wird. Neben dem *Vektorplotter* gibt es den *Raster-*

plotter; er ähnelt einem Rasterdrucker, bei dem lediglich die Zeilenorientierung aufgegeben wurde.

Obwohl *Sprachausgabe* prinzipiell einfacher realisierbar ist als die Spracheingabe und im Konsumgüterbereich auch schon praktiziert wird, hat sie bisher in der Datenverarbeitung kaum Anklang gefunden. Dies liegt vermutlich daran, daß die flüchtige Form einer sprachlichen Nachricht kaum als Vorteil gegenüber einer optischen Darstellung empfunden wird. Eine gebrauchsfähige Spracheingabe dagegen wäre gegenüber manueller Eingabe tatsächlich ein gewaltiger Fortschritt.

Nachrichtenaustausch zwischen Rechnern

Es würde den Rahmen des Buches sprengen, sich mit den vielen Formen der Rechnerkopplung auseinanderzusetzen. Aus Sicht eines einzelnen Rechners nach Bild 21.2 ergeben sich auch kaum Neuerungen.

Zum einen sind die Datenträger für indirekte Eingabe, also vor allem Lochkarte oder Lochstreifen, gar nicht auf eine bestimmte Rechenanlage spezialisiert. Sieht man als Ausgabegerät auch *Lochkartenstanzer* bzw. *Lochstreifenstanzer* vor, kann der eine Rechner Nachrichten ausgeben, die ein anderer unmittelbar einlesen kann. Damit ist eine sehr lose Rechnerkopplung durch Austausch von Datenträgern möglich. Eine ähnliche, aber weit effizientere Betriebsweise gelingt, wenn man die peripheren Speicher, also z.B. Magnetplatten- und Magnetbandspeicher zusätzlich auch als Ein- oder Ausgabegeräte betreibt und die Kopplung von Rechnern über den Austausch von Platten oder Bändern erreicht.

Im engeren Sinne ist mit *Rechnerkopplung* allerdings deren Verknüpfung durch elektrische Leitungen gemeint, wobei bei der Datenfernübertragung weltumspannende Distanzen überbrückt werden können. Aus Sicht eines einzelnen Rechners sind lediglich Eingabe- bzw. Ausgabewerke für den Empfang oder für die Abgabe genormter Bitfolgen in festgelegten Zeitabschnitten bereitzustellen. Darüber bauen sich dann u.U. mehrere Schichten an Datenprotokollen auf, deren Verwirklichung sich weitgehend im virtuellen Bereich, also durch Programmierung abspielt.

Anschluß technischer Prozesse

Im den vorstehenden Absätzen wirkte als Partner des Rechners entweder der Mensch oder aber ein anderer Rechner. Eine dritte Form der Partnerschaft ergibt sich durch den Anschluß eines *technischen Prozesses*. Gemeint ist damit eine Konfiguration aus technisch realisierten Maschinen, deren Zusammenspiel funktionell und zeitlich durch einen Algorithmus beschreibbar ist. Im übertragenen Sinn läßt sich das Modell von Bild 11.5 verwenden: Der Operandenprozessor meint den technischen Prozeß, wohin der Steuerprozessor durch einen *Prozeßrechner* verwirklicht wird. Deren Zusammenspiel heißt *Prozeßlenkung* oder *Prozeßdatenverarbeitung* (manchmal auch *Prozeßsteuerung* oder *Prozeßregelung*).

Beispiele für die Lenkung technischer Prozesse finden sich seit langem schon in Industrie, Wirtschaft oder bei Dienstleistungen, wobei als "Operandenprozessor" z.B. chemische Prozesse, Werkzeugmaschinen, Roboter, Fertigungsstraßen, Kraftwerke, Straßenverkehr oder medizinische Geräte anzutreffen sind. Häufig sind in der Prozeßlenkung typische Merkmale zu beobachten, z.B.:

- Der Ablauf eines technischen Prozesses unterliegt oft sehr hohen Geschwindigkeitsanforderungen. Verlangt wird *Echtzeit-Verarbeitung* (*real time processing*). Deshalb bildeten die Prozeßrechner früher eine eigene Klasse von Rechnern (nach dem von-Neumann-Konzept), die über spezielle schnelle Ein- und Ausgabemechanismen und über spezielle Software verfügten. Heutzutage sind diese speziellen Einrichtungen in praktisch allen Rechnern von vornherein vorgesehen.

- Die Anforderungen an die Zuverlässigkeit der Prozeßlenkung sind oft besonders hoch, da sich der technische Prozeß bei Ausfall des Lenkungsmechanismus in unerwünschter Weise verselbständigen könnte. Vorbeugend sind Prozeß und Rechner so zu konfigurieren, daß im Störfall ein möglichst ungefährlicher Ruhezustand erreicht wird.

- Um den technischen Prozeß an den Rechner ankoppeln zu können, bedarf es spezieller Zusatzgeräte. Der Prozeß äußert sich durch Verhaltenswerte in spezieller Form, z.B. durch Temperatur, Druck oder Geschwindigkeit. Mittels *Sensoren* werden solche Werte auf eine elektrische Form gebracht und an den Rechner geleitet (Signal Y_a' in Bild 11.5). Falls die Signale kontinuierlich sind, ist ein *Analog-Digital-Wandler* zwischenzuschalten. Umgekehrt liefert der Rechner Steuersignale Y_c - notfalls über *Digital-Analog-Wandler* - an den Prozeß, die durch *Aktuatoren*, z.B. durch Motoren oder Relais, in prozeßtypischer Weise wirksam werden.

Der Entwurf einer Konfiguration für eine Prozeßlenkung liegt begrifflich oberhalb der Hauptblockebene. Der technische Prozeß ist durch sein Verhalten, also durch die elektrischen Signale an den Sensoren und Aktuatoren, beschreibbar, und der Entwerfer hat daraus die Anforderungen an einen Prozeßrechner abzuleiten. Dabei dürfte sich in der Regel auch der Typ des Prozeßrechners ergeben.

Auf der Hauptblockebene gleicht ein Prozeßrechner in seiner funktionellen Wechselwirkung mit der Außenwelt weitgehend einem gewöhnlichen Rechner. Neben allgemeiner Bedienungsperipherie verfügt der Rechner über Ein- und Ausgabewege für Datenströme; abgesehen von unterschiedlichen Schnittstellendefinitionen sind Datenaustausch mit einem anderen Rechner und Datenaustausch mit einem technischen Prozeß einander sehr ähnlich.

Mit dem Aufkommen der Mikroprozessoren ab etwa 1972, hat sich die Prozeßdatenverarbeitung viele neue Anwendungsgebiete erobert, z.B. in Küchenmaschinen, in Fernsehgeräten, im Spielzeug, in der Autoelektronik, in Armbanduhren usw. Die Prozeßrechner haben oft nur eine rudimentäre Bedienungsperipherie und sie sind auf eine spezielle Aufgabe hin *dediziert*, d.h. sie verfügen nur über ein einziges unveränderbares Programm. Die Anzahl der Rechner in technischen Prozessen ist weit größer als die der Universalrechner.

Arbeitsstationen

Neuerdings kommen immer häufiger *Arbeitsstationen* (*workstations*) in Gebrauch. Trotz noch uneinheitlicher Begriffsbildung meint man damit überwiegend ein Bildschirmgerät mit einfacher Bedienungsperipherie und - meistens - mit einem zusätzlichen peripheren Speicher. Der Rechnerkern ist im Geräteinneren verborgen. Solche Stationen sind durch Rechnerkern und Software oft auf einen bestimmten Einsatzbereich hin zugeschnitten; sie können auch selbst an einen größeren Rechner angeschlossen sein. Je nach Standpunkt läßt sich eine solche Station insgesamt als ein Rechner oder aber auch als eine spezielle Rechneranwendung auffassen.

3 Die Registertransferebene

Auf der Registertransferebene sind die Zeichen einer Nachricht im Prinzip *Binärwörter*; Nachrichten sind daher Folgen von Binärwörtern. Beim von-Neumann-Konzept bietet sich gerade auf dieser Ebene eine Schnittstelle zwischen virtuellen und realen Funktionseinheiten an: Zur virtuellen Seite gehören die *Maschinenprogramme*, zur realen Seite dagegen die Strukturen aus elementaren Funktionseinheiten wie z.B. *Register*. Wesentliches Ziel dieses Kapitels ist es, diese Schnittstelle verständlich zu machen, also aufzuzeigen, wie ein Maschinenprogramm auf einer Struktur (man sagt dazu meistens: *Rechnerarchitektur*) so ausgeführt wird, daß sich das durch den Programminhalt geforderte Verhalten einstellt.

Abschnitt 3.1 befaßt sich mit *textuellen Verhaltens- und Strukturbeschreibungen* für reale Funktionseinheiten. Ihnen kommt gerade auf der Registertransferebene besondere Bedeutung zu.

Abschnitt 3.2 zeigt, wie sich das - in einer höheren Programmiersprache - geforderte Verhalten des virtuellen Prozessors als *Maschinenprogramm im Hauptspeicher* niederschlägt.

Abschnitt 3.3 behandelt den *Ablauf des Maschinenprogramms* auf der Beispielsarchitektur DEMOCOM1 und verdeutlicht damit, wie die im Maschinenprogramm ausgedrückte Verhaltensbeschreibung das entsprechende Verhalten tatsächlich lebendig werden läßt.

Abschnitt 3.4 bringt eine erweiterte Rechnerarchitektur, genannt DEMOCOM2, vornehmlich um einige typische Varianten in der Befehlsabwicklung zu bekommen; sie lassen sich in einer Verhaltensbeschreibung zusammenfassen, aus der in Abschnitt 4.5 ein Steuerwerk abgeleitet wird.

3.1 Textuelle Verhaltens- und Strukturbeschreibungen

Historisch gesehen haben sich Hardware-Beschreibungssprachen zunächst besonders auf der Registertransferebene eingeführt, und auch die Differenzierung nach Verhalten und Struktur ist zunächst gerade dort als notwendig erkannt worden. Einerseits ist eine Vielzahl elementarer Funktionseinheiten mit jeweils etlichen Varianten z.B. in der Wortbreite oder im zeitlichen Verhalten denkbar und üblich, so daß bedarf an exakten Verhaltensbeschreibungen für die jeweils aktuell verwendeten Funktionseinheiten besteht; mehr als auf der Schaltwerksebene und deutlich mehr als auf der Ebene der elektrischen Schaltungen obliegt es dem Anwender (z.B. von Simulationsprogrammen), selbst für solche Verhaltensbeschreibungen zu sorgen. Andererseits sind die aus solchen elementaren Funktionseinheiten zusammensetzbaren Syteme, genannt oft *Rechnerarchitekturen*, in der Regel derart komplex, daß sich für sie keine Verhaltensbeschreibungen explizit angeben lassen; vielmehr ergibt sich das Verhalten solcher Rechnerarchitekturen aus deren Struktur und den entsprechenden Strukturbeschreibungen.

Abschnitt 3.1.1 führt - als Ergänzung zu Abschnitt 1.3.4 - einige *weitere Ausdrucksmittel* ein; da die Binärwörter aus Bits zusammengesetzt sind, seien die Erfordernisse der Schaltwerksebene hier gleich mit berücksichtigt.

Abschnitt 3.1.2 bringt einen Überblick über besonders oft benötigte *elementare Funktionseinheiten ohne Speicherverhalten*; sie dienen auf der Registertransferebene der *Verknüpfung* von Nachrichten.

Abschnitt 3.1.3 betrachtet Funktionseinheiten zur *Weitergabe von Nachrichten*, und zwar speziell solche für den *Tristate-BUS*.

Abschnitt 3.1.4 zeigt Funktionseinheiten mit *Speicherverhalten*, so wie sie für die *Speicherung von Nachrichten* einsetzbar sind.

Abschnitt 3.1.5 befaßt sich mit der *Modellierung offener Eingänge*, also mit einem Betriebsfall, der für den *Tristate-BUS* typisch ist.

Abschnitt 3.1.6 stellt *Struktur* und *Verhalten* auf *Registertransferebene* am Beispiel eines *einfachen Rechenwerks* vor und führt die – für Maschinensprache übliche – spezielle Verhaltensnotation ein.

3.1.1 Weitere Ausdrucksmittel

Die Zeichen der Nachrichten auf Registertransferebene sind *Wörter*, bestehend jeweils aus einer bestimmten Anzahl von *Stellen*. Zunächst seien entsprechende Datentypen festgelegt:

Def.31.1: Datentypen für Stellen

0,**1**: Binärwerte
*: Don't-Care-Wert
↑: "unterbrochen", "HIGH"

ST = {**0**,**1**,*,↑} *Schalttyp*
SBT = {**0**,**1**} *Schalttyp für Binärwerte*
SDT = {**0**,**1**,*} *Schalttyp mit Don't-Care*
SHT = {**0**,**1**,↑} *Schalttyp mit "HIGH"*

Die Bedeutung der Werte **0** und **1** ist offensichtlich; mit Variablen des Datentyps SBT lassen sich logische (boolesche) Operationen ausführen, wie in Kapitel 4 ausführlich beschrieben. Dort wird auch der *Don't-Care-Wert* * im Sinne von "unbekannt oder gleichgültig, ob **0** oder **1**" besprochen. In besonderen Fällen existiert auch der Wert ↑ im Sinne von "weder **0** noch **1**"; näheres folgt im Abschnitt 3.1.3. In tatsächlich gebräuchlichen Hardware-Beschreibungssprachen sind noch mehr, manchmal bis zu 12, solcher Stellenwerte vorgesehen; es gibt dann nur einen einzigen Datentyp, hier sinngemäß zu ST, der alle vorgesehenen Werte einschließt.

Ein *Wort* setzt sich aus N Stellen zusammen; jede Stelle kann einen der Werte von Def.31.1 annehmen. Zur allgemeinen Schreibweise der Wörter sowie für einige spezielle Wortwerte diene folgende Definition:

Def.31.2: Datentypen für Worte

M: Nummer der höchsten Stelle
L: Nummer der niedrigsten Stelle
N = M−L+1 *Wortlänge*, *Stellenanzahl*
0, **1**, **✱**, **↑**: Spezielle *Wortwerte*: Alle Stellen haben den Wert **0**,**1**,* bzw. ↑.

RT = Alle *Wortwerte* (*Registertyp*)
RBT = *Wortwerte* auf Basis von SBT
RDT = RBT plus **✱**
RHT = RBT plus **↑**

Für die Schreibweise von Wortwerten seien drei Formen zugelassen, hier am Beispiel eines 8-Bit-Worts mit jeweils gleichem Wert gezeigt:

#1010 0111 : Vektor aus Stellenwerten
A7H : Hexazahl
167 : Äquivalente Dezimalzahl

Im erklärenden Text sei auf die Symbole # und H verzichtet, sofern Verwechselungen nicht zu befürchten sind. Bei der Deklaration von Wort-Variablen sind dem Datentyp noch – eingefaßt in spitze Klammern – höchste und niedrigste Stellennummer anzufügen, z.B.

input A: RBT <7..0>

Bei einem einstelligen Wort kann die Klammerangabe entfallen. In Anweisungen darf entweder auf das Wort insgesamt – einfach durch Nennen der Variablen: A – oder auf Teile, z.B. mit A <5..2>, zugegriffen werden. Die einzelnen Stellen lassen sich im Sinne der Typen ST, SBT, SDT bzw. SHT verwenden.

Als Operationen seien u.a. stellenweise ausgeführte logische Operationen, symbolisch: ∧, ∨, ', und arithmetische Operationen, darunter die Modulo-Bildung, zugelassen. Üblich – und hier bei Bedarf jeweils erklärt – sind auch Sonderoperationen wie z.B. "Schieben links", "Schieben zyklisch" u.ä.

In Hardware-Beschreibungssprachen werden oft – und so auch hier – zwei Sorten Zuweisungszeichen unterschieden:

Def.31.3: Zuweisungszeichen

Eine *Gleichsetzung* habe die Form
variable = ausdruck.

Die Variable nimmt den Wert des Ausdrucks genau dann an, wenn die Gleichsetzung wirksam ist, d.h. wenn die Anweisung im Stadium der Ausführung ist.

Eine *Speicherung* habe die Form:
variable := ausdruck.

Die Variable übernimmt den Wert des Ausdrucks während der Ausführung der Anweisung und behält ihn bei, bis der Variablen erneut ein Wert zugewiesen wird.

Mit diesen Zuweisungszeichen lassen sich Funktionseinheiten ohne bzw. mit Speicherverhalten ausdruckstechnisch leicht differenzieren.

3.1.2 Elementare Funktionseinheiten ohne Speicherverhalten

Funktionseinheiten ohne Speicherung dienen auf der Registertransferebene der *Verknüpfung von Nachrichten* zu neuen Nachrichten. Eine erste Funktionseinheit dieser Art, nämlich ein *8-Bit-Dualzahlen-Addiernetz* wurde bereits in den Bildern 13.1a und 13.6 vorgestellt. Entsprechend Def.31.2 sollte der Datentyp nun genauer RBT lauten.

Bild 31.1 erweitert das Addiernetz zu einer einfachen *arithmetischen logischen Einheit (ALU)*. Es gibt zusätzlich einen 4-Bit-Eingang M, durch den 16 Betriebsfälle unterscheidbar

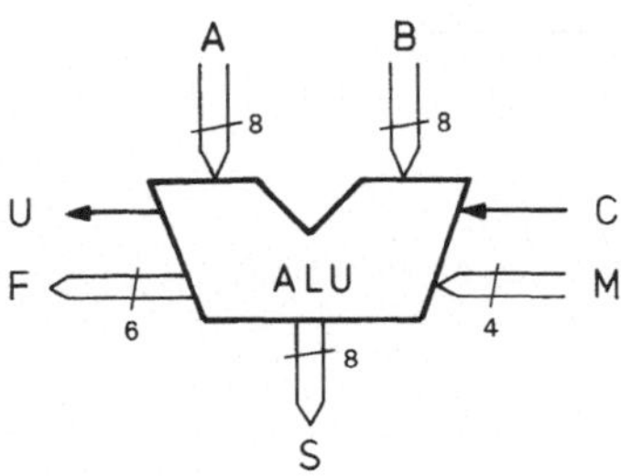


```
box 8-Bit-ALU
   input A,B: RBT<7..0>; M: RBT<3..0>; C: RBT;
   output S: RBT<7..0>; F: RBT<5..0>; U: RBT;
   locvar E: RBT<8..0>;
   begin
      |M=0 |: E=A+B+C,
      |M=1 |: E=A-B-C,
      |M=2 |: E=A∨B,
      |M=3 |: E=A∧B,
      |M=4 |: E=A⊕B,
      |M=8 |: E=A,
      |M=9 |: E=B,
      |M=10|: E=A+1,
      |M=11|: E=B+1,
      |M=12|: E=A-1,
      |M=14|: E=0,
      |M=15|: E=1,
      S<7..0> = E<7..0>,
      U = F<3>,
      F<0> = (E=0),
      F<1> = (E<0),
      F<2> = (E>0),
      F<3> = E<8>
      F<4> = E<7>
      F<5> = ANTI(S)
   end
```

binär	symbol
0000	'A + B'
0001	'A - B'
0010	'A ∨ B'
0011	'A ∧ B'
0100	'A ⊕ B'
1000	'A + 0'
1001	'0 + B'
1010	'A + 1'
1011	'1 + B'
1100	'A - 1'
1110	'0 + 0'
1111	'1 + 0'

symb.	Bedeutung
F.EQ	Equal
F.LE	Less
F.GR	Greater
F.CY	Carry
F.OV	Overflow
F.PO	Parity Odd

Bild 31.1.
8-Bit-arithmetisch-logische-Einheit (ALU)

sind; allerdings sind hier nur 12 Fälle definiert, M=0 und M=1 betreffen Addition und Subtraktion. Die *logischen Operationen* der Fälle M=2 bis M=4 meinen die stellenweise auszuführenden Verknüpfungen UND, ODER und EXKLUSIVE-ODER; Details dazu sind in Bild 41.6 zusammengestellt, allerdings hier nicht weiter wichtig. Die Fälle M=8 bis M=11 beziehen sich auf häufig benötigte Einfach-Operationen. Die Tabelle gehört nicht zur Verhaltensbeschreibung; ihre symbolische Notation der Operationen wird im weiteren oft benutzt.

Typisch für ALUs ist die Abgabe von *Status-Flags*, die pauschale Aussagen über das Ergebnis S liefern. Hier seien sechs Flags eines *Flagworts* F unterstellt. Die symbolische Darstellung sowie die Bedeutung der Flag-Bits sind in der zweiten Tabelle des Bildes 31.1 zusammengestellt.

In Kapitel 3 werden nur die Fälle M=0, 1, 8, 9 und 10 sowie die Flags F<0> und F<3> verwendet, so daß ein genaues Verständnis der anderen Fälle und Flags vorerst nicht nötig ist; s. dazu Abschnitt 4.4.2.

Im Text der Verhaltensbeschreibung sind noch einige formale Aspekte erwähnenswert: Häufig sind Alternativen zu formulieren, die einfach eine Wertzuweisung an eine boolesche Variable erzeugen. Statt der umständlichen Schreibweise z.B. bei

```
|E>0|: F<2> = 1,   |E≤0|: F<2> = 0
```

sei, angelehnt an eine ALGOL-Schreibweise, kürzer geschrieben

```
F<2> = (E>0).
```

Die Formulierung ANTI(S) steht als Beispiel dafür, daß gewisse Funktionen als global bereit gestellt gelten sollen; hier z.B. ist – wie in Abschnitt 4.4.2 gezeigt wird – die fortlaufende Antivalenz über alle Stellen zu bilden, z.B. in der Form:

```
H<0> = S<0>,
conc I(1 to 7) do H<I> = (H<I-1> ≠ S<I>),
F<5> = H<7>
```

Z.B. im Fall M=0 kann eine Summe >255 entstehen. Daher ist eine Zwischenvariable E mit zusätzlichem neunten Bit vorgesehen. Die Anweisungen

```
S<7..0> = E<7..0>,  U = E<8>
```

verteilen das Zwischenergebnis auf die Ausgabegrößen S und U.

Die Anweisungen in Bild 31.1 sind allesamt durch Komma getrennt und demnach, laut Abschnitt 1.3.4, gleichzeitig ausführbar. Grundsätzlich besteht dabei die Gefahr widersprüchlicher oder undefinierter Wertzuweisungen. Z.B. würde das Anweisungspaar

|X>2|: Y=0, |X>7|: Y=1

für X=8 einen Widerspruch, für X=1 einen undefinierten Wert erzeugen. Bei der 8-Bit-ALU kommen solche Situationen allerdings nicht vor. Zu beachten ist, daß sich "gleichzeitige Ausführung" über mehrere Anweisungen erstrekken kann. Z.B erzeugt der Fall M=0 ein Zwischenergebnis E, das sich gleichzeitig im Ergebnis S, z.B. im Flag F<3> und im Übertrag U äußert.

Eine andere, sehr einfache Funktionseinheit ist die *Maske* z.B. in 16-Bit-Form (Bild 31.2). Durch die stellenweise ausgeführte UND-Verknüpfung werden alle jene Stellen des Wortes D ausgeblendet, d.h. im Wort Q auf **0** gesetzt, die im Maskenwort M den Wert **0** aufweisen.

```
box MASKE;
  input D,M: RBT<15..0>;
  output Q: RBT<15..0>;
  begin Q = D ∧ M end
```

Bild 31.2.
Eine 16-Bit-Maske

Ähnlich einfach ist der *1-aus-n-Decodierer* (Bild 31.3). Abhängig vom Binärwort S führt immer genau eine Stelle im Ausgangswort Q den Wert **1**. Die Bedeutung der Anweisung sei an einem Beispiel verdeutlicht:

(S=110 bzw. S=6) ==> $Q = 2^S = 2^6$
==> Q=#01000000 ==> Q<6>=1

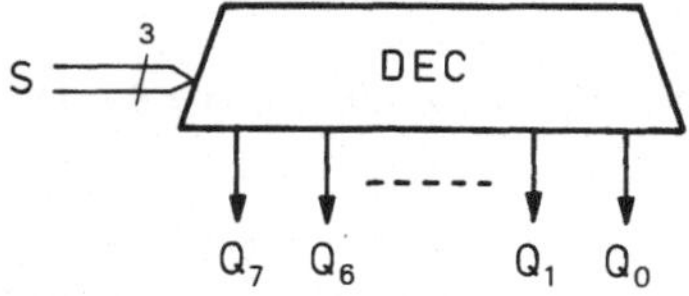


```
box 1-AUS-8-DEC;
  input S: RBT<2..0>;
  output Q: RBT<7..0>;
  begin Q = 2**S end
```

Bild 31.3.
Ein 1-aus-8-Decodierer

Ein *Multiplexer* schaltet - abhängig von einem Steuerwort S - genau einen ankommenden Datenweg P_k auf einen abgehenden Datenweg D durch. Im Bild 31.4 werden die ankommenden Datenwege durch ein **array** dargestellt. Dann läßt sich mit der **conc**-Anweisung eine verhältnismäßig kurze, auf beliebig viele Datenwege erweiterbare Ausdrucksweise angeben; ausführlich geschrieben bedeutet sie:

|S=1|: D=P[1],
|S=2|: D=P[2],
|S=3|: D=P[3],
|S=4|: D=P[4]

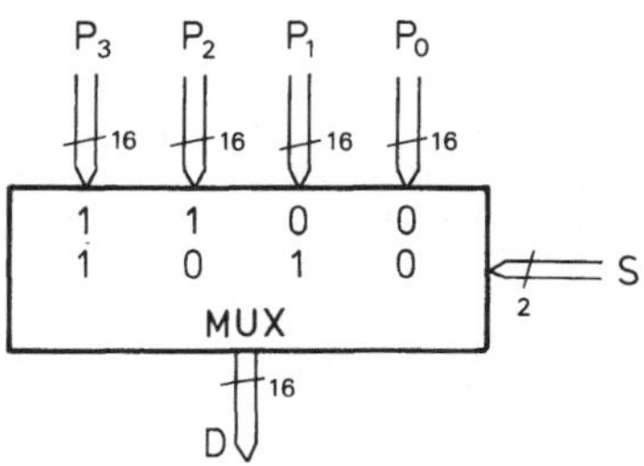


```
box 16-BIT-4-ZU-1-MUX;
  input P: array [0..3] of RBT<15..0>;
        S: RBT<1..0>;
  output D: RBT<15..0>;
  locvar K: INTEGER;
  begin
    conc K(0 to 3) do
      |S=K|: D=P[K]
  end
```

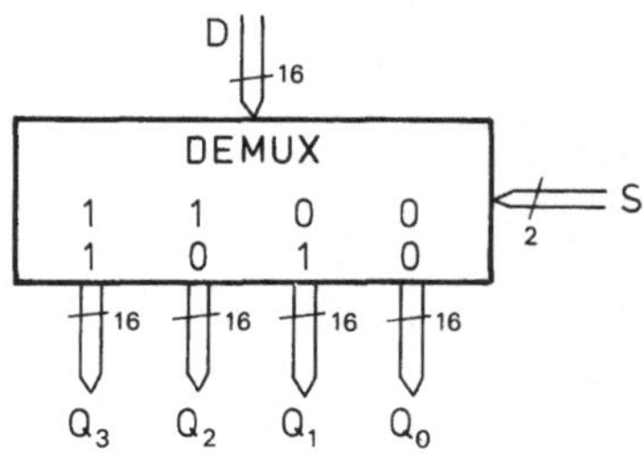


```
box 16-BIT-1-ZU-4-DEMUX;
  input D: RBT<15..0>; S: RBT<2..0>;
  output Q: array [0..3] of RBT<15..0>;
  locvar K,L: INTEGER;
  begin
    conc K(0 to 3) do
      |S=K|: conc L(0 to 3) do
        {|K=L|: Q[L]=D,
         |K≠L|: Q[L]=1}
  end
```

Bild 31.4.
16-Bit-4-zu-1-Multiplexer und
16-Bit-1-zu-4-Demultiplexer

Ein *Demultiplexer* soll einen ankommenden Datenweg D auf einen von mehreren abgehenden Wegen Q_k durchschalten. Die nicht beschalteten abgehenden Datenwege sollen den Wert **1** führen; dazu folgen Einzelheiten in Abschnitt 4.4.1. Die äußere **conc**-Anweisung betrifft die Auswahl des zu beschaltenden abgehenden Datenwegs; die innere **conc**-Anweisung berücksichtigt die Zuweisung des Wertes **1**.

Der *Switch* nach Bild 31.5 läßt sich als degenerierter Multiplexer auffassen. Sein Steuereingang C sei hier als Schalttyp SBT formuliert.

```
box 16-BIT-SWITCH;
  input D: RBT<15..0>; C: SBT;
  output Q: RBT<15..0>;
  begin
    |C|: Q=D,
    |C'|: Q=0
  end
```

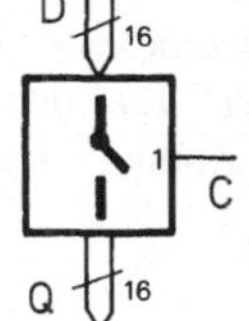

Bild 31.5.
16-Bit-Switch

3.1.3 Funktionseinheiten für den Tristate-BUS

Speziell zur *Weitergabe von Nachrichten* sind Funktionseinheiten gebräuchlich, in denen auch Stellenwerte ↑ im Sinne von "weder **0** noch **1**" vorkommen. Das *Tristate-Tor* empfängt auf der Eingangsseite Wörter vom Typ RBT, die es im Falle eines Steuersignals C unverändert an den Ausgang Q weitergibt. Im Falle C=0 wird das Tor blockiert; an seinem Ausgang erscheint das Wort ↑; darin unterscheidet sich das Tor vom Switch in Bild 31.5.

```
box 16-BIT-TRI-GATE;
  input D: RBT<15..0>; C: SBT;
  output Q: RHT<15..0>;
  begin
    |C|: Q=D,
    |C'|: Q=↑
  end
```

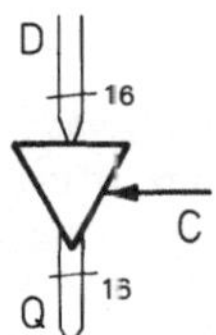

Bild 31.6
16-Bit-Tristate-Tor

Als Gegenstück fungiert der *Tristate-Empfänger* vom Bild 31.7; er setzt ein empfangenes Wort ↑ in das spezielle Wort **1** um. Daneben gibt es auch eine Variante, die in dieser Situation das Wort **0** erzeugt.

```
box 16-BIT-TRI-REC;
  input D: RHT<15..0>;
  output Q: RBT<15..0>;
  begin
    |D≠↑|: Q=D,
    |D=↑|: Q=1
  end
```

D 16 Q 16

Bild 31.7.
16-Bit-Tristate-Empfänger

Der Sinn dieser Funktionseinheit liegt in der speziellen Struktur des *BUS*, also einer Sammelleitung, an die Tore und Empfänger anschließbar sind (Bild 31.8). Außerhalb der BUS-Struktur, hier also an den Knoten L1 bis L4, gibt es nur die üblichen Werte vom Typ RBT. Der BUS selbst ist ein spezieller Knoten, hier genannt: DBUS, auf den im Prinzip höchstens ein Tor durchgeschaltet wird. Nicht durchgeschaltete Tore wirken wie "vom BUS abgeschaltet". Formal führt ein solcher BUS für aus verschiedenen Richtungen angeschaltete Werte pro Stelle folgende Verknüpfungen aus:

$$\mathbf{0} \circ \uparrow = \mathbf{0}; \quad \mathbf{1} \circ \uparrow = \mathbf{1}; \quad \uparrow \circ \uparrow = \uparrow$$

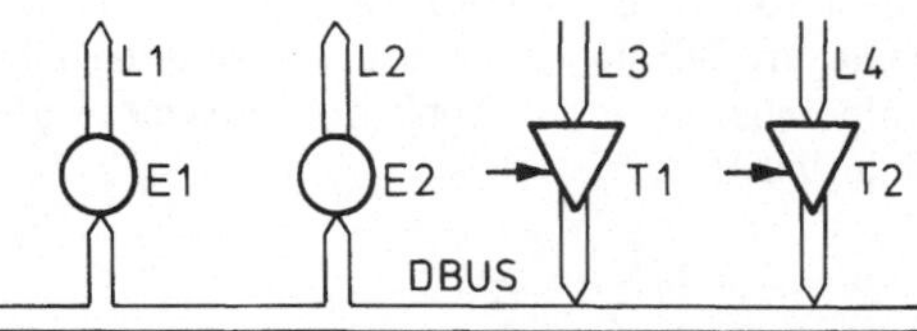


```
structure TRISTATE-BUS;
  :
  :
  unit E1,E2 : 16-BIT-TRI-REC;
       T1,T2: 16-Bit-TRI-GATE;
  locnode L1,L2,L3,L4: RBT<15..0>;
          DBUS: RHT <15..0>;
  begin
    E1: DBUS,L1;   E2: DBUS, L2;
    T1: L3,DBUS;   T2: L4,DBUS;
      :
      :
  end
```

Bild 31.8.
Strukturabschnitt mit BUS-System

Andere Verknüpfungen sind nicht zugelassen. Der praktische Nutzen liegt dabei in der Möglichkeit, räumlich gestreckte Datenwegvereinigungen und -trennungen mit elektrotechnisch effizienten Mitteln realisieren zu können. Der Empfänger nach Bild 31.2 existiert in der Praxis nur selten als eigenständige Funktionseinheit; er ist – wie in Abschnitt 3.1.5 gezeigt – meistens funktionell in andere Funktionseinheiten integriert. Einzelheiten zum Tristate-BUS folgen noch in den Abschnitten 4.4 und 5.5.

3.1.4 Elementare Funktionseinheiten mit Speicherverhalten

Die dritte Grundaufgabe der Nachrichtenverarbeitung betrifft – neben Verknüpfung und Weitergabe – die Speicherung. Elementare Funktionseinheit ist hier das *Register*, von dem die betrachtete Nachrichtenebene ihren Namen hat.

Die einfachste Form ist das *Latch-Register* von Bild 31.9. Es hat einen – hier wieder binär, also vom Typ SBT angenommenen – Takteingang C. Das Latch-Register übernimmt zu Beginn und auch während des Taktimpulses einen am Eingang D angebotenen Wortwert und schaltet ihn zum Ausgang Q durch. Die Speichereigenschaft drückt sich darin aus, daß der während eines Taktimpulses zuletzt am Ausgang Q erschienene Wert über die Taktimpulspause hinweg bis zum nächsten Taktimpuls erhalten bleibt. Genau dieses Verhalten wird im Anweisungsteil durch die Schreibweise nach Def. 31.3 ausgedrückt. (Der leichte Zeitversatz der Q-Signale im Zeitdiagramm drückt lediglich eine Abfolge aus, ohne daß konkrete Zeitwerte gemeint sind.)

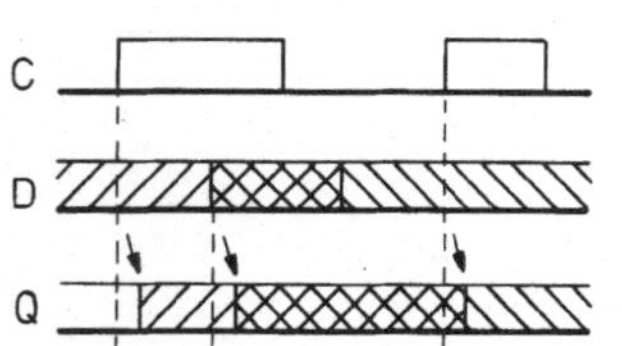

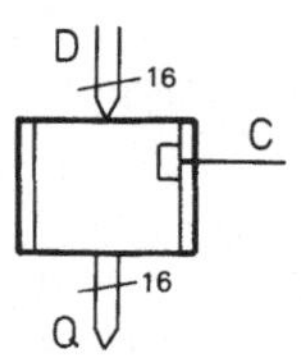


```
box LATCH-REG;
  input D: RBT<15..0>; C: SBT;
  output Q: RBT<15..0>;
  begin |C|: Q:=D end
```

Bild 31.9.
16-Bit-Latch-Register

Eine andere sehr bekannte Registerform ist im Bild 31.10 beschrieben. Das Vorderflanken-Register übernimmt einen Wert am Eingang D genau zu Beginn des Taktimpulses – also nicht auch während der Impulsdauer. Um dies kurz ausdrücken zu können, sei die Schreibweise !C im Sinne von "Beginn des Taktimpulses C" eingeführt. Der scheinbar geringfügige Unterschied gegenüber dem Latch-Register hat für

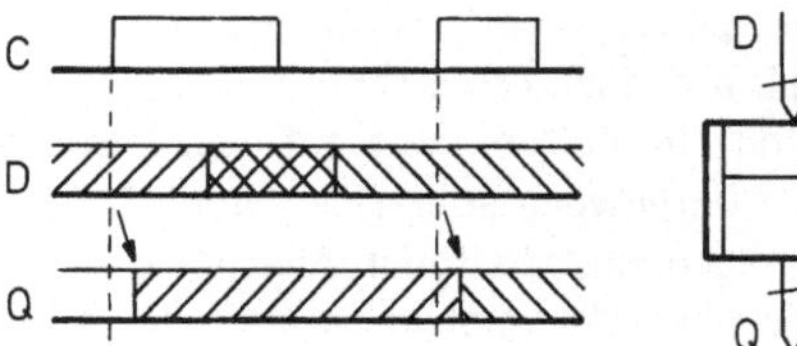


```
box VOR-FL-REG;
  input D: RBT<15..0>; C: SBT;
  output Q: RBT<15..0>;
  begin |!C|: Q:=D end
```

Bild 31.10.
16-Bit-Vorderflankenregister

die Anwendbarkeit erhebliche praktische Konsequenzen. Diese werden in den Abschnitten 4.2 (bei den getakteten Schaltwerken) ziemlich genau zu diskutieren sein.

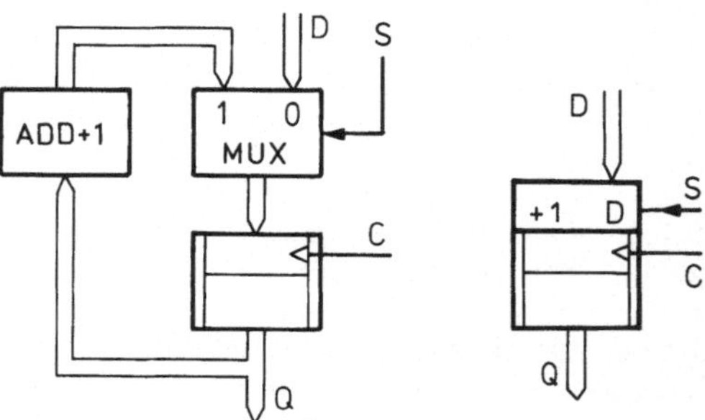


```
box 16-BIT-ZAEHLER;
  input D: RBT<15..0>; S: RBT; C: SBT;
  output Q: RBT<15..0>;
  begin
    |!C|: {|S=0|: Q:=D,
           |S=1|: Q:=(Q+1) mod 256}
  end
```

Bild 31.11.
16-Bit-Vorderflankenzähler

Der *Zähler* in Bild 31.11 ist funktionell eine Komposition aus Vorderflankenregister, Multiplexer und einem degenerierten Addiernetz ADD1. Bei S=0 übernimmt der Ausgang Q mit der Taktimpulsvorderflanke den Wert von D. Bei S=1 erhöht sich der Wert von Q um 1. Zähler werden in der Praxis so oft benötigt, daß man sie (auch) als elementare Funktionseinheit bereitgestellt denken kann. Da ein Steuersignal S für Multiplexer dem Wesen nach mehrere Stellen umfassen kann (siehe Bild 31.4), sei er hier vom Typ RBT deklariert; der Takteingang bleibe vom Typ SBT. Dieser Unterschied drückt sich auch in der Anweisung aus. Sowohl aus dem Strukturbild als auch aus der Anweisung wird deutlich, daß kein Latch-Register verwendbar ist; denn die Anweisung Q:=(Q+1) **mod** 256 würde während des Taktimpulses unbeabsichtigt oft und unkontrolliert ausgeführt. Das Kurzsymbol im Bild 31.11 rechts faßt Register und Multiplexer zu einer Einheit zusammen.

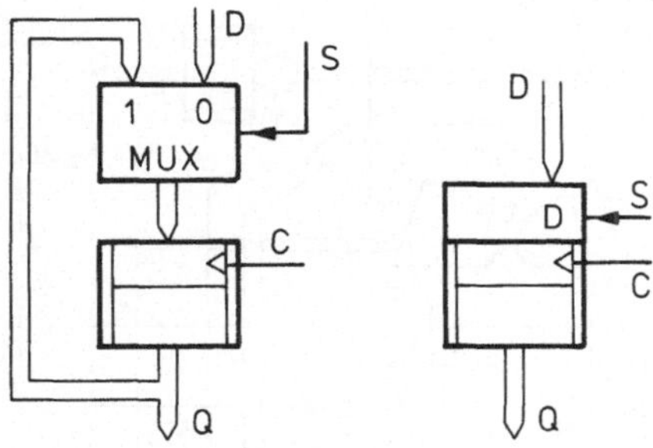


```
box 16-BIT-HALTEREG;
  input D: RBT<15..0>; S: RBT; C: SBT;
  output Q: RBT<15..0>;
  begin |!C ∧ (S=0)|: Q:=D end
```

Bild 31.12.
16-BIT-Vorderflankenregister mit Haltemöglichkeit (Halteregister)

In der Praxis relativ oft benutzt wird das *Halteregister* in Bild 31.12. Es erlaubt beim Multiplexersteuersignal S = 1 ein wiederholtes Übernehmen des eigenen Ausgangswerts; damit wird das *Halten eines Binärwertes* über beliebig viele Taktimpulse möglich. Diese Kombination sei künftig ebenfalls als elementare Funktionseinheit vorausgesetzt; im Kurzsymbol (Bild 31.12, rechts) fehlt im Vergleich zu Bild 31.11 die Angabe "+1".

3.1.5 Modellierung offener Eingänge

In der Praxis ist der Betriebsfall denkbar, daß der Eingang einer Funktionseinheit 'offen' bleibt, also nicht an andere Funktionseinheiten angeschlossen ist und deshalb keine Werte vom Typ RBT empfängt. Fast alle real gefertigten Funktionseinheiten interpretieren den Fall "D = 'offen'" entweder als D = **0** oder als D = **1**. Auf der Schaltwerksebene wird solche Situation sinngemäß zu d = **0** oder d = **1**. Letztlich fällt die Entscheidung zu dieser Alternative auf der Ebene der elektrischen Schaltungen; sie muß in geeigneter Weise auch auf den höheren Ebenen bekannt sein.

Auf der Registertransferebene lassen sich solche Fälle durch Voranschalten des – fiktiven – Tristate-Empfängers von Bild 31.7 modellieren. Der in der Praxis besonders oft vorkommende Fall dieser Art; nämlich der des Tristate-BUS, ist schon durch die Struktur von Bild 31.8 geregelt. Man kann nun die Modellierung noch weiter der Wirklichkeit annähern, indem Tristate-Empfänger und nachfolgende Funktionseinheit zusammengefaßt werden. Im Bild 31.13 ist dies für das Halteregister von Bild 31.12 veranschaulicht.

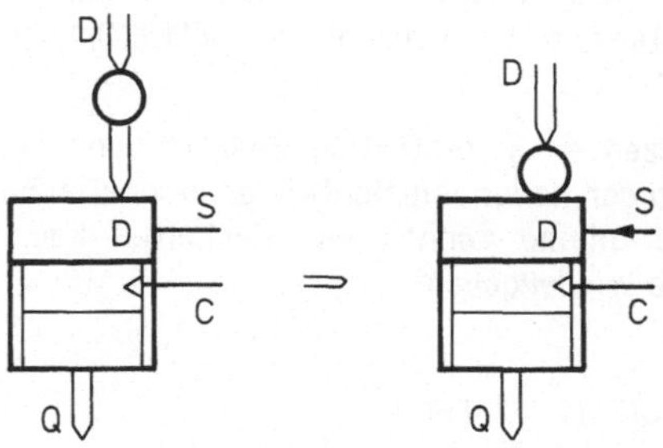


```
box 16-BIT-TOR-HALTEREG;
  input D: RHT<15..0>; S: RBT; C: SBT;
  output Q: RBT<15..0>;
  begin
    |!C ∧ (S=0)|:
      {|D≠↑|: Q:=D,
       |D=↑|: Q:=1}
  end
```

Bild 31.13.
16-Bit-Halteregister mit vorgeschaltetem fiktiven Tristate-Empfänger

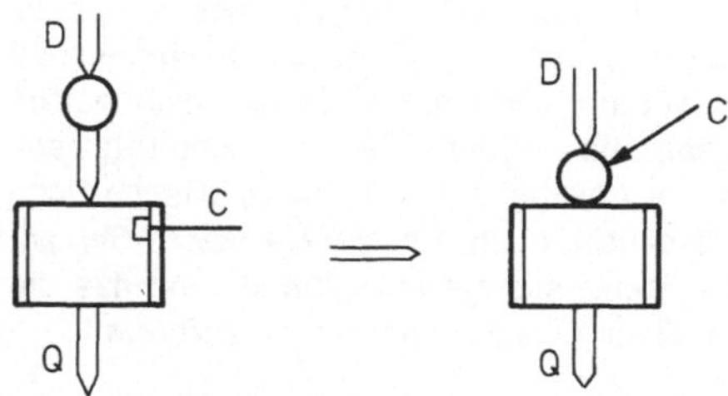


```
box 16-Bit-TOR-LATCH;
  input D: RHT<15..0>; C: SBT;
  output Q: RBT<15..0>;
  begin
    |C ∧ (D≠↑)|: Q:=D,
    |C ∧ (D=↑)|: Q:=1
  end
```

Bild 31.14.
16-Bit-Register mit Tor

Wie in Abschnitt 3.3.2 ersichtlich, erhält in einer Struktur mit mehreren Latch-Registern jedes von ihnen ein eigenes Taktsignal. Es ist dann anschaulicher, den fiktiven Tristate-Empfänger und den Taktimpulseingang bildlich gemeinsam als gesteuertes Tor darzustellen (Bild 31.14).

Denkbar ist auch eine Kombination von Vorderflankensteuerung und Latch-Register. Im Bild 31.15 sei das Zählen an die Vorderflanke gebunden; die Übernahme vom D-Eingang funktioniert wie beim Latch-Flipflop. Solche Konstruktionen sind in der Praxis zwar nicht gerade üblich; jedoch paßt eine solche Funktionseinheit bestens in das Konzept von DEMOCOM1 in Abschnitt 3.3.

Der Nutzen einer textuellen Beschreibung ist wohl einigermaßen einsichtig; denn grafische Symbole alleine können ein Verhalten kaum eindeutig wiedergeben.

```
box 16-BIT-TOR-ZAEHLER;
   input D: RHT<15..0>; C,S: SBT;
   output Q: RBT<15..0>;
   begin
      |!C ∧ (S=0)|: Q:=Q+1,
      |(S=1) ∧ (D≠↑)|: Q:=D,
      |(S=1) ∧ (D=↑)|: Q:=1
   end
```

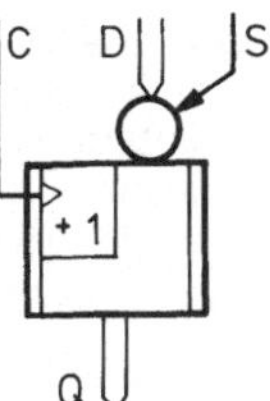

Bild 31.15.
16-Bit-Vorderflankenzähler mit Voreinstellung nach Art eines Latches

3.1.6 Struktur und Verhalten beim Registertransfer

In Bild 31.16 ist die Struktur eines einfachen Rechenwerks aus – z.T. in der Stellenanzahl modifizierten – elementaren Funktionseinheiten angegeben. Die textuelle Beschreibung folgt den Regeln aus Abschnitt 1.3.4. Die grafische Darstellung deutet auch ein *Steuerwerk* SW an, dem die Steuersignale entspringen und das die Ergebnisse des Flag-Registers FL aufnimmt.

Mit dieser Struktur läßt sich folgendes Verhalten erzielen: Der DBUS führt von außerhalb je einen Operanden heran, der mit den Steuersignalen C_2, C_3 oder C_4 wahlweise in eines der Register R_2, R_3 oder R_4 übergebbar ist. Die ALU empfängt den ersten Operanden aus R_4 und den zweiten Operanden je nach Steuersignal MS aus einem der Register R_2 oder R_3. Das Verknüpfungsergebnis gelangt nach R_1 und von dort über das Tor T auf den DBUS zurück.

Ein Beispiel möge die typische Arbeitsweise des *Registertranfers* verdeutlichen, also den wiederholten Transport von Wörtern zwischen Registern. Dazu sei hier – und weiterhin im ganzen Kapitel 3 – eine weit verbreitete spezielle Ausdrucksweise verwendet:

Sei ← *Transfersymbol*
(R) *Inhalt von Register R*

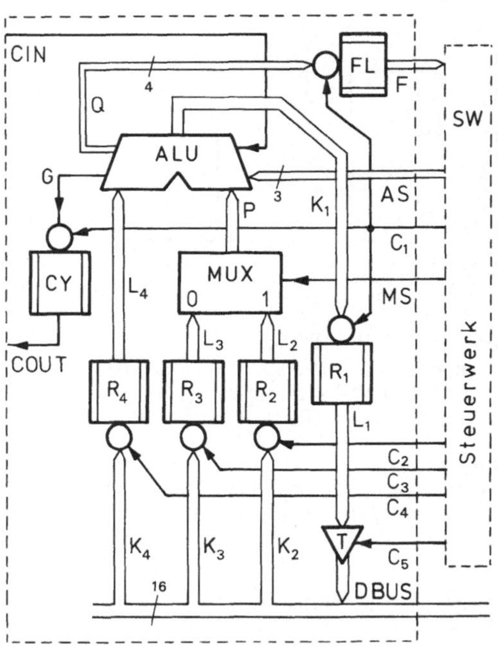


```
structure RECHENWERK-S;
   input C: array [1..5] of SBT;
            AS: RBT<3..1>; MS,CIN: RBT;
   output F: RBT<3..0>; COUT: RBT;
   terminal DBUS: RHT<15..0>;
   unit R[1..4]: 16-BIT-TOR-LATCH;
        MUX: 16-BIT-2-ZU-1-MUX;
        ALU: 16-BIT-ALU;
        FL: 4-BIT-TOR-LATCH;
        CY: 1-BIT-TRI-GATE;
        T: 16-BIT-TRI-GATE;
   locvar I: INTEGER;
   locnode P,K[1],L[1..4]: RBT<15..0>;
           K[2..4]: RHT<15..0>;
           Q: RBT<3..0>; G: RBT;
   begin
      conc I (1 to 4) do R[I]: K[I],C[I],L[I];
      conc I (2 to 4) do K[I]=DBUS;
      T: L[1],C[5],DBUS;
      MUX: L[3],L[2],C[6],P;
      ALU: L[4],P,CM,CIN,K[1],Q,G;
      FL: Q,C[1],F;
      CY: G,C[1],COUT
   end
```

Bild 31.16.
Strukturbeschreibung für ein einfaches Rechenwerk

Dann bedeuten z.B.:

(R1) ← (R4) : Inhalt von R4 wird Inhalt von R1

(R1) ← (R3)+(R4): Die Summe der Inhalte von R3 und R4 wird Inhalt von R1

(R1) ← (R2)+1 : Der um den Wert 1 erhöhte Inhalt von R2 wird Inhalt von R1

(R1) ← ((R2)) : Der Inhalt vom Inhalt von R2 wird Inhalt von R1

Eigentlich handelt es sich um Verhaltensanweisungen, die man auch mit den Mitteln aus Abschnitt 1.3.4 niederschreiben könnte, wenn dort der aus ALGOL 68 bekannte **cont**-Operator verwendet würde [1.2]. Vielfach läßt man die Klammern links des Transfersymbols fort; es bedeutet dann: "geht nach". Die hier gewählte Schreibweise erleichtert allerdings in Abschnitt 3.4 eine einheitliche Ausdrucksweise. Der besondere Nutzen liegt in der Schreibtechnisch knappen Ausdrucksweise für die *indirekten Zuweisungen* "Inhalt von Inhalt von ..."; dazu folgt näheres ab Abschnitt 3.3.

In dem Beispiel mögen die Register R4, R3 und R2 zunächst über DBUS mit den Werten 9, 3 und 5 geladen sein. Auszuführen sei die Operation

R1 ← (R4)-(R2)+(R3).

S	AS	MS	C_1	C_2	C_3	C_4	C_5	Transfer	R_4	R_3	R_2	R_1
0	0	0	0	0	0	0	0		9	3	5	
1	**1**	**1**	**1**	0	0	0	0	(R1)←(R4)-(R2)	9	3	5	**4**
2	-	-	**0**	**1**	0	0	**1**	(R2)←(R1)	9	3	**4**	4
3	**3**	**0**	**1**	**0**	0	0	**0**	(R1)←(R3)	9	3	4	**3**
4	-	-	**0**	0	0	**1**	**1**	(R4)←(R1)	**3**	3	4	3
5	**0**	**1**	**1**	0	0	**0**	**0**	(R1)←(R4)+(R2)	3	3	4	**7**

Bild 31.17.
Schrittfolge für die Operation R1←(R4)-(R2)+(R3)

Bild 31.17 zeigt die Anfangsstellung und die Schritte S. Veränderungen sind hervorgehoben; bei S=2 und S=4 sind die Steuersignale AS und MS irrelevant. Offenbar ist das Rechenwerk ungeschickt konzipiert, denn die Schritte 3 und 4 erledigen lediglich den Operandentransport R4 ← (R1). Abhilfe könnte ein weiterer Multiplexer vor dem Eingang A der ALU bieten, der wahlweise Wörter aus R3 und R4 übernehmen kann. Hier nicht erläuterte Details, z.B. zum Flag-Register, werden in größerem Zusammenhang ab Abschnitt 3.3 erklärt.

Für ein derart einfaches Rechenwerk läßt sich noch eine Verhaltensbeschreibung als nichtelementare Funktionseinheit angeben (Bild 31.18). Mit der lokalen Funktion RB sei die Auswahl zwischen den Registern R2 und R3 erfaßt. Die Wirkung der ALU kann zeilenweise aus Bild 31.1 übernommen werden. Dabei sind einerseits die Eingangsnamen anzupassen; andererseits sind die Zuweisungszeichen nun auf "Speicherung" auszulegen, da die Ergebnisse der ALU als Registerinhalte wirksam werden. Die Übernahme vom DBUS ist durch die **conc**-Anweisung ausgedrückt, wobei die Einzelheiten wie in Bild 31.14 formuliert sind.

```
box RECHENWERK-B;
  input C: array [1..5] of SBT;
        AS: RBT <3..1>; MS, CIN: RBT;
  output F: RBT <3..0>; COUT: RBT;
  terminal DBUS: RHT <15..0>;
  locvar R: array [1..4] of RHT;
        I: INTEGER;
  locfunc RB: RBT <15..0>;
    begin
      |MS = 1|: RB = R[2],
      |MS = 0|: RB = R[3]
    end;
  begin
    |C[1]|:
      { |AS = 0|: R[1] := (R[4]+RB+CIN) mod 2**16,
        |AS = 0 ∧ (R[4]+RB+CIN) ≥ 2**16|: CY := 1,
          :
          :
        FL<0> := ANTI(R[1]) }
    conc I (2 to 4) do
      |C[I]|: { |DBUS ≠ ↑|: R[I] := DBUS,
                |DBUS = ↑|: R[I] := ↑ },
    |C[5]|: DBUS = R1,
    |C'[5]|: DBUS = ↑,
    F = FL, COUT = CY
  end
```

Bild 31.18.
Verhaltensbeschreibung für das Rechenwerk

Diese Verhaltensbeschreibung lehnt sich an die schon existente Struktur von Bild 31.16 an. Man könnte sie in noch größerem Zusammenhang als **unit** anstelle der Strukturbeschreibung verwenden, z.B. in der Hoffnung, dadurch bei einer Simulation an Rechenzeit zu sparen. Allerdings liefert Bild 31.18 keine Beschreibung für ein <u>gefordertes</u> Verhalten, für die – im Sinne des Abschnitts 1.3.3 – eine Struktur durch einen Entwurfsvorgang überhaupt erst gefunden werden soll. Eine Beschreibung <u>gefor</u>-

derten Verhaltens dürfte eigentlich keinerlei Angaben z.B. zur Anzahl der Register, zu den Multiplexern oder anderen Struktureinzelheiten enthalten. Zu fordern ist eigentlich nur bestimmtes Wechselspiel von Eingabe- und Ausgabeoperanden am DBUS; und gerade dieses folgt aus der virtuellen Ebene der Maschinensprache. Wie schon zuvor gesagt: Entwerfen auf Registertransferebene heißt "Das virtuell durch die gewählte Maschinensprache geforderte Verhalten durch reale Strukturen verwirklichen."

3.2 Programmablage im Hauptspeicher

Nach Abschnitt 1.1.4 macht ein auf einem realen Prozessor ablaufendes Programm diesen zu einem virtuellen Prozessor, dessen Verhalten durch den Inhalt dieses Programms beschrieben ist. Es ist ein wesentliches Merkmal des von-Neumann-Konzepts, daß diese Verhaltensbeschreibung in Form eines *Maschinenprogramms* im Hauptspeicher vorliegen muß und daß das gewünschte Verhalten durch *Ablauf dieses Maschinenprogramms* auf einer Rechnerarchitekur entsteht. Der Abschnitt 3.2 befaßt sich mit Maßnahmen, die zur Ablage eines Maschinenprogramms im Hauptspeicher führen.

Abschnitt 3.2.1 bringt ein *Strukturmodell* des *Hauptspeichers*, um dessen reales *Verhalten* zu verdeutlichen.

Abschnitt 3.2.2 stellt als Beispiel ein *einfaches PASCAL-Programm* vor, diskutiert dazu *Verhalten und Struktur* bei *virtuellen Prozessoren* und veranschaulicht die Ablage solcher Programme im Hauptspeicher.

Abschnitt 3.2.3 zeigt das im Hauptspeicher deponierte *Maschinenprogramm*.

3.2.1 Der Hauptspeicher auf Registertransferebene

Ein Hauptspeicher läßt sich auffassen als eine reguläre Struktur aus $m=2^n$ Latch-Registern entsprechend Bild 31.14. Die Tristate-Glieder der Bilder 31.6 und 31.7 haben hier jeweils zwei Steuereingänge, eine Durchlaßwirkung tritt ein genau dann, wenn beide den Wert **1** führen (Bild 32.1). Vorgeschaltet ist ein 1-aus-m-Decodierer (s. Bild 31.3), von dem immer genau ein Ausgang den Wert **1** führt, der damit genau eines der Register vorbereitend anspricht. Der Eingang des Decodierers ist meistens an einen Tristate-BUS angeschlossen; deshalb wurde der -fiktive- Tristate-Empfänger ED eingefügt. Es gibt zwei Betriebsfälle:

- Schreiben (englisch: Write)
  Das Steuersignal W=**1** schaltet das vom DBUS gelieferte Wort in das vom Decodierer ausgewählte Register durch.
- Lesen (englisch: Read)
  Das Steuersignal R=**1** liest das vom Decodierer ausgewählte Register auf den DBUS aus.

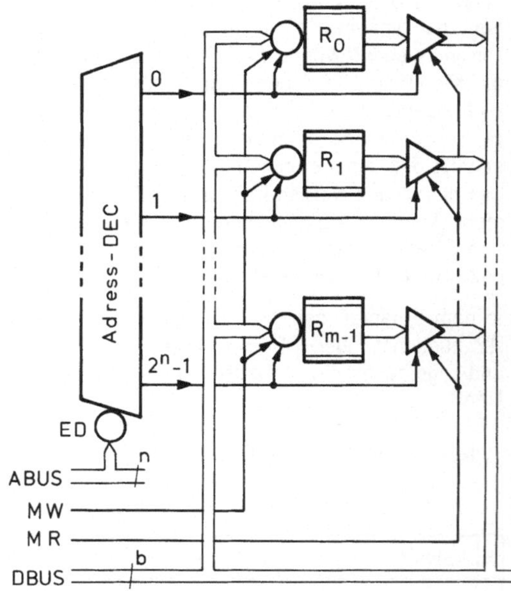


```
box HAUPTSPEICHER;
  bus     DBUS: RHT <15..0>;
  input   ABUS: RHT <15..0>; MR,MW: SBT;
  locvar  R: array [0..65536] of RBT <7..0>;
          A: INTEGER;
  begin
    |ABUS≠↑|: A=ABUS,
    |ABUS≠↑|: A=65535,
    |MW|: {|DBUS≠↑|: R[A]:=DBUS,
           |DBUS=↑|: R[A]:=1},
    |MR|: DBUS=R[A]
  end
```

Bild 32.1.
Strukturmodell und Verhaltensmodell eines Hauptspeichers

Für Hauptspeicher sind spezielle Begriffe üblich: Die Register heißen hier *Speicher-*

wörter oder kurz *Wörter*; deren Nummern nennt man *Adressen*. Die Anzahl der Stellen pro Wort ergibt die *Wortbreite*. Die Anzahl der Speicherwörter heißt *Wortanzahl* oder *Speicherlänge*. Bei einer *Adreßbreite* von n (am Eingang des Decodierers) beträgt die Speicherlänge maximal 2^n. Die Speicherlänge ist meistens eine Zweierpotenz, je nach Anwendung, zwischen ca 1K und 8000K; dabei ist K (gesprochen: Kilo) eine spezielle Maßeinheit, nämlich $K=2^{10}=1024$. Die Wortbreite b ist identisch mit der Stellenanzahl des Daten-BUS (DBUS). Die gebräuchlichsten Werte sind b=1,4,8,16 und 32; Hochleistungsrechner haben Werte bis zu etwa b=80.

Ein Decodierer für die derzeit besonders verbreitete Speicherlänge $m=2^{16}$ müßte m= 65536 Ausgänge und ebenso viele Leitungen aufweisen. Bild 32.1 ist allerdings nur ein *Modell*, an dem das Verhalten des Speichers deutlich wird. Die tatsächliche Struktur weicht wesentlich von diesem Modell ab, und sie zielt vor allem auf eine drastische Reduktion der Leitungsanzahl ab; Einzelheiten folgen in Abschnitt 4.4.

In dem vereinfachten Modell von Bild 32.2 ist jedes Register durch ein Speicherwort zu b Stellen dargestellt; jede Stelle nimmt genau 1 Bit auf. Die Wirkung der Steuersignale W und R sei durch die Tristate-Glieder EM und TM erfaßt; nebenbei entspricht dieses Modell in diesem Detail der tatsächlichen Realisierung besser als Bild 32.1.

Das Bild 32.1 zeigt zum Vergleich auch eine Verhaltensbeschreibung des Hauptspeichers

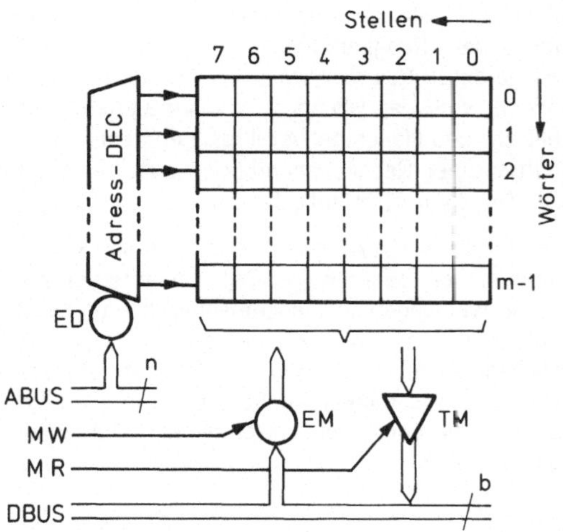

Bild 32.2.
Vereinfachtes Strukturmodell

unter den Annahmen n=16 und b=8. Daß Anschlüsse, hier: DBUS, sowohl als Eingang als auch als Ausgang dienen können, läßt sich durch das Wortsymbol **bus** ausdrücken. Der Speicher äußert sich als ein **array** von Registern. Der Anweisungsteil bläht sich dadurch auf, daß auch die Situationen ABUS=↑ sowie DBUS=↑ formal erfaßt sind, obgleich sie in der Praxis vermieden werden (s. Abschnitt 4.4.4).

3.2.2 Ein PASCAL-Programm im Hauptspeicher

Das nachfolgende PASCAL-Programm dient als Beispiel für den Rest des Kapitels 3. Hier - in Abschnitt 3.2.2 - sei betont, daß auch für virtuelle Prozessoren der Unterschied von Verhalten und Struktur existiert.

Das geforderte Verhalten des PASCAL-Programms - als nicht-elementare Funktionseinheit - sei wie folgt beschrieben:

$$S=\sum_i((i+E)(i+E+D)) \text{ mit } i=0,1,2\ldots \text{ bis } S>G$$

Es soll also eine Summe S fortlaufend auf Basis zweier Konstanten E und D solange gebildet werden, bis sie eine Grenze G überschreitet. Ein, auch fortan verwendetes, Zahlenbeispiel:

Sei E=3, D=2, G=100
Dann S=3*5+4*6+5*7+6*8=122

Es bedarf nun eines echten Entwurfsvorgangs im Sinne von Abschnitt 1.3.3, um zu diesem geforderten Verhalten eine realisierende Struktur zu finden, z.B. jene nach Bild 32.3. Demnach läßt sich also jenes Programm auffassen als Strukturbeschreibung einer nicht-elementaren virtuellen Funktionseinheit. Die Strukturelemente, also Deklarationen, Anweisungen usw., gehören zum Sprachumfang der Sprache PASCAL. Die äußere Form dieser elementaren Funktionseinheiten ist durch die *Syntax* festgelegt, wohingegen ihr Verhalten durch die *Semantik* erklärt wird. Z.B. regelt die Syntax für die Anweisung P:=P+1 die Schreibweise des Zuweisungssymbols, während die Semantik deren Verhalten umgangssprachlich z.B. durch den Text "Erhöhen des Zahlenwerts von P um 1" beschreibt.

PASCAL-kundige Leser werden das Programm noch vorbildlicher gestalten: Sie können z.B. Kommentare einfügen, die **goto**-Konstruktion vermeiden oder mnemotechnisch einprägsamere Variablennamen wählen. Da das Programm fortan als Beispiel dient, kommt es hier allerdings auf knappere Darstellung und Verzicht auf PASCAL-Besonderheiten an.

Ein solches Programm wird – wie in Abschnitt 2.1.2 beschrieben – durch ein Leseprogramm eingelesen und dort zeichenweise abgelegt; dabei haben die Grenzen der Speicherwörter keine funktionelle Bedeutung. Im Bild 32.3 ist eine 8-Bit-Codierung der Zeichen unterstellt, z.B. im ASCII (Bild 11.10) zuzüglich eines Parity-Bits; ein Karo umfaßt also 8 Bit, ein Speicherwort demnach 32 Stellen. Der Fettdruck der Schlüsselwörter dient (hier im Buch) der Übersichtlichkeit; er entfällt bei konkreten Programmen.

P	R	O	G
R	A	M	SP
P	R	O	S
U	M	;	CR
LF	SP	V	A
R	SP	E	,
D	,	G	,
S	,	P	,

```
program PROSUM;
   var E,D,G,S,P,Q: INTEGER;
   begin
      READ (E,D,G);
      S := 0;  P :=E;  Q := P+D;
   1: S :=S+P*Q;
      P :=P+1;  Q :=Q+1;
      if S≤G then goto 1;
      WRITE (S)
   end.
```

P, Q: Erster und zweiter Faktor
E: Vorgebbarer Erstwert für P
D: Vorgebbare Differenz von Q und P
G: Vorgebbarer Grenzwert
S: Summe

Bild 32.3.
Beispielsprogramm in PASCAL und Ablage in einem Hauptspeicher mit der Wortbreite 32

3.2.3 Das Maschinenprogramm im Hauptspeicher

Wenn das PASCAL-Programm im Hauptspeicher abgelegt ist, kann es gemäß Bild 21.5 in ein Maschinenprogramm übersetzt werden. Bild 32.4 veranschaulicht die entstandene Situation: Unterstellt sei ein Hauptspeicher mit der Wortbreite $b=16$ und der Wortanzahl $m=2^{16}$. Die 16-Bit-Adressen sind in der Spalte ADRh angedeutet, und zwar als dualcodierte Binärworte, die der besseren Lesbarkeit halber als Hexa-Zahlen nach Bild 12.4 notiert sind. Der Compiler möge das erzeugte Maschinenprogramm grundsätzlich von Adresse 0000 an ablegen. Es besteht aus einer Folge von 16-Bit-Binärworten, die den Speicherinhalt des Programmbereichs, hier auf den Adressen 0000 bis 0016, ausmachen und in der Spalte INHh (Inhalt in Hexanotation) niedergeschrieben sind. Die Bedeutung der Binärwörter wird im nächsten Abschnitt erklärt. Der Compiler kann dem Variablenvereinbarungsteil des Programms von Bild 32.3, also der **var**-Liste, entnehmen, daß 6 Variable im Spiel sind; er legt daher einen Operandenbereich mit 6 Plätzen an, und zwar hier z.B. auf den Adressen F9 bis FE.

Die weiteren Teile des Bildes 32.4 dienen der besseren Lesbarkeit, und sie sollen die Diskussion in den nachfolgenden Abschnitten anschaulicher gestalten: Jedes Binärwort der Spalte INHh ist ein *Maschinenbefehl*. Über ihn läßt sich leichter sprechen, wenn man die, zwar inhaltlich gleiche, mnemotechnisch aber menschenfreundlichere Form des *Assemblerbefehls* in Spalte INHh benutzt. Er gibt den Zweck des Befehls teils symbolisch wieder und verwendet (jedenfalls in diesem Beispiel), insbesondere bei den Adressen, dezimale Zahlenwertangaben. So wird z.B. der völlig unanschauliche Maschinenbefehl 01FE (auf Adresse 0E) in der Assemblernotation (auf Adresse 14) als Additionsbefehl ADD erkenntlich, der irgendwie auf den Operand von Adresse 254 einwirkt.

Die Spalte WIRKUNG beschreibt – mit den Ausdrucksmitteln des Abschnitts 3.1.6 – den während des Programmlaufs von einem Befehl ausgelösten Registertransfer. Genau hierdurch drückt sich der Übergang von virtuellem Verhalten (des Maschinenbefehls) zum realen Verhalten einer Rechnerarchitektur aus; Einzelheiten folgen in Abschnitt 3.3.

Die Spalte PASCAL des Bildes 32.4 soll veranschaulichen, wie der PASCAL-Compiler einzelne Anweisungen in Maschinenbefehle umsetzt. Entgegen dem Anschein bei diesem sehr einfachen Beispiel läßt sich eine PASCAL-Anweisung im allgemeinen nicht direkt in eine geschlossene Folge von Maschinenbefehlen übersetzen [2.3].

ADRh	INHh	ADRd	INHs	WIRKUNG	PASCAL
0000	B201	0	INH 01	(A) ← (P01)	READ (E)
0001	91F9	1	STO D 249	(249) ← (A)	
0002	B201	2	INP 01	(A) ← (P01)	READ (D)
0003	91FA	3	STO D 250	(250) ← (A)	
0004	B201	4	INP 01	(A) ← (P01)	READ (G)
0005	91FB	5	STO D 251	(251) ← (A)	
0006	8000	6	LOD C 0	(A) ← 0	S := 0
0007	91FE	7	STO D 254	(254) ← (A)	
0008	81F9	8	LOD D 249	(A) ← (249)	P := E
0009	91FC	9	STO D 252	(252) ← (A)	
000A	01FA	10	ADD D 250	(A) ← (A)+(250)	Q := P+D
000B	91FD	11	STO D 253	(253) ← (A)	
000C	81FD	12	LOD D 253	(A) ← (253)	
000D	21FC	13	MUL D 252	(A) ← (A)*(252)	S := S+P*Q
000E	01FE	14	ADD D 254	(A) ← (A)+(254)	
000F	91FE	15	STO D 254	(254) ← (A)	
0010	B0FC	16	INC 252	(252) ← (252)+1	P := P+1
0011	B0FD	17	INC 253	(253) ← (253)+1	Q := Q+1
0012	81FE	18	LOD D 254	(A) ← (254)	**if** S≤G
0013	11FB	19	SUB D 251	(A) ← (A)-(251)	**then goto** 1
0014	A60C	20	JLQ 12	{F,LQ} 12	
0015	81FE	21	LOD D 254	(A) ← (254)	WRITE (S)
0016	B301	22	OUT 01	(P01) ← (A)	
:		:			
:		:			
00F9	0003	249	3	- - - - - - - -	Variable E
00FA	0002	250	2	- - - - - - - -	Variable D
00FB	0064	251	100	- - - - - - - -	Variable G
00FC	0004	252	4	- - - - - - - -	Variable P
00FD	0006	253	6	- - - - - - - -	Variable Q
00FE	000F	254	15	- - - - - - - -	Variable S
00FF		255			
0100		256			
:		:			
:		:			
FFFF		65536			

Bild 32.4.
Maschinennahes Programm für DEMOCOM1

3.3 Maschinenprogramm und Architektur

Die Maschinenbefehle bilden die elementaren virtuellen Funktionseinheiten auf der Registertransferebene; ihnen gegenüber stehen als elementare reale Funktionseinheiten die Register, Multiplexer und andere Strukturelemente aus Abschnitt 3.1. Der Abschnitt 3.3 zeigt am Beispiel eines sehr einfachen Demonstrationsrechners DEMOCOM1 das prinzipielle Zusammenspiel virtuellen und realen Verhaltens. Um das Wesentliche zu betonen, sind sowohl die hier verwendete Maschinensprache als auch die zugrunde gelegte Rechnerarchitektur stark vereinfacht und idealisiert. Einige Hinweise zu realitätsnäherer Gestaltung folgen noch in Abschnitt 3.4; jedoch wird man für tatsächliche Ausführungen vertiefende Literatur, z.B. [3.1] bis [3.3] und insbesondere auch die Handbücher der Rechnerhersteller zu Rate ziehen müssen.

Abschnitt 3.3.1 befaßt sich mit der elementaren virtuellen Funktionseinheit, also mit dem *Maschinenbefehl*, und erläutert dessen *Aufbau* und *Wirkung*.

Abschnitt 3.3.2 beschreibt als reale Funktionseinheit die Architektur des sehr einfachen Rechners DEMOCOM1.

Abschnitt 3.3.3 zeigt mit den Phasen *Befehl holen* und *Befehl ausführen* ein typisches Merkmal des von-Neumann-Konzepts zur *Abwicklung von Maschinenbefehlen*.

Abschnitt 3.3.4 führt diese Überlegungen im Detail aus und erklärt die Abwicklung des ganzen Maschinenprogramms.

3.3.1 Befehlsformat und Befehlswirkung

Ein *Befehl* beschreibt den Transfer von Binärwörtern in einer Rechnerarchitektur; demnach ist die Bedeutung eines Befehls nur im Zusammenhang mit der betreffenden Architektur erläuterbar. Beim Transfer über eine ALU lassen sich – wie im Abschnitt 3.2.1 – neue Binärwörter erzeugen; dies ist der Mechanismus auf Registertransferebene, der aus bekannten Nachrichten neue Nachrichten erzeugt. Der Begriff *Register* ist hier weit gefaßt; er umschließt z.B. auch die Wörter des Hauptspeichers.

Die Niederschrift eines Befehls in Bits oder in Hexazeichen heißt *Befehlswort*. Dessen Gliederung ergibt das *Befehlsformat*; es umfaßt in der Regel folgende drei Angaben (Bild 33.1):

- Der *Operationsteil (opcode)* gibt an, <u>was</u> der Befehl funktionell bewirken soll; z.B. Addition, Subtraktion, einfacher Operandentransfer, usw.
- Der *Objektteil (object)* sagt, <u>womit</u>, also mit welchen Operanden, der Befehl auszuführen ist.
- Der *Modifikationsteil (mode)* beschreibt, <u>wie</u> gewisse Operandenangaben gemeint sind, z.B. als Operand selbst oder als Adresse des Operanden im Hauptspeicher.

Der Transfer eines Binärwortes setzt die Beteiligung von mindestens je einem Quellenregister und einem Zielregister voraus, so daß der Objektteil wenigstens zwei solcher Registerangaben enthalten müßte. Wenn in der Rechnerarchitektur allerdings die Teilstruktur von Bild 33.2 vorkommt, läßt sich stets mit nur einer Objektangabe auskommen. Dazu sei vereinbart, daß an jedem Registertransfer das spezielle Register A, genannt: *Akkumulator*, entweder als Quelle oder als Ziel beteiligt ist; dann erübrigt es sich, dieses Register im Objektteil aufzuführen. Das Register T *(Temporary Register)* dient lediglich der Zwischenablage, da der DBUS nicht einerseits einen Operanden zum ALU-Eingang B bringen und andererseits gleichzeitig das ALU-Ergebnis empfangen kann.

Zur Veranschaulichung können einige Beispiele aus dem Maschinenprogramm in Bild 32.4 dienen. Benutzt sei die Assemblerschreibweise:

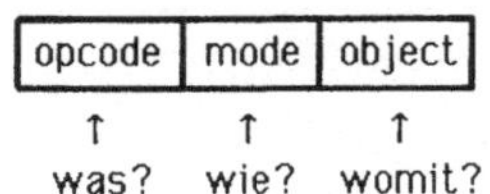

opcode: *Operationsteil*
mode: *Modifikationsteil*
object: *Objektteil*

Bild 33.1.
Gliederung eines Befehlswortes (Befehlsformat)

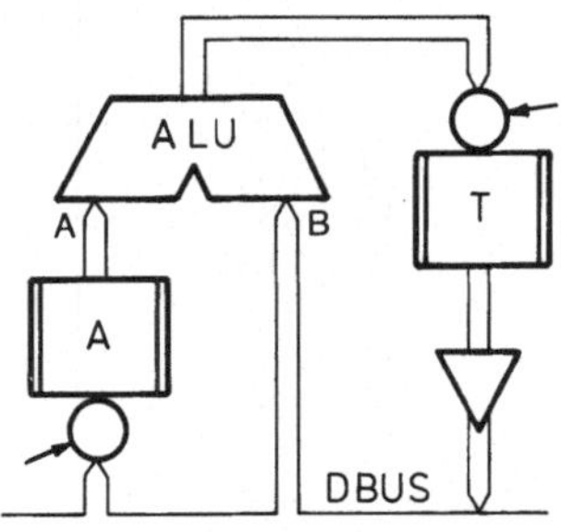

Bild 33.2.
Wichtige Teilstruktur zur Ausführung von 1-Adreß-Befehlen

Die Angabe in geschweiften Klammern beschreibt die *Wirkung des Befehls*, also den erzielten Registertransfer; sie gehört nicht zum – im Hauptspeicher abgelegten – Befehlstext selbst.

LOD D 249 {(A) ← (249)}

Der Operationsteil enthält die Angabe LOD; sie meint "Lade ein Binärwort in den Akkumulator". Der Modifikationsteil D (*Direktoperand*) besagt, daß die im Objektteil genannte Zahl , hier: 249, als <u>Adresse</u> im Hauptspeicher gemeint ist. Der Befehl bewirkt also, daß der Inhalt der Hauptspeicheradresse 249 in den Akkumulator transferiert wird. In der Teilstruktur von Bild 33.2 läuft dieser Operand vom – nicht gezeigten – Hauptspeicher über den DBUS in das Register A.

Sinngemäß holt der Befehl

LOD D 253 {(A) ← (253)}

einen Operanden von der Adresse 253. Die Wirkung des LOD-D-Befehls läßt sich allgemein formulieren, wenn die Adresse stellvertretend mit dem *Hilfssymbol* <u>oa</u> (Hauptspeicher<u>a</u>dresse im <u>O</u>perandenbereich) bezeichnet sei. (Bei der Syntaxbeschreibung von Programmier-

Assembler-Befehl	Wirkung	Maschinen-befehl	Bemerkungen	SS
LOD C cs	(A) ← cs	80 cs	Lade Konstante in den Akkumulator	LC
LOD D oa	(A) ← (oa)	81 oa	Lade von Adresse in den Akkumulator	LD
STO D oa	(oad) ← (A)	91 oa	Speichere von Akkumulator in Adresse	SD
INP por	(A) ← (por)	B2 oa	Lade vom Port in den Akkumulator	IN
OUT por	(port) ← (A)	B3 oa	Bringe vom Akkumulator zum Port	OU
ADD D oa	(A) ← (A)+(oa)	01 oa	Addiere zum Akkumulatorinhalt	AD, TA
SUB D oa	(A) ← (A)-(oa)	11 oa	Subtrahiere vom Akkumulatorinhalt	AD, TA
MUL D oa	(A) ← (A)*(oa)	21 oa	Multipliziere mit Akkumulatorinhalt	AD, TA
INC oa	(oa) ← (oa)+1	30 oa	Erhöhe den Adresseninhalt um 1	LD, AC, ST
JLQ pa	['NGR'] pa	A6 oa	Bedingter Sprung	JC

Bild 33.3.
Befehlsliste zum Programm in Bild 32.4

sprachen dienen *Hilfssymbole* bzw. *Nonterminale* als Stellvertreter für jeweils eine Menge von Symbolen bzw. *Terminalen*, also für solche Objekte, die im Programm tatsächlich vorkommen können).

LOD D oa {(A) ← (oa)}

Ein weiterer Befehl aus Bild 32.4, nämlich

LOD C 0 {(A) ← 0}

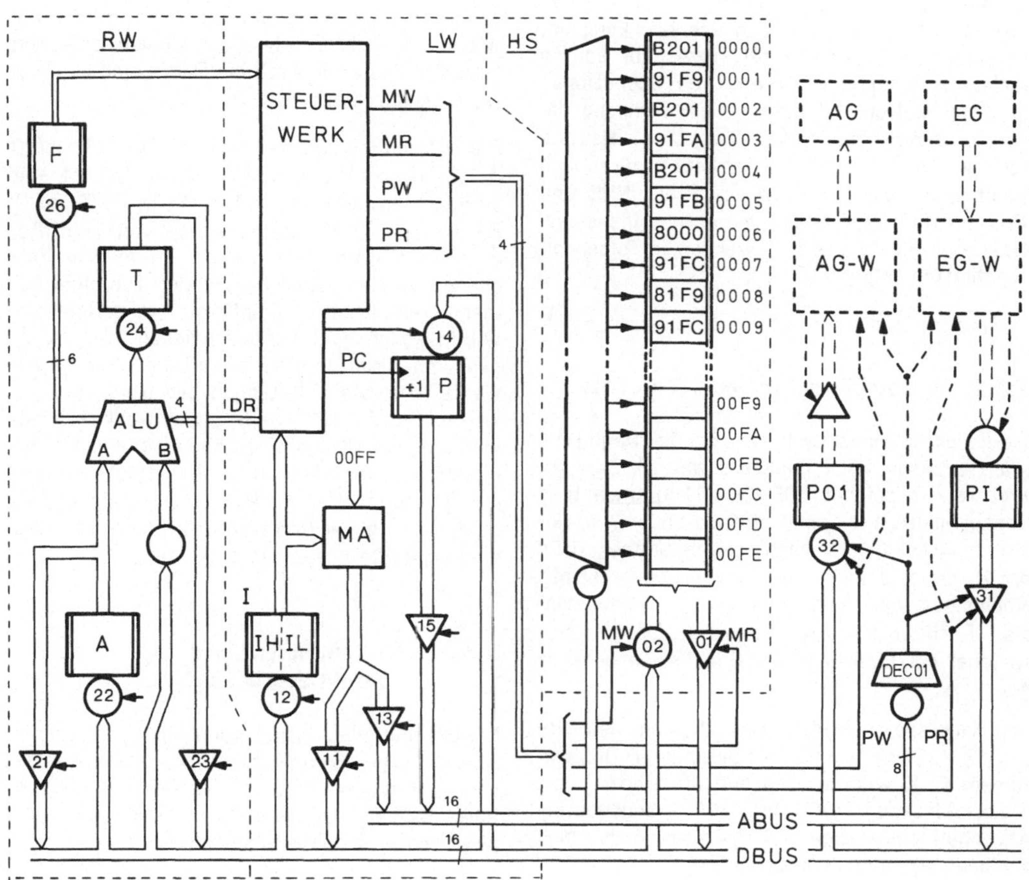

Bild 33.4.
Die Architektur von DEMOCOM1

lädt die Konstante 0 in den Akkumulator. Sinngemäß würde ein Befehl

LOD C 249 {(A) ← 249}

die Zahl 249 in den Akkumulator bringen und nicht, wie oben, den Operanden aus Adresse 249. Verallgemeinert stehe das Hilfssymbol cs stellvertretend für Konstanten:

LOD C cs {(A) ← cs}

Die beiden Modi D und C sind Beispiel für *Adressierungsarten*, nämlich *direkte Adressierung* und *unmittelbare Operandenangabe (Immediate Addressing)*. Üblicherweise verfügen Rechner über weitere, in der Regel kompliziertere Adressierungsarten; einige werden in Abschnitt 3.4 erklärt.

Die im Maschinenprogramm des Bildes 32.4 verwendeten Befehle sind in allgemeiner Form im Bild 33.3 zusammengestellt. Dabei ist auch die Schreibweise als Maschinenbefehl angedeutet. Wenn auch die Bit-Codierung im einzelnen unwichtig ist, so wird doch schon erkennbar, daß hier die ersten 8 Bit, bzw. die ersten beiden Hexa-Ziffern, jeweils den Operations- und Modifikationsteil ausdrücken, während die zweite 8-Bit-Gruppe den Objektteil, also cs oder ao wiedergibt. Man erkennt dies auch leicht beim Vergleich der Spalten INHh und INHs im Bild 32.4. Weitere Details, insbesondere auch die Spalte SS, werden in folgenden Abschnitten erläutert.

3.3.2 Die Architektur von DEMOCOM1

Die Struktur eines Rechners auf der Registertransferebene wird meistens als *Rechnerarchitektur* bezeichnet. DEMOCOM1 (Demonstrationscomputer) ist sehr einfach und für praktische Zwecke noch recht unvollkommen (Bild 33.4). Es sind aber alle wesentlichen Hauptblöcke des von-Neumann-Konzepts vorhanden, also Rechenwerk RW, Leitwerk LW, Hauptspeicher HS, Eingabegerät EG und Ausgabegerät AG.

Der Hauptspeicher HS entspricht dem des Bildes 32.2. Seine Wortbreite beträgt 16 Bit; von seinem 65K Worten sind nur die ersten 255 (Hexa-Adressen 0000 bis 00FF) angedeutet. Als Inhalt eingetragen ist der Anfang des Maschinenprogramms von Bild 32.4.

Das Rechenwerk RW ist eine vereinfachte Variante von Bild 31.16 und enthält als Herz die Teilstruktur aus Bild 33.2. Das Leitwerk LW verfügt neben einem STEUERWERK über ein *Befehlsregister* I zur Aufnahme eines Befehls sowie über einen *Programmzähler* P zur Adressierung von Speicherwörtern im Programmbereich des Hauptspeichers.

Eingabegerät EG und Ausgabegerät AG sind über die speziellen *Portregister* PI1 und PO1 angeschlossen. Aus Sicht des abzuwickelnden Maschinenprogramms genügt es, ein einzulesendes Wort vom Port PI1 abzuholen bzw. ein auszugebendes Wort im Port PO1 abzulegen. Die Übertragung vom EG zum Port PI1 bzw. vom PO1 besorgen je ein *Eingabewerk* EGW bzw. ein *Ausgabewerk* AGW; dies sind spezielle Steuerwerke, die funktionell unabhängig vom Rechnerkern arbeiten.

Es gibt einen 16 Bit breiten *Datenbus* DBUS zum Transport von Wörtern, der über Tristate-Glieder mit den Registern verbunden ist. Weiterhin sorgt ein (zufällig) ebenfalls 16 Bit breiter *Adreßbus* ABUS dafür, daß das Leitwerk den Hauptspeicher adressieren kann; dabei entstammen die Programmadressen dem Programmzähler P und die Operandenadressen dem Befehlsregister I. Auch die Ports sind an diese Busse angeschlossen.

Die Strukturelemente wurden in Abschnitt 3.1.2 vorgestellt; speziell für DEMOCOM1 sind zu beachten die Bilder 31.1, 31.2, 31.3, 31.8, 31.14 und 31.15. Beide Arten von Tristate-Gliedern (Bilder 31.6 und 31.7) seien im folgenden kurz als *Tore* bezeichnet. Die nicht numerierten Tristate-Empfänger modellieren – wie in Abschnitt 3.1.2 beschrieben – den Übergang vom Tristate-BUS zu Leitungen für Binärwerte. Die Steuerleitungen der Tore gehen – wie in Bild 31.16 – vom Steuerwerk aus; sie sind hier der Übersicht halber fortgelassen; lediglich die Steuerleitungen zum Hauptspeicher MW (Memory Write), MR (Memory Read) sowie zu den Ports PW (Port Write), PR (Port Read) sind explizit eingezeichnet.

3.3.3 "Befehl holen" und "Befehl ausführen"

Die Befehle eines Maschinenprogramms sind im Hauptspeicher abgelegt; sie müssen nun sequentiell abgewickelt werden. Pro Abwicklung eines Befehls (kurz: *Befehlsabwicklung*) sind zwei Phasen zu unterscheiden:

Phase *Befehl holen*

Der Text des Befehls gelangt vom Programmbereich des Hauptspeichers in das Befehlsregister I. Diese Phase ist für alle abzuwickelnden Befehle gleich.

Phase *Befehl ausführen*
Das Steuerwerk erfährt vom Befehlsregister I, welcher Befehl tatsächlich auszuführen ist; es sendet eine Folge von Steuersignalen aus, die entsprechende, genau auf diesen Befehl abgestimmte Registertransfers auslöst.

Es sei unterstellt, daß ein - hier nicht erklärter - Grundstellungsmechanismus dafür sorgt, daß der Programmzähler P vor Abwicklung des Maschinenprogramms den Anfangswert 0000 bekommt. Dann läßt sich nun die Abwicklung des ersten Maschinenbefehls, also

B201 {(A) ← (PI1)}

erläutern. Dieser Befehl bewirkt die Übernahme eines Werts vom Eingangsport PI1 in den Akkumulator A.

Befehl holen

Steuerschritt 1: Das Steuerwerk öffnet die Tore 15,01,12. Über Tor 15 gelangt die Adresse 0000 über den ABUS zum Adreßcodierer. Der Inhalt der Adresse 0000, also das Binärwort B201, wandert über die Tore 01 und 12 in das Register I.

Steuerschritt 2: Das Steuerwerk erhöht über die Steuerleitung PC den Stand des Zählers P auf den Wert 0001, wodurch dieser für die Phase *Befehl holen* des nächsten Befehls vorbereitet wird.

Befehl ausführen

Das Befehlsregister I läßt sich gegliedert denken in zwei 8-Bit-Teile, nämlich IH (Higher Part) und IL (Lower Part). Der Teil IH enthält Operationscode und Modeteil des Befehls, hier also die Angabe B2. Daran kann das Steuerwerk die Art des Befehls erkennen und daraus die weitere Schrittfolge ableiten. In diesem Fall ist nur noch ein einziger weiterer Steuerschritt nötig.

Steuerschritt 3: Das Steuerwerk öffnet die Tore 13 und 22; außerdem sendet es das Steuersignal PR aus. Die fest eingestellte Maske MA läßt nur die niederen 8 Bit des Registers I passieren; es gelangt demnach der Inhalt von IL, also die - hier für beide Port gleiche - Portnummer 01 als Hexazahl 0001 auf den Adreßbus ABUS. Bei den Ports ist ein spezieller 8-Bit-Decodierer DEC01 an die 8 niedrigeren Bits des Adreßbusses angeschlossen. Er setzt seinen einzigen Ausgang dann auf **1**, wenn am Eingang, also am ABUS, der Hexawert 01 anliegt. (DEC01 ist auf Schaltwerksebene ein einfaches UND-Glied mit 8 Eingängen). Das Steuersignal PR öffnet in Koinzidenz mit dem Ausgangssignal von DEC01 das Tor 31, so daß der Inhalt von Register PI1 über den Datenbus zum Akkumulator A wandert.

Damit ist der Befehl vollständig abgewickelt. Zur Abrundung sei der Sinn der Steuerleitungen PW und PR verdeutlicht. Im Prinzip läßt sich die Architektur auf bis zu 256 Eingabeports und 256 Ausgabeports erweitern, ohne daß sich an Rechenwerk und Leitwerk, etwa durch zusätzliche Steuerleitungen, etwas ändert. Möglich wird dies durch die Adressierung der Ports über lokale Decodierer, wie hier DEC01, sowie über die Koinzidenz zweier Steuersignale an den Toren, wie hier 31 oder 32. Bei Vollausbau würden alle 256 dieser Decodierer wie ein einziger, räumlich gedehnter 1-aus-256-Decodierer wirken.

3.3.4 Die Abwicklung des Maschinenprogramms

Das Bild 33.5 gibt die Abwicklung des Maschinenprogramms von Bild 32.4 detailliert wieder. In der Spalte SS sind die Steuerschritte durch eine Abkürzung benannt. Die Spalte WIRKUNG beschreibt den Registertransfer nach der Methode von Abschnitt 3.1.6. So bedeutet z.B. (I) ← ((P)), daß der Inhalt des Programmzählers als Hauptspeicheradresse wirkt; deren Inhalt zum Inhalt des Registers I wird. Die gewünschte Wirkung kommt durch Aktivieren der Tore und der Steuerleitung PC zustande. Die Spalten M/P und DR dienen als Hinweise auf Zugriffe zum Hauptspeicher und auf die eventuell ausgelöste ALU-Funktion. Weiterhin sind noch die Inhalte der Register P,I,A und T aufgeführt, allerdings nur dann, wenn in sie ein Wert eingeschrieben wird. Das Register I enthält immer das Befehlswort des gerade bearbeiteten Befehls. Da das "Befehl holen" bei allen Befehlen gleich abläuft, seien die entsprechenden Steuerschritte FI und IP nur einmal, beim ersten INP-Befehl, aufgeführt. Es folgt nun eine kurze Diskussion zu bisher nicht erwähnten Details der einzelnen Befehle.

INP 01 {(A) ← (PI1)}

- Die Anfangsstellung des Programmzählers: P=0000.

- Nach Abschluß von FI *(Fetch Instruction)* steht der geholte Befehl, also das Binärwort B201, im Register I.
- Der Steuerschritt IP *(Increase Program Counter)* aktiviert die Steuerleitung PC und erhöht dadurch den Stand des Programmzählers.
- Der Steuerschritt IN *(From Input Port)* bewirkt die Befehlsausführung, also den Transfer des Operanden vom Port PI1 zum Akkumulator A. Das Ausrufungszeichen in der Spalte WIRKUNG soll verdeutlichen, daß der Inhalt von IL, hier also die Hexazahl 01, als Portadresse gemeint ist.

Das Eingabewerk EGW liefert bereits vor Abwicklung des ersten Befehls den ersten Operandenwert vom Eingabemedium, z.B. von einer Lochkarte, an das Portregister PI1. Im Beispiel aus Abschnitt 3.3.2 wird zunächst ein Erstwert E verlangt; der entsprechende Zahlenwert, hier also die 3, muß als erster auf dem Eingabemedium untergebracht sein. Wenn das Steuerwerk mit dem Steuerschritt IN den Transfer vom Portregister PI veranlaßt, gelangt das Steuersignal PR - zusammen mit dem Ausgangssignal von DEC01 - an das Eingabewerk; dieses veranlaßt daraufhin selbsttätig das Einlesen des nächsten Zahlenwerts und dessen Ablage im Portregister. Allerdings ist die *Schnittstelle* zur Peripherie, also der Übergang zwischen den Portregistern zu den Geräten EG bzw. AG nur pauschal modelliert. In praktischen Ausführungen kann die Komplexität von EG-Werk bzw. AG-Werk je nach Anwendung zwischen "nahezu Null" und "mehr als bei der Zentraleinheit selbst" schwanken.

STO D 249 [(249) ← (A)]

Nach dem Holen des Befehls liegt im Register IL der Hexawert F9 (dezimal: 249). Der Steuerschritt SD schaltet ihn über die Maske MA auf den ABUS; von dort aus spricht er im Operandenbereich des Hauptspeichers die Adresse 249 an. Der Operand selbst wandert vom Akkumulator A über den DBUS zum Hauptspeicher.

Die Folge INP 01 und STO D 249 bewirkt insgesamt das Einlesen eines Wertes über Port PI1 und - nach Zwischenablage im Akkumulator - dessen Abspeichern unter der Hauptspeicheradresse 249; damit ist die PASCAL-Anweisung READ (E) des Beispielprogramms ausgeführt (s. Bild 32.4). Gleichartig führen die Anweisungen READ (D) und READ (G), bzw. die entsprechenden Assemblerbefehle INP 01, STO D 250, INP 01, STO D 251 zum Einlesen und Abspeichern der Zahlenwerte 2 und 100 (in Hexa: 0002 bzw. 0064).

LOD C 0 [(A) ← 0]

Der im Befehlswort genannte Hexawert 00 gelangt von BL über die Maske MA und die Tore 11 und 22 direkt als Konstante 0000 in den Akkumulator. Anschließend bringt STO D 254 diese Konstante auf Hauptspeicheradresse 254 (Hexa: 00FE). Zusammen ist damit die PASCAL-Anweisung S := 0 verwirklicht.

LOD D 249 [(A) ← (249)]

Ein Befehl der Form LOD D oa erzeugt die Hauptspeicheradresse genauso wie ein Befehl STO D oa; lediglich der Operandenfluß über den DBUS verläuft umgekehrt. LOD D 249 gefolgt von STO D 252 erzeugen eine Kopie im Hauptspeicher; hier entsprechend der PASCAL-Anweisung P := E.

ADD D 250 [(A) ← (A) + (250)]

- Der Steuerschritt AD holt einen Operanden aus dem Hauptspeicher (hier von Adresse 250); er gelangt zum ALU-Eingang B. Verknüpft mit dem Operanden aus dem Akku kommt das Ergebnis in das Register T.
- Der Steuerschritt TA transferiert einfach den Inhalt von T zum Akkumulator.

Um per ALU gerade die Operation ADD auszuführen, liefert das Steuerwerk einen entsprechenden Auswahlwert DR='A+B' (Bild 31.1).

Der anschließende Befehl STO D 253 überträgt das Additionsergebnis vom Akkumulator in die Hauptspeicheradresse 00FD. Das sofortige Wiedereinladen in den Akkumulator mit Befehl LOD D 253 ist nur scheinbar überflüssig. Dieser LOD-Befehl ist nämlich - wie sich zeigen wird - der Anfang einer Programmschleife (entsprechend der Marke 1 im PASCAL-Programm von Bild 32.3).

MUL D 252 [(A) ← (A) * (252)]

- Die Multiplikation verläuft genauso wie die Addition; das Steuerwerk liefert einen Auswahlwert DR='MUL'.

Die ALU von Bild 31.1 sieht Multiplikation und Division nicht vor, weil diese Operationen letztlich stets auf eine zeitliche oder räumliche Iteration von Additionen oder Subtraktionen zurückgeführt werden müssen; eine ALU mit solchen Fähigkeiten wäre weit aufwendiger als die später im Detail diskutierte Version in Abschnitt 4.4.2 [1.12], [3.4]. Für das Grundverständnis des Programmablaufs ist es aber erlaubt, sich Multiplikation und Division als weitere ALU-Operationen, z.B. unter den Fallnummern M=5 und M=6 vorzustellen.

Die beiden nächsten Befehle, also ADD D 254 und STO D 254, bringen formal keine Neuerungen. Inhaltlich wird dadurch die PASCAL-Anweisung S := S + P * Q abgeschlossen, wobei der Wert von S (auf Adresse 254 bzw. 00FE) bisher Null war.

INC 252 [(252) ← (252) + 1]

- LD holt einen Operanden aus dem Hauptspeicher in den Akkumulator.
- AC addiert an sich eine Konstante. Jedoch schreibt das Steuerwerk mit dem Auswahlwert

BEFEHL	SS	WIRKUNG	TORE u. PC	M/P	AM	P	I	A	T	BEMERKUNGEN
INP 01	FI IP	(I) ← ((P)) (P) ← (P)+1	15 01 12 FC	MR -	- -	0000 0001	B201			
	IN	(A) ← ((IL)!)	13 31 22	PR	-			0003		vom Port PI1
STO D 249	SD	(00(IL)) ← (A)	13 21 02	MW	-	0002	91F9			00F9 ← 0003
INP 01	IN	(A) ← ((IL)!)	13 31 22	PR	-	0003	B201	0002		vom Port PI1
STO D 250	SD	(00(IL)) ← (A)	13 21 02	MW	-	0004	91FA			00FA ← 0002
INP 01	IN	(A) ← ((IL)!)	13 31 22	PR	-	0005	B201	0064		vom Port PI1
STO D 251	SD	(00(IL)) ← (A)	13 21 02	MW	-	0006	91FB			00FB ← 0064
LOD C 0	LC	(A) ← 00(IL)	11 22	-	-	0007	8000	0000		von IL
STO D 254	SD	(00(IL)) ← (A)	13 21 02	MW	-	0008	91FE			00FE ← 0000
LOD D 249	LD	(A) ← (00(IL))	13 01 22	MR	-	0009	81F9	0003		A ← (00F9)
STO D 252	SD	(00(IL)) ← (A)	13 21 02	MW	-	000A	91FC			00FC ← 0003
ADD D 250	AD TA	(T) ← (A)+(00(IL)) (A) ← (T)	13 01 24 23 22	MR -	'A+B' -	000B	01FA	 0005	0005	T ← (A)+(00FA) A ← (0005)
STO D 253	SD	(00(IL)) ← (A)	13 21 02	MW	-	000C	91FD			00FD ← 0005
LOD D 253	LD	(A) ← (00(IL))	13 01 22	MR	-	000D	81FD	0005		A ← (00FD)
MUL D 252	AD TA	(T) ← (A)*(00(IL)) (A) ← (T)	13 01 24 23 22	MR -	'A*B' -	000E	21FC	 000F	000F	T ← (A)*(00FC) A ← 000F
ADD D 254	AD TA	(T) ← (A)+(00(IL)) (A) ← (T)	13 01 24 23 22	MR -	'ADD' -	000F	01FE	 000F	000F	T ← (A)+(00FE) A ← 000F (15 dez)
STO D 254	SD	(00(IL)) ← A	13 21 02	MW	-	0010	91FE			00FE ← 000F
INC 252	LD AC ST	(A) ← (00(IL)) (T) ← (A)+00(IL) (00(IL)) ← T	13 01 22 11 24 13 23 02	MR MW	- 'A+B' -	0011	B0FC	0003	 0004	A ← (00FC) T ← (A)+1 00FC ← (T)
INC 253	LD AC ST	(A) ← (00(IL)) (T) ← (A)+00(IL) (00(IL)) ← T	13 01 22 11 24 13 23 02	MR MW	- 'A+B' -	0012	B0FD	0005	 0006	A ← (00FD) T ← (A)+1 00FD ← (T)
LOD D 254	LD	(A) ← (00(IL))	13 01 22	MR	-	0013	81FE	000F		A ← (00FE)
SUB D 251	AD TA	(T) ← (A)-(00(IL)) (A) ← (T)	13 01 24 23 22	MR -	'A+B' -	0014	11FB	 -0055	-0055	T ← (A)-(00FB) A ← -0055 (-85 dez)
JLQ 12	JC	[F.GR=0] ↴ 00(IL)	11 14	-	-	000C	A60C			Sprung nach 000C
LOD D 254	LD	(A) ← (00(IL))	13 01 22	MR	-	0013	81FE	007A		A ← (00FE)
SUB D 251	AD TA	(T) ← (A)-(00(IL)) (A) ← (T)	13 01 24 23 22	MR -	'A-B' -	0014	11FB	 0016	0016	T ← (A)-(00FB) A ← 0016 (+22 dez)
JLQ 12	JC	[F.GR=0] ↴ 00(IL)	- -	-	-	0015	A60C			kein Sprung
LOD D 254	LD	(A) ← (00(IL))	13 01 22	MR	-	0016	81FE	007A		A ← (00FE)
OUT 01	OU	((IL)!) ← (A)	13 21 32	PW	-	0017	B301			zum PO1: 122

Bild 33.5.
Abwicklung des Maschinenprogramms

DR='A+1' die Addition um den Wert 1 vor. Der über Tor 11 an ALU-Eingang B gelieferte Operand bleibt unberücksichtigt; (er ist ohnehin sinnlos).

- ST schreibt das Ergebnis, hier die Zahl 0004, wieder in die gleiche Hauptspeicheradresse zurück.

Gäbe es den INC-Befehl nicht, hätte man die Folge

LOD C1, ADD D 252, STO D 252

zu programmieren. Der INC-Befehl dient also der Abkürzung der Schreibarbeit; er erspart Speicherplatz im Programmbereich, und er erhöht die Arbeitsgeschwindigkeit, da zwei der sonst nötigen drei Befehlsholphasen entfallen.

Mit INC 252 und INC 253 sind die PASCAL-Anweisungen P:=P+1 und Q:=Q+1 erledigt. Die **if**-Anweisung erscheint im Assemblerprogramm in der Folge

LOD D 254, SUB D 251, JLQ 12.

Der PASCAL-Vergleich S≤G wird durch LOD- und SUB-Befehl auf die Form S-G≤0 gebracht. Wie schon im Abschnitt 3.1.2 gesagt, liefert eine ALU ergänzend zum Ergebnis auch immer eine Statusmeldung, die im Flagregister F abgelegt wird. Speziell interessiert der Wert F.GR=0 (s. Bild 31.1).

Die Spalte WIRKUNG in Bild 33.5 besagt für den Befehl JLQ 12 (Jump if Less or Equal):

> Wenn Flag F.GR=0, dann Programmfortsetzung bei der Adresse 12, sonst normale Fortsetzung.

Die beiden Fortsetzungsfälle sind im Bild 33.5 durch starke Linien voneinander getrennt.

JLQ 12 [[F.GR=0] 12]; wobei F.GR=0

> Die Befehle LOD 254 und SUB D 251 liefern (beim ersten Durchgang durch die Programmschleife) das negative Ergebnis -0055 (Hexa) ins Register T; es gilt: F.GR=0. Der JLQ-Befehl veranlaßt durch den Steuerschritt JC die Übernahme des Wertes von IL in den Programmzähler P; dadurch ist der Sprung zur Programmadresse 12 (Hexa: 000C) ausgelöst.

JLQ 12 [[F.GR=0] 12]; wobei F.GR=1

> Nach wiederholtem Schleifendurchlauf entsteht - s. Abschnitt 3.2.2 - das positive Ergebnis 22 (Hexa: 0016); es gilt F.GR=1. Die Tore 11 und 14 bleiben geschlossen, so daß überhaupt keine Auswirkung eintritt und das Programm beim Programmzählerstand 0015 fortfährt.

Mit LOD D 254 wird die PASCAL-WRITE-Anweisung eingeleitet. Der abschließende OUT-Befehl transportiert, sinngemäß als Gegenstück zum IN-Befehl, das Ergebnis vom Akkumulator zum Ausgangs-Port P01, also die Zahl 007A (dezimal: 122).

Anschließend sei noch klargestellt, wie sich hier der Haupspeicher in die allgemeine Vorstellung vom *Registertransfer* einordnet. Bei DEMOCOM1, und demnächst auch bei DEMOCOM2, beschreibt das *Lesen* einen Transfer von einem Hauptspeicherplatz zu einem Register, wohingegen das *Schreiben* gerade den entgegengesetzten Transfer meint. Nach dieser Modellvorstellung wird der Transport der Adresse vom Programmzähler (oder vom Register I) über den Adreßbus zum Adreßdecodierer nicht als Registertransfer aufgefaßt; vielmehr zählt dieser Vorgang zur Vorbereitung eines solchen *Hauptspeicher-Transfers*, die ihrerseits eine gewisse Zeitdauer beansprucht. Besonders wenn die Arbeitsgeschwindigkeit in einer Rechnerarchitektur optimiert werden soll, können andere Modelle zweckmäßiger sein. So läßt sich z.B. ein Lesevorgang auch als ein Registertransfer vom Programmzähler zu einem Register der Zentraleinheit auffassen, bei dem das transferierte Wort über den Adreßbus zum Hauptspeicher läuft, dort eine Änderung erfährt (Ersatz der Adresse durch den Adresseninhalt) und anschließend über den Datenbus zum gewünschten Register gelangt. Die Diskussion solcher Modellvorstellungen würde allerdings über den Rahmen einer Einführung hinausgleiten.

3.4 Ein verbesserter Rechner: DEMOCOM2

Der Rechner DEMOCOM1 diente zum Grundverständnis der Befehlsabwicklung auf einer Struktur. DEMOCOM2 erlaubt es, nun auch unterschiedliche Befehlsformate und Adressierungsarten zu diskutieren. Allerdings ist es nicht das Ziel, einen gebrauchsfertigen Rechner vorzustellen; vielmehr sollen typische Steuerschrittabläufe vorkommen, für die sich dann in Abschnitt 4.5 ein Steuerwerk entwerfen läßt.

Abschnitt 3.4.1 zeigt einige Mängel von DEMOCOM1 auf und stellt eine demgegenüber verbesserte Rechnerarchitektur vor.

Abschnitt 3.4.2 führt ein neues Befehlsformat für Eineinhalb-Adreß-Befehle ein, diskutiert daran unterschiedliche Adressierungsarten und bespricht den Ablauf solcher Befehle auf der Architektur von DEMOCOM2.

Abschnitt 3.4.3 behandelt weitere Befehlsformate und bespricht dabei die Sprungbefehle sowie als Beispiel einen Befehl, der einen sich verzweigenden Steuerschrittablauf verlangt.

Abschnitt 3.4.4 schließlich stellt für das Steuerwerk eine Verhaltensbeschreibung auf, die als Grundlage für den Steuerwerksentwurf in Abschnitt 4.5 dienen wird.

Abschnitt 3.4.5 möchte einen Eindruck davon vermitteln, wie weitgehend informell die Entwurfsentscheidungen auf der Registertransferebene zustande kommen und welche Gesichtspunkte für einen gebrauchsfähigen Rechner bei DEMOCOM2 noch nicht gebührend beachtet sind.

3.4.1 Mängel von DEMOCOM1 und die Architektur von DEMOCOM2

Um das Wesentliche der Befehlsabwicklung zu betonen, sind für DEMOCOM1 nur solche Befehle definiert, die im Beispielsprogramm vorkommen. Weitere Befehle wären noch möglich, je-

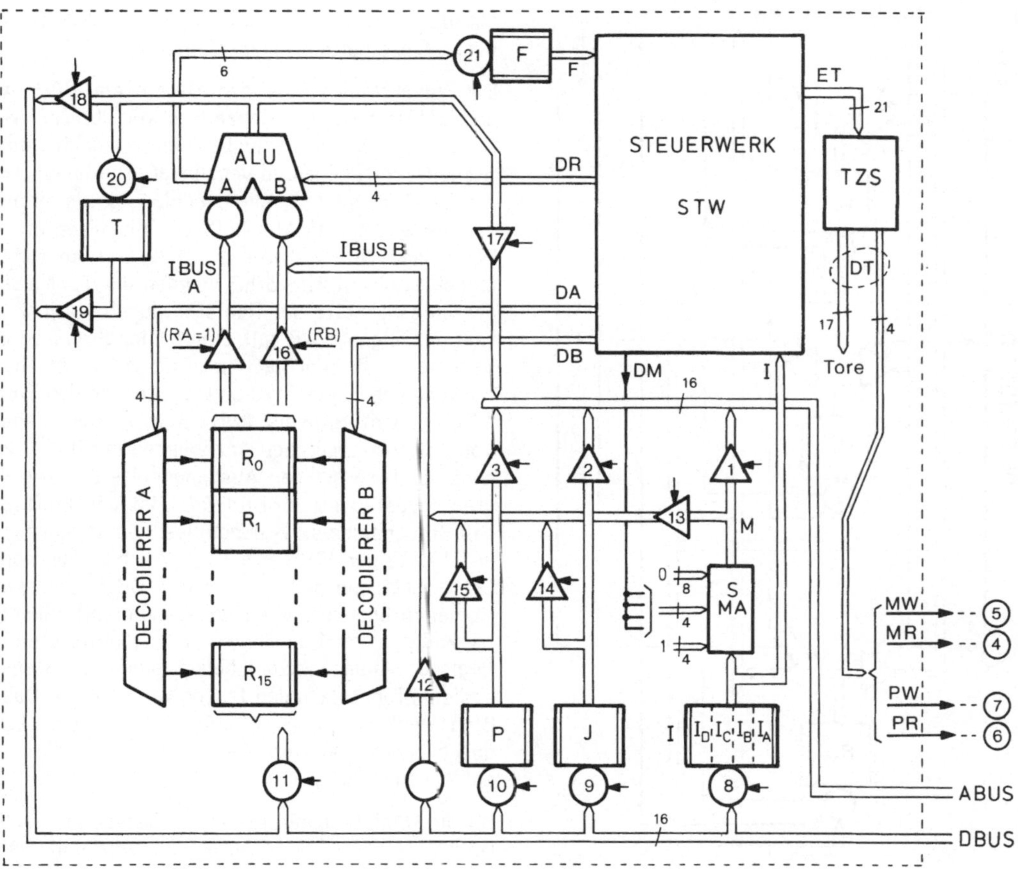

Bild 34.1.
Architektur von DEMOCOM2

doch beseitigen sie nicht folgenden grundsätzlichen Mangel:

> Der Objektteil der Befehle von DEMOCOM1 kann nur 8 Bit umfassen; damit sind nur 256 Hauptspeicheradressen programmtechnisch unterscheidbar.

Bei DEMOCOM1 sind Befehlswort und Speicherwort mit jeweils 16 Bit einander gleich, so daß je ein Maschinenbefehl gerade ein Speicherwort im Hauptspeicher belegt. Allerdings verfügen auch kleinere Rechner bereits über Hauptspeicher mit z.B. 2^{16}= 65536 Wörtern. Um sie adressieren zu können, muß der Adreßbus dann 16 Leitungen umfassen, und damit müssen Befehlswörter mit einem 16-Bit-Objektteil zur Aufnahme der 16-Bit-Adresse zugelassen sein. Es gibt also Befehlswörter, die mehr als 16 Bit lang sind und deshalb nicht in ein einziges 16-Bit-Wort des Hauptspeichers hineinpassen. Je nach belegter Anzahl von Speicherwörtern sind die Befehlswörter also nach *Ein-Wort-Befehlen* und *Zwei-Wort-Befehlen* zu unterscheiden. Während der Abwicklung eines Maschinenprogramms entstehen Befehlsholphasen mit einem bzw. zwei Speicherzugriffen und das geholte Befehlswort benötigt ein oder zwei Register der Zentraleinheit zur Ablage. (In manchen Rechnern sind auch Drei-Wort-Befehle oder noch größere Befehlswörter anzutreffen).

Ein anderer Mangel von DEMOCOM1 offenbart sich bei der Analyse des Beispielprogramms (Bild 33.5): Offenbar ließen sich dort etliche LOD- und STO-Befehle einsparen, wenn es im Rechenwerk weitere Register zur Ablage von Operanden gäbe. In DEMOCOM2 ist deshalb eine *Two-Port-Registerbank* mit 16 Latch-Registern vorgesehen (Bild 34.1). Wie auch schon beim Hauptspeicher in den Bildern 32.1 und 32.2 läßt sich das Verhalten der Registerbank recht gut durch ein Strukturmodell veranschaulichen (Bild 34.2). Mit Hilfe der beiden Decodierer lassen sich entweder zwei Regi-

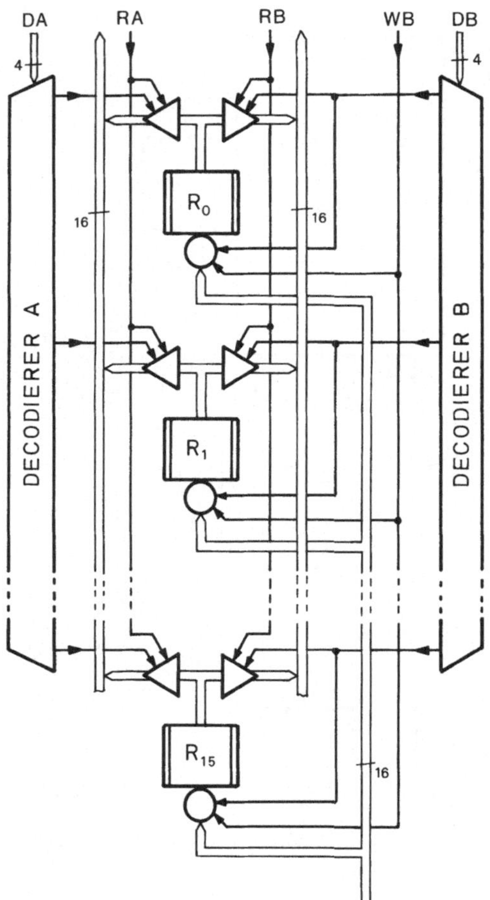

Bild 34.2.
Strukturmodell für das Verhalten einer Registerbank

sterinhalte gleichzeitig auslesen oder je ein Register auslesen und ein anderes neu einschreiben. Der tatsächliche Aufbau weicht von diesem Strukturmodell meistens nicht stark ab, im Gegensatz zum Hauptspeicher, bei dem die hohe Anzahl von Speicherplätzen zu spezieller Optimierung auf der Ebene der elektrischen Schaltungen zwingt.

Als ALU fungiert exakt jene aus Bild 31.1. Das Register I dient der Ablage des ersten 16-Bit-Teils eines Befehlsworts; es ist gedanklich in vier 4-Bit-Gruppen I_D, I_C, I_B und I_A einteilbar, wobei I_D die vier höchstwertigen Bits meint. Das Register J dient bei Zwei-Wort-Befehlen zur Aufnahme des zweiten Befehlswortanteils. Der Programmzähler P ist als normales Register ausgeführt; die Erhöhung um den Wert "1" besorgt die ALU. Zum Verarbeiten negativer Zahlen ist - anstelle der einfachen Maske MA des Bildes 31.2 - eine Spezialmaske SMA nötig; Einzelheiten folgen in Abschnitt 4.4.7.

Die zusätzlichen internen Datenwege IBUS A und IBUS B machen gleichzeitige Registertransfers möglich und erlauben es dadurch, die Steuerschrittfolgen zu verkürzen. Die unnumerierten Tore sind ständig durchlässig; sie symbolisieren den - in Abschnitt 3.1 diskutierten - Übergang von Tristate- zu Binärwerten (und umgekehrt). Im Bild 34.2 werden die Tore auf der Eingangsseite der Register durch Konjunktion des Signals WB mit einem Signal aus dem Decodierer B geöffnet. Im Bild 34.1 ist die Wirkung des Signals WB pauschal durch das Tor 11 mit dem Hinweis (WB) symbolisiert. Mit Konjuktionen ähnlicher Art werden in Bild 34.2 auch die Tore auf der Ausgangsseite der Register angesteuert. Im Bild 34.1 ist der Einfluß des Steuersignals RB durch das Tor 16 ausgedrückt. Da der IBUS A bei der Architektur von DEMOCOM2 gar nicht als echter BUS zu funktionieren braucht, kann er ständig mit einem -jeweils vom Decodierer A ausgewählten-Register-Ausgangswort belegt sein; das Steuersignal führt dazu den festen Wert RA = 1. Das Binärwort auf IBUS A läßt sich in der ALU durch deren Funktion M=9, also durch '0+B', abblocken (s. Bild 31.1).

Da die Registerbank aus Latch-Registern nach Bild 31.9 bzw. 31.14 aufgebaut sein soll, sei folgende Voraussetzung formuliert:

> EIN REGISTER AUS DER REGISTERBANK DARF INNERHALB DESSELBEN STEUERSCHRITTS NICHT SOWOHL GELESEN ALS AUCH BESCHRIEBEN WERDEN.

So ist z.B. während eines Steuerschritts ein Transfer von Register R_0 über IBUS A, die ALU, Tor 18 und Tor 11 zum Register R_1 durchaus erlaubt, wobei in der ALU ein neues Binärwort entstehen kann. Der Transfer darf aber nicht wieder bei Register R_0 enden.

Der Eingabe-/Ausgabeteil gleicht jenem aus Bild 33.4, ebenso der Hauptspeicher. An der Grenze zum Steuerwerk STW ist eine Tor-Zeitsteuerung TZS angedeutet, die allerdings erst im Abschnitt 4.5 wichtig wird.

3.4.2 Befehlsformat 1: Eineinhalb-Adreß-Befehle; Adressierungsarten

DEMOCOM1 kennt nur ein einziges Befehlsformat. Um den Hauptspeicher nicht unnötig zu belegen und um die Anzahl der Hauptspeicherzugriffe zu minimieren, sind auf Rechnerarchitekturen meistens unterschiedliche Befehlsformate zugelassen. Der Zwei-Wort-Befehl in Bild 34.3a beschreibt ein Format für die - ursprünglich scherzhaft so benannten - *Eineinhalb-Adreß-Befehle*. Der 8-Bit-Teil opc nimmt den Operationscode auf. Neben dem 16-Bit-Objektteil obj für Konstanten cs oder Hauptspeicheradressen oa ist im Teil r eine zweite Objektangabe vorgesehen; statt des einen Akkumulators A von DEMOCOM1 sind nun alternativ 16 Register R0 bis R15 benennbar. Die Angabe m (Mode) bezieht sich auf die *Adressierungsart* des Objektteils obj .

Im Bild 34.3b sind einige Befehle erklärt. Die Hexanotation des opc ist so gewählt, daß die erste Hexaziffer der ersten fünf Befehle genau zu den Binärcodes in Bild 31.1 paßt, wohingegen die Hexaziffer 7 die Eigenschaft als Zwei-Wort-Befehl ausdrückt. Die letzte Zeile der Tabelle faßt die ersten fünf Befehle symbolisch zusammen; sie werden durch dieselbe Steuerschrittfolge abgewickelt. Die Angabe oper steht stellvertretend für die - vom Mode m nach Bild 34.3d bewirkte - Adressierungsart.

Vermutlich lassen sich die unterschiedlichen Adressierungsarten am schnellsten am Ablauf der vier LODM-Befehle erklären. Davor sind zunächst einige Anmerkungen zu Bild 34.4 nötig. Es erklärt die Abwicklung aller für DEMOCOM2 definierten Befehle, und es bildet daher auch die Grundlage für den Entwurf eines Steuerwerks in Abschnitt 4.5; deshalb ist vorab nur ein Teil der Eintragungen hier wichtig.

Die Spalte BEDEUTUNG benennt den jeweils betrachteten Befehl in der mnemotechnischen Form, in der auch die Befehlsformate beschrieben sind. An der Spitze der Tabelle sind unter HOLEN1 und HOLEN2 die allen Befehlen gemeinsamen Befehlsholphasen erklärt.

Die Spalten I_D, I_C, I_B, I_A sind als 4-Bit-Gruppen des im Register I abzuspeichernden ersten 16-Bit-Anteils eines Befehlsworts gemeint. Die eingetragenen Hexazeichen geben die Befehlscodierung entsprechend der Beschreibung des Befehlsformats wieder. So wird z.B. für die LODM-Befehle im Bild 34.3 die Codierung opc=87 gewählt, die im Bild 34.4 nun in den Spalten I_D und I_C wiederkehrt; die Spalte I_B gibt den Modus an. Das Ausrufungszeichen in der Spalte I_D der aluM-Befehle steht stellvertretend für eine der Hexaziffern 0 bis 4 aus Bild 34.4b. Ein waagerechter Strich symbolisiert eine vom Maschinenprogrammierer stammende Angabe; bei den LODM-Befehlen ist in der Spalte I_A dort eine Hexaziffer zur Auswahl eines der Register R_0 bis R_{15} zu notieren.

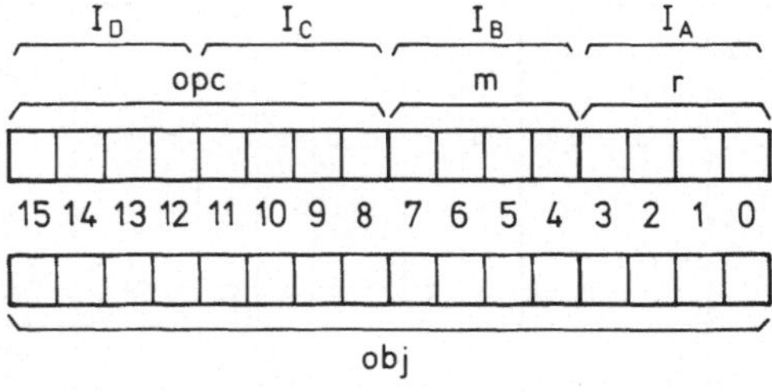

a. Allgemeingültiges 4-Bit-Raster (I_D, I_C, I_B, I_A) für den ersten Befehlswortteil

Befehlsformat für Eineinhalb-Adreß-Befehle

Mnemo	opc	WIRKUNG
ADDM m r obj	07	(r) ← (r) + oper
SUBM m r obj	17	(r) ← (r) - oper
ORIM m r obj	27	(r) ← (r) ∨ oper
ANDM m r obj	37	(r) ← (r) ∧ oper
EXOM m r obj	47	(r) ← (r) ⊕ oper
LODM m r obj	87	(r) ← oper
STOM m r obj	97	(oper) ← (r)
aluM m r obj	!7	(r) ← (r) ∘ oper

b. Wirkung des Operationsteils

! : Eine der Ziffern 0 bis 4
∘ : Eine der Verknüpfungen +, −, ∨, ∧, ⊕
r : Eines der Register R0 bis R15

c. Einige Benennungen

Mnemo	m	oper	Bemerkung
C	0	obj	unmittelbar
D	1	(obj)	direkt
I	2	((obj))	indirekt
X	3	(obj + (X))	indiziert

Wenn m=C, dann obj=cs, sonst obj=oa

d. Wirkung des Modusteils; Adressierungsarten

Bild 34.3.
Befehlsformat 1: Einige Eineinhalb-Adreß-Befehle

Die Spalte WIRKUNG konkretisiert die Bedeutung eines Befehls anhand entsprechender Angaben zur Beschreibung des Befehlsformats. So entstehen die Angaben z.B. zu den LODM-Befehlen aus der entsprechenden Zeile in Bild 34.4b mitsamt den genaueren Angaben zum Modusteil in Bild 34.4c.

Die Spalte H,U dient der Numerierung der Steuerschritte. Weiter hinten werden die Befehle einzelnen *Hauptschritten* H=1 bis H=28 zugeordnet; die Nummer H=0 ist für die Befehlsholphase reserviert. Die einzelnen Steuerschritte innerhalb eines Hauptschritts heißen später auch *Unterschritte* U. Zunächst aber

BEDEUTUNG	$I_D I_C I_B I_A$	WIRKUNG	H,U	SS	REGISTERTRANSFER	STEUERWORTE DR	SR	DA	SA	DB	SB	DM	DT	FOLGEWORTE V	W	NM	CN
HOLEN1			0,0	00	(I) ← ((P)), (T) ← (P)+1	'1+B'	0	–	–	–	–	–	3 4 8 15 20	1	–	'a'	–
			0,1	01	(P) ← (T)	–	–	–	–	–	–	–	19 10	2	0	'b'	–
HOLEN2			0,2	02	(J) ← ((P)), (T) ← (P)+1	'1+B'	0	–	–	–	–	–	3 4 9 15 20	3	–	'a'	–
			0,3	03	(P) ← (T)	–	–	–	–	–	–	–	19 10	0	–	'c'	–
LODM C r cs	8 7 0 –	(r) ← cs	1,0	04	(r) ← (J)	'0+B'	0	–	–	(r)	10	–	14 18 21 11	0	–	'e'	–
LODM D r oa	8 7 1 –	(r) ← (oa)	2,0	05	(r) ← ((J))	–	–	–	–	(r)	10	–	2 4 11	0	–	'e'	–
LODM I r oa	8 7 2 –	(r) ← ((oa))	3,0	06	(R15) ← ((J))	–	–	–	–	'R15'	00	–	2 4 11	1	–	'd'	–
			3,1	07	(r) ← ((R15))	'A+0'	0	'R15'	00	(r)	10	–	17 21 4 11	0	–	'e'	–
LODM X r oa	8 7 3 –	(r) ← (oa+(X))	4,0	08	(r) ← ((J)+(R13))	'A+B'	0	'R13'	00	(r)	10	–	14 17 4 21 11	0	–	'e'	–
STOM D r oa	9 7 1 –	(oa) ← (r)	5,0	09	((J)) ← (r)	'0+B'	0	–	–	(r)	10	–	2 16 18 21 5	0	–	'e'	–
STOM I r oa	9 7 2 –	((oa)) ← (r)	6,0	10	(T) ← (r)	'0+B'	0	–	–	(r)	10	–	16 20 21	1	–	'd'	–
			6,1	11	(R15) ← ((J))	–	–	–	–	'R15'	00	–	2 4 11	2	–	'd'	–
			6,2	12	((R15)) ← (T)	'0+B'	0	–	–	'R15'	00	–	16 17 21 5 19	0	–	'e'	–
STOM X r oa	9 7 3 –	(oa+(X)) ← (r)	7,0	13	(T) ← (r)	'0+B'	0	–	–	(r)	10	–	16 20 21	1	–	'd'	–
			7,1	14	((R13)+(J)) ← (T)	'A+B'	0	'R13'	00	–	–	–	14 17 21 5 19	0	–	'e'	–
aluM C r cs	! 7 0 –	(r) ← (r)∘cs	8,0	15	(T) ← (r)∘(J)	('A∘B')	1	(r)	10	–	–	–	14 20 21	1	–	'd'	–
			8,1	16	(r) ← (T)	–	–	–	–	(r)	10	–	19 11	0	–	'e'	–
aluM D r oa	! 7 1 –	(r) ← (r)∘(oa)	9,0	17	(T) ← (r)∘((J))	('A∘B')	1	(r)	10	–	–	–	2 4 12 20 21	1	–	'd'	–
			9,1	18	(r) ← (T)	–	–	–	–	(r)	10	–	19 11	0	–	'e'	–
aluM I r oa	! 7 2 –	(r) ← (r)∘((oa))	10,0	19	(R15) ← ((J))	–	–	–	–	'R15'	00	–	2 4 11	1	–	'd'	–
			10,1	20	(J) ← (R15)	'0+B'	0	–	–	'R15'	00	–	16 18 21 9	2	–	'd'	–
			10,2	21	(T) ← (r)∘((J))	('A∘B')	1	(r)	10	–	–	–	2 4 12 20 21	3	–	'd'	–
			10,3	22	(r) ← (T)	–	–	–	–	(r)	10	–	19 11	0	–	'e'	–
aluM X r oa	! 7 3 –	(r) ← (r)∘(oa+(X))	11,0	23	(R15) ← ((R13)+(J))	'A+B'	0	'R13'	00	'R15'	00	–	14 17 21 4 11	1	–	'd'	–
			11,1	24	(T) ← (r)∘(R15)	('A∘B')	1	'R15'	00	(r)	10	–	16 20 21	2	–	'd'	–
			11,2	25	(r) ← (T)	–	–	–	–	(r)	10	–	19 11	0	–	'e'	–
LOD C r c	8 0 – –	(r) ← c	12,0	26	(r) ← (I_A)	'0+B'	0	–	–	(r)	11	0	13 18 21 11	0	–	'e'	–
LOD D r s	8 1 – –	(r) ← (s)	13,0	27	(r) ← (s)	'A+0'	0	(s)	10	(r)	11	–	18 21 11	0	–	'e'	–
LOD I r s	8 2 – –	(r) ← ((s))	14,0	28	(J) ← (s)	'0+B'	0	–	–	(s)	10	–	16 18 21 9	1	–	'd'	–
			14,1	29	(r) ← ((J))	–	–	–	–	(r)	11	–	2 4 11	0	–	'e'	–
LOD X r s	8 3 – –	(r) ← ((s)+(X))	15,0	30	(J) ← (r)+(R13)	'A+B'	0	'R13'	00	(r)	11	–	16 18 21 9	1	–	'd'	–
			15,1	31	(r) ← ((J))	–	–	–	–	(r)	11	–	2 4 11	0	–	'e'	–

STO D r s	9 1 - -	(s) ← (r)	16,0	32	(s) ← (r)	'A+0'	0	(r)	11	(s)	10	-	18 21 11	0	-	'e'	-
STO I r s	9 2 - -	((s)) ← (r)	17,0	33	(J) ← (s)	'0+B'	0	-	-	(s)	10	-	16 18 21 9	1	-	'd'	-
			17,1	34	((J)) ← (r)	'0+B'	0	-	-	(r)	11	-	2 5 16 18 21	0	-	'e'	-
STO X r s	9 3 - -	((s)+(X)) ← (r)	18,0	35	(J) ← (s)+(R13)	'A+B'	0	'R13'	00	(s)	10	-	16 18 21 9	1	-	'd'	-
			18,1	36	((J)) ← (r)	'0+B'	0	-	-	(r)	11	-	2 5 16 18 21	0	-	'e'	-
alu C r c	! 0 - -	(r) ← (r)∘c	19,0	37	(T) ← (r)∘(I_A)	('A∘B')	1	(r)	11	-	-	0	13 20 21	1	-	'd'	-
			19,1	38	(r) ← (T)	-	-	-	-	(r)	11	-	19 11	0	-	'e'	-
alu D r s	! 1 - -	(r) ← (r)∘(s)	20,0	39	(T) ← (r)∘(s)	('A∘B')	1	(r)	11	(s)	10	-	16 20 21	1	-	'd'	-
			20,1	40	(r) ← (T)	-	-	-	-	(r)	11	-	19 11	0	-	'e'	-
alu I r s	! 2 - -	(r) ← (r)∘((s))	21,0	41	(J) ← (s)	'0+B'	0	-	-	(s)	10	-	16 18 21 9	1	-	'd'	-
			21,1	42	(T) ← (r)∘((J))	('A∘B')	1	(r)	11	-	-	-	2 4 12 20 21	2	-	'd'	-
			21,2	43	(r) ← (T)	-	-	-	-	(r)	11	-	19 11	0	-	'e'	-
alu X r s	! 3 - -	(r) ← (r)∘((s)+(X))	22,0	44	(J) ← (s)+(R13)	'A+B'	0	'R13'	00	(s)	10	-	16 18 21 9	1	-	'd'	-
			22,1	45	(T) ← (r)∘((J))	('A∘B')	1	(r)	11	-	-	-	2 4 12 20 21	2	-	'd'	-
			22,2	46	(r) ← (T)	-	-	-	-	(r)	11	-	19 11	0	-	'e'	-
JBA cj ka	A - - -	[cj] (R12)+ka	23,0	47	(P) ← (R12)+($I_B I_A$)	'A+B'	0	'R12'	00	-	-	1	13 18 21 10	0	-	'e'	-
JPA cj ka	B - - -	[cj] (P)+ka	24,0	48	(R15) ← (P)	'0+B'	0	-	-	'R15'	00	-	15 18 21 11	1	-	'd'	-
			24,1	49	(P) ← (R15)+($I_B I_A$)	'A+B'	0	'R15'	00	-	-	1	13 18 21 10	0	-	'e'	-
INP r por	C 0 - -	(r) ← (por)	25,0	50	(r) ← ((I_A))	-	-	-	-	(r)	11	0	1 6 11	0	-	'e'	-
OUT r por	D 0 - -	(por) ← (r)	26,0	51	((I_A)) ← (r)	'0+B'	0	-	-	(r)	11	0	1 7 16 18 21	0	-	'e'	-
JMP pa	E 7 0 0	pa	27,0	52	(P) ← (J)	'0+B'	0	-	-	-	-	-	14 18 21 10	0	-	'e'	-
ROL r qua	E 0 - -	Rotieren	28,0	53	(T) ← (r)	'0+B'	0	-	-	(r)	11	-	16 20 21	1	0	'f'	'EQ'
			28,1	54	(R11) ← (I_A)	'0+B'	0	-	-	'R11'	00	0	13 18 21 11	2	0	'f'	'EQ'
			28,2	55	(T) ← (r)+(r)	'A+B'	0	(r)	10	(r)	11	-	16 20 21	3	-	'd'	-
			28,3	56	(r) ← (T)	-	-	-	-	(r)	11	-	19 11	4	6	'g'	'CYN'
			28,4	57	(T) ← (r)+1	'1+B'	0	-	-	(r)	11	-	16 20 21	5	-	'd'	-
			28,5	58	(r) ← (T)	-	-	-	-	(r)	11	-	19 11	6	-	'd'	-
			28,6	59	(T) ← (R11)-1	'A-1'	0	'R11'	00	-	-	-	20 21	7	-	'd'	-
			28,7	60	(R11) ← (T)	-	-	-	-	'R11'	00	-	19 11	2	0	'f'	'EQ'

Bild 34.4.
Steuerschrittfolgen für DEMOCOM2

SR	DR
0	aus STW
1	aus I_D
-	beliebig

SA	DA
00	aus STW
10	aus I_A
11	aus I_B
--	beliebig

SB	DB
00	aus STW
10	aus I_A
11	aus I_B
--	beliebig

genügt es, alle Steuerschritte entsprechend Spalte SS durchzunumerieren.

Zu jedem Steuerschritt SS ist der ausgeführte REGISTERTRANSFER in der betreffenden Spalte notiert. In den Steuerschritten SS=00 und SS=02 laufen gleichzeitig zwei Registertransfers ab. Bei DEMOCOM2 erscheint dies als Ausnahmesituation; bei anderen Architekturen kann solche Gleichzeitigkeit als Normalfall auftreten.

In den Spalten DR, DA und DB sind die jeweils nötigen Steuersignale für die ALU und für die beiden Decodierer symbolisch notiert (s. auch Bild 34.1). Die Spalte DR drückt die erforderliche ALU-Operation entsprechend Bild 31.1 aus; durch die Angaben SR=0 und SR=1 wird unterschieden, ob die ALU-Operation vom Steuerwerk selbst generiert werden muß oder ob sie sich wie z.B. bei den aluM-Befehlen aus dem Befehlswort herleitet. Eine ähnliche Unterscheidung ist auch bei den Steuersignalen für die Decodierer zweckmäßig, hier mit den Angaben SA bzw. SB. Mit den Werten SA=00, 10 oder 11 sei charakterisiert, ob das betreffende Steuersignal DA inhaltlich vom Steuerwerk STW oder von den Eintragungen I_A bzw. I_B im Befehlswort bestimmt wird. Gleiches gilt für die Werte von SB. Zur besseren Übersicht ist dieser Zusammenhang am Fuß des Bildes 34.4 zusammengestellt. Sofern die Steuersignale von DR, DA bzw. DB dem Befehlswort entstammen, sind die dazu passenden symbolischen Angaben in Bild 34.4 in runde Klammern gefaßt. Schließlich drückt die Spalte DM noch aus, ob die Maske MA den Inhalt von I_B sperrt (DM=0) oder durchläßt (DM=1).

Die Spalte DT des Bildes 34.4 führt die bei jedem Steuerschritt zu aktivierenden Tore auf. Die Tore 4 bis 7 für Hauptspeicher bzw. für Ports entsprechen den Toren 01, 02, 31 und 32 des Bildes 33.4.

In der Spalte FOLGEWORTE ist symbolisch die logische Aufeinanderfolge der Steuerschritte, z.B. beim Übergang von der Befehlsholphase zur Befehlsausführphase, geschildert. Einzelheiten dazu werden gesondert in Abschnitt 3.4.4 behandelt.

Nach diesen Vorbemerkungen läßt sich nun die Abwicklung der Befehle auf der Architektur von DEMOCOM2 erklären.

Die Phase BEFEHL HOLEN

- In HOLEN1, speziell in Steuerschritt SS=0, wandert der Inhalt des Programmzählers, also des Registers P, über das Tor 3 auf den ABUS und von dort zum Adreßdecodierer des Hauptspeichers. Der Inhalt des betreffenden Hauptspeicherplatzes erscheint über Tor 4 auf dem DBUS und wird über Tor 8 im Befehlsregister I abgelegt. Gleichzeitig gelangt der Inhalt von P über das Tor 15 auf IBUS B; er wird in der ALU durch die Operation ´1+B´ um 1 erhöht und dann über Tor 20 im Register T zwischengespeichert.
- Bei SS=01 erfolgt ein simpler Transfer von Register T, über die Tore 19 und 10 zum Register P zurück. Damit ist der Programmzähler für den nächsten Zugriff auf den Programmteil des Hauptspeichers vorbereitet.
- Bei Zwei-Wort-Befehlen schließt sich mit den Steuerschritten SS=02 und SS=03 die Phase HOLEN2 an, bei der der zweite 16-Bit-Teil des Befehlswortes über Tor 9 in das Register J gelangt.

Nun lassen sich auch die vier hier vorgestellten Adressierungsarten am Beispiel der LODM-Befehle erläutern. Alle vier Variationen sind Zwei-Wort-Befehle, so daß jeweils zunächst die Steuerschritte SS=00 bis SS=03 ablaufen müssen. Die Ausführungsphasen sind natürlich jeweils verschieden, wie sich im Detail gleich zeigen wird:

LODM C r cs (unmittelbar)

- Nach HOLEN2 liegt die Konstante cs im Register J. Sie wird über das Tor 14, durch die ALU (mit Funktion ´0+B´) und über die Tore 18 und 11 zur Registerbank geschickt. Das Decodiersignal DB kann das Steuerwerk aus der Angabe r des Befehlsworts, also aus dem Teil I_A, entnehmen. Dementsprechend sind in Bild 34.4 die Angaben DB=(r) und SB=10 enthalten.
- Beispiel: LODM C R7 36 ==> {(R7) ← 36}
  (Die Konstante 36 wird in das Register R7 gebracht).

LODM D r oa (direkt)

- Nach HOLEN2 steht im Register J die Operandenadresse oa bereit. Sie spricht über das Tor 2 den Hauptspeicher an, der ein Datenwort über Tor 4 und den DBUS zum Tor 11 schickt. Welches Register r gemeint ist, entnimmt das Steuerwerk wiederum dem Befehlswortteil I_A.
- Beispiel: LODM D R7 8333
  ==> {(R7) ← (8333)}
  (Der Inhalt des Speicherplatzes 8333 gelangt in das Register R7).

- Bei dieser *direkten Adressierung* sind die Hauptspeicheradressen oa explizit in den Programmtext zu schreiben; sie wirken als *Programmadressen*.

LODM I r oa (indirekt)

- Nach HOLEN2 enthält das Register J eine Operandenangabe, die nur indirekt auf den letztlich gewünschten Operanden verweist. Im Steuerschritt SS=06 wird der Hauptspeicher über das Tor 2 und den ABUS adressiert. Der Inhalt zu dieser Adresse wandert über die Tore 4 und 11 zur Registerbank.

- Für indirekte Adressierung sei verabredet, daß das Register R15 als Ziel des Speicherzugriffs von Steuerschritt SS=06 wirkt. Die Angabe 'R15' ist nicht im Befehlswort selbst untergebracht. Sie muß also vom Steuerwerk generiert und an das Steuerbündel DB gelegt werden. Dementsprechend sind in Bild 34.4 die Angaben DB='R15' und SB='00' eingetragen.

- Im Steuerschritt SS=07 wird der soeben in Register R15 abgelegte Wert über den ABUS, durch die ALU (mit Operation 'A+0') und das Tor 17 wiederum als Hauptspeicheradresse benutzt. Der entsprechende Inhalt kommt über die Tore 4 und 11 wiederum zur Registerbank in das Register r.

- Im Prinzip droht hier mit dem Registertransfer (r) ← ((R15)) die weiter vorne betonte unzulässige Situation des gleichzeitigen Lesens und Schreibens eines Registers. Es muß bei diesem Befehl also die Bedingung r≠'R15' eingehalten werden. Es gehört zu den Unzulänglichkeiten von DEMOCOM2, daß keine Maßnahme gegen einen solchen - möglicherweise irrtümlichen - Verstoß eingeplant ist.

- Die *indirekte Adressierung* erlaubt nun auch *Prozeßadressen*; dies sind solche Hauptspeicheradressen, die nicht unmittelbar im Programm stehen, sondern erst im Verlauf des Programmablaufs berechnet werden. Solche berechenbaren Adressen sind z.B. für die Unterprogrammtechnik nützlich.

- Beispiel: Sei: (3795) = 12156;
  (12156) = 5628
  Dann: LODM R8 D 3795
  ==> {(R8) ← ((3795)) = (12156) = 5628}

  Es gelangt also die Zahl 5628 in das Register R8. Sie steht auf der Adresse 12156, die selbst aber im LODM-Befehl gar nicht vorkommt, sondern erst bei dessen Ausführung errechnet wird.

LOD X r oa (indiziert)

- In der Registerbank sei das Register R13 als sogenanntes *Indexregister* reserviert und im Assemblerbefehl durch den Modus X angesprochen. Eine nach HOLEN2 im Register J bereit liegende Operandenadresse wandert über das Tor 14 zur ALU. Gleichzeitig erscheint dort über IBUS A der Inhalt von R13. Das entsprechende Decodiersignal DA=13 wird vom Steuerwerk selbst bestimmt; dementsprechend sind in Bild 34.4 die symbolischen Werte DA='R13' und SA=00 eingetragen.

  Die ALU führt die - ebenfalls vom Steuerwerk bereitgestellte - Operation 'A+B' aus; das Additionsergebnis läuft als *Prozeßadresse* über Tor 17 zum ABUS, wodurch der Inhalt der so errechneten Hauptspeicheradresse in üblicher Weise über die Tore 4 und 11 zum Register r transportiert wird.

- Wiederum liegt ein Registertransfer vor, in dem die Registerbank sowohl Quelle als auch Ziel ist. Deshalb muß der Fall r='R13' ausgeschlossen sein, was bei DEMOCOM2 wie bei indirekter Adressierung in der Verantwortung des Programmierers liegt.

- Aus der Sicht eines Programmierers wird die Programmadresse oa während der Befehlsausführung in die Prozeßadresse oa+(R13) bzw. oa+(X) umgerechnet. Bekannt ist die Anwendung in Operandenfeldern; sie sind das maschinensprachliche Äquivalent zu den arrays in PASCAL oder anderen höheren Programmiersprachen.

- In den meisten Rechnern ist mindestens ein zweites Indexregister vorgesehen, dann z.B. mit dem Symbol Y benannt.

- Beispiel: Sei: (R13) = 7; (2007) = 36512
  Dann: LODM R4 X 2000
  ==> {(R4) ← (2000 + (R13)) = (2007) = 36512}
  (Die Programmadresse ist 2000; sie wird in der Befehlsausführung zur Prozeßadresse 2007 umgerechnet und deren Inhalt gelangt in das Register R4).

Inzwischen dürfte klar sein, wie die Eintragungen im Bild 34.4 zu interpretieren sind, so daß die weiteren Hinweise pauschaler ausfallen können.

Bei den STOM-Befehlen der Steuerschritte SS=09 bis SS=14 verläuft die Richtung des Transfers vom Register r zum Hauptspeicher, wobei wiederum die Adressierungsarten zu unterscheiden sind. Allerdings ist ein STOM-Befehl mit Modus C sinnlos, da eine Konstante keinen Inhalt abspeichern kann. (Im übrigen wurde beim Entwurfsvorgang übersehen, daß die Steuerschritte SS=10 und SS=11 zu einem einzigen Schritt mit zwei gleichzeitig ausgeführten Transfers zusammenfaßbar sind; dazu wäre der Transfer (T) ← (r) über IBUS A statt – wie hier – über das Tor 16 auszuführen. Die hier gewählte Lösung ist deswegen zwar nicht falsch, aber im Zeitablauf nicht optimal).

Zum Ablauf der aluM-Befehle fallen nun auch Steuerschritte an, bei denen das Steuerwerk die auszuführende ALU-Operation aus dem Befehlswort, speziell aus dem Teil I_D, ableitet und über das Bündel DR an die ALU leitet. Im Bild 34.4 sind diese Schritte an den Eintragungen SR=1 und DR=('A∘B') zu erkennen.

Erwähnt sei noch, daß in der Befehlsausführungsphase jeder über die ALU laufende Registertransfer auch ein Statuswort auslöst, das über Tor 21 im Flag-Register F abgelegt wird. (Es gibt Rechnerarchitekturen, bei denen ein Transfer über die ALU nur manchmal ein neues Statuswort generiert).

3.4.3 Weitere Befehlsformate

In Maschinenprogrammen werden in aufeinander folgenden Befehlen häufig dieselben Operanden benötigt. Es ist dann hilfreich, wenn sie in der Registerbank zwischengespeichert werden können. Bild 34.5 beschreibt ein Befehlsformat, in dem zwei Register benannt werden können. Die Angabe r meint stets einen Registernamen; die Angabe ob kann je nach Modus m eine 4-Bit-Konstante c oder ein Register s bedeuten. Da solche *Zwei-Register-Befehle* nur ein Speicherwort umfassen und somit zu den Ein-Wort-Befehlen gehören, verringern sie die Hauptspeicherauslastung und sie benötigen nur die Hälfte der Befehlsholzeit, nämlich HOLEN1 in Bild 34.4. Die Wirkung der Adressierungsarten läßt sich wiederum am besten beim Ausführen der LOD-Befehle, ab SS=26, überschauen. Laut Befehlsformat in Bild 34.5 sind die Registernamen R_0, R_1, usw. in den Befehlswortteilen I_B bzw. I_A untergebracht. Entsprechend der Zuordnung am Fuß des Bildes 34.4 sind in den Spalten SA, DA bzw. SB, DB nun paarweise die Angaben (r),11 oder (s),10 zu finden. Durch den Steuerschritt SS=26 wird eine Konstante c aus dem Befehlswortteil I_A in das Register r geladen. Die dazu nötige Blockade des Wortteils I_B wird durch die Maske MA und das Steuersignal DM=0 erreicht. Die STO- und die alu-Befehle in den Steuerschritten SS=32 bis SS=46 verlaufen ganz ähnlich.

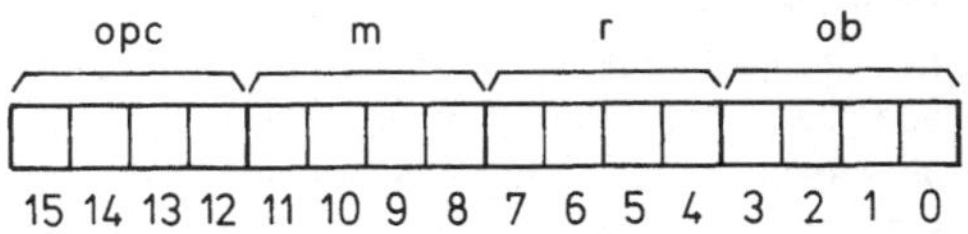

a. Befehlsformat

Mnemo	opc	WIRKUNG
alu m r ob	!	(r) ← (r) ∘ oper
LOD m r ob	8	(r) ← oper
STO m r ob	9	oper ← (r)

b. Wirkung des Operationsteils

r,s : Jeweils eines der Register R0 bis R15

c. Benennung der Register

Mnemo	m	oper	Bemerkung
C	0	ob	register-unmittelbar
D	1	(ob)	register-direkt
I	2	((ob))	register-indirekt
X	3	(ob+(X))	register-indiziert

Wenn m=C, dann ob=c, sonst ob=s

d. Wirkung des Modusteils; Adressierungsarten

Bild 34.5.
Befehlsformat 2: Zwei-Register-Befehle

Im Bild 34.6 wird ein Befehlsformat für bedingte Sprünge vorgestellt. Da in Maschinenprogrammen einerseits Sprungbefehle relativ häufig vorkommen, andererseits das Sprungziel meistens in der Nähe der Absprungadresse liegt, ist ein Ein-Wort-Befehl mit einer *Kurzadresse ka* vorgesehen, die nicht das Sprungziel selbst sondern eine Sprungdifferenz angibt. Beim Befehl JBA bezieht sich die Differenz auf eine *Basisadresse*, für die hier das Register R12 reserviert sei; der Programmierer kann sich die Basisadresse z.B. mit dem Befehl LODM C cs selbst vorgeben. Beim Befehl JPA ist die Sprungdifferenz auf den gerade erreichten Stand des Programmzählers aufzuaddieren. Die Kurzadresse ka

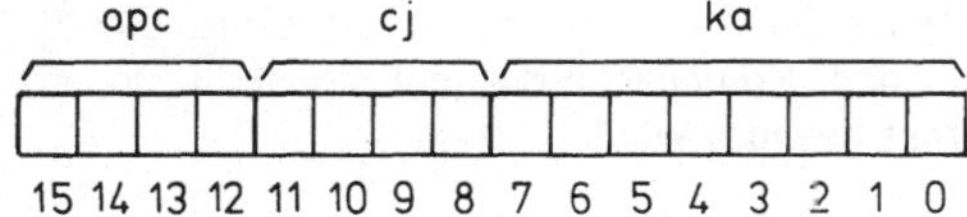

a. Befehlsformat

Mnemo	opc	WIRKUNG
JBA cj ka	A	[cj] ⤵(R12)+ka
JPA cj ka	B	[cj] ⤵(P)+ka

b. Wirkung des Operationsteils

Mnemo	Hexa	binär	symbol
EQN	2	0010	'EQN'
EQ	3	0011	'EQ'
LEN	4	0100	'LEN'
LE	5	0101	'LE'
GRN	6	0110	'GRN'
GR	7	0111	'GR'
CYN	8	1000	'CYN'
CY	9	1001	'CY'
OVN	A	1010	'OVN'
OV	B	1011	'OV'
PON	C	1100	'PON'
PO	D	1101	'PO'

c. Bedingungen cj

d. Status-Bits im Flag-Register F

F.PO	F.OV	F.CY	F.GR	F.LE	F.EQ
5	4	3	2	1	0

Bild 34.6.
Befehlsformat 3: Sprungbefehle mit Kurzadressen

kann auch eine negative Zahl sein, so daß Rückwärtssprünge möglich sind.

Bei der Formulierung von Sprungbedingungen sind zu unterscheiden:

- Statusmeldungen im Flag-Register F:

  Sie liefern – wie in Abschnitt 3.1.2 erklärt – Aussagen über das Rechenergebnis einer ALU. Die Status-Bits sind wahlweise mit F<5> bis F<0> oder durch die symbolischen Namen F.PO bis F.EQ ansprechbar; sie liefern einen der Binärwerte **0** bzw. **1**.

- Geforderte Bedingungen im Befehlswort

  Im Befehlswort wird mnemotechnisch jene Bedingung cj genannt, bei deren Erfüllung der Sprung tatsächlich auszuführen ist (Bild 34.6c). Diese Bedingung ist als Hexazeichen bzw. 4-Bit-Wort im Befehlswortteil I_C untergebracht. Diese 4-Bit-Worte repräsentieren einen Zahlenwert, der symbolisch durch einen der Werte 'EQN' bis 'PO' ausgedrückt werden kann.

Z.B. bedeutet der Befehl JPA CYN -6, daß das Programm einen Rücksprung um sechs Programmadressen vollziehen soll, sofern ein vorangegangener Befehl im Flag-Register u.a. den Wert F.CY=0 festgehalten hat. Das Steuerwerk überprüft diese Situation entsprechend der Aussage:

"Wenn (cj='CYN') ∧ (F.CY=0), dann Bedingung erfüllt."

Sinngemäß hätte der Befehl JPA CY -6 das Steuerwerk zu der Aussage

"Wenn (cj='CY') ∧ (F.CY=1), dann Bedingung erfüllt"

zu veranlassen. Allgemein repräsentiere die Schreibweise [cj] ⤵die Aussage

"Wenn Bedingung erfüllt, dann Sprung nach..."

Die Steuerschritte SS=47, 48 und 49 des Bildes 34.4 beschreiben die Registertransfers bei tatsächlich erfüllten Bedingungen; sie unterbleiben bei Nicht-Erfüllung. Der Maskenwert DM=1 sorgt dafür, daß die unteren acht Bits des Befehlsworts I, also die Anteile I_B und I_A als Kurzadresse wirksam werden.

Gelegentlich werden im Maschinenprogramm auch Sprünge über größere Entfernungen nötig sein. Dazu könnten bedingte Sprünge auch in Zwei-Wort-Befehlen vorgesehen werden, deren zweites Wort das Sprungziel ausdrückt. Der Einfachheit halber sei hier nur der unbedingte Sprung JMP eingeplant (Bild 34.7).

Das Format für die Befehle INP und OUT zur Eingabe und Ausgabe sieht vier Bits zur Angabe der Portadresse por vor (Bild 34.8). Bei DEMOCOM2 lassen sich also nur 16 Eingabe- bzw. Ausgabegeräte unterscheiden. (Natürlich ließe sich z.B. auch ein Befehlsformat mit einer 8-Bit-Angabe für por in den Befehlswortteilen I_B und I_A denken. Dann aber müßte die Angabe r in Teil I_C untergebracht sein, was später beim Steuerwerksentwurf den Aufwand erhöhen würde). Im Bild 34.1 läuft die Portadresse von Register I über die Maske MA und das Tor 1 auf den Adreßbus und von dort zu den Portdecodierern (s. Bild 33.4). Die Maske

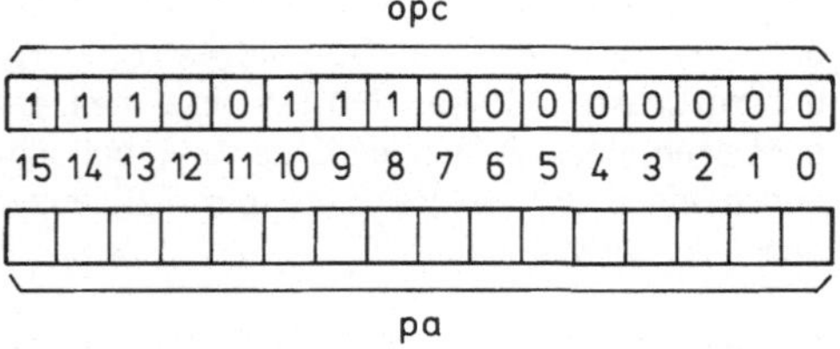

Bild 34.7.
Der unbedingte Sprung JMP pa

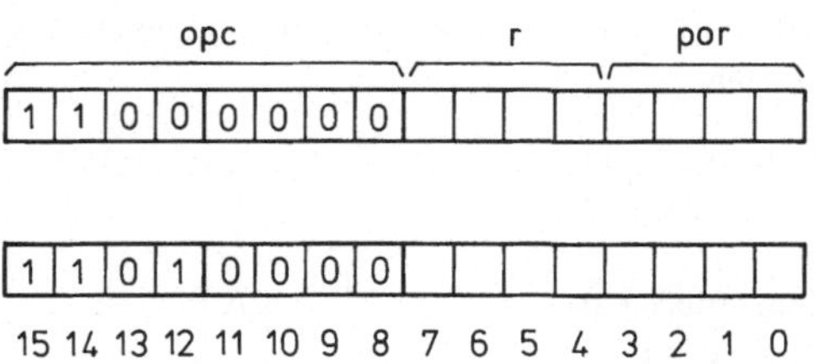

Bild 34.8.
Format für die Befehle INP und OUT

läßt wegen DM=0 nur die vier niederwertigsten Bits passieren.

Der ROL-Befehl (Rotate-Left) soll bewirken, daß der Inhalt des Registers r zyklisch um so viele Stellen nach links verschoben wird, wie es die Anzahl qua vorgibt; siehe dazu das Beispiel in Bild 34.10. Dieser Befehl führt in Bild 34.4 ab SS=53 zu einer sich mehrfach verzweigenden Steuerschrittfolge. Sie ist in Bild 34.11 als Ablaufplan dargestellt.

Im Steuerschritt SS=53 analysiert das Steuerwerk die Angabe im Anteil I_B des Befehlsworts, und es kennt damit das vom Programmierer vorgegebene Register r; z.B. das Register R2 entsprechend Bild 34.10. Es sendet ein entsprechendes Steuerwort über das Bündel DB zum DECODIERER B, woraufhin der Inhalt von r (=R2) in das Register T transferiert wird. Anschließend stellt die Abfrage CN='EQ' fest, ob der Inhalt von T und somit auch von r gerade den Wert 0 annimmt; im Bejahungsfall erübrigt sich jedes Linksverschieben und der Steuerablauf bricht ab.

Im Normalfall jedoch wird nun der Steuerschritt SS=54 wirksam. Er transferiert die Anzahl der Schiebeschritte qua vom Befehlswortteil I_A in das speziell dafür reservierte Register R11; dazu sendet das Steuerwerk das Maskensteuersignal DM=0 aus, so daß die Maske MA nur die niederwertigsten vier Bits, also den Inhalt von I_A, zum Tor 13 ausgibt. Die Abfrage im Anschluß an SS=54 stellt sicher, daß der Steuerschrittablauf im Fall qua=0 sofort beendet wird.

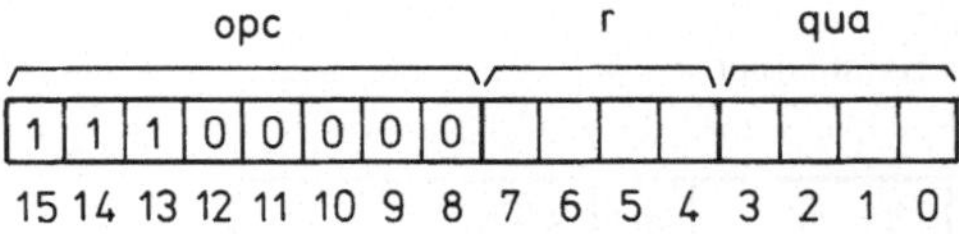

Bild 34.9.
Format des Befehls ROL

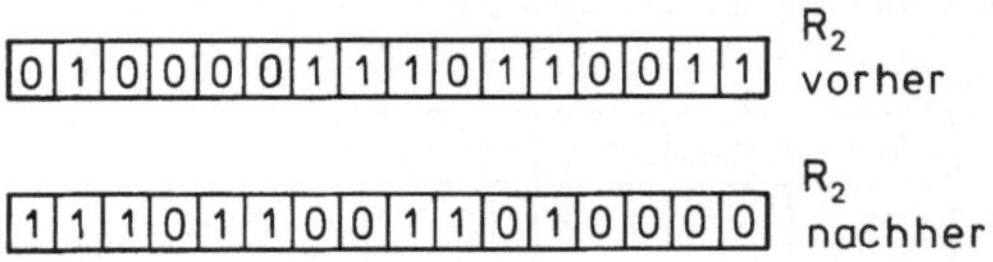

0 1 0 0 0 0 1 1 1 0 1 1 0 0 1 1 R_2 vorher

1 1 1 0 1 1 0 0 1 1 0 1 0 0 0 0 R_2 nachher

Bild 34.10.
Wirkung des Befehls ROL R2 6

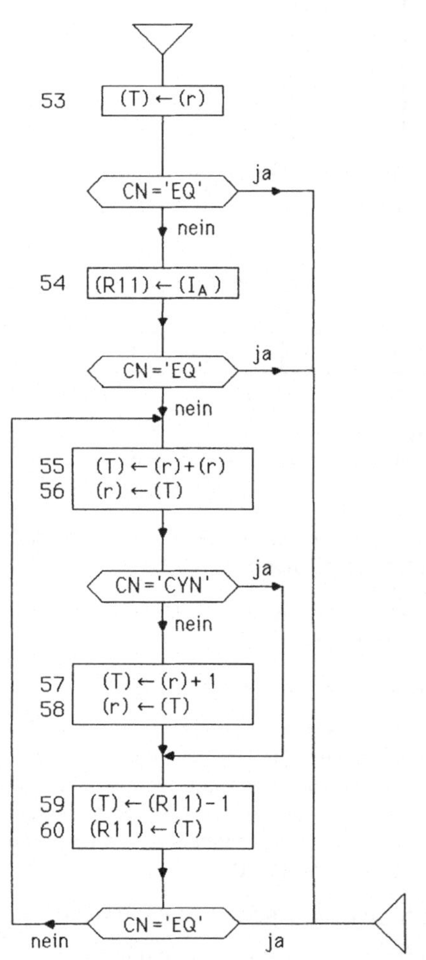

Bild 34.11.
Steuerschrittablauf des ROL-Befehls

Die Steuerschritte SS=55 und SS=56 besorgen das Linksverschieben durch Verdoppeln des Registerinhalts. Tritt dabei ein Übertrag auf, d.h. ist also CN='CYN' nicht erfüllt, wird in den Schritten SS=57 und SS=58 eine 1 addiert und damit das zyklische Verschieben von der höchsten zur niedrigsten Stelle des Registers r berücksichtigt. Die Steuerschritte SS=59 und SS=60 zählen die Größe qua um den Wert 1 herunter; die abschließende Frage CN='EQ' stellt fest, ob die Anzahl der Schiebeschritte entsprechend der Zahl qua erreicht ist.

Am ROL-Befehl wird deutlich, daß Sprungbedingungen nicht nur von Sprungbefehlen ausgehen sondern auch vom Steuerwerk selbst generiert werden können, hier ausgedrückt durch die Variable CN. Dies hat erheblichen Einfluß auf Arbeitsweise und Entwurf des Steuerwerks.

Der Befehlsvorrat von DEMOCOM2 wurde nicht so sehr mit dem Ziel eines gebrauchsfähigen Rechners festgelegt. Vielmehr sollen sich an ihm einige einfache, aber typische Anforderungen an ein Steuerwerk manifestieren.

3.4.4 Eine Verhaltensbeschreibung für das Steuerwerk

Das Bild 34.4 legt für jeden Steuerschritt SS fest, welches Steuerwort bereitzustellen ist. Damit ist das vom Steuerwerk verlangte Ausgangsverhalten bereits exakt beschrieben. Zu klären ist jedoch noch die zeitliche Abfolge der Steuerschritte. Dazu ist es hilfreich, künftig nach *Hauptschritten* H und *Unterschritten* U zu unterscheiden. Der Hauptschritt H=0 betrifft das BEFEHL HOLEN, zu dem je nach Befehl zwei oder vier Unterschritte anfallen. Zu jedem Befehl gehört als eigener Hauptschritt die Phase BEFEHL AUSFÜHREN, die mit Ausnahme des ROL-Befehls aus jeweils einer kurzen linearen Folge von Unterschritten besteht. Insgesamt läßt sich die Abfolge der Steuerschritte grafisch im Diagramm des Bildes 34.12 ausdrücken.

Es sind jetzt noch die Verzweigungsbedingungen zu präzisieren. Dazu sind folgende Begriffe und Erklärungen zweckmäßig:

- Der gegenwärtig erreichte Steuerschritt wird in Bild 34.4 durch den entsprechenden Wert in der Spalte SS oder -gleichwertig- durch das Wertepaar (H,U) von Hauptschritt und Unterschritt benannt.
- Der jeweils nachfolgend angestrebte Steuerschritt sei allgemein durch ein Wertepaar (H^{+},U^{+}) ausgedrückt.
- Durch das Holen des Befehls, speziell durch den Steuerschritt SS=00, gelangt auch der Operationscode in das Register I. Das Steuerwerk erfährt dadurch, welcher Befehl und damit welcher Hauptschritt demnächst auszuführen ist. Man denke sich die betreffende Hauptschrittnummer dabei zunächst in einer Variablen AA zwischengespeichert. Der tatsächlich zu vollziehende <u>Übergang</u> in einen Hauptschritt der Ausführungsphase bzw. auch das <u>Verbleiben</u> darin läßt sich symbolisch durch die Zuweisung $H^{+}:=AA$ ausdrücken. Da nach der Ausführungsphase stets in die Holphase und somit niemals in eine andere Ausführungsphase übergegangen wird, kommt als einzige Alternative noch die Zuweisung $H^{+}:=0$ infrage.
- Der Steuerschrittablauf des ROL-Befehls von Bild 34.11 enthält auch Verzweigungen; sie sind strukturell gleichartig auch in den Schritten (28,0) bis (28,7) des Bildes 34.12 zu finden. Allgemein ist also damit zu rechnen, daß ein Unterschritt U zwei Nachfolger haben kann. So können z.B. dem Unterschritt U=3 (im Hauptschritt H=28) alternativ die Unterschritte U=4 und U=6 folgen. Im Bild 34.4 sind diese Werte in den Spalten V und W notiert. Ähnlich werden auch alle anderen Verzweigungen behandelt. Die Verzweigungsbedingung selbst ist in der Spalte CN zu finden. So drückt z.B. die Angabe CN='CYN' aus, daß der Nachfolger (28,4) oder (28,6) abhängig vom nicht eingetretenen bzw. doch eingetretenen Übertrag auszuwählen ist.
- In der Spalte NM des Bildes 34.4 sind sieben *Nachfolgemodi* 'a' bis 'g' unterschieden. Man findet sie auch an den Pfeilen der grafischen Wiedergabe von Bild 34.12. An den Verzweigungen - z.B. beim Schritt (28,3) mit Nachfolgemodus 'g' - sind durch Zusatzziffern die Nachfolgerichtungen unterschieden, so z.B. in der Form 'g1' bzw. 'g2'.

Das in Kapitel 4.5 vorgestellte Steuerwerk muß insbesondere auch diese Nachfolgemodi behandeln können. Dazu sei hier eine halb formalisierte Darstellung gegeben, auf die der Steuerwerksentwurf später aufsetzen kann. Das Wertepaar H^{+} und U^{+} drückt den jeweils zu erreichenden nächsten Steuerschritt aus.

'a': Eindeutiger Nachfolger in der Phase HOLEN.

$H^{+}:=0\ ,\quad U^{+}:=V.$

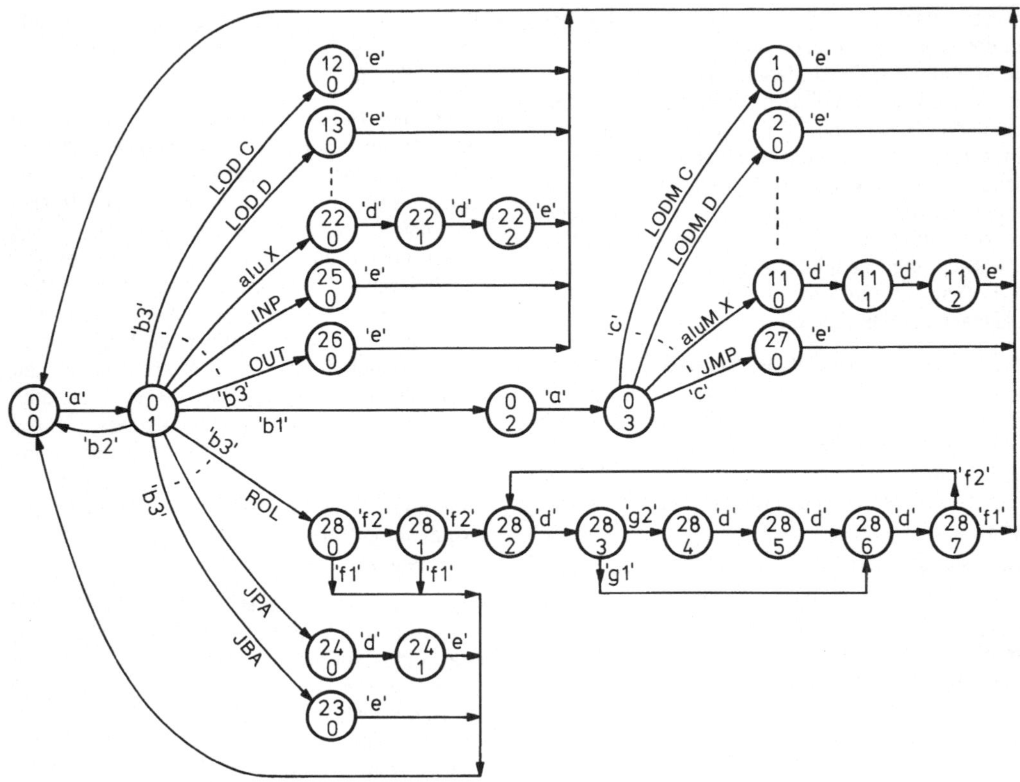

Bild 34.12.
Grafische Darstellung der Steuerschrittfolgen

(Dieser Nachfolgemodus tritt nur in den Steuerschritten SS=00 und SS=02 auf. In beiden Fällen gehört der Nachfolger, also SS=01 bzw. SS=03, zum Hauptschritt H=0. Der richtige Unterschritt ist im Bild 34.4 in der Spalte V notiert).

'b': Dreifach-Verzweigung in der Phase HOLEN.

(Dieser Nachfolgemodus kommt nur im Steuerschritt SS=01 vor; er betrifft die unterschiedliche Behandlung von Zwei-Wort- bzw. Ein-Wort-Befehlen sowie den ausgeführten bzw. nicht ausgeführten bedingten Sprung).

'b1': Zwei-Wort-Befehl.

$H^{+}:=0$, $U^{+}:=V$.

(Der nächste Steuerschritt ist H=0 und U=2; siehe die Eintragung in der Spalte V von Bild 34.4. Das Steuerwerk kann den Fall des Zwei-Wort-Befehls an der Angabe $I_C=7$ erkennen. Es sorgt dann dafür, daß der Wert von V wirksam wird).

'b2': Nicht ausgeführter bedingter Sprung.

$H^{+}:=0$, $U^{+}:=W$.

(Die Ausführungsphase unterbleibt; der nächste Steuerschritt ist SS=00 mit Beginn der nächsten Holphase. In der Spalte W ist der Wert 0 einzutragen. Das Steuerwerk erkennt den nicht ausgeführten Sprung an der Bedingung

$$(\text{JBA} \vee \text{JPA}) \wedge (\text{nicht CJ}).$$

Es wertet darauf hin die Eintragung W aus und findet die Unterschrittnummer $U^{+}=0$).

'b3': Übergang zum AUSFÜHREN eines Ein-Wort-Befehls.

$H^{+}:=AA$; $U^{+}:=W$.

(Der im Steuerschritt SS=00 geholte und der Variablen AA zugeordnete Operationscode bestimmt nun den nächsten Hauptschritt. Dort ist mit dem Unterschritt 0 zu beginnen. Deshalb ist die Eintragung W=0 aus Modus 'b2' auch hier verwendbar. Das Steuerwerk findet den Fall des auszuführenden Ein-Wort-Befehls einfach an den nicht erfüllten Bedingungen zu 'b1' und 'b2').

'c': Übergang zum AUSFÜHREN eines Zwei-Wort-Befehls.

H^{+}:= AA ; U^{+}:= V.

(Dieser Nachfolgemodus liegt nur im Steuerschritt SS=03, nach Holen eines Zwei-Wort-Befehls, vor. Der nächste Hauptschritt richtet sich wiederum nach dem während SS=00 geholten Operationscode. Der nächste Unterschritt hat die Nummer 0; s. die Eintragung in Spalte V des Bildes 34.4.)

'd': Eindeutiger Nachfolger in der Phase AUSFÜHREN.

H^{+}:= AA ; U^{+}:= V.

(Dies ist das normale Fortschreiten zum nächsten Unterschritt im selben Hauptschritt; s. z.B. in Bild 34.12 die Schritte (28,4) und (28,5). Die jeweilige nächste Unterschrittnummer ist in Bild 34.4 in Spalte V notiert).

'e': Rückkehr zur Phase HOLEN.

H^{+}:=0, U^{+}:=V.

(Dieser Übergang findet sich an jedem Ende der Ausführungsphasen. In die Spalte V ist der Wert 0 einzutragen.)

'f': Bedingte Rückkehr zur Phase HOLEN.

(Diese Modi treten nur im Hauptschritt H=28 auf).

'f1': Rückkehr zur Phase HOLEN.

H^{+}:=0 , U^{+}:=W.

(Diese Rückkehr tritt ein, wenn die vom Steuerwerk erzeugte Bedingung CN mit dem entsprechenden Bit-Wert im Flag-Register übereinstimmt. Die Bedingung CN ist in der gleichnamigen Spalte des Bildes 34.4 zu finden. Der nächste Unterschritt, also U=0, ist diesmal in Spalte W notiert, da die Spalte V für den Modus 'f2' vorgesehen ist.)

'f2': Verbleiben in der Phase AUSFÜHREN.

H^{+}:= AA , U^{+}:= V.

(Komplementär zu Modus 'f1').

'g': Interne Verzweigung in der Phase AUSFÜHREN.

(Im allgemeinen kann es zu Verzweigungen zu zwei Unterschritten desselben Hauptschritts kommen. Beim vorliegenden Befehlsvorrat kommt dies nur im ROL-Befehl bei Schritt (28,3) vor. Die Bedingungen werden wie im Modus 'f' gehandhabt.)

'g1': Nachfolger bei erfüllter Bedingung CN.

H^{+}:= AA ; U^{+}:= W.

'g2': Nachfolger bei nicht erfüllter Bedingung CN.

H^{+}:= AA ; U^{+}:= V.

Die Bilder 34.4 bzw. 34.12 bilden zusammen mit der informellen Beschreibung eine komplette Verhaltensbeschreibung, nach der das Steuerwerk in Abschnitt 4.5 tatsächlich entworfen wird. Viele Details dieser Beschreibung sind etwas willkürlich gewählt: Z.B. hätten sich sowohl weniger als auch mehr Nachfolgemodi unterscheiden lassen. Ebenso hätte man die Eintragung in den Spalten V und W des Bildes 34.4 auch anders verteilen können. Im Abschnitt 4.5.7 wird die vorliegende Verhaltensbeschreibung in eine textuelle Form gebracht und dadurch weiter formalisiert; der Leser sei ermutigt, sie bereits jetzt einmal nachzuvollziehen.

3.4.5 Zu den Entwurfsentscheidungen bei DEMOCOM2

Wie der Name ausdrückt, soll dieser kleine Rechner zur Demonstration einiger typischer Merkmale von konventionellen Architekturen des von-Neumann-Konzept dienen. DEMOCOM2 ist in vieler Hinsicht unvollkommen. Allerdings sind etliche Kriterien zur Steigerung der Effizienz beim vorliegenden Diskussionsstand noch gar nicht bekannt, da sie sich - im Sinne des Abschnitts 1.3.3 - durch den Bottom-Up-Einfluß aus niedrigeren Nachrichtenebenen ergeben. So sollen denn hier einige Hinweise verhindern, mit DEMOCOM2 einen unnötig einseitigen Eindruck zu vermitteln.

Die erste Kritik betrifft die Spezifikation des virtuellen Verhaltens, also die Auswahl eines Satzes an Befehlen. Ein gebrauchsfähiger Rechner verfügt in der Regel über weitere Befehlsarten. So fehlt hier z.B. jede Hilfe zur Organisation von Unterprogrammen. Nötig sind auch elegantere Formen für Schiebeoperationen sowie Befehle zum Zugriff auf einzelne Operanden-Bits. Solche Erweiterungen würden allerdings im wesentlichen ein großzügigeres virtuelles Verhalten begünstigen, ohne dabei auf der Ebene realer Architekturen sehr viel Neuerungen zu verlangen. In jüngster Zeit versuchen einige Rechnerkonstrukteure, mit dem *RISC-Konzept (reduced instruction set computer)* hohe Rechnerleistung durch möglichst einfache Befehlssätze zu erreichen.

Wenn ein Befehlssatz spezifiziert ist, müßte sich eigentlich eine gezielte Suche nach der dazu passenden Rechnerarchitektur anschliessen. Konkret ließe sich z.B. fragen, ob denn die hier für DEMOCOM2 in Bild 34.1 festgelegte Struktur optimal für den spezifizierten Befehlssatz ist. Dabei fällt auf, daß von einem systematischen Entwurfsablauf wohl kaum die Rede sein kann. Tatsächlich fehlt es auf der Registertransferebene derzeit noch an Entwurfsmethoden, die kostengünstig und fehlerfrei zu effizienten Rechnerarchitekturen verhelfen. So ist nahezu jedes Detail von Bild 34.1 durch eine Mischung von Erfahrung, Intuition oder Gewohnheit entstanden: Z.B. ließen sich vielleicht einige dort seriell erledigten Registertransfers gleichzeitig ausführen, wenn der IBUS B auch direkt zur Registerbank geleitet würde. Ohnehin ist der Wert eines Datenbusses keineswegs selbstverständlich; denn er verhindert oft gleichzeitige Registertransfers, die funktionell sonst durchaus sinnvoll wären. Tatsächlich sind Buskonzepte u.a. deswegen so gebräuchlich, weil sie sich sehr gut auf der elektrotechnischen Ebene realisieren lassen; der von dort rückwirkende Bottom-Up-Einfluß hat sie auch auf der Registertransferebene zu einem derzeit weitgehend akzeptierten Standard gemacht. Um einem möglichen Mißverständnis vorzubeugen, sei betont, daß durchaus Methoden existieren, mit denen sich - formal entworfene - Architekturen auf Fehlerfreiheit und Effizienz analysieren lassen.

Selbst wenn die Datenwege der Architektur optimiert wären, blieben noch weitere Mängel. So fehlt noch eine Einrichtung zum *Interrupt* : Es gibt viele Anwendungen, bei denen Daten an den Rechner gelangen, die möglichst schnell verarbeitet werden müssen. Bei DEMOCOM2 aber kann ein Eingabegerät der Zentraleinheit einen Eingabewunsch von sich aus gar nicht mitteilen. Vielmehr muß sich die Zentraleinheit in einem übergeordneten Maschinenprogramm bei den Eingabegeräten nach möglichen Eingabewünschen erkundigen. Am einfachsten ist eine regelmäßige zyklische Abfrage, genannt *Polling* ; jedoch führt sie zu wenig effizienter Rechnerauslastung und zu hohen Reaktionszeiten. Abhilfe schafft ein *Unterbrechungsmechanismus (Interrupt)*, bei dem die Eingabegeräte ihre Eingabewünsche über gesonderte Leitungen bei der Zentraleinheit anmelden können. Dort sorgt eine zusätzliche Hardware-Maßnahme dafür, daß der Programmzähler P nach Abwicklung des gerade laufenden Befehls mit einer speziellen Programmadresse geladen wird, die den Anfang einer *Interrupt-Service-Routine* bezeichnet.

Bei DEMOCOM2 wird der Einfachheit halber vorausgesetzt, daß alle Registertransfers die gleiche Ausführungszeit beanspruchen. Realitätsnäher wäre es, speziell für die Transfers vom und zum Haupspeicher mehr Zeitbedarf anzusetzen. Wiederum macht sich hier ein Bottom-Up-Einfluß aus der elektrotechnischen Ebene bemerkbar, der allerdings in der Architektur von DEMOCOM2 nicht gebührend berücksichtigt ist. Infolgedessen muß sich das Zeitraster von DEMOCOM2 nach dem langsamsten Registertransfer richten, so daß die Rechengeschwindigkeit nicht optimiert ist.

Wenn nun sowohl die Architektur als auch der Befehlssatz als definiert gelten, fällt als nächste Entwurfsentscheidung die Gestaltung der Befehlsformate und die Wahl der Binärcodierungen an. Bei DEMOCOM2 ist den Befehlsworten ein 4-Bit-Raster unterlegt, das sich z.B. in der Gliederung des Registers I in die Anteile I_D, I_C, I_B und I_A widerspiegelt. Dadurch wird einerseits die Beschreibung der Befehlsabwicklung in Bild 34.4 noch einigermaßen übersichtlich, andererseits bleiben - vor allem im Steuerwerk - die Hardware-Maßnahmen zum Ausblenden von Befehlswortteilen ziemlich einfach. Je mehr Befehle spezifiziert werden, um so schwieriger wird es, für sie noch jeweils weitere, bislang nicht ausgenutzte Binärcodierungen zu finden. Dabei leidet zwangsläufig die Systematik in den Befehlsformaten und die Hardware-Maßnahmen werden komplizierter. Das in Abschnitt 4.5 entworfene Steuerwerk STW ist auf die Abwicklung genau der hier für DEMOCOM2 spezifizierten Befehle ausgerichtet. Die Architektur von Bild 34.1 sowie das Prinzip des 4-Bit-Rasters in den Befehlsformaten ließen durchaus noch weitere Befehle zu; jedoch müßte dann das Steuerwerk in einigen Details neu konstruiert werden.

Falls die Architektur, der Befehlssatz und nun auch die Befehlsformate festliegen, sind geeignete Steuerschrittfolgen auszuwählen. Wiederum gibt es Entscheidungsfreiheiten. Z.B. wird die Registerbank bei DEMOCOM2 vorzugsweise über das Tor 16 und den IBUS B ausgelesen; in den meisten Steuerschritten hätte der Entwerfer sich auch ebenso gut für den IBUS A entscheiden können. Bei indirekter Adressierung muß irgendwo eine Operandenadresse zwischengespeichert werden; dazu gibt es durchaus auch andere Lösungen als hier. Allgemein beeinflußt die Wahl der Steuerschrittfolgen auch den Aufwand im Steuerwerk.

Praktisch nutzbare Rechner lassen sich nicht einfach linear, etwa in der Abfolge "Befehlssatz", "Architektur", "Befehlsformat", "Steuerschrittfolge" und "Steuerwerk", spezifizieren und entwerfen. Dazu ist die gegenseitige Wechselwirkung zu groß und unübersichtlich sowie der Einfluß aus den wechselnden Randbedingungen der tieferen Nachrichtenebenen zu intensiv. So mag es sich denn auch erklären, weshalb verschiedene Hersteller von z.B. 16-Bit-Mikroprozessorsystemen trotz gleicher Anwendungsbereiche z.T. zu extrem weit auseinander liegenden Lösungen kommen.

4 Die Schaltwerkebene

Auf der Schaltwerkebene sind die Nachrichten bis in einzelne Binärwerte aufgeschlüsselt. Eine Funktionseinheit hat

Eingangsvariable: $x_0 \ldots x_i \ldots x_{n-1}$
Ausgangsvariable: $y_0 \ldots y_k \ldots y_{m-1}$

Die Nachrichtenverarbeitung einer solchen Funktionseinheit, genannt: *Schaltwerk*, äußert sich in einer Verhaltensbeschreibung für die Ausgangsvariablen in der Form:

$$y_k^{\,t} = f_k(x_0^{\,t}, \ldots x_{n-1}^{\,t}; x_0^{\,t-1}, \ldots x_{n-1}^{\,t-1}; x_0^{\,t-2}, \ldots).$$

Die Beziehung sagt aus, daß der Wert der Ausgangsvariablen y_k zum Gegenwartszeitpunkt t abhängt sowohl von den gegenwärtigen Werten der Eingangsvariablen x_0 bis x_{n-1} als auch von deren Werten zu vorangehenden Zeitpunkten t-1, t-2, t-3, usw. Das Ausgangsverhalten eines Schaltwerks berücksichtigt also eine - in der Regel endlich lange - Folge von Wertevorgaben an den Eingängen; deshalb spricht man häufig auch von *sequentiellen Schaltwerken* (sequential circuits). Da sozusagen die Vergangenheit mit erfaßt wird, schließt ein *Schaltwerk* die Fähigkeit zur Speicherung ein.

Bei der besonders einfachen Form des Schaltwerks, nämlich der des *Schaltnetzes* fehlt diese sequentielle Eigenschaft und damit die Speicherfähigkeit:

$$y_k = f_k(x_0 \ldots x_i \ldots x_{n-1}).$$

Entsprechend den Begriffen aus Abschnitt 1.3.3 ist mit "Entwurf eines Schaltwerks" gemeint:

> Überführen einer geforderten Verhaltensbeschreibung in eine Struktur aus elementaren Funktionseinheiten der Schaltwerkebene.

Das Kapitel 4 gliedert sich in folgende Abschnitte:

Abschnitt 4.1 widmet sich dem Entwurf von *Schaltnetzen* und damit der *Verknüpfung* von Binärnachrichten. Die Verhaltensbeschreibungen äußern sich als *Schaltfunktionen* in verschiedenen Darstellungsformen. Die Zweckmäßigkeit zulässiger elementarer Funktionseinheiten, wie UND-, ODER-, NAND-, NOR- oder NICHT-Glied, bestimmt sich teils aus der Methodik der *Schaltalgebra*, teils aus Randbedingungen der elektrotechnischen Ebene.

Abschnitt 4.2 leitet zu den *getakteten Schaltwerken* über, wodurch Folgen von Verknüpfungen in ein Raster diskreter Zeitpunkte eingebettet werden und dadurch eine allgemeine Form der *Speicherung* zustande kommt. Zu diskutieren sind insbesondere verschiedene *Taktsteuerungsarten* für *Zeitglieder* und die Modellvorstellungen zu *Mealy-* und *Moore-Schaltwerk*.

Abschnitt 4.3 behandelt die *nicht-getakteten Schaltwerke*. Bei ihnen ergibt sich ein "nächster Zeitpunkt" einfach aus der Tatsache eines Wertewechsels einer Eingangsvariablen. Zu beachten sind speziell *instabile Zustände* und *Hasards*. Bekannt sind insbesondere die *Flipflops*; sie bilden eine spezielle Realisierungsform für die Zeitglieder in Abschnitt 4.2.

Abschnitt 4.4 bringt eine Vielzahl von *Anwendungsbeispielen* für *Schaltnetze* (z.B. Decodierer, Rechennetze), *Schaltwerke* (z.B. Register, Zähler) sowie für Speicherarten (z.B. RAM, ROM, PLA, PAL). Gezeigt wird auch der Aufbau von *Datenwegen* z.B. in TRISTATE-Technik. Auch folgen Hinweise zum Demonstrationsrechner DEMOCOM2 aus Abschnitt 3.4.

Abschnitt 4.5 befaßt sich mit *komplexen Schaltwerken* und zeigt einige Grundprobleme der *Mikroprogrammierung* auf. Aus der Verhaltensbeschreibung von DEMOCOM2 (in Abschnitt 3.4), also aus der Liste der Steuerschrittfolgen, läßt sich ziemlich direkt der Satz von Mikroprogrammen für ein entsprechendes Steuerwerk ableiten.

4.1 Schaltnetze

Schaltnetze dienen der Verknüpfung binärer Nachrichten. Der Abschnitt 4.1 befaßt sich mit Grundbegriffen und Entwurfsmethoden. Dazu gibt es etliche Literatur, z.B. [4.1] bis [4.13]. Trotz der erheblichen Länge dieses Abschnitts kann auf die zahlreichen Vertiefungen dieses Gebiets hier nicht eingegangen werden; siehe dazu z.B. [4.9] und [4.12]. Da Schaltnetze in der Nachrichtenverarbeitung erst sinnvoll einsetzbar sind, wenn die Verknüpfungsergebnisse auch speicherbar sind, folgen Anwendungsbeispiele, z.B. Decodierer, Multiplexer oder arithmetische Funktionseinheiten erst in Abschnitt 4.4, also nach der Behandlung von getakteten und nicht getakteten Schaltwerken. Der Abschnitt 4.1 gliedert sich wie folgt:

Abschnitt 4.1.1 führt *Schaltfunktionen* als Ausdrucksmittel zur Verhaltensbeschreibung ein.

Abschnitt 4.1.2 macht Vorschläge für *elementare Schaltfunktionen* zur Verhaltensbeschreibung von elementaren Funktionseinheiten.

Abschnitt 4.1.3 stellt mit dem *Booleschen Verband* und mit *schaltalgebraischen Ausdrücken* die Verbindung zwischen Verhalten und Struktur her.

Abschnitt 4.1.4 zeigt, daß für jede Schaltfunktion eine Schaltnetzstruktur konkret angebbar ist.

Abschnitt 4.1.5 erklärt den Entwurf von *minimalen zweistufigen* Schaltnetzen im KV-Diagramm, beschränkt auf nur einen Ausgang.

Abschnitt 4.1.6 behandelt unvollständig spezifizierte Schaltfunktionen und den Umgang mit *Don't-Care-Punkten*.

Abschnitt 4.1.7 widmet sich den *Funktionsbündeln*, also den Schaltnetzen mit mehreren Ausgängen.

Abschnitt 4.1.8 ergänzt die Ausdrucksmittel um *kompakte Funktionstabellen*, um Schaltfunktionen mit vielen Eingangsvariablen beschreiben zu können.

Abschnitt 4.1.9 geht zu elementaren Funktionseinheiten über, speziell auch zu *NAND-Gliedern*, die nicht direkt den Methoden des Booleschen Verbands zugänglich sind.

Abschnitt 4.1.10 weist mit den *Kontakt-Schaltnetzen* und den *WIRED-DOT*-Verknüpfungen nach, daß der Boolesche Verband zwar eine weitreichende aber eben nicht allumfassende Grundlage des Schaltnetzentwurfs ist.

Abschnitt 4.1.11 befaßt sich mit *textuellen Verhaltens-* und *Strukturbeschreibungen* und verweist auf deren Bedeutung für Verifikations- und Simulationsmethoden als Entwurfsmittel.

4.1.1 Schaltfunktionen für Verhaltensbeschreibungen

Wie bei Funktionen allgemein üblich, so läßt sich auch eine *Schaltfunktion* auffassen als Abbildung zwischen den Elementen eines Definitionsbereichs, hier $\mathbf{Q}^n$, und den Elementen eines Bildbereichs, hier $\mathbf{Q}$.

Def.41.1:

$f\colon \mathbf{Q}^n \rightarrow \mathbf{Q}$ *Schaltfunktion*

Der <u>Definitionsbereich</u> $\mathbf{Q}^n$ hat n Dimensionen und pro Dimension die beiden Binärwerte **0** und **1**; insgesamt gibt es in $\mathbf{Q}^n$ also 2^n *Punkte*. Zur genauen Erklärung dienen folgende Definitionen:

Def.41.2:

$\mathbf{Q} = \{\mathbf{0},\mathbf{1}\}$ *Menge der Binärwerte*

Def.41.3:

$\mathbf{Q}^n = \mathbf{Q}\times....\times\mathbf{Q}$ *Definitionsbereich*, kartesiches Produkt, genannt: *n-Würfel*

Def.41.4:

$x \in \mathbf{Q}^n$	*Punkt*
$x_i \in \mathbf{Q}$	*Punktkoordinate*, $i \in \mathbf{N}$
$\langle x_1..x_i..x_n\rangle$	*Vektor, Koordinatenwerte eines Punktes*

Ein bestimmter Punkt im Definitionsbereich läßt sich also entweder durch den Wert des *Vektors* $\langle x_1..x_i..x_n\rangle$ oder durch eine Dualzahl bzw. das dazugehörige dezimale Äquivalent darstellen. Bild 41.1 zeigt alle Punkte eines 3-Würfels; allgemein sind solche anschaulichen *Würfelbilder*, insbesondere bei mehr als 3 Dimensionen, ziemlich unhandlich. Eine zwar wenig anschauliche, dafür aber für beliebig viele Dimensionen anwendbare Form ist die *Funktionstabelle* nach Bild 41.2. Das *KV-Diagramm* nach Bild 41.3 entsteht aus dem Würfelbild durch Abstraktion. Es enthält pro *Punkt* ein *Feld*; die eingetragenen Feldnummern entsprechen den Dezimaläquivalenten x. Die Randbeschriftungen eines KV-Diagramms

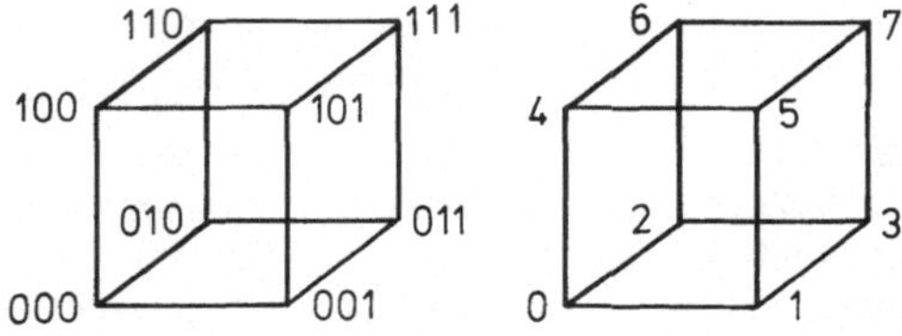

Bild 41.1.
Definitionsbereich für einen 3-Würfel mit Punktnumerierung durch Vektoren (links) bzw. durch Dezimaläquivalente (rechts)

beziehen sich auf die jeweils zuständigen Koordinatenwerte; so ist z.B. das Feld 5 bei n=3 gekennzeichnet durch die Werte $x_1 = 1$, $x_2 = 0$, $x_3 = 1$. Für n=5 und n=6 besteht das KV-Diagramm aus zwei bzw. aus vier Teildiagrammen; das Schema der Feldnumerierung wird in Abschnitt 4.1.3 begründet. Für n>6 sind KV-Diagramme meistens unhandlich.

x	x_1 x_2 x_3
0	0 0 0
1	0 0 1
2	0 1 0
3	0 1 1
4	1 0 0
5	1 0 1
6	1 1 0
7	1 1 1

Bild 41.2.
Definitionsbereich für einen 3-Würfel in Form einer Funktionstabelle

Der Bildbereich von Schaltfunktionen umfaßt (vorläufig) nur die Binärwerte **0** und **1** entsprechend Def.41.1 und Def.41.2. Im gedanklich einfachsten Fall läßt sich eine bestimmte Schaltfunktion durch Auflisten aller 2^n Funktionswerte festlegen:

Def.41.5:

x heißt *1-Punkt* genau dann, wenn $f(x) = \mathbf{1}$.
x heißt *0-Punkt* genau dann, wenn $f(x) = \mathbf{0}$.
$f^{-1}(\mathbf{1}) = \{x \in \mathbf{Q}^n \mid f(x) = \mathbf{1}\}$ *1-Punkt-Menge*
$f^{-1}(\mathbf{0}) = \{x \in \mathbf{Q}^n \mid f(x) = \mathbf{0}\}$ *0-Punkt-Menge*

Eine *1-Punkt-Menge* $f^{-1}(\mathbf{1})$ enthält alle 1-Punkte und definiert damit eine Schaltfunktion. Da die *0-Punkt-Menge* $f^{-1}(\mathbf{0})$ gerade alle anderen Punkte umfaßt, definiert sie eine Schaltfunktion genau so gut. Bild 41.4 zeigt einige Darstellungsformen der stets gleichen Schaltfunktion.

Ab Abschnitt 4.1.3 wird es weitere Darstellungsformen für Schaltfunktionen geben. Die in

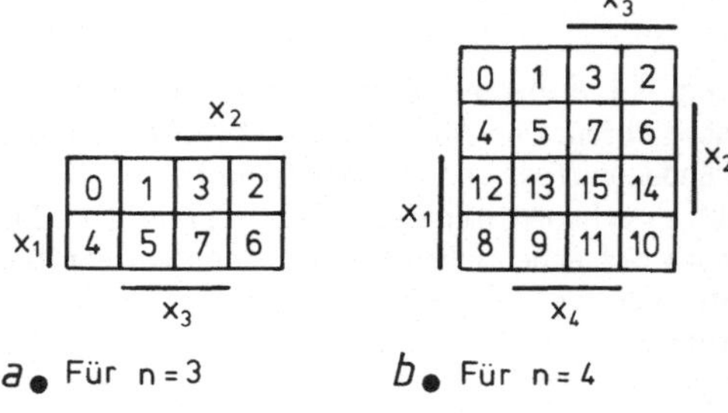

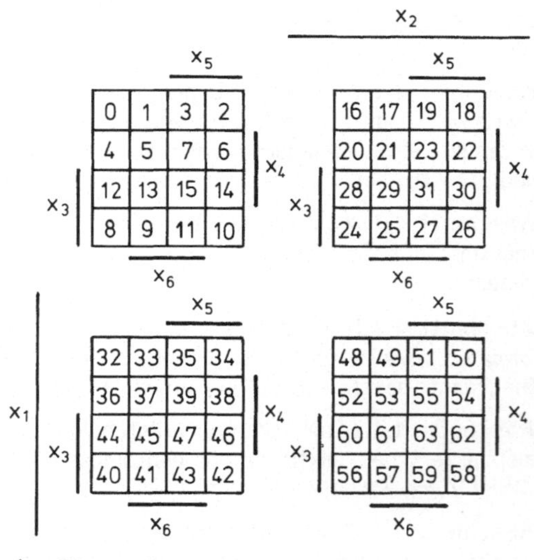

Bild 41.3.
Darstellung des Definitionsbereich von n-Würfeln durch KV-Diagramme (Karnaugh-Veith-Diagramme)

Bild 41.4 gezeigten Formen, insbesondere jene der Teilbilder d und e, dienen vor allem der Verhaltensbeschreibung solcher Schaltnetze, deren Struktur erst noch zu entwerfen ist. In Bild 41.4e sind offensichtlich $AS(n) = 2^2$ unterschiedliche Schaltfunktionen als Spalte f(x) denkbar. Dazu einige Beispiele:

AS(1) = 4 AS(4) = 65356
AS(2) = 16 AS(5) = 4294967296
AS(3) = 256

4.1.2 Schaltfunktionen für elementare Funktionseinheiten

Entsprechend Abschnitt 1.3.3 wird ein Schaltnetzentwurf zu einer Struktur aus elementaren Funktionseinheiten führen, die derse ben Nachrichtenebene, also hier der Schaltwerksebene, angehören. Das Verhalten solcher elementarer Funktionseinheiten muß also ebenfalls durch Schaltfunktionen beschreibbar sein. Unter der Vielzahl der Schaltfunktionen wird man zweckmäßigerweise solche als *elementar* ansehen, die in irgendeiner Weise als "einfach" hervorstechen. Besonders einfach sind natürlich alle 4 Schaltfunktionen für n = 1 (Bild 41.5); von praktischem Nutzen ist vor allem die *Complementierungsfunktion*. Ebenso lassen sich auch alle 16 Schaltfunktionen für n = 2 angeben.

a. Auflisten der 1-Punkte:
$f^{-1}(1) = \{0,3,5,7\}$ *1-Punkt-Menge*

b. Auflisten der 0-Punkte:
$f^{-1}(0) = \{1,2,4,6\}$ *0-Punkt-Menge*

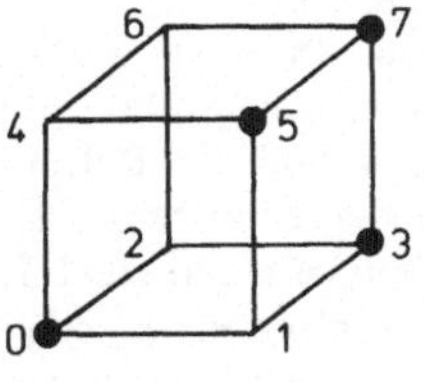

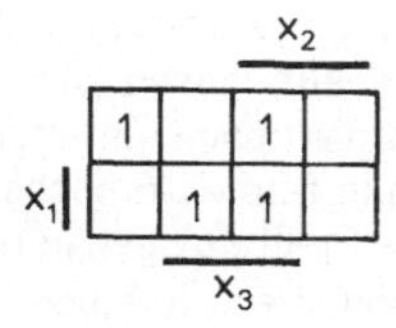

c. Markierung der 1-Punkte im Würfelbild

d. Eintragen von 1-Werten in KV-Diagramm

x	$x_1\,x_2\,x_3$	f(x)
0	0 0 0	1
1	0 0 1	0
2	0 1 0	0
3	0 1 1	1
4	1 0 0	0
5	1 0 1	1
6	1 1 0	0
7	1 1 1	1

e. Eintragen der 1-Punkte in eine Spalte f(x) in der Funktionstabelle

Bild 41.4.
Verschiedene Darstellungsformen einer stets gleichen Schaltfunktion $f\colon \mathbf{0}^3 \to \mathbf{0}$

Die *Implikationen* i_1, i_2, i_1^*, i_2^* spielen – wie in Abschnitt 4.1.9 begründet – als elementare Schaltfunktionen keine eigenständige Rolle. Die übrigen 12 Funktionen eignen sich als Basis für elementare Schaltfunktionen bei $n \geq 2$ (Bild 41.6). Trivial sind wiederum die *Nullfunktion* **0**, die *Einsfunktion* **1** und die *Elementarfunktionen* e_i; große praktische Bedeutung haben die *Complementfunktionen* c_i. Andere Funktionen lassen sich mit Hilfe der Koordinatenquersumme r(x) beschreiben[1]. Z.B. hat die UND-Funktion genau für jenen Punkt x den Funktionswert **1**, bei dem alle Koordinaten x_i (d.h. r(x) = n) den Wert **1** aufweisen. Die Tabelle (Bild 41.6) veranschaulicht die hier definierten Funktionen am Beispiel n = 3.

x	x_1	**0**	e	c	**1**
0	0	0	0	1	1
1	1	0	1	0	1

0: *Nullfunktion*
e : *Identitätsfunktion*
c : *Complementierungsfkt.*
1: *Einsfunktion*

x	x_1x_2	**0**	u	i_2^*	e_1	i_1^*	e_2	a	o	o*	a*	c_2	i_1	c_1	i_2	u*	**1**
0	0 0	0	0	0	0	0	0	0	0	1	1	1	1	1	1	1	1
1	0 1	0	0	0	0	1	1	1	1	0	0	0	0	1	1	1	1
2	1 0	0	0	1	1	0	0	1	1	0	0	1	1	0	0	1	1
3	1 1	0	1	0	1	0	1	0	1	0	1	0	1	0	1	0	1

Bild 41.5.
Die Schaltfunktionen für n = 1 und n = 2

Die zugehörigen elementaren Funktionseinheiten heißen *Verknüpfungsglieder* und haben je nach Funktion bestimmte Namen, wie z.B. *UND-Glied*. Für sie sind spezielle Symbole gebräuchlich (Bild 41.7)[2]; dabei werden die Variablen x_i und die Funktionsnamen auch zu Eingangs- und Ausgangsbezeichnungen.

Bild 41.8 zeigt eine willkürlich gewählte Struktur aus Verknüpfungsgliedern, deren Verhalten als Schaltnetz zunächst unbekannt ist.

[1] Der methodischen Sauberkeit wegen muß man voraussetzen, daß die Binärwerte **0** und **1** hier als natürliche Zahlen gelten sollen, auf die die Addition im Körper der reellen Zahlen anwendbar ist.

[2] Neuere Fassungen der DIN 44300 schlagen ausschließlich Rechtecksymbole vor; sie setzen sich wegen geringer Anschaulichkeit nur mühsam in der Praxis durch.

r: $\mathbf{Q}^n \to \mathbf{R}$	mit	$r(x) = x_i$		*Koordinatenquersumme*
$\mathbf{0}$: $\mathbf{Q}^n \to \mathbf{0}$	mit	$\mathbf{0}(x) = \mathbf{0}$	für alle x	*Nullfunktion*
$\mathbf{1}$: $\mathbf{Q}^n \to \mathbf{1}$	mit	$\mathbf{1}(x) = \mathbf{1}$	für alle x	*Einsfunktion*
e_i: $\mathbf{Q}^n \to \mathbf{Q}$	mit	$e_i(x) = \mathbf{1}$	g.d.w. $x_i = \mathbf{1}$	*Elementarfunktion*
c_i: $\mathbf{Q}^n \to \mathbf{Q}$	mit	$c_i(x) = \mathbf{1}$	g.d.w. $x_i = \mathbf{0}$	*Complementfunktion*
u: $\mathbf{Q}^n \to \mathbf{Q}$	mit	$u(x) = \mathbf{1}$	g.d.w. $r(x) = n$	*UND-Funktion ; Konjunktion*
o: $\mathbf{Q}^n \to \mathbf{Q}$	mit	$o(x) = \mathbf{1}$	g.d.w. $r(x) \geq 1$	*ODER-Funktion ; Disjunktion*
a: $\mathbf{Q}^n \to \mathbf{Q}$	mit	$a(x) = \mathbf{1}$	g.d.w. $r(x) = 1$	*Exklusiv-ODER-Funktion ; Antivalenz*
u^*: $\mathbf{Q}^n \to \mathbf{Q}$	mit	$u^*(x) = \mathbf{0}$	g.d.w. $r(x) = n$	*NAND-Funktion*
o^*: $\mathbf{Q}^n \to \mathbf{Q}$	mit	$o^*(x) = \mathbf{0}$	g.d.w. $r(x) \geq 1$	*NOR-Funktion*
a^*: $\mathbf{Q}^n \to \mathbf{Q}$	mit	$a^*(x) = \mathbf{0}$	g.d.w. $r(x) = 1$	*Exklusiv-ODER-Nicht-Funktion ; Äquivalenz*

x	x_1	x_2	x_3	r	$\mathbf{0}$	$\mathbf{1}$	e_1	e_2	e_3	c_1	c_2	c_3	u	o	a	u^*	o^*	a^*
0	0	0	0	0	0	1	0	0	0	1	1	1	0	0	0	1	1	1
1	0	0	1	1	0	1	0	0	1	1	1	0	0	1	1	1	0	0
2	0	1	0	1	0	1	0	1	0	1	0	1	0	1	1	1	0	0
3	0	1	1	2	0	1	0	1	1	1	0	0	0	1	0	1	0	1
4	1	0	0	1	0	1	1	0	0	0	1	1	0	1	1	1	0	0
5	1	0	1	2	0	1	1	0	1	0	1	0	0	1	0	1	0	1
6	1	1	0	2	0	1	1	1	0	0	0	1	0	1	0	1	0	1
7	1	1	1	3	0	1	1	1	1	0	0	0	1	1	0	0	0	1

Bild 41.6.
Elementare Schaltfunktionen

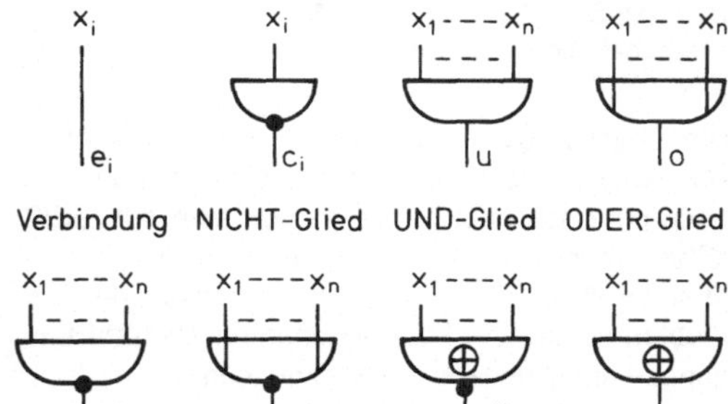

Bild 41.7.
Symbole für einige elementare Funktionseinheiten; genannt: Verknüpfungsglieder

Def.41.6:

Die Aufgabe, zu einer *Schaltnetzstruktur* das Verhalten zu finden, heißt *Schaltnetzanalyse*.

Um eine Analyse konkret durchzuführen, erhalten die Ausgänge der Verknüpfungsglieder sinnfällige Namen, hier z.B. u_1, o_1^*, usw. Sie dienen in der Analyse auch als Variablennamen, so daß sich Teilschaltfunktionen wie z.B. $u_1 = u(x_2, x_3)$ angeben lassen. In einer Funktionstabelle lassen sich spaltenweise alle Teilschaltfunktionen unter Bezug auf die Definitionen in Bild 41.6 nacheinander ermitteln. Z.B. hat die Spalte o_1 genau für solche x den Wert **1**, wo mindestens in einer der Spalten x_1, u_1, oder o_1^* der Wert **1** zu finden ist. Das Analyse-Ergebnis ist die Schaltfunktion $f = u_2^*$, dargestellt durch die entsprechende Spalte in der Tabelle. Offensichtlich gilt, auch unabhängig von diesem Beispiel:

Satz 41.7:

Ein Schaltnetz mit einem Ausgang realisiert genau eine Schaltfunktion.

Dieser Satz gilt auch, wenn in Bild 41.6 andere oder zusätzliche elementare Schaltfunktionen vorgesehen wären; da sie stets der Form f: $\mathbf{Q}^n \to \mathbf{Q}$ genügen, erzeugt jede aus Verknüpfungsgliedern gebildete Struktur intern und auch am Ausgang keine weiteren Funktionswerte außer den Binärwerten **0** und **1**.

Schwieriger ist das entgegengesetzte, auf die *Schaltnetzsynthese* gerichtete Problem: Läßt sich, z.B. mit den Verknüpfungsgliedern nach Bild 41.7, für jedes Schaltnetzverhalten tatsächlich auch eine Struktur angeben? Dazu soll gelten:

Def.41.8:

Basismenge:
Menge an Verknüpfungsgliedern, die zur Schaltnetzsynthese zugelassen sein sollen.

Def.41.9:

Funktional vollständige Basismenge:
Eine Basismenge, mit der jede beliebige Schaltfunktion durch ein Schaltnetz realisierbar ist.

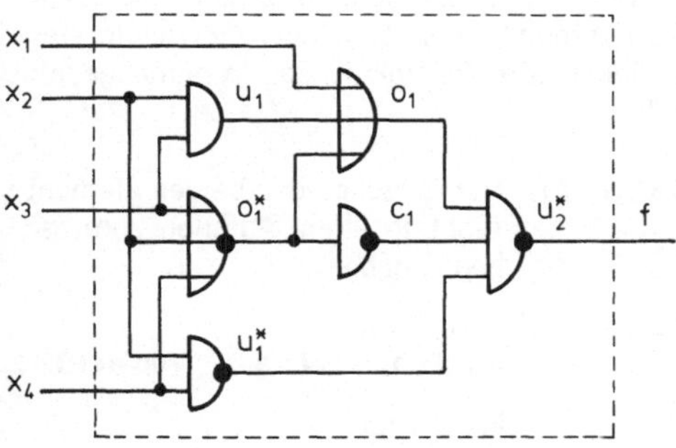

$u_1 = u(x_2,x_3)$ $\quad$ $o_1 = o(x_1,u_1,o_1^*)$
$o_1^* = o^*(x_2,x_3,x_4)$ $\quad$ $c_1 = c(o_1^*)$
$u_1^* = u^*(x_2,x_4)$ $\quad$ $u_2^* = u^*(o_1,c_1,u_1^*)$
$f = u_2^*$

x	x_1	x_2	x_3	x_4	u_1	o_1^*	u_1^*	o_1	c_1	u_2^*
0	0	0	0	0	0	1	1	1	0	1
1	0	0	0	1	0	0	1	0	1	1
2	0	0	1	0	0	0	1	0	1	1
3	0	0	1	1	0	0	1	0	1	1
4	0	1	0	0	0	0	1	0	1	1
5	0	1	0	1	0	0	0	0	1	1
6	0	1	1	0	1	0	1	1	1	0
7	0	1	1	1	1	0	0	1	1	1
8	1	0	0	0	0	1	1	1	0	1
9	1	0	0	1	0	0	1	1	1	0
10	1	0	1	0	0	0	1	1	1	0
11	1	0	1	1	0	0	1	1	1	0
12	1	1	0	0	0	0	1	1	1	0
13	1	1	0	1	0	0	0	1	1	1
14	1	1	1	0	1	0	1	1	1	0
15	1	1	1	1	1	0	0	1	1	1

Bild 41.8.
Analyse eines Schaltnetzes

Z.B. wäre eine Basismenge {UND-Glied, ODER-Glied} funktional unvollständig, denn bereits die einfache Funktion f: $\mathbf{0}^1 \to \mathbf{0}$ mit $f^{-1}(\mathbf{1}) = \{\mathbf{0}\}$, also die – in diesem Fall ja nicht als elementar angesehene – Complementfunktion, ist nicht durch ein Schaltnetz aus UND- bzw. ODER-Gliedern alleine realisierbar. Dagegen sei behauptet, daß folgende Basismengen funktional vollständig sind:

B_1 = {UND-Glied, ODER-Glied, NICHT-Glied}

B_2 = {UND-Glied, NICHT-Glied}

B_3 = {ODER-Glied, NICHT-Glied}

B_4 = {NAND-Glied}

B_5 = {NOR-Glied}

Beweise folgen in den Abschnitten 4.1.3 und 4.1.9. Ein sinnvolles Verfahren zur Schaltnetzsynthese muß sich auf eine der funktional vollständigen Basismengen abstützen. Zwar liegt der Versuch nahe, solche Verfahren auf den besonders einfachen Basismengen B_4 oder B_5 aufzubauen; jedoch mangelt es an gut nutzbarem mathematischen Hintergrund. Dagegen läßt sich – wie sich zeigen wird – die Basismenge B_1 gut den Methoden der Booleschen Algebra unterwerfen, so daß sie die bevorzugte Grundlage der Schaltnetzsynthese ist.

Ist aus pragmatischen Gründen, z.B. wegen der tatsächlichen Verfügbarkeit konkret produzierter Verknüpfungsglieder, die Basismenge B_1 zur Schaltnetzsynthese nicht zugelassen, verläuft der Schaltnetzentwurf meistens in zwei Schritten:

a. Entwurf einer Schaltnetzstruktur auf Basis der Menge B_1 (Abschnitte 4.1.3 bis 4.1.8).

b. Umwandeln dieser Struktur durch nachträglichen Übergang auf die gewünschte Basismenge (Abschnitt 4.1.9).

4.1.3 Schaltalgebraische Ausdrücke

Abschnitt 4.1.1 befaßte sich mit dem Ausgangspunkt einer Schaltnetzsynthese, nämlich mit Darstellungformen zur Verhaltensbeschreibung für zu entwerfende Schaltnetze. Abschnitt 4.1.2 führte mit der Basismenge {UND-, ODER-, NICHT-Glied} die elementaren Funktionseinheiten ein, aus denen das entworfene Schaltnetz bestehen soll. Abschnitt 4.1.3 behandelt die mathematischen Hilfsmittel, die den Entwurfsvorgang möglich machen.

Bild 41.9 zeigt die Axiome und einige abgeleitete Gesetze des *Booleschen Verbands*. Aus dem Aufbau der Axiome folgt für den Boole-

Axiome (nach Huntington):

Eine algebraische Struktur $(B;\sqcap,\sqcup)$ auf einer mindestens zweielementigen Menge B mit den Elementen $a,b,c \in B$ und den Verknüpfungen $\sqcap$ und $\sqcup$ heißt ein *Boolescher Verband*, wenn folgende Axiome gelten:

(B1a)	$a \sqcap b = b \sqcap a$	Kommutativ-
(B1b)	$a \sqcup b = b \sqcup a$	Gesetze
(B2a)	$(a \sqcap b) \sqcup c = (a \sqcup c) \sqcap (b \sqcup c)$	Distributiv-
(B2b)	$(a \sqcup b) \sqcap c = (a \sqcap c) \sqcup (b \sqcap c)$	Gesetze
(B3a)	Für alle $a \in B$ gibt es ein $0 \in B$, so daß gilt: $a \sqcup 0 = a$	Existenz von Null- und
(B3b)	Für alle $a \in B$ gibt es ein $I \in B$, so daß gilt: $a \sqcap I = a$	Einselement
(B4)	Für alle $a \in B$ gibt es ein $a' \in B$, so daß gilt: $a \sqcap a' = 0$, $a \sqcup a' = I$	Existenz des Komplements

Abgeleitete Gesetze:

(B5a)	Es gibt genau ein Nullelement	
(B5b)	Es gibt genau ein Einselement	
(B6)	Zu jedem $a \in B$ gibt es genau ein Komplement $a' \in B$	
(B7)	$(a')' = a$	
(B8a)	$I' = 0$	
(B8b)	$0' = I$	
(B9)	$a = b$ genau dann, wenn $a' = b'$	
(B10a)	$a \sqcap 0 = 0$	
(B10b)	$a \sqcup I = I$	
(B11a)	$a \sqcap a = a$	
(B11b)	$a \sqcup a = a$	
(B12a)	$(a \sqcap b) \sqcap c = a \sqcap (b \sqcap c)$	Assoziativ-Gesetze
(B12b)	$(a \sqcup b) \sqcup c = a \sqcup (b \sqcup c)$	(keine Axiome!)
(B13a)	$(a \sqcap b)' = a' \sqcup b'$	Theoreme von
(B13b)	$(a \sqcup b)' = a' \sqcap b'$	de Morgan
(B14a)	$a \sqcup (a \sqcap b) = a$	Verschmelzungs-
(B14b)	$a \sqcap (a \sqcup b) = a$	gesetze
(B15a)	$a \sqcup (a' \sqcap b) = a \sqcup b$	
(B15b)	$a \sqcap (a' \sqcup b) = a \sqcap b$	

Bild 41.9.
Der Boolesche Verband

schen Verband die Gültigkeit des *Dualitätsprinzips*; jedes Axiom und jedes Gesetz geht durch wechselseitigen Tausch der Verknüpfungen $\sqcap$ und $\sqcup$ sowie von Nullelement und Einselement in ein ebenfalls gültiges *duales Gesetz* über.

Def.41.10:

Boolescher Verband $(\mathbf{Q},\wedge,\vee)$ mit $\mathbf{Q} = \{\mathbf{0},\mathbf{1}\}$.

$\wedge$: *Konjunktion, UND-Verknüpfung*

$\vee$: *Disjunktion, ODER-Verknüpfung*

Die Wirkung der Verknüpfungen $\wedge$ und $\vee$ sei durch eine Liste aller möglichen Verknüpfungsfälle festgelegt:

(1)	$\mathbf{0} \wedge \mathbf{0} = \mathbf{0}$	(5)	$\mathbf{0} \vee \mathbf{0} = \mathbf{0}$
(2)	$\mathbf{0} \wedge \mathbf{1} = \mathbf{0}$	(6)	$\mathbf{0} \vee \mathbf{1} = \mathbf{1}$
(3)	$\mathbf{1} \wedge \mathbf{0} = \mathbf{0}$	(7)	$\mathbf{1} \vee \mathbf{0} = \mathbf{1}$
(4)	$\mathbf{1} \wedge \mathbf{1} = \mathbf{1}$	(8)	$\mathbf{1} \vee \mathbf{1} = \mathbf{1}$

Das Komplement sei vorzugweise durch Hochkomma, z.B. a', ausgedrückt; falls schreibtechnisch günstiger, sei auch die Form $\bar{a}$ zugelassen.

Daß Def.41.10 tatsächlich einen Booleschen Verband meint, muß erst noch bewiesen werden, indem die Gültigkeit der Axiome gezeigt wird:

(B1a),(B1b): Vertauschen der beiden Elemente führt in allen 8 Fällen zum selben Ergebnis.

(B3a),(B3b): Erfüllt ist: $a \vee \mathbf{0} = a$, $a \wedge \mathbf{1} = a$ für $a \in \{\mathbf{0},\mathbf{1}\}$

(B4): Erfüllt ist: $a \wedge a' = \mathbf{0}$, $a \vee a' = \mathbf{1}$ für $a \in \{\mathbf{0},\mathbf{1}\}$

(B2a),(B2b): Der Nachweis wird erbracht, indem für alle 8 Wertekombinationen (a,b,c) die Gleichheit der linken und der rechten Seite im Axiom gezeigt wird; hier ausgeführt für (B2a) in Bild 41.10.

Ein Blick z.B. auf die Teilschaltfunktion u_2^* in Bild 41.8 zeigt, daß nicht nur Werte **0** und **1** sondern komplette Schaltfunktionen, dort o_1, c_1 und u_1^* miteinander zu verknüpfen sind. Es muß

a b c	a∧b	(a∧b)∨c	a∨c	b∨c	(a∨c)∧(b∨c)
0 0 0	0	0	0	0	0
0 0 1	0	1	1	1	1
0 1 0	0	0	0	1	0
0 1 1	0	1	1	1	1
1 0 0	0	0	1	0	0
1 0 1	0	1	1	1	1
1 1 0	0	1	1	1	1
1 1 1	1	1	1	1	1

Bild 41.10.
Beweis zum Distributiv-Gesetz

bewiesen werden, daß auch dann die Gesetze des Booleschen Verbandes gelten:

Def.41.11:

Boolescher Verband ($\mathbf{S}_n$, ∧, ∨).

Sei $\mathbf{S}_n$: *Menge der Schaltfunktionen bei n Variablen* $x_1 \ldots x_n$

f, g, k ∈ $\mathbf{S}_n$: *Schaltfunktionen* f, g, k: $\mathbf{Q}^n \to \mathbf{Q}$

∧, ∨: *Konjunktion, Disjunktion*

$\mathbf{0} \in \mathbf{S}_n$: *Nullfunktion als Nullelement*

$\mathbf{1} \in \mathbf{S}_n$: *Einsfunktion als Einselement*

$k = f \wedge g$ $\quad k(x) = f(x) \wedge g(x)$ für alle $x \in \mathbf{Q}^n$ ausgeführt nach Def.41.10.

$k = f \vee g$ $\quad k(x) = f(x) \vee g(x)$ für alle $x \in \mathbf{Q}^n$ ausgeführt nach Def.41.10.

f' $\quad$ f'(x) für alle x ausgeführt nach Def.41.10.

Um einzusehen, daß diese Definition tatsächlich einen *Booleschen Verband für Schaltfunktionen* beschreibt, sei in Bild 41.11 zunächst veranschaulicht, daß das "Verknüpfen zweier Schaltfunktionen f und g", z.B. $k = f \wedge g$, durchführbar ist durch "punktweises Verknüpfen nach Def.41.10", z.B. durch $k(x) = f(x) \wedge g(x)$. Die Ergebnisfunktion k kann für alle Punkte nur einen der Werte **0** oder **1** annehmen und ist somit selbst ebenfalls eine Schaltfunktion; dadurch ist die Abgeschlossenheit gezeigt. Aus dem "punktweise Verknüpfen" folgt auch, daß in Def.41.11 die Axiome des Booleschen Verbandes gelten. So läßt sich z.B. für das Kommutativgesetz überlegen:

Wenn $(f(x) \wedge g(x)) = (g(x) \wedge f(x))$ gültig für alle $x \in \mathbf{Q}^n$, dann $(f \wedge g) = (g \wedge f)$.

Es sei daran erinnert, daß die elementaren Schaltfunktionen nach Bild 41.6 ohne jeden Bezug zum Begriff des Booleschen Verbandes eingeführt wurden. Dieser Bezug wird aber jetzt herstellbar, und zwar über die sowohl dort als auch hier angewandte Technik des "punktweise Verknüpfen". So möge man sich z.B. für die Funktion o_1 in Bild 41.8 überlegen, daß die Ausrechnung von

$o_1 = o(x_1, u_1, o_1^*)$, ausgeführt nach Bild 41.6

sowie die mathematische Funktion

$o_1 = x_1 \vee u_1 \vee o_1^*$, ausgeführt nach Def.41.11

verfahrenstechnisch zur gleichen Art des "punktweisen Verknüpfens" führt. Der Boolesche Verband nach Def.41.10 und Def.41.11 läßt sich also direkt zur Schaltnetzanalyse oder -synthese einsetzen; in diesem Zusammenhang nennt man ihn meistens *Schaltalgebra*. Das Verhalten der elementaren Funktionseinheiten UND, ODER und KOMPLEMENT ist unmittelbar beschrieben durch die Verknüpfungen dieser Schaltalgebra. Z.B. läßt sich die Struktur von Bild 41.8 nun auch folgendermaßen beschreiben:

$$\begin{aligned} f = u_2^* &= (o_1 \wedge c_1 \wedge u_1^*)' \\ &= ((x_1 \vee u_1 \vee o_1^*) \wedge o_1^{*\prime} \wedge (x_2 \wedge x_4)')' \\ &= ((x_1 \vee (x_2 \wedge x_3) \vee (x_2 \vee x_3 \vee x_4)') \wedge \\ &\quad ((x_2 \vee x_3 \vee x_4)')' \wedge (x_2 \wedge x_4)')' \end{aligned}$$

Hier wird eine wichtige Grundlage des Schaltnetzentwurfs deutlich: Einerseits liegt eine Schaltfunktion u_2^* vor, die das <u>Verhalten</u> des Schaltnetzes beschreibt; andererseits äußert sich die Schaltfunktion in einem *schaltalgebraischen Ausdruck*, der offensichtlich ein genaues Abbild der <u>Struktur</u> dieses Schaltnetzes ist. Die Aufgabe des Schaltnetzentwurfs läßt sich nun deutlicher formulieren:

Def.41.12:

Die Aufgabe eines Schaltnetzentwurfs besteht darin, zu der Verhaltensbeschreibung einer Schaltfunktion (die z.B. in Form einer Funktionstabelle oder eines KV-Diagramms vorliegt) eine Struktur – repräsentiert durch einen schaltalgebraischen Ausdruck – zu finden.

Def.41.13:

Ein schaltalgebraischer Ausdruck, kurz **SA**, ist ein Ausdruck mit Konstanten, Variablen und Klammerungsregeln wie üblich, bei dem nur die Verknüpfungen "Konjunktion", "Disjunktion" und "Komplement" vorkommen.

x	f	g	**0**	**1**	f∧g	f∨g	f'	f∧**1**	f∨**0**
0	0	0	0	1	0	0	1	0	0
1	1	0	0	1	0	1	0	1	1
2	1	1	0	1	1	1	0	1	1
3	1	0	0	1	0	1	0	1	1
4	0	0	0	1	0	0	1	0	0
5	0	1	0	1	0	1	1	0	0
6	1	1	0	1	1	1	0	1	1
7	1	1	0	1	1	1	0	1	1

Bild 41.11.
Verknüpfung von Schaltfunktionen durch punktweises Verknüpfen von Funktionswerten **0** bzw. **1**

Zur Vereinfachung der Schreibweise vereinbart man, daß Konjunktion enger bindet als Disjunktion, so daß das UND-Symbol $\wedge$ fortfallen darf. Man kann einen **SA** mit den Gesetzen des Booleschen Verbandes umwandeln, z.B.:

Gegeben: $f = (x_1 \vee x_2x_3 \vee (x_2 \vee x_3)')'$
Mit (B13b): $f = x_1'(x_2x_3)'(x_2 \vee x_3)$
Mit (B13a): $f = x_1'(x_2' \vee x_3')(x_2x_3)$
Mit (B2b): $f = x_1'(x_2'x_2 \vee x_2x_3' \vee x_2'x_3 \vee x_3x_3')$
Mit (B4): $f = x_1'(x_2x_3' \vee x_2'x_3)$
Mit (B2b): $f = x_1'x_2x_3' \vee x_1'x_2'x_3$

Jeder dieser **SA** ist ein anderer Repräsentant derselben Schaltfunktion und liefert eine andere Schaltnetzstruktur. Z.B. führt der letzte **SA** dieses Beispiels zur Struktur nach Bild 41.12.

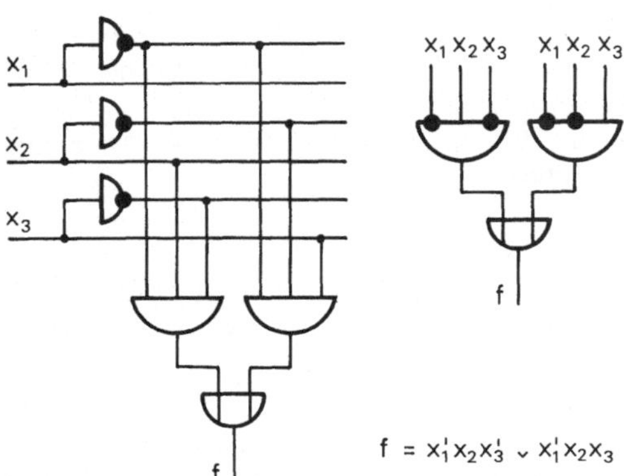

Bild 41.12.
Verschiedene Schaltnetzdarstellungen zum selben **SA**

Def.41.14:

Zwei **SA** bzw. zwei dadurch realisierte Schaltnetze heißen *äquivalent*, wenn sie dieselbe Schaltfunktion repräsentieren.

Da man zu einem gegebenen **SA** durch unbegrenzte Wiederholung z.B. des Gesetzes (B14) in der Form $a = a \vee (a \wedge b)$ unendlich viele äquivalente **SA** erzeugen kann, gilt:

Satz 41.15:

Sofern eine Schaltfunktion überhaupt durch irgendeinen **SA** repräsentierbar ist, gibt es dazu beliebig viele äquivalente **SA**.

Die weiteren Überlegungen konzentrieren sich nun auf die beiden folgenden Aspekte:

- Wie findet man, passend zu Def.41.12, zu einer Schaltfunktion mindestens einen **SA**?
- Gibt es zu jeder beliebigen Schaltfunktion tatsächlich einen **SA**? Dies ist identisch mit der Frage nach der funktionalen Vollständigkeit der Basismenge {UND-, ODER-, NICHT-Glied}.

4.1.4 Minterme, Maxterme, Hauptsatz der Schaltalgebra

Es ist zweckmäßig, neben der Variablen x_i auch noch deren Komplement x_i' als unmittelbar verfügbar anzusehen. Es sei vorübergehend folgende Schreibweise zusätzlich vereinbart:

$x_i[\mathbf{0}]$ *gleichbedeutend mit* x_i'
$x_i[\mathbf{1}]$ *gleichbedeutend mit* x_i
$x_i[u_i]$ *ist eine Variable, die mit* $u_i \in \{\mathbf{0},\mathbf{1}\}$ *normal oder komplementiert vorliegt.*

Bei n Variablen gibt es 2^n spezielle **SA**, genannt: *Minterme*.

Def.41.16:

Minterm $m_u = x_1[u_1] \ldots \wedge x_i[u_i] \ldots \wedge x_n[u_n]$

Ein Minterm m_u ist also die Konjunktion aller n Variablen, von denen jede die normale Form x_i oder die komplementierte Form x_i' annehmen kann. Zum Beispiel lauten die 8 Minterme bei n=3:

$m_0 = x_1'x_2'x_3'$ $\quad m_1 = x_1'x_2'x_3$
$m_2 = x_1'x_2x_3'$ $\quad m_3 = x_1'x_2x_3$
$m_4 = x_1x_2'x_3'$ $\quad m_5 = x_1x_2'x_3$
$m_6 = x_1x_2x_3'$ $\quad m_7 = x_1x_2x_3$

Aus Bild 41.13, Spalten II und III, folgt:

Satz 41.17:

Ein Minterm m_u ist ein **SA** für jene Schaltfunktion, die genau für den Punkt x=u den Funktionswert **1** aufweist.

Beispiel:

Sei f: $\mathbf{Q}^3 \rightarrow \mathbf{Q}$ definiert durch $f^{-1}(\mathbf{1}) = \{6\}$.
Dann: $u = \langle u_1, u_2, u_3 \rangle = 110 = 6$
$\Longrightarrow f = m_u = m_6 = x_1[\mathbf{1}]x_2[\mathbf{1}]x_3[\mathbf{0}] = x_1x_2x_3'$

Somit ist für alle Schaltnetze, deren Verhaltensbeschreibung für genau einen Punkt x den

x	x_1 x_2 x_3	m_0	m_1	m_3	m_3	m_4	m_5	m_6	m_7	M_0	M_1	M_2	M_3	M_4	M_5	M_6	M_7	f
0	0 0 0	1	0	0	0	0	0	0	0	0	1	1	1	1	1	1	1	0
1	0 0 1	0	1	0	0	0	0	0	0	1	0	1	1	1	1	1	1	1
2	0 1 0	0	0	1	0	0	0	0	0	1	1	0	1	1	1	1	1	0
3	0 1 1	0	0	0	1	0	0	0	0	1	1	1	0	1	1	1	1	1
4	1 0 0	0	0	0	0	1	0	0	0	1	1	1	1	0	1	1	1	0
5	1 0 1	0	0	0	0	0	1	0	0	1	1	1	1	1	0	1	1	1
6	1 1 0	0	0	0	0	0	0	1	0	1	1	1	1	1	1	0	1	0
7	1 1 1	0	0	0	0	0	0	0	1	1	1	1	1	1	1	1	0	0

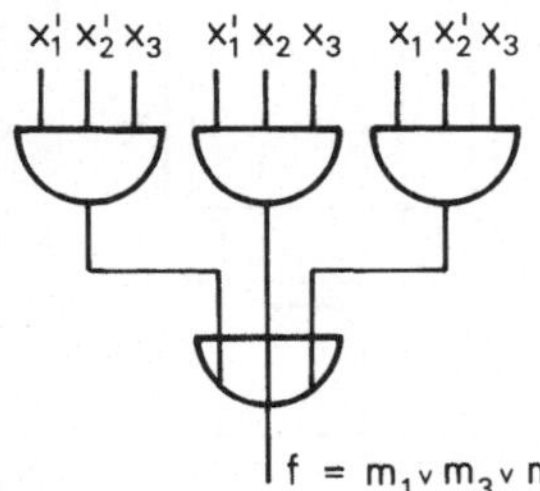

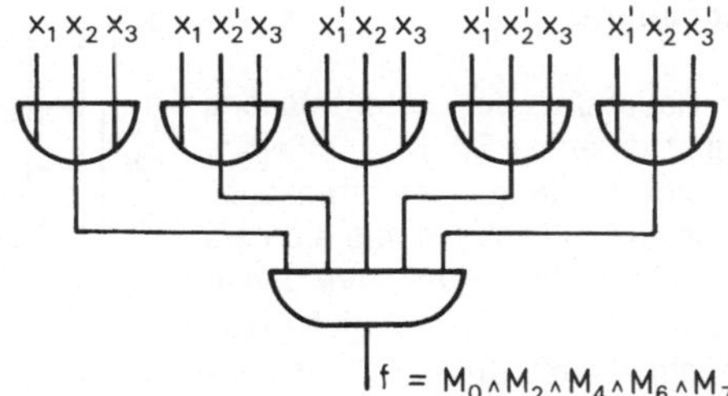

Bild 41.13.
Minterme und Maxterme; sowie an einem Beispiel disjunktive und konjunktive Normalform

Funktionswert **1** hat, bereits die Struktur bekannt: Sie besteht aus einem UND-Glied mit n Eingängen.

Betrachtet man nun z.B. die Funktion $f=m_1 \vee m_3$, so hat sie genau für x=1 und x=3 den Funktionswert **1**; dies ist im Bild 41.13 leicht durch punktweises ODER-Verknüpfen der Spalten m_1 und m_3 nachvollziehbar. Umgekehrt wäre eine Schaltfunktion

$$f: \mathbf{Q}^3 \to \mathbf{Q}, \text{ definiert durch } f^{-1}(\mathbf{1}) = \{1,3\}$$

repräsentiert durch $f=m_1 \vee m_3$. Verallgemeinert auf beliebige Anzahl von **1**-Punkten gilt:

Satz 41.18: (Hauptsatz der Schaltalgebra)

Eine Schaltfunktion $f: \mathbf{Q}^n \to \mathbf{Q}$ hat den SA

$$f = \bigvee m_u \quad \text{mit } u \in f^{-1}(\mathbf{1})$$

Als Beispiel diene in Bild 41.13 die Spalte V.

Der nach Satz 41.18 entstehende **SA** heißt *disjunktive Normalform*. Bei p **1**-Punkten in $\mathbf{Q}^n$ umfaßt ein zugehöriges Schaltnetz insgesamt p UND-Glieder mit jeweils n Eingängen sowie ein ODER-Glied mit p Eingängen. Im Prinzip sind nun beide der am Ende von Abschnitt 4.1.3 angesprochenen Aspekte erledigt. Da es aber nach Satz 41.15 beliebig viele weitere **SA** gibt, muß nun noch - in Abschnitt 4.1.5 - die Frage des *minimalen* **SA** geklärt werden.

Dem Dualitätsprinzip des Booleschen Verbands folgend, läßt sich eine Schaltwerksynthese auch auf *Maxtermen* aufbauen:

Def.41.19:

Maxterm $M_u = x_1[u_1'] \vee \dots \vee x_i[u_i'] \vee \dots \vee x_n[u_n']$

Für z.B. n=3 lauten die Maxterme:

$$\begin{aligned} M_0 &= x_1 \vee x_2 \vee x_3 & M_1 &= x_1 \vee x_2 \vee x_3' \\ M_2 &= x_1 \vee x_2' \vee x_3 & M_3 &= x_1 \vee x_2' \vee x_3' \\ M_4 &= x_1' \vee x_2 \vee x_3 & M_5 &= x_1' \vee x_2 \vee x_3' \\ M_6 &= x_1' \vee x_2' \vee x_3 & M_7 &= x_1' \vee x_2' \vee x_3' \end{aligned}$$

Am Bild 41.13, Spalte II und IV, wird klar:

Satz 41.20:

Ein Maxterm M_u ist ein **SA** für jene Schaltfunktion, die genau beim Punkt x=u den Funktionswert **0** hat.

Satz 41.21: (Hauptsatz der Schaltalgebra)

Eine Schaltfunktion $f: \mathbf{Q}^n \to \mathbf{Q}$ hat den **SA**

$$f = \bigwedge M_u \quad \text{mit } u \in f^{-1}(\mathbf{0})$$

Die entstehende *konjunktive Normalform* umfaßt bei q **0**-Punkten gerade q ODER-Glieder mit je n Eingängen und ein UND-Glied mit q Eingängen. Wie Bild 41.13 verdeutlicht, sind konjunktive und disjunktive Normalform im allgemeinen unterschiedlich aufwendig. Der Dualismus konjunktiver und disjunktiver Formen zieht sich durch alle Methoden der Schaltalgebra. Üblicherweise – so auch hier – diskutiert man nur die disjunktiven Formen und überläßt es dem Anwender, im Einzelfall über das Dualitätsprinzip auch die konjunktiven Formen einzubeziehen.

4.1.5 Schaltnetzentwurf mit Hilfe des KV-Diagramms

Zwar liefert der Hauptsatz der Schaltalgebra zu jeder Schaltfunktion einen **SA** in einer Normalform; jedoch gibt es in den meisten Entwurfsfällen noch bessere Lösungen, die sich als "einfachere" **SA** äußern. Bei Schaltfunktionen mit maximal etwa 6 Variablen lassen sich diese "einfacheren" **SA** gut direkt im KV-Diagramm finden. Die dazu folgenden Erläuterungen sind hier eher informell. So fehlen hier auch die an sich nötigen Beweise, da sie einen tieferen formalen Hintergrund benötigen. Er wird z.B. unentbehrlich, falls man sich in jene Rechnerprogramme einarbeiten will, die dem Entwurf von Schaltnetzen mit vielen Variablen dienen; siehe z.B. [4.7].

Das Bild 41.14 zeigt in den KV-Diagrammen a) – d) vier Schaltfunktionen mit der speziellen Eigenschaft, daß deren 1-Punkt-Menge aus jeweils zwei *benachbarten Punkten* besteht:

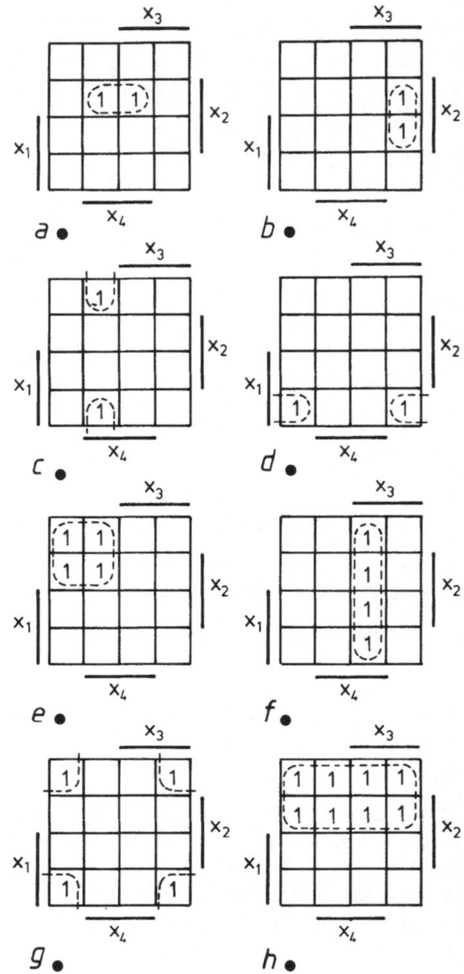

a.	$f^{-1}(1) = \{5,7\}$	$f = x_1'x_2x_4$
b.	$f^{-1}(1) = \{6,14\}$	$f = x_2x_3x_4'$
c.	$f^{-1}(1) = \{1,9\}$	$f = x_2'x_3'x_4$
d.	$f^{-1}(1) = \{8,10\}$	$f = x_1'x_2'x_4$
e.	$f^{-1}(1) = \{0,1,4,5\}$	$f = x_1'x_3'$
f.	$f^{-1}(1) = \{3,7,11,15\}$	$f = x_3x_4$
g.	$f^{-1}(1) = \{0,2,8,10\}$	$f = x_2'x_4'$
h.	$f^{-1}(1) = \{0,1,2,3,4,5,6,7\}$	$f = x_4$

Bild 41.14.
SA für Schaltfunktionen der Form $f\colon \mathbf{Q}^4 \to \mathbf{Q}$, deren 1-Punkt-Menge in genau einer Schleife erfaßbar ist

Def.41.22:

Zwei Punkte heißen *benachbart,* g.d.w. sie in genau einer Koordinate differieren.

Im Hinblick auf diese Definition ist die Randbeschriftung der KV-Diagramme so gewählt, daß benachbarte Punkte darin tatsächlich nebeneinander liegen. Dazu muß man sich die Diagramme zyklisch über die Ränder hinweg geschlossen denken. Aus den Booleschen Gesetzen (B2b) und (B4) folgt:

Satz 41.23:

Die disjunktive Normalform einer Schaltfunktion mit genau zwei benachbarten **1**-Punkten läßt sich vereinfachen zu einer Konjunktion von n-1 Variablen, wobei gerade die Unterschiedskoordinate fehlt.

Sei z.B. $f\colon \mathbf{Q}^4 \to \mathbf{Q}$ gegeben durch

$$f^{-1}(\mathbf{1}) = \{5,7\} = \{0101, 0111\}.$$

Dann folgt, ausgehend von der disjunktiven Normalform:

Gegeben: $f = x_1'x_2x_3'x_4 \vee x_1'x_2x_3x_4$

==> Unterschiedskoordinate: x_3

(B2b): $f = x_1'x_2x_4(x_3' \vee x_3)$

(B4): $f = x_1'x_2x_4$

Im KV-Diagramm läßt sich dieser Vorgang unmittelbar ablesen, indem man die benachbarten Punkte zu einer *Zweier-Schleife* zusammenfaßt und für den **SA** genau jene Variablen der Randbeschriftung übernimmt, zu denen die Schleife eindeutig gehört. Nach ähnlichen Nachbarschaftsüberlegungen und mit denselben Booleschen Gesetzen lassen sich auch *Vierer-Schleifen*, *Achter-Schleifen* usw. bilden. Allgemein gilt also:

Def.41.24:

Zwei 2^r-Schleifen heißen benachbart, g.d.w. sie sich in genau einer Koordinate unterscheiden.

Satz 41.25:

Eine Schaltfunktion f: $\mathbb{B}^n \rightarrow \mathbb{B}$, deren 1-Punkt-Menge durch genau eine 2^r-Schleife erfaßbar ist, hat als **SA** eine Konjunktion von n-r Variablen, wobei gerade die r Unterschiedskoordinaten fehlen.

Sei z.B. f: $\mathbb{B}^4 \rightarrow \mathbb{B}$ gegeben durch

$$f^{-1}(\mathbf{1}) = \{0,1,4,5\} = \{0000, 0001, 0100, 0101\}.$$

Dann folgt, ausgehend von der disjunktiven Normalform:

Gegeben: $f = x_1'x_2'x_3'x_4' \vee x_1'x_2'x_3'x_4 \vee x_1'x_2x_3'x_4' \vee x_1'x_2x_3'x_4$

(B2b): $f = x_1'x_3'(x_2'(x_4' \vee x_4) \vee (x_2(x_4' \vee x_4)))$

(B4): $f = x_1'x_3'(x_2' \vee x_2) = x_1'x_3'$

Schleifen aller Größen lassen sich ebenfalls im KV-Diagramm unmittelbar erkennen. Das Bild 41.15 zeigt zwei Beispiele für Schaltfunktionen, deren 1-Punkte sich in mehreren überschneidungsfreien Schleifen erfassen lassen. Jede Schleife ergibt für sich eine Konjunktion; die Konjunktionen werden anschließend disjunktiv verknüpft. Auch dieser Vorgang läßt sich aus den Booleschen Gesetzen begründen; z.B. für Bild 41.15, links:

Gegeben: $f = x_1'x_2x_3'x_4' \vee x_1'x_2x_3'x_4 \vee x_1x_2'x_3x_4 \vee x_1x_2x_3x_4$

(B2b): $f = x_1'x_2x_3'(x_4 \vee x_4') \vee x_1x_3x_4(x_2 \vee x_2')$

(B4): $f = x_1'x_2x_3' \vee x_1x_3x_4$

Bild 41.16 vertritt eine sehr häufige Situation: Es lassen sich zwei oder mehr überschneidende Schleifen bilden. Man kann dann wie in Bild 41.15 verfahren; d.h. ein **SA** darf ein und denselben 1-Punkt durchaus in mehreren Kon-

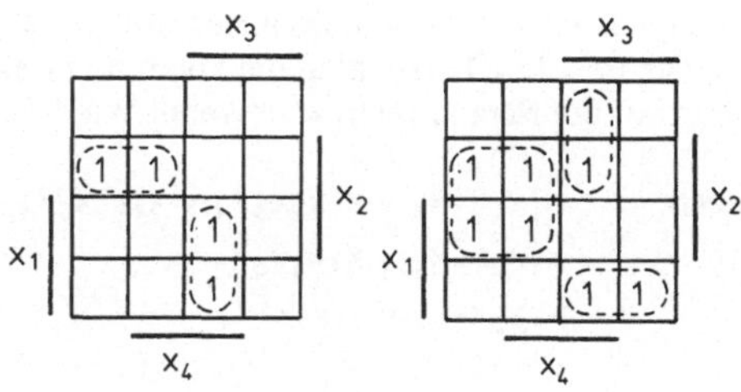

links: $f^{-1}(1) = \{4,5,11,15\}$
==> $f = x_1'x_2'x_3' \vee x_1x_3x_4$

rechts: $f^{-1}(1) = \{3,4,5,7,10,11,12,13\}$
==> $f = x_2'x_3' \vee x_1'x_3x_4 \vee x_1x_2'x_3$

Bild 41.15.
SA mit überschneidungsfreien Schleifen am Beispiel von Funktionen f: $\mathbb{B}^4 \rightarrow \mathbb{B}$

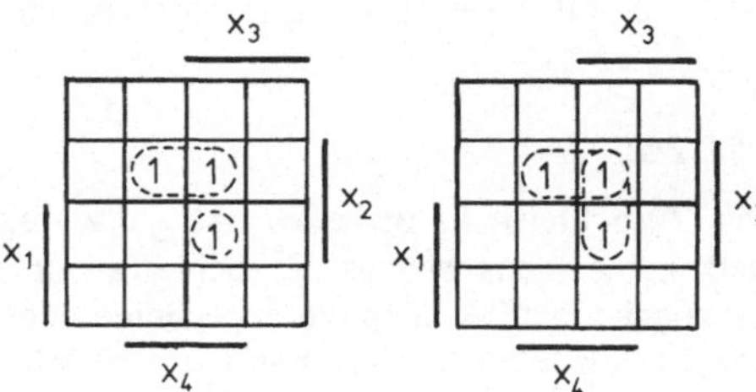

f: $\mathbb{B}^4 \rightarrow \mathbb{B}$ mit $f^{-1}(1) = \{5,7,15\}$

links: $f = x_1'x_2x_4 \vee x_1x_2x_3x_4$
rechts: $f = x_1'x_2x_4 \vee x_2x_3x_4$

Bild 41.16.
Äquivalente **SA**; Überschneidung

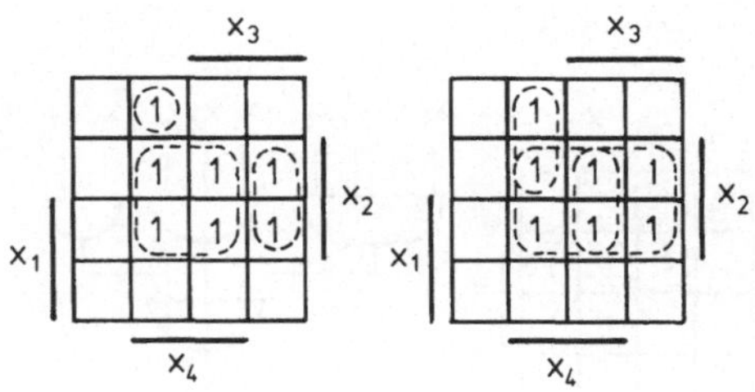

f: $\mathbb{B}^4 \rightarrow \mathbb{B}$ mit $f^{-1}(1) = \{1,5,6,7,13,14,15\}$

links: $f = x_2x_4 \vee x_2x_3x_4' \vee x_1'x_2'x_3'x_4$
rechts: $f = x_2x_4 \vee x_2x_3 \vee x_1'x_3'x_4$

Bild 41.17.
Äquivalente **SA**; Große Schleifen wählen!

junktionen berücksichtigen. Dahinter steckt das Boolesche Gesetz (B11b), also die Form a=ava, die hier auf die Normalform angewandt wird:

Gegeben: $f = x_1'x_2x_3'x_4 \vee x_1'x_2x_3x_4 \vee x_1x_2x_3x_4$

(B11b): $f = x_1'x_2x_3'x_4 \vee x_1'x_2x_3x_4 \vee x_1'x_2x_3x_4 \vee x_1x_2x_3x_4$

(B2b): $f = x_1'x_2x_4(x_3' \vee x_3) \vee x_2x_3x_4(x_1' \vee x_1)$

(B4): $f = x_1'x_2x_4 \vee x_2x_3x_4$

Man hätte natürlich zur selben Schaltfunktion auch überschneidungsfreie Schleifen bilden können (Bild 41.16 links); jedoch erhält dann die zweite Konjunktion zusätzlich die Variable x_1 und das entsprechende UND-Glied hat einen Eingang mehr. Ein ähnliches Beispiel zeigt Bild 41.17. Andererseits verdeutlicht die - im übrigen fast gleiche - Schaltfunktion in Bild 41.18, daß Überschneidung nicht an sich schon ein sinnvolles Ziel sein muß. Zur Veranschaulichung sind die entsprechenden äquivalenten Schaltnetze mit angegeben. Zusammenfassend gilt:

Def.41.26:

Eine 2^r-Schleife heißt *maximal*, g.d.w. es dazu keine benachbarte 2^r-Schleife gibt. Der zugehörige **SA**, also die zugehörige Konjunktion aus Variablen x_i, heißt *Primimplikant*.

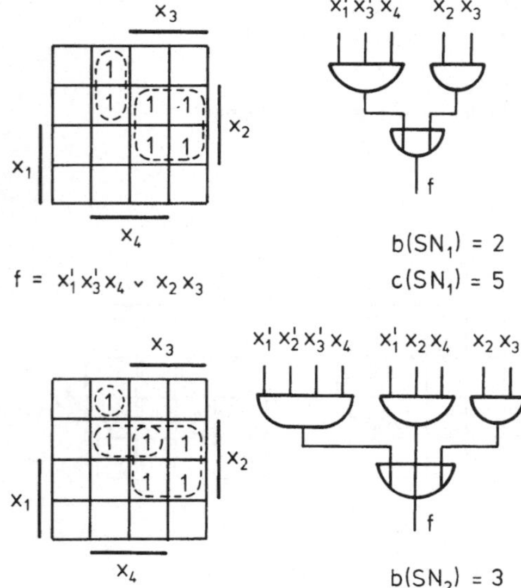

Bild 41.18.
Äquivalente **SA** zur Schaltfunktion
$f: \mathbf{Q}^4 \to \mathbf{Q}$ mit $f^{-1}(1) = \{1,5,6,7,14,15\}$

Def.41.27:

Seien SN, SN_1, SN_2: Äquivalente Schaltnetze
$b(SN)$: Verknüpfungsglieder-Anzahl
$c(SN)$: Anzahl aller Eingänge

Wenn $(b(SN_1) \leq b(SN_2)$ und $c(SN_1) < c(SN_2))$
oder $(b(SN_1) < b(SN_2)$ und $c(SN_1) \leq c(SN_2))$
dann ist SN_1 *einfacher* als SN_2.

SN_1 heißt *minimal*, g.d.w. es kein einfacheres SN gibt.

Diese Definition gilt für alle aus Verknüpfungsgliedern konstruierten Schaltnetze, also auch für solche mit mehreren Ausgängen, mehr als zwei Stufen und für Schaltfunktionen der - im Abschnitt 4.1.6 eingeführten - Form f: $\mathbf{Q}^n \to \mathbf{Q}^*$. Spezieller ist dagegen:

Def.41.28:

a. Ein Schaltnetz heißt *zweistufig*, wenn jeder mögliche Pfad zwischen seinen Eingängen und seinen Ausgängen über höchstens zwei Verknüpfungsglieder führt.

b. Ein zweistufiges Schaltnetz heißt *disjunktiv*, g.d.w. die erste Stufe nur aus UND-Gliedern und die zweite Stufe nur aus ODER-Gliedern besteht (Komplementierung von Eingangssignalen zählt nicht als Stufe).

c. Ein disjunktives Schaltnetz (SN) mit <u>einem</u> Ausgang hat in seiner zweiten Stufe genau ein ODER-Glied; es gilt:

$b_1(SN)$: Anzahl der UND-Glieder
==> $b(SN) = b_1(SN) + 1$
$c_1(SN)$: Anzahl der UND-Glied-Eingänge
==> $c(SN) = c_1(SN) + b_1(SN)$

d. Seien SN, SN_1, SN_2 disjunktive äquivalente Schaltnetze mit einem Ausgang. Wenn

$(b_1(SN_1) \leq b_1(SN_2))$ und $(c_1(SN_1) < c(SN_2))$

dann ist SN_1 *einfacher* als SN_2.

Satz 41.29:

Der **SA** für ein minimales disjunktives Schaltnetz zur Schaltfunktion der Form f: $\mathbf{Q}^n \to \mathbf{Q}$ ist eine Disjunktion von Primimplikanten.

Satz 41.30:

Bildet man zu einer Schaltfunktion f: $\mathbf{Q}^n \to \mathbf{Q}$ im KV-Diagramm möglichst wenige, möglichst große Schleifen gerade so, daß jeder 1-Punkt in mindestens einer Schleife erfaßt wird, erhält man einen **SA** für ein minimales disjunktes Schaltnetz. Die Bedingungen "möglichst wenige" und "möglichst große" sind stets widerspruchsfrei erfüllbar.

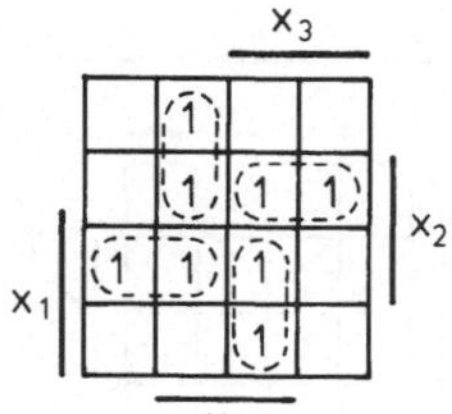

Hier besteht die Gefahr, irrtümlich zunächst auch die Schleife x_2x_4 zu bilden.

f: $\mathbb{Q}^4 \to \mathbb{Q}$ mit $f^{-1}(1) = \{1,5,6,7,11,12,13,15\}$

$f = x_1'x_3'x_4 \vee x_1'x_2x_3 \vee x_1x_2x_3' \vee x_1x_3x_4$

Bild 41.19.
Gefahr unnötiger Schleifen

Die Bedingung "möglichst wenige" minimiert in Def.41.28d die Größe b_1; wohingegen "möglichst große" - hier identisch mit "maximal" im Sinne von Def.41.26 - auf das Minimum der Größe c_1 abzielt. Um Satz 41.30 konstruktiv anzuwenden, bildet man im KV-Diagramm zunächst zu jenen 1-Punkten eine maximale Schleife, die in keiner anderen Schleife erfaßbar sind. Im Bild 41.19 vermeidet man dadurch, versehentlich die überflüssige Schleife x_2x_4 zu bilden. Im Bild 41.20 sind die Punkte 5 und 6 jeweils in einer Schleife zu erfassen; zum Punkt 3 gibt es danach zwei gleichwertige Möglichkeiten. Interessant ist das Beispiel in Bild 41.21: Punkt 14 erzwingt zunächst die Schleife x_1x_3; danach ist eine *zyklische Situation* entstanden; jeder der noch verbliebenen Punkte 0,1,5,7 und 8 ist durch (im Prinzip mindestens) zwei Schleifen erfaßbar, so daß man systematisch durchprobieren muß, welche Schleifenfestlegung zum minimalen Ergebnis führt. Im Beispiel sind alle vier Möglichkeiten zufällig auch alle minimal. Bild 41.22 veranschaulicht, daß die Auswertung im KV-Diagramm bereits für sechs Variable mühsam werden kann; da sich ein und dieselbe Schleife über Punkte in verschiedenen Teildiagrammen erstrecken kann.

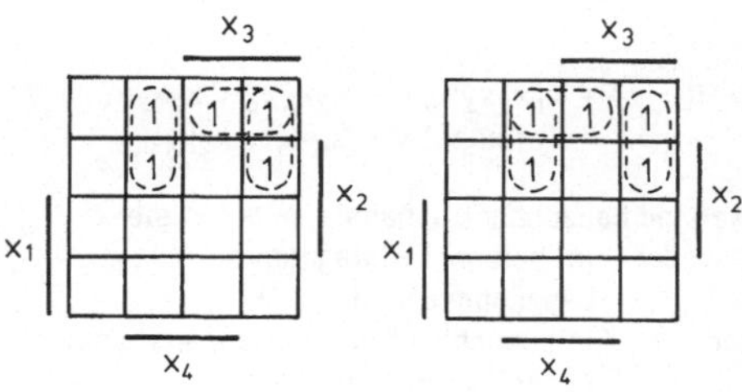

f: $\mathbb{Q}^4 \to \mathbb{Q}$ mit $f^{-1}(1) = \{1,2,3,5,6\}$

links: $f = x_1'x_3'x_4 \vee x_1'x_3x_4 \vee x_1'x_2'x_3$

rechts: $f = x_1'x_3'x_4 \vee x_1'x_3x_4' \vee x_1'x_2'x_3$

Bild 41.20.
Zwei äquivalente minimale **SA**

Um bei Bedarf auch ein minimales *konjunktives* Schaltnetz zu gewinnen, denke man sich zur gegebenen Schaltfunktion f die komplementäre Funktion $g = f'$; die 0-Punkte von f bilden also die 1-Punkte von g. Für die Funktion g sind Def.41.28 und Satz 41.30 unmittelbar anwendbar; d.h. man kann zunächst deren minimale disjunktive Form finden. Mit dem Theorem von de Morgan, also den Booleschen Gesetzen (B13), ergibt sich - wie Bild 41.23 zeigt - die gesuchte konjunktive Form.

Der Satz 41.28 ist - in begrifflich modifizierter Form - auch auf Rechnerprogramme zur Behandlung von Viel-Variablen-Problemen übertragbar. Wie eingangs dieses Abschnitts angedeutet, soll auf Beweise und Vertiefung hier verzichtet werden.

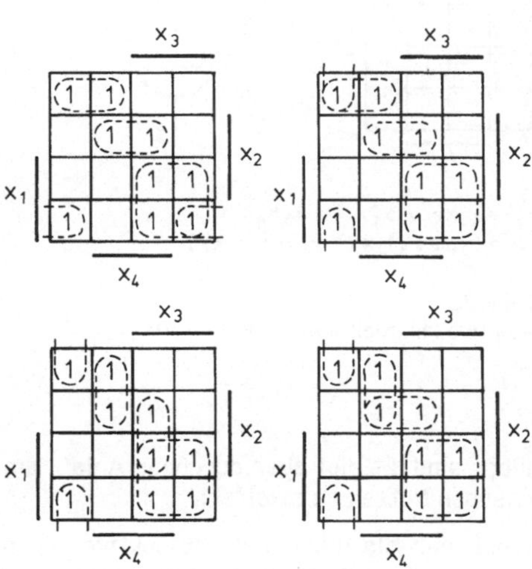

Bild 41.21
Zyklische Situation mit - hier zufällig äquivalenten - vier Minimallösungen

Angebracht sind noch einige Bemerkungen zu den Begriffen *einfach* und *minimal*. Def. 41.28d ist ja gerade deshalb so gewählt, weil deren Bedingungen durch Satz 41.30 immer

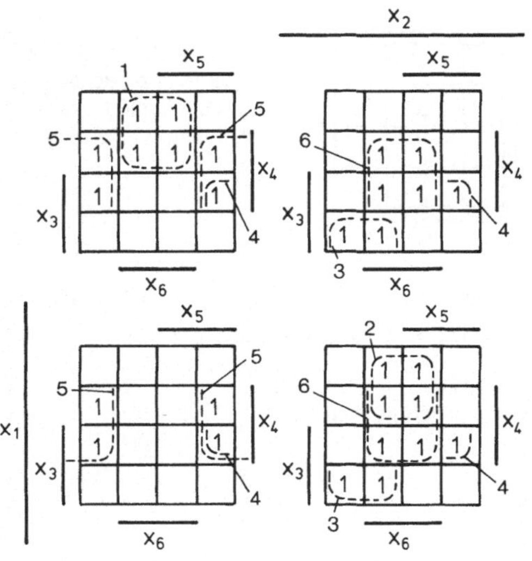

$f: \mathbb{Q}^6 \to \mathbb{Q}$ $\quad f = x_1'x_2'x_3'x_6 \vee x_1x_2x_3'x_6 \vee x_2x_3x_4'x_5' \vee x_3x_4x_5x_6' \vee x_2x_4x_6' \vee x_2x_4x_6$

Punkte sind benachbart genau dann, wenn sie
entweder im selben Teildiagramm benachbart sind
oder in benachbarten Teildiagrammen auf denselben Positionen liegen

Zur Orientierung sind die Schleifen numeriert und in dieser Folge im **SA** aufgeführt

Bild 41.22.
Schaltfunktion mit sechs Variablen

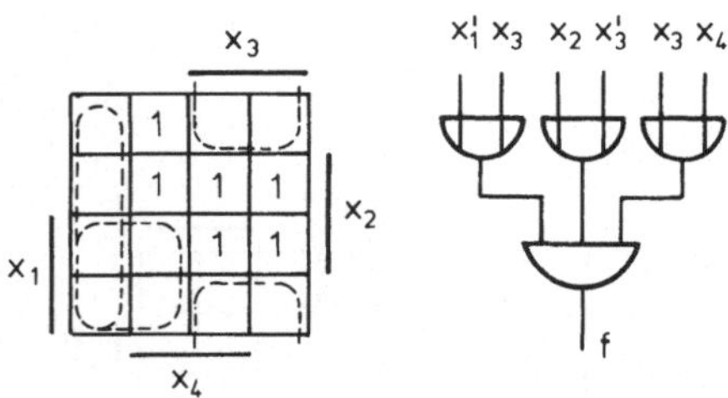

$g = f' = x_1x_3' \vee x_2'x_3 \vee x_3'x_4'$
$f = (x_1' \vee x_3)(x_2 \vee x_3')(x_3 \vee x_4)$

Bild 41.23.
Konjunktive Minimalform zu Bild 41.18.

erfüllbar sind. Es gibt aber durchaus Anlaß, am praktischen Nutzen zu zweifeln:

Zunächst muß ein minimales disjunktives oder konjunktives Schaltnetz nicht auch optimal im Sinne des Bottom-Up-Einflusses aus niedrigeren Nachrichtenebenen sein (s. Abschnitt 1.3.3):

- Die Annahme, daß Eingangssignale x_i gleich gut normal oder auch komplementiert verfügbar sind, stimmt oft nicht.
- Die Beziehungen in Def.41.28c stimmen nicht ganz, wenn maximale Schleifen mit $r = n-1$ vorkommen, da UND-Glieder mit nur einem Eingang technisch keinen Aufwand bedeuten.
- Verknüpfungsglieder sind in der Regel keine einzeln verfügbaren Bauelemente, sondern sie sind zu mehreren in gemeinsamen Gehäusen untergebracht, so daß ein Optimierungskriterium oft lautet: "Möglichst wenige, möglichst billige Gehäuse verwenden."
- In umfangreicheren Schaltnetzen, insbesondere auch bei mikroelektronischen Schaltungen, ist die einfache Verbindbarkeit und damit eine hohe Regularität in der Schaltnetzstruktur meistens oberstes Optimierungsgebot.

Solche von technischen Randbedingungen geprägten Forderungen, relativieren das Entwurfsverfahren nach Satz 41.30 beträchtlich: Es dient dazu, zu einer Verhaltensbeschreibung, also zu einer Schaltfunktion, überhaupt eine, wenigstens nach Def.41.28 minimale, Struktur fehlerfrei zu entwerfen und damit einen Ausgangspunkt für die dann noch anschließende Anpassung an die technischen Randbedingungen zu gewinnen.

Zu den praktisch oft nicht gerechtfertigten Annahmen gehört auch die Zweistufigkeit. Bild 41.24 vergleicht zwei äquivalente Schaltnetze unterschiedlicher Stufenzahl. Es ist, jedenfalls nach Def.41.22, nicht entscheidbar, welches Schaltnetz einfacher ist; denn es gilt $b(SN_1) < b(SN_2)$, aber $c(SN_1) > c(SN_2)$. Man wird

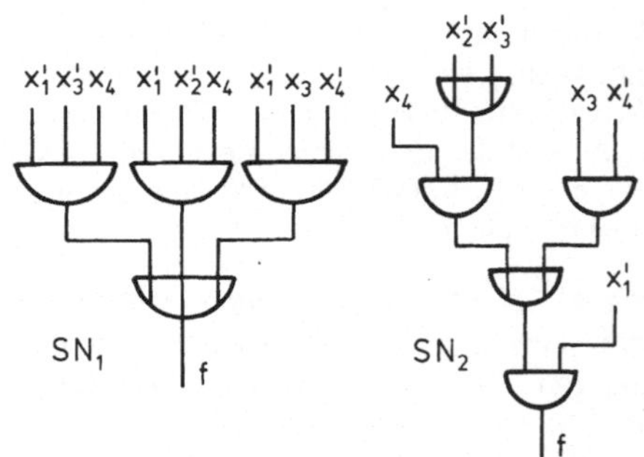

SN_1: $f = x_1'x_3'x_4 \vee x_1'x_2'x_4 \vee x_1'x_3x_4'$; $b = 4$; $c = 12$
SN_2: $f = x_1'(x_4(x_2' \vee x_3') \vee x_3x_4')$; $b = 5$; $c = 10$

Bild 41.24.
Äquivalente Schaltnetze mit unterschiedlicher Stufenzahl

andere Kriterien, wie Gehäusekosten oder Regularität, zu Hilfe nehmen müssen; insbesondere kann die Stufenzahl selbst entscheidende Bedeutung erlangen, da – bei technischer Ausführung – pro Stufe eine Laufzeit auftritt, die sich nachteilig auf die Arbeitsgeschwindigkeit des Schaltnetzes insgesamt auswirken kann.

Schließlich gilt der Satz 41.30 – ganz unabhängig von technischen Randbedingungen und somit völlig im Rahmen der Booleschen Gesetze – nur dann, wenn das zu entwerfende Schaltnetz nur einen Ausgang hat und die – somit einzige – Schaltfunktion die Form f: $\mathbf{Q}^n \rightarrow \mathbf{Q}$ aufweist. Dazu folgt näheres in den nächsten beiden Abschnitten.

4.1.6 Unvollständig spezifizierte Schaltfunktionen

Man stelle sich vor, einem 4-Bit-mod-10-Zähler sei ein Schaltnetz SN nachgeschaltet, das genau zu den Zählstellungen 0,1,2,3,4,7,8,9 den Funktionswert **1** liefert (Bild 41.25). Diese 1-Punkt-Menge bildet in Spalte III eine Schaltfunktion f_1, die nach Auswertung im KV-Diagramm zum Schaltnetz SN_1 führt. Nun erzeugt der Zähler aber niemals die Stellungen 10 bis 15, so daß in Spalte III zu den Punkten 10 bis 15 besser ein *Don't-Care-Wert* $*$ in der Bedeutung "beliebig **0** oder **1**" einzutragen ist. Im KV-Diagramm zur Schaltfunktion f_2 dürfen diese Don't-Care-Werte beliebig zu **0** oder **1** angenommen werden mit dem Ziel, möglichst wenige, möglichst große Schleifen zu bilden. Oftmals – so auch hier – vereinfachen sich die Strukturen dadurch erheblich. In der Anwendungspraxis sind die meisten Schaltfunktionen unvollständig spezifiziert, so daß den Don't-Care-Werten große Bedeutung zukommt. Die bisherigen Begriffe müssen nun entsprechend Def. 43.31 erweitert werden:

Def.41.31:

$\mathbf{Q}^* = \{\mathbf{0},\mathbf{1},*\}$	*Wertemenge für Schaltfunktionen*
f: $\mathbf{Q}^n \rightarrow \mathbf{Q}^*$	*Schaltfunktion mit Don't-Care-Punkten*
f: $\mathbf{Q}^n \rightarrow \mathbf{Q}$	*Schaltfunktion ohne Don't-Care-Punkte*
$f^{-1}(*) = \{x \mid x = *\}$	*$*$-Punkt-Menge*
$f^{-1}(\mathbf{1},*) = f^{-1}(\mathbf{1})$ $f^{-1}(*)$	*Erweiterte 1-Punkt-Menge*
$f^{-1}(\mathbf{0},*) = f^{-1}(\mathbf{0})$ $f^{-1}(*)$	*Erweiterte 0-Punkt-Menge*

Der praktische Entwurfsvorgang fußt weiterhin auf Satz 41.30 und lautet jetzt:

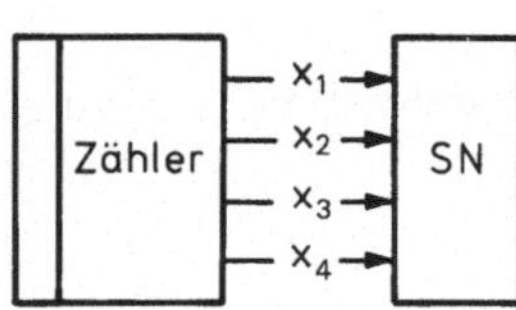

I	II	III	IV
x	$x_1\ x_2\ x_3\ x_4$	f_1	f_2
0	0 0 0 0	0	0
1	0 0 0 1	1	1
2	0 0 1 0	1	1
3	0 0 1 1	1	1
4	0 1 0 0	1	1
5	0 1 0 1	0	0
6	0 1 1 0	0	0
7	0 1 1 1	1	1
8	1 0 0 0	1	1
9	1 0 0 1	1	1
10	1 0 1 0	0	$*$
11	1 0 1 1	0	$*$
12	1 1 0 0	0	$*$
13	1 1 0 1	0	$*$
14	1 1 1 0	0	$*$
15	1 1 1 1	0	$*$

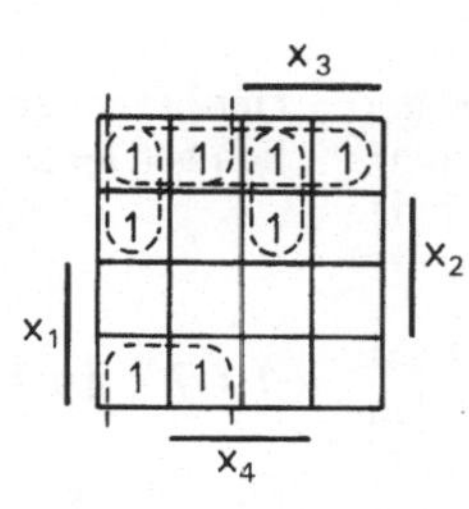

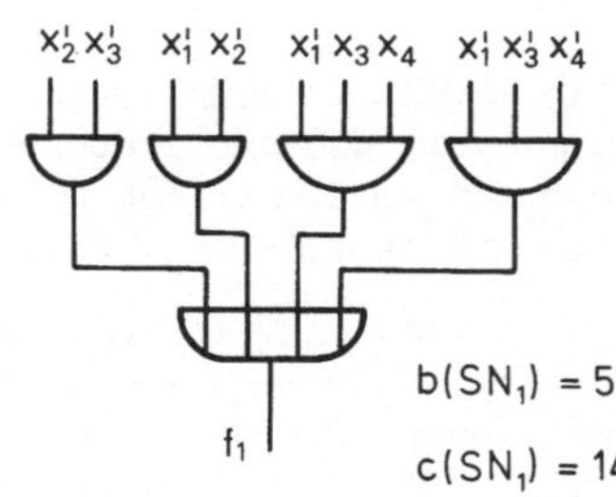

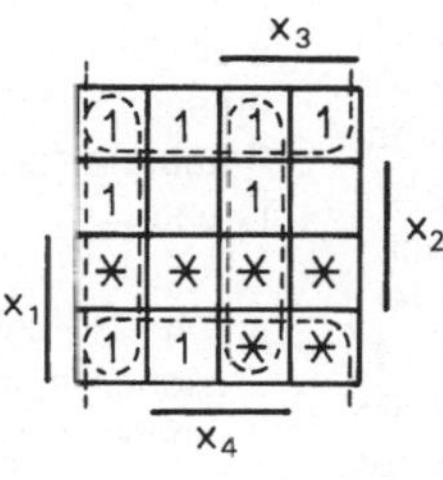

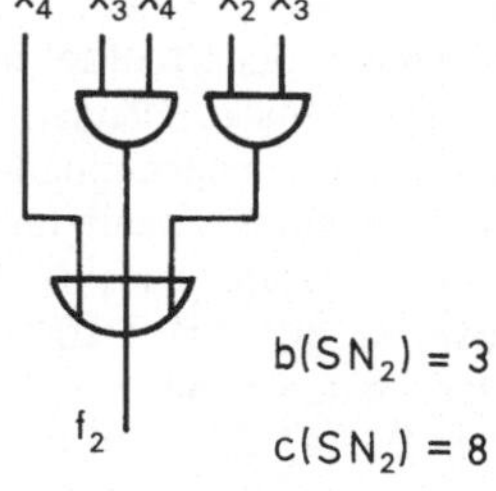

Bild 41.25.
Ausnutzen von Don't-Care-Punkten

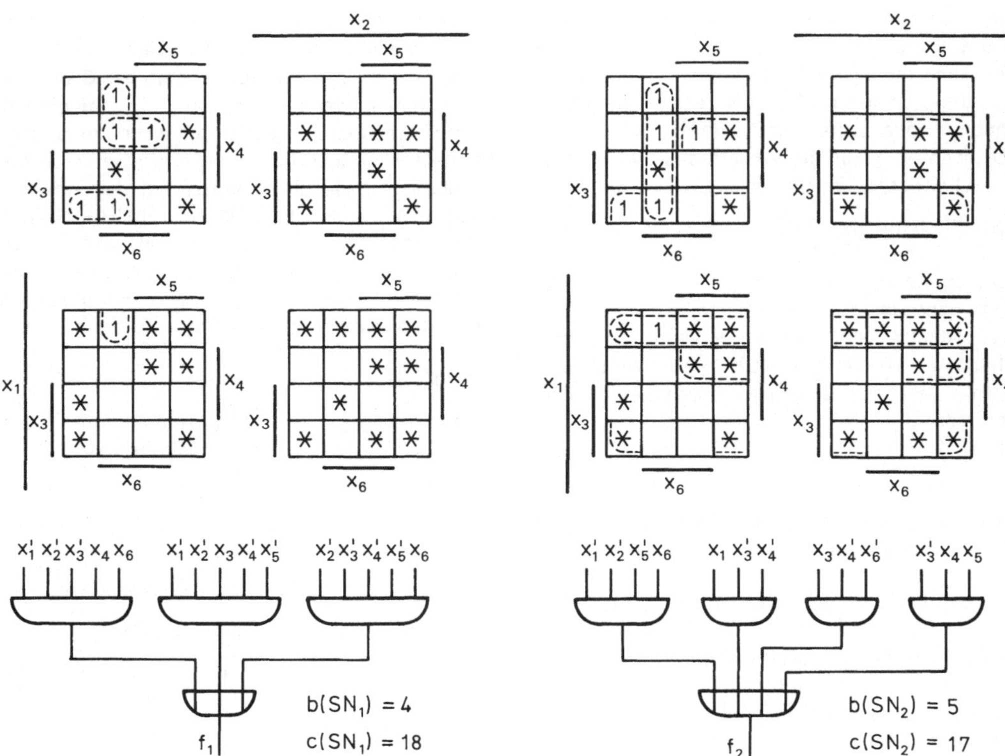

Bild 41.26.
1-Punkt-äquivalente Schaltnetze mit widersprüchlichen Kriterien b(SN) und c(SN)

> Man bilde möglichst wenige, möglichst grosse Schleifen so, daß alle 1-Punkte in mindestens einer Schleife erfaßt sind und jede Schleife nur Punkte aus $f^{-1}(\mathbf{1},*)$ enthält.

Allerdings gilt der zweite Teil von Satz 41.30 nicht mehr. Bild 41.26 zeigt, daß die Kriterien "möglichst wenige Schleifen" (kleine UND-Glied-Anzahl b(SN)) und "möglichst große Schleifen" (geringe Eingangszahl c(SN)) einander zuwider laufen können. Ursache dafür ist, daß die beiden Schaltnetze nur für die ursprünglichen 1-Punkt-Mengen äquivalent sind, wohingegen die ursprünglichen Don't-Care-Punkte in den beiden realisierten Schaltfunktionen unterschiedliche Werte angenommen haben können; so gilt z.B. $f_1(6) = \mathbf{0}$ und $f_2(6) = \mathbf{1}$. Keines der beiden Schaltnetze ist *minimal* im Sinne von Def.41.22, und es ist auch nicht entscheidbar, welches *einfacher* ist. Deswegen ist Satz 41.29 zwar bei Bild 41.25, nicht jedoch bei Bild 41.26 anwendbar. Im konkreten Entwurfsfall muß man eines der beiden Kriterien als vorrangig einstufen oder andere Kriterien, etwa solche aus Abschnitt 4.1.5, zusätzlich berücksichtigen.

4.1.7 Funktionsbündel

Im allgemeinen Fall hat ein Schaltnetz mehrere Ausgangsvariable. Entwurfsziel wird dann eine minimale Struktur für das *Funktionsbündel*, also für die Gesamtheit der Schaltfunktionen dieses Schaltnetzes. Bild 41.27 zeigt einige Beispiele für Bündel aus zwei Schaltfunktionen f_1 und f_2:

a. Die 1-Punkt-Mengen der beiden Schaltfunktionen sind disjunkt und liefern voneinander unabhängig je ein minimales Schaltnetz.

b. Die 1-Punkt-Mengen der beiden Schaltfunktionen überschneiden sich. Trotzdem läßt sich für beide zunächst getrennt je ein minimaler **SA** feststellen. Im vorliegenden Fall enthalten beide **SA** den gleichen UND-Term

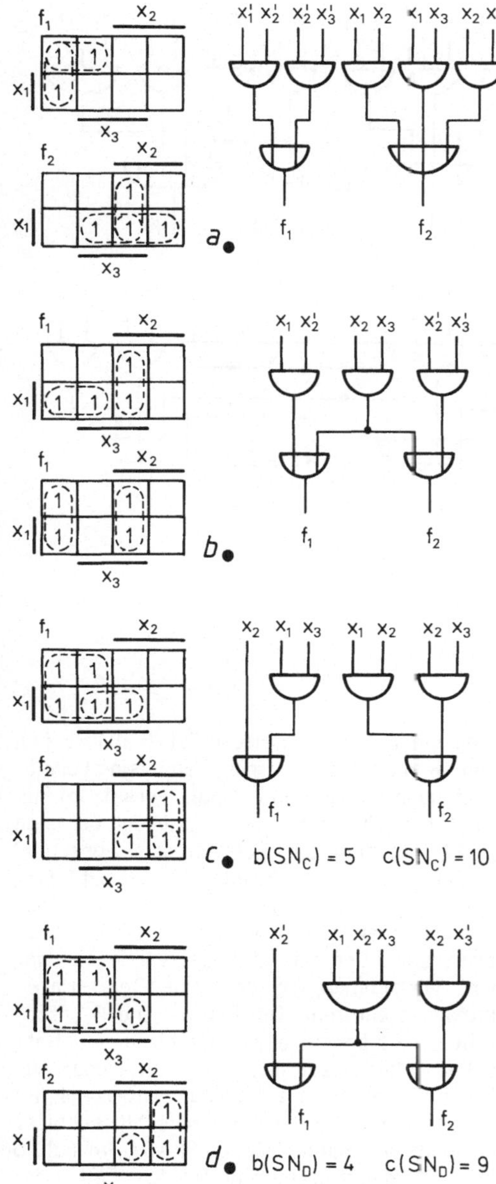

a. Disjunkte 1-Punkt-Menge
b. Gemeinsames UND-Glied
c. Getrennte Minimierung
d. Äquivalent zu c

Bild 41.27.
Beispiele für Bündel aus zwei Schaltfunktionen

x_2x_3. Er braucht im Schaltnetz nur einmal realisiert zu sein.

c. Vorgehen wie bei b. Jedoch ergeben sich für f_1 und f_2 keine gleichen UND-Terme.

d. Gleiche Funktionen wie in c. Durch Verzicht auf getrennte Minimallösungen für f_1 und f_2 gibt es die gemeinsam verwendbare Konjunktion $x_1x_2x_3$, die ein insgesamt einfacheres Schaltnetz ermöglicht.

Falls sich also die 1-Punkt-Mengen der beteiligten Schaltfunktionen überschneiden, kann die minimale Gesamtlösung auch nicht-maximale Schleifen umfassen. Am Beispiel des Bildes 41.28 wird deutlich, daß sich die beiden Minimierungskriterien b(SN) und c(SN) auch bereits ohne Don't-Care-Punkte widersprechen können. Es gelten also bei Funktionsbündeln weder Satz 41.29 noch Satz 41.30.

Schließlich sind natürlich auch Don't-Care-Situationen möglich. Als Beispiel für gerade noch manuell zu bewältigende Aufgaben diene das Ansteuerschaltnetz für eine *Sieben-Segment-Anzeige* (Bild 41.29). Sie findet sich z.B. in Armbanduhren und vielen anderen Geräten. Hier sei angenommen, daß eine Quelle, z.B. der Zähler aus Bild 41.25, die Ziffern 0 bis 9 in dual-codierter Form anbietet und ein Schaltnetz zum Ansteuern der sieben Segmente zu entwerfen ist. Das Schaltnetz hat also vier Eingänge $x_1..x_4$ sowie sieben Ausgänge $f_1..f_7$. Ein leuchtendes Segment soll dem Funktionswert **1** entsprechen. Ähnlich wie zu Bild 41.25 gibt es sechs Don't-Care-Punkte. Um aus den KV-Diagrammen die minimale Gesamtlösung herauszufinden, bedarf es sicher einiger Übung. Tatsächlich ist der Minimierungsvorgang hier sogar noch relativ einfach, denn die Schleife d ergibt sich in f_5 unvermeidlich als maximal, und sie ist dann sofort auch in f_1, f_2 und f_7 verfügbar.

Beim Entwurf mit KV-Diagrammen geht es – wie bei einzelnen Schaltfunktionen in Abschnitt 4.1.5 – letzlich darum, alle 1-Punkte in Schleifen zu erfassen. Dabei trägt die Fähigkeit menschlichen Geistes, die KV-Diagramme als Muster mit Gemeinsamkeiten und gegenseitigen Abweichungen aufzufassen, nach etwas Übung erheblich dazu bei, die jeweiligen Minimallösungen relativ schnell zu finden oder ihnen sehr nahe zu kommen. Für Aufgaben noch höherer Komplexität ist ein Entwerfer allerdings auf Rechnerprogramme angewiesen. Da sich die menschlichen Bilderkennungsfähigkeiten derzeit nur sehr beschränkt dem Rechner zugänglich machen lassen, sind solche Programme bis

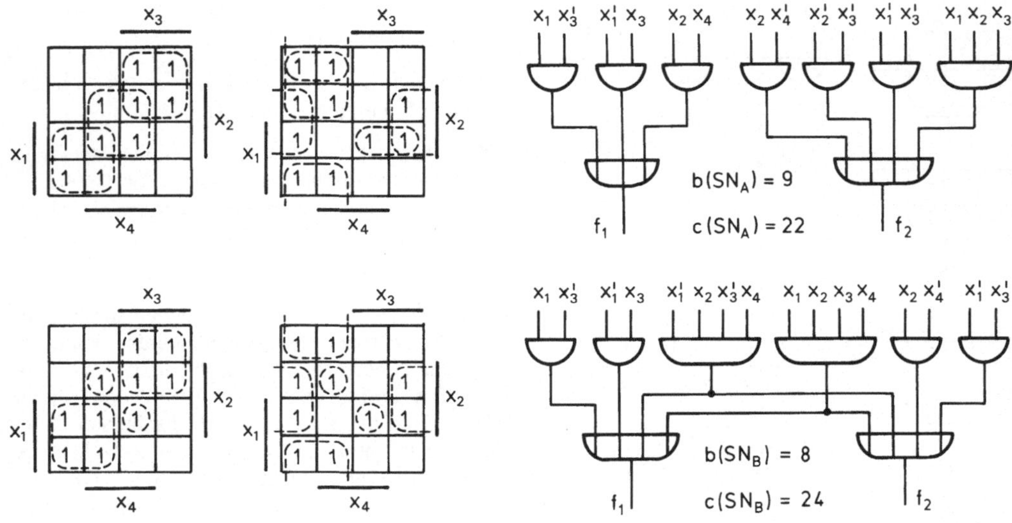

SN_A : Minimierte Eingangszahl
SN_B : Minimierte Gliedzahl

Bild 41.28.
Gegenläufige Minimierungskriterien

jetzt meistens durch rein sequentielle Algorithmen geprägt. Um dabei auch Lösungen mit nicht-maximalen Schleifen formal zu ermöglichen, bilden sie zu den m gegebenen Funktionen $f_1 \dots f_m$ eines Bündels zunächst $2^m - m - 1$ weitere Funktionen durch Konjunktion; z.B. stellen sie bei m=3 neben den Funktionen f_1, f_2 und f_3 auch noch die Funktionen $f_1 f_2$, $f_1 f_3$, $f_2 f_3$ und $f_1 f_2 f_3$ bereit. Die üblichen Verfahren setzen dann auf dem entsprechend aufgeblähten Bündel von $2^m - 1$ Schaltfunktionen an. Eine Einführung und auch tieferes Verständnis findet man z.B in [4.9].

4.1.8 Verhaltensbeschreibung durch kompakte Funktionstabellen

In der Entwurfspraxis haben Schaltfunktionen oft viele Eingangsvariable. Dann werden die Notationsmittel aus Abschnitt 4.1.1 sehr rasch unhandlich. Zum Glück unterliegt die Zuordnung von Funktionswerten $f(x) \in \mathbf{Q}$ gerade bei vielen Eingangsvariablen meistens irgendwelchen Gesetzmäßigkeiten, die kompaktere Darstellungen erlauben. Dies sei an einem Beispiel aus dem Alltagsleben veranschaulicht (Bild 41.30):

Es gibt fünf Eingangsvariable E,S,T,X und Y, die darüber entscheiden, ob ein heimkehrender Ehemann sein Haus betreten kann. Die Funktionstabelle umfaßt also eigentlich 32 Zeilen. Wenn die Ehefrau zu Hause ist (Fall 1; E=1), kann sie die Haustür öffnen; damit sind bereits 16 Eingangsbelegungen kompakt erfaßt. Im Fall 2 hat der Ehemann einen Schlüssel bei sich (S=1), der demnach nicht in dem Türschloß stecken kann (T=0); hierdurch sind acht Eingangsbelegungen kompakt formuliert, von denen allerdings vier Belegungen auch im Fall 1 enthalten sind. Der Fall 3 mit S=1, T=1 kann nicht vorkommen, so daß eine Don't-Care-Eintragung entsteht. Die Fälle 4 und 5 unterstellen, daß bei je einem Nachbarn ein Notschlüssel hinterlegt ist; er ist allerdings nur hilfreich, sofern ein Nachbar anwesend ist (X=1 bzw. Y=1) und der Normalschlüssel nicht von innen im Schloß steckt (T=0). Im Fall 6 sind auch die Notschlüssel nutzlos. Fall 7 ist offensichtlich.

Dieses Beispiel ist – mit nur fünf Variablen – noch so einfach, daß es sich im KV-Diagramm veranschaulichen läßt. Die sieben Fälle äußern sich als sieben Schleifen, die sich teils überdecken. Bei mehr als z.B. sechs Variablen werden KV-Diagramme zu aufwendig, und man muß sich wirklich mit der Darstellung in der kompakten Tabelle begnügen. Dabei besteht generell die Gefahr versehentlicher Widersprüche. Z.B. muß im Fall 3 der Wert E=0 (statt E=-) eingetragen sein, um nicht widersprüchlich zu Fall 1 zu werden. Für den eigentlichen Entwurfsvorgang, also das

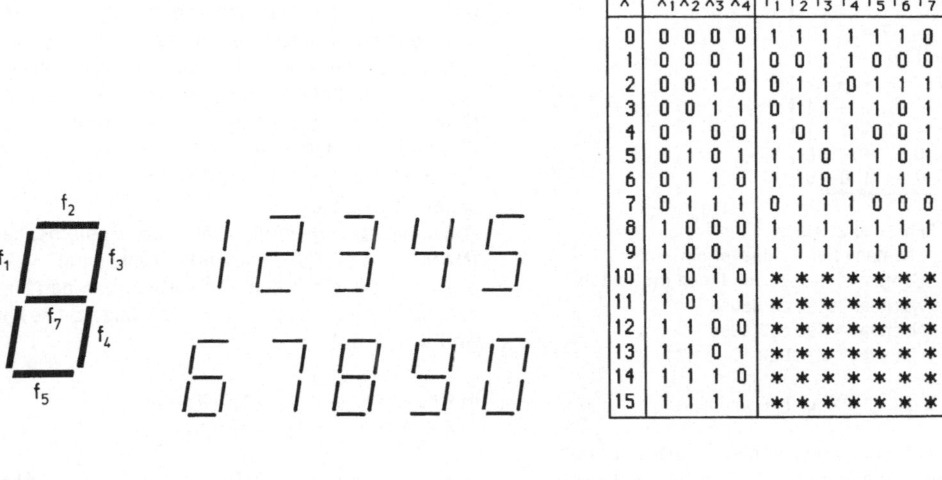

x	x_1	x_2	x_3	x_4	f_1	f_2	f_3	f_4	f_5	f_6	f_7
0	0	0	0	0	1	1	1	1	1	1	0
1	0	0	0	1	0	0	1	1	0	0	0
2	0	0	1	0	0	1	1	0	1	1	1
3	0	0	1	1	0	1	1	1	1	0	1
4	0	1	0	0	1	0	1	1	0	0	1
5	0	1	0	1	1	1	0	1	1	0	1
6	0	1	1	0	1	1	0	1	1	1	1
7	0	1	1	1	0	1	1	1	0	0	0
8	1	0	0	0	1	1	1	1	1	1	1
9	1	0	0	1	1	1	1	1	1	0	1
10	1	0	1	0	*	*	*	*	*	*	*
11	1	0	1	1	*	*	*	*	*	*	*
12	1	1	0	0	*	*	*	*	*	*	*
13	1	1	0	1	*	*	*	*	*	*	*
14	1	1	1	0	*	*	*	*	*	*	*
15	1	1	1	1	*	*	*	*	*	*	*

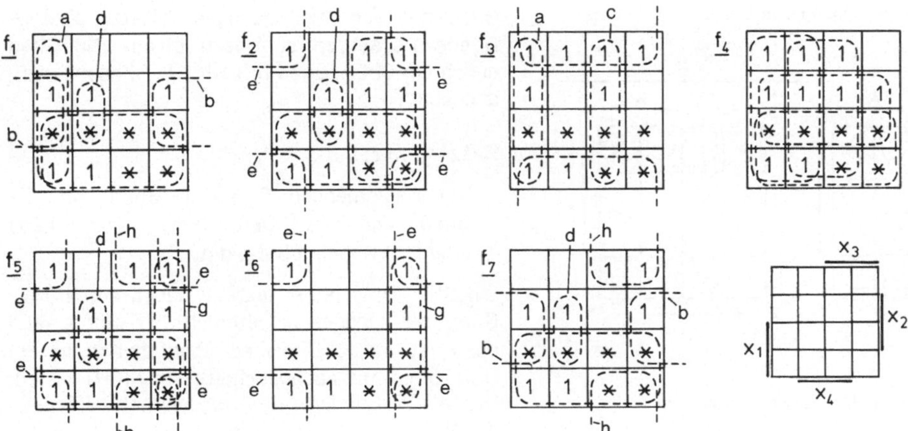

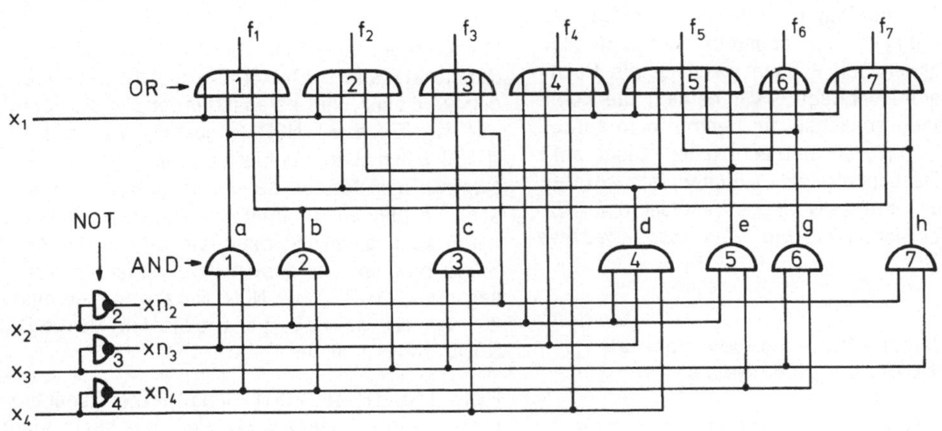

Bild 41.29.
Schaltnetz für eine Sieben-Segment-Anzeige

Fall	E	S	T	X	Y	H
1	1	-	-	-	-	1
2	-	1	0	-	-	1
3	0	1	1	-	-	*
4	-	-	0	1	-	1
5	-	-	0	-	1	1
6	0	0	1	-	-	0
7	0	0	-	0	0	0

E = 1 "Ehefrau zu Hause"
S = 1 "Ehemann hat Schlüssel bei sich"
T = 1 "Schlüssel steckt von innen im Schloß"
X = 1 "Nachbar X ist zu Hause"
Y = 1 "Nachbar Y ist zu Hause"
H = 1 "Haus ist betretbar"

$H = E \vee S \vee T'X \vee T'Y$

(Die Schleifen bezeichnen hier - ausnahmsweise - nicht die minimierte Funktion, sondern sie veranschaulichen die sieben Fälle)

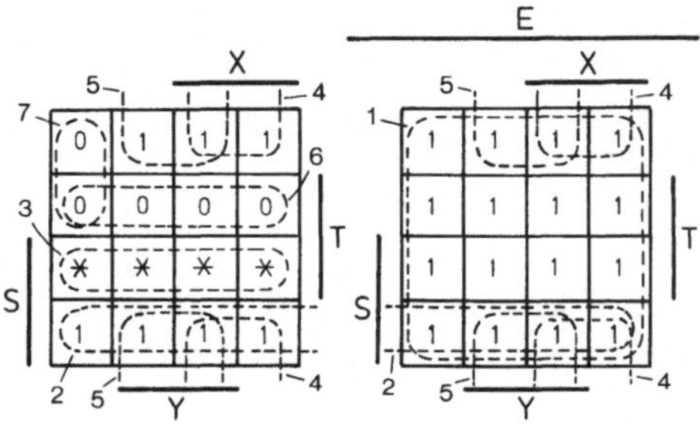

Bild 41.30.
Beispiel für kompakte Funktionstabellen

Aufsuchen des minimalen schaltalgebraischen Ausdrucks, sollte man ein Verfahren benutzen, das unmittelbar auf den durch die kompakte Funktionstabelle definierten 1-Punkt-Schleifen und Don't-Care-Punkt-Schleifen aufsetzt und möglichst direkt zum Ergebnis vorstößt; d.h. das Verfahren soll - auch wenn es als Rechnerprogramm vorliegt - vermeiden, die kompakte Tabelle zunächst zur Normalform aufzublähen, da dadurch beträchtlicher Zusatzaufwand an Rechenzeit und Speicherplatz entstehen würde. Ein bewährtes Grundprinzip für solche Verfahren ist die *Consensus-Methode* [4.9].

4.1.9 Andere Basismengen; speziell NAND- und NOR-Netze

Wie in Abschnitt 4.1.2 angedeutet, bedient sich die Schaltnetz-Synthese besonders gerne der Basismenge B_1 = {UND-, ODER-, NICHT-Glied}, weil sie zum einen funktional vollständig ist und zum anderen mit dem Booleschen Verband ein geeignetes mathematisches Hilfsmittel bereit steht. Nun sind aber - beim gegenwärtigen technischen Entwicklungsstand - NAND- und NOR-Glieder leichter und kostengünstiger realisierbar, so daß man die Entwurfsergebnisse natürlich gerne als NAND- bzw. NOR-Netze erhalten möchte.

Zunächst sei gezeigt, daß die Basismengen {NAND} und {NOR} jeweils funktional vollständig sind. Nach den Theoremen von de Morgan, also den Gesetzen (B13a) und (B13b) in Bild 41.10 gilt:

$$x_1 \vee x_2 \vee x_3 \vee \ldots = (x_1' \wedge x_2' \wedge x_3' \ldots\ldots)'$$
$$x_1 \wedge x_2 \wedge x_3 \wedge \ldots = (x_1' \vee x_2' \vee x_3' \ldots\ldots)'$$

Man kann also ein ODER-Glied durch ein UND-Glied mit vor- und nachgeschalteten NICHT-Gliedern ersetzen; dual dazu ist ein UND-Glied durch ein ODER-Glied mit NICHT-Gliedern ausdrückbar:

Satz 41.32:

Die Basismengen B_2 = {UND-Glied, NICHT-Glied} und B_3 = {ODER-Glied, NICHT-Glied} sind funktional vollständig.

Ein UND-Glied ist ersetzbar durch ein NAND-Glied mit nachgeschaltetem NICHT-Glied, dual dazu ist ein ODER-Glied überführbar in ein NOR-Glied mit nachgeschaltetem NICHT-Glied. Die NICHT-Glieder selbst lassen sich auffassen als NAND-Glied bzw. NOR-Glied mit je einem Eingang.

Satz 41.33:

Die Basismengen B_4 = {NAND-Glied} und B_5 = {NOR-Glied} sind funktional vollständig.

Meistens entwirft man zunächst wie üblich ein Schaltnetz aus UND-, ODER- und NICHT-Gliedern und überführt es anschließend in die Form mit NAND- bzw. NOR-Gliedern. Wie in Bild 41.31 erkennbar, verläuft die Überführung bei zweistufigen Netzen strukturerhaltend. Insbesondere bleiben minimale zweistufige Schaltnetze auch nach der Überführung im gleichen Sinne minimal. Wie ersichtlich, verlaufen Aussagen zu NAND- bzw. NOR-Netzen immer dual zueinander, so daß die Diskussion von z.B. NAND-Netzen genügt.

Falls UND-ODER-NICHT-Schaltnetze zunächst mehrstufig ausgeprägt werden, wechseln sich UND- und ODER-Glieder entlang der Verbindungswege meistens ab, wie z.B. in Bild 41.32.

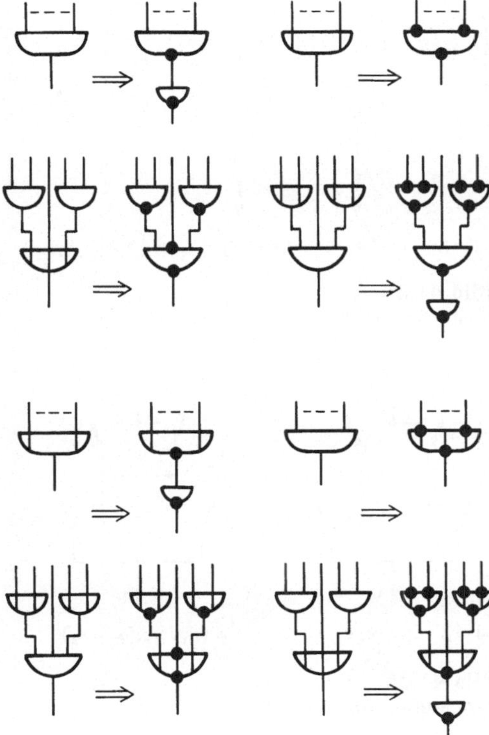

Bild 41.31.
Regeln zur Umwandlung von zweistufigen Schaltnetzen in NAND-Netze (oben) bzw. NOR-Netze (unten)

Solche Schaltnetze sind dann ebenfalls strukturerhaltend in NAND-Netze überführbar. Die ehemalige Bedeutung von UND bzw. ODER ist auch danach noch erkennbar. Es gibt aber sinnvolle NAND-Netze, die man über das Zwischenstadium einer UND-ODER-Form kaum finden würde. Bild 41.33 zeigt z.B. ein NAND-Schaltnetz für einen Volladdierer nach Bild 13.1; der Ausgang von NAND-Glied 1 ist sowohl an Glieder der nächsten als auch der übernächsten Stufe angeschlossen, so daß es - im Zwischenstadium einer UND-ODER-Form - sowohl als UND-Glied als auch als ODER-Glied existiert haben müßte. In den Anfangsjahren der Technik integrierter Schaltungen, etwa zwischen 1963 bis 1968, bestand großes Interesse an minimalen NAND-Schaltnetzen, so daß solche Phänomene unter dem Begriff "The logic power of the NAND" intensiv diskutiert wurden [4.1]. Die dabei angewandten Methoden sind recht umständlich. Nach derzeitigen Maßstäben ist aber die Einfachheit des Entwurfsvorgangs meistens so wichtig, daß man ein leichtes Verfehlen des theoretisch erreichbaren minimalen Aufwands im Entwurfsergebnis in Kauf nimmt.

Natürlich stellt sich die Frage nach weiteren funktional vollständigen Basismengen. In Bild 41.6 wurden z.B. verschiedene Formen der *Implikation* erwähnt. Es sei angenommen, daß ein Implikationsglied nach Bild 41.34 (links) existiere; dann lassen sich auf die angegebene Weise damit das NICHT-Glied und das ODER-Glied nachbilden. Zusammen mit Satz 41.32 folgt daraus, daß die Basismenge {Implikationsglied} funktional vollständig ist. Tatsächlich ist die Implikation i_1 - wie in Bild 41.6 ersichtlich - letztlich nur eine NAND-Funktion

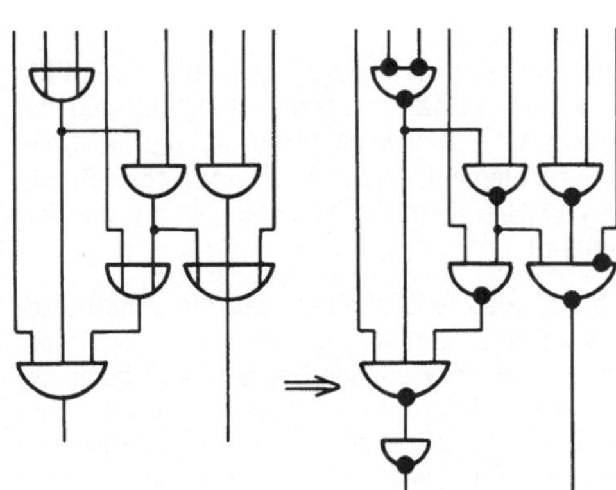

Bild 41.32.
Umwandlung eines mehrstufigen Schaltnetzes mit strikter UND-ODER-Folge in ein NAND-Netz

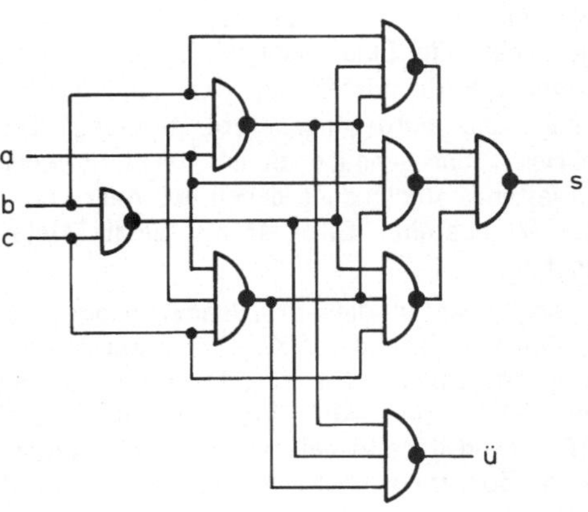

Bild 41.33.
NAND-Schaltnetz ohne deutliche UND-ODER-Stufung

x	x_1 x_2	i_1
0	0 0	1
1	0 1	0
2	1 0	1
3	1 1	1

$f = x_2'$

$f = x_2 \vee x_3$

Bild 41.34.
Funktionale Vollständigkeit der Implikation

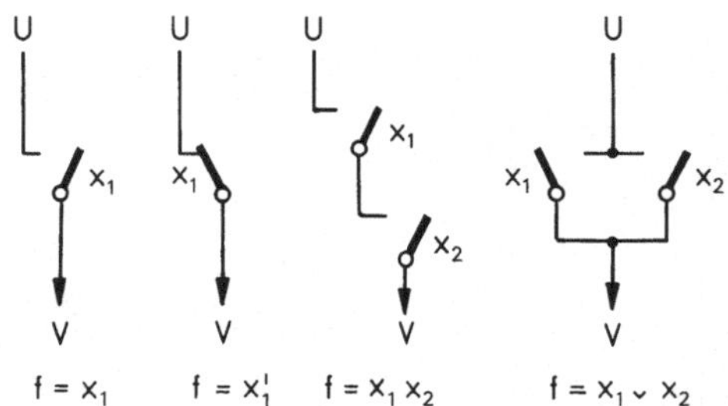

Bild 41.35.
Kontaktnetze für einfache Schaltfunktionen

u* mit einseitig complementiertem Eingang. Wegen der Unsymmetrie der Eingänge wären sie aber methodisch und auch aufbautechnisch schwerfälliger zu handhaben, so daß sie gegenüber NAND-Gliedern nicht konkurrieren könnten.

Schließlich sei noch angemerkt, daß die Basismengen {Exclusive-ODER-Glied} und {Exclusive-ODER-NICHT-Glied} jeweils nicht funktional vollständig sind.

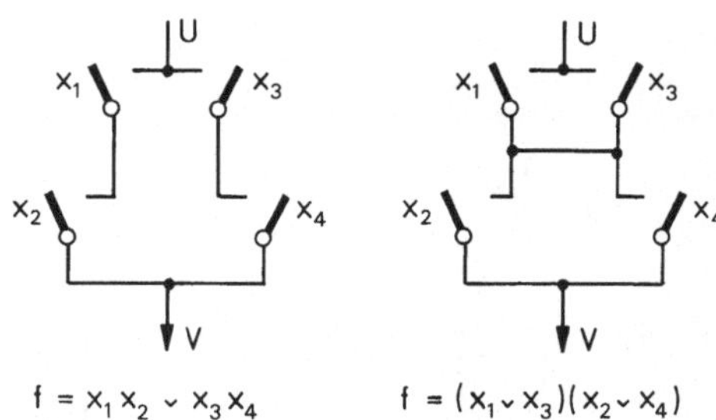

Bild 41.36.
Zweistufige Kontaktnetze

4.1.10 Kontaktnetze und WIRED-DOT

Die Aussage zum "Entwurf eines Schaltwerks" (am Anfang von Kapitel 4) schreibt keine bestimmten Maßnahmen vor. Zwar führt Def. 41.12 mit der Repräsentation einer vorgegebenen Schaltfunktion durch einen schaltalgebraischen Ausdruck **SA** das weitaus gebräuchlichste Vorgehen ein; jedoch sind grundsätzlich auch andere Wege gangbar. Als Beispiel hierzu mögen hier die *Kontaktnetze* dienen. Bei ihnen sind die Eingangsvariablen x_i einzelnen *Arbeitskontakten* (Grundstellung: nicht leitend) bzw. *Ruhekontakten* (Grundstellung: leitend) zugeordnet. Ein Eingangssignal $x_i = \mathbf{0}$ bewirkt jeweils die Grundstellung; das Signal $x_i = \mathbf{1}$ erzeugt die entgegengesetzte Stellung. Die Funktion f hat genau dann den Wert **1**, wenn eine leitende Verbindung durch das Netz von U nach V besteht. Bild 41.35 zeigt einige Beispiele.

Nun sagt man in diesem Zusammenhang oft, eine Reihenschaltung von Kontakten entspräche einem UND-Glied sowie eine Parallelschaltung einem ODER-Glied. Allerdings wird diese Begriffsbildung bereits bei zweistufigen Netzen (Bild 41.36) fragwürdig. Weitergehend stellt das Beispiel in Bild 41.37 klar, daß man zwar das Verhalten eines solchen Schaltnetzes noch durch einen **SA** beschreiben kann, wohingegen dieser **SA** aber keineswegs ein Abbild der

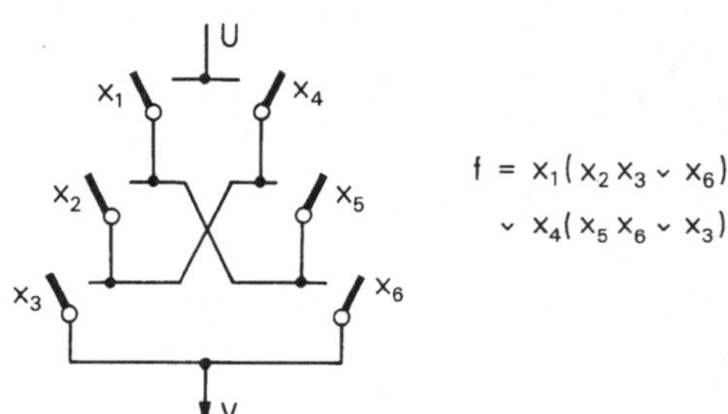

Bild 41.37.
Mehrstufiges Kontaktnetz

Schaltnetzstruktur zu sein braucht. Schließlich führt Bild 41.38 mit dem - bidirektional betreibbaren - Brückenkontakt x_5 ein weiteres Strukturelement ein, wodurch zwischen Struktur und **SA** ebenfalls keine direkte Beziehung verbleibt.

Es bleibt also festzuhalten, daß ein Schaltnetz-Entwurf nach Def.41.12 zwar durchaus möglich ist, der entstehende **SA** läßt sich auch direkt durch Kontakte nachbilden, jedoch kann - wie Bild 41.38 zeigt - das Optimum weit verfehlt werden. Zwar gibt es Versuche, spezielle Algorithmen zum Auffinden des Optimums zu finden (z.B. [4.4]), jedoch sind sie für konkrete Anwendungen in der Regel zu aufwendig. Man verläßt sich hier meistens lieber

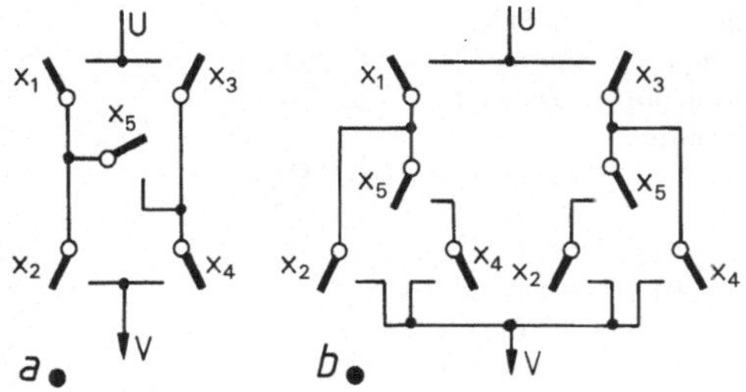

$f = x_1(x_2 \vee x_4x_5) \vee x_3(x_4 \vee x_2x_5)$

a. Minimierung mit Brückenkontakt
b. Direkte Umsetzung des SA

Bild 41.38.
Brückenkontakt x_5

auf die Intuition und Erfahrung. Die praktische Bedeutung dieser Überlegungen hängt stark vom jeweiligen Stand technologischer Schaltkreisentwicklung ab. Derzeit spielen MOS- und CMOS-Schaltungen (s. Abschnitt 5.6) eine wesentliche Rolle; sie bieten die Möglichkeit, Kontakte direkt elektronisch zu verwirklichen, so daß Kenntnisse über Kontaktnetze dort durchaus angebracht erscheinen.

Nicht in den bisherigen Rahmen der Schaltalgebra passen auch die *WIRED-DOT-Verknüpfungen*. Dazu stelle man sich die Ausgänge irgendwelcher Funktionseinheiten direkt miteinander verbunden vor (Bild 41.39). Abhängig von ihrer Realisierung auf der elektrotechnischen Ebene liefern solche DOT-Verknüpfungen in der Regel einen der folgenden Fälle:

- Es entsteht eine UND- Verknüpfung, genannt *WIRED AND* (Teilbild a).
- Es entsteht eine ODER- Verknüpfung, genannt *WIRED OR* (Teilbild g).
- Es ergibt sich keine definierte Verküpfung, d.h. die auf der elektrischen Ebene entstehenden Werte sind nicht als Binärwerte interpretierbar.

Die Teilbilder b bis f geben Beispiele für WIRED-AND-Verknüpfungen. In der Praxis kommt besonders oft der Fall d, also die Verknüpfung von NAND-Gliedern vor; insgesamt entsteht dadurch eine UND-ODER-NICHT-Folge. Oft anzutreffen ist auch die reduzierte Form nach Teilbild f. Ausgehend von Teilbild c erhält man durch Vereinfachung den Fall e, der sich oft recht gut zur Modellierung von Festwertspeichern (s. Abschnitt 4.4.6) eignet.

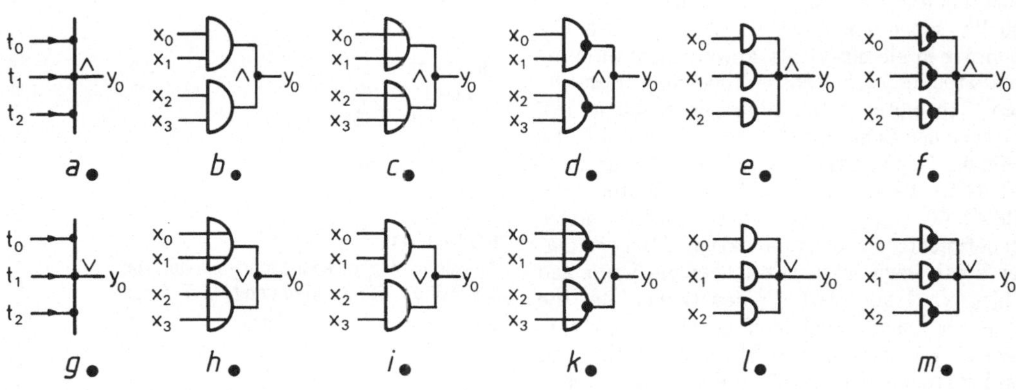

a. $y_0 = t_0t_1t_2$	d. $y_0 = (x_0x_1 \vee x_2x_3)'$		
b. $y_0 = x_0x_1x_2x_3$	e. $y_0 = x_0x_1x_2$	}	WIRED-AND
c. $y_0 = (x_0 \vee x_1)(x_2 \vee x_3)$	f. $y_0 = (x_0 \vee x_1 \vee x_2)'$		
g. $y_0 = t_0 \vee t_1 \vee t_2$	k. $y_0 = ((x_0 \vee x_1)(x_2 \vee x_3))'$		
h. $y_0 = x_0 \vee x_1 \vee x_2 \vee x_3$	l. $y_0 = x_0 \vee x_1 \vee x_2$	}	WIRED-OR
i. $y_0 = x_0x_1 \vee x_2x_3$	m. $y_0 = (x_0x_1x_2)'$		

Bild 41.39.
WIRED-DOT-Verknüpfungen

Bei den Beispielen zur WIRED-OR-Verknüpfung läßt sich dual zu WIRED-AND argumentieren. Bei allen WIRED-DOT-Verknüpfungen ist zu beachten, daß die Teilfunktionen t_i nicht getrennt verfügbar sind. Der wesentliche praktische Vorteil dieser Verknüpfungen liegt in der räumlichen Dehnbarkeit des DOT, also der Verbindungsstelle. Es lassen sich also UND- bzw. ODER-Glieder realisieren, deren Eingänge räumlich entfernt, z.B. auf verschiedenen Leiterbahnplatten liegen. Man benutzt daher die WIRED-DOT-Verknüpfungen z.B. in Bus-Systemen (s. Abschnitt 4.4.4) oder für Datenwege in Speicherbausteinen (s. Abschnitte 4.4.5 und 4.4.6). Ihre Anwendung erfordert in jedem Fall gewisse Kennnisse über die dahinter stehende elektrische Schaltungstechnik. Ein Beispiel folgt in Abschnitt 5.7.3.

4.1.11 Textuelle Verhaltens- und Strukturbeschreibungen

Ansatzpunkt sind die Erklärungen in den Abschnitten 1.3.4 und 3.1.1. Das Beispiel der Sieben-Segment-Anzeige von Bild 41.29 gibt Anlaß für einige Ergänzungen. Ausgangspunkt für einen Entwurfsvorgang ist dort die Funktionstabelle. Wäre sie nicht so schreibaufwendig, könnte man sie direkt als Anweisungsteil in eine textuelle Verhaltensbeschreibung übernehmen. Schreibtechnisch einfacher erscheint es, zu jeder der Schaltfunktionen F [1] bis F [7] die 1-Punkt-Menge bzw. die ∗-Punkt-Menge nach Def.41.5 bzw. Def.41.31 aufzulisten. Im Bild 41.40 sei dies durch eine global vordefinierte Programmfunktion PQ erreicht. Der erste Parameter bezeichnet die Variablen - hier x[1] bis x[4] - eines Q-Würfels. Die Liste nach dem Semikolon benennt Punkte in diesem Q-Würfel; der zweite Parameter gibt den Funktionswert für diese Punkte an. So beschreibt z.B. die erste Anweisungszeile die 1-Punkt-Menge $f^{-1}(1) = \{0,4,5,6,8,9\}$ wohingegen die letzte Anweisungszeile allen sieben Schaltfunktionen die ∗-Punkt-Menge {10,11,12,13, 14,15} zuordnet.

Die für diesen Entwurfsvorgang vorausgesetzten elementaren Funktionseinheiten sind in Bild 41.41 mit den prinzipiell gleichen Mitteln beschrieben. UND-Glied und ODER-Glied sind für eine veränderliche Eingangszahl N ausgelegt. Die Anweisung z.B. des ODER-Glieds besagt, daß die Punkte 1 bis 2^n-1 den Funktionswert 1 annehmen.

```
box SIEBEN-SEGMENT-VERHALTEN;
  input X: array [1..4] of SBT;
  output F: array [1..7] of SDT;
  begin
    F[1] = PQ (X,1; 0,4··6,8,9),
    F[2] = PQ (X,1; 0,2··3,5··9),
    F[3] = PQ (X,1; 0··5,7··9),
    F[4] = PQ (X,1; 0,1,3··9),
    F[5] = PQ (X,1; 0,2,3,5,6,8,9),
    F[6] = PQ (X,1; 0,2,6,8),
    F[7] = PQ (X,1; 2··6,8,9),
    F[1..7] = PQ (X,∗; 10··15)
  end
```

Bild 41.40.
Textuelle Verhaltensbeschreibung der nichtelementaren Funktionseinheit "Sieben-Segment-Anzeige" (zu Bild 41.29)

```
box AND(N);
  input X: array [1:N] of SBT;
  output Y: SBT;
  begin
    Y = PQ (X,1; 2**N -1)
  end

box OR(N);
  input X: array [1:N] of SBT;
  output Y: SBT;
    Y = PQ (X,1; 1··2**N-1)
  end

box NOT;
  input X: SBT;
  output Y: SBT;
  begin
    Y = PQ (X,1; 1)
  end
```

Bild 41.41.
Textuelle Verhaltensbeschreibungen für UND-Glied, ODER-Glied und NICHT-Glied

Alle Beschreibungen der Bilder 41.40 bis 41.42 gehen davon aus, daß eingangsseitig nur Binärwerte **0** bzw. **1** angeboten werden, so daß die hinter **input** aufgeführten Variablen stets dem Typ SBT angehören. Die elementaren Funktionseinheiten nach Bild 41.41 sowie daraus gebildete Strukturen wie in Bild 41.42 liefern dann am Ausgang nur Binärwerte. Dagegen kann eine Funktionseinheit mit dem in Bild 41.40 geforderten Verhalten insofern nicht wirklich existieren, da keine reale Funktionseinheit am Ausgang Don't-Care-Werte liefert. Vielmehr ist ein Don't-Care-Wert Ausdruck für "noch auf **0** oder **1** festzulegender Wert". In diesem Sinne

```
structure SIEBEN-SEGMENT-STRUKTUR;
  input X: array [1..4] of SBT;
  output F: array [1..7] of SBT;
  locnode: A,B,C,D,E,F,G,XN1,XN2,XN3,XN4: SBT;
  unit:   OR6: OR(2); OR3: OR(3); OR5: OR(5);
          OR1,OR2,OR4,OR7: OR(4);
          AND1,AND2,AND3,AND5: AND(2);
          AND6,AND7: AND(2); AND4: AND(3);
          NOT1,NOT2,NOT3,NOT4: NOT;
  begin
   OR1: X[1],A,B,D,F[1];          AND1: XN3,XN4,A;
   OR2: X[1],D,E,X[3],F[2];       AND2: X[2],XN4,B;
   OR3: A,C,XN2,F[3];             AND3: X[3],X[4],C;
   OR4: X[1],X[2],XN3,X[4],F[4];
   AND4: X[2],XN3,X[4],D;
   OR5: X[1],D,E,H,G,F[5];        AND5: XN2,XN4,E;
   OR6: E,G,F[6];                 AND6: X[3],XN4,G;
   OR7: D,B,H,X[1],F[7];          AND7: XN2,X[3],H;
   NOT1: X[1],XN1;                NOT3: X[3],XN3;
   NOT2: X[2],XN2;                NOT4: X[4],XN4
  end
```

Bild 41.42.
Textuelle Strukturbeschreibung zu Bild 41.29

ist auch die Typenkennzeichnung SDT gemeint. Unterstellt man, daß die Auswertung der KV-Diagramme im Bild 41.29 fehlerhaft sein könnte, böte sich nun eine Verifikationsmöglichkeit. Ein spezielles Verifikationsprogramm könnte die Beschreibungen der Bilder 41.40 und 41.42 vergleichen, indem es auf gleiches Verhalten für alle 16 Eingangskombinationen überprüft. Für diesen Untersuchungszweck müßten die Typen SBT und SDT als verträglich gelten.

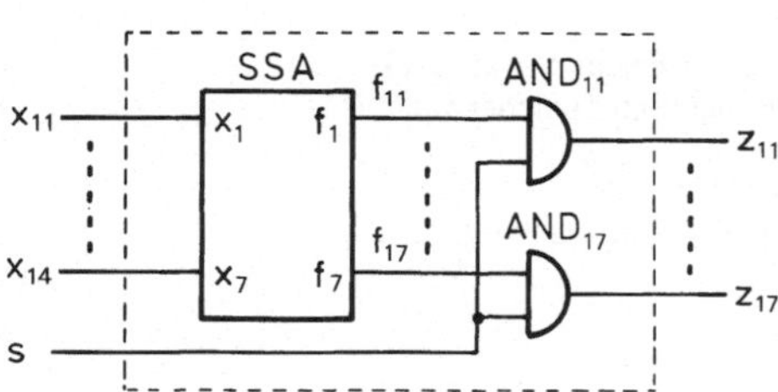


```
structure SIEBEN-SEGMENT-BLOCK;
  input X: array [11..14] of SBT; S: SBT;
  output Z: array [11..17] of SDT;
  locnode F: array [11..17] of SDT;
  unit SSA: SIEBEN-SEGMENT-VERHALTEN;
       AND: array [11..17] of AND(2);
  locvar K: INTEGER;
  begin
   SSA: X[11..14], F[11..17];
   conc I(11 to 17) do AND[I]: S,F[I],Z[I]
  end
```

Bild 41.43.
Strukturbeschreibung mit einer Funktionseinheit SSA, die auch Don't-Care-Werte abgibt

Ein – zunächst vielleicht etwas merkwürdig anmutender – Untersuchungsfall soll ein wenig Ausblick auf mögliche Konsequenzen solcher Beschreibungstechniken geben: Die Strukturbeschreibung in Bild 41.43 benutzt als <u>unit</u> die Beschreibung <u>geforderten</u> Verhaltens aus Bild 41.40; solch ein Stadium kann z.B. beim TOP-DOWN-Entwurfsvorgang entstehen, wo man diese Struktur simulieren möchte, ohne das Verhalten der <u>unit</u> SSA auch schon für die – an sich ja irrelevanten – Don't-Care-Fälle berücksichtigen zu müssen. Beim tatsächlichen Simulationsvorgang könnte aber z.B. durch irrtümliche Eingabe des Vektors x[11...14]= 1111 doch eine Don't-Care-Situation erzeugt werden; d.h. in der simulierten Struktur des Bildes 41.43 entstehen unversehens Don't-Care-Werte an den Knoten F[11] bis F[17] und damit auch an den Eingängen der UND-Glieder AND[11] bis AND[17]. Die Beschreibung in Bild 41.41 läßt solche Eingangswerte gar nicht zu. Das Simulationsprogramm kann diese Situation allerdings schon bei der Syntax-Analyse feststellen, denn der unter <u>locnode</u> für F festgelegte Typ SDT paßt nicht zum Typ der über F[I] (in der zweiten Strukturanweisung) angesprochenen Eingangsvariablen X[2] des UND-Glieds in Bild 41.41. Der Benutzer benötigt nun tatsächlich ein anderes UND-Glied, nämlich ein solches, das auch Don't-Care-Werte am Eingang zuläßt. Dieses UND-Glied müßte dann folgende Verknüpfungen realisieren:

$$\mathbf{0} \wedge * = \mathbf{0} \qquad \mathbf{1} \wedge * = * \qquad * \wedge * = *$$

Offensichtlich führt dieser Untersuchungsfall nun aus dem Rahmen der bisher gültigen zweiwertigen Booleschen Algebra heraus. Drei abschließende Hinweise mögen hier genügen:

- Je nach Zweck der Untersuchung können – neben den Binärwerten **0** und **1** – bis zu 10 weitere Schaltwerte nötig werden.
- Die Verhaltensbeschreibungen selbst der einfachsten Funktionseinheiten werden dann bereits so aufwendig, daß sie – z.B. in Simulationssystemen – vorgefertigt bereitgestellt werden. Der Benutzer geht vorzugsweise mit Strukturbeschreibungen um; deren konkrete Ausführung ähnelt jener in Bild 41.42, wenn auch ausdruckstechnisch grössere Abweichungen vorkommen.
- Die Formulierung <u>geforderten</u> Verhaltens ist – sofern nicht nur Binärwerte **0** und **1** vorkommen – oft sehr mühsam. Hier ist die rechnergestützte Entwurfsmethodik durchaus noch nicht ausgereift.

4.2 Getaktete Schaltwerke

Die Verknüpfung binärer Nachrichten durch Schaltnetze liefert nur einen Teil der Nachrichtenverarbeitung auf dieser Ebene. Unentbehrlich ist die Möglichkeit des Speicherns von Nachrichten und der Einbettung von Verknüpfungen in einen zeitlichen Ablauf. Abschnitt 4.2 geht dabei von der Existenz eines gerasterten Zeitmaßes aus, realisiert durch Taktimpulse.

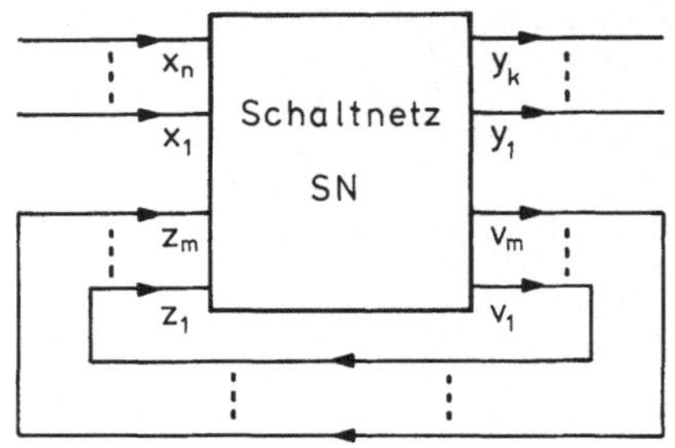

Bild 42.1.
Schaltnetz mit Rückkopplungen

Abschnitt 4.2.1 führt ein allgemeines, auch für ungetaktete Schaltwerke anwendbares, *Modell* für Schaltwerke ein, bestehend aus *Schaltnetz* und *Zeitgliedern in Rückkopplungsverbindungen*.

Abschnitt 4.2.2 behandelt das Verhalten von *Zeitgliedern* und unterscheidet dabei einige *Taktsteuerungsarten*.

Abschnitt 4.2.3 analysiert die Verwendbarkeit der Zeitglieder bzw. Taktsteuerungsarten in Ein- und Mehrtaktsystemen.

Abschnitt 4.2.4 diskutiert den *Entwurf* getakteter Schaltwerke und verweist auf die Bedeutung von *Moore-* und *Mealy-Modellen* und die der *Zustandscodierung*.

Abschnitt 4.2.5 schließlich weist auf den Zeitversatz bei Moore- und Mealy-Modellierung hin.

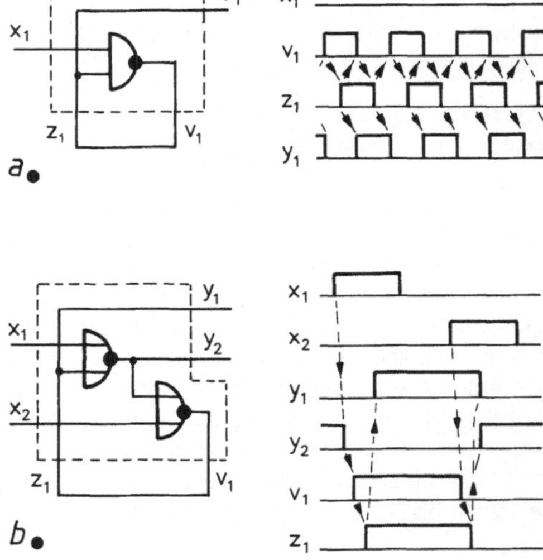

a. Oszillierendes Schaltwerk
b. Einfachstes Speicherglied

Bild 42.2.
Einfache Schaltwerke

4.2.1 Schaltwerkmodelle

Im Bild 42.1 ist eine bislang noch nicht diskutierte Situation dargestellt: Ein Teil der Ausgänge des Schaltnetzes **SN** ist auf Eingänge zurückgeführt. Bild 42.2a weist an einem einfachen Beispiel nach, daß die Methoden aus Abschnitt 4.1 nun nicht mehr ausreichen: Unter der Annahme $x_1 = \mathbf{1}$ und $z_1 = \mathbf{1}$ entsteht am Ausgang v_1 der Wert $\mathbf{0}$ und damit – wegen $v_1 \neq z_1$ – ein in sich widersprüchliches Verhalten. Fast von selbst drängt sich hier nun die Idee des "zeitlichen Nacheinander" bzw. des "Ablaufs" als zusätzliche Verhaltenscharakteristik auf. Es pflanzt sich dann nämlich der Ausgangswert $v_1 = \mathbf{0}$ über die Rückkopplung zum Eingang z_1 fort; daraufhin erzeugt das NAND-Glied am Ausgang den Wert $v_1 = \mathbf{1}$, usw. Das Zeitdiagramm verdeutlicht durch die Pfeile die Ursache und die Wirkung im Nacheinander der Wertewechsel. Da das Schaltwerk pausenlos oszilliert, ist sein praktischer Nutzen gering. Das Schaltwerk in Bild 42.2b ist dagegen sehr nützlich, denn es realisiert ein Speicherglied: Eine vorübergehende Eingabe $\langle x_1 x_2 \rangle = 10$ führt zu einer Ausgabe $\langle y_1 y_2 \rangle = 10$, die – während $\langle x_1 x_2 \rangle = 00$ – bestehen bleibt und erst durch die Eingabe $\langle x_1 x_2 \rangle = 01$ in die entgegengesetzte Ausgabe $\langle y_1 y_2 \rangle = 01$ übergeht.

Im allgemeinen Schaltwerkmodell nach Bild 42.3a wird säuberlich unterschieden:

- ein Schaltnetz **SN** im Sinne des Abschnitts 4.1, das somit für Verknüpfungen zuständig ist
- ein Zeitglied τ im Rückkopplungsbündel für das zeitliche Nacheinander.

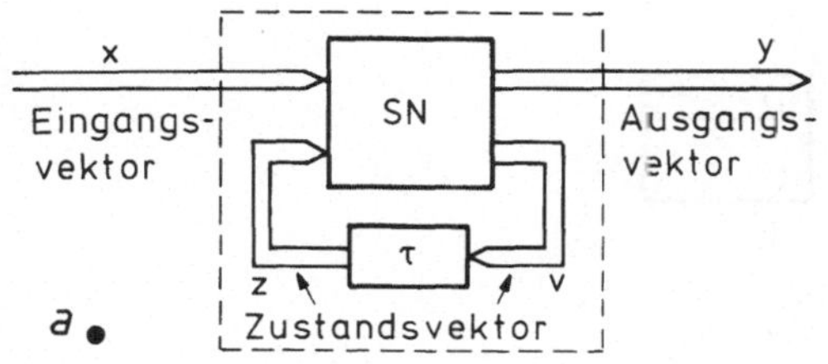

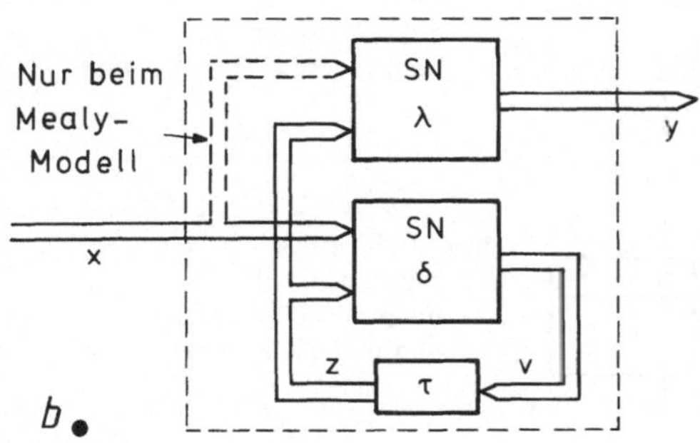

a. Allgemeines Modell
b. Mealy-Modell und Moore-Modell

Bild 42.3.
Schaltwerkmodelle

Zur Beschreibung des Schaltwerks sei festgelegt:

Def.42.1:

$x_1, x_2, \dots x_n$:	*Eingangsvariable*
$y_1, y_2, \dots y_k$:	*Ausgangsvariable*
$z_1, z_2, \dots z_m$:	*Zustandsvariable*
$v_1, v_2, \dots v_m$:	*Zustandsvariable*

$x = \langle x_1 x_2 \dots x_n \rangle$:	*Eingangsvektor*
$y = \langle y_1 y_2 \dots y_k \rangle$:	*Ausgangsvektor*
$z = \langle z_1 z_2 \dots z_m \rangle$:	*(gegenwärtiger) Zustand*
$v = \langle v_1 v_2 \dots v_m \rangle$:	*(nächster) Zustand*

Die Begriffe "Eingang" und "Ausgang" beziehen sich auf das Schaltwerk insgesamt (s. Bild 42.3a). Beim - nur schaltwerksintern zugänglichen - *Zustandsvektor* (kurz: Zustand) unterscheidet man oft zwischen dem gegenwärtig am Schaltnetz **SN** gültigen Zustand z und dem erzeugten und erst demnächst, also nach einer Verzögerung wirksamen Zustand v. Synonym zu "Vektor" wird auch der Begriff *Belegung* benutzt.

Das Schaltnetz **SN** realisiert zwei Schaltfunktionen:

Def.42.2:

$v = \delta(z,x)$	*Überführungsfunktion*
$y = \lambda(z,x)$	*Ausgangsfunktion (Mealy)*
$y = \lambda(z)$	*Ausgangsfunktion (Moore)*

Der Unterschied zwischen Mealy- und Moore-Modell wird in Abschnitt 4.2 deutlich. Aus der Fachdisziplin "Theoretische Informatik", speziell aus der Automatentheorie, stammt folgende - hier allerdings nicht weiter verwendete - Ausdrucksweise:

Def.42.3:

X :	Menge der Eingabezeichen x
Y :	Menge der Ausgangszeichen y
Z :	Menge der Zustände

δ : $\mathbf{X} \times \mathbf{Z} \rightarrow \mathbf{Z}$	*Überführung*	
λ : $\mathbf{X} \times \mathbf{Z} \rightarrow \mathbf{Y}$	*Ausgabe*	(Mealy)
λ : $\mathbf{Z} \rightarrow \mathbf{Y}$	*Ausgabe*	(Moore)

In diesen mathematischen Abbildungen spielt der Zeitbegriff keine Rolle, deswegen wird auch nicht zwischen gegenwärtigem und nächstem Zustand unterschieden.

Abhängig von der tatsächlichen Realisierung der Zeitglieder τ ist zwischen *getakteten Schaltwerken* (Abschnitt 4.2) und *ungetakteten Schaltwerken* (Abschnitt 4.3) zu unterscheiden.

4.2.2 Verhaltensbeschreibung von Zeitgliedern in getakteten Schaltwerken

Bei *getakteten Schaltwerken* (oft auch genannt: *synchrone Schaltwerke*) ist in die Rückkopplungspfade jeweils ein *taktgesteuertes Zeitglied* TZG (kurz: *TZ-Glied*) eingefügt (Bild 42.4). Ein *Takt* ist eine Folge von - nicht

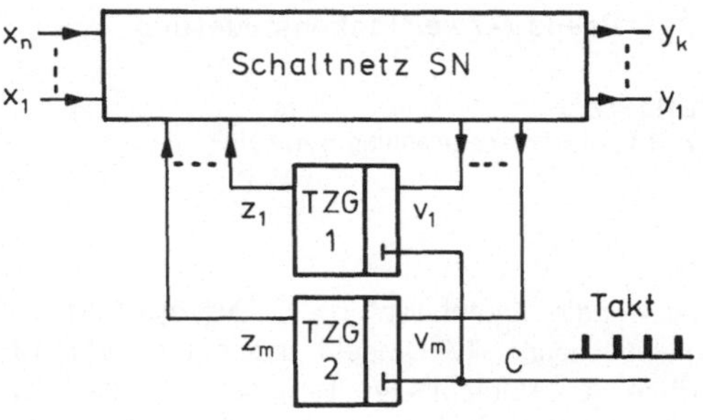

Bild 42.4.
Schema eines taktgesteuerten Schaltwerks mit TZ-Gliedern

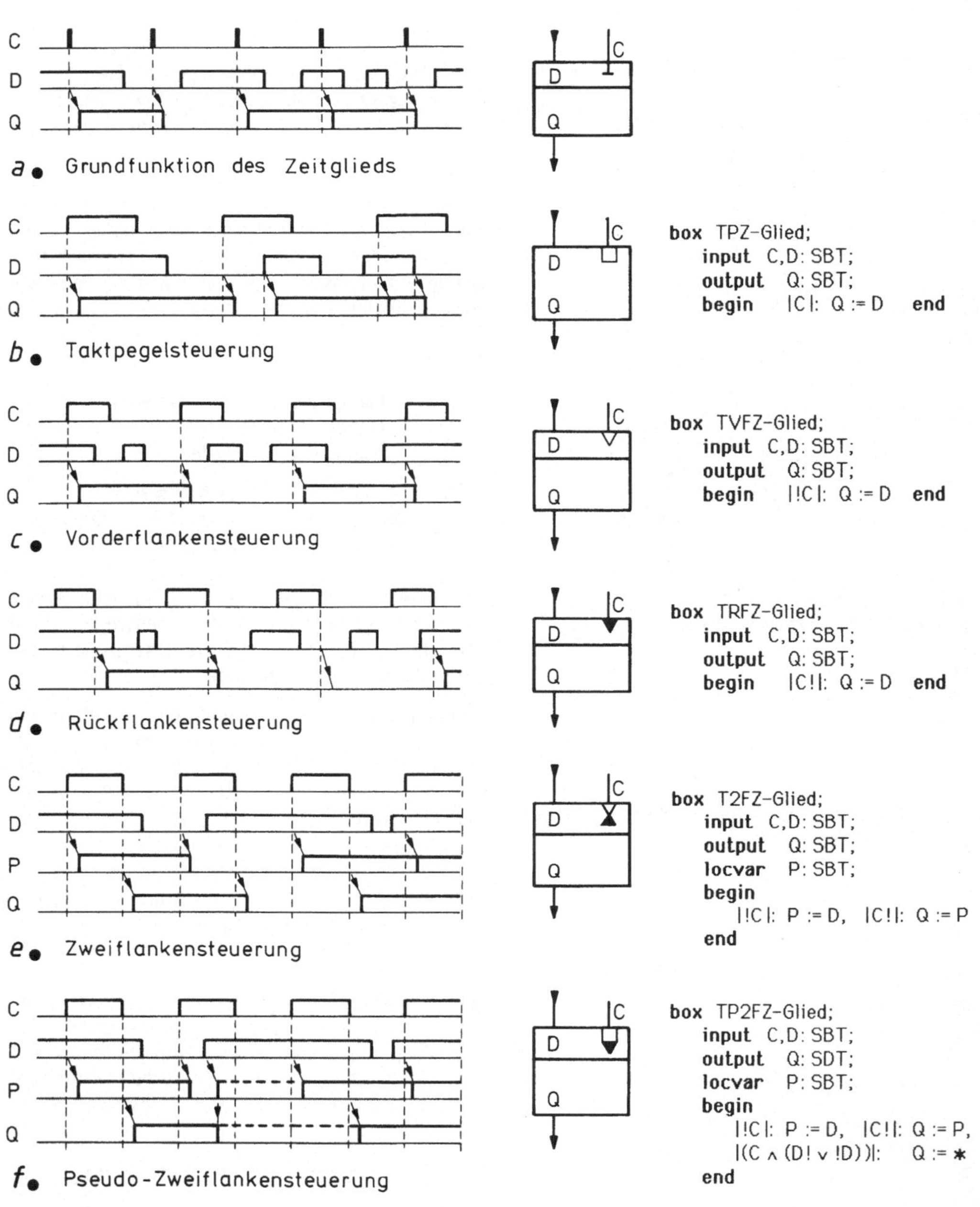

Bild 42.5.
Zeitglieder: Verhalten und Symbole

notwendig äquidistanten – *Taktimpulsen*. Mit jedem neuen Taktimpuls übernimmt ein TZ-Glied den Variablenwert v_i des nächsten Zustands und liefert ihn als Variablenwert z_i des neuen gegenwärtigen Zustands an das Schaltnetz **SN**, das nun seinerseits einen neuen nächsten Zustand erzeugt.

Bekannte Ausführungsformen solcher TZ-Glieder sind *taktgesteuerte D-Flipflops*, die in Abschnitt 4.3 behandelt werden. Da TZ-Glieder – besonders in der MOS-Schaltungstechnik (s. Kapitel 5) – auch ganz anders realisiert sein können, sei die Spezialisierung auf Flipflops hier vermieden.

Demnach sei das TZ-Glied als weitere elementare Funktionseinheit eingeführt und in einigen Varianten durch Verhaltensbeschreibungen erklärt. Bild 42.5a bringt noch einmal den Grundgedanken: Die Werte am Eingang D können sich - aus Sicht des TZ-Glieds - zu irgendwelchen Zeitpunkten ändern. Jeder Taktimpuls schaltet den gerade aktuellen Eingangswert zum Ausgang Q durch, wo er bis zum Eintreffen des nächsten Taktimpulses erhalten bleibt. Die Pfeile im Zeitdiagramm veranschaulichen wiederum Ursache und Wirkung, wobei der leichte Zeitversatz lediglich die Ablauffolge hervorheben soll, ohne daß damit konkreter Zeitbedarf gemeint ist.

Tatsächlich hat ein Taktimpuls eine gewisse Mindestdauer, so daß einige Varianten hinsichtlich des Durchschaltaugenblicks denkbar sind. Beim *taktpegelgesteuerten Zeitglied* (kurz: *TPZ-Glied*) in Bild 42.5b übernimmt der Ausgang Q den Eingangswert zu Beginn des Taktimpulses; er folgt aber auch während der Taktimpulsdauer unmittelbar weiteren Werteänderungen des Eingangs. Die textuelle Verhaltensbeschreibung folgt den Prinzipien aus Abschnitt 3.1: Solange C=1 gilt Q=D; wird C=0, bleibt der erreichte Ausgangswert gespeichert (man beachte das Symbol ":=").

Das *taktvorderflankengesteuerte Zeitglied* (kurz: TVFZ-Glied) in Bild 42.5c schaltet einen Eingangswert genau mit der *Taktimpulsvorderflanke*, also beim Übergang von C=0 nach C=1, an den Ausgang Q durch; Eingangswechsel während des Taktimpulses bleiben unberücksichtigt. Ganz ähnlich, nämlich durch die *Taktimpulsrückflanke* (Übergang von C=1 nach C=0), schaltet das *taktrückflankengesteuerte Zeitglied* (TRFZ-Glied) in Bild 42.5d. Die Verhaltensbeschreibung z.B. des TVFZ-Glieds lautet mit den bisherigen Ausdrucksmitteln:

```
box TVFZ-Glied;
   input C,D: SBT; output Q: SBT;
   locvar W: SBT;
   begin
      |C ∧ W|   : {Q:=D, W :=0},
      |C' ∧ W'| : W:=1
   end
```

Die erste Verhaltensanweisung drückt durch W:=0 eine Selbstblockade aus, die erst - wirksam bei der Taktimpulsrückflanke - durch die zweite Anweisung wieder aufgehoben wird. Diese umständliche Schreibweise läßt sich vermeiden, wenn für <u>Wertewechsel</u> eine eigene Ausdrucksmöglichkeit geschaffen wird:

Def.42.4:

!C : Wertewechsel von C=0 nach C=1
C! : Wertewechsel von C=1 nach C=0

Das *zweiflankengesteuerte Zeitglied* (kurz: *T2FZ-Glied*) speichert einen Eingangswert während der Vorderflanke ab und überträgt ihn während der Rückflanke an den Ausgang (Bild 42.5e). Historisch bedingt, gibt es noch *pseudozweiflankengesteuerte Zeitglieder* (*TP-2FZ-Glieder*), bei denen ein Wechsel von Eingangswerten <u>während</u> des Taktimpulses nicht vorgesehen ist, so daß für solche Situation auch kein Verhalten festgelegt wird (Bild 42.5f). In der textuellen Beschreibung sei dies durch Erzeugen eines Don't-Care-Werts ∗ im Sinne von "unklar, ob **0** oder **1**" berücksichtigt.

Es sei betont, daß alle diese Zeitglieder tatsächlich realisiert und als "Flipflops" käuflich erwerbbar sind. Der nächste Abschnitt erklärt die Einsatzbereiche. In Abschnitt 4.3 folgen dazu passende Flipflop-Strukturen.

4.2.3 Zeitglieder in getakteten Schaltwerken

Um das Modell von Bild 42.4 noch etwas realitätsnäher zu gestalten, seien folgende - elektrotechnisch bedingte - Verzögerungszeiten hinzugenommen:

- Es gibt eine *Zeitgliedverzögerung* τ_Z; das ist die Zeitdauer zwischen auslösender Taktimpulsflanke und der dadurch tatsächlich erzielten Wirkung.
- Es gibt eine *Schaltnetzverzögerung* τ_S; das ist die Zeitdauer zwischen Wertewechsel am Schaltnetzeingang und dadurch verursachten Wertewechsel am Schaltnetzausgang.

Weiterhin seien *Taktimpulsdauer* und *Taktimpulspause* kurz als T^1 bzw. T^0 bezeichnet. Bild 42.6 zeigt als Beispiel ein Schaltwerk mit zwei TRFZ-Gliedern. Das Zeitdiagramm nach Teilbild a offenbart, daß Werteänderungen an den Eingängen D_i nicht zu irgendwelchen Zeitpunkten sondern genau im Abstand $(\tau_Z + \tau_S)$ nach der Taktimpulsrückflanke eintreten. Solange die Taktimpulspause genügend groß ist, also die Bedingung $T^0 > (\tau_Z + \tau_S)$ erfüllt bleibt, ist der Betrieb unkritisch; statt TRFZ-Gliedern können ebenso gut T2FZ-Glieder oder TP2FZ-Glieder eingesetzt werden. Ebenso läßt sich mit TVFZ-Gliedern argumentieren; die Zeit-

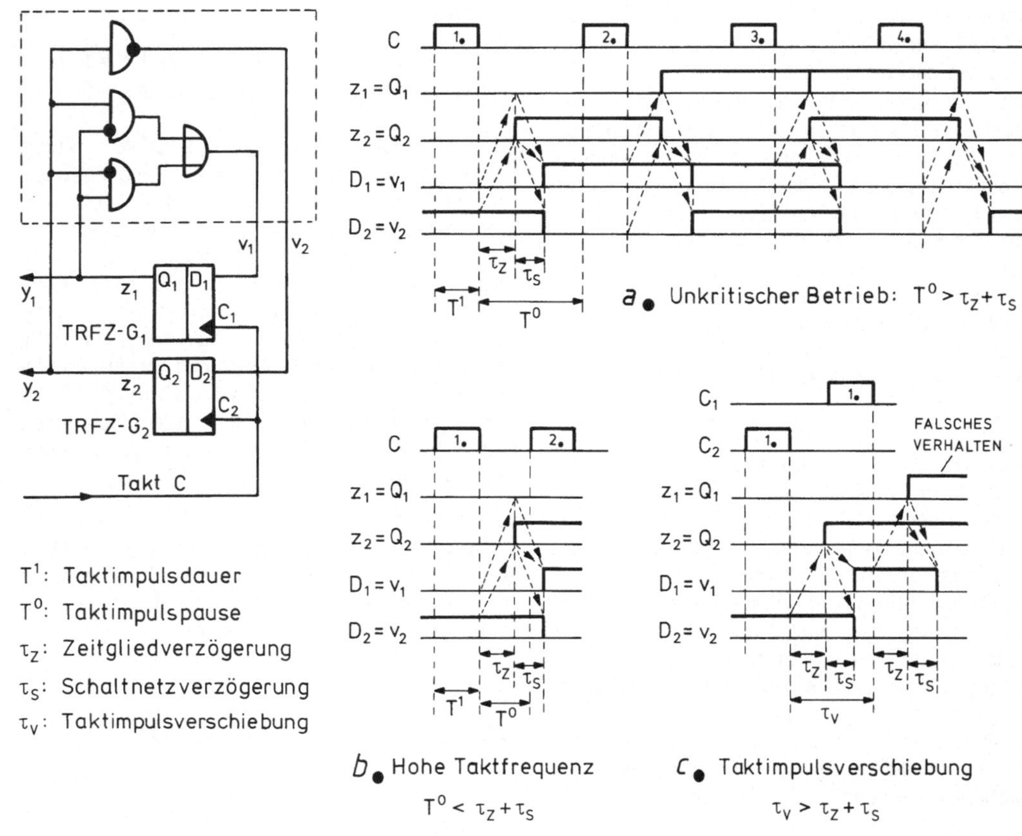

Bild 42.6.
Zum Zeitverhalten in getakteten Schaltwerken

dauer $(\tau_Z + \tau_S)$ beginnt dann bei der Taktvorderflanke.

In Hochgeschwindigkeitsschaltungen kann die Taktfrequenz so hoch und damit die Taktpause so kurz sein, daß die Bedingung $T^0 > (\tau_Z + \tau_S)$ nicht mehr erfüllt ist. Es kommt dann zur Situation in Bild 42.6b, bei der Werteänderungen an den Eingängen D bereits in den nächsten Taktimpuls fallen. Wie aus Bild 42.5d ersichtlich, ignoriert das TRFZ-Glied diesen Wechsel, so daß weiterhin einwandfreier Betrieb gewährleistet ist; ähnlich kann man wieder für das TVFZ-Glied argumentieren. Dagegen käme der Eingangswertwechsel beim T2FZ-Glied zu spät, während das TP2FZ-Glied undefiniertes Verhalten zeigt.

In modernen mikroelektronischen Schaltungen sind die Laufzeiten elektrischer Signale oftmals größer als die Verzögerungszeiten τ_Z oder τ_S. Insbesondere kann – wie in Bild 42.6c unterstellt – die Rückflanke eines von einer Taktquelle ausgehenden Taktimpulses um den Betrag τ_V gegeneinander verschoben an den Takteingängen C_2 und C_1 eintreffen. Ist diese Verschiebung zu groß, gilt also $\tau_V > (\tau_Z + \tau_S)$, übernimmt TRFZ-$G_1$ fälschlicherweise bereits den neuen statt den bisherigen Wert von v_1. Dem Übel ist durch Verändern von Taktimpulsdauer oder Taktimpulspause allein nicht abzuhelfen. Setzt man aber nun T2FZ-Glieder ein, ist lediglich die Bedingung $(\tau_V - T^1) < (\tau_R + \tau_S)$ zu garantieren, was durch die im Prinzip frei wählbare Taktimpulsdauer T^1 stets erreichbar ist.

Die Taktpegelsteuerung, mit TPZ-Gliedern nach Bild 42.5b, ist in Schaltwerken nach Bild 42.4 kaum verwendbar: Die Vorderflanke des Taktimpulses leitet einen Wertewechsel der Variablen $z_1 = Q_1$ ein, der nach einer Zeit $(\tau_Z + \tau_S)$, also normalerweise noch während der Taktimpulsdauer T^1 zu einem Wertewechsel an den Eingängen $D_i = v_i$ führt. Tatsächlich wirkt das TPZ-Glied während des Taktimpulses wie eine durchgeschaltete Leitung mit der Gefahr von

Oszillationen etwa nach dem Muster von Bild 42.1. Die – für einen sicheren Betrieb im Prinzip hinreichende – Bedingung $T^1 < (\tau_Z + \tau_S)$ ist in der Praxis normalerweise nicht erfüllbar.

Nun läßt sich das Grundmodell aus Bild 42.4 leicht auf *Mehrtaktsysteme* erweitern; dann sind auch – mit Vorteil – Taktpegelsteuerungen einsetzbar. Im Zweitaktsystem von Bild 42.7a gibt es zwei Schaltnetze δ_A und δ_B, sowie zwei dazwischen geschaltete Bündel von TPZ-Gliedern, genannt R_A und R_B, die mit zwei gegeneinander versetzten Takten C_A und C_B betrieben werden. Die Bündelbreiten v_A und v_B bzw. z_A und z_B können verschieden sein. Solange die Bedingungen $T_{AB} > (\tau_{Z,A} + \tau_{S,B})$ und $T_{BA} > (\tau_{Z,B} + \tau_{S,A})$ erfüllt sind, arbeitet dieses System sehr sicher.

Ein *Bündel von Zeitgliedern* erfüllt genau die Aufgabe eines *Registers* im Sinne von Kapitel 3. Deswegen sei dieser Begriff an dieser Stelle auch bereits verwendet. Weitere Hinweise folgen in Abschnitt 4.4. Bild 42.7b zielt auf eine Verallgemeinerung des Mehrtaktsystems hin: Jedes Register ist mit jedem – außer dem eigenen – Schaltnetz verbindbar. Dadurch führt jeder in sich geschlossene Datenweg über mindestens zwei Register. Die Folge der Taktimpulse braucht keinem bestimmten Schema zu unterliegen.

Mit Hilfe zusätzlicher Tore läßt sich schließlich auch ein BUS-orientiertes Mehrtaktsystem aufbauen (Bild 42.7c). Stellt man sich als Quelle für die Takte C sowie für die Steuersignale S ein Steuerwerk wie in Kapitel 3 vor, gewinnt man einen Eindruck von der Realisierbarkeit der Rechner DEMOCOM1 bzw. DEMOCOM2.

Zusammenfassend sei festgehalten:

- Taktpegelgesteuerte Zeitglieder (TPZ-Glieder) eignen sich für Mehrtaktsteuerungen. Neben der Ausführung als D-Latch-Flipflop (s. Abschnitt 4.3) haben auch direkt elektrotechnisch realisierte Formen, speziell in der MOS-Technik (s. Abschnitt 5) große praktische Bedeutung erlangt.

- Vorderflankengesteuerte und rückflankengesteuerte Zeitglieder (TVFZ-, TRFZ-Glied) eignen sich am besten für die Eintaktsteuerung nach Bild 42.4, sofern keine nennenswerten Taktimpulsverschiebungen vorkommen.

- Zweiflankengesteuerte Zeitglieder (T2FZ-Glieder) sind vorteilhaft bei Taktimpulsverschiebungen; sie erlauben aber nicht ganz so hohe Arbeitsgeschwindigkeiten.

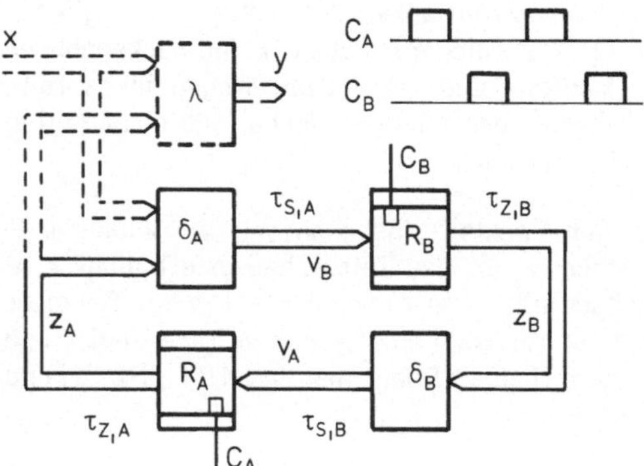

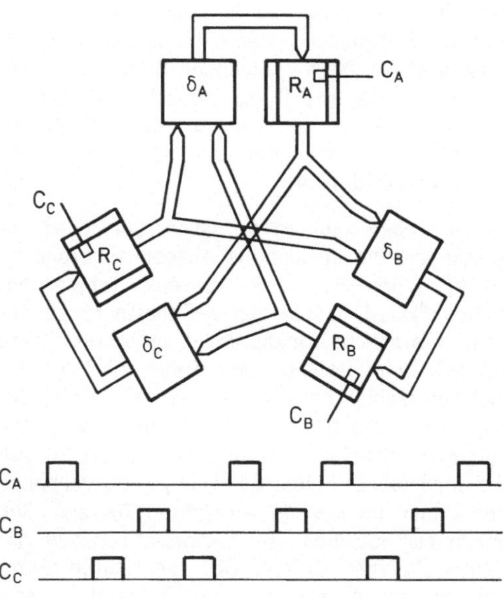

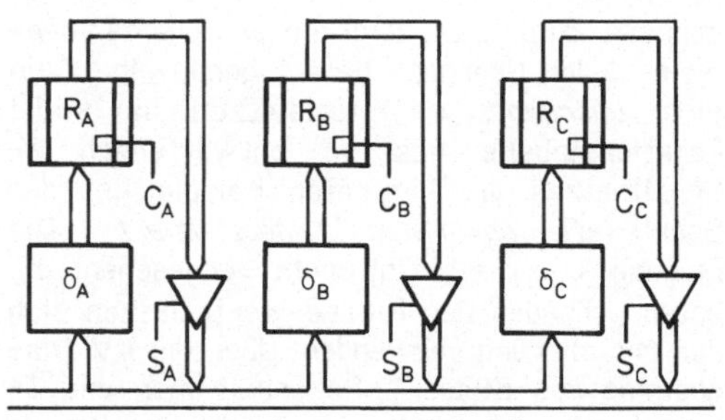

Bild 42.7.
Mehrtaktsysteme mit TPZ-Gliedern

- Pseudozweiflankengesteuerte Zeitglieder (TP2FZ-Glieder) haben keine erkennbaren Vorteile und sie stiften wegen ihres teilweise undefinierten Verhaltens nicht selten Verwirrung.

In der Praxis - insbesondere in Firmenhandbüchern - ist das Zeitverhalten oft nicht klar dargestellt; dem Anwender sei große Sorgfalt bei der Auswahl empfohlen. Weitere Vertiefung dieses Themas findet man in [4.11],[4.13] und [4.14].

4.2.4 Entwurf getakteter Schaltwerke

Beim Entwurf fällt die Entscheidung über die Art der Zeitglieder vorab nach den Kriterien in Abschnitt 4.2.3. Die folgenden Bilder benutzen das unspezifizierte Symbol aus Bild 42.5a. Zu entwerfen - und von der Art der Zeitglieder unabhängig - ist dann das Schaltnetz entsprechend Bild 42.4.

In der Praxis gibt es Aufgaben, bei denen die Zustände z direkt auch als Ausgangsvektoren y dienen sollen. Solche Schaltwerke folgen dem Moore-Modell, wobei das λ-Schaltnetz zu einem einfachem Drahtbündel entartet (Bild 42.8a). Beim Beispiel des Bildes 42.8 durchläuft ein Zähler bei der Eingabe $\langle x_1x_2\rangle = 01$ die 4 Zustände 00, 01, 10, 11 in dieser - an Dualzahlen - orientierten Folge. Für $\langle x_1x_2\rangle = 10$ gilt die umgekehrte Folge. Bei $\langle x_1x_2\rangle = 00$ verharrt der Zähler im jeweils erreichten Zustand. Gut erkennbar ist dies im *Zustandsdiagramm für Moore-Modelle* (Bild 42.8b): Ein Knoten symbolisiert einen gegenwärtigen Zustand z, dessen Code, also dessen Variablenwerte für z_i, innerhalb des Kreissymbols notiert ist. Je ein Pfeil gibt einen Übergang vom gegenwärtigen zum nächsten Zustand an, wobei die Pfeilanschrift den verursachenden Eingangsvektor beschreibt. Bild 42.8c zeigt dieses Schema allgemein. Jeder Übergang liefert genau eine Zeile einer *Übergangstabelle* (Bild 42.8d); sie ist die Funktionstabelle des zu entwerfenden δ-Schaltnetzes. Im konkreten Beispiel ist das Schaltwerk *unvollständig spezifiziert* : Die Eingabe $\langle x_2x_2\rangle = 11$ ist nicht vorgesehen; die entsprechenden Don't-Care-Werte lassen sich zur Minimierung verwenden. Über die KV-Diagramme des Bildes 42.8e erhält man das δ-Schaltnetz und damit das ganze Schaltwerk nach Bild 42.8f.

Obgleich Schaltwerke nach Bild 42.8a in der Praxis, vor allem in Form von Zählern, relativ häufig vorkommen, stellen sie im Sinne der Modellbildung nach Mealy oder Moore eher einen einfachen Sonderfall dar. Im allgemeinen Entwurfsfall dagegen läßt die gestellte Aufgabe dem Entwerfer noch einige Freiheit beim Festlegen der Zustände. Einen Eindruck dazu vermittelt folgende Aufgabe mit den unterschiedlichen Lösungen in den Bildern 42.9 und 42.10. Das gesuchte Schaltwerk soll an seinen drei Ausgängen taktgesteuert zyklisch die Folge

$$\langle y_1y_2y_3\rangle: \quad 011 \rightarrow 010 \rightarrow 100 \rightarrow 011 \rightarrow$$

liefern. Die Folge umfaßt vier Schritte und es liegt nahe, das Schaltwerk auf einen Mod-4-Dual-Zähler mit der Zustandsfolge

$$\langle z_1z_2\rangle: \quad 00 \rightarrow 01 \rightarrow 10 \rightarrow 11 \rightarrow$$

zu gründen. Es entsteht ein Moore-Modell, in dem das λ-Netz die Zuordnung $\langle z_1z_2\rangle \rightarrow \langle y_1y_2y_3\rangle$ vollzieht (Bild 42.9). Ein Eingangsvektor x fehlt, da die Ausgangsfolge nicht veränderbar sein soll; jedoch ist diese Besonderheit für die weitere Argumentation ohne Belang. Im Zustandsdiagramm gibt es deshalb keine Pfeilbeschriftung und keine Verzweigung an den Knoten. Neben der *Zustandscodierung* ist in den Knoten auch noch der jeweilige Ausgangsvektor notiert. Die Übergangstabelle ergibt sich höchst einfach: Zu jedem Vektor $\langle z_1z_2\rangle$ entnimmt man $\langle y_1y_2y_3\rangle$ dem betreffendem Knoten sowie $\langle v_1v_2\rangle$ dem nächsten Knoten in Pfeilrichtung. Die fünf Schaltfunktionen sind so einfach, daß sie sich auch ohne KV-Diagramm direkt angeben lassen.

Nun ist es für die gestellte Aufgabe nicht zwingend, gerade eine Folge dual codierter Zustände zu wählen. Die Lösung in Bild 42.10 basiert auf der Folge

$$\langle z_1z_2\rangle: \quad 00 \rightarrow 01 \rightarrow 11 \rightarrow 10 \rightarrow.$$

Offensichtlich werden in diesem Fall sowohl das δ-Netz als auch das λ-Netz deutlich einfacher. Leider gibt es kein allgemeines praktikables Verfahren, vorab zu entscheiden, welche Zustandscodierung zum besten Ergebnis führen wird, so daß der Entwerfer u. U. auf Erfahrung und Probieren angewiesen ist.

Daß - wie in diesem Beispiel - zwei Knoten die gleiche Ausgangscodierung tragen, hier: 011, ist keineswegs unüblich und war für die Argumentation ohne Einfluß. Allerdings verbietet diese Situation, als dritten Lösungsweg wie in Bild 42.8 vorzugehen; würde man also auf das

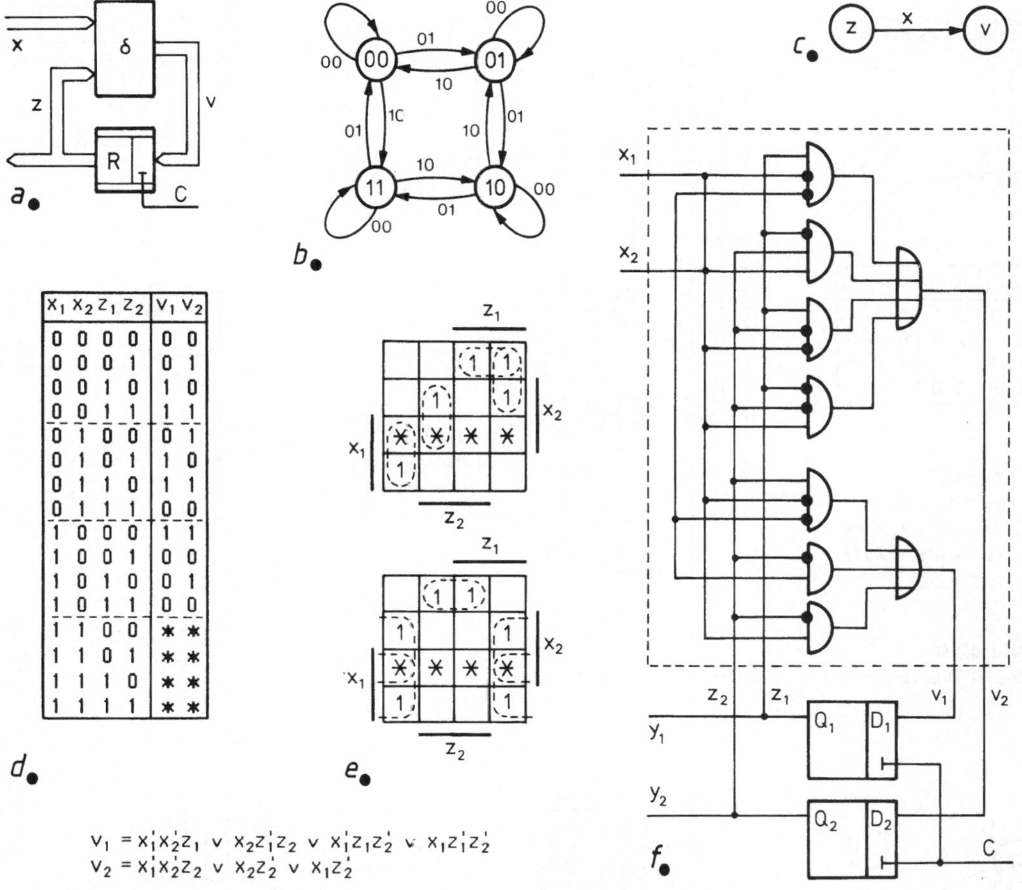

x_1	x_2	z_1	z_2	v_1	v_2
0	0	0	0	0	0
0	0	0	1	0	1
0	0	1	0	1	0
0	0	1	1	1	1
0	1	0	0	0	1
0	1	0	1	1	0
0	1	1	0	1	1
0	1	1	1	0	0
1	0	0	0	1	1
1	0	0	1	0	0
1	0	1	0	0	1
1	0	1	1	0	0
1	1	0	0	*	*
1	1	0	1	*	*
1	1	1	0	*	*
1	1	1	1	*	*

$$v_1 = x_1' x_2' z_1 \vee x_2 z_1' z_2 \vee x_1' z_1 z_2' \vee x_1 z_1' z_2'$$
$$v_2 = x_1' x_2' z_2 \vee x_2 z_2' \vee x_1 z_2'$$

a. Moore-Modell ohne λ-Netz
b. Zustandsdiagramm für Moore-Modell
c. Zustandsübergang allgemein
d. Übergangstabelle
e. KV-Diagramm für das λ-Netz
f. Schaltwerk für den Zähler

Bild 42.8.
Mod-4-Vorwärts-Rückwärts-Dual-Zähler

λ-Netz verzichten und die geforderte Ausgangsfolge direkt in der Zustandsfolge

$\langle z_1 z_2 z_3 \rangle$: $011 \to 010 \to 100 \to 011 \to$

erfassen wollen, käme es zu einer *nicht-deterministischen* Situation, bei der aus dem gleichen Zustand (hier: 011) bei nicht unterschiedener Eingabe (die hier ganz fehlt) mehrere Nachfolgezustände, hier nämlich 011 oder 010, erreichbar sein sollen.

Die Bilder 42.11 und 42.12 sollen zeigen, daß auch die Wahl zwischen Moore- und Mealy-Modellierung für den Lösungsaufwand wichtig sein kann. Die Aufgabe lautet:

Ein Schaltwerk mit einem Eingang x_1 und drei Ausgängen y_1, y_2, y_3 liefere wahlweise eine von zwei zyklischen Ausgangsfolgen:

$x_1 = 0$ ==> $\langle y_1 y_2 y_3 \rangle$: $000 \to 100 \to 011 \to$
$x_1 = 1$ ==> $\langle y_1 y_2 y_3 \rangle$:
$000 \to 110 \to 111 \to 100 \to$.

Da es fünf verschiedene Ausgangsvektoren gibt, ist - bei Moore-Modellierung - ein Zustandscode mit mindestens drei Zustandsvariablen erforderlich. Da andererseits keine gleichen Ausgangsvektoren in derselben Folge (also beim selben Eingangsvektor x) vorkommen, droht

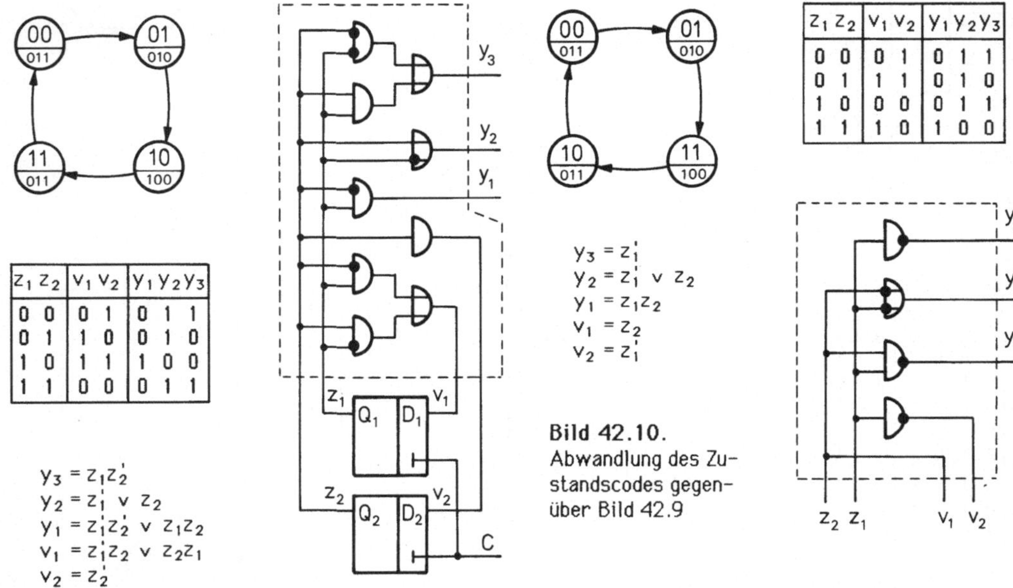

Bild 42.10.
Abwandlung des Zustandscodes gegenüber Bild 42.9

Bild 42.9.
Mod-4-Dualzähler mit λ-Schaltnetz

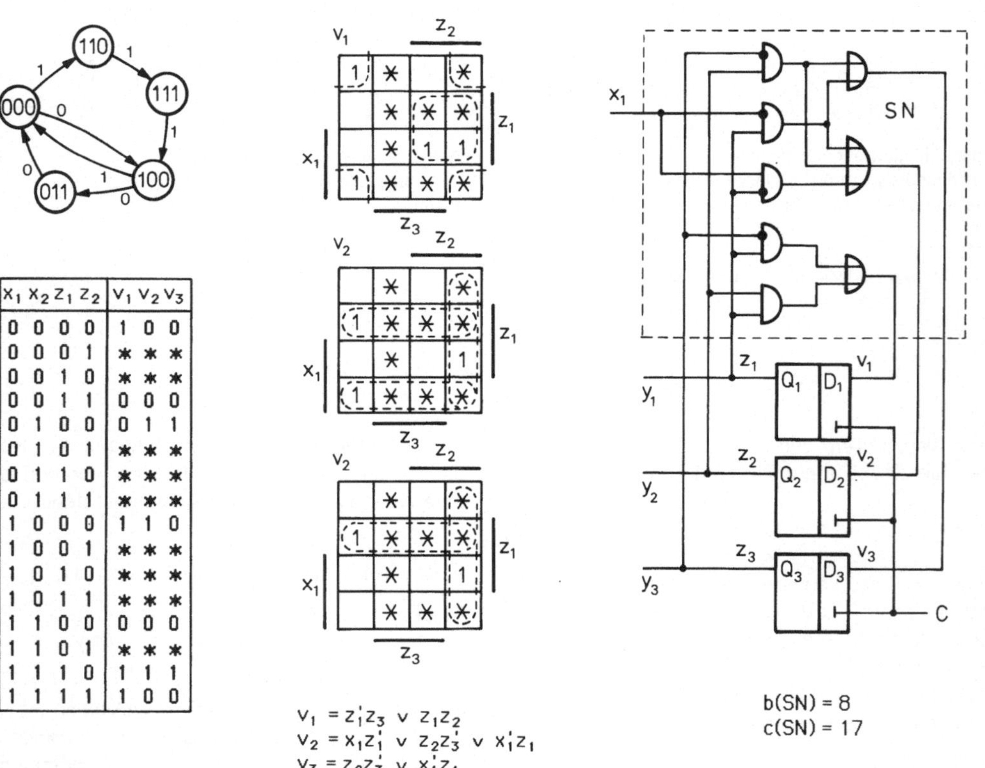

Bild 42.11.
Moore-Schaltwerk ohne λ-Netz

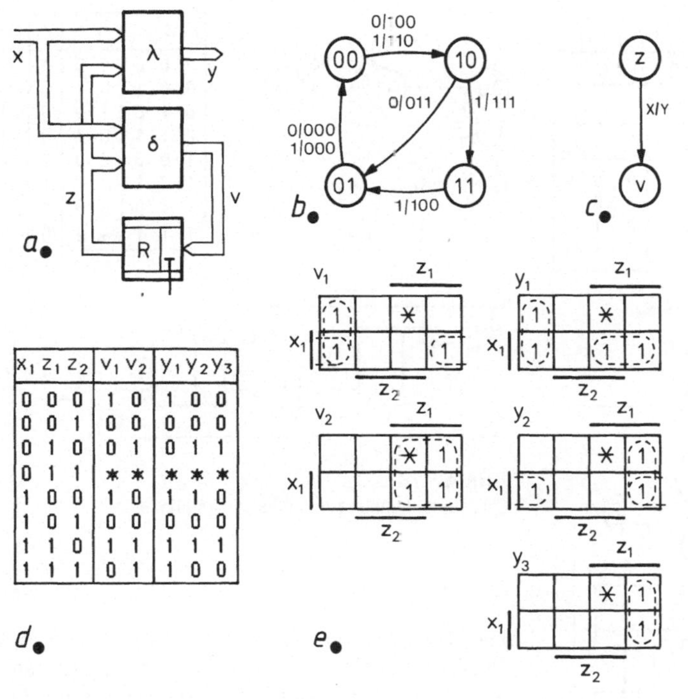

x_1	z_1	z_2	v_1	v_2	y_1	y_2	y_3
0	0	0	1	0	1	0	0
0	0	1	0	0	0	0	0
0	1	0	0	1	0	1	1
0	1	1	*	*	*	*	*
1	0	0	1	0	1	1	0
1	0	1	0	0	0	0	0
1	1	0	1	1	1	1	1
1	1	1	0	1	1	0	0

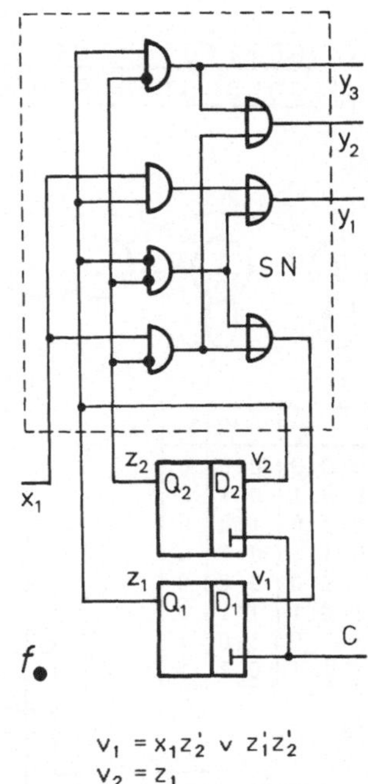

$$v_1 = x_1 z_2' \vee z_1' z_2'$$
$$v_2 = z_1$$
$$y_1 = x_1 z_1 \vee z_1' z_2'$$
$$y_2 = z_1 z_2' \vee x_1 z_2'$$
$$y_3 = z_1 z_2'$$

a. Mealy-Modell
b. Mealy-Zustandsdiagramm
c. Zustandsübergang allgemein
d. Übergangstabelle
e. KV-Diagramme
f. Schaltwerk

b(SN) = 7; c(SN) = 14

Bild 42.12.
Mealy-Schaltwerk zur Aufgabe in Bild 42.11

auch kein Nicht-Determinismus. Deshalb bietet sich das Vorgehen nach Bild 42.8 an, was zum Ergebnis nach Bild 42.11 führt.

Andererseits gibt es in jeder Folge, nur maximal vier verschiedene Ausgangsvektoren, so daß diese z.B. folgendermaßen zu Zustandsvektoren zugeordnet sein können:

$$x_1 = 0 \implies \langle z_1 z_2 \rangle : 01 \to 00 \to 10 \to$$
$$x_1 = 1 \implies \langle z_1 z_2 \rangle : 01 \to 00 \to 10 \to 11 \to .$$

Dieser Gedanke entspricht der Mealy-Modellierung (Bild 42.12a): Der Eingangsvektor x teilt dem λ-Netz - bildlich gesprochen - mit, welche der beiden Folgen gemeint ist, so daß dieses die richtige Zuordnung $\langle z_1 z_2 \rangle \to \langle y_1 y_2 y_3 \rangle$ treffen kann. Im Zustandsdiagramm sind die beiden Folgen sozusagen "übereinander gelegt". In den Knoten ist der Zustandscode notiert; die Pfeile geben nun paarweise den Eingangsvektor x und den - bei dem betreffenden Zustand z - erzeugten Ausgangsvektor y an. Je eine Zuordnung nach Bild 42.12c liefert genau eine Zeile der Übergangstabelle (Bild 42.12d). Über KV-Diagramme gewinnt man δ-Netz und λ-Netz, die zusammen etwas einfacher sind als das δ-Netz des Moore-Modells in Bild 42.11. Auch beim Mealy-Modell spielt die Wahl des Zustandscodes eine Rolle. Wie der Leser übungshalber selbst feststellen möge, führt ein Mealy-Modell mit der Zuordnung

$$x_1 = 0 \implies \langle z_1 z_2 \rangle : 00 \to 01 \to 10 \to$$
$$x_1 = 1 \implies \langle z_1 z_2 \rangle : 00 \to 01 \to 10 \to 11 \to$$

zu höherem Schaltnetzaufwand als beim Moore-Modell in Bild 42.11.

Die bisherigen Beispiele gehörten alle einem bestimmten Aufgabentyp an: Dabei dienen Eingangsvektoren quasi als Steuergröße, die eine von mehreren Zustandsfolgen aktualisiert. Diesem Aufgabentyp folgen - entsprechend komplizierter - letztlich auch die Steuerwerke für die Rechner DEMOCOM1 und DEMOCOM2 in Kapitel 3: Die Eingangsvektoren entstammen z.B. dem Befehlsregister B, während eine Folge von

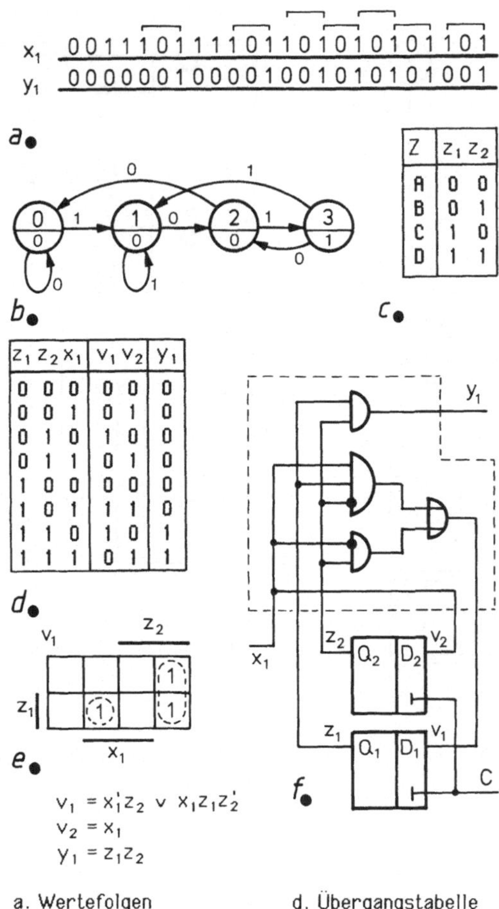

Z	$z_1 z_2$
A	0 0
B	0 1
C	1 0
D	1 1

$z_1 z_2 x_1$	$v_1 v_2$	y_1
0 0 0	0 0	0
0 0 1	0 1	0
0 1 0	1 0	0
0 1 1	0 1	0
1 0 0	0 0	0
1 0 1	1 1	0
1 1 0	1 0	1
1 1 1	0 1	1

a. Wertefolgen
b. Zustandsdiagramm
c. Zustandscodierung
d. Übergangstabelle
e. KV-Diagramm
f. Schaltwerk

Bild 42.13.
Bitfolgeerkennung mit Moore-Schaltwerk

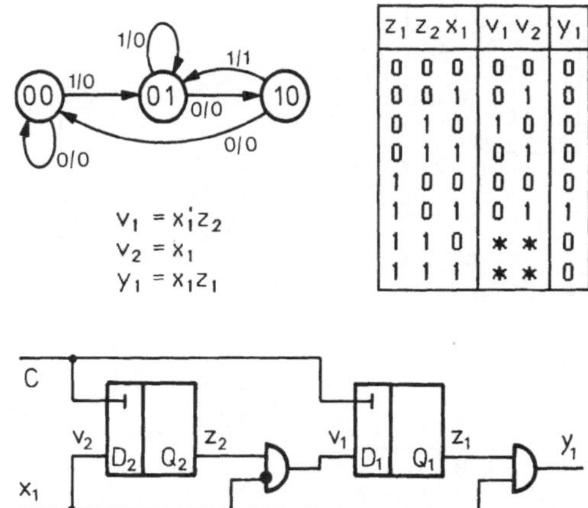

$z_1 z_2 x_1$	$v_1 v_2$	y_1
0 0 0	0 0	0
0 0 1	0 1	0
0 1 0	1 0	0
0 1 1	0 1	0
1 0 0	0 0	0
1 0 1	0 1	1
1 1 0	* *	0
1 1 1	* *	0

Bild 42.14.
Bitfolgeerkennung mit Mealy-Schaltwerk

Ausgangsvektoren zum Öffnen der Tore dienen kann. Abschnitt 4.5 wird dazu ein Beispiel diskutieren.

Dagegen stammt die Aufgabe in Bild 42.13 aus dem Bereich der Bitfolgenerkennung: Am einzigen Eingang x_1 sei eine Bitfolge angeliefert. Das Schaltwerk soll genau dann eine 1 am Ausgang liefern, wenn am Eingang die Teilfolge $1 \to 0 \to 1$ vorgelegen hat. Wie am Bild 42.13a erkenntlich, können sich die Teilfolgen überlappen. Bei solchem Aufgabentyp ist über die Art der Zustände – abgesehen von einer Mindestanzahl, hier: 3 – nichts vorgegeben. Das Moore-Modell in Bild 42.13b nimmt einen Zustand, genannt: A, für die Aufeinanderfolge von Eingangswerten $x_1 = 0$ an. Die zu erkennende Teilfolge $1 \to 0 \to 1$ wird durch die Zustände B, C und D erfaßt. Die Überlappung äußert sich im Pfeil von Zustand D nach Zustand C. Bei der willkürlich gewählten Zustandscodierung in Bild 42.13c entstehen die Übergangstabelle und das Schaltnetz in Bild 42.13f. Die Schaltfunktionen v_2 und y sind auch ohne KV-Diagramm leicht angebbar. Zum Vergleich ist in Bild 42.14 eine – hier günstigere – Lösung mit Mealy-Modell gezeigt. Das Schaltwerk ist ausnahmsweise gestreckt gezeichnet, da sich dann gut nachvollziehen läßt, wie die Folge $1 \to 0 \to 1$ abgespeichert wird.

Bild 42.15 schließlich bietet mit dem *Schieberegister* noch einen weiteren Lösungsweg an. Es ist ein Moore-Schaltwerk mit kettenförmig aneinandergehängten Zeitgliedern. Bemerkenswert ist der Gegensatz zwischen aufwendigem und hier wenig hilfreichem Zustandsdiagramm und dem – zu einem Leitungsbündel entarteten – extrem einfachem δ-Schaltnetz. Beim Beispiel der Bitfolgeerkennung wird die Eingangsfolge durch das Schieberegister hindurchgeschoben. Ein einfaches UND-Glied genügt, wie im Bild 42.15 gestrichelt gezeigt, um die gewünschte Teilfolge zu erkennen.

Wesentliche Erkenntnis dieser Beispiele soll sein, daß ein Entwerfer im allgemeinen zunächst kaum abschätzen kann, welches Grundmodell (Mealy / Moore), welche Zustandsanzahl oder welche Zustandscodierung zum geringsten Gesamtaufwand führen. Bei größeren Schaltwerken ist ein zielstrebiger Entwurfsablauf deswegen nur durch Verzicht auf einige Entwurfsfreiheiten möglich; siehe dazu Abschnitt 4.5 über komplexe Schaltwerke.

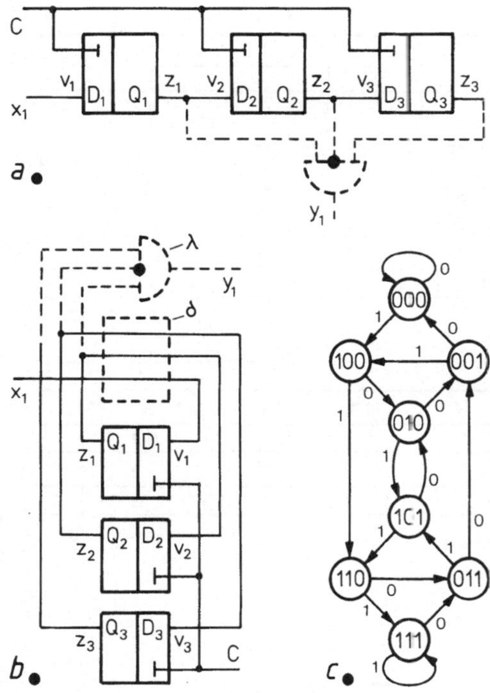

a. Gestreckte Darstellung
b. Form des Moore-Modells
c. Zustandsdiagramm

Bild 42.15.
Schieberegister mit UND-Glied zur Bitfolgeerkennung

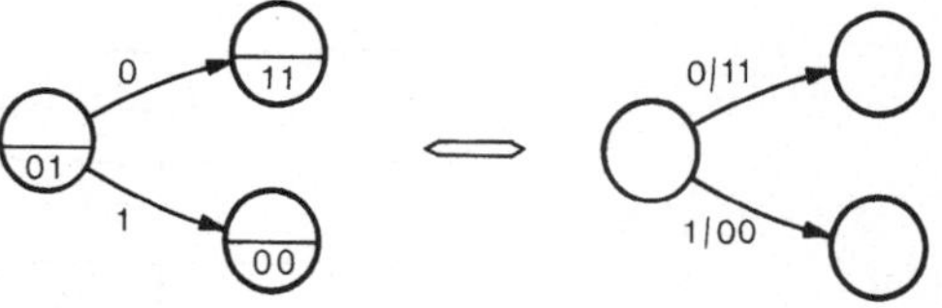

Bild 42.16.
Gleiche Zustandsübergänge im Moore- und im Mealy-Modell

4.2.5 Zeitrasterung bei Mealy- und Moore-Modellen

Das Bild 42.6 zeigt, wie dieselben Zustandsübergänge sich einerseits in Moore- und andererseits im Mealy-Modell äußern; man suche zur Veranschaulichung entsprechende Übergänge z.B. in den Bildern 42.11 und 42.12 auf. Offensichtlich verlagert sich die Ausgangsangabe im Knoten eines Moore-Modells beim Wechsel zum Mealy-Modell an einen vom Vorgängerknoten ausgehenden Pfeil. Daher ist die Ausgangsfolge eines Mealy-Modells gegenüber der eines äquivalenten Moore-Modells um einen Takt verschoben. Bild 42.17 bringt dazu ein einfaches Beispiel; man achte auf die Numerierung der Ausgangsvektoren.

Erfahrungsgemäß ruft dieser Zeitversatz nicht selten Verwirrung hervor, die sich z.B. in folgender Frage äußert: "Wieso führt der Fortfall der gestrichelten Verbindung in Bild 42.3b, also der Übergang vom Mealy- zum Moore-Modell, zu einer Verzögerung der Ausgabe um eine Taktimpulsperiode ?"

Allerdings ist diese Frage falsch gestellt! Beim Mealy-Modell beeinflußt ein Eingabevektor x die Ausgabe y zeitlos direkt über das λ-Netz. Darüber hinaus wirkt dieser Vektor x aber auch über das δ-Netz auf den Nachfolgezustand ein, und er liefert somit auch in den nachfolgenden Taktimpulsperioden immer wieder einen Beitrag zur Ausgabe. Beim Moore-Modell nach Def.42.2 und Bild 42.3b wird jedoch <u>per Definition</u> ein direkter Einfluß des Eingabevektors x auf die Ausgabe y ausgeschlossen und nur eine Auswirkung in den nachfolgenden Taktimpulsperioden zugelassen. Daher kann sich die Änderung eines Eingangsvektors natürlich frühestens zum nächsten Taktzeitpunkt auswirken. Eine bessere Fragestellung lautet also: "Wie sieht ein Schaltwerk aus, das – abgesehen vom unvermeidlichen Zeitversatz um eine Taktimpulsperiode – das gleiche Verhalten zeigt wie das Mealy-Schaltwerk ?" Die Antwort ergibt sich aus der Art der Verhaltensbeschreibung, wie z.B. zuletzt im Moore-Zustandsdiagramm nach Bild 42.17.

Es läßt sich zeigen, daß zu jedem Mealy-Modell ein – abgesehen vom Zeitversatz – äquivalentes Moore-Modell angebbar ist (und umgekehrt). Die Umwandlungsregeln basieren auf Bild 42.16. Details finden sich z.B. in [4.17]. Die Zustandsanzahl eines Moore-Schaltwerks ist größer oder mindestens gleich der Zustandsanzahl eines äquivalenten Mealy-Schaltwerks. Der Zeitversatz läßt sich – sofern im Anwendungsfall wünscheswert – durch ein Zeitglied R_λ ausgleichen; dadurch wird das Zeitverhalten des Mealy-Schaltwerks vollständig dem des Moore-Schaltwerks gleich (Bild 42.18). Ein Entwerfer steht dann vor der Entscheidung, ob ihm ein Mealy-Modell (mit zusätzlichem Zeitglied R_λ) aufwandsgünstiger erscheint als ein Moore-Modell (mit mehr Zuständen).

Man kann anzweifeln, ob eigentlich Def.42.2 der einzige vernünftige Ansatz zu Schaltwerksmodellen ist. Tatsächlich macht ja die mathe-

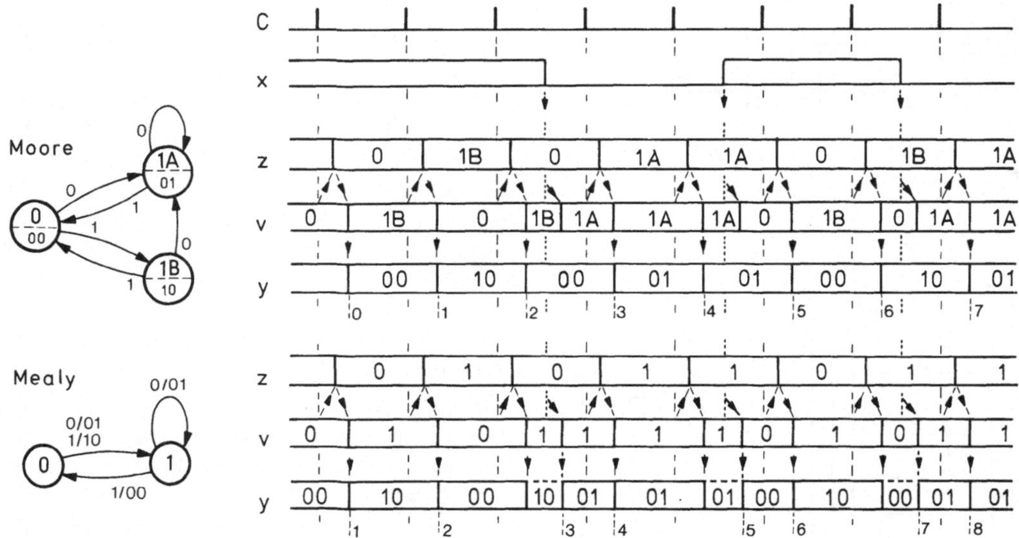

Bild 42.17.
Zeitrasterung in äquivalenten Moore- und Mealy-Modellen

matisch orientierte Def.42.3 keinen Unterschied zwischen gegenwärtigem und nächstem Zustand. Denkbar und manchmal auch in Gebrauch ist daher

Def.42.5:

$v = \delta(z,x)$ *Überführungsfunktion*

$y = \lambda^*(v,x)$ *Ausgangsfunktion (Mealy*)*

$y = \lambda^*(v)$ *Ausgangsfunktion (Moore*)*

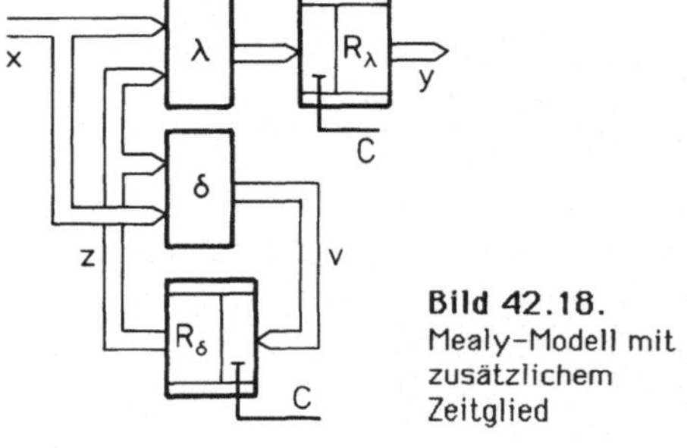

Bild 42.18.
Mealy-Modell mit zusätzlichem Zeitglied

Bild 42.19 links veranschaulicht das - hier so bezeichnete - Mealy*-Modell. Denkt man sich das δ-Netz doppelt ausgeführt, läßt sich die Ausgabe y durch ein Schaltnetz, bestehend aus δ und λ*, erzeugen. Die Struktur in Bild 42.19 rechts hat dann die Form eines Mealy-Modells nach Def.42.2.

Das Moore*-Modell nach Def.42.5 in Bild 42.20a wäre nach Def.42.2 ein Mealy-Modell, denn die Eingabe x kann zeitlos auf die Ausgabe y einwirken. Trotzdem geben manche Autoren ihm eine eigenständige Bedeutung. Ursache ist oft folgende Formulierung:

> "Beim Mealy-Modell hängt die Ausgabe vom gegenwärtigen Zustand und von der gegenwärtigen Eingabe ab (z.B. in Bild 42.17: Zustand 0 und Eingabe 1 liefert die Ausgabe 10). Dagegen ist die Ausgabe des Moore-Modells nur vom Folgezustand geprägt (z.B. gehört in Bild 42.17 zum gegenwärtigen Zustand 0 bei der Eingabe 1 der Folgezustand 1B, und dieser erzeugt die Ausgabe 10)."

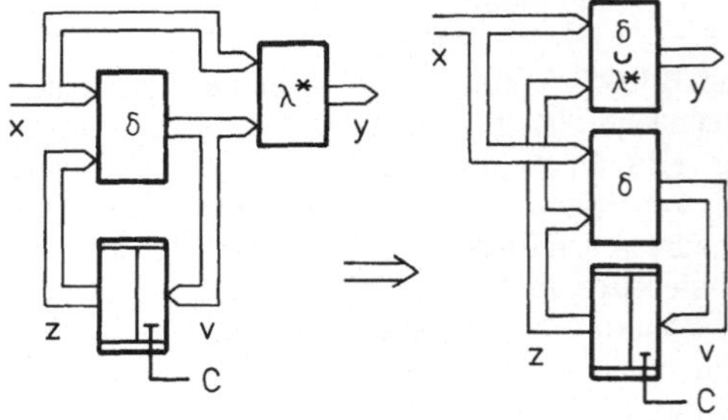

Bild 42.19.
Mealy*-Modell (ohne eigenständige Bedeutung)

Def.42.2 benutzt als Zeitbezugspunkt das Auftreten eines Taktimpulses und beschreibt ein Verhalten für den Fall, daß ein Folgezustand, abhängig von der Eingabe, durch einen eingetroffenen Taktimpuls zum neuen gegenwärtigen Zustand geworden ist. Dagegen orientiert sich

Def.42.5 am Eintreffen einer neuen Eingabe und beschreibt, welchen Folgezustand das Schaltwerk beim Auftreten eines Taktimpulses deshalb erreichen wird. Dieser Zusammenhang wird z.B. im Bild 42.20b durch die Art der Beschriftung betont. Der Leser kann sich leicht selbst davon überzeugen, daß dieses Zustandsdiagramm exakt das gleiche Verhalten beschreibt wie jenes des Mealy-Diagramms in Bild 42.17.

Für den Entwickler eines Schaltwerks ergibt sich damit eine weitere Alternative: Er kann für eine Aufgabe sowohl ein Mealy- als auch ein Moore-Schaltwerk nach Def.42.2 entwerfen und im Aufwand vergleichen. Wenn er sich dabei für die Moore-Lösung entscheidet, kann er deren λ-Netz wie in Bild 42.20a anschliessen, und er erreicht dann auch das gleiche Zeitverhalten wie beim Mealy-Schaltwerk. In der Praxis jedoch sehen die meisten Entwickler die Moore-Modellierung nach Def.42.2 und Bild 43.2 als am übersichtlichsten an: Vor einem Taktimpuls bereiten ein gegenwärtiger Zustand und eine Eingabe einen Nachfolgezustand vor; dieser wird beim Eintreffen des nächsten Taktimpulses eingenommen und garantiert – unabhängig von weiteren Wechseln bei der Eingabe – stabile Ausgangswerte bis zum übernächsten Taktimpuls.

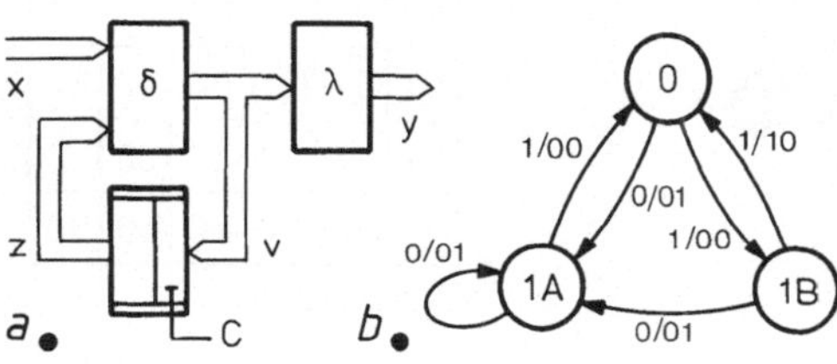

a. Moore*-Modell allgemein
b. Moore*-Schaltwerk zu Bild 42.17

Bild 42.20.
Moore*-Modell

4.3 Nicht-getaktete Schaltwerke

Schaltwerke sind auch mit nicht-getakteten Zeitgliedern realisierbar. Allerdings läßt sich der zeitliche Ablauf dann oft sehr viel schwieriger überblicken und sicher beherrschen. Daher sind nicht-getaktete Schaltwerke für komplexe Aufgaben kaum einsetzbar, und sie beschränken sich auf Abwendungsgebiete, bei denen sich eine Rasterung durch Takte von selbst verbietet.

Abschnitt 4.3.1 ergänzt die von den getakteten Schaltwerken gewohnten *Darstellungsmittel* und führt den Unterschied von *stabilen* und *instabilen Zuständen* ein.

Abschnitt 4.3.2 befaßt sich mit *Hasards*, also mit dem Problem der Laufzeitdifferenzen und der dadurch beschworenen Gefahr unbeabsichtigten Fehlverhaltens der Schaltwerke.

Abschnitt 4.3.3 zeigt exemplarisch den *Entwurf* nicht-getakteter Schaltwerke mit Hilfsmitteln wie *primitive Flußtafel, Zustandsreduktion* und *Zustandsverschmelzung*.

Abschnitt 4.3.4 bringt mit den *Flipflops* ein Hauptanwendungsgebiet für nicht-getaktete Schaltwerke, und er zeigt deren Bedeutung u.a. auch als Zeitglieder in getakteten Schaltwerken.

4.3.1 Analyse und Darstellungsmittel

Im Bild 42.2b wurde ein Schaltwerk vorgestellt, das trotz fehlender getakteter Zeitglieder sinnvoll verwendbar und z.B. unter der Bezeichnung *NOR-Basis-Flipflop* weit verbreitet ist. Bild 43.1 wiederholt dieses Modell, wobei ein Zeitglied mit von Null verschiedener Laufzeit τ eingeführt ist; das Schaltnetz SN selbst arbeitet verzögerungsfrei. Wechselt – gegenüber der Situation in Bild 43.1a – die Eingangsvariable x_1 ihren Wert, folgen deshalb die Wechsel der Variablen y_2 und v_1 verzögerungslos: es entsteht zwischenzeitlich der *instabile Zustand* in Bild 43.1b, erkenntlich an der Situation $v_1 \neq z_1$. Nach Ablauf der Verzögerung τ wird auch $z_1 = 1$; diese Änderung wirkt auf das Schaltnetz zurück, allerdings ohne Einfluß auf v_1. Es ist der nächste stabile Zustand nach Bild 43.1c erreicht. Allgemein gilt:

Def.43.1:

> Der Zustand eines nicht-getakteten Schaltwerks mit m Zustandsvariablen z_i bzw. v_i heißt *stabil* g.d.w., $v_i = z_i$ für alle i; $1 \leq i \leq m$

Zur vollständigen Analyse des NOR-Basis-Flipflops sei dessen Schaltnetz untersucht: Über die Booleschen Ausdrücke und die KV-Diagramme läßt sich die Übergangstabelle aufstellen. Diese Überlegung hängt von der Art der Zeitsteuerung nicht ab, so daß man – wie bei den getakten Schaltwerken – auch ein Zustands-

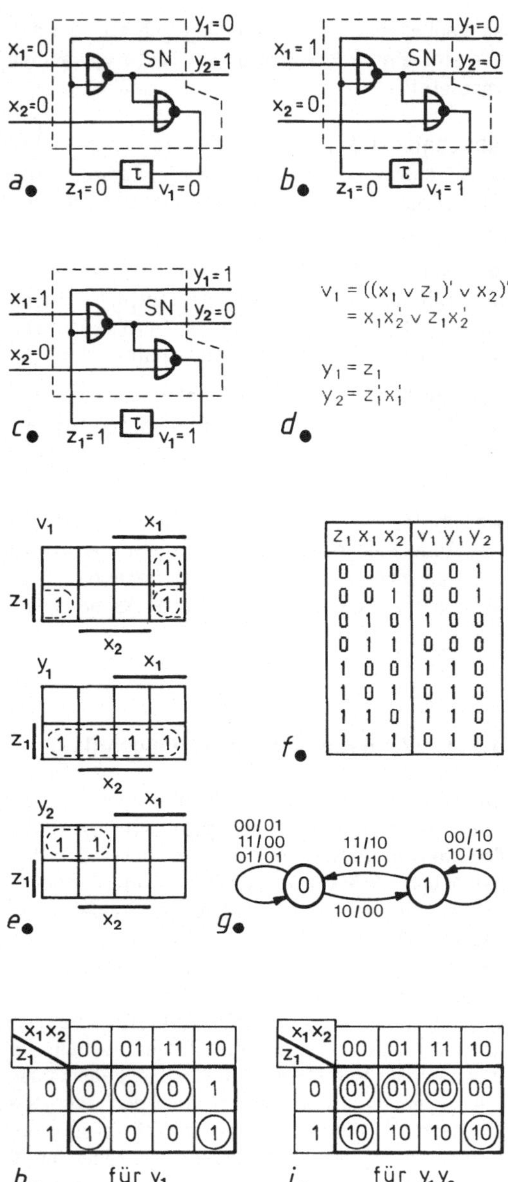

$z_1\ x_1\ x_2$	$v_1\ y_1\ y_2$
0 0 0	0 0 1
0 0 1	0 0 1
0 1 0	1 0 0
0 1 1	0 0 0
1 0 0	1 1 0
1 0 1	0 1 0
1 1 0	1 1 0
1 1 1	0 1 0

f

z_1 \ x_1x_2	00	01	11	10
0	(0)	(0)	(0)	1
1	(1)	0	0	(1)

h. für v_1

z_1 \ x_1x_2	00	01	11	10
0	(01)	(01)	(00)	00
1	(10)	10	10	(10)

i. für y_1y_2

a. Stabiler Zustand $z_1 = v_1 = 0$
b. Instabiler Zustand $z_1 \neq v_1$
c. Stabiler Zustand $z_1 = v_1 = 1$
d. Schaltfunktionen
e. KV-Diagramme
f. Übergangstabelle
g. Zustandsdiagramm (Mealy)
h. Flußtafel, für v_1
i. Ausgangstafel, für y_1, y_2

Bild 43.1.
Analyse des NOR-Basis-Flipflops als Mealy-Schaltwerk

diagramm angeben kann (Bild 43.1g). Ein schleifenförmiger Pfeil veranschaulicht einen – unter der angeschriebenen Eingangsbelegung – stabilen Zustand. Dagegen ist ein Zustand instabil, wenn der betreffende Pfeil auf einen anderen Zustand führt.

Besonders gebräuchlich ist bei nicht-getakteten Schaltwerken auch die *Flußtafel* (Bild 43.1h). Sie ist eine modifizierte Form der Übergangstabelle. Die Eingangsbelegungen x sind horizontal, die Zustände z vertikal angeordnet. In der dadurch definierten Matrix sind die jeweils nächsten Zustände v eingetragen. Ein stabiler Zustand, erkenntlich an $v = z$, wird durch Einkreisen hervorgehoben. Übergangstabelle, Zustandsdiagramm und Flußtafel enthalten die gleiche Aussage; die beiden letzten Formen lassen gut das Ablaufverhalten erkennen, wobei die Flußtafel besonders gut auch nach Eingangsverhalten differenziert. Die Flußtafel wird ergänzt um die nach gleicher Art aufgebaute *Ausgangstafel*. Oft – so auch hier – lassen sich Eingangsvariable und Zustandsvariable in gleicher Weise wie bei den KV-Diagrammen anordnen, was bei der Schaltwerksynthese einige Schreibarbeit ersparen kann.

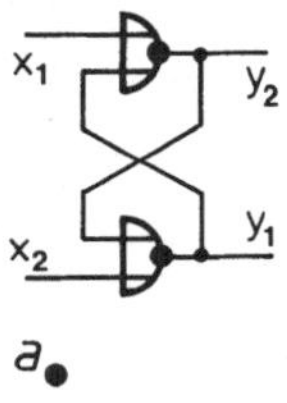

z_1z_2 \ x_1x_2	00	01	11	10	y_1y_2
00	~~11~~	01	(00)	10	00
01	(01)	(01)	00	00	01
11	~~00~~	~~00~~	~~00~~	~~00~~	
10	(10)	00	00	(10)	10

c

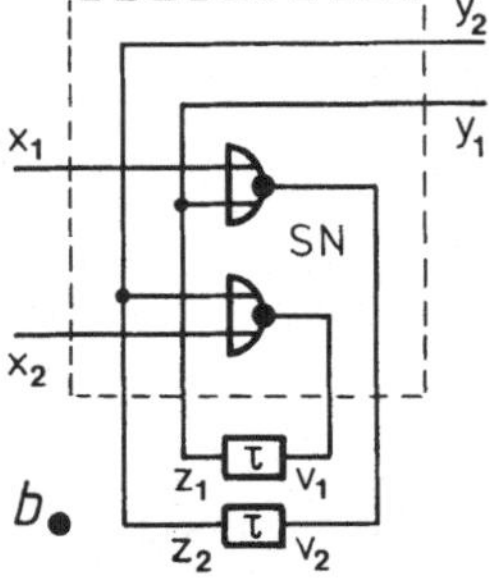

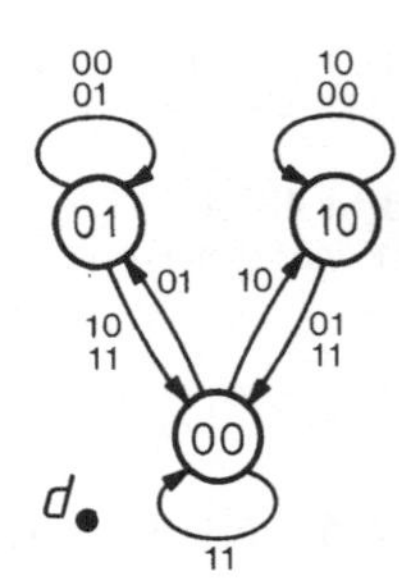

a. Anwenderübliche Darstellung
b. Moore-Modell
c. Flußtafel und Ausgangstafel
d. Zustandsdiagramm

Bild 43.2.
NOR-Basis-Flipflop als Moore-Modell

Offensichtlich ist das NOR-Basis-Flipflop in Bild 43.1 als Mealy-Schaltwerk modelliert. In der Praxis gebräuchlich ist dagegen die symmetrische Darstellung nach Bild 43.2a. Ihr entspricht das Moore-Modell in Bild 43.2b mit zwei Zustandsvariablen. Daraus lassen sich alle Darstellungsformen genau so wie beim Mealy-Modell ermitteln. Angegeben sind hier der Kürze halber nur Zustandsdiagramm und Flußtafel. Da die Ausgangsbelegungen beim Moore-Modell von der Eingangsbelegung nicht abhängen, schrumpft die Ausgangstafel auf eine Spalte zusammen, die man am besten direkt der Flußtafel anfügt (Bild 43.2c). Die Schaltnetzanalyse liefert für die Flußtafel einige irrelevante Angaben:

— : Aus den stabilen Zuständen dieser Zeile (hier: $\langle z_1 z_2 \rangle = 00$) ist der betreffende instabile Zustand (hier: $\langle v_1 v_2 \rangle = 11$) nur durch gleichzeitigen Wertewechsel an mehr als einer Eingangsvariablen erreichbar; dies ist - wie der nächste Abschnitt zeigt - aber problematisch.

═ : Der betreffende Zustand $\langle z_1 z_2 \rangle$ (hier: 11) ist überhaupt nicht möglich, da es in der Matrix keinen entsprechenden erreichbaren Zustand $\langle v_1 v_2 \rangle$ (hier: 11) gibt.

4.3.2 Nicht-getaktete Zeitglieder; Hasards

Die wesentliche Änderung gegenüber getakteten Schaltwerken liegt offenbar in der Art der Zeitglieder. Wie in Bild 43.2a angedeutet, sind in realen nicht-getakteten Schaltwerken solche Zeitglieder als eigenständige Funktionseinheiten überhaupt nicht vorhanden. So könnte man meinen, daß nicht-getaktete Schaltwerke letztlich einfacher sind als die getakteten Formen. Tatsächlich bringt aber gerade das Fehlen von Takten etliche Schwierigkeiten und Einschränkungen mit sich, die letztlich alle auf das Problem des Hasards zurückführen:

Zunächst sei die Zeitmodellierung von Abschnitt 4.3.1 etwas genauer begründet. Jedes reale, also tatsächlich gefertigte, Verknüpfungsglied hat, elektrotechnisch bedingt, eine Laufzeit. Falls dieser Umstand wichtig ist, sei dies symbolisch durch eine Doppelgrundlinie betont (Bild 43.3a). Für viele Untersuchungen reicht dazu das Modell nach Bild 43.3b; es teilt das reale Verknüpfungsglied in einen verzögerungslosen Teil mit nachgeschaltetem Zeitglied auf. Mit den naheliegenden Transformations-

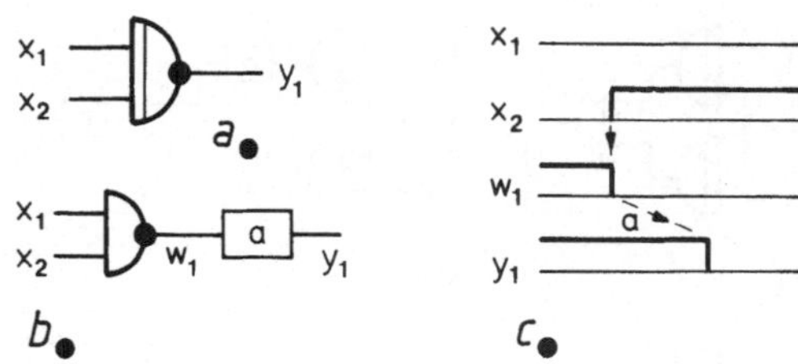

a. Reales Verknüpfungsglied
b. Modell des realen Verknüpfungsglieds
c. Zeitdiagramm zum Modell

Bild 43.3.
Modell für ein reales Verknüpfungsglied

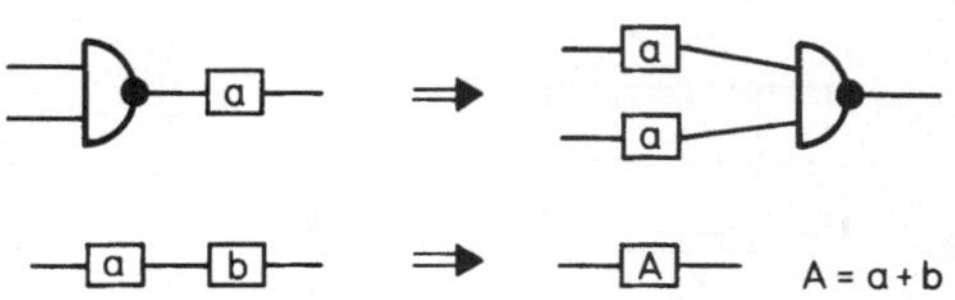

Bild 43.4.
Transformationsregeln

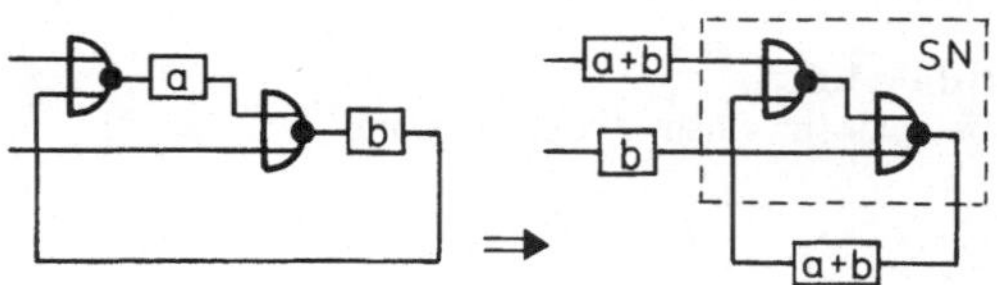

Bild 43.5.
Anwendung der Transformationsregeln beim NOR-Basis-Flipflop

regeln in Bild 43.4 läßt sich z.B. das NOR-Basis-Flipflop von Bild 43.5a als verzögerungsloses Schaltnetz SN nebst Zeitglied in der Rückkopplung darstellen. Abgesehen von den zusätzlichen Zeitgliedern an den Eingängen ist also die übliche Modellierungsform des Schaltwerks wieder erreicht. Im weiteren diene die Bezeichnung der Zeitglieder - hier durch Klein- oder Großbuchstaben - gleichzeitig auch als Variablenname für die betreffende Laufzeit.

Bild 43.6 stellt die Einzelheiten einer Hasardsituation zusammen. Die realen Verknüpfungsglieder werden über das Modell des Teilbilds b in die Struktur von Teilbild c transformiert. Falls $\mathbf{a} > \mathbf{b}$ führt der Wechsel an x_2 für die Zeitdauer $\mathbf{C} = \mathbf{a} - \mathbf{b}$ zum - funktionell eigentlich nicht beabsichtigten - Ausgangswert $y_1 = 0$. Dazu gilt:

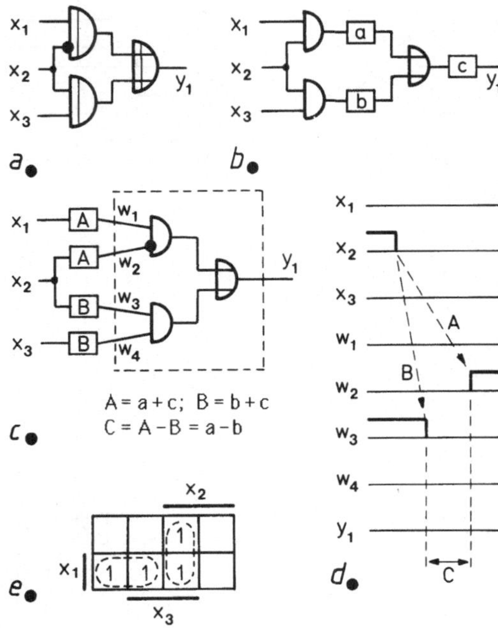

a. Netz mit realen Gliedern
b. Modellierung der Zeit
c. Transformationsergebnis
d. Zeitablauf mit Hasardfehler
e. Hasardsituation im KV-Diagramm

Bild 43.6.
Beispiel für einen Strukturhasard

Def.43.2:

> Ein *Hasard* ist die Gefahr zwischenzeitlichen Auftretens von falschen Ausgangsbelegungen. Ein tatsächlich entstehendes Fehlverhalten heißt *Hasardfehler*.

Ob ein Hasard auch tatsächlich zum *Hasardfehler* führt, hängt von Laufzeitzufälligkeiten ab. In Bild 43.6 träte für **a** < **b** kein Hasardfehler auf. Bild 43.7 macht drei *Erscheinungsformen von Hasards* deutlich: Man spricht von *statischen* ***0****-Hasards*, wenn am Ausgang durchgehend der Binärwert **0** erwartet wird, tatsächlich aber zwischendurch – auch mehrfach – der Wert **1** eintreten kann. Gleiches gilt sinngemäß für den *statischen* ***1****- Hasard*. Beim *dynamischen Hasard* dagegen ist eigentlich ein einmaliger Wertewechsel erwartet.

Hasards lassen sich nicht nur nach Erscheinungsformen sondern auch nach *Hasardursachen* unterscheiden; speziell dabei nach *Strukturhasard* und *Funktionshasard*.

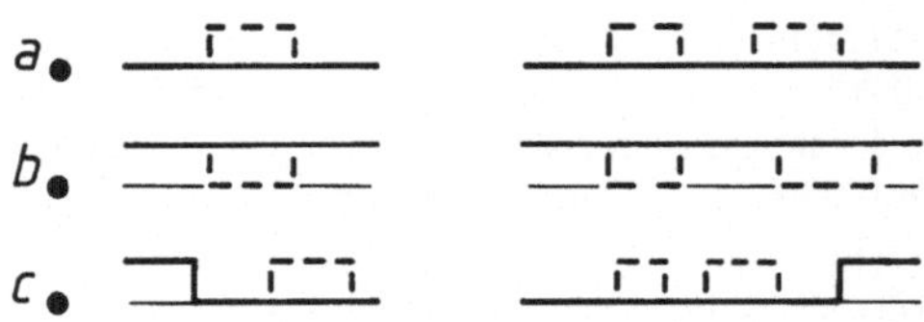

Durchgezogene dicke Linie : Sollverhalten
Gestrichelte dicke Linie : Hasardverhalten

a. Statische 0-Hasards
b. Statische 1-Hasards
c. Dynamische Hasards

Bild 43.7.
Erscheinungsformen von Hasards

Def.43.3:

> Ein *Strukturhasard* ist die Gefahr von Hasardfehlern, die durch Wertewechsel an nur einem Eingang entsteht.

Ein Strukturhasard ist im KV-Diagramm an nicht-überlappenden Schleifen erkennbar. Er ist eine Eigenschaft der gewählten Struktur, und er läßt sich immer durch Hinzunahme eines überlappenden UND-Terms, also durch eine Strukturmaßnahme, beseitigen (im Bild 43.6 durch den Term x_1x_3).

Def.43.4:

> Ein *Funktionshasard* ist die Gefahr von Hasardfehlern, die durch gleichzeitigen Wertewechsel an mindestens zwei Eingängen entsteht.

Wie im Bild 43.8 im KV-Diagramm angedeutet, gibt es im allgemeinen bei einem Wertewechsel an mindestens zwei Eingängen auch mindestens zwei Umschaltreihenfolgen, von denen mindestens eine zu einem zwischenzeitlichen Wertewechsel am Ausgang führt. Eine Schaltfunktion hat bestimmte, durch Strukturmaßnahmen nicht entfernbare und daher unvermeidliche Funktionshasards.

Voraussetzung für Hasards ist, wie in Bild 43.9 schematisch dargestellt, ein Wettlauf zwischen mindestens zwei Signalwechseln, wozu sich mindestens zwei Ausbreitungswege vereinigen müssen.

Obwohl Hasards bereits in Schaltnetzen auftreten, wirken sie sich erst in ungetakteten Schaltwerken negativ aus. Bild 43.10 unterscheidet dazu drei *Hasardtypen* aus Sicht ihrer Zuordnung zu Eingangs- oder Zustandsvariablen.

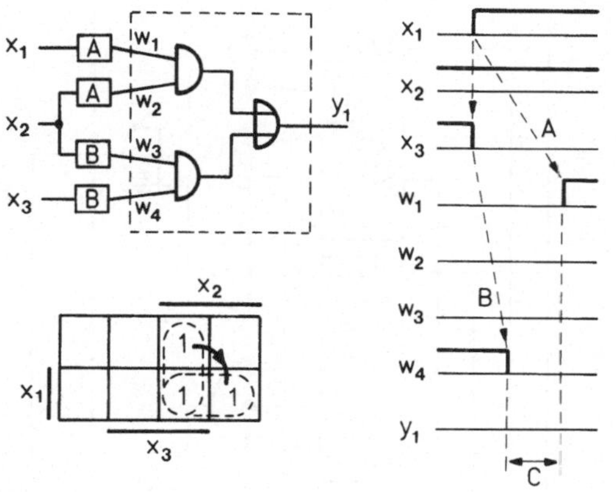

Bild 43.8.
Beispiel für einen Funktionshasard

Bild 43.9.
Notwendige Teilstruktur für Strukturhasards (links) und Funktionshasards (rechts)

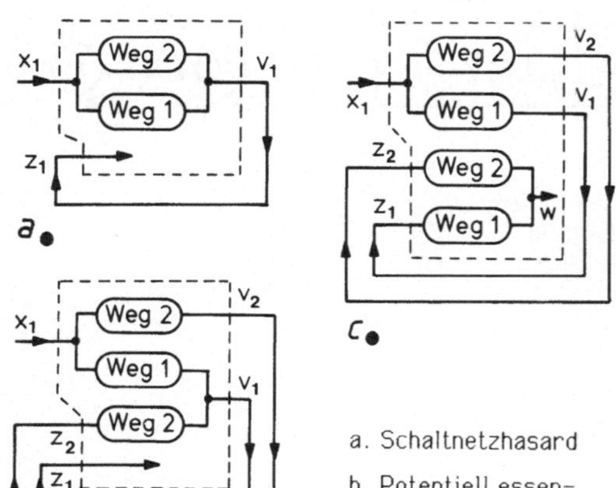

a. Schaltnetzhasard

b. Potentiell essentieller Hasard

c. Wettlauf (Race)

Bild 43.10.
Hasardtypen in Schaltwerken

a. Beim *Schaltnetzhasard* verzweigen und vereinigen sich die Ausbreitungswege einer Eingangs- oder Zustandsvariablen innerhalb des Schaltnetzes SN. Es handelt sich um einen Strukturhasard, der durch Strukturmaßnahmen entfernbar ist.

b. Wenn sich der Weg 2 erst über eine Rückkopplung mit Weg 1 vereinigt, entsteht aus Sicht des Schaltnetzes SN ein Funktionshasard. Wenn der dadurch eventuell hervorgerufene Hasardfehler das Schaltwerk in einen unerwünschten Zustand bringt, liegt ein *essentieller Hasard* vor; sonst heißt dieser Funktionshasard *inessentiell*. Bild 43.10b charakterisiert also eine notwendige – nicht eine hinreichende – Bedingung für den essentiellen Hasard. Fast alle praktisch verwendeten Schaltwerke weisen solche essentiellen Hasards auf; sie funktionieren nur deshalb, weil die Laufzeit über Weg 1 kürzer ist als über Weg 2 und sich daher ein Hasardfehler nicht ausbildet.

c. Eine weitere Form des Funktionshasards, genannt: *Wettlauf* (englisch: *race*), entsteht, wenn beide Wege über je eine Rückkopplung laufen. Wenn der entsprechend mögliche Hasard einen unerwünschten Zustand bewirken kann, heißt der Wettlauf *kritisch* (*critical race*), sonst heißt er *unkritisch*. Bild 43.10c gibt also die für einen Wettlauf hinreichende, für einen kritischen Wettlauf notwendige Bedingung wieder. Der Vereinigungspunkt w liegt ebenfalls in einer Rückkopplung (sonst wäre w ein Ausgang!); das Signal w wirkt also entweder auf v_1 bzw. v_2 oder auf eine dritte Zustandsvariable ein. Für unkritische Wettläufe ist es hinreichend, daß sich bei den Zustandsübergängen der Wert nur einer Zustandsvariablen ändert. Dies ist in vielen Fällen durch geeignete Zustandscodierung erreichbar.

Bild 43.11a bringt ein Schaltwerk, in dem alle drei Hasardtypen vorkommen. Den Verknüpfungsgliedern, auch den NICHT-Gliedern, sind die Zeitglieder **a** bis **k** zugeordnet. Mit den Transformationsregeln nach Bild 43.4 entsteht das Modell von Bild 43.11b; dabei ist das UND-Glied 5 wegen der unterschiedlichen Verzögerungen in den Zeitgliedern **a** und **b** doppelt darzustellen. Der verzögerungslose Teil des Schaltnetzes ist durch die Schaltfunktionen in Bild 43.11c wiedergebbar; die UND-Terme sind passend numeriert. Über die KV-Diagramme gewinnt man direkt die Flußtafel und daraus auch das Zustandsdiagramm.

Am KV-Diagramm sind an den nicht-überlappenden Schleifen zu den UND-Termen 5, 6 und 7 sofort zwei *Schaltnetzhasards* zu erkennen. Man könnte sie leicht durch den zusätzlichen UND-Term $z_1' z_2$ beseitigen.

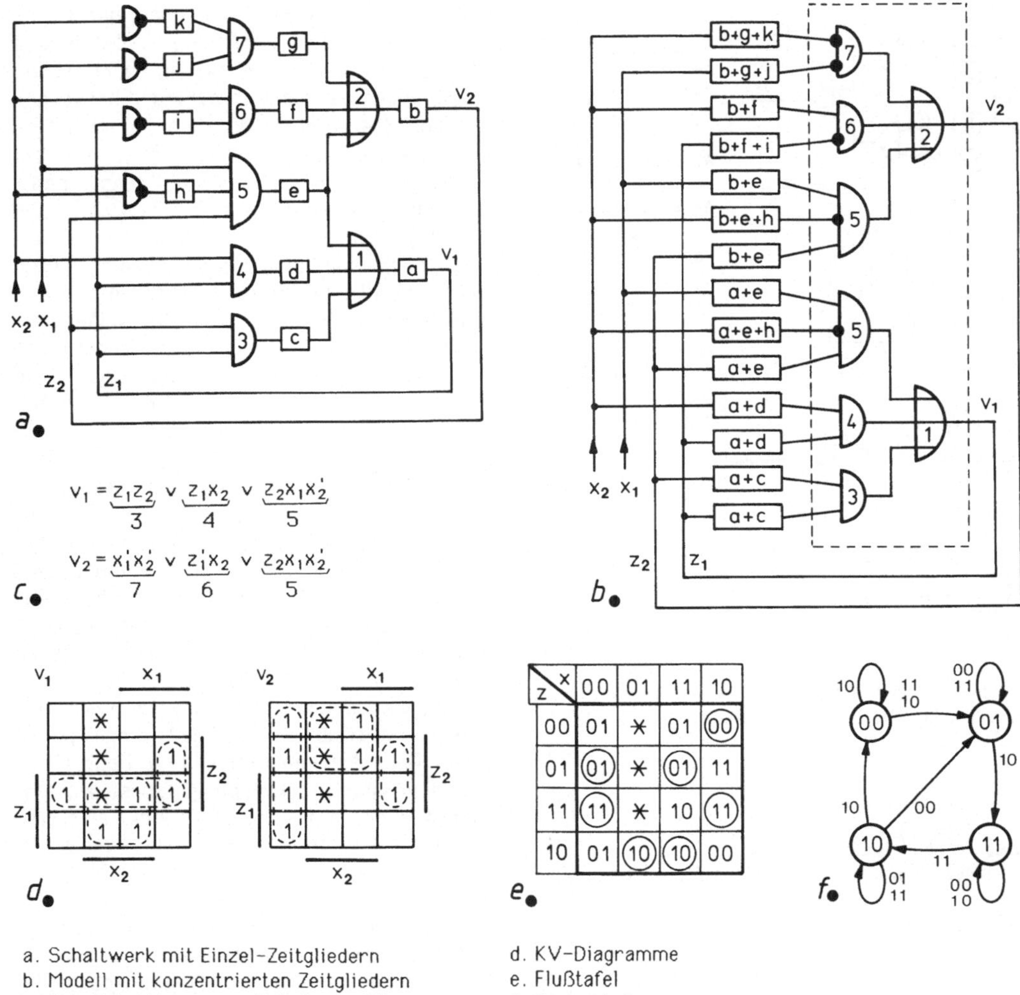

a. Schaltwerk mit Einzel-Zeitgliedern
b. Modell mit konzentrierten Zeitgliedern
c. Schaltfunktionen zum Schaltnetz SN
d. KV-Diagramme
e. Flußtafel
f. Zustandsdiagramm

Bild 43.11.
Schaltwerk mit allen drei Hasardtypen aus Bild 43.10

Zur Analyse eines *essentiellen Hasards* sei der stabile Zustand $\langle z_1 z_2 \rangle = 00$ mit der Eingangsbelegung $\langle x_1 x_2 \rangle = 11$ verlassen. Da der Wert $x_1 = 1$ unverändert bleibt, vereinfachen sich die Schaltfunktionen für diese Betrachtung auf die Form in Bild 43.12a. Es seien nur die drei Zeitglied-Typen **A**, **B** und **C** vorgesehen, was z.B. unter den Annahmen in Bild 43.12b tatsächlich auch erreichbar wäre. Man kann dann das gewohnte Schaltwerkmodell mit in den Rückkopplungen konzentrierten Zeitgliedern – hier: **A** – verwenden; dies vereinfacht die Analyse, ohne deren Allgemeingültigkeit zu beeinträchtigen. Das Zeitdiagramm in Bild 43.12d veranschaulicht den fehlerfreien Ablauf; er endet – im Einklang mit dem Zustandsdiagramm – im stabilen Zustand 01. Wird jedoch die Laufzeit **B** so groß, daß der Wertewechsel über die Rückkopplung v_2 eher am UND-Glied 5 eintrifft als der Wertewechsel über das Zeitglied **B**, kippt die Zustandsvariable v_1 auf den Wert 1, und das Schaltwerk strebt dem falschen stabilen Zustand 10 zu. Das Auftreten dieses Fehlers kann im vorliegenden Beispiel direkt von der Laufzeit **h** des NICHT-Glieds in Bild 43.11a abhängen. Die konkurrierenden Ausbreitungswege sind in Bild 43.12c betont; man vergleiche dazu mit Bild 43.10b. Allgemein äußert sich ein essentieller Hasard im Zustandsdiagramm oder in der Fluß-

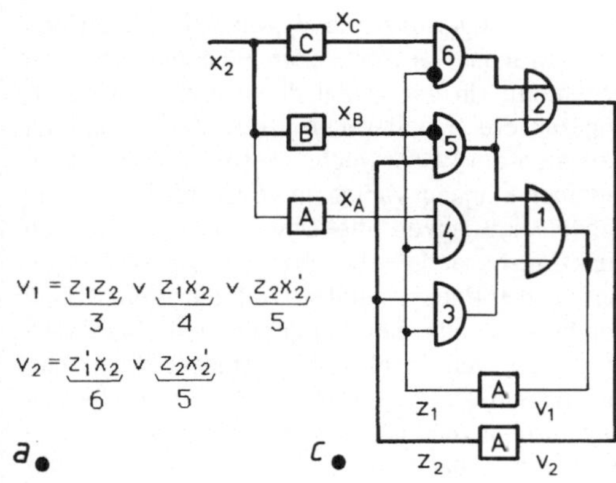

b. Sei $a = b$; $c = d = e = f + i$

$C = b + f$

$A = a + c = a + d = a + e = b + e = C + i$

$B = A + h$

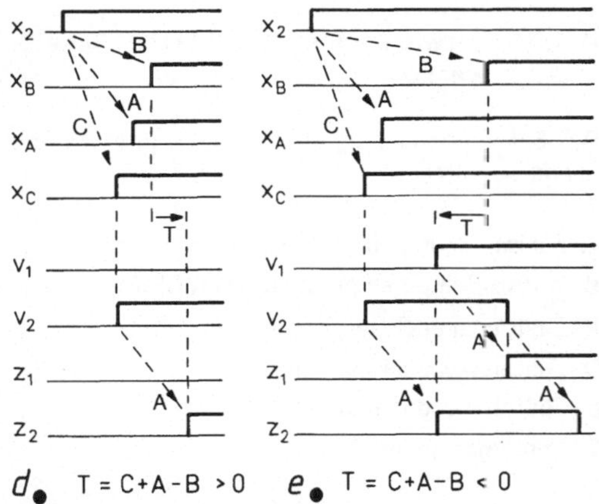

a. Schaltfunktionen für $x_1 = 1$
b. Wertannahmen zu Zeitgliedern
c. Schaltwerkmodell
d. Verlauf ohne Hasardfehler
e. Verlauf mit Hasardfehlern bei v_1

Bild 43.12.
Analyse des essentiellen Hasards zu Bild 43.11

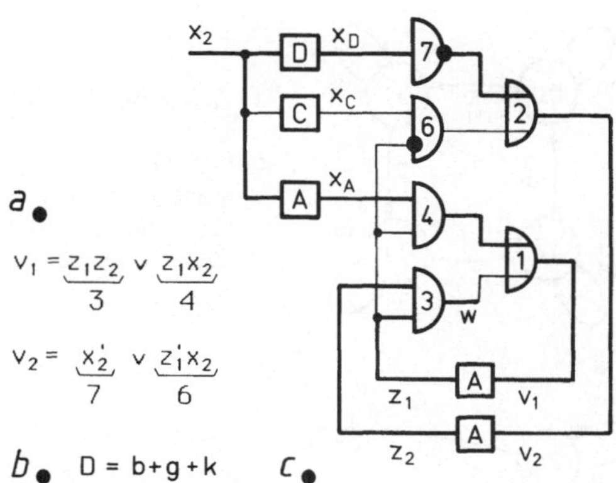

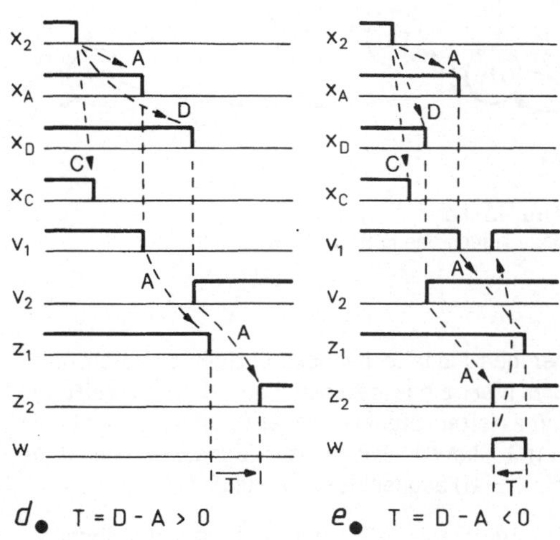

a. Schaltfunktionen für $x_1 = 0$
b. Wertannahme zu Zeitglied **D**
c. Schaltwerkmodell
d. Verlauf ohne Hasardfehler
e. Verlauf mit Hasardfehler bei w

Bild 43.13.
Analyse des kritischen Wettlaufs zu Bild 43.11

tafel darin, daß nach dreimaligem Wertewechsel einer Eingangsvariablen (hier: x_2) ein anderer stabiler Zustand erreicht wird (hier: 10) als nach einmaligem Wechsel (hier: 01).

Zur Analyse des *kritischen Wettlaufs* sei der stabile Zustand 10 mit der Eingabe $\langle x_1 x_2 \rangle = 00$ verlassen, so daß der Zustand 01 angestrebt wird. Dabei behält die Variable x_1 den Wert **0** bei, so daß sich die Schaltfunktionen entsprechend Bild 43.13a vereinfachen lassen. Die Annahmen in Bild 43.12b seien um die des Bildes 43.13b ergänzt, so daß sich das spezielle Modell in Teilbild c bilden läßt. Die Wege des kritischen Wettlaufs sind betont; sie vereinigen sich im UND-Glied 3. Unter der Annahme $\mathbf{D} > \mathbf{A}$ bildet sich kein Hasardfehler aus (Teilbild d). Für $\mathbf{D} < \mathbf{A}$ jedoch entsteht im Punkt w ein Hasardfehler; er schaltet über das ODER-Glied 1 die Zustandsvariable v_1 unbeabsichtigt auf den Wert 1. Es gilt nun $v_1 = z_1 = 1$ und $v_2 = z_2 = 1$, so daß nach Def. 43.2 ein stabiler, wenn auch falscher Zustand 11 erreicht wird. Konkret könnte der Wert von **D** z.B. direkt vom Zeitglied **k** des NICHT-Glieds in Bild 43.11a abhängen. In wirklichen Schaltwerken kann es allerdings auch zu Oszillationen kommen; die bis-

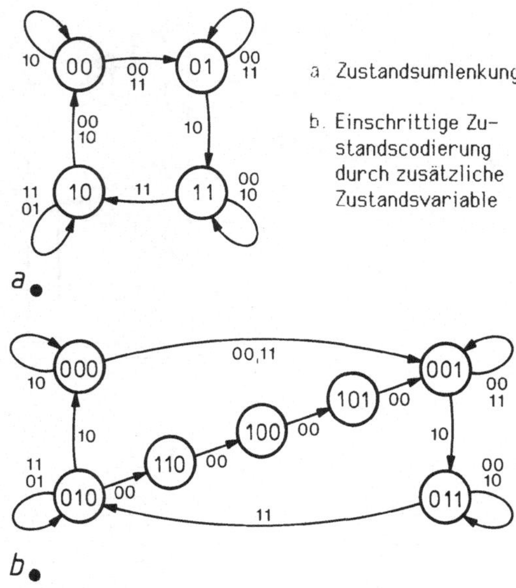

a Zustandsumlenkung

b. Einschrittige Zustandscodierung durch zusätzliche Zustandsvariable

Bild 43.14.
Beseitigung des kritischen Wettlaufs

herigen Modelle berücksichtigen nämlich nicht den hier eingetretenen Fall, daß im Zeitglied ein zweiter Signalwechsel (hier $v_1: 0 \rightarrow 1$) eintrifft, bevor der erste Signalwechsel (hier $z_1: 1 \rightarrow 0$) abgeschlossen wurde.

Ein Wettlauf läßt sich gut im Zustandsdiagramm analysieren. Der Wechsel mehrerer Zustandsvariablen erzwingt einen Durchgang durch (mindestens) einen unerwünschten Zustand; in Bild 43.10f wäre dies einer der Zustände 00 oder 11. Ist einer der unerwünschten Zustände unter der verursachenden Eingangsbelegung (hier: $\langle x_1x_2\rangle = 00$) stabil, so ist der Wettlauf kritisch (hier: $\langle z_1z_2\rangle = 11$). Im vorliegenden Beispiel ist der Wettlauf auch durch andere Zustandscodierung nicht unkritisch zu bekommen. Manchmal - so auch hier - ist jedoch Abhilfe durch *Zustandsumlenkung* möglich (Bild 43.14a). Dabei wird - durch ein funktionell geändertes Schaltnetz - ein gezieltes Nacheinander im Umschalten der Zustandsvariablen erzwungen; hier verursacht die Eingabe $\langle x_1x_2\rangle = 00$ den Weg über den Zustand 00; er wirkt hier als *Durchlaufzustand*. Abhilfe ist auch immer - wenn vielleicht auch mit Zusatzaufwand - durch Einfügen weiterer Rückkopplungen möglich, so daß eine einschrittig codierte Folge von Durchlaufzuständen angebbar wird (Bild 43.14b).

Abgesehen von den soeben diskutierten drei Hasardtypen entsteht ein weiterer Typ, und zwar als Funktionshasard, wenn gleichzeitiger Wertewechsel an mehreren Eingangsvariablen vorkommt. In der Regel diskutiert man daher ungetaktete Schaltwerke unter der Annahme, daß sich ein Wertewechsel stets nur an einer einzigen Eingangsvariablen vollzieht. Diese Einschränkung sowie die Unvermeidlichkeit von Funktionshasards schränken das Anwendungsfeld in der Praxis relativ weit ein. Üblich sind solche Anwendungen, bei denen sich eine Taktsteuerung von vornherein verbietet. Dazu gehören zum einen solche Schaltwerke, die die Reihenfolge von Eingangssignalen erkennen sollen; zum anderen sind es die *Flipflops*, die ihrerseits als Zeitglieder in den getakteten Schaltwerken eingesetzt werden. Vertiefung des Themas "Hasards" bieten z.B. [4.10] bis [4.13].

4.3.3 Entwurf nicht-getakteter Schaltwerke

Der Entwurfsvorgang gliedert sich in etwa folgende Schritte:

A. Formulierung einer Verhaltensbeschreibung

B. Aufstellen einer primitiven Flußtafel

C. Zustandsreduktion

D. Zustandsverschmelzung

E. Zustandscodierung

F. Implementierung

Der Entwurf eines rückflankengesteuerten D-Flipflops möge die einzelnen Schritte veranschaulichen:

Ähnlich wie bei den getakteten Schaltwerken ist der erste Entwurfsschritt, also der Übergang - hier in Schritt **A** - von einer vagen Idee zu einer formalen Verhaltensbeschreibung, am schwierigsten. Im vorliegenden Fall gibt es in Bild 42.5d bereits eine Verhaltensbeschreibung für das TRFZ-Glied als elementare Funktionseinheit. Soll es nun als Struktur aus Verknüpfungsgliedern realisiert werden, gilt es nicht mehr als elementar, und seine Verhaltensbeschreibung muß entsprechend verfeinert werden. Dies äußert sich hier z.B. durch das Zeitdiagramm von Bild 43.15b, in dem die Auswirkungen von Eingangssignalen auf das Ausgangsverhalten für die offensichtlichen Betriebsfälle zusammengestellt sind. Insbesondere ist das Umschalten des Ausgangs y_1 mit der Rückflanke des Taktimpulses x_2 direkt ersichtlich.

Mehr noch als bei getakteten Schaltwerken ist meistens zunächst unklar, wieviele Zustände eigentlich zu unterscheiden sind. Da sich die Anzahl der Zustände mit den Verfahren zu Schritt **C** und **D** nachträglich vermindern läßt, ist zunächst eine eher großzügige Vergabe neuer Zustände angebracht. So sollte man in Schritt **B** jeder unterschiedlichen Eingabe/Ausgabe-Belegung (x_1,x_2,y_1) vorerst mindestens einen eigenen Zustand Z zuordnen. Im Bild 43.15b sind die Zustände 1 bis 8 für die Betriebsfälle "x_1 konstant, während $x_2=1$" vergeben. Dagegen sind für Wertewechsel von x_1 während des Taktimpulses x_2 die Zustände 9 und 10 vorgesehen. Man kann nun eine *primitive Flußtafel* anlegen und darin alle Zustandsübergänge des Zeitdiagramms eintragen. Diese Tafel heißt *primitiv*, weil sie pro Zeile nur einen stabilen Zustand aufweisen kann. Die in der Matrix zunächst verbleibenden - in Bild 43.15c durch einen Punkt markierten - Leerplätze offenbaren, daß das Zeitdiagramm nicht alle denkbaren Übergänge enthält. Sie lassen sich hier aber leicht - und vor allem widerspruchsfrei - nachträglich in der angegebenen Weise festlegen.

Das Ergebnis der Schritte **A** und **B** ist eine mit Intuition und nach Fehlversuchen gefundene, in sich widerspruchsfreie primitive Flußtafel. Der Schritt **C** widmet sich der Suche nach *äquivalenten Zuständen*.

Def.43.5:

Zwei Zustände sind *äquivalent*, wenn für alle Eingangsbelegungen gilt: Von beiden Zuständen aus wird derselbe nächste Zustand erreicht.

Äquivalente Zustände dieser Art lassen sich gut im *primitiven Zustandsdiagramm* erkennen; im Bild 43.15d sind es die Zustände 4 und 9 sowie 8 und 10. Nach der *Zustandsreduktion*, also nach Zusammenfassen äquivalenter Zustände, entstehen die reduzierten Formen in den Teilbildern e und f. Die Def.43.5 beschreibt eine hinreichende, nicht eine notwendige Bedingung. Allgemeiner gilt:

Def.43.6:

Zwei Zustände sind *äquivalent* genau dann, wenn für alle Folgen von Eingabebelegungen gilt: Bei beiden Zuständen beginnend, entsteht dieselbe Folge von Ausgangsbelegungen.

Diese Definition erfaßt Fälle wie in Bild 43.16, bei denen sich Äquivalenzen erst durch eine Kette von Übergängen herausstellen. Ein Algorithmus zum Aufspüren solcher Situationen ist z.B. in [4.12] nachzulesen.

Im primitiven Zustandsdiagramm (Bild 43.15f) findet sich mehrfach die spezielle Situation von Bild 43.17. Zwei Zustände 1 und 2 sind insgesamt gegen ihre Umgebung abgrenzbar und deshalb zu einem gemeinsamen Zustand A *verschmelzbar*. In der primitiven Flußtafel (Bild 43.15e) sind zwei Zustände 1 und 2 verschmelzbar, wenn für alle nächsten Zustände, also für alle Spaltenplätze, jeweils einer der Verschmelzungsfälle von Bild 43.18 vorliegt. Überdies sind mehr als zwei Zustände dann verschmelzbar, wenn sie paarweise verschmelzbar sind. Am besten stellt man die Verschmelzungsmöglichkeiten durch Kanten in einem *Verschmelzungsdiagramm* dar (Bild 43.15g). Oft - so auch hier - gibt es mehrere Durchführungsmöglichkeiten; gewählt sei hier - willkürlich, aber nicht ohne Einfluß auf den Aufwand im Endergebnis - die Form nach Bild 43.15h. Erwähnt sei noch, daß Verschmelzen von Zuständen mit jeweils gleichem Ausgangsvektor - wie hier - zum Moore-Modell führt. Sind dagegen Zustände mit ungleichen Ausgangsvektoren verschmolzen, ergibt sich ein Mealy-Modell.

Nach der Verschmelzung sind die Darstellungen in Bild 43.15i und j entstanden. Im Schritt **E** läßt sich ein einschrittiger Zustandscode wählen, so daß kein kritischer Wettlauf entstehen kann (Teilbild k). Mit der Flußtafel (Teilbild l) ist der Entwurf abgeschlossen. Die *Implementierung* im Schritt **F** betrifft die Auswertung im KV-Diagramm und die Darstellung als Schaltnetz. Das Ergebnis ist noch verbesserungsfähig. Z.B. sollte man zumindest den Schaltnetzhasard bei v_1 durch den zusätzlichen Term z_1z_2 beseitigen, da er zu Hasardfehlern am Ausgang y_1 führen kann. Wie so häufig gibt es auch hier essentielle Hasards, und zwar beim einerseits vom Zustand A aus mit $\langle x_1x_2\rangle = 11$ sowie andererseits vom Zustand C aus mit $\langle x_1x_2\rangle = 01$. Durch andere Verschmelzung, z.B. A = (1,3) und B = (2,4) oder durch andere Zustandscodierung sind weitere Lösungen möglich. Überdies bevorzugt man Schaltnetze mit NAND- oder NOR-Gliedern, da sie auf der Ebene der elektrischen Schaltungen gleich auch die nötige Signalverstärkung in den Rückkopplungen liefern. Eine gebräuchliche Struktur zeigt Bild 43.19b.

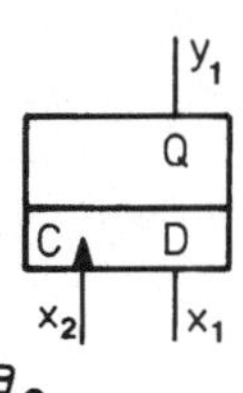

a

$x_2 = C$

$x_1 = D$

$y_1 = Q$

Z: 1 | 2 | 1 | 3 | 4 | 5 | 6 | 5 | 7 | 8 | 1 | 2 | 9 | 5 | 6 | 10 | 1

b

Z \ x_1x_2	00	01	11	10	y_1
1	(1)	2	*	3	0
2	1	(2)	9	*	0
3	1$_\circ$	*	4	(3)	0
4	*	2$_\circ$	(4)	5	0
5	7$_\circ$	*	6	(5)	1
6	*	10	(6)	5	1
7	(7)	8	*	5$_\circ$	1
8	1	(8)	6$_\circ$	*	1
9	*	2$_\circ$	(9)	5	0
10	1	(10)	6$_\circ$	*	1

c

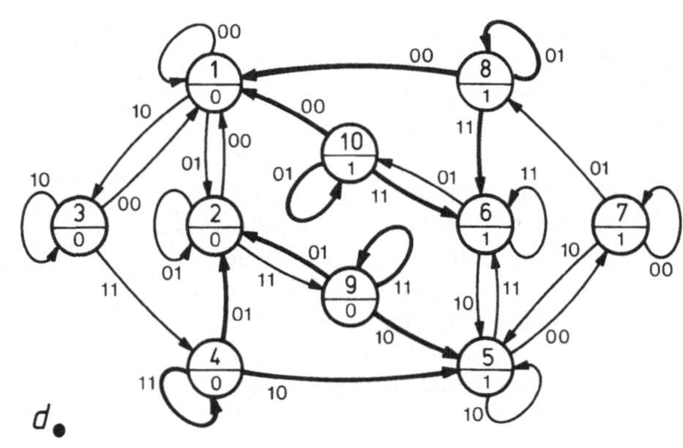

d

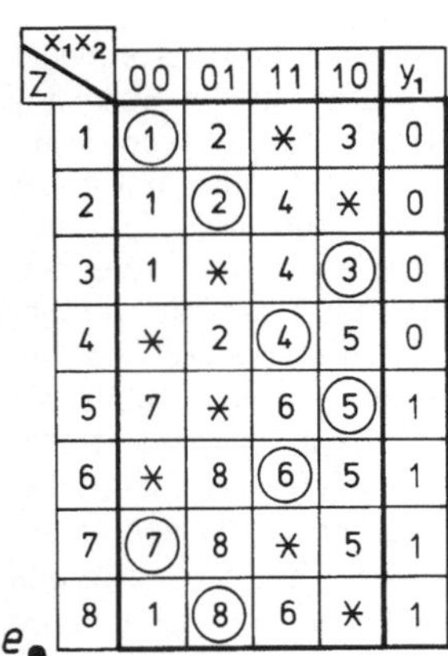

Z \ x_1x_2	00	01	11	10	y_1
1	(1)	2	*	3	0
2	1	(2)	4	*	0
3	1	*	4	(3)	0
4	*	2	(4)	5	0
5	7	*	6	(5)	1
6	*	8	(6)	5	1
7	(7)	8	*	5	1
8	1	(8)	6	*	1

e

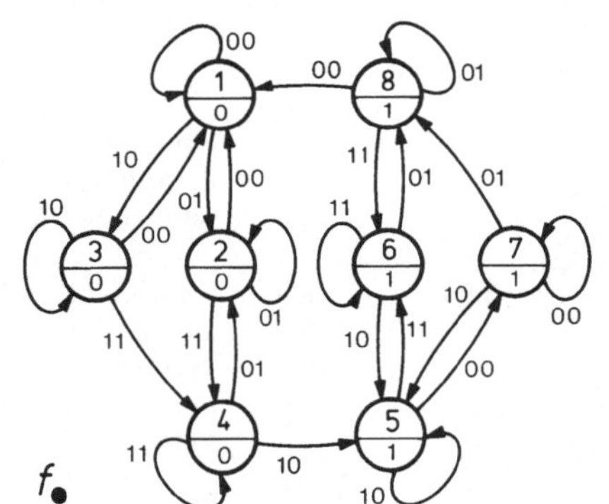

f

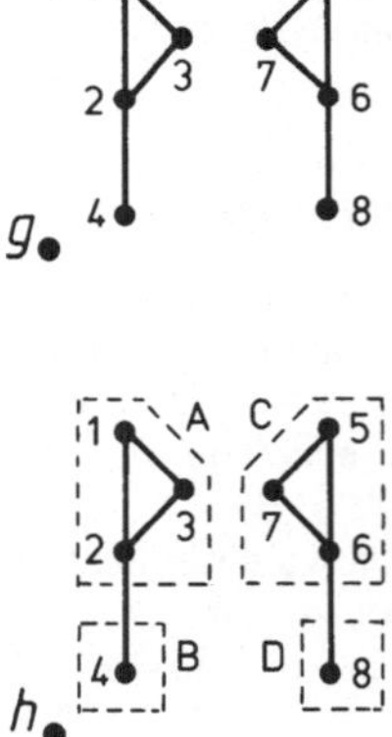

g h

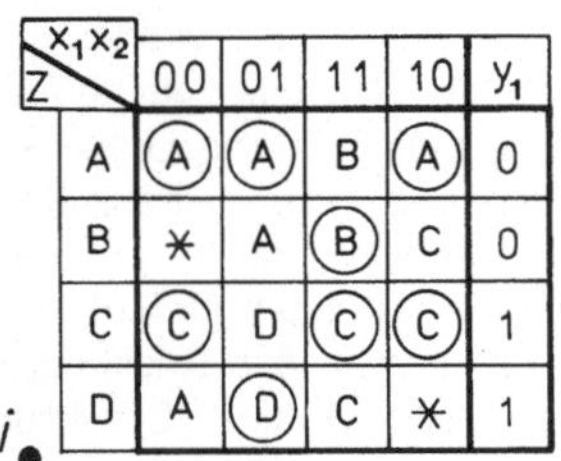

Z \ x_1x_2	00	01	11	10	y_1
A	(A)	(A)	B	(A)	0
B	*	A	(B)	C	0
C	(C)	D	(C)	(C)	1
D	A	(D)	C	*	1

i

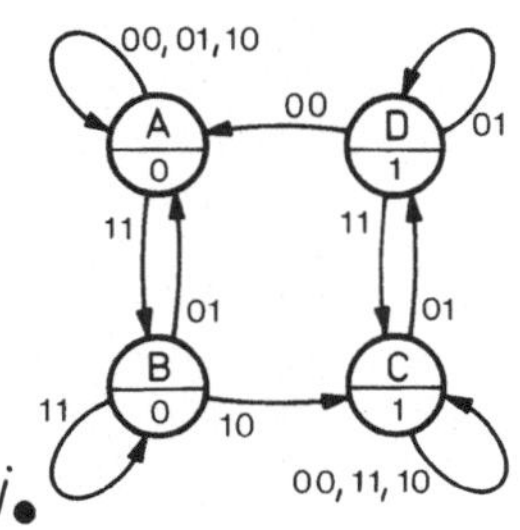

j

a. Symbol
b. Wesentliche Betriebsfälle
c. Primitive Flußtafel
d. Primitives Zustandsdiagramm
e. Reduzierte primitive Flußtafel
f. Reduz. prim. Zustandsdiagramm
g. Verschmelzungsdiagramm
h. Gewählte Verschmelzung
i. Flußtafel nach Verschmelzung
j. Zustandsdiagramm nach Verschm.

Bild 43.15 (Erster Teil).

k.

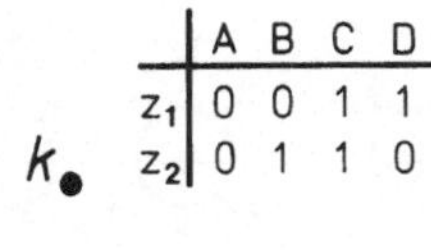

	A	B	C	D
z_1	0	0	1	1
z_2	0	1	1	0

l.

z_1z_2 \ x_1x_2	00	01	11	10	y
00	(00)	(00)	01	(00)	0
01	**	00	(01)	11	0
11	(11)	10	(11)	(11)	1
10	00	(10)	11	**	1

m.

v_1

*			1
1	1	1	1
	1	1	*

v_2

		1	
*		1	1
1		1	1
		1	*

n.

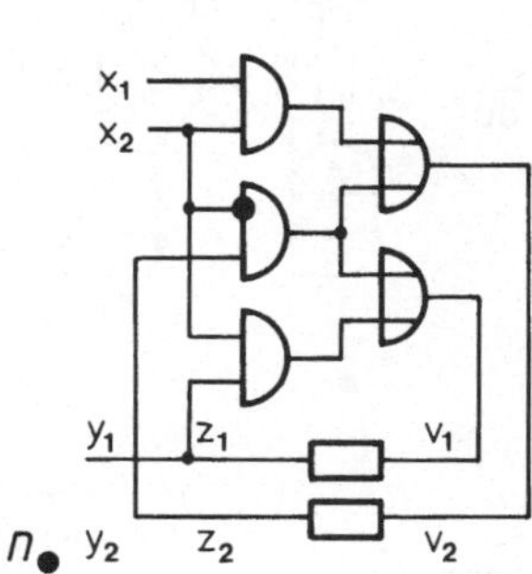

k. Zustandscodierung
l. Codierte Flußtafel
m. KV-Diagramme
n. Schaltwerkstruktur

Bild 43.15 (Zweiter Teil).
Entwurf eines rückflankengesteuerten D-Flipflops

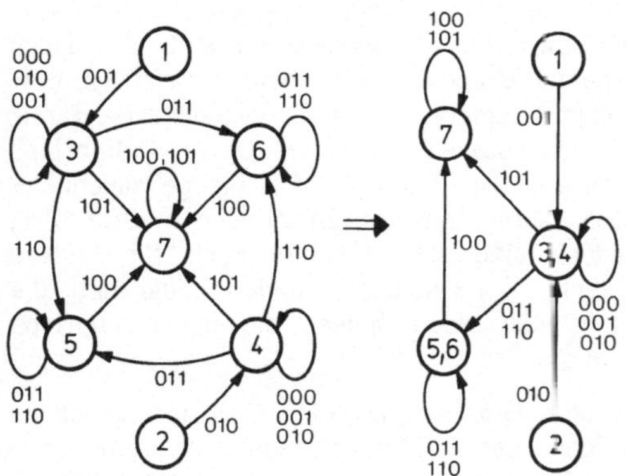

Bild 43.16.
Zweistufige Zustandsreduktion

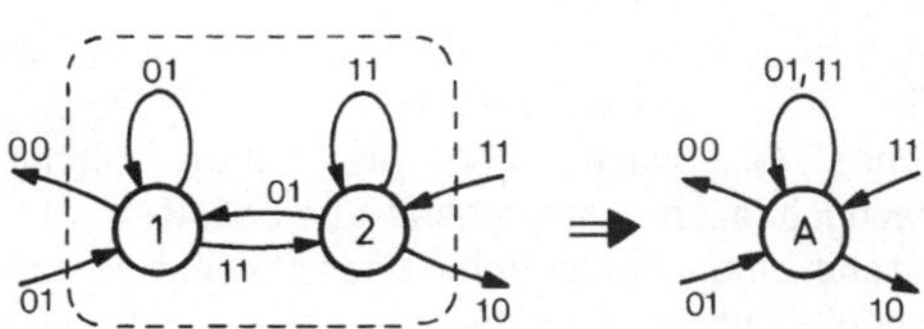

Bild 43.17.
Typische Verschmelzungssituation

1	(1)	2	1	2	(1)	*	1	*	*
2	1	(2)	1	2	*	(2)	*	2	*
A	(A)	(A)	A	A	(A)	(A)	A	A	*

Bild 43.18.
Verschmelzungsregeln

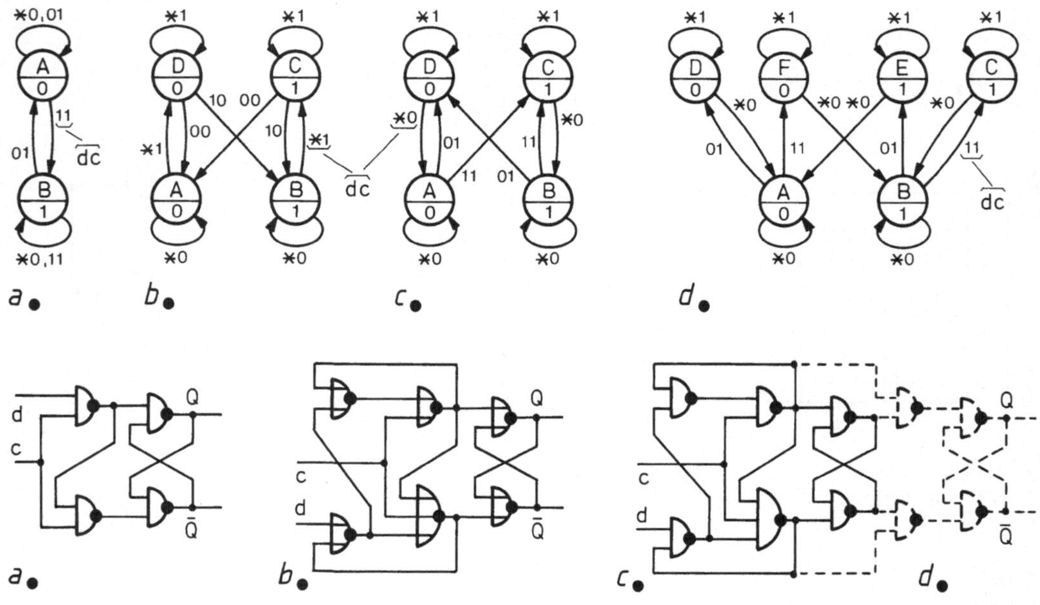

a. Taktpegelsteuerung
b. Rückflankensteuerung
c. Vorderflankensteuerung
d. Zweiflankensteuerung

Durchgezogen: Vorderflankensteuerung

Bild 43.19.
Zustandsdiagramme sowie Beispielstrukturen für D-Flipflops

4.3.4 Flipflops

Von Anbeginn der Elektronik, also etwa seit 1925, existieren elektrische Schaltungen zum Speichern von Nachrichten. Als sich etwa ab 1955 die Schaltwerktheorie in der Praxis durchsetzte, wurde der bis dahin übliche Sprachgebrauch weitgehend beibehalten. Es entstand eine unglückliche Begriffsmixtur, die bis heute für eine in der Literatur recht uneinheitliche Behandlung des Themas "Flipflops" verantwortlich ist [4.15].

Ein *Flipflop* übernimmt die Aufgabe, einen Binärwert über eine gewisse Zeit hinweg abspeichern zu können. Die strukturell einfachste Lösung bildet das NOR-Basis-Flipflop der Bilder 43.1 bzw. 43.2; dual dazu ist auch ein NAND-Basis-Flipflop gebräuchlich. Bild 43.19 stellt die Verhaltensbeschreibungen – als Zustandsdiagramme – für verschiedene Varianten von D-Flipflops zusammen und zeigt dazu jeweils ein Ausführungsbeispiel. Der durchgezogene Teil in Bild 43.19c wirkt für sich alleine wie ein vorderflankengesteuertes Flipflop; die Zweiflankensteuerung entsteht durch den gestrichelten Teil, also mit Hilfe eines zusätzlichen NAND-Basis-Flipflops. In den Zustandsdiagrammen dienen die Angaben ∗ ("**0** oder **1**") zur knapperen Schreibweise der Eingangsbelegungen. (Um Verwechselung mit Zuständen (speziell C und D) zu vermeiden, seien die Eingangsvariablen (c und d) vorübergehend mit Kleinbuchstaben benannt). Diese D-Flipflops sind also Ausführungen für die gebräuchlichsten taktgesteuerten Zeitglieder in Bild 42.5; jedoch sind sie natürlich auch für andere Zwecke verwendbar, sowie umgekehrt die TZ-Glieder auch anders als durch Flipflops realisierbar sind.

Es gibt *Flipfloptypen*, die neben der Speicheraufgabe des D-Flipflops auch noch eine verknüpfende Aufgabe übernehmen. Sie folgen dem Modell von Bild 43.20, wobei die beiden Bestandteile in praktischen Ausführungen gemeinsam minimiert sind. Prinzipiell unterliegt das Eingangsschaltnetz ESN keinen Einschränkungen, so daß eine große Vielfalt solcher Flipfloptypen vorstellbar ist. Praktisch realisiert

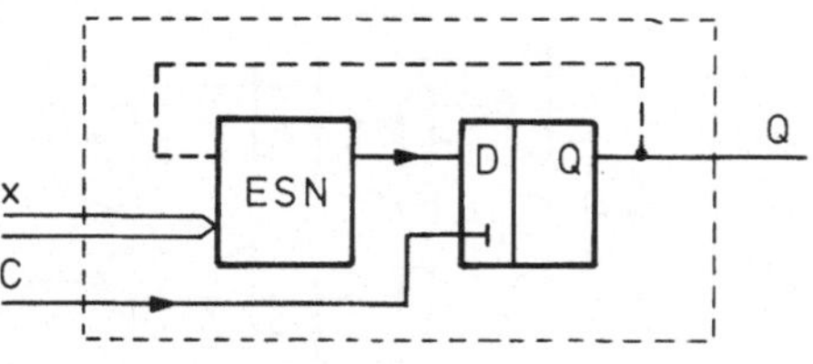

Bild 43.20.
Modell für Flipfloptypen

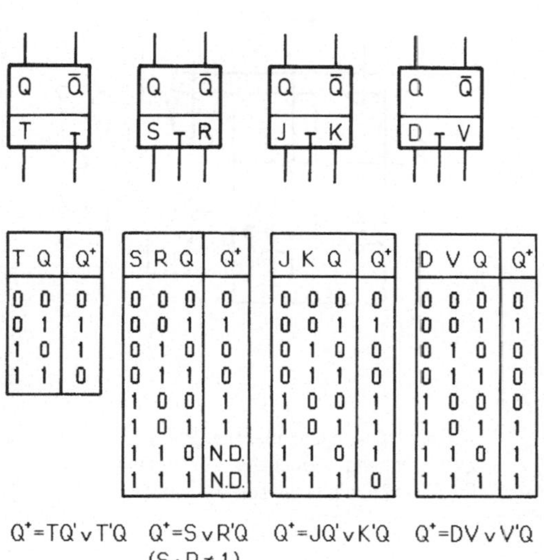

T	Q	Q^+
0	0	0
0	1	1
1	0	1
1	1	0

S	R	Q	Q^+
0	0	0	0
0	0	1	1
0	1	0	0
0	1	1	0
1	0	0	1
1	0	1	1
1	1	0	N.D.
1	1	1	N.D.

J	K	Q	Q^+
0	0	0	0
0	0	1	1
0	1	0	0
0	1	1	0
1	0	0	1
1	0	1	1
1	1	0	1
1	1	1	0

D	V	Q	Q^+
0	0	0	0
0	0	1	1
0	1	0	0
0	1	1	0
1	0	0	0
1	0	1	1
1	1	0	1
1	1	1	1

$Q^+=TQ' \vee T'Q$ $Q^+=S \vee R'Q$ $(S \wedge R \neq 1)$ $Q^+=JQ' \vee K'Q$ $Q^+=DV \vee V'Q$

Bild 43.21.
Beschreibung von Flipfloptypen durch Symbole, Funktionstabellen und charakteristische Gleichung

T	Q^+
0	Q
1	Q'

S	R	Q^+
0	0	Q
0	1	0
1	0	1
1	1	N.D.

J	K	Q^+
0	0	Q
0	1	0
1	0	1
1	1	Q'

D	V	Q^+
0	0	Q
0	1	0
1	0	Q
1	1	1

$Q^+ = Q$: kein Wechsel des Ausgangswerts
$Q^+ = Q'$: Ausgangswert wechselt
$Q^+ =$ N.D. : Ausgangswert ist "nicht definiert"

Bild 43.22.
Verkürzte Funktionstabellen für Flipfloptypen

oder diskutiert werden aber nur *SR-Flipflop*, *JK-Flipflop*, *T-Flipflop* und manchmal auch das *DV-Flipflop*. Diese Flipfloptypen lassen sich durch die Funktionstabellen ihrer Eingangsschaltnetze ESN charakterisieren (Bild 43.21). Das Symbol N.D. (not defined) bedeutet meistens: "Der Ausgangszustand des Flopflops nimmt unvorhersagbar einen der Werte Q=**0** bzw. Q=**1** an"; andere Bedeutungen sind in [4.14] bzw. [4.15] beschrieben. Da die Verknüpfungsergebnisse nach dem nächsten Taktimpuls am Ausgang Q erscheinen, bezeichnet man sie mit dem Variablennamen Q^+. Der Boolesche Ausdruck eines Schaltnetzes ESN heißt auch *charakteristische Gleichung*. Üblich ist zusätzlich die verkürzte Ausdrucksweise in Bild 43.22.

Die Flipflopstrukturen - z.B. nach Bild 43.23 - sind prinzipiell mit den Methoden des Abschnitts 4.3.3 entwerfbar. Sie weisen alle einen Komplementausgang Q mit der Funktion $\bar{Q}=Q'$ auf. Bild 43.23e,d zeigt wieder die Erweiterung der Vorderflankensteuerung zur Zweiflankensteuerung. Produziert und in Datenkatalogen angeboten werden - neben D-Flipflops - praktisch nur JK-Flipflops. Dabei dienen Strukturen wie in Bild 43.23 als (Verhaltens-)Modelle für elektrotechnisch oft stark abweichende Realisierungen. Die Form von Zustandsdiagrammen ändert sich durch ein zugeschaltetes Netz ESN nicht; man vergleiche dazu Bild 43.24a,b,c mit Bild 43.19b,c,d. Zu den beiden strukturell recht ähnlichen *pseudozweiflankengesteuerten JK-Flipflops* (Bild 43.23b und c) gehören jedoch stark unterschiedliche Zustandsdiagramme (Bild 43.24d,e). Bei Einsatz dieser - historisch bedingten - Formen ist besonders große Sorgfalt zu empfehlen [4.16]; *pseudozweiflankengesteuerte D-Flipflops* sind denkbar, aber (glücklicherweise) nie produziert worden.

Speziell am JK-Flipflop ist folgende Überlegung interessant: In seinen Strukturen gibt es eine Rückkopplung vom Ausgang Q zum Eingangs-UND-Glied. Sie entspricht der gestrichelten Verbindung im Bild 43.20. Solche Rückkopplung ist immer dann unentbehrlich, wenn in der verkürzten Funktionstabelle (Bild 43.22) die Eintragung $Q^+=Q'$ vorkommt; so z.B. beim T-Flipflop. Im Prinzip lassen sich solche Flipflops auch als getaktete Schaltwerke auffassen, wie z.B. im Bild 43.25 veranschaulicht. Immerhin folgt daraus direkt, daß keine taktpegelgesteuerte JK-Flipflops oder T-Flipflops möglich sind (s. Abschnitt 4.2.3).

In Bild 43.26 ist erkennbar, daß der Einsatz von JK-Flipflops im getakteten Schaltwerk einfach eine Aufteilung des δ-Schaltnetzes in die Anteile SN und ESN ergibt. Bei DV-Flipflops oder SR-Flipflops würde die gestrichelte Verbindung entfallen. Der Entwurf getakteter Schaltwerke mit beliebigen Flipfloptypen läuft auf einen - einfachen - Aspekt des *Partionierungsproblems* hinaus; darunter versteht man

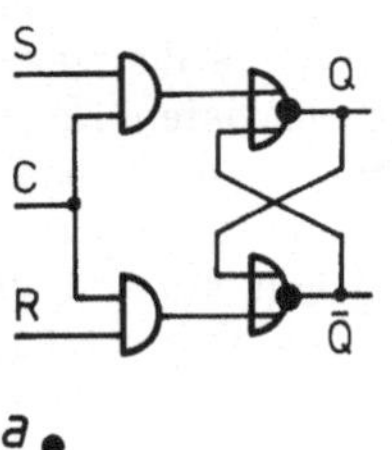

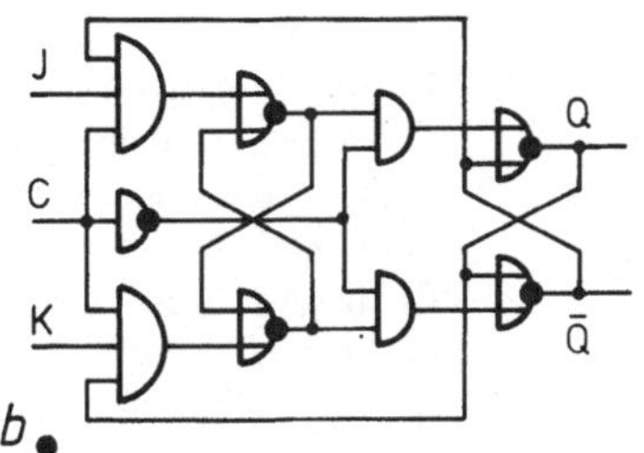

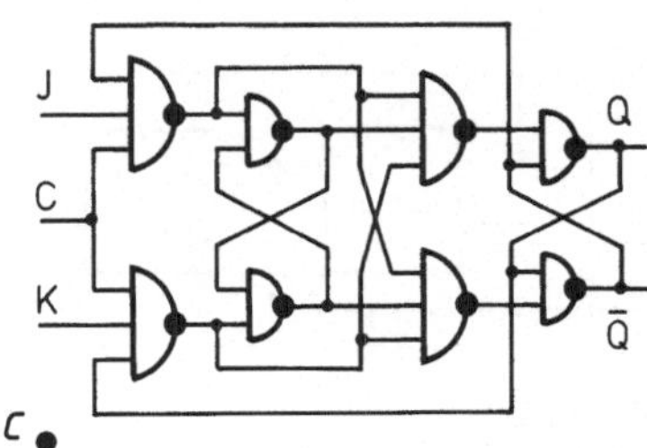

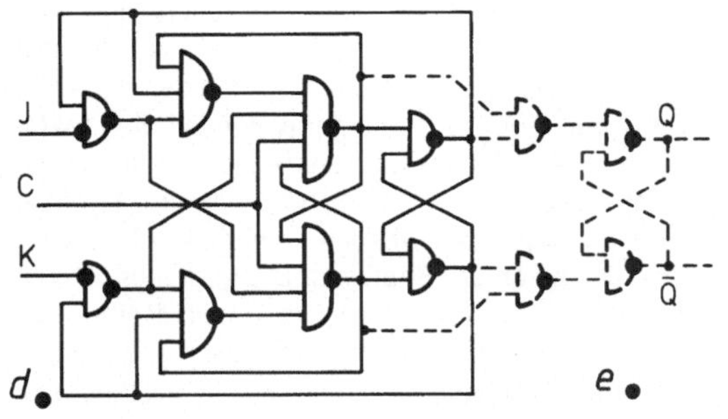

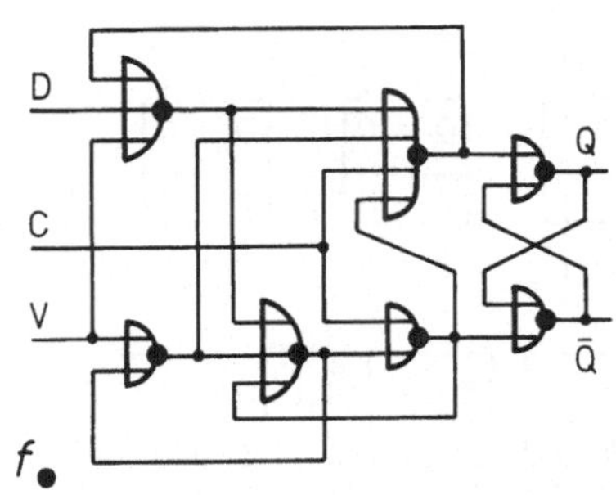

Durchgezogen: Vorderflankensteuerung

a. Taktpegelgesteuertes SR-Flipflop
b. Pseudo-Zweiflankengesteuertes JK-Flipflop
c. Pseudo-Zweiflankengesteuertes JK-Flipflop
d. Vorderflankengesteuertes JK-Flipflop
e. Zweiflankengesteuertes JK-Flipflop
f. Rückflankengesteuertes DV-Flipflop

Bild 43.23.
Einige Flipflopstrukturen

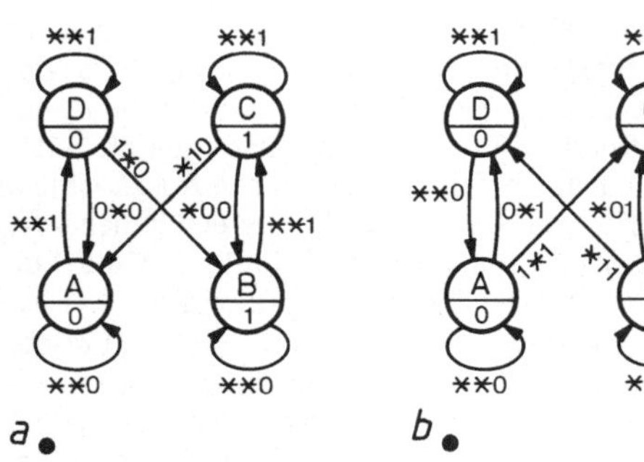

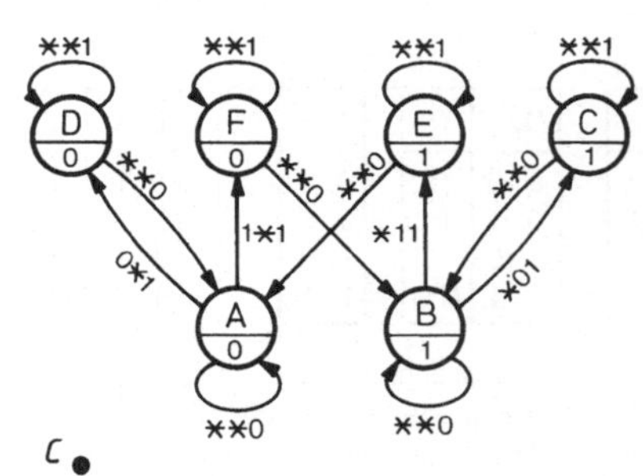

Pfeilbeschriftung: J,K,C

a. Rückflankensteuerung
b. Vorderflankensteuerung
c. Zweiflankensteuerung
d. Pseudo-Zweiflankensteuerung (Bild 43.23b)
e. Pseudo-Zweiflankensteuerung (Bild 43.23c)

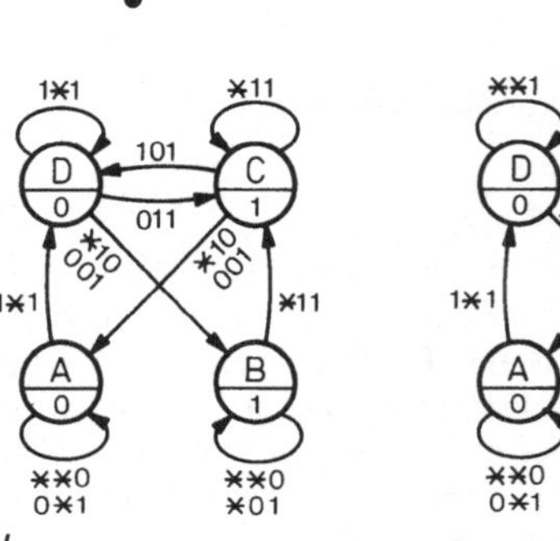

Bild 43.24.
Zustandsdiagramme für JK-Flipflops

u.a. die Synthese von Schaltnetzen unter Berücksichtigung schon definierter Teilnetze (hier: ESN). Dazu lassen sich aus Bild 43.21 die *inversen Funktionstabellen* von Bild 43.27 herleiten: sie führen zu jedem möglichen Ausgangsverhalten (vor und nach einem Taktimpuls) die geeigneten Eingangsbelegungen auf. Die Doppelangaben beim DV-Flipflop beruhen auf einer logischen Verkopplung der Eingangsbelegungen; z.B. kann das DV-Flipflop in einem gegenwärtigen Ausgangszustand Q = 1 auch nach dem nächsten Taktimpuls verharren ($Q^+ = 1$), wenn eine der drei Belegungen ⟨DV⟩ = 00 / 10 / 11 bereitgestellt wird. Bild 43.28 veranschaulicht, wie einfach sich getaktete Schaltwerke nun z.B. mit JK-Flipflops entwerfen lassen. Dazu ergeben jeweils gleich positionierte Werte in den Spalten z_1 und v_1 bzw. z_2 und v_2 in der Übergangstabelle - hier in Bild 42.13d - ein Wertepaar (Q,Q^+), zu dem man jeweils das entsprechende Wertepaar (J,K) aus Bild 43.27 abliest und in gesonderte Spalten J_1,K_1 bzw. J_2,K_2 einträgt. Diese Schaltfunktionen führen über die KV-Diagramme zum Schaltnetz (Bild 43.28).

Eigentlich lassen die Don't-Care-Bedingungen der Spalten J und K in Bild 43.27 erwarten, daß JK-Flipflops einfachere getaktete Schaltwerke liefern als D-Flipflops. Im allgemeinen ist dies auch der Fall. Die Lösung in Bild 43.28 bildet eher eine Ausnahme; sie geht hier auf die in der Funktion K_1 steckenden Complementierung zurück; man vergleiche dazu mit dem KV-Diagramm für D_1 in Bild 43.13.

JK-Flipflops sind gebräuchlich, wenn sie als eigenständige Bausteine in einfachen Schaltwerken, z.B. in Zählern, vorkommen. In komplexen Schaltwerken, wie z.B. für Register in Rechnern, sind dagegen D-Flipflops wegen der strikten Abgrenzung des funktionellen Verhaltens meistens übersichtlicher zu handhaben.

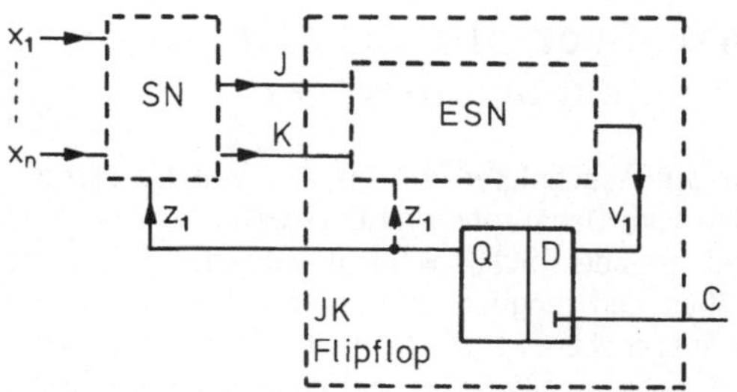

Bild 43.26.
Das JK-Flipflop-Modell von Bild 43.25 als Teil eines getakteten Schaltwerks

Q Q^+	T	S R	J K	D	V
0 0	0	0 *	0 *	*/0	0/1
0 1	1	1 0	1 *	1	1
1 0	1	0 1	* 1	0	1
1 1	0	* 0	* 0	*/1	0/1

Bild 43.27.
Inverse Funktionstabelle für einige Flipfloptypen

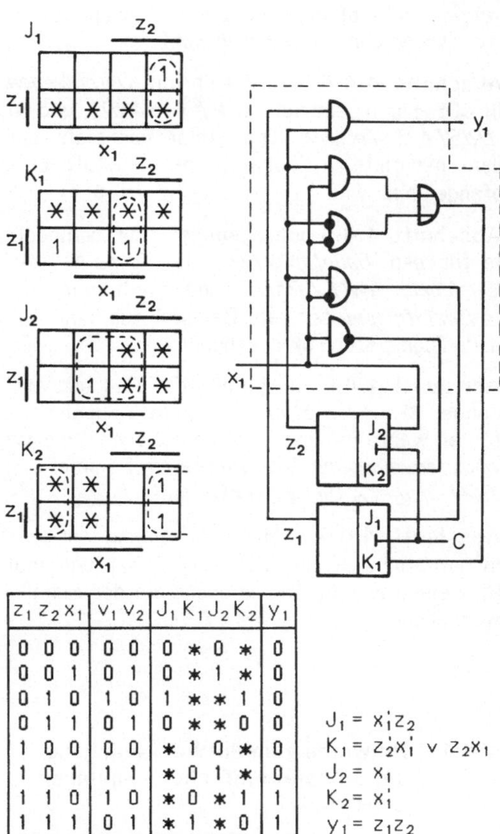

z_1 z_2 x_1	v_1 v_2	J_1 K_1 J_2 K_2	y_1
0 0 0	0 0	0 * 0 *	0
0 0 1	0 1	0 * 1 *	0
0 1 0	1 0	1 * * 1	0
0 1 1	0 1	0 * * 0	0
1 0 0	0 0	* 1 0 *	0
1 0 1	1 1	* 0 1 *	0
1 1 0	1 0	* 0 * 1	1
1 1 1	0 1	* 1 * 0	1

$J_1 = x_1' z_2$
$K_1 = z_2' x_1' \vee z_2 x_1$
$J_2 = x_1$
$K_2 = x_1'$
$y_1 = z_1 z_2$

Bild 43.28.
Getaktetes Schaltwerk mit JK-Flipflops (zu Bild 43.13)

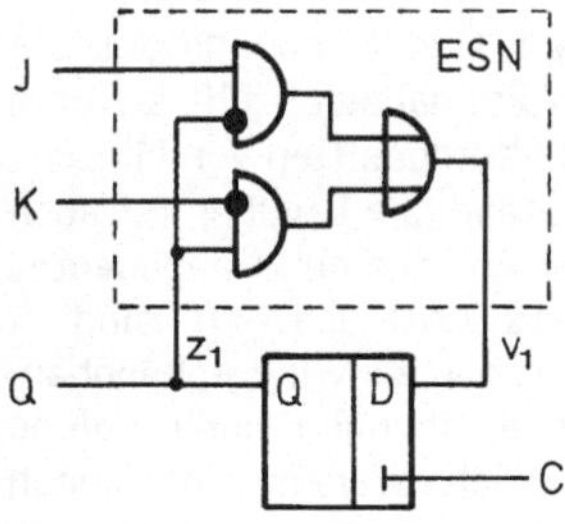

Bild 43.25.
Das JK-Flipflop als getaktetes Schaltwerk

4.4 Spezielle Schaltnetze und Schaltwerke

In den Abschnitten 4.1 bis 4.3 wurden Methoden zum Darstellen und Entwerfen von Schaltnetzen oder Schaltwerken vorgestellt. Es ist daher nun möglich, zu den auf der Registertransferebene, z.B. im Abschnitt 3.1, genannten Funktionseinheiten entsprechende Realisierungen auf der Schaltwerkebene anzugeben.

Abschnitt 4.4.1 geht zunächst auf den *Entwurfsvorgang*, also auf den Übergang von der Registertransferebene in die Schaltwerkebene ein und vertieft einige schon im Abschnitt 1.3.3 angeführte Probleme am Beispiel einfacher regulärer Schaltnetze.

Abschnitt 4.4.2 verdeutlicht am Beispiel von einfachen *ALU-Funktionen*, daß oft auch *informelle Entwurfsentscheidungen* zu fällen sind.

Abschnitt 4.4.3 ergänzt die bisher vorausgesetzten Register um spezielle *Funktionsregister* und gibt außerdem einige Beispiele für *synchrone* und *asynchrone Zähler*.

Abschnitt 4.4.4 befaßt sich mit *Datenwegen* in BUS-Form, speziell in *WIRED-AND-* und in *TRISTATE-Technik*, und weist nochmals auf den eher fiktiven Charakter der Tristate-Empfänger hin.

Abschnitt 4.4.5 bringt einige Strukturmodelle für den *Hauptspeicher* als *Schreib-Lese-Speicher* (*RWM / RAM*) und stellt ihm den *Assoziativspeicher* als Beispiel für eine andere Zugriffstechnik gegenüber.

Abschnitt 4.4.6 führt mit *ROM*, *PLA* und *PAL* einige *Nur-Lese-Speicher* zum Abspeichern fester Werte ein und zeigt deren Bedeutung als *programmierbare Schaltnetze* am Beispiel von *ROM- und PLA-Schaltwerken* auf.

Abschnitt 4.4.7 greift noch einmal den Demonstrationsrechner DEMOCOM2 auf und gibt Hinweise für seine Realisierung auf der Schaltwerkebene.

4.4.1 Hinweise zum Entwurfsvorgang am Beispiel einfacher regulärer Schaltnetze

Bei dem Ziel, nun für die elementaren Funktionseinheiten der Registertransferebene konkrete Strukturen auf der Schaltwerkebene anzugeben, erhebt sich natürlich die Frage des Entwurfsablaufs. Im Idealfall ergibt sich die strenge Schrittfolge nach Bild 44.1. Schon im Abschnitt 1.3.3 wurde aber erklärt, daß dieser Idealablauf kaum konsequent durchzuhalten ist. Einige einfache Beispiele mögen diese Ansicht verdeutlichen:

A. Elementare Funktionseinheit auf Registertransferebene (Verhaltensbeschreibung)

↓

B. Nicht-elementare Funktionseinheit auf Schaltwerkebene (Verhaltensbeschreibung)

↓

C. Nicht-elementare Funktionseinheit auf Schaltwerkebene (Strukturbeschreibung)

Bild 44.1.
Idealisierter Entwurfsablauf

Bild 44.2 gibt das Symbol für den 1-aus-8-*Decodierer* aus Bild 31.3 wieder; die entsprechende textuelle Verhaltensbeschreibung auf Registertransferebene findet man in Bild 44.3a. Dem Idealfall des Entwurfsablaufs zuträglich ist, daß sich eine Verhaltensbeschreibung auf Schaltwerkebene angeben läßt, die tatsächlich nur das geforderte Verhalten ausdrückt und somit nicht implizit schon Strukturvorgaben enthält (Bild 44.2b). Für die entsprechende textuelle Verhaltensbeschreibung des Bildes 44.3b läßt sich die Ausdrucksweise für 1-Punkt-Mengen aus Abschnitt 4.1.11 verwenden.

Der eigentliche Entwurfsvorgang steckt im Auffinden einer geeigneten Struktur, die das geforderte Verhalten realisiert. Mit den Methoden aus Abschnitt 4.1 findet man sofort die Struktur nach Bild 44.2c; danach stellt sich ein Decodierer einfach als Komposition von Mintermen heraus. Der Vollständigkeit halber ist auch die textuelle Strukturbeschreibung angedeutet (Bild 44.3c). Die **units** AND und NOT sind in Bild 41.41 definiert. Nebenbei wird erkennbar, daß für Strukturbeschreibungen noch solche Ausdrucksmittel hilfreich wären, mit denen sich offensichtliche Gesetzmäßigkeiten im Verbindungsaufbau direkt auch textuell erfassen lassen.

S —3— 1-AUS-8-DEC

Q_7 Q_6 Q_5 Q_4 Q_3 Q_2 Q_1 Q_0

a. Symbol für elementare Funktionseinheit auf Registertransferebene

S_2	S_1	S_0	Q_7	Q_6	Q_5	Q_4	Q_3	Q_2	Q_1	Q_0
0	0	0	0	0	0	0	0	0	0	1
0	0	1	0	0	0	0	0	0	1	0
0	1	0	0	0	0	0	0	1	0	0
0	1	1	0	0	0	0	1	0	0	0
1	0	0	0	0	0	1	0	0	0	0
1	0	1	0	0	1	0	0	0	0	0
1	1	0	0	1	0	0	0	0	0	0
1	1	1	1	0	0	0	0	0	0	0

b. Verhaltensbeschreibung auf Schaltwerkebene

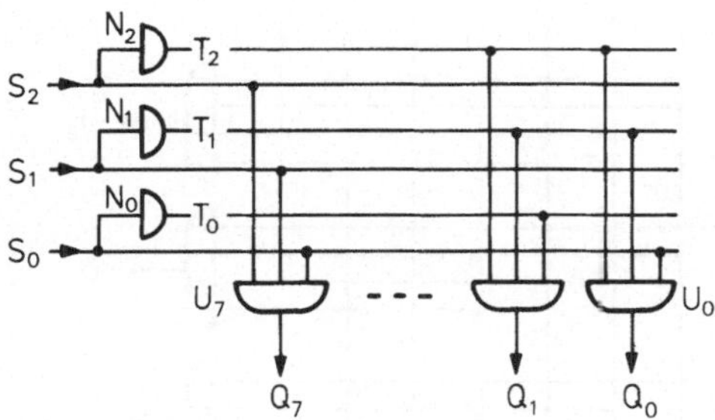

c. Strukturbeschreibung auf Schaltwerkebene

Bild 44.2.
Decodierer auf Schaltwerkebene

```
box 1-AUS-8-DEC;
  input S: RBT <2..0>;
  output Q: RBT <7..0>;
  begin Q=2**S end
```

a. Elementare Funktionseinheit auf Registertransferebene

```
box 1-AUS-8-DEC;
  input S: array [0..2] of SBT;
  output Q: array [0..7] of SBT;
  locvar K: INTEGER;
  begin
    conc K (0 to 7) do Q[k]=PQ(S,1;K)
  end
```

b. Verhaltensbeschreibung auf Schaltwerkebene

```
structure 1-AUS-8-DEC;
  input S: array [0..2] of SBT;
  output Q: array [0..7] of SBT;
  unit U: array [0..7] of AND(3);
       N: array [0..2] of NOT;
  locnode T: array [0..2] of SBT;
  begin
    U[0]: T[0], T[1], T[2], Q[0];
    U[1]: S[0], T[1], T[2], Q[1];
    U[2]: T[0], S[1], T[2], Q[2];
    U[3]: S[0], S[1], T[2], Q[3];
    U[4]: T[0], T[1], S[2], Q[4];
    U[5]: S[0], T[1], S[2], Q[5];
    U[6]: T[0], S[1], S[2], Q[6];
    U[7]: S[0], S[1], S[2], Q[7];
    N[2]: S[2], T[2];
    N[1]: S[1], T[1];
    N[0]: S[0], T[0];
  end
```

c. Strukturbeschreibung auf Schaltwerkebene

Bild 44.3.
Textuelle Beschreibungen für einen Decodierer

Es ist wichtig zu erkennen, daß der Entwurfsvorgang selbst in diesem Idealfall noch informelle, vom Entwerfer durch Intuition oder Erfahrung eingebrachte Entwurfsentscheidungen enthält. Tatsächlich steckt nämlich in dem Entschluß, die Methoden aus Abschnitt 4.1 zu verwenden, implizit die Entscheidung für eine einstufige Lösung. Ein anderes denkbares Entwurfsergebnis könnte z.B. die Matrixstruktur von Bild 44.4 sein, gezeigt am Beispiel eines 1-AUS-16-DECODIERERS. Nachteilig ist sicher der mit deren Zweistufigkeit verbundene Verlust an Arbeitsgeschwindigkeit. Vorteilhaft ist aber die geringere Anzahl von UND-Glied-Eingängen. Insbesondere bei Decodierern mit höherer Eingangsanzahl n, z.B. in Adreßdecodierern von Hauptspeichern, wirkt sich dieser Umstand ganz wesentlich aus (Bild 44.5). Jedenfalls läßt sich erahnen, daß die Entwurfsentscheidungen auf Annahmen beruhen können, die ganz außerhalb der betrachteten Nachrichtenebene begründet sind. Entscheidend sind letztlich immer Kostenfragen, wobei Kosten des Entwurfsvorgangs und Kosten der gefertigten Produkte insgesamt zu minimieren sind. Damit wird auch verständlich, weshalb sich eine Vollautomatisierung des Entwurfsvorgangs einerseits sowie eine Optimierung des Entwurfsergebnisses andererseits im allgemeinen schwer in Einklang bringen läßt.

Das funktionelle Gegenstück zum Decodierer ist der *Codierer*. Erwähnt sei, daß in der Verhaltensbeschreibung auf Schaltwerkebene nur n von 2^n Eingangsbelegungen spezifiziert sind (Bild 44.6; n=8).

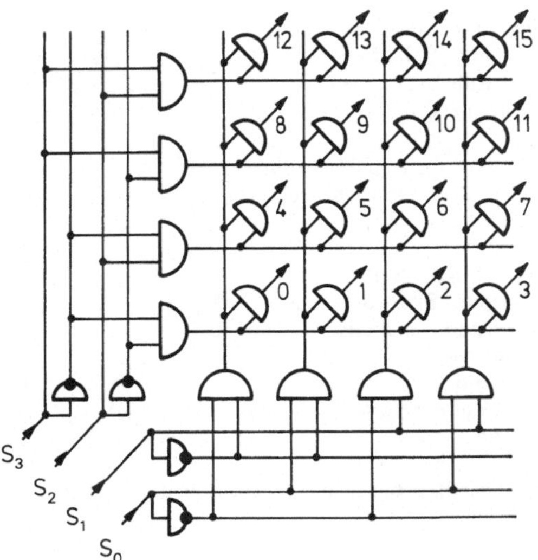

Bild 44.4.
1-aus-16-Decodierer in zweistufiger Form

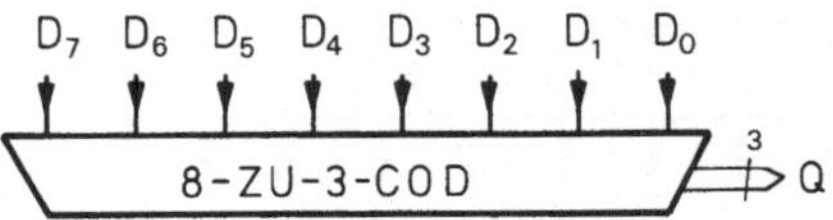

a. Symbol auf Registertransferebene

D_7	D_6	D_5	D_4	D_3	D_2	D_1	D_0	Q_2	Q_1	Q_0
0	0	0	0	0	0	0	1	0	0	0
0	0	0	0	0	0	1	0	0	0	1
0	0	0	0	0	1	0	0	0	1	0
0	0	0	0	1	0	0	0	0	1	1
0	0	0	1	0	0	0	0	1	0	0
0	0	1	0	0	0	0	0	1	0	1
0	1	0	0	0	0	0	0	1	1	0
1	0	0	0	0	0	0	0	1	1	1
alle anderen								*	*	*

b. Verhalten auf Schaltwerkebene

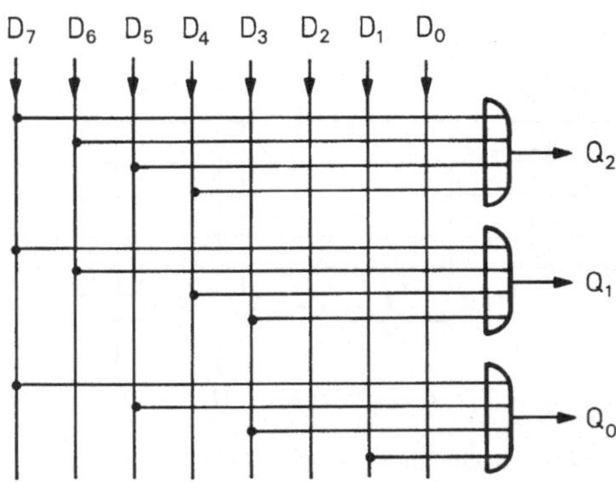

c. Struktur auf Schaltwerkebene

Bild 44.6.
8-zu-3-Codierer

	n	4	8	12
Einstufig	$c_1 = n*2^n$	64	2048	≈50000
Zweistufig	$c_2 = n*2^{n/2} + 2^{n+1}$	48	640	≈9000

Bild 44.5.
Anzahl der UND-Glied-Eingänge von Decodierern für n Decodier-Eingänge

Deutlich anders verläuft der Entwurf eines *Multiplexers* z.B. zu Bild 31.4. Natürlich wird man dieses Schaltnetz nicht formal als ein Funktionsbündel mit 66 Eingängen und 16 Ausgängen behandeln. Vielmehr ist schon auf Registertransferebene erkennbar, daß alle 16 Binärstellen gleichartigen Verknüpfungen unterliegen. Im ersten Entwurfsabschnitt entsteht, im Prinzip informell, die Grobstruktur nach Bild 44.7b. Zu entwerfen ist jetzt noch der 1-BIT-MUX. Formal liegt ein Schaltnetz mit (hier) 6 Eingängen vor, so daß sich eine vollständige Funktionstabelle durchaus angeben ließe. Bei mehr als vier Eingangsrichtungen P_i bläht sich eine solche Tabelle aber schnell unerträglich auf. Für das vorliegende Problem ist die Darstellung nach Bild 44.7c viel knapper und einleuchtender. In die Ausgangsspalte ist statt eines Binärwerts eine Binärvariable eingetragen. Der aktuelle Wert einer Zeile ergibt sich durch Konjunktion des betreffenden Minterms mit der Variablen. Der 1-BIT-MULTIPLEXER erweist sich somit als Decodierer mit Zusatzeingang pro UND-Glied sowie mit zusammenfassendem ODER-Glied (Bild 44.7d).

Ein Multiplexer läßt sich auch als *Universalschaltnetz* verwenden (Bild 44.8). Dabei erzeugen n Variable $x_1 ... x_n$ über die Eingänge $s_0 ... s_{n-1}$ alle Minterme. Eine weitere Variable x_0 wird insgesamt den Eingängen P_i zugeordnet, und zwar abhängig von den Funktionswerten y(x) und y(x+1) jeweils zweier aufeinander folgender Punkte x.

Das Gegenstück zum Multiplexer, also der *Demultiplexer* von Bild 31.4, läßt sich auf ähnliche Weise in die Schaltwerkebene transferieren (Bild 44.9). Die Schaltnetze zur *Maske* (Bild 31.2) und zum *Switch* (Bild 31.5) ergeben sich unmittelbar, so daß von einem Entwurfs<u>vorgang</u> nicht die Rede sein kann (Bilder 44.10 und 44.11).

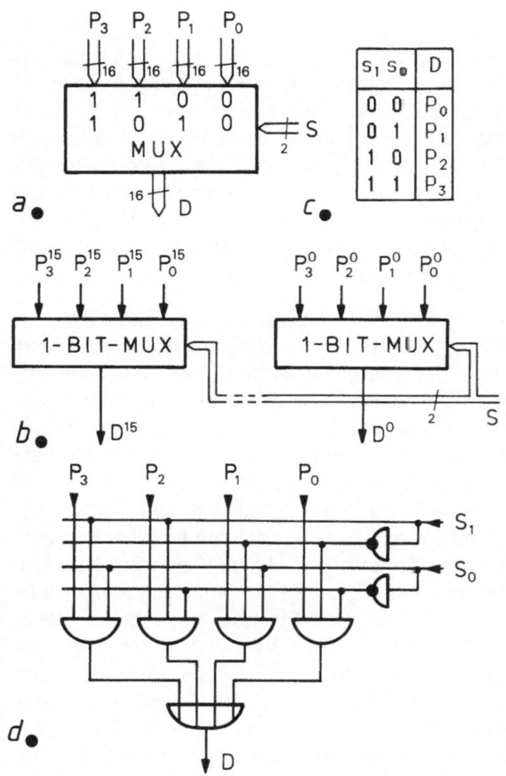

a. Symbol auf Registertransferebene
b. Grobstruktur auf Schaltwerkebene
c. Verhaltensbeschreibung für 1-BIT-MUX
d. Struktur für 1-BIT-MUX

Bild 44.7.
4-zu-1-Multiplexer

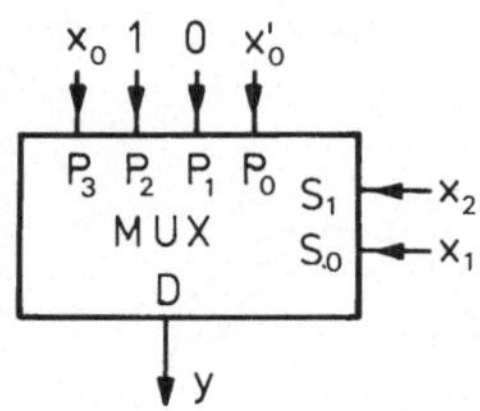

y(x)	y(x+1)	P(x/2)
0	0	0
0	1	x_0
1	0	x_0'
1	1	1

x	$x_2\,x_1\,x_0$	y	P(x/2)
0	0 0 0	1	$P_0 = x_0'$
1	0 0 1	0	
2	0 1 0	0	$P_1 = 0$
3	0 1 1	0	
4	1 0 0	1	$P_2 = 1$
5	1 0 1	1	
6	1 1 0	0	$P_3 = x_0$
7	1 1 1	1	

Bild 44.8.
4-zu-1-Multiplexer als Universalschaltnetz am speziellen Beispiel

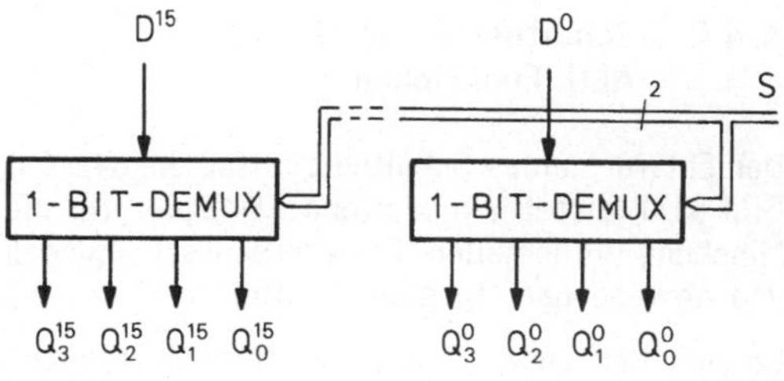

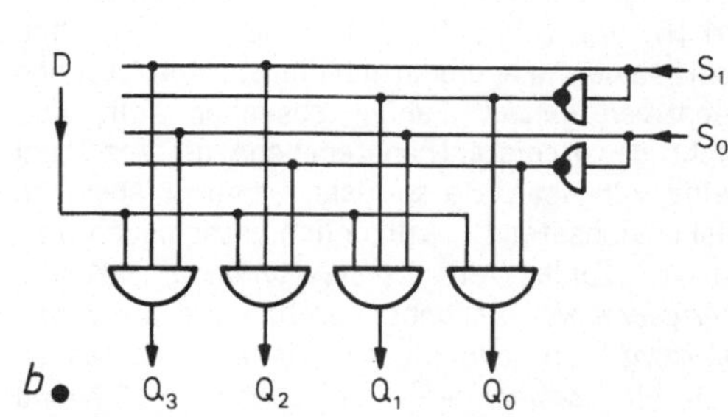

a. Grobstruktur auf Schaltwerkebene
b. Struktur für 1-BIT-DEMUX

Bild 44.9.
1-zu-4-Demultiplexer

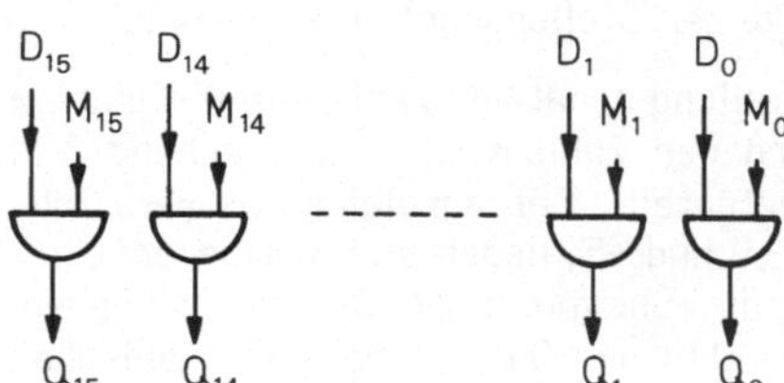

Bild 44.10.
16-Bit-Maske

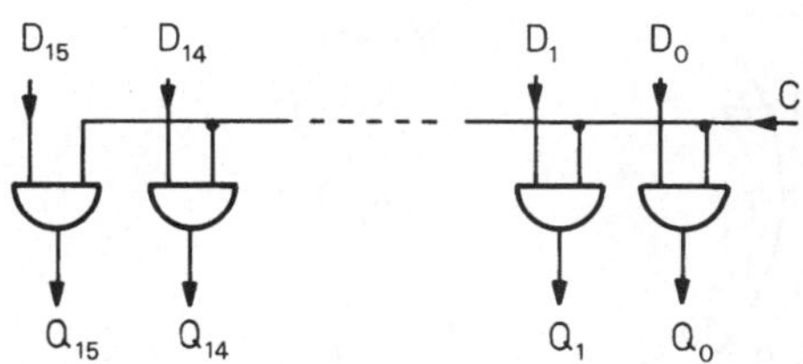

Bild 44.11.
16-Bit-Switch

In den weiteren Abschnitten wird auf den Vorgang des Entwurfs nur noch dann eingegangen, wenn er neue Aspekte der Entwurfsproblematik aufzeigt. Ähnliches gilt für die textuellen Darstellungen.

4.4.2 Schaltnetze für einfache ALU-Funktionen

Der Entwurf eines Schaltnetzes für die *ALU* in Bild 31.1 bietet ein weiteres Beispiel für die Mischung informeller Entwurfsentscheidungen und Anwendungen formaler Methoden.

Bereits der einleitende Entwurfsschritt, nämlich das Aufstellen einer Verhaltensbeschreibung auf Schaltwerkebene, entsprechend Bild 44.1B, wirft Probleme auf. Dazu ist nämlich festzulegen, wie eigentlich die Binärdarstellung negativer ganzer Zahlen aussehen soll. Aus Sicht der Registertransferebene gibt es dazu keine Vorgaben. So sei denn – beim bisherigen Diskussionsstand – willkürlich entschieden, negative Zahlen im *B-Komplement (Basis-Komplement*; genannt auch: *Zweier-Komplement)* zu formulieren. Einzelheiten lassen sich am *Zahlenkreis* der Bilder 44.12 und 44.13 erkennen, hier der Übersicht halber auf vier Binärstellen beschränkt. Im Bild 44.12a sind die 16 möglichen ganzen Zahlen kreisförmig angeordnet. Die Addition zweier vorzeichenloser Zahlen äußert sich dann als Addition zweier Winkelstrecken (Bild 44.12b). Die Notation zur Summenbildung gleicht jener von Bild 12.6; zwischen den Horizontallinien ist die Weitergabe der Stellenüberträge angedeutet.

Zur Darstellung negativer Zahlen im B-Komplement wird der Zahlenkreis entsprechend Bild 44.13a aufgeteilt. Betragsgleiche (Hexa-) Zahlen, z.B. -5 und +5, liegen sich waagerecht gegenüber; die Summe ihrer Dualdarstellungen, z.B. also 1011 und 0101, ergibt die Zahlenbasis, hier also: 10000. Ob ein Binärwert im linken Kreisteil, z.B. das Wort 1100, als vorzeichenlose Zahl (also: 12) oder negative Zahl (also: -4) gelten soll, hängt allein von deren Interpretation auf virtueller Ebene, z.B durch ein Maschinenprogramm, ab. Eine ALU, als reale Funktionseinheit, hat lediglich dafür zu sorgen, daß beide Interpretationen möglich sind. Insbesondere hat sie dazu Auskunft zum *Überlauf* zu geben; das ist eine Situation mit fehlerhaftem Vorzeichenergebnis:

Im Bild 44.13 sind dazu einige Beispiele zusammengestellt. (In Klammern ist außerdem der Übertrag genannt, der – entsprechend Bild 44.12 – relevant ist, wenn der Zahlenkreis nur vorzeichenlose Zahlen meinen soll). Im Teilbild b sind zwei Beispiele zur Addition zweier positiver Zahlen gezeigt, links ohne, rechts mit Überlauf. Bei einer Addition von Zahlen ungleichen Vorzeichens kann nie ein Überlauf entstehen (Teilbild c). Dagegen kann ein Überlauf bei der Addition zweier negativer Zahlen auftreten (Teilbild d). Ein Überlauf ist also daran feststellbar, daß die Vorzeichen der Summanden untereinander gleich und außerdem ungleich dem Vorzeichen des Ergebnisses sind; die Vorzeichen sind unmittelbar durch das höchstwertige Bit einer Zahl ausgedrückt (s. z.B. Teilbild a). Alternativ ist ein Überlauf erkennbar an ungleichen Werten der beiden höchsten Stellenüberträge; siehe dazu die Unterstreichungen in den Teilbildern b bis d.

Wie gesagt mag die Wahl des B-Komplements zur Wiedergabe negativer Zahlen als willkürlich erscheinen. Z.B. hätte man sich auch für die Darstellung im *(B-1)-Komplement* (genannt auch: *Eins-Komplement*) (Bild 44.14) oder

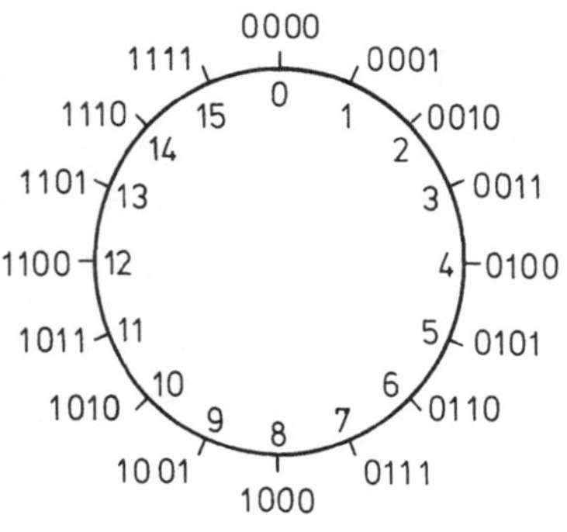

a. Zahlenkreis mit Zuordnung von Binärworten zu vorzeichenlosen Zahlen

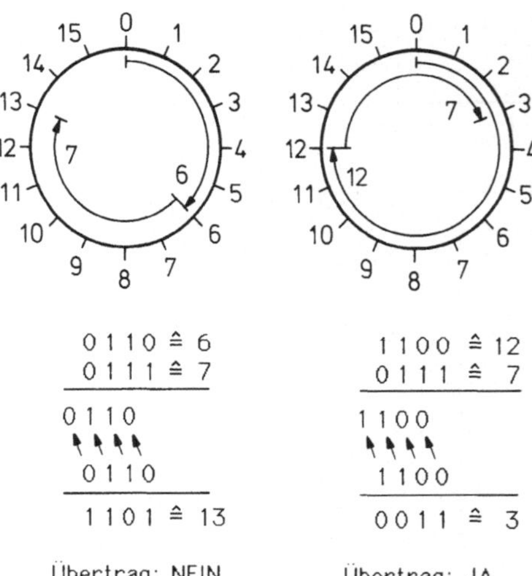

b. Addition zweier Zahlen

Bild 44.12.
Zahlenkreis für vorzeichenlose Zahlen

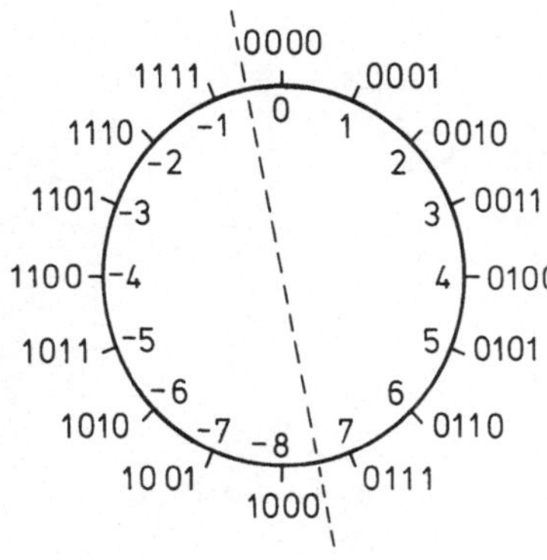

a. Zahlenkreis mit Zuordnung von Binärworten zu positiven und negativen Dezimalzahlen

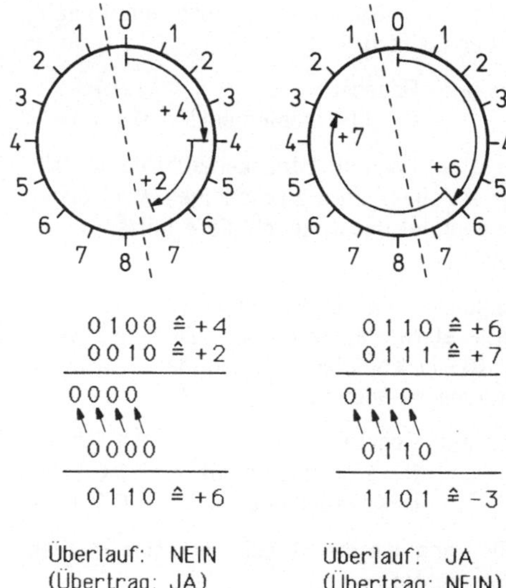

b. Addition zweier positiver Zahlen

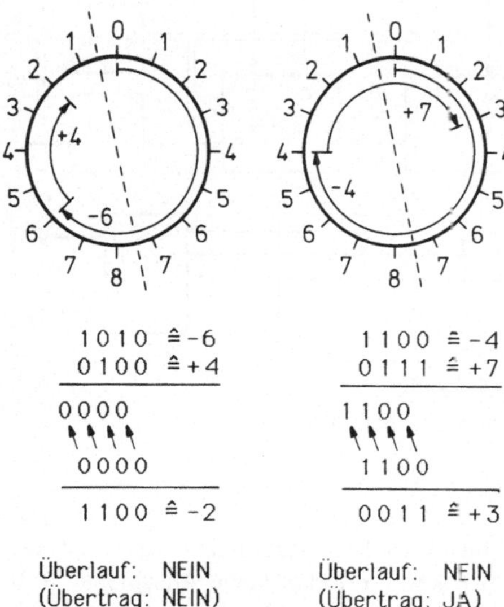

c. Addition bei Zahlen ungleichen Vorzeichens

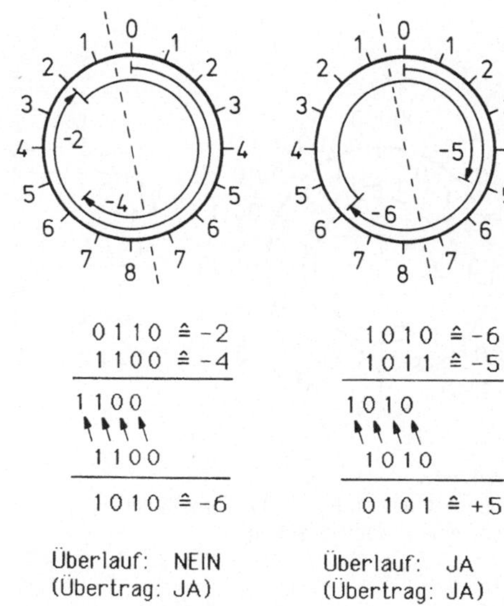

d. Addition zweier negativer Zahlen

Bild 44.13.
Zahlendarstellung im B-Komplement

durch vorzeichenbehaftete Dualzahlen (Bild 44.15) entscheiden können. Vorteile und Nachteile dieser Alternativen stellen sich erst beim Detailentwurf der ALU heraus. Pauschal läßt sich dazu zusammenfassen:

a. Die Wiedergabe negativer Zahlen durch B- oder (B-1)-Komplement erlaubt es, die Subtraktion auf die Addition zurückzuführen. Dagegen erfordert die Darstellung nach Bild 44.15 neben einem Addiernetz auch ein Subtraktionsnetz; verschiedene Subtraktionsfälle, z.B. Minuend ≥ Subtrahend bzw. Minuend < Subtrahend, sind getrennt zu behandeln.

b. Üblich sind deshalb nur die Komplement-Darstellungen. Das (B-1)-Komplement zu einem Binärwort entsteht durch komplementieren aller Bits, was technisch leicht realisierbar ist (s.u.).

Beispiel: Gegeben: 1 0 1 1
(B-1)-Komplement: 0 1 0 0

Allerdings kann die Streckenaddition im Zahlenkreis einen um 1 zu niedrigen Wert ergeben; dann ist nachträglich die Addition einer +1 nötig.

Dagegen ist das Erzeugen eines B-Komplements etwas aufwendiger. Zunächst wird das (B-1)-Komplement gebildet und dazu dann eine +1 addiert.

Beispiel: Gegeben: 0 1 1 0
(B-1)-Komplement 1 0 0 1
B-Komplement 1 0 1 0

Dafür wird nun die Streckenaddition in allen Fällen richtig.

Derzeit ist fast ausschließlich die Darstellung im B-Komplement gebräuchlich. Der Addierer von Bild 13.1a läßt sich leicht für Subtraktionszwecke erweitern; seine Anschlüsse a, b, c, s und u heißen jetzt A*, B*, C_0, S und U (Bild 44.16). Ein *(B-1)-Komplementierer* wird durch ein Steuersignal $L_0 = \mathbf{1}$ aktiviert und erzeugt das (B-1)-Komplement zur Eingabegröße B. Die nötige Erhöhung um +1 besorgt ein Antivalenzglied vor dem Übertragseingang C_0.

Auf dieser Basis sei nun die ALU des Bildes 31.1 entworfen. Wieder stellt sich die Frage, ob es zweckmäßig ist, als Ausgangspunkt des Entwurfsvorgangs zunächst eine Verhaltensbeschreibung auf Schaltwerkebene anzugeben. Wegen der vielen Eingangsvariablen wäre aber allein das Aufschreiben einer Funktionstabelle eine unzumutbare Aufgabe; überdies wäre das Entwurfsergebnis - wie die Erfahrung gelehrt hat - unerträglich aufwendig. Also wird man -

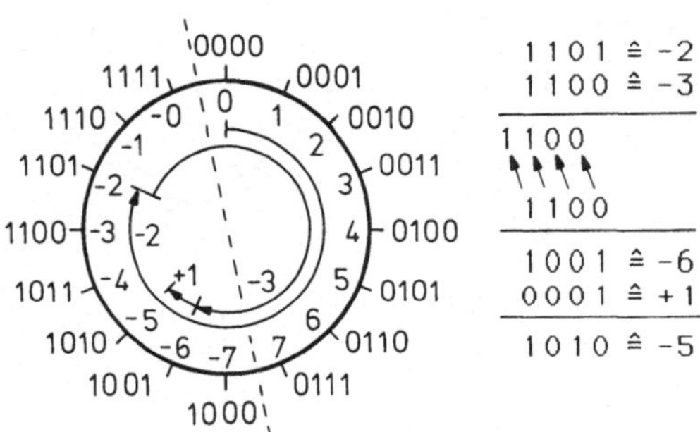

Bild 44.14.
Zahlendarstellungen im (B-1)-Komplement mitsamt einem Additionsbeispiel

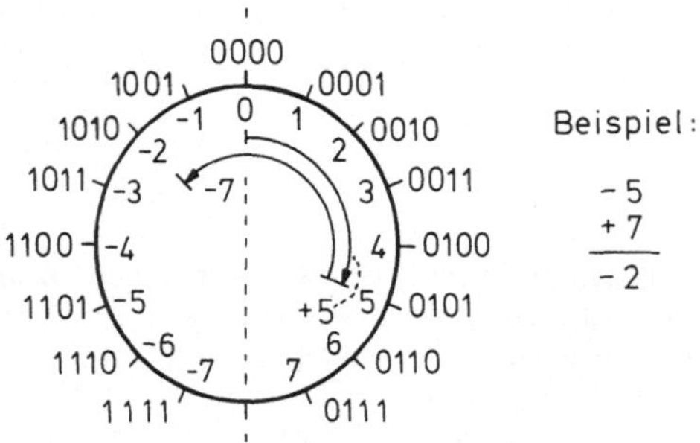

Bild 44.15.
Zahlendarstellung durch vorzeichenbehaftete Dualzahlen (ungebräuchlich)

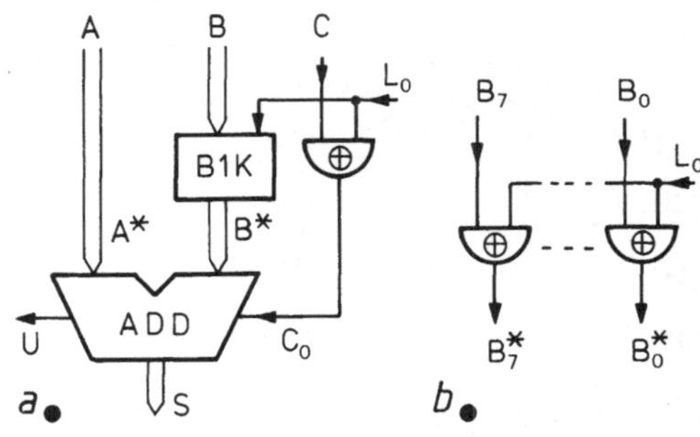

a. Grobstruktur mit (B-1)-Komplementierer
b. (B-1)-Komplementierer auf Schaltwerkebene

Bild 44.16.
Addiernetz mit (B-1)-Komplementierer B1K zur Subtraktion

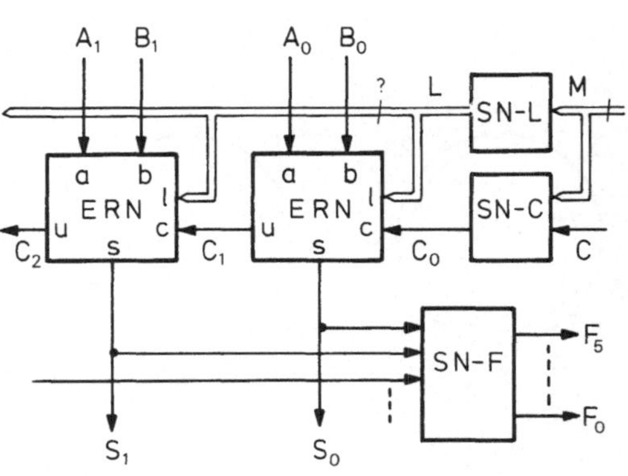

Bild 44.17.
Grobstruktur einer ALU

wiederum teils intuitiv – nach Regularitäten suchen, um gleichartige Teilstrukturen entwerfen zu können. Bild 13.1b gibt hierzu eine Anregung, und es sei als weitere Entwurfsentscheidung festgelegt:

> Die 8-Bit-ALU sei, falls möglich, gegliedert in 8 gleiche *1-Bit-Rechennetze* ERN mit serieller Weitergabe der Stellenüberträge.

Die Status-Flags F liefern Aussagen über das Ergebnis S der 8-Bit-ALU; daher wird ein Schaltnetz SN-F erforderlich, das aus den Ergebnisbits S_7 bis S_0 die Flagwerte für F_5 bis F_0 ermittelt (Bild 44.17). Aus Bild 44.16 ist ersichtlich, daß zwischen den Knoten C und C_0 ebenfalls ein Schaltnetz liegen kann, in Bild 44.17 genannt: SN-C. Außerdem ist vorsorglich ein Schaltnetz SN-L eingeplant, das die von extern gelieferten Signale M in interne Steuergrößen L umsetzt.

Zu entwerfen wäre jetzt das 1-Bit-Rechennetz ERN; seine Anschlüsse seien mit Kleinbuchstaben gekennzeichnet (wobei l = L). Das Bündel l hat entsprechend den zu unterscheidenden Fällen M (Bild 31.1) mindestens vier Leitungen, so daß ERN mindestens sieben Eingänge aufweisen muß. Mit einiger Mühe ließe sich eine Funktionstabelle mit 128 Zeilen aufstellen und daraus ein zweistufiges Schaltnetz gewinnen. Es würde immer noch sehr aufwendig sein. Sinnvoller erscheint es, bei der Verknüpfung der Größen a und b mehr als zwei Stufen zuzulassen; zwischen den Anschlüssen c und u sollten jedoch nicht mehr als zwei Stufen vorkommen, um die Zeitverzögerung durch die serielle Weitergabe des Übertrags durch die gesamte ALU nicht zu groß werden zu lassen.

Wieder einmal scheint eine Mischung von intuitivem und formalem Vorgehen angebracht zu sein. In der Tabelle des Bildes 44.18 sind die zu unterscheidenden ALU-Funktionen aus Bild 31.1 aufgeführt. Im Bild 44.16 liegt bereits eine Lösung für die Fälle M=0 (Addition) und M=1 (Subtraktion) vor. Jene Struktur sei nun intuitiv weiterentwickelt; dabei ergibt sich für das Bündel L eine Breite von sieben Bits (statt der Mindestzahl von vier Bits). Im einzelnen entsteht die Struktur von Bild 44.19 auf folgende Weise:

M	Bedeut.	M_3	M_2	M_1	M_0	L_0	L_1	L_2	L_3	L_4	L_5	L_6	C_0
0	A+B+C	0	0	0	0	0	1	1	0	1	1	0	C
1	A−B−C	0	0	0	1	1	1	1	0	1	1	0	C'
2	A ∨ B	0	0	1	0	0	1	1	0	0	1	1	0
3	A ∧ B	0	0	1	1	0	1	1	0	0	0	1	0
4	A ⊕ B	0	1	0	0	0	1	1	0	0	1	0	0
5		0	1	0	1	*	*	*	*	*	*	*	*
6		0	1	1	0	*	*	*	*	*	*	*	*
7		0	1	1	1	*	*	*	*	*	*	*	*
8	'A+0'	1	0	0	0	*	1	0	0	*	1	*	0
9	'0+B'	1	0	0	1	0	0	1	0	*	1	*	0
10	'A+1'	1	0	1	0	*	1	0	0	*	*	*	1
11	'1+B'	1	0	1	1	0	0	1	0	*	*	*	1
12	'A−1'	1	1	0	0	*	1	*	1	1	1	0	0
13		1	1	0	1	*	*	*	*	*	*	*	*
14	'0+0'	1	1	1	0	*	0	0	0	*	*	*	0
15	'1+0'	1	1	1	1	*	0	0	0	*	*	*	1

Bild 44.18.
ALU-Funktionen und Steuersignale

Der obere Teil von Bild 44.18 zeigt rechts das zur Subtraktion nötige Antivalenzglied in zweistufiger UND-ODER-Form. Die zusätzlichen Steuersignale $l_1 = \mathbf{0}$ oder $l_2 = \mathbf{0}$ erlauben die Zwischenergebnisse $\tilde{a} = \mathbf{0}$ bzw. $\tilde{b} = \mathbf{0}$. Gilt dabei $C_0 = \mathbf{0}$ sind die ALU-Funktionen 'A + 0', '0 + B' sowie '0 + 0' einstellbar; bei $C_0 = \mathbf{1}$ gewinnt man die Funktionen 'A + 1', '1 + B' und '1 + 0'. Mit $l_3 = \mathbf{1}$ ergibt sich $b = \mathbf{1}$ und damit – gesehen über alle 8 ERN – die Zweier-Komplement- Form der Zahl −1. Somit ist die ALU-Funktion 'A − 1' verwirklicht.

Es fehlen noch die logischen Verknüpfungen 'A ∨ B', 'A ∧ B' sowie 'A ⊕ B'. Nun enthält die Struktur des Volladdierers in Bild 13.1d bereits etliche Teilverknüpfungen, so daß sich die gesuchten Verknüpfungen mit verhältnismäßig wenig Zusatzaufwand einrichten lassen (siehe hervorgehobene Teile in Bild 44.19). Das Schaltnetz SN-C muß dazu den Wert $C_0 = \mathbf{0}$ liefern. Das Signal $l_4 = \mathbf{0}$ erzwingt, zusammen mit $C_0 = \mathbf{0}$, an allen ERN die Werte $c = \mathbf{0}$ und $u = \mathbf{0}$. Mit den Signalen l_5 und l_6 lassen sich nun wahlweise die logischen Verknüpfungen einstellen.

Die im Bild 44.18 zusammengestellten Signale L_0 bis L_6 sowie C_0 sind laut Bild 44.17 die Ausgangsfunktionen der Schaltnetze SN-L und SN-C, für die sich eine Struktur nach Bild 44.20 z.B. mit KV-Diagrammen bestimmen läßt.

Anzumerken ist, daß das 1-Bit-Rechenwerk an sich noch weitere ALU-Funktionen zuläßt, so z.B. 'A ∨ B'', 'A ∧ B'' und 'A ≡ B', also Operationen mit komplementierter Größe B. Man könnte sie als Fälle M = 5 bis M = 7 in das Bild 44.18 aufnehmen und bräuchte dann lediglich die Schaltnetze SN-L und SN-C neu zu bestimmen.

Es fehlt nun noch eine Lösung für das Schaltnetz SN-F in Bild 44.17. Der Übertrag CY entspricht direkt dem Übertragsausgang der ALU,

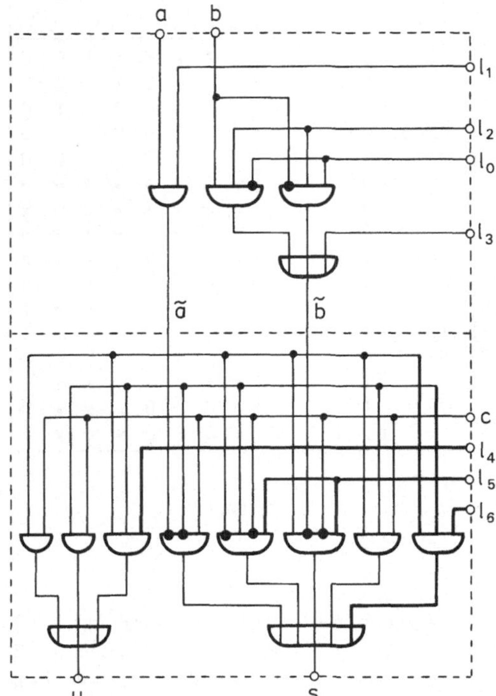

Bild 44.19.
Struktur eines 1-Bit-Rechenwerks ERN

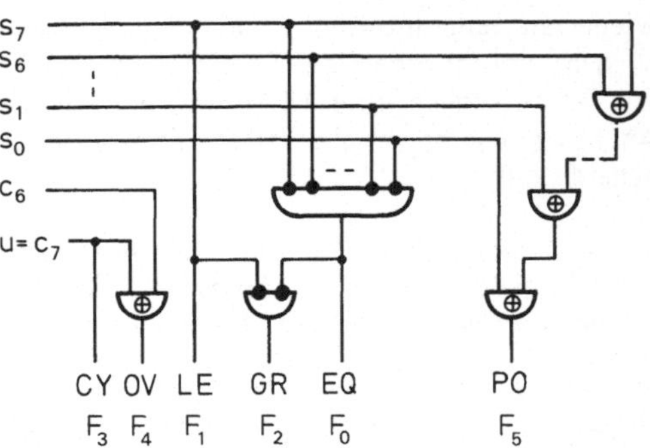

Bild 44.21.
Das Schaltnetz SN-F für Flags

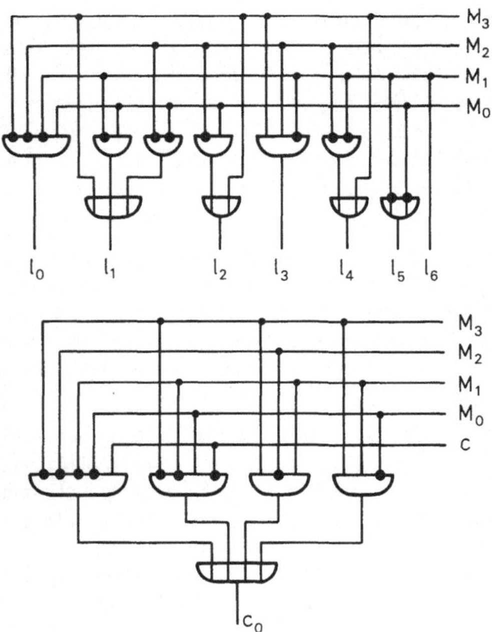

Bild 44.20.
Die Schaltnetze SN-L und SN-C

also $U = C_7$ (Bild 44.21). Der Überlauf OV (Overflow) ist, wie weiter vorn ausgeführt, an der Bedingung $C_7 \neq C_6$ erkennbar. Die Grobstruktur in Bild 44.17 müßte also noch um die Leitungen C_7 und C_6 ergänzt werden (Bild 44.21). Die Aussage LE = **1** (less zero) ist identisch mit dem höchstwertigen Ergebnisbit, hier: S_7. Ein Ergebnis S = 0 wird durch UND-Verknüpfung erfaßt und liefert EQ = **1**. Die Aussage GR = **1** gilt, wenn LE = **0** und EQ = **0**. Die Parity-Aussage PO = **1** entsteht gedanklich am einfachsten durch eine Serienschaltung von Antivalenzgliedern. Hierzu kann man sich noch eine Reduktion der Stufenzahl mit dann allerdings größerem Aufwand an Verknüpfungsgliedern überlegen.

Damit ist für die ALU in Bild 31.1 eine Lösung auf der Schaltwerkebene gefunden. Man hätte viele der informellen Entwurfsentscheidungen auch anders fällen können und so eine Vielzahl weiterer Lösungen bekommen. Dazu folgen zwei Beispiele:

Aus der Funktionstabelle des Volladdierers in Bild 13.1c lassen sich zweistufige schaltalgebraische Ausdrücke ablesen und folgendermassen umformen:

$$\begin{aligned} s &= a'b'c \vee a'bc' \vee ab'c' \vee abc \\ &= a'(b'c \vee bc') \vee a(b'c' \vee bc) \\ &= a'(b \oplus c) \vee a(b \oplus c)' = (a \oplus b) \oplus c \end{aligned}$$

$$\begin{aligned} U &= ab \vee ac \vee bc \\ &= ab \vee ab'c \vee a'bc = ab \vee (ab' \vee a'b)c \\ &= ab \vee c(a \oplus b) \end{aligned}$$

Die zugehörige Struktur in Bild 44.22 läßt zwei gleiche *Halbaddierer* HA erkennen. Für das Herz der ALU, also für den Volladdierer, ist also eine vierstufige Lösung entstanden. (Dabei gilt das Antivalenzglied als zweistufig). Ob die damit zu erwartende höhere Durchlaufzeit - insbesondere wichtig beim Übertrag - beim praktischen Aufbau wirklich eintritt, hängt stark von Schaltungseigenschaften auf der elektrotechnischen Ebene ab.

Das andere Beispiel bekämpft den Laufzeitnachteil der seriellen Weitergabe des Stellenübertrags. Statt der Serienschaltung von Volladdierern nach Bild 13.1 sei nun die Parallelstruktur nach Bild 44.23 vorausgesetzt. Die

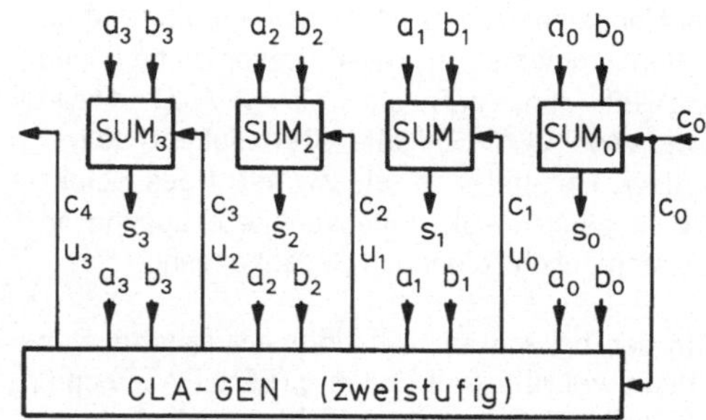

Bild 44.23.
Grundstruktur eines Addiernetzes mit Carry-Look-Ahead-Generator CLA-GEN

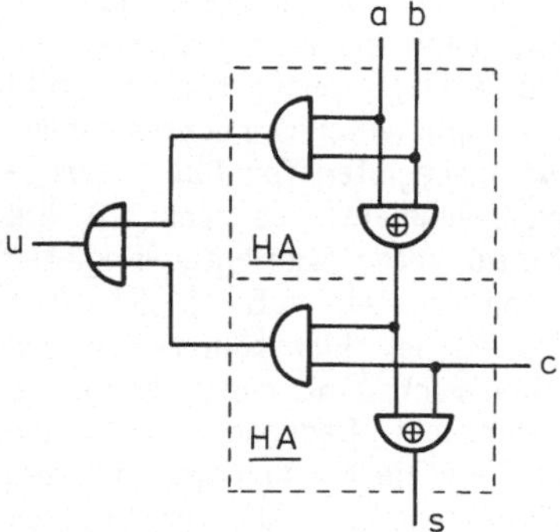

Bild 44.22.
Volladdierer aus zwei Halbaddierern HA

a	b	c	s	u	g	p
0	0	0	0	0	0	0
0	0	1	1	0	0	0
0	1	0	1	0	0	1
0	1	1	0	1	0	1
1	0	0	1	0	0	1
1	0	1	0	1	0	1
1	1	0	0	1	1	1
1	1	1	1	1	1	1

$g = a \wedge b$; $p = a \vee b$

Bild 44.24.
Die Hilfsfunktionen GENERATE und PROPAGATE

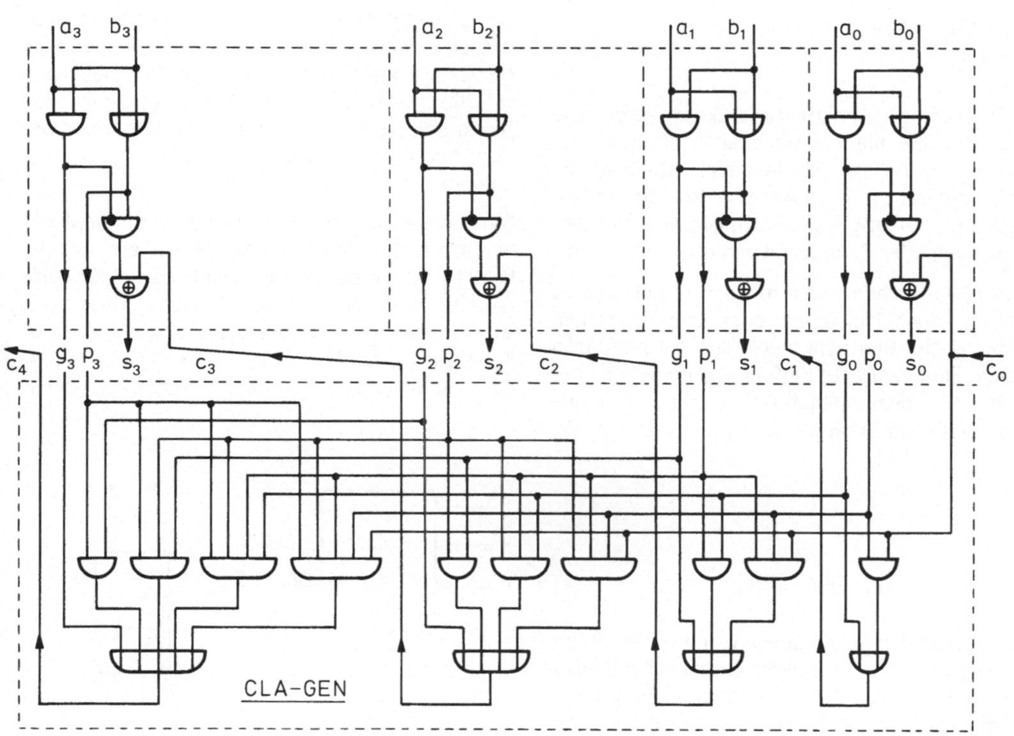

Bild 44.25.
Detailausführung eines Addiernetzes mit Carry-Look-Ahead-Generator

Funktionseinheiten SUM bilden gleichartig die Stellensummen s_0, s_1, usw. Wesentliche Forderung ist nun, daß ein *Carry-Look-Ahead-Generator* CLA-GEN alle Stellenüberträge c_1, c_2, usw. parallel, z.B. als zweistufiges Schaltnetz, erzeugen soll. Eine konkrete Lösung ergibt sich durch folgenden Gedankengang:

- In der bekannten Volladdierer-Tabelle werden zwei Hilfsfunktionen g (GENERATE) und p (PROPAGATE) gebildet (Bild 44.24):

- Die Summe s läßt sich umrechnen zu:

$$s = (a \oplus b) \oplus c$$
$$\Longrightarrow \quad s = ((ab)' \wedge (a \vee b)) \oplus c$$
$$\Longrightarrow \quad s = (g' \wedge p) \oplus c$$

- Der Übertrag u ergibt sich aus der Tabelle:

$$u = g \vee pc$$

- Mit $u_i = c_{i+1}$ läßt sich rekursiv formulieren:

$$c_{i+1} = g_i \vee p_i c_i$$
$$\text{mit } g_i = a_i b_i, \; p_i = a_i \vee b_i$$

- Im einzelnen folgt:

$$c_1 = g_0 \vee p_0 c_0$$
$$c_2 = g_1 \vee p_1 c_1 = g_1 \vee p_1(g_0 \vee p_0 c_0)$$
$$= g_1 \vee p_1 g_0 \vee p_1 p_0 c_0$$
$$c_3 = g_2 \vee p_2 c_2 = g_2 \vee p_2(g_1 \vee p_1 g_0 \vee p_1 p_0 c_0)$$
$$= g_2 \vee p_2 g_1 \vee p_2 p_1 g_0 \vee p_2 p_1 p_0 c_0$$

usw.

Die zugehörige Schaltnetzstruktur zeigt Bild 44.25 für die niedrigsten vier Stellen. Nachteilig ist der mit der Stellenanzahl stark wachsende Aufwand im CLA-GEN. In der Praxis wendet man häufig Kombinationen aus paralleler und serieller Erzeugung von Überträgen an.

ALUs bzw. Rechenwerke müssen in der Praxis natürlich auch Multiplikationen und Divisionen sowie auch Gleitpunktrechnungen ausführen können. Eine vertiefte Einführung in dieses umfangreiche Spezialgebiet findet man - mit unterschiedlichen Schwerpunkten - z.B. in [1.12, 3.4, 4.12, 5.11].

4.4.3 Register und Zähler

Ansatzpunkt der Überlegungen sind die Register auf Registertransferebene entsprechend den Bildern 31.9 und 31.10. Es leuchtet unmittelbar ein, daß ein n-Bit-Register auf Schaltwerkebene einfach aus n gleichen Zeitgliedern (Bild 42.5) zusammensetzbar ist. Solche - hier manchmal als *Elementarregister* bezeichneten - Funktionseinheiten lagen den Modellvorstellungen in Abschnitt 4.2, z.B. zu den Bildern 42.7 bis 42.9, zugrunde. Die Zeitglieder können als Flipflops entsprechend Abschnitt 4.3 realisiert sein. (Register/Tor-Kombinationen, basierend z.B. auf Bild 31.14, werden in Abschnitt 4.4.4 besprochen).

Es gibt spezielle getaktete Schaltwerke mit einem n-Bit-Elementarregister, deren Schaltnetz sich regulär aus n gleichen Teilschaltnetzen zusammensetzt; hier genannt: *Funktionsregister* (Bild 44.26). Ein besonders einfaches Beispiel, nämlich das Schieberegister ist schon in Bild 42.15 angegeben. Im Bild 44.27 ist ein komplizierteres rückflankengesteuertes Funktionsregister für fünf alternative Funktionen beschrieben; es kann z.B. als sogenanntes Multiplikator-Quotienten-Register in Rechenwerken dienen; z.B. [1.9]. (Die Schreibweise Q:=Q soll klarstellen, daß der Fall S=1 wirklich vorkommt, dabei aber keine Änderungen verursacht. Dagegen kommen die Fälle S=3 und S=7 als Forderung nicht vor, was im Schaltnetzentwurf als Don't-Care-Situation ausnutzbar ist). Bild 44.28 veranschaulicht die Grobstruktur und den Schaltnetzentwurf.

Ein synchroner *Mod-m-Zähler* ist ein getaktetes Schaltwerk ohne Eingang, dessen m Zustände zyklisch durchlaufen werden; meistens bilden sie gleichzeitig auch die Ausgabe (Bild 44.29). Der Zustandscode kann prinzipiell beliebig sein; am gebräuchlichsten sind *Dualzähler*; bei ihnen sind die Zustände einfach dual codiert.

Synchrone Mod-m-Zähler lassen sich leicht mit den Methoden des Abschnitts 4.2 entwickeln. Bild 44.30 zeigt den Entwurf des δ-Schaltnetzes zunächst für D-Flipflops (also mit $D_i = v_i$), dann aber auch für T-Flipflops (also $T_i = (v_i \neq z_i)$; s. Bild 43.27). Speziell für Mod-2^n-Dualzähler läßt sich das δ-Schaltnetz recht

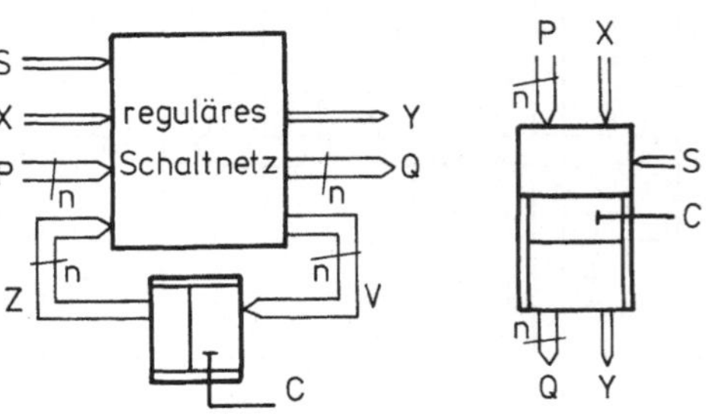

Bild 44.26.
Schema eines Funktionsregisters

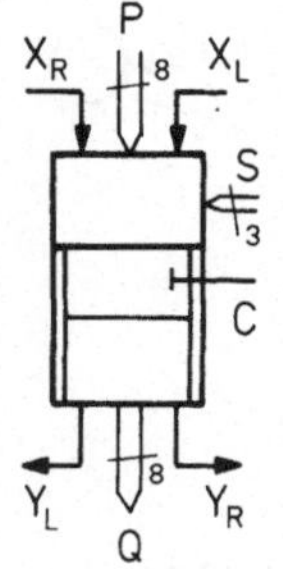

t	t+1
$S_2\ S_1\ S_0$	Funktion
* 0 0	$Q^{t+1}=0$ (Löschen)
0 0 1	$Q^{t+1}=Q^t$ (unverändert)
0 1 0	$Q^{t+1}=P^t$ (Übernahme)
1 0 1	Rechts schieben
1 1 0	Links schieben

```
box FUNCREG;
  input  P: RBT <7..0>; S: RBT <2..0>;
         XR, XL: RBT <0>; C: SBT;
  output Q: RBT <7..0>;
         YR, YL: RBT <0>;
  locvar K: INTEGER;
  begin
    |C!|:
     {|S=0 v S=4|: Q:=0,
      |S=1|: Q:=Q,
      |S=2|: Q:=P,
      |S=5|: {conc K (0 to 6) do Q<K>:=Q<K+1>,
              Q<7>:=XR},
      |S=6|: {conc K (7 to 1) do Q<K>:=Q<K-1>,
              Q<0>:=XL}},
    YR=Q<0>, YL=Q<7>
  end
```

Bild 44.27.
Ein spezielles Funktionsregister, beschrieben auf Registertransferebene

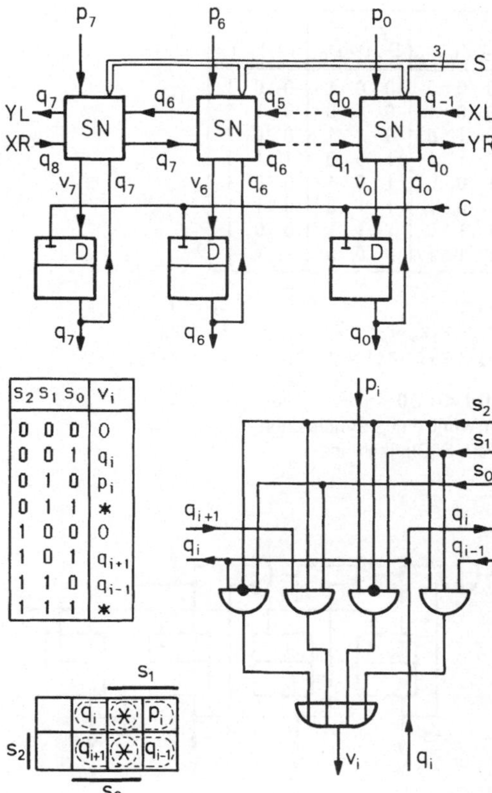

$$v_i = q_i s_2' s_0 \vee q_{i+1} s_2 s_0 \vee p_i s_2' s_1 \vee q_{i-1} s_2 s_1$$

Bild 44.28.
Konstruktion des Funktionsregisters

regulär gestalten; siehe das Beispiel in Bild 44.31.

Bild 44.32 läßt an einem Beispiel das wesentliche Merkmal eines *asynchronen Zählers* erkennen: Der Ausgang eines Flipflops treibt den Eingang eines nachfolgenden Flipflops. Solche Zähler folgen nicht dem Modell getakteter Schaltwerke. Man beachte, daß die Flipflops rückflankengesteuert (oder zweiflankengesteuert) sein müssen; bei Vorderflankensteuerung würde ein Rückwärtszähler entstehen. Die asynchronen Zähler sind zwar einfach im Aufbau, im allgemeinen aber in ihrem Zeitverhalten unübersichtlich. Unproblematisch sind eigentlich nur Mod-2^n-Zähler, da sie sich einfach als eine Kette von Flipflops äußern; Bild 44.32 verwendet D-Flipflops, die aber durch die NICHT-Glieder als T-Flipflops wirken. Da die Flipflops bei einem Taktimpuls am Eingang C im ungünstigsten Fall allesamt nacheinander umschalten, erlauben asynchrone Zähler im Vergleich zu synchronen nur eine geringere Arbeitsgeschwindigkeit.

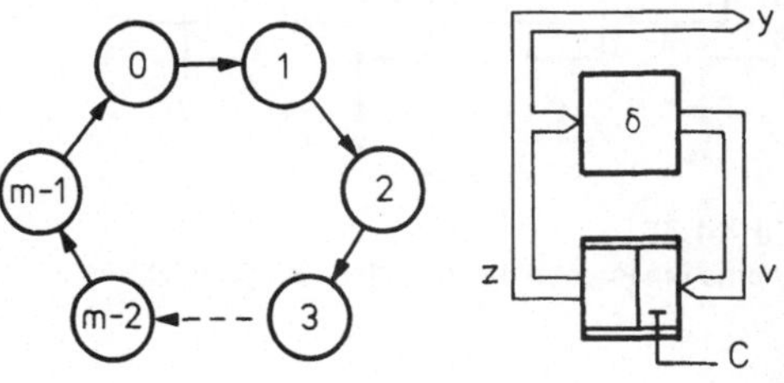

Bild 44.29
Schema eines synchronen Mod-m-Zählers

Durch zusätzliche Eingänge x lassen sich Zähler mit unterschiedlichen Betriebsmodi entwerfen. Bild 44.33 deutet einen Zähler an, der auch rückwärts zählen oder in einem Zählzustand verharren kann; ein konkretes Beispiel wurde bereits zu Bild 42.8 diskutiert. Als weitere Variation ist z.B. auch ein Zähler mit steuer-

$z_2\ z_1\ z_0$	$v_2\ v_1\ v_0$ / $D_2\ D_1\ D_0$	$T_2\ T_1\ T_0$
0 0 0	0 0 1	0 0 1
0 0 1	0 1 0	0 1 1
0 1 0	0 1 1	0 0 1
0 1 1	1 0 0	1 1 1
1 0 0	1 0 1	0 0 1
1 0 1	1 1 0	0 1 1
1 1 0	1 1 1	0 0 1
1 1 1	0 0 0	1 1 1

$D_0 = z_0'$ $\qquad T_0 = 1$

$D_1 = z_1' z_0 \vee z_1 z_0'$ $\qquad T_1 = z_0$

$D_2 = z_2'(z_1 z_0) \vee z_2(z_1 z_0)'$ $\qquad T_2 = z_1 z_0$

Bild 44.30.
Entwurf eines synchronen MOD-8-Dualzählers

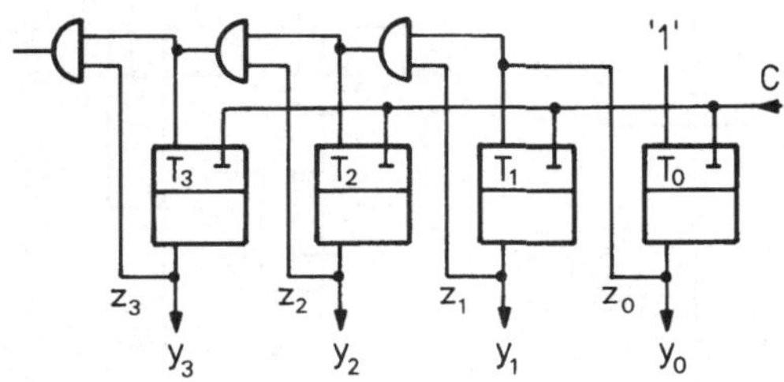

Bild 44.31.
Synchroner Mod-16-Dualzähler mit T-Flipflops

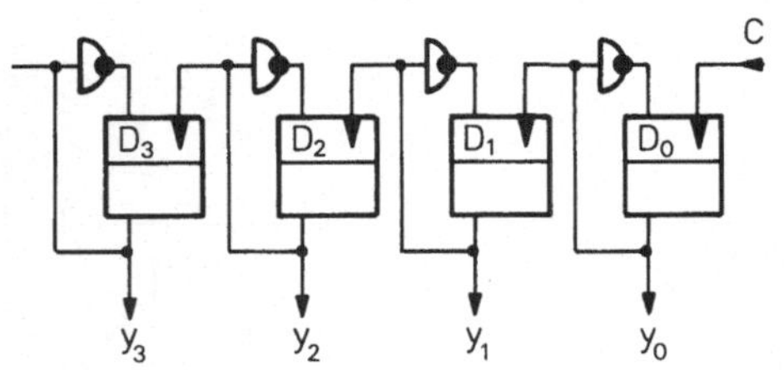

Bild 44.32.
Schema eines asynchronen Mod-2^n-Dualzählers

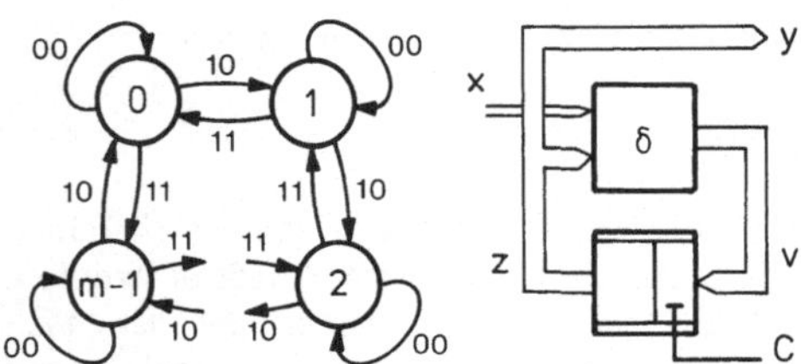

Bild 44.33.
Zustandsdiagramm für einen synchronen anhaltbaren Mod-m-Vorwärts-Rückwärts-Zähler

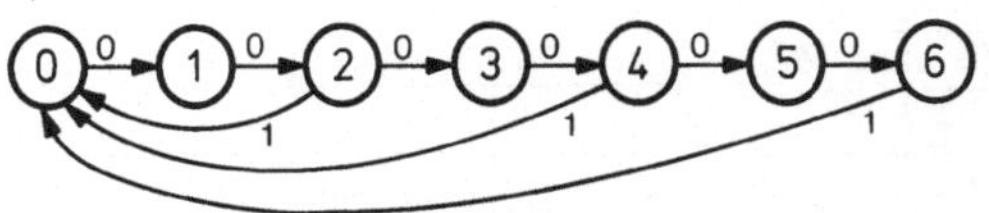

Bild 44.34.
Zähler mit steuerbarem Zählerumfang

barem Zählumfang denkbar (Bild 44.34). Das Zustandsdiagramm in Bild 42.11 läßt sich als Schaltwerk für zwei Zählfolgen deuten. Man erkennt, daß die Grenze zwischen Zähler und allgemeinem Schaltwerk fließend ist. Eine Vertiefung dieses Themas bietet z.B. [4.13].

4.4.4 Datenwege und Tore

Datenwege sind Einrichtungen, die Daten von einer Quelle zu einem Ziel übertragen. Gibt es in einem Datenweg genau eine Quelle und genau ein Ziel, liegt also eine Punkt-zu-Punkt-Verbindung vor, so besteht der Datenweg einfach aus einem Leitungsbündel. Sind am Datenweg mehrere Quellen oder mehrere Ziele beteiligt, bedarf es Auswahl- oder Verteilerschaltnetze. Grundsätzlich eignen sich dazu die Multiplexer bzw. die Demultiplexer aus Abschnitt 4.4.1.

In BUS-Systemen, so z.B. bei DEMOCOM1 und DEMOCOM2 in Kapitel 3, gibt es jedoch Aufbauprobleme, denn die Multiplexer bzw. die Demultiplexer müssen räumlich gedehnt implementierbar sein. Eine gebräuchliche Lösung basiert auf der WIRED-AND-Verknüpfung von NAND-Gliedern nach Bild 41.39d. Verschiedene Quellen werden mit Steuersignalen SQ alternativ an den BUS geschaltet (Bild 44.35). Ein Quellensignal **1** erscheint auf dem BUS als **0**; die vom BUS abgehenden UND-Glieder müssen daher eine Eingangscomplementierung vornehmen. Man muß aber beachten, daß das Signal BUS = **1** sowohl die Aussage "eine Quelle liefert eine **0**" als auch die Aussage "keine Quelle angeschaltet" bedeuten kann. Ein unproblematischer Betrieb entsteht, wenn beim Durchschalten auf ein Ziel (oder auf mehrere Ziele gleichzeitig) stets genau eine Quelle auf den BUS wirkt. Nachteilig ist lediglich, daß die Umschaltzeit des BUS von **0** auf **1** - elektrotechnisch bedingt - oft deutlich größer ist als in umgekehrter Richtung (s. Abschnitt 5.7.3).

Diesen elektrotechnischen Nachteil vermeidet der *Tristate-BUS* aus Abschnitt 3.1.3. Das Tristate-Tor von Bild 31.8 setzt sich auf der

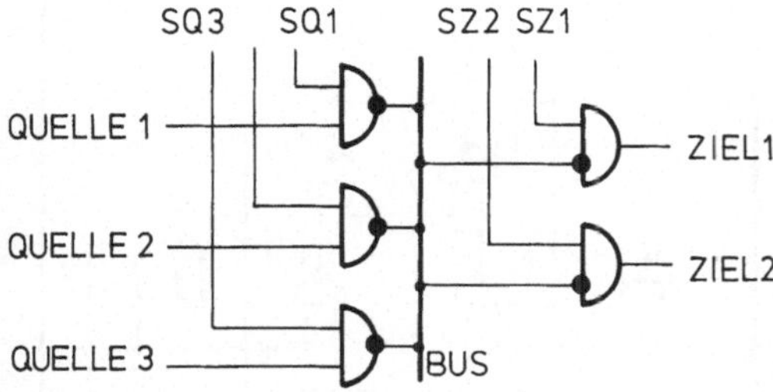

Bild 44.35.
BUS-Leitung mit WIRED-AND-Gliedern

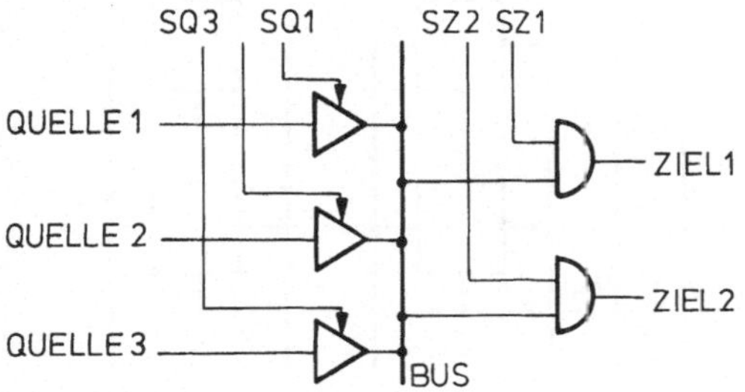

Bild 44.36.
Tristate-BUS für 1 Bit

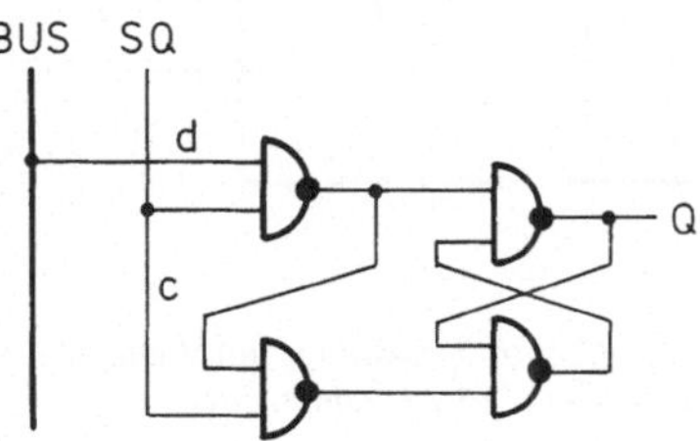

Bild 44.37.
D-Latch-Flipflop als Ziel am Tristate-BUS

Schaltwerkebene aus *Tristate-Gliedern* zusammen (Bild 44.36, links); beim Signal SQ=0 wirkt es wie "vom BUS getrennt". In der Regel sind elektrotechnische Randbedingungen zu beachten (Abschnitt 5.7). Insbesondere dürfen wegen Kurzschlußgefahr oft nicht mehrere Quellen gleichzeitig an den BUS geschaltet sein, also auch dann nicht, wenn kein Ziel aktiviert ist. Dagegen muß es funktionell zulässig sein, überhaupt keine Quelle zum BUS durchzuschalten, nämlich zumindestens dann, wenn auch kein Ziel angesprochen ist. Der Tristate-BUS führt dann den Zustand "weder **0** noch **1**", der in Abschnitt 3.1.3 symbolisch mit dem Wert **↑** gekennzeichnet wurde. Dort wurde zum problemlosen Anschluß von Zielen die (fiktive) Funktionseinheit *Tristate-Empfänger* vorgeschlagen. Tatsächlich sind eigenständige Tristate-Empfänger entbehrlich, wenn dafür gesorgt ist, daß die an den BUS angeschlossenen Funktionseinheiten ein definiertes Verhalten bei offenen Eingängen aufweisen. Auf elektrotechnischer Ebene wirkt ein nicht angeschlossener Eingang eines UND- bzw. NAND-Glieds meistens so, als sei er mit einer **1** beschaltet. Wird ein solches UND-Glied wie in Bild 44.36 an einen Tristate-BUS angeschlossen und führt dieser den Wert **1**, so gilt am UND-Glied-Ausgang Y:

(SQ=0) ==> (Y=0)   (SQ=1) ==> (Y=1).

Sinngemäß wirkt ein offener Eingang eines ODER- bzw. NOR-Glieds, als sei er mit einer **0** beschaltet.

Wenn man - wie zuvor schon beim WIRED-AND-BUS - dafür sorgt, daß ein Ziel nur dann aktiviert ist, wenn genau eine Quelle am BUS liegt, läßt sich der Fall des offenen Eingangs wirkungslos machen. Zum Beispiel entfällt der Unterschied zwischen den Registern nach Bild 31.14 und 31.9; beide lassen sich aus D-Latch-Flipflops nach Bild 43.19a zusammensetzen. Liegt ein solches Flipflop als Ziel am Tristate-BUS, so gilt in Bild 44.37:

(c=**0**) ==> (d beliebig, also auch: d=**↑**)
(c=**1**) ==> (d=**0** oder d=**1**, laut Voraussetzung)

Auch ein flankengesteuertes Register, z.B. mit D-Flipflops nach Bild 43.19b, ist direkt an den Tristate-BUS anschließbar. Im Zustandsdiagramm ist nämlich erkennbar, daß der Aufenthalt in den Zuständen A, B, C oder D von Wertewechseln am Eingang d - und somit auch vom Wert d=**↑**, gleichbedeutend mit d=**0** - nicht beeinflußt wird.

Der Anschluß von Registern an den BUS wird nochmals in Abschnitt 4.4.7, und zwar aus funktioneller Sicht, beleuchtet. In den Abschnitten 5.6.4 und 5.7.3 folgen Beispiele zur elektrotechnischen Realisierung.

4.4.5 Schreib-Lese-Speicher: RAM, CAM

Im Abschnitt 3.2, im Bild 32.1, wurde ein Hauptspeicher durch taktpegelgesteuerte Register modelliert. Auf der Schaltwerkebene gehört dazu eine Struktur nach Bild 44.38. Die D-

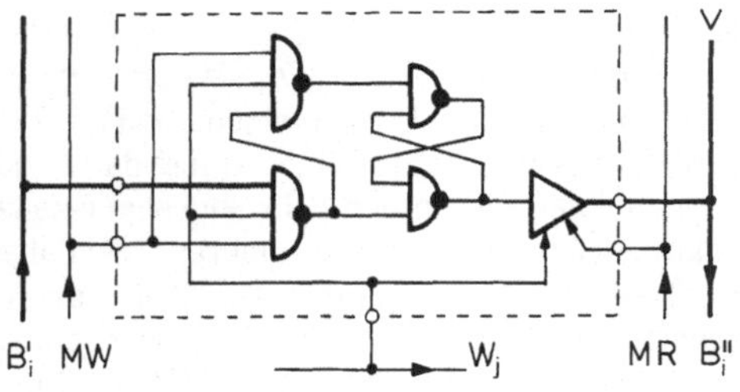

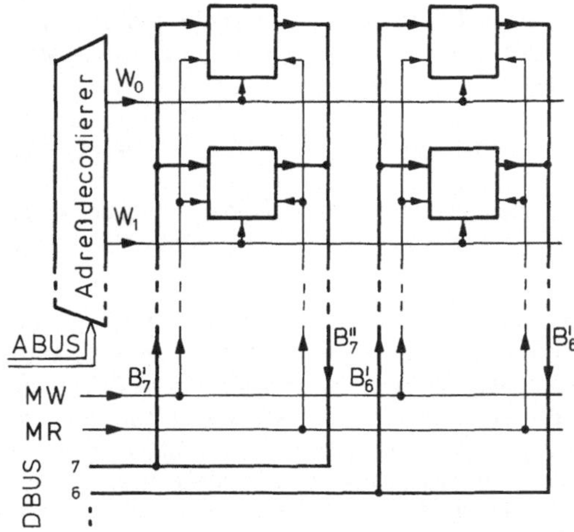

Bild 44.38.
Strukturmodell eines wortorganisierten Hauptspeichers auf Schaltwerkebene, direkt passend zu Bild 32.1.

Latch-Flipflops haben jeweils zwei Takteingänge. Datenübernahme vom BUS ergibt sich bei $(MW=1) \wedge (W_j=1)$; Datenausgabe erfolgt bei $(MR=1) \wedge (W_j=1)$. Wie schon in Bild 32.1 so stellt auch diese Struktur nur ein veranschaulichtes Verhaltensmodell dar. Sie weist einige Schwächen auf, die sie als Ausgangspunkt für eine tatsächliche Realisierung auf elektrotechnischer Ebene ungeeignet erscheinen lassen. Insbesondere die insgesamt fünf Anschlüsse einer Speicherstelle (genannt auch: *Speicherzelle*) sowie die vier Vertikalleitungen pro Speicherzellenspalte stehen einem platzsparenden Aufbau auf der elektrischen Ebene entgegen.

Im Bild 44.39 basiert die Speicherzelle auf einem taktpegelgesteuerten SR-Flipflop. Die Leitung B_i^0 dient der Ein- und Ausgabe des Binärwerts **0**; sinngemäß läßt sich über die Leitung B_i^1 der Binärwert **1** einschreiben bzw. auslesen. Die Wirkung der Signale MW und MR ist in einer Steuerschaltung unterhalb der Speicherzellenmatrix zentralisiert. Im Einzelnen gilt:

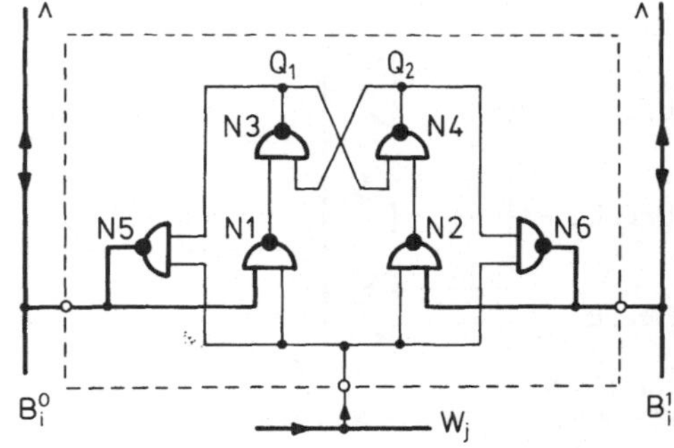

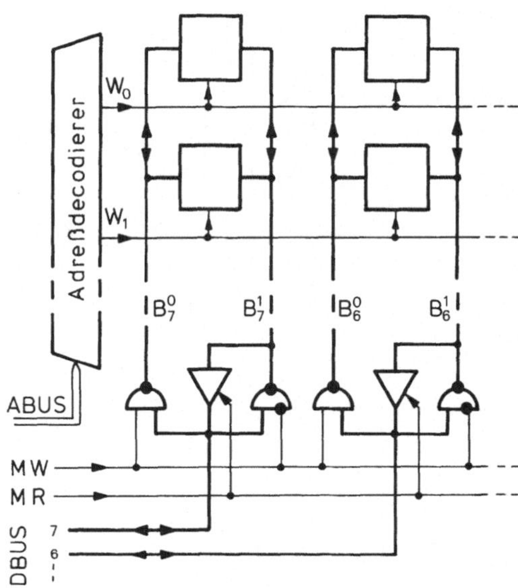

Bild 44.39.
Strukturmodell eines wortorganisierten Hauptspeichers mit reduzierter Leitungsanzahl

- <u>Speicherzustand</u>: $W_j = \mathbf{0}$

  $(N3=\mathbf{1}) \wedge (N4=\mathbf{0})$ Speicherwert **1**
  $(N3=\mathbf{0}) \wedge (N4=\mathbf{1})$ Speicherwert **0**
  $(W_j=\mathbf{0})$ ==> $(N5=\mathbf{1})$; $(N6=\mathbf{1})$

- <u>Lesen</u>: $W_j=\mathbf{1}$; $MW=\mathbf{0}$; $MR=\mathbf{1}$

  Da nur die eine Wortleitung W_j den Wert 1 führt, werden die Leitungen B_i^0 und B_i^1 von allen anderen Worten mit dem Wert **1** beschickt. Der tatsächliche Wert dieser Leitung wird also ausschließlich - nach dem Prinzip des WIRED AND - durch den Speicherzustand der ausgewählten Zelle bestimmt.

  - <u>Lesen einer 1</u>:
    $(N4=\mathbf{0})$ ==> $(N6=\mathbf{1})$ ==> $(B_i^1=\mathbf{1})$
    $(N3=\mathbf{1})$ ==> $(N5=\mathbf{0})$ ==> $(B_i^0=\mathbf{0})$

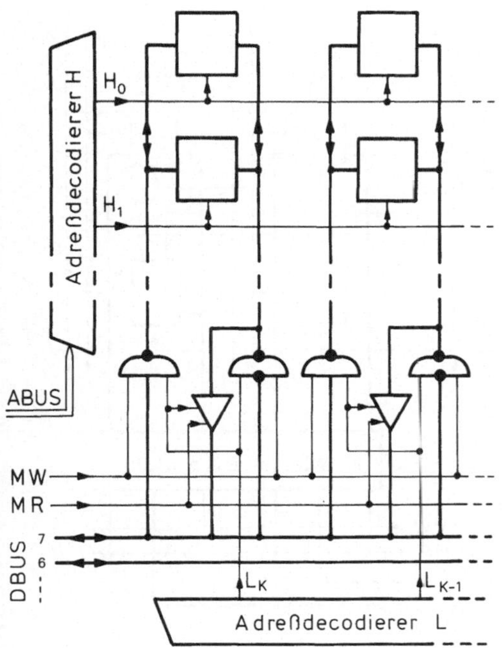

Bild 44.40.
Strukturmodell eines bit-organisierten Hauptspeichers mit Koinzidenzzugriff

- Lesen einer **0**: Dazu komplementär

Der gelesene Binärwert läßt sich z.B. auf der Leitung B_i^1 erkennen und über das von MR=**1** geöffnete Tristate-Glied auf den $DBUS_i$ leiten.

- Schreiben: W_j = **1**; MW = **1**; MR = **0**

Der zu schreibende Wert erscheint über die durch MW=**1** geöffneten NAND-Glieder der Steuerschaltung auf den Leitungen B_i^0 bzw. B_i^1.

- Schreiben einer **1**:
  ($DBUS_i$ = **1**) ==> (B_i^0 = **0**); (B_i^1 = **1**)
  (B_i^0 = **0**) ==> (N1 = **0**) ==> (N3 = **1**)
  (B_i^1 = **1**) ==> (N2 = **1**) ==> (N4 = **0**)
  ==> (N5 = **0**); (N6 = **1**)

- Schreiben einer **0**: Dazu komplementär.

Eine Speicherzelle aus sechs NAND-Gliedern erscheint natürlich als recht aufwendig. In Abschnitt 5.7.3, speziell in Bild 57.22, wird jedoch an einem Beispiel gezeigt, wie einfach sich das geforderte Verhalten auf der elektrotechnischen Ebene verwirklichen läßt. Wegen der z.T. sehr geringen Ströme muß die Steuerschaltung auch Verstärkungseigenschaften bekommen, wodurch sie von der Prinziplösung in Bild 44.39 etwas abweicht.

Strukturen nach Bild 44.38 oder 44.39 heißen auch *wortorganisiert*, da in einer Zeile der Speichermatrix alle Bits eines Wortes nebeneinander liegen. Diese Anordnung ist aufbautechnisch sehr ungünstig, da jedes - von z.B. 2^{16} Wörtern - eine eigene Adreßleitung benötigt. Deswegen benutzt man, vor allem bei hochintegrierten mikroelektronischen Speicherbausteinen, eine *bit-organisierte* Struktur (Bild 44.40). Dazu wird der Adreßdecodierer in die Hälften H (Higher Adress Bits) und L (Lower Adress Bits) geteilt. Die Koinzidenz je eines der Ausgänge H_j und L_k wählt genau eine Speicherzelle, also genau 1 Bit, aus. Der Aufwand an Adreßleitungen sinkt von 2^n auf $2*2^{n/2}$, also z.B. von 65536 auf 512. Häufig werden die Prinzipien von Wort- und Bit-Organisation nebeneinander verwendet, um praktisch brauchbare Speicherbausteine z.B. des Formats 16K Worte mit 8 Bit Breite zu realisieren.

Die bisher diskutierten Speicher, also jene der Bilder 32.1, 44.38 bis 44.40, heißen meistens *Random-Access-Memory*, kurz: *RAM*. Der Name drückt aus, daß jedes Speicherwort *wahlfreiem Zugriff* unterliegt, also tech- nisch und funktionell über eine Adresse gleichberechtigt erreichbar ist. Allerdings ist dieser Name unglücklich, da es auch andere Speicher mit wahlfreiem Zugriff gibt, z.B. den ROM aus Abschnitt 4.4.6. Besser wäre der Begriff *Schreib-Lese-Speicher (Read-Write-Memory; RWM) mit wahlfreiem Zugriff*.

Es gibt Anwendungen, bei denen der wahlfreie Zugriff nutzlos oder gar hinderlich ist. Zum Beispiel mögen in einem Speicher viele Personennamen alphabetisch geordnet abgelegt sein; zu jeder Person seien Zusatzangaben, wie Geburtsdatum und -ort, Wohnort, Gehalt usw. abgespeichert. Falls nun z.B. gefragt ist, welche Personen älter als 50 Jahre alt sind und weniger als 1000.- DM pro Monat verdienen, muß - bei Zugriff über Adressen wie beim RAM - der ganze Speicherinhalt durchsucht werden. Gebraucht wird hier eigentlich ein *inhaltsorientierter Zugriff*, bei dem der Speicher als Ergebnis gerade solche Adressen liefert, auf denen die gesuchten Inhalte lagern.

Diese Aufgabe meistert ein *Assoziativspeicher (content addressable memory; CAM)*, z.B. nach Bild 44.41. Seine Speicherzelle weist im wesentlichen die Grundform aus Bild 44.39 auf. Hinzu kommt ein UND- Glied U7, so daß der Speicherinhalt über ein Signal TS = **1**

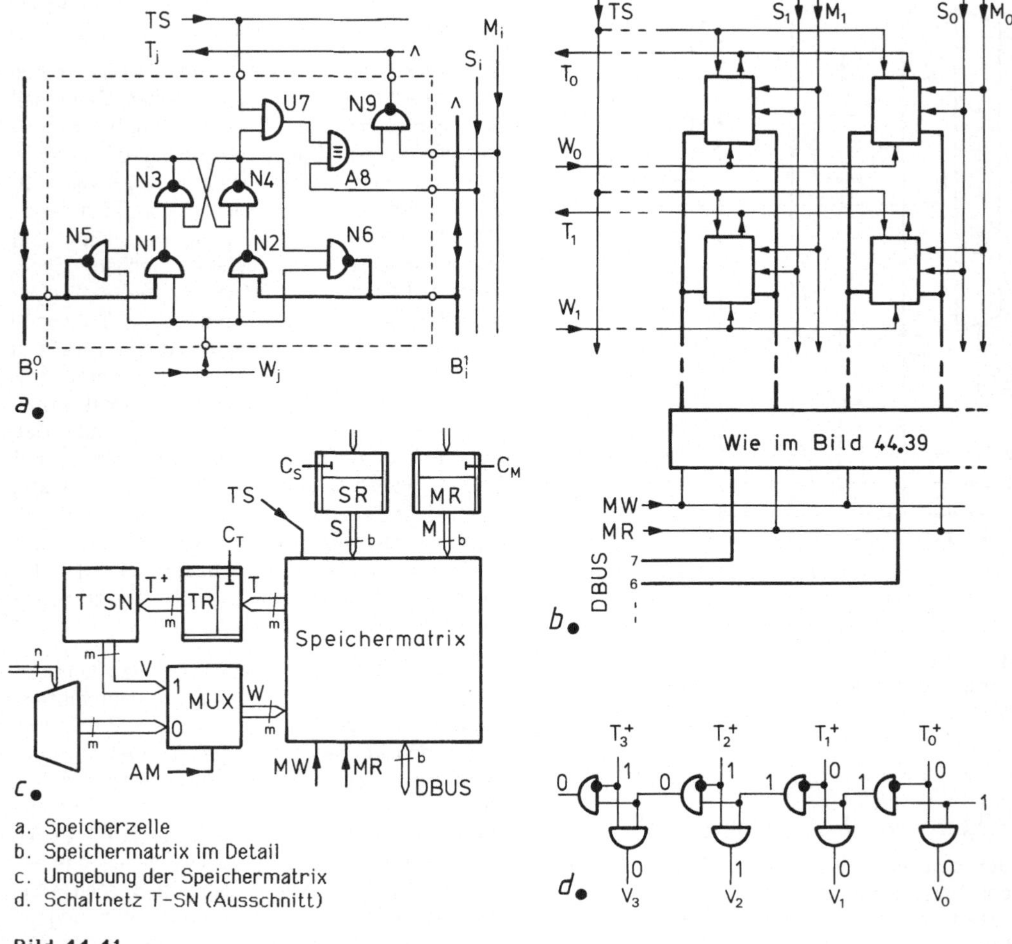

a. Speicherzelle
b. Speichermatrix im Detail
c. Umgebung der Speichermatrix
d. Schaltnetz T-SN (Ausschnitt)

Bild 44.41.
Strukturmodell eines Assoziativspeichers

(*Treffersuche*) an das Äquivalenzglied A8 gelangt. Dieses vergleicht den Wert von U7 mit einem Sollwert S_i (genannt auch: *Suchwert*). Bei Gleichheit, sowie M_i = **1**, liefert N9 den Wert **1** in der Bedeutung "Treffer auf Position i" auf die Trefferleitung T_j. Denkt man sich diese Zelle als Teil der Matrix (Bild 44.41b), so sorgt die WIRED-AND-Verknüpfung dafür, daß die Trefferleitung T_j nur dann den Wert **1** führt, wenn alle Bits eines Wortes einen Treffer melden. Das Sollwort entstammt dem Register SR (Bild 44.41c). Nun wäre es aber widersinnig, ein für alle Bits definiertes Sollwort vorauszusetzen, denn dann wäre ja der geplante inhaltsorientierte Zugriff überflüssig. Daher gibt es ein *Maskenregister* MR, in dem durch M_i = **1** definiert ist, welche der Bits für die Treffersuche maßgebend sein sollen. Für M_i = **0**, also bei einem irrelevanten Bit, liefert N9 zwangsweise eine **1** an die Trefferleitung. Der Betrieb dieses Speichers läßt sich in folgenden Phasen abwickeln:

- Adressenzugriff vom ABUS (AM = **0**, TS = **0**)
  Normales Lesen und Schreiben wie beim RAM.

- Eingabe eines Maskenworts in MR (Takt C_M)
  Damit wird der für die Suche relevante Teil eines Wortes festgelegt; in obigem Beispiel bestehend aus Geburtsjahr und Gehalt.

- Eingabe des Sollworts in SR (Takt C_S)
  Die relevanten Bits erhalten Werte; im Beispiel also entsprechend den Zahlen 50 und 1000.

- Treffersuche (TS = 1) und Abspeichern in TR
  Das Signal TS = **1** gelangt an alle Bits aller Wörter. Somit erhält das *Trefferregister* TR für alle jene Wörter, die das Sollwort erfüllen, den Wert T = **1**.

- Auslesen eines Worts (MR = 1, AM = 1)
  Das Netz T-SN wählt aus dem Trefferregister TR den Treffer mit der niedrigsten Nummer aus und adressiert genau eine Wortleitung; im Bild 44.41d ist es die Leitung W_2. Das entsprechende gesamte Speicherwort gelangt auf den DBUS. Will man alle Trefferworte nacheinander lesen, kann man das Wort W zusätzlich zum Register TR zurückführen und dort zum Löschen der soeben verwendeten Treffermarkierung verwenden.

Ein Assoziativspeicher ist wegen der aufwendigen Speicherzelle, wegen der vielen Leitungen innerhalb der Matrix sowie wegen der umfangreichen Zusatzeinrichtungen (Register TR und Schaltnetz T-SN) wesentlich teurer als ein RAM. Deswegen wird er nur bei Höchstgeschwindigkeitsanforderungen, z.B. auf der Betriebssystemebene für die Seitenadressierungstechnik benutzt [1.9]. Für Aufgaben aus der Programmierungsebene, wie beim obigen Beispiel, verwendet man (beim derzeitigen Stand der Technik) lieber virtuelle Methoden, wie z.B. die Suche in Bäumen [2.1].

4.4.6 Festwertspeicher: ROM, PLA, PAL

In vielen Rechneranwendungen bleiben die Programme nach einmaligen Einbringen in den Hauptspeicher unverändert. So gibt es bei Universalrechnern z.B. mindestens ein unveränderliches Ladeprogramm. *Dedizierte Rechner*, also Rechner mit feststehender Aufgabe, wie sie in großer Zahl unter den Mikroprozessoranwendungen zu finden sind (Taschenuhren, Haushaltsgeräte, Autoelektronik, usw.), haben nur unveränderliche Programme. Für solche Fälle ist ein Schreib-Lese-Speicher unnötig aufwendig.

Besser, da billiger, ist ein *Nur-Lese-Speicher (Read Only Memory; ROM)* mit wahlfreiem Zugriff, ähnlich den Bildern 44.39 oder 44.40. Jedoch vereinfacht sich die Speicherzelle von Bild 44.38 recht drastisch: Es verbleibt für eine fest gespeicherte **1** nur noch ein verkümmertes UND-Glied; bei einer fest gespeicherten **0** fehlt sogar dieses oder es wird wie im Bild 44.42 nicht angeschlossen. Es ist für die noch folgenden Abstraktionen etwas einfacher, sich die Vertikalleitungen als WIRED-OR vorzustellen; prinzipiell ebenso möglich, und in der Praxis auch anzutreffen, sind NICHT-Glieder (anstelle der verkümmerten UND-Glieder) sowie WIRED-AND auf den Vertikalleitungen.

Aus Anwendersicht gibt es einige Alternativen: *Maskenprogrammierte* ROMs erhalten ihren Inhalt beim Halbleiterhersteller. *Programmierbare ROMs* (kurz: *PROMs*) sind vom Anwender selbst (einmalig) zu beschreiben. Bei *löschbaren PROMs (Eraseable PROM; EPROM)* kann der Anwender den Speicherinhalt außerhalb einer Anwendungsschaltung mit einem speziellen Gerät löschen und anschließend einen neuen Inhalt einbringen. Welche dieser oder anderer Alternativen der Anwender zu bevorzugen hat, ergibt sich aus Kosten-Nutzen-Analysen, in denen z.B. die Kosten pro Speicherbaustein, die Stückzahlen, die Herstellerlieferfristen, zeitlicher Konkurrenzdruck, Geheimhaltung von Programmen usw. zu berücksichtigen sind [1.12, 4.20, 4.21]; siehe auch Abschnitt 5.7.4.

Funktionell gesehen sind ROMs gar keine Speicher sondern einfach regulär strukturierte Schaltnetze mit Schaltfunktionen in disjunktiver Normalform. Tatsächlich werden ROMs häufig als Schaltnetze eingesetzt, besonders wenn diese - wie in Steuerwerken; s. Abschnitt 4.5 - ziemlich umfangreich sind. Grund dafür ist in mehrfacher Weise die den ROMs zugrunde liegende Regularität: Sie führt zu komprimierter Anordnung der Speicherstellen, zu übersichtlicher Anwendbarkeit sowie zu hoher Flexibilität gegen Entwurfsänderungen, denn ein ROM ist aufbautechnisch ein Universalschaltnetz für alle möglichen Schaltfunktionen vorgegebener Eingangszahl.

Bild 44.43 stellt zunächst eine vereinfachte Symbolik vor, die wiederum eine WIRED-OR-Verknüpfung auf den Spalten voraussetzt. Das Belegungsbeispiel der Spalten y_1, y_2 und y_3 entspricht inhaltlich dem von Bild 44.42. Kreissymbol und Punktsymbol repräsentieren primär die Verdrahtungsfälle "angeschlossen" bzw. "nicht angeschlossen". Bei Interpretation des ROM als Speicher wird stets genau eine der horizontalen Adreßleitungen aktiviert (d.h. auf **1** gesetzt); wobei Kreissymbol und Punktsymbol die gespeicherten Werte **1** bzw. **0** ausdrücken. Bei Interpretation des ROM als Schaltnetz ist jede Horizontalleitung genau einem Minterm (s. Abschnitt 4.1.4) zugeordnet; die Kreissymbole auf einer Spalte bezeichnen insgesamt die entstehende Schaltfunktion y_k als

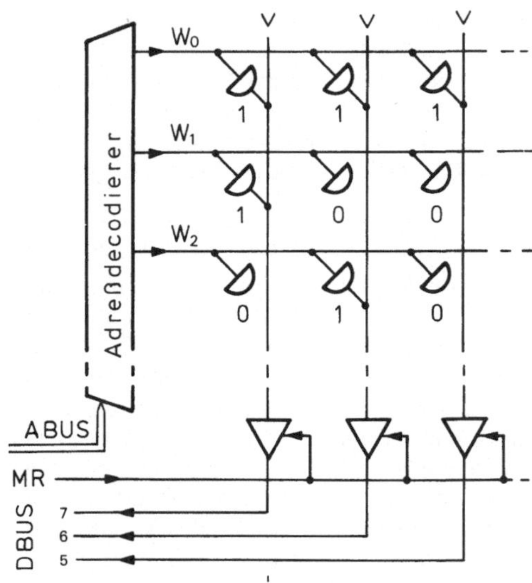

Bild 44.42.
Strukturmodell eines wortorganisierten Read-Only-Memories (ROM) auf Basis von WIRED-OR-Verknüpfungen; mitsamt Belegungsbeispiel

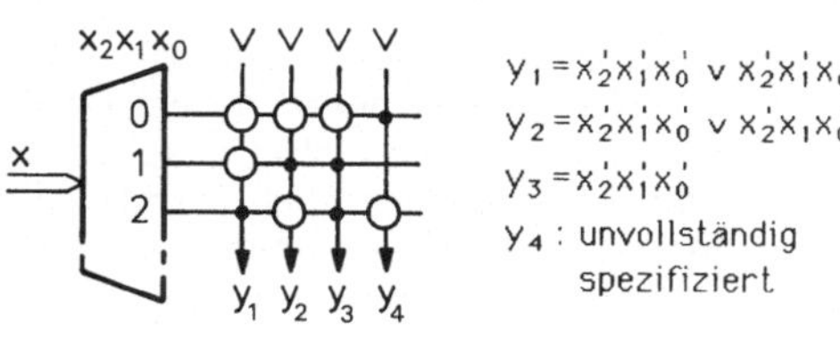

Symbole: -○- angeschlossen; 1
-•- nicht angeschlossen; 0
-+- don't care X

Bild 44.43.
Symbolik für ein ROM mit Belegungsbeispiel

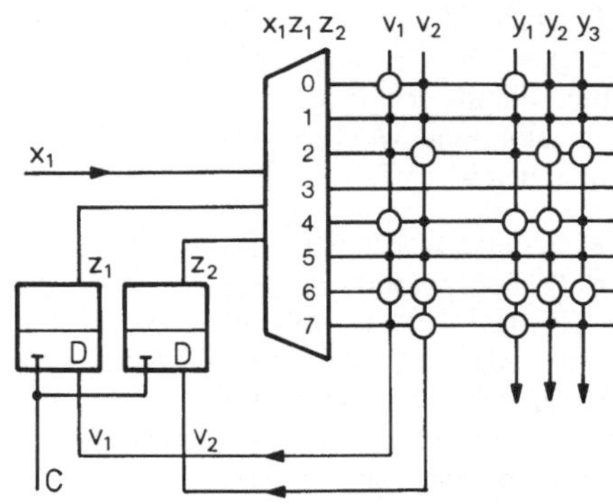

Bild 44.44.
Mealy-ROM-Schaltwerk zu Bild 42.12

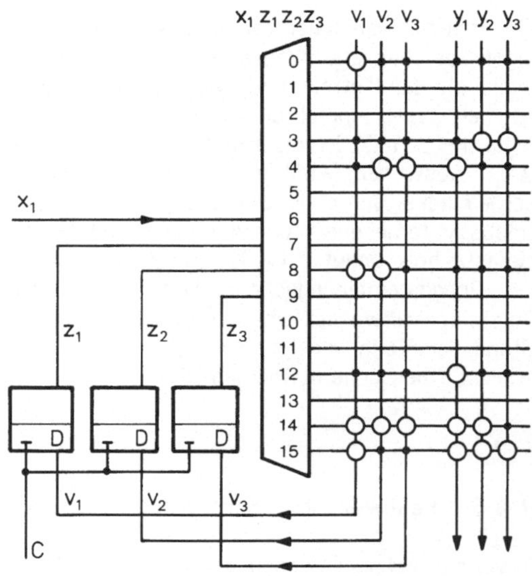

Bild 44.45.
Moore-ROM-Schaltwerk zu Bild 42.11; ROM-Adressierung mit Eingabevektoren und mit Zuständen

Disjunktion von Mintermen. Die beim Entwurf von Schaltnetzen möglicherweise zunächst nach vorhandenen Don't-Care-Fälle lassen sich im ROM-Symbol z.B. durch eine einfache Leitungskreuzung mit der Bedeutung "beliebig, ob angeschlossen oder nicht angeschlossen" berücksichtigen.

ROMs sind gut für *ROM-Schaltwerke* verwendbar, also für Schaltwerke, deren Schaltnetz als ROM ausgeführt ist. So geht die Übergangstabelle z.B. des Mealy-Schaltwerks von Bild 42.12d direkt in das ROM von Bild 44.44 über.

Formal gleich führt das Moore-Schaltwerk von Bild 42.11 zum ROM-Schaltwerk nach Bild 44.45. Die Moore-Modellierung äußert sich auf folgende Weise: Das Eingangsbündel $x_1 ... x_n$ gliedert den Adreßbereich des ROMs in 2^n Teile; im Moore-ROM-Schaltwerk sind die Ausgabevektoren auf denselben relativen Positionen aller Teile gleich. Im Bild 44.45 gilt $n=1$, und es gibt zwei Teile; für die relativ gleichen Adressen 0 und 8 entsteht die jeweils gleiche Ausgabe 000; ähnliches gilt auch für die Adressen 4 und 12. Im Bild 42.11 fehlt ein λ-Schaltnetz; es gilt also $y_k = z_k$. Die Spalten

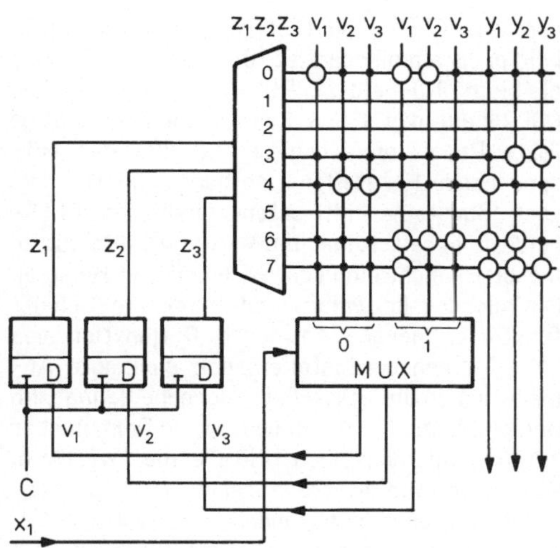

Bild 44.46.
Moore-ROM-Schaltwerk zu Bild 42.11; ROM-Adressierung nur durch Zustände

y_1, y_2 und y_3 des Bildes 44.45 könnten in diesem Sonderfall also entfallen.

Bild 44.45 läßt ein wesentliches Problem der ROM-Schaltnetze erkennen. Jede zusätzliche Eingangs- oder Zustandsvariable verdoppelt die ROM-Zeilenzahl. Im allgemeinen steigt dabei die Zahl nicht genutzter, also mit Don't-Care besetzter Zeilen, beträchtlich an. Es lohnt sich daher in der Regel nachzuprüfen, ob sich das ROM durch vergleichsweise geringe Zusatzmaßnahmen verkleinern läßt. So legt es z.B. die in Bild 44.45 geschilderte Wiederholung gleicher Ausgabevektoren nahe, die Zeilen des ROMs lediglich durch Zustände zu unterscheiden (Bild 44.46). Allerdings ist pro Eingabebelegung x je eine eigene Spaltengruppe zur Notation der Nachfolgezustände v vorgesehen. Bei n Eingangsvariablen reduziert sich die ROM-Zeilenzahl auf den Anteil 2^{-n}, wohingegen die Spaltenanzahl für die Nachfolgezustände um den Faktor 2^n steigt. Der Gewinn steckt also nur in der Reduktion der Spaltenlänge für die Ausgabevektoren y; bei Anwendungen mit vielen Ausgängen, wie z.B. in der Mikroprogrammierung kann der Gewinn trotzdem beträchtlich sein (Abschnitt 4.5). Als Verlust schlägt der zusätzliche Multiplexer zu Buche.

Redundante Zeilen, wie in den Bildern 44.44 bis 44.46 sind theoretisch ganz vermeidbar, wenn das ROM durch ein PLA (Programmable Logic Array) mit passender Zeilenzahl ersetzt wird (Bild 44.47). Im *UND-Feld* lassen sich aus den ankommenden Eingangs- bzw. Zustandsvariablen zunächst UND-Terme bilden, und zwar basierend z.B. auf dem WIRED-AND-Prinzip von Bild 41.39e. Das *ODER-Feld* verknüpft ausgewählte UND-Terme, hier mit der WIRED-OR-Technik, zu den gewünschten Schaltfunktionen. Das eingetragene Beispiel gibt die minimierten Schaltfunktionen aus Bild 42.12f wieder. Wichtig ist es, die Anzahl der UND-Terme und damit die Anzahl der Zeilen zu minimieren. Dementsprechend sind die Methoden in Abschnitt 4.1.7

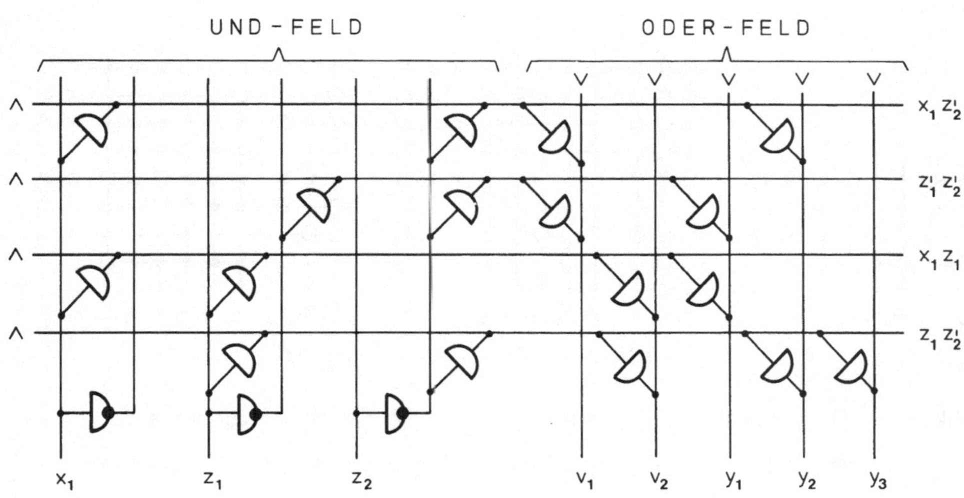

Bild 44.47.
PLA, realisiert mit WIRED-AND im UND-Feld und mit WIRED-OR im ODER-Feld; Belegung passend zu Bild 42.12

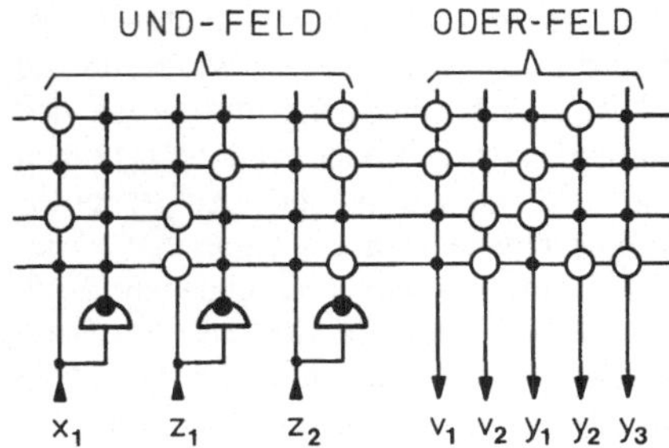

Bild 44.48.
PLA in symbolischer Darstellung passend zu Bild 44.47

eventuell etwas zu modifizieren. Im vorliegenden Beispiel muß deswegen die Funktion v_2 scheinbar unnötig aufwendig realisiert werden.

Mit der Symbolik für "angeschlossen" bzw. "nicht angeschlossen" (aus Bild 44.43) entsteht die abstrahierte Form von Bild 44.48. Die drei denkbaren Fälle des UND-Felds lassen sich noch knapper veranschaulichen (Bild 44.49a). Rückblickend läßt sich nun ein ROM auffassen als ein Sonderfall des PLA, gekennzeichnet durch eine feste, d.h. vom Anwender nicht vorgebbare Programmierung des UND-Felds gerade so, daß pro Zeile ein Minterm entsteht (Bild 44.49b).

Naheliegend ist der Versuch, als Gegenstück zum ROM einen Baustein, genannt *PAL* (*Programmable Array Logic*), zu definieren, bei dem das ODER-Feld fest und dafür das UND-Feld programmierbar ist (Bild 44.49c). Anders als beim UND-Feld des ROMs bietet sich für das ODER-Feld des PALs keine allgemein gültige feste Programmierung an, so daß der entsprechende Hersteller eine ganze Palette solcher Bausteine mit unterschiedlichen ODER-Feldern bereitstellen muß. Bild 44.49c ist in dieser Hinsicht ein recht willkürliches Beispiel. Minimierungskriterium muß sein, die Schaltfunktionen gerade so durch Disjunktion von UND-Termen darzustellen, daß eine gute Annäherung an die ODER-Feld-Vorgabe gelingt. Im Beispiel kommt man am besten, im Prinzip aber zufällig, mit denselben UND-Termen wie beim PLA nach Bild 44.49a zurecht. Das PAL erfreut sich derzeit besonderer Beliebtheit: Für eine Aufgabe gegebenen Umfangs benötigt es – anders als in diesem einfachen Beispiel – meistens eine deutlich geringere Zeilenanzahl als das ROM. Ein programmierbares Feld weist gegenüber einem festprogrammierten die Nachteile höherer Installationskosten beim Anwender, höherer Schaltzeit sowie größeren Platzbedarfs (als integrierte Schaltung) auf, so daß das PLA dadurch mit dem PAL nicht recht konkurrieren kann.

Wie beim ROM so gibt es auch beim PLA oder beim PAL noch etliche Varianten. Alle drei Formen werden oft auch unter dem Oberbegriff *Festwertspeicher* geführt. Diese wiederum sind Teil der *anwenderspezifizierbaren integrierten Schaltungen* (*ASIC*; *application specified integrated circuits*), zu denen auch

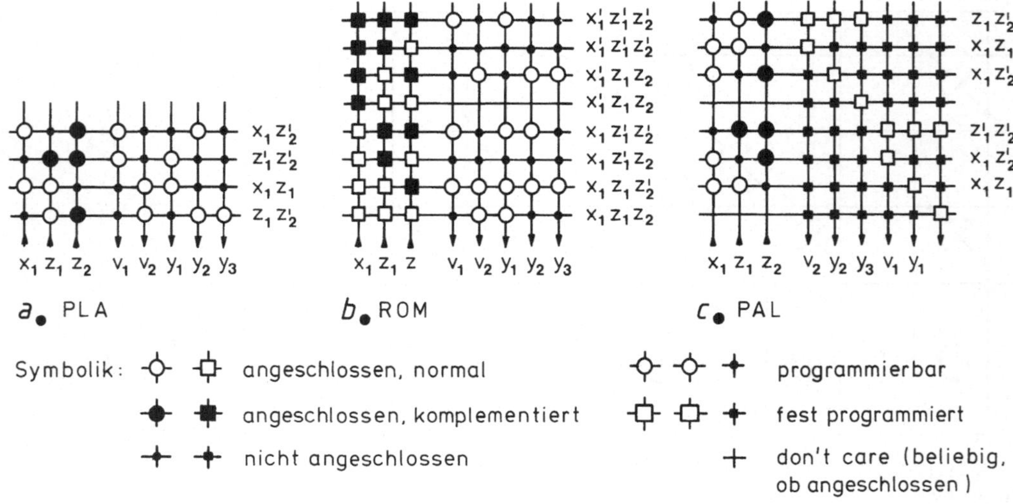

Bild 44.49.
PLA, ROM und PAL in symbolischer Darstellung für die stets gleichen Schaltfunktionen aus Bild 42.12

die *Gate Arrays* und die *Standardzellenschaltungen* gehören. Der ganze Bereich der ASICs ist symptomatisch für das Ringen um ein Kostenoptimum beim Einsatz der Mikroelektronik: Die Herstellerkosten sinken, wenn möglichst reguläre Strukturen in großer Stückzahl produziert werden können. Davon profitiert der Anwender; jedoch muß es für ihn leicht sein, solche Schaltungen auf seine speziellen Anwendungen hin zu spezifizieren [4.19 bis 4.21]; siehe auch Abschnitt 5.7.4.

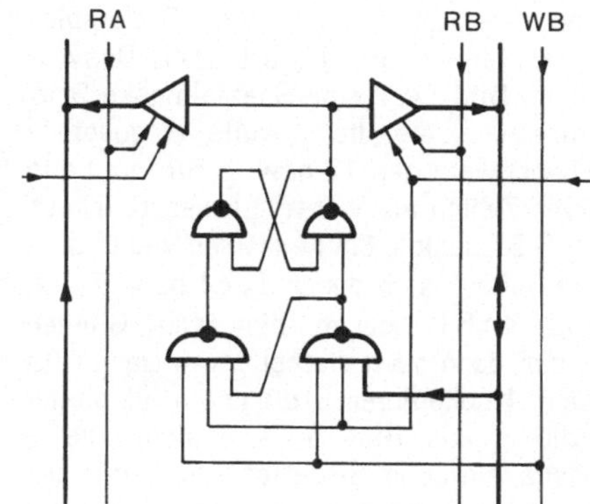

Bild 44.50.
1-Bit-Speicherzelle zur Two-Port-Registerbank von Bild 34.2

4.4.7 DEMOCOM2 auf Schaltwerkebene

Nachdem nun etliche spezielle Schaltnetze und Schaltwerke diskutiert wurden, läßt sich der Demonstrationsrechner aus Abschnitt 3 bis in die Schaltwerkebene hinein verfeinern. Für DEMOCOM2 aus Bild 34.1 gilt:

a. ABUS und DBUS seien als Tristate-BUS nach Bild 44.36 ausgeführt. Die Tristate-Tore 1, 2, 3, 17, 18 und 19 bestehen aus jeweils 16 1-Bit-Tristate-Gliedern; ihre Steuerleitungen entspringen dem Steuerwerk STW.

b. Schon auf Registertransferebene wurde entschieden, daß alle Register <u>taktpegelgesteuert</u> sein sollen; dazu folgt unten noch ein Hinweis. Die Register I, J und P hängen am DBUS. Sie bestehen aus jeweils 16 Flipflops nach Bild 44.37; dort wurde erläutert, daß die Tristate-Empfänger, also die Tore 8, 9 und 10 nicht als eigenständige Bauelemente auftreten. Die Steuereingänge der Tore sind identisch mit den Takteingängen der Flipflops; auch sie sind an das Steuerwerk angeschlossen.

c. Die Ausgänge der ALU liefern nur Binärwerte **0** oder **1**, also nicht den Wert **↑**. Insofern hätten die Register T und F auch wie in Bild 31.9 dargestellt sein können. Auf der Schaltwerkebene gleichen sie aber trotzdem den Registern I, J und P.

d. Die ALU kann nach dem Prinzip von Bild 44.17 bis 44.21 realisiert sein. Die unnumerierten Tristate-Empfänger an den ALU-Eingängen erweisen sich nach Abschnitt 4.4.4 als fiktiv.

e. IBUS B ist ein interner Tristate-BUS mit den Tristate-Gliedern 12 bis 15. Da sich Tristate-Glieder hinsichtlich offener Eingänge genau so behandeln lassen wie normale Verknüpfungsglieder, kann der Tristate-

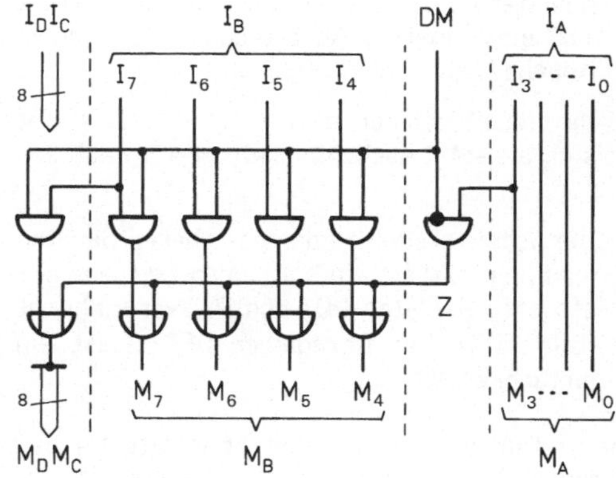

Bild 44.51.
Schaltnetz zur Spezialmaske SMA

Empfänger vor Tor 12, entsprechend Abschnitt 4.4.4 entfallen.

f. Die Registerbank ist in Bild 34.2 dargestellt. Die Decodierer findet man in Bild 44.2. Die 1-Bit-Speicherstelle von Bild 44.50 ist aus Bild 44.38 weiterentwickelt. Die Steuereingänge zu den Toren 11 und 16 (in Bild 34.1) entsprechen den Leitungen WB und RB. Da der IBUS A bei der gewählten Architektur keine weiteren Quellen aufweist (also gar kein BUS ist), wird das unnumerierte Tristate-Tor überflüssig: In den Bildern 34.2 bzw. 44.50 gilt stets RA = **1**, d.h. die Leitung RA kann entfallen.

g. Die 4-Bit-Konstante c bzw. die 8-Bit-Sprungdifferenzen ka in den Befehlsformaten der Bilder 34.5 und 34.6 können negativ sein. Die ALU braucht eine B-Komplement-Darstellung als 16-Bit-Zahl. Deswegen ist im Bild 34.1 eine Spezialmaske SMA implementiert, die die jeweils weggeblendeten höherwertigen 12 bzw. 8 Bits im Falle negativer Zahlen als Werte **1** (anstatt **0**) auf den IBUS B ausgibt. Ein negativer Wert für c oder ka äußert sich durch $I_3 = \mathbf{1}$ bzw. $I_7 = \mathbf{1}$. Im Bild 44.51 sorgen die ODER-Glieder dafür, daß dann auch die höherwertigen Bits den Wert **1** bekommen. Außerdem ist gleich auch die – aus Bild 34.1 ersichtliche – besonders einfache Situation bei der Maskierung der Wortteile I_D, I_C und I_A berücksichtigt.

h. Das Steuerwerk STW wird in Abschnitt 4.5 behandelt.

i. Das Steuerwerk liefert Signale DT an die Tore. Um eine saubere Taktsteuerung an den Registern zu erzielen, besorgt die Einheit TZS eine gewisse Ausblendung; sie wird in Abschnitt 4.5.2 geschildert.

j. Der Hauptspeicher (Bilder 33.4, 32.1) läßt sich als RAM nach Abschnitt 4.4.5 realisieren.

k. Die Schnittstellen zu den peripheren Geräten sind hier extrem einfach durch taktpegelgesteuerte Register PO_1 und PI_1 verwirklicht (Bild 33.4). Der Decodierer DEC 01 ist ein einfaches UND-Glied.

Einige Hinweise mögen den Abschnitt 4.4 beenden:

- Weitere periphere Geräte werden gleichartig an die Busse angeschlossen. Prinzipiell könnte man jedem solchen Gerät eigene Steuerleitungen zuordnen. Jedoch ist es aufbautechnisch günstiger und gegenüber nachträglichen Geräteergänzungen flexibler, die Steuerleitungen PW und PR allen Geräten gemeinsam zuzuordnen und diese mit Decodierern ähnlich DEC 01 durch Adressierung auszuwählen.

- Die Schnittstelle zu einem peripheren Gerät enthält normalerweise mehrere Register, die unter verschiedenen Adressen angesprochen werden. Komplizierte Geräte wie z.B. Plattenlaufwerke oder Bildschirme benutzen oft Schnittstellenbausteine mit eigener Rechnerfähigkeit; sie sind manchmal aufwendiger als die Zentraleinheit selbst.

- Man kann bereits auf der Registertransferebene beschließen, einige oder alle Register mit einem zentralen Takt zu betreiben. Es sind dann allerdings flankengesteuerte Funktionsregister ähnlich Bild 44.27 zu wählen, wobei mindestens die Funktionen "unverändert" und "Übernahme" verwirklicht sein müssen (Bild 44.52). Anstatt eines Taktsignals an ein taktpegelgesteuertes Register liefert das Steuerwerk nun ein Umschaltsignal M an den Multiplexer MUX. Dieses Grundprinzip erscheint zunächst als relativ aufwendig; jedoch gibt es auf der elektrotechnischen Ebene – z.B. in der dynamischen NMOS-Technik – durchaus recht günstige Lösungen.

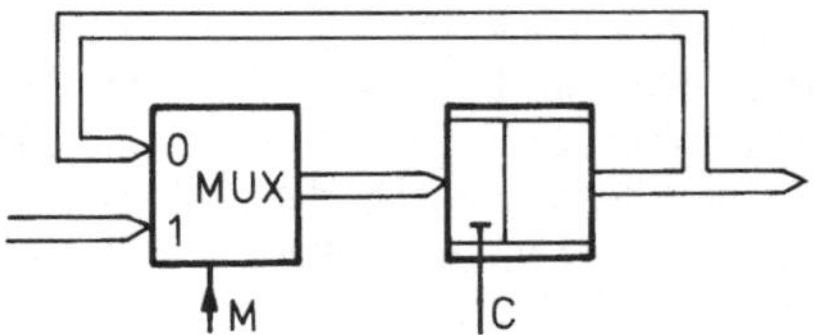

Bild 44.52.
Flankengesteuertes Funktionsregister

4.5 Komplexe Schaltwerke und Mikroprogrammierung

Komplexe Schaltwerke entstehen durch Zusammenfügen einzelner, für sich beschreibbarer Schaltwerke. Ein bekanntes Grundmodell folgt – in Anlehnung an Bild 11.5 – einer Komposition aus *Operationswerk* und *Steuerwerk*. Auch der Rechner DEMOCOM2 aus Abschnitt 3.4 läßt sich so darstellen. Steuerwerke lassen sich gut als *ROM-Schaltwerke* aufbauen, wobei die Inhalte des ROMs oft als *Mikroprogramme* bezeichnet werden. Der Abschnitt 4.5 verfolgt das Ziel, den Übergang von schaltwerksorientierter Denkweise zur Mikroprogrammierung am Entwurf eines Steuerwerks für DEMOCOM2 zu verdeutlichen.

Abschnitt 4.5.1 bespricht einige Grundprinzipien zur Kopplung von Schaltwerken.

Abschnitt 4.5.2 bringt das Schema eines ROM-Schaltwerks für DEMOCOM2.

Abschnitt 4.5.3 leitet die Struktur eines Steuerwerks direkt aus der Verhaltensbeschreibung in Abschnitt 3.4.4 ab.

Abschnitt 4.5.4 verfeinert die Struktur bis in die Details der zusätzlich benötigten Schaltnetze.

Abschnitt 4.5.5 deutet einige Möglichkeiten zu weiterer Optimierung an.

Abschnitt 4.5.6 schließlich befaßt sich mit einer textuellen Verhaltensbeschreibung, die - noch vor dem Steuerwerksentwurf - direkt aus Abschnitt 3.4.4 herleitbar ist.

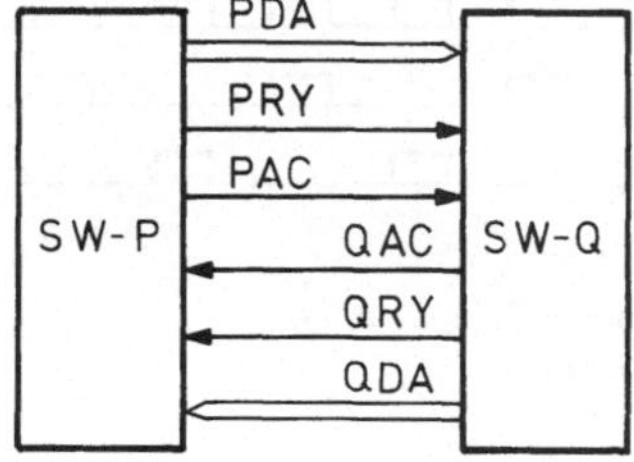

Bild 45.1.
Komplexes Schaltwerk aus Operationswerk OPW und Steuerwerk STW

4.5.1 Die Kopplung von Schaltwerken

Die Diskussion im Abschnitt 3.4 zum Demonstrationsrechner DEMOCOM2 endete mit einer detaillierten Verhaltensbeschreibung des Steuerwerks STW. Ziel der nächsten Abschnitte ist es, nun eine dazu passende Struktur nach dem Prinzip des ROM-Schaltwerks von Abschnitt 4.4.6 zu entwerfen.

Es lohnt sich, auf eine Begriffsbildung aus Kapitel 1, speziell von Bild 11.5, zurückzugreifen. Gerade bei der Steuerung von Rechnern ist die Unterscheidung nach *Operationswerk* und *Steuerwerk* zweckmäßig und anschaulich (Bild 45.1). Das Operationswerk OPW - hier die Architektur von DEMOCOM2 - wird in der Regel auf der Registertransferebene formuliert; es liefert Signale x (hier die Inhalte der Register I und F) zum Steuerwerk STW, und es empfängt von dort Signale y (hier: DA, DB, DR, DM und DT). Die interne Struktur des Steuerwerks ist dagegen auf der Schaltwerkebene zu entwerfen. Steuerwerk und Operationswerk bilden je ein eigenes Schaltwerk; an diesem Beispiel sei zunächst kurz die Frage nach der Verkopplung von (Teil-) Schaltwerken zu *komplexen Schaltwerken* diskutiert.

Eine erste Kategorie solcher komplexen Schaltwerke fällt unter den Obergriff der *losen Kopplung*. Jedes Teilschaltwerk kann einem eigenen Taktzeitschema unterworfen sein. Die Kopplung selbst spielt sich über *Datenkommunikationsprotokolle* ab, zu denen Bild 45.2 ein sehr einfaches Beispiel für die Weitergabe von Daten vom Schaltwerk SW-P an das Schaltwerk SW-Q angibt: SW-P stellt Daten auf dem Bündel PDA bereit und teilt dies durch das Signal PRY (P-Daten Ready) mit. SW-Q übernimmt die Daten PDA nach eigener Zeitgestaltung und bestätigt den Empfang durch PAC (P-Daten Acknowledge). Das Eintreffen dieses Signals bei SW-P löst dann, wie durch Pfeile angedeutet, einen geordneten Abschluß der Datenübertragung aus. Diese oder ähnliche *Handshake-Dialoge* eignen sich vor allem für die Kopplung von Schaltwerken stark unterschiedlicher Arbeitsgeschwindigkeit bei vergleichsweise geringem Datenaustausch.

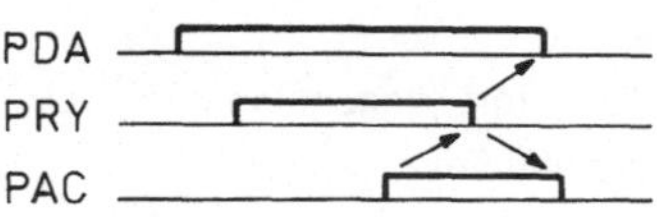

Bild 45.2.
Lose Kopplung von Schaltwerken mit einfachem Handshake-Dialog

Bei der Kopplung von Operationswerk und Steuerwerk in Rechnern ist der Datenaustausch jedoch derart intensiv, daß eine *starre Kopplung* angebracht ist; bei ihr unterliegen beide Schaltwerke einem gemeinsamen Obertakt, zu dem notfalls noch Untertakte zu bilden sind.

Bild 45.3 zeigt die starre Kopplung zweier Moore-Schaltwerke. Grundsätzlich können die Taktimpulse c_S und c_Q identisch sein. Jedoch ist dies oft unpraktisch: Beim Entwurf z.B. des Schaltwerks SW_S stellt sich ein Entwickler in der Regel vor, daß ein Taktimpuls c_S ein bestimmtes Ausgangssignal y_S erzeugt und an das Schaltwerk SW_Q sendet, wo es eine Reaktion hervorruft, die noch vor dem nächsten Tatkimpuls c_S am Eingang x_S beobachtbar ist. Bei Identität von c_S und c_Q kann eine solche Reaktion aber erst beim übernächsten Taktimpuls c_S auftreten. Abhilfe schafft das Taktimpuls-

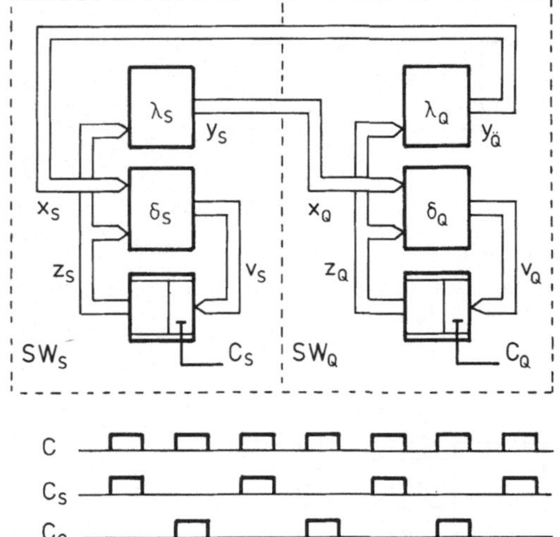

Bild 45.3.
Kopplung zweier Moore-Schaltwerke, mit versetzten Takten

schema in Bild 45.3 mit gegeneinander versetzten Impulsen c_S und c_Q.

Der Gedanke läßt sich noch verallgemeinern: Faßt man das Schaltwerk SW_S nun als zu entwerfendes Steuerwerk STW auf (Bild 45.4), so ist es aus dessen Sicht vollkommen gleichgültig, mit welchen Mitteln das Operationswerk OPW aus dem Signal y_S ein Signal x_S erzeugt. Das Operationswerk kann z.B. einfach eine direkte Verbindung $y_Q = x_Q$ oder ein Schaltnetz sein. Es kann aber auch ein Schaltwerk nach Moore oder Mealy bilden oder als Mehrtaktsystem im Sinne von Bild 42.7 vorliegen; ebenso darf es als ungetaktetes Schaltwerk (s. Abschnitt 4.3) ausgeführt sein. In allen Fällen sieht das Steuerwerk vom Operationswerk nur die Abhängigkeit zwischen $y_S = x_Q$ und $x_S = y_Q$, die z.B. als Moore-Modell in der Form

$$v_Q = \delta_Q(x_Q, z_Q); \quad y_Q = \lambda_Q(z_Q)$$

ausgedrückt sein kann.

Beim Koppeln zweier Mealy-Schaltwerke muß ein Register zwischengeschaltet sein, um eine ungetaktete Schleife über die Netze λ_S und λ_Q zu vermeiden (Bild 45.5). Dadurch zeigt das Schaltwerk SW_S, entsprechend Bild 42.18, zeitlich ein Moore-Verhalten; es gilt auch hier die Verallgemeinerung nach Bild 45.4. Innerhalb des Steuerwerks, also beim Zusammenspiel der Signale x_S und y_S findet man natürlich

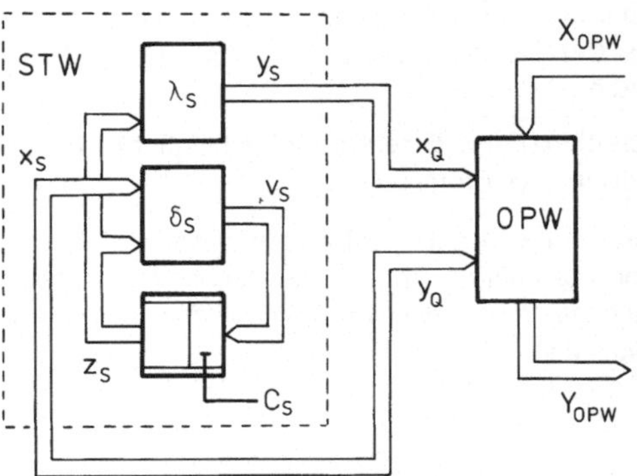

Bild 45.4.
Kopplung eines Moore-Schaltwerks mit einem beliebigem Schaltwerk

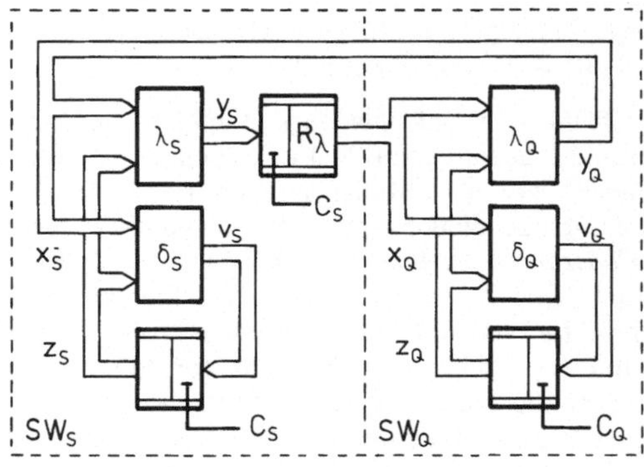

Bild 45.5.
Kopplung zweier Mealy-Schaltwerke

wieder den in Abschnitt 4.2.5 diskutierten Zeitversatz zwischen Mealy- und Moore-Modellierung.

4.5.2 Schema eines ROM-Steuerwerks für DEMOCOM2

Nach Bild 34.1 sind zwischen dem Operationswerk OPW von DEMOCOM2 und seinem Steuerwerk STW folgende Verbindungen vorhanden.

Vom OPW zum STW:
Von den Registern I und F gehen zusammen 22 Leitungen aus, die das Steuerwerk STW als Eingangsbündel x ansieht (Bild 45.6).

Vom STW zum OPW:

Unter dem Namen DS seien die insgesamt 13 Leitungen der Bündel DR, DA, DB und DM zusammengefaßt. Außerdem gibt es 21 Torsteuerleitungen DT.

Um eine einwandfreie Zeitsteuerung im Operationswerk OPW zu garantieren, seien die Signale T über einen SWITCH (s. Bild 31.5) geleitet, dessen Takte c_Q gegenüber den Steuerwerkstakten c_S wie in Bild 45.3 versetzt sind. Aus Sicht des Steuerwerks stellt das Operationswerk auf bestimmte Ausgangssignale DS und DT hin entsprechende Eingangssignale x bereit.

Das zu entwerfende Steuerwerk soll nun folgenden Forderungen nachkommen:

A. Es soll ein ROM-Schaltwerk sein.

B. Es soll nicht unnötig aufwendig sein.

C. Die Steuerschrittfolgen in Bild 34.4 sollen direkt als Inhalte des ROMs erscheinen.

D. Die Nummern von Hauptschritten H und Unterschritten U sollen die Bedeutung von Schaltwerkszuständen bekommen.

Diese Forderungen sind hier mit dem Ziel eines möglichst einsichtigen Entwurfsvorgehens formuliert. Für technisch optimale Lösungen, z.B. für höchstmögliche Arbeitsgeschwindigkeit, würde man die Forderungen zum Teil anders stellen.

Die Forderung D ist eher didaktisch als technisch begründet. Wird sie erfüllt, nimmt die grafisch dargestellte Ablauffolge des Bildes 34.12 die Eigenschaft eines Zustandsdiagramms an, das als Ausgangspunkt des Steuerwerkentwurfs dienen kann.

Im Bild 45.6 ist das Steuerwerk STW als ein – um 90^0 gedreht gezeichnetes – Moore-Modell angenommen. Laut Bild 34.4 (Spalte SS) gibt es 61 Zustände, wonach das Register R_Z mindestens sechs Bit breit sein muß. Die Register I und F liefern auf 22 Leitungen die Eingangsbelegungen x, so daß prinzipiell, wenn auch recht mühsam, ein konventioneller Schaltwerksentwurf entsprechend Abschnitt 4.2 möglich ist.

Im Hinblick auf die eben aufgestellten Forderungen, speziell zur Unterteilung in Haupt- und Unterzustände, sei das Register R_Z durch die beiden Register R_H und R_U ersetzt (Bild 45.7). Die 28 Hauptzustände aus Bild 34.4 erfordern für Register R_H eine Breite von mindestens 5

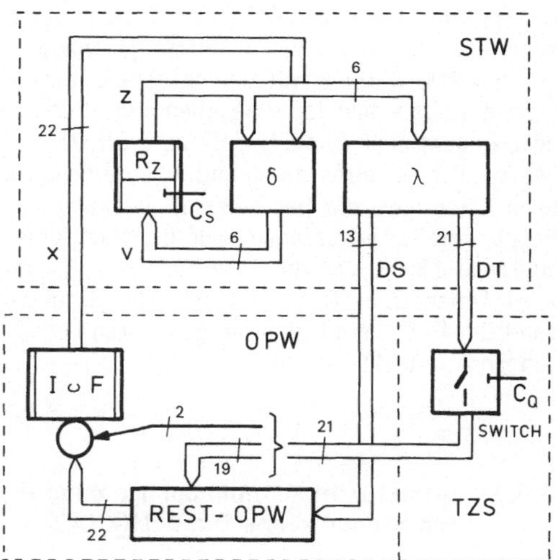

Bild 45.6.
Schema zur Steuerung von DEMOCOM2

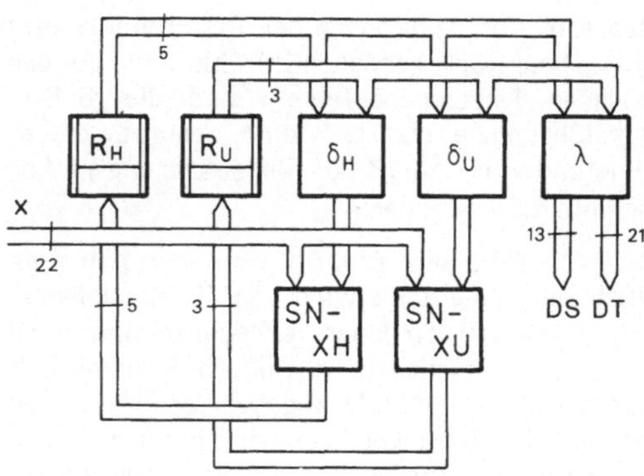

Bild 45.7.
Umgestaltung der Steuerwerksstruktur

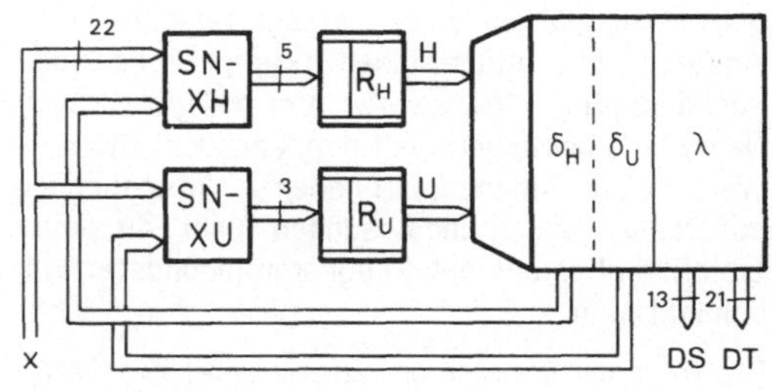

Bild 45.8.
Das Steuerwerk als ROM-Schaltwerk

Bit. Das Register R_U muß 3 Bit umfassen, damit auch die längste Steuerschrittfolge, nämlich die des ROL-Befehls mit seinen acht Unterzuständen, codierbar ist. Das ehemalige Schaltnetz δ_Z geht über in die Schaltnetze SN-XH und SN-XU. Die Schaltnetze δ_H und δ_U sind neu; sie berücksichtigen die gemeinsame Wirkung von Haupt- und Unterzuständen auf die Nachfolgezustände. Macht man die Schaltnetze δ_H, δ_U und λ zu Teilen eines ROMs entsteht die Struktur von Bild 45.8. Damit sind die genannten Forderungen A, C und D erfüllt.

4.5.3 Struktur eines mikroprogrammierten Steuerwerks für DEMOCOM2

In der Struktur von Bild 45.8 bilden die Ausgänge der Register R_H und R_U zusammen ein 8-Bit-Bündel, durch das 256 ROM-Adressen unterscheidbar sind. Jedem Hauptzustand ist ein Bereich von acht Adressen für je einen Unterzustand zugeordnet. Die Anfangsadresse eines solchen 8-Bit-Adreßbereichs berechnet sich leicht zu AA=8*H. Demnach gehören z.B. zu den acht Unterzuständen des ROL-Befehls (mit H=28) die ROM-Adressen 204 bis 211. Bei den anderen Maschinenbefehlen sind die 8-Bit-Adreßbereiche nur teilweise genutzt; dieser Umstand wird Anlaß zur Verbesserung in Abschnitt 4.5.6 werden.

Da jede Zeile aus Bild 34.4 eindeutig in eine ROM-Zeile überführt wird und die Bündelbreiten DS und DT von daher vorgegeben sind, wird sich das λ-Schaltnetz in Bild 45.8 vermutlich einfach als 1:1-Abbild angeben lassen. Unklar ist die Situation jedoch zunächst bei den Netzen δ_H und δ_U. Die Umformung in die Struktur von Bild 45.8 legte für diese Funktionen keine Bündelbreiten fest. Offen ist auch die Beschaffenheit der Schaltnetze SN-XH und SN-XU. Im allgemeinen führt eine größere Bündelbreite bei den Schaltfunktionen δ_H und δ_U zur Vereinfachung der Schaltnetze SN-XH und SN-XU. Es gilt also, einen brauchbaren Kompromiß zu finden. Dazu gibt es eine Vielzahl verschiedener Ansätze; sie bilden einen (kleinen) Teil der Fachdisziplin *Mikroprogrammierung*. Dieser Name läßt anklingen, daß der Versuch, Steuerwerke zu optimieren, bei näherer Untersuchung auf Darstellungen und Lösungen führt, die prinzipiell ähnlich aus der Programmierungstechnik bekannt sind.

Die folgende Diskussion, am Beispiel des Steuerwerks für DEMOCOM2, bewegt sich allerdings eher im Vorfeld der Mikroprogrammierung; sie soll dabei auch den Zusammenhang zwischen schaltwerkorientierten und mikroprogrammspezifischen Begriffen veranschaulichen. Dazu sei das ROM-Schaltwerk von Bild 45.8 schrittweise in die Form des Bildes 45.9 überführt:

- Das Bild 34.12 läßt sich nicht nur als Zustandsdiagramm sondern auch als Flußdiagramm eines Programms auffassen. Jede Steuerschrittfolge der Ausführungsphase (Nummern H=1 bis H=28) bildet ein *Mikroprogramm*. Ein Steuerschritt, entsprechend einem Unterzustand, heißt *Mikrobefehl*; er ist eindeutig unter einer bestimmten ROM-Adresse abgelegt.
- Die Eingabe x sei nun feiner gegliedert in das 6-Bit-Bündel F (vom Flag-Register) und in vier 4-Bit-Bündel I_D, I_C, I_B, I_A (vom Register I).
- Die δ-Netze aus Bild 45.8 besorgen die Zustandsübergänge; sie werden im ROM des Bildes 45.9 als *Folgewortteil* bezeichnet, da sie für die *Folgeadressen*, also für die jeweils nächste zu adressierende ROM-Zeile zuständig sind. Das Ausgabenetz von Bild 45.8 wird zum *Steuerwortteil*, da es *Steuerworte* an das Operationswerk liefert.

  Die Befehlsformate von DEMOCOM2 sind so einfach, daß das Steuerwerk die Inhalte der Teile I_D, I_B, I_A direkt über die Register RI_D, RI_B und RI_A auf die Steuerbündel DR, DB oder DA leiten kann (Bild 45.9). Die Multiplexer MUX-DB, MUX-DB und MUX-DA sind durch die Signale SR, SB und SA umschaltbar. Die direkt dem Steuerwortteil des ROMs entspringenden 4-Bit-Bündel heißen ER, EB und EA. Das Bild 45.10 gibt u.a. den Steuerwortteil für die Befehle JBA und ROL symbolisch wieder. Es gleicht dem entsprechenden Ausschnitt von Bild 34.4 weitgehend; da die Signale an der Grenze zum Operationswerk dargestellt sind, heißen die 4-Bit-Bündel dort DR, DB und DA, und es sind - in Klammern - auch die direkt auf I_D, I_B und I_A bezogenen Hinweise notiert.
- Bei einem Vorgehen nach Bild 45.8 hätte das Register R_H den Gesamtinhalt der Register I und F zu speichern. Im Hinblick auf die 28 Befehle in Bild 34.4 und damit auf die 28 Hauptzustände verlangt das Register R_H aber lediglich eine Aussage zum Operationsteil und zum Modusteil des betreffenden Befehls. Daher filtert das Schaltnetz SN-I u.a. diese Teile heraus und sendet sie, in noch festzulegender Codierung, als Signal P an ein PLA.

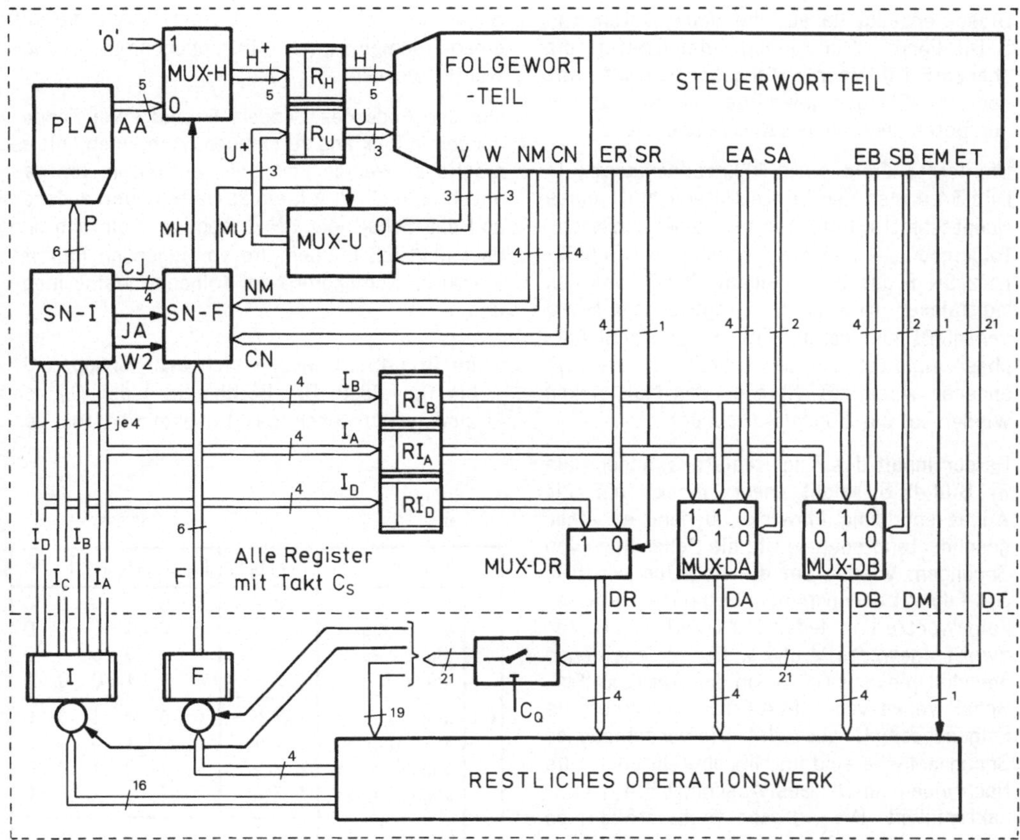

Bild 45.9.
Grobstruktur eines Steuerwerks für DEMOCOM2

H U	V	W	NM	CN	ER	SR	EA	SA	EB	SB	EM	ET
0, 0	1	–	'a'	–	'1+B'	0	–	--	–	--	--	3 4 8 15 20
0, 1	2	0	'b'	–	–	–	–	--	–	--	--	19 10
0, 2	3	–	'a'	–	'1+B'	0	–	--	–	--	--	3 4 9 15 20
0, 3	0	–	'c'	–	–	–	–	--	–	--	--	19 10
23, 0	0	–	'e'	–	'A+B'	0	'R12'	00	–	--	1	13 18 21 10
28, 0	1	0	'f'	'EQ'	'0+B'	0	–	--	–	11	--	16 20 21
28, 1	2	0	'f'	'EQ'	'0+B'	0	–	--	'R11'	00	0	13 18 21 11
28, 2	3	–	'd'	–	'A+B'	0	–	11	–	11	--	16 20 21
28, 3	4	6	'g'	'CYN'	–	–	–	--	–	11	--	19 11
28, 4	5	–	'd'	–	'1+B'	0	–	--	–	11	--	16 20 21
28, 5	6	–	'd'	–	–	–	–	--	–	11	--	19 11
28, 6	7	–	'd'	–	'A-1'	0	'R11'	00	–	--	--	16 20 21
28, 7	2	0	'f'	'EQ'	–	–	–	--	'R11'	00	--	19 11

Bild 45.10.
Ausschnitte aus dem Mikroprogramm-ROM mit teils symbolischer Angabe des Inhalts

Dieses erzeugt daraus die Hauptzustände in 5-Bit-Form. Sie bilden gleichzeitig die oberen 5 Bit einer Anfangsadresse AA, mit der im ROM das jeweilige Mikroprogramm zur Befehlsausführungsphase beginnt.

- Die letzte Zeile eines Mikroprogramms, in Bild 34.4 also der letzte Unterschritt eines Hauptschritts, liefert in der Regel den Nachfolgemodus NM='e'; er erzeugt im Schaltnetz SN-F das Steuersignal MH=1, das den Multiplexer MUX-H zur Abgabe von $H^{+}=0$ veranlaßt und damit eine neue Befehlsholphase einleitet. An deren Ende schaltet ein anderer Wert, z.B. NM='c', den Multiplexer wieder auf das Bündel AA zurück.
- Da der Inhalt des Flag-Registers, anders als in Bild 45.8, nicht mehr direkt auf die Adressenbildung einwirkt, bedarf es einer gesonderten Regelung für die Behandlung von Sprüngen. Wieder sei die Notation von Bild 34.4 direkt übernommen. Demnach stellt der Folgewortteil in jeder ROM-Zeile Platz für zwei Folgeworte V und W bereit, aus denen der Multiplexer MUX-U - in der Art des ROM-Schaltwerks von Bild 44.46 - je eines als Folgeadresse U^{+} auswählt. Die verschiedenen Sprunganlässe sind im Mikrobefehl durch die Nachfolgemodi NM aus Abschnitt 3.4.4 charakterisiert. Die Aufgabe festzustellen, ob eine geforderte Sprungbedingung erfüllt ist, obliegt dem Schaltnetz SN-F. Aussagen zu Sprungbefehlen liefert das Schaltnetz SN-I auf den Leitungen CJ und JA. Sprunganforderungen aus dem Mikroprogramm selbst (wie beim ROL-Befehl in Bild 34.11) erscheinen auf dem Bündel NM.

Es sei hier nochmals betont, daß die Struktur in Bild 45.9 nur eine unter sehr vielen Lösungsansätzen wiedergibt. Besonders zur Sprungbehandlung und zur Lage der Register in den Datenwegen gibt es etliche Varianten [4.11], [4.13], [4.17], [4.18].

4.5.4 Feinstrukturen zur Adreßbildung

Zunächst sei das Schaltnetz SN-I entworfen. Im Bild 45.11 sind die Maschinenbefehle aus Abschnitt 3.4 nochmals zusammengestellt. Operationscode, Modusteil und Objektteil waren dort jeweils 4, 8, 12 oder 16 Bit lang, so daß sie sich leicht durch Hexaziffern codieren ließen. Die alu-Operationen ADD, SUB, usw sind im Teilwort I_D festgehalten; sie gelangen im Steuerwerk über das Register RI_D direkt an den Ausgang DR, und sie können daher vom Schaltnetz SN-I als ein einziger Befehl alu mit einem gemeinsamen Mikroprogramm ausgewertet werden.

Für den Code des Bündels P sind zwei Forderungen in Einklang zu bringen: Zum einen soll es möglichst wenige Leitungen enthalten, um das anschließende PLA klein zu halten. Zum anderen soll das Schaltnetz SN-I möglichst einfach und übersichtlich bleiben. Im vorliegenden Fall ist ein guter Kompromiß auf folgende Weise möglich:

- Im Bild 45.11 lassen sich acht Gruppen G_1 bis G_8 bilden. Die Befehle in jeder Gruppe sind genau durch das Hexazeichen für den

	Mnemo	$I_D I_C I_B I_A$	P_5	P_4	P_3	P_2	P_1	P_0
G_1	alu C r c	! 0 - -	0	0	0	0	0	0
	alu D r s	! 1 - -	0	0	1	0	0	0
	alu I r s	! 2 - -	0	1	0	0	0	0
	alu X r s	! 3 - -	0	1	1	0	0	0
G_2	aluM C r cs	! 7 0 -	0	0	0	1	0	0
	aluM D r oa	! 7 1 -	0	0	1	1	0	0
	aluM I r oa	! 7 2 -	0	1	0	1	0	0
	aluM X r oa	! 7 3 -	0	1	1	1	0	0
G_3	LOD C r c	8 0 - -	0	0	0	0	0	1
	LOD D r s	8 1 - -	0	0	1	0	0	1
	LOD I r s	8 2 - -	0	1	0	0	0	1
	LOD X r s	8 3 - -	0	1	1	0	0	1
G_4	LODM C r oa	8 7 0 -	0	0	0	1	0	1
	LODM D r oa	8 7 1 -	0	0	1	1	0	1
	LODM I r oa	8 7 2 -	0	1	0	1	0	1
	LODM X r oa	8 7 3 -	0	1	1	1	0	1
G_5	STO D r s	9 1 - -	0	0	1	0	1	1
	STO I r s	9 2 - -	0	1	0	0	1	1
	STO X r s	9 3 - -	0	1	1	0	1	1
G_6	STOM D r oa	9 7 1 -	0	0	1	1	1	1
	STOM I r oa	9 7 2 -	0	1	0	1	1	1
	STOM X r oa	9 7 3 -	0	1	1	1	1	1
G_7	JBA cj ka	A - - -	0	1	0	0	1	0
	JPA cj ka	B - - -	0	1	1	0	1	0
	INP r por	C 0 - -	1	0	0	0	1	0
	OUT r por	D 0 - -	1	0	1	0	1	0
	ROL r qua	E 0 - -	1	1	0	0	1	0
G_8	JMP pa	E 7 0 0	1	1	0	1	1	0

!: Eine der Hexaziffern 0 bis 4
-: Operandenteil

Bild 45.11.
Liste der Maschinenbefehle und die Umcodierung durch das Schaltnetz SN-I.

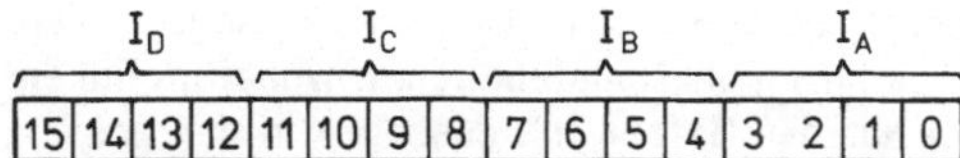

Bild 45.12.
Numerierung von Hexazeichen und Bits im Befehlswort I

$$P_5 = I_{14}(P_0'P_1) \vee I_{10}(P_2'(P_0'P_1)') \vee I_6(P_2(P_0'P_1)')$$

$$P_4 = I_{13}(P_0'P_1) \vee I_9(P_2'(P_0'P_1)') \vee I_5(P_2(P_0'P_1)')$$

$$P_3 = I_{12}(P_0'P_1) \vee I_8(P_2'(P_0'P_1)') \vee I_4(P_2(P_0'P_1)')$$

	Mnemo	$I_D I_C I_B I_A$	P_5	P_4	P_3	P_2	P_1	P_0
G_1	alu	! ↑ - -	I_{10}	I_9	I_8	0	0	0
G_2	aluM	! 7 ↑ -	I_6	I_5	I_4	1	0	0
G_3	LOD	8 ↑ - -	I_{10}	I_9	I_8	0	0	1
G_4	LODM	8 7 ↑ -	I_6	I_5	I_4	1	0	1
G_5	STO	9 ↑ - -	I_{10}	I_9	I_8	0	1	1
G_6	STOM	9 7 ↑ -	I_6	I_5	I_4	1	1	1
G_7	JBA,...	↑ - - -	I_{14}	I_{13}	I_{12}	0	1	0
G_8	JMP	↑ 7 - -	I_{14}	I_{13}	I_{12}	1	1	0

!: Eine der Hexaziffern 0 bis 4 zur Unterscheidung der alu-Funktion

↑: Eine der Hexaziffern 0 bis 3 zur Unterscheidung des Modus

Bild 45.13.
Kürzere Fassung zu Bild 45.11

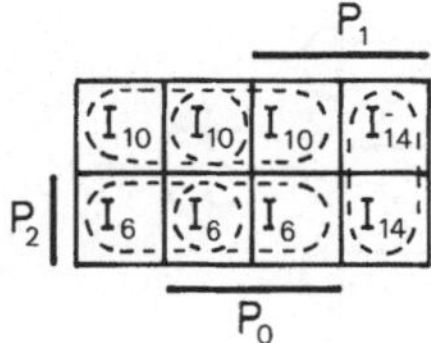

$$P_5 = I_{14}(P_0'P_1) \vee I_{10}P_2'(P_0 \vee P_1') \vee I_6P_2(P_0 \vee P_1')$$
$$= I_{14}(P_0'P_1) \vee I_{10}P_2'(P_0'P_1)' \vee I_6P_2(P_0'P_1)'$$

Bild 45.14.
Schaltfunktion für P_5

Modus unterschieden. Die Codierung gerade dieses Hexazeichens wird als Code für die Größen P_5, P_4, P_3 übernommen (wobei das an sich vorhandene vierte Bit des Hexazeichens entfallen kann, da nicht alle Codierungsmöglichkeiten des Befehlsworts genutzt werden). Es entsteht – mit Bild 45.12 – die Zuordnung von Bild 45.13.

- Die acht Gruppen lassen sich durch die acht Kombinationen der Variablen P_2, P_1, P_0 kennzeichnen. Dabei haben diese Variable eine gewisse anschauliche Bedeutung:

  P_2 unterscheidet Zwei-Wort- von Ein-Wort-Befehlen, erkenntlich an $I_C = 7$ bzw. $I_C \neq 7$.

  P_1 unterscheidet Befehle mit $I_D \geq 9$ bzw. $I_D < 9$.

  P_0 unterscheidet Befehle mit $I_D = 8$ oder $I_D = 9$ von den übrigen Befehlen.

- Hierauf basierend lassen sich die Schaltfunktionen P_2, P_1 und P_0 gewinnen (Bild 45.15, oben). Sie können auch als Eingangsvariable zum Erzeugen der Funktionen P_5, P_4 und P_3 dienen. Bild 45.14 zeigt dies für die Funktion P_5. Für P_4 und P_3 gilt formal das Gleiche und man erhält:

Bild 45.15 realisiert diese Funktionen unmittelbar als Schatnetz. Angegeben sind dort auch die von SN-I nach SN-F zu liefernden Signale (Bild 45.9): Die Bedingung CJ wird direkt dem Teil I_C des Befehlsworts entnommen. Das Signal JA repräsentiert das Vorliegen eines bedingten Sprunges, also von JBA oder JPA. Das Signal W2, als Hinweis auf einen Zwei-Wort-Befehl, entspricht der Schaltfunktion P_2.

Das PLA ist ein Schaltnetz, das zu jeder der in Bild 45.11 verwendeten Eingabebelegungen $P_5 ... P_0$ als Ausgabe ein 5-Bit-Wort entsprechend der Hauptzustandsnummer des zugehörigen Befehls erzeugen soll. Zum Beispiel repräsentiert die Eingabe

$$P_5P_4P_3P_2P_1P_0 = 001000$$

den Befehl alu D rs; er ist in Bild 34.4 unter der Nummer H = 20 aufgeführt, so daß das entsprechende Ausgangswort des PLA also

$$AA_4AA_3AA_2AA_1AA_0 = 10100$$

lautet. Im gedanklich einfachsten Fall ordnet man jeder Zeile genau einen Befehl zu (Bild 45.16); das UND-Feld äußert sich dann als Liste von Mintermen und wird ein exaktes Abbild der Spalten P_5 bis P_0 von Bild 45.11. Ein PLA mit 6 Eingängen, 28 UND-Termen und 5 Ausgängen ist nicht ungewöhnlich groß; insofern könnte diese Lösung hier genügen. Faßt

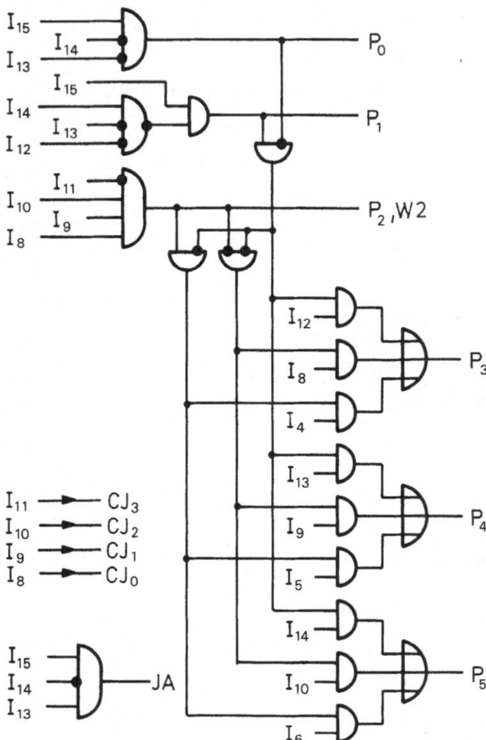

Bild 45.15.
Das Schaltnetz SN-I im Detail

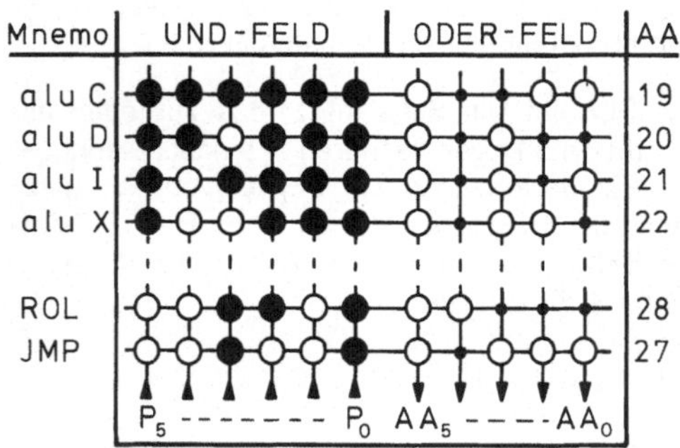

Bild 45.16.
Codierung des PLA mit der Symbolik aus Abschnitt 4.4.6

man das PLA als Schaltnetz auf, läßt sich das Funktionsbündel

$$(AA_4 \ldots\ldots AA_0) = f(P_5 \ldots\ldots P_0)$$

noch einer Bündelminimierung nach Abschnitt 4.1.7 mit dem Ziel minimaler UND-Glied-Anzahl unterwerfen. Bild 45.17 deutet den Aufbau der Funktionstabelle an, wobei im linken Teil auf den Befehl und dessen - in der anstehenden Ausführungsphase wirksam werdende - Hauptzustandsnummer H verwiesen wird.

Bild 45.18 links zeigt die Eingabe für ein Rechnerprogramm zur Bündelminimierung. Diese Tabelle ist die vervollständigte Version von Bild 45.17. Sie führt also die 28 Hauptzustände auf, und zwar in solcher Reihenfolge, daß der in Bild 45.11 gewählte Code für $P_5 \ldots P_0$ nun nach Dualzahlen geordnet erscheint. Die Größen $AA_4 \ldots AA_0$ geben die dual codierten Hauptzustandsnummern wieder; waagerechte Striche bedeuten "Don't care".

Die rechte Tabelle beschreibt das Minimierungsergebnis. Natürlich sind die Zeilen nun nicht mehr eindeutig je einem Hauptzustand zugeordnet. Ein waagerechter Strich bedeutet "nicht angeschlossen"; z.B. beschreibt die erste Zeile den UND-Term $P_4 P_3 P_1' P_0$.

Der Minimierungsgewinn ist in diesem Fall nicht bedeutend. Allerdings war die Reihenfolge der Maschinenbefehle in der Liste von Bild 34.4 im Prinzip willkürlich gewählt. Durch Umordnen, verbunden mit Neuvergabe von Hauptzustandsnummern, läßt sich das PLA - in diesem, allerdings nicht repräsentativen Fall - noch wesentlich vereinfachen.

Der Multiplexer MUX-H des Bildes 45.9 übt nur die Funktion eines SWITCH nach Bild 31.5 aus. Bei vielen Steuerwerken ist hier ein Multiplexer mit mehr als nur zwei Eingangsrichtungen vorgesehen.

Im Detail zu entwerfen ist nun noch das Schaltnetz SN-F zum Ansteuern der Multiplexer MUX-H und MUX-U. Es läßt sich zunächst in die drei Teilnetze des Bildes 45.19 gliedern. Die jeweils gleichen Netze SN-FJ und SN-FN dienen dem Vergleich des Flag-Worts F mit den im Sprungbefehl oder im Mikrobefehl genannten

Mnemo	H	$P_5 \ldots\ldots P_0$	$AA_4 \ldots\ldots AA_0$
alu C	19	0 0 0 0 0 0	1 0 0 1 1
LOD C	12	0 0 0 0 0 1	0 1 1 0 0
		0 0 0 0 1 0	* * * * *
		0 0 0 0 1 1	* * * * *
aluM C	8	0 0 0 1 0 0	0 1 0 0 0
LODM C	1	0 0 0 1 0 1	0 0 0 0 1

Bild 45.17.
Anfang der Funktionstabelle für die Bündelminimierung im PLA

	P5	P4	P3	P2	P1	P0	AA4	AA3	AA2	AA1	AA0
1:	0	0	0	0	0	0	1	0	0	1	1
2:	0	0	0	0	0	1	0	1	1	0	0
3:	0	0	0	0	1	0	-	-	-	-	-
4:	0	0	0	0	1	1	-	-	-	-	-
5:	0	0	0	1	0	0	0	1	0	0	0
6:	0	0	0	1	0	1	0	0	0	0	1
7:	0	0	0	1	1	0	-	-	-	-	-
8:	0	0	0	1	1	1	-	-	-	-	-
9:	0	0	1	0	0	0	1	0	1	0	0
10:	0	0	1	0	0	1	0	1	1	0	1
11:	0	0	1	0	1	0	-	-	-	-	-
12:	0	0	1	0	1	1	1	0	0	0	0
13:	0	0	1	1	0	0	0	1	0	0	1
14:	0	0	1	1	0	1	0	0	0	1	0
15:	0	0	1	1	1	0	-	-	-	-	-
16:	0	0	1	1	1	1	0	0	1	0	1
17:	0	1	0	0	0	0	1	0	1	0	1
18:	0	1	0	0	0	1	0	1	1	1	0
19:	0	1	0	0	1	0	1	0	1	1	1
20:	0	1	0	0	1	1	1	0	0	0	1
21:	0	1	0	1	0	0	0	1	0	1	0
22:	0	1	0	1	0	1	0	0	0	1	1
23:	0	1	0	1	1	0	-	-	-	-	-
24:	0	1	0	1	1	1	0	0	1	1	0
25:	0	1	1	0	0	0	1	0	1	1	0
26:	0	1	1	0	0	1	0	1	1	1	1
27:	0	1	1	0	1	0	1	1	0	0	0
28:	0	1	1	0	1	1	1	0	0	1	0
29:	0	1	1	1	0	0	0	1	0	1	1
30:	0	1	1	1	0	1	0	0	1	0	0
31:	1	0	0	0	1	0	1	1	0	0	1
32:	1	0	1	0	1	0	1	1	0	1	0
33:	1	1	0	0	1	0	1	1	1	0	0
34:	1	1	0	1	1	0	1	1	0	1	1
			R	e	s	t	-	-	-	-	-

	P5	P4	P3	P2	P1	P0	AA4	AA3	AA2	AA1	AA0
1:	-	1	1	-	0	1	0	0	1	0	0
2:	-	0	1	1	0	1	0	0	0	1	0
3:	-	-	-	0	1	-	1	0	0	0	0
4:	-	1	1	-	1	1	0	0	0	1	0
5:	-	-	1	-	1	0	0	1	0	0	0
6:	-	-	-	1	-	0	0	1	0	0	0
7:	-	0	1	-	1	0	0	0	0	1	0
8:	-	1	-	1	-	0	0	0	0	1	0
9:	-	-	0	0	1	1	0	0	0	0	1
10:	-	-	1	1	-	0	0	0	0	0	1
11:	-	-	0	1	0	1	0	0	0	0	1
12:	-	1	0	-	0	1	0	0	0	1	0
13:	-	-	-	1	1	0	1	0	0	1	1
14:	1	1	-	0	-	-	1	1	1	0	0
15:	-	-	-	0	0	1	0	1	1	0	0
16:	-	-	1	0	0	1	0	0	0	0	1
17:	-	1	-	0	0	1	0	0	0	1	0
18:	-	0	0	-	1	-	1	1	0	0	1
19:	-	-	1	1	1	-	0	0	1	0	1
20:	-	-	0	1	1	1	0	0	1	1	0
21:	-	-	1	0	0	0	1	0	1	0	0
22:	-	1	1	-	0	0	0	0	0	1	0
23:	0	-	0	-	1	0	0	0	1	1	1
24:	-	1	0	0	0	0	1	0	1	0	1
25:	-	0	0	0	0	0	1	0	0	1	1

Bild 45.18.
Bündelminimierung für das PLA

Bedingungen CJ bzw. CN. Der Code für CJ war bereits im Bild 34.6 angegeben; er gilt auch für CN. Das Schaltnetz in Bild 45.20 entscheidet mit den Äquivalenzgliedern (s. Bild 41.6), ob eine Bedingung in ihrer bejahten oder in ihrer verneinten Form abzuprüfen ist. Die UND-Glieder wählen eine der sechs Bedingungen aus.

Zum Entwurf des Schaltnetzes SN-FM des Bildes 45.19 sei die informale Darstellung der Nachfolgemodi aus Abschnitt 3.4.4 aufgegriffen. Dazu sind in den Spalten NM, H^+ und U^+ des Bildes 45.21 zunächst einfach die entsprechenden Angaben von dort wiederholt. Aus der Beschaltung der Multiplexer MUX-H und MUX-U in Bild 45.9 ergeben sich direkt folgende Angaben zu den gesuchten Werten der Steuergrößen MH und MU:

(H^+ = **0**) ==> (MH = **1**) (H^+ = **1**) ==> (MH = **0**)

(U^+ = V) ==> (MH = **0**) (U^+ = W) ==> (MH = **1**)

Damit sind im Bild 45.21 die geforderten Werte der Spalten MH und MU bekannt. Laut Bild 45.19 sollen sie sich funktionell aus den Größen NM, JA, W2, VJ und VN ergeben. Dazu

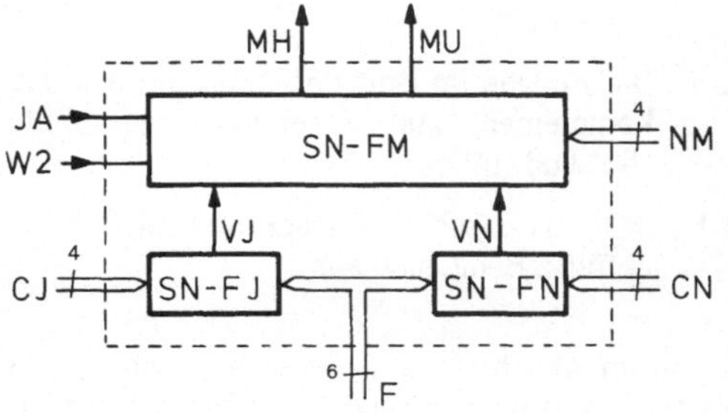

Bild 45.19.
Grobstruktur aus Multiplexer-Ansteuerschaltnetz SN-F

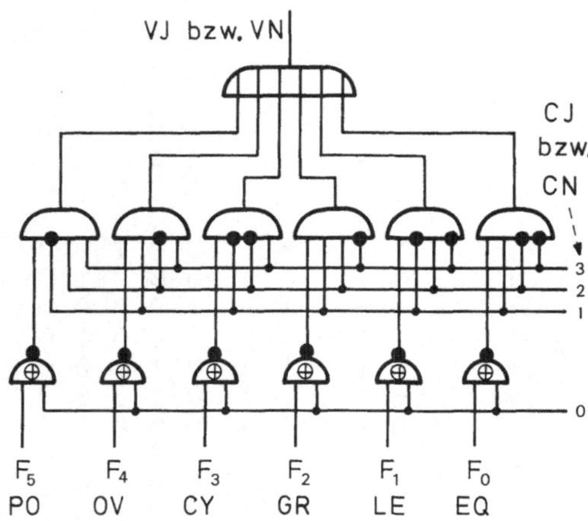

Bild 45.20.
Schaltnetzstruktur für SN-FJ bzw. SN-FN

sind die im Abschnitt 3.4.4 jeweils in Klammern informal beschriebenen Verzweigungsbedingungen genauer zu erfassen:

´b1´: Die Angabe $I_C=7$ als Hinweis für einen Zwei-Wort-Befehl ist in Bild 45.15 durch die Variable W2 berücksichtigt.

´b2´: Die Teilaussage (JBA ∨ JPA) ist in Bild 45.15 durch die Variable JA erfaßt. Die halbformale Aussage (nicht CJ) bedeutet genauer: Der Vergleich der im Befehlswort genannten Sprungbedingung CJ mit dem Statuswort F liefert das Ergebnis "nicht erfüllt". Dieser Vergleich wird durch das Schaltnetz SN-FJ der Bilder 45.19 und 45.20 erfüllt, und er äußert sich im Ausgangswert VJ = **0**. Auf diese Weise entsteht im Bild 45.21 die Aussage (JA ∧ VJ´).

´b3´: Die Angabe im Bild 45.21 ist einfach das Komplement zur Vereinigung der Fälle ´b1´ und ´b2´.

´f1´, ´f2´, ´g1´, ´g2´: VN drückt die tatsächlich erfüllte Bedingung aus.

Schon im Abschnitt 3.4.4 war erkennbar, daß die Nachfolgemodi ´a´ und ´c´ sowie ´c´ und ´d´ einander gleichen. Für die verbleibenden fünf Modi lassen sich aus Bild 45.21 folgende schaltalgebraischen Ausdrücke ablesen:

'a' = 'e'	: MH = **1**	MU = **0**
'b'	: MH = W2 ∨ (JA ∧ VJ')	MU = W2'
'c' = 'd'	: MH = **0**	MU = **0**
'f'	: MH = VN	MU = VN
'g'	: MH = **0**	MU = VN

Speziell zu Modus 'b' ist zu berücksichtigen, daß die Bedingung JA = **1** die Bedingung W2 = **0** (Ein-Wort-Befehl) einschließt. Man könnte den Modus 'b2' im Bild 45.21 also auch in der – nicht minimalen – Form

W2' ∧ (JA ∧ VJ')

schreiben. Dann aber führt die ODER-Verknüpfung zu 'b2' und 'b3' tatsächlich zu dem einfachen Ausdruck MU = W2'.

Die fünf Paare Boolescher Ausdrücke lassen sich direkt als das gesuchte Schaltnetz SN-FM implementieren (Bild 45.22). Der Modus 'c' = 'd' tritt dabei gar nicht explizit in Erscheinung. Am einfachsten verzichtet man nun auf eine Codierung der fünf Folgemodi und interpretiert sie, wie angegeben, direkt als Variable im Folgewortteil NM.

NM	Bedingung	H^+	U^+	MH	MU
'a'	–	0	V	1	0
'b1'	W2	0	V	1	0
'b2'	JA ∧ VJ'	0	W	1	1
'b3'	W2' ∧ (JA ∧ VJ')'	AA	W	0	1
'c'	–	AA	V	0	0
'd'	–	AA	V	0	0
'e'	–	0	V	1	0
'f1'	VN	0	W	1	1
'f2'	VN'	AA	V	0	0
'g1'	VN	AA	W	0	1
'g2'	VN'	AA	V	0	0

Bild 45.21.
Komprimierte Darstellung der Nachfolgemodi

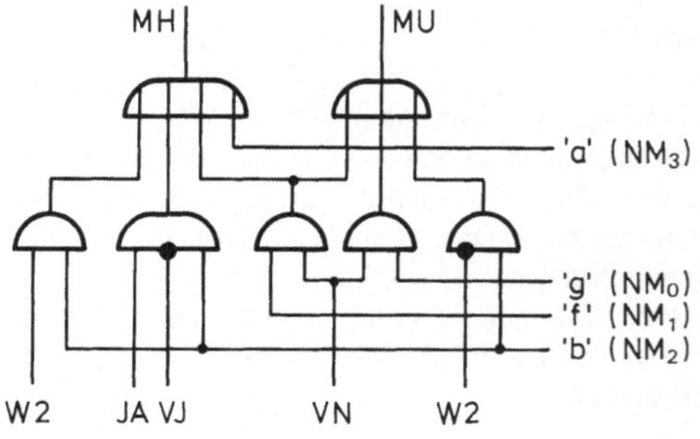

Bild 45.22.
Struktur für das Schaltnetz SN-FM

H 43210	U 210	V 210	W 210	NM 3210	CN 3210
∘ ∘ ∘ ∘ ∘	∘ ∘ ∘	∘ ∘ 1	– – –	1 ∘ ∘ ∘	– – – –
∘ ∘ ∘ ∘ ∘	∘ ∘ 1	∘ 1 ∘	∘ ∘ ∘	∘ 1 ∘ ∘	– – – –
∘ ∘ ∘ ∘ ∘	∘ 1 ∘	∘ 1 1	– – –	1 ∘ ∘ ∘	– – – –
∘ ∘ ∘ ∘ ∘	∘ 1 1	∘ ∘ ∘	– – –	∘ ∘ ∘ ∘	– – – –
⋮	⋮	⋮	⋮	⋮	⋮
1 ∘ 1 1 1	∘ ∘ ∘	∘ ∘ ∘	– – –	1 ∘ ∘ ∘	– – – –
⋮	⋮	⋮	⋮	⋮	⋮
1 1 1 ∘ ∘	∘ ∘ ∘	∘ ∘ 1	∘ ∘ ∘	∘ ∘ 1 ∘	∘ ∘ 1 1
1 1 1 ∘ ∘	∘ ∘ 1	∘ 1 ∘	∘ ∘ ∘	∘ ∘ 1 ∘	∘ ∘ 1 1
1 1 1 ∘ ∘	∘ 1 ∘	∘ 1 1	– – –	∘ ∘ ∘ ∘	– – – –
1 1 1 ∘ ∘	∘ 1 1	1 ∘ ∘	1 1 ∘	∘ ∘ ∘ 1	1 ∘ ∘ ∘
1 1 1 ∘ ∘	1 ∘ ∘	1 ∘ 1	– – –	∘ ∘ ∘ ∘	– – – –
1 1 1 ∘ ∘	1 ∘ 1	1 1 ∘	– – –	∘ ∘ ∘ ∘	– – – –
1 1 1 ∘ ∘	1 1 ∘	1 1 1	– – –	∘ ∘ ∘ ∘	– – – –
1 1 1 ∘ ∘	1 1 1	∘ 1 ∘	∘ ∘ ∘	∘ ∘ 1 ∘	∘ ∘ 1 1

1: Binärwert 1   ∘: Binärwert 0   –: Don´t Care

Bild 45.23.
Codierung der Adressen und des Folgewortteils vom Mikroprogramm-ROM (Ausschnitte; passend zu Bild 45.10)

Damit sind nun alle Strukturelemente zum Steuerwerk in Bild 45.9 erklärt. Im Bild 45.23 ist die Codierung des Folgewortteils, passend zu den Beispielen von Bild 45.10, auf Bit-Ebene im Detail ausgeführt. Die Don´t-Care-Positionen in den Spalten W und NM können beliebig zu **0** oder **1** gewählt werden.

Bild 45.24 zeigt zwei Beispiele für den Ablauf der Mikroprogramme auf der Struktur in Bild 45.9.

Beispiel 1: Befehl JPA EQN ka (unerfüllte Sprungbedingung):

Anfangssituation:

- Während des vorangegangenen Befehls habe die ALU das Ergebnis 0 geliefert, so daß im Flag-Register F u.a. der Wert F.EQ=**1** gespeichert ist. Da der Befehl JPA EQN ka aber auf "ungleich Null" abprüft, entwickelt sich im weiteren der Ablauf eines Sprungbefehls bei nicht erfüllter Bedingung.
- Am Anfang der Befehlsholphase gilt: H=0, U=0
- Der Inhalt der Register RI_D, RI_B und RI_A ist unbekannt (und derzeit irrelevant).
- Ebenfalls unbekannt (und irrelevant) ist derzeit der Inhalt des Befehlsregisters mit seinen Teilen I_D...I_A. Zwangsläufig gilt dies auch für die Signale CJ, JA, W2, P und AA (s. Bild 45.9).
- Aus H=0, U=0 folgen eindeutige Werte für die Ausgänge des Folgewortteils, also für V, W, NM und CN entsprechend Bild 45.10. Darin sind auch die Werte für den Steuerwortteil, also für ER, SR...ET ablesbar; im Bild 45.24 ist der Kürze wegen nur das im Bild 45.10 erstgenannte Tor ET eingetragen. Die Werte für DR, DA und DB des Bildes 45.24 sind auch durch die Multiplexersignale SR, SA und SB des Bildes 45.9 bestimmt.
- Aus NM='a' folgen laut Bild 45.21 die Werte für MH, MU und H^+, U^+; wegen V=1 (Bild 45.10) ist im Bild 45.24 die Angabe U^+=V auf die Form U^+=1 konkretisiert.

$C_{Q(1)}$: OPW wickelt den ersten Unterschritt der Befehlsholphase ab.

- Durch den Takt C_Q wird das Befehlswort im Operationswerk in das Register I gebracht.
- Die Schaltnetze SN-I und PLA werten zwar das Befehlswort I aus. Jedoch bleiben die Signale CJ, JA, W2, P und AA allesamt noch ohne Einfluß; denn wegen H=0, U=0 liegt immer noch der Modus 'a' mit den unveränderten Signalen MH=**1** und MU=**0** vor.

$C_{S(1)}$: Übergang nach H=0, U=1.

- Durch den Takt C_S übernehmen die Register R_H und R_U die Werte H^+ und U^+; damit ist der nächste Unterschritt erreicht.
- Der Folgewortteil stellt neue Werte für V, W, NM und CN - entsprechend (H,U)=(0,1) in Bild 45.10 - bereit.
- Nun wirken sich die Signale JA=**1** und CJ='EQN' aus; nach Bild 45.21 tritt der Fall 'b2' ein. Er erzeugt im Schaltnetz SN-F die Signale MH=**1** und MU=**1**. Um das zeitliche Nacheinander zu betonen, sind die daraus folgenden Signale H^+ und U^+ etwas rechtsversetzt gezeichnet. Aus Bild 45.21 folgt für 'b2' konkret H^+=0 und U^+=W, wobei W in Bild 45.10 den Zahlenwert W=0 bekommt.
- Damit ist die Rückkehr zum Anfang der Befehlsholphase vorbereitet; sie wird mit dem nächsten C_S-Impuls wirksam; siehe $C_{S(2)}$. (Wie noch bei $C_{Q(3)}$ gezeigt wird, kann sich die Vorbereitung von MH, MU, H^+ und U^+ noch durch den nächsten C_Q-Impuls ändern).

$C_{Q(2)}$: OPW wickelt zweiten Unterschritt der Befehlsholphase ab.

- Im Operationswerk wird (P) ← (T) ausgeführt. Da der Inhalt von Register I unverändert bleibt, gibt es keine Rückwirkung auf das Steuerwerk.

$C_{S(2)}$: Übergang nach H=0, U=0.

- Jetzt erst wirken sich die bei $C_{Q(1)}$ nach I_D...I_A geholten Werte aus. Wenn der Registertransfer (P) ← (T) (während $C_{Q(2)}$) nicht logisch unentbehrlich wäre, könnte der Folgemodus 'b' direkt am Anfang von "Befehl holen" installiert sein.

		$C_{Q(1)}$	$C_{S(1)}$	$C_{Q(2)}$	$C_{S(2)}$	$C_{Q(1)}$	$C_{S(1)}$	$C_{Q(2)}$	$C_{S(2)}$	$C_{Q(3)}$	$C_{S(3)}$	$C_{Q(4)}$	$C_{S(4)}$
H	0		0		0		0		28		28		28
U	0		1		0		1		0		1		2
RI_D	?		(JPA)		(JPA)		(ROL)		(ROL)		(ROL)		(ROL)
RI_B	?		(!)		(!)		r		r		r		r
RI_A	?		(!)		(!)		(qua)		(qua)		(qua)		(qua)
I_D	?	JPA				ROL							
I_C	?	'EQN'				ROL							
I_B	?	!				r							
I_A	?	!				(qua)							
F.EQ	1				(1)					0		0	
CJ	?	'EQN'				(0)							
JA	?	1				0							
W2	?	0				0							
P	?	JPA				ROL							
AA	?	23				28							
V	1		2		1		2		1		2		3
W	-		0		-		0		0		0		-
NM	'a'		'b'		'a'		'b'		'f'		'f'		'd'
CN	-		-		-		-		'EQ'		'EQ'		-
MH	1		1		1		0		1	0	0	0	0
MU	0		1		0		1		1	0	0	0	0
H^+	0		0		0		28		0	28	28	28	28
U^+	1		0		1		0		0	1	2	2	3
ER	'1+B'		-		'1+B'		-		'0+B'		'0+B'		'A+B'
SR	0		-		0		-		0		0		0
EA	-		-		-		-		-		-		-
SA	--		--		--		--		--		--		11
EB	-		-		-		-		-		'R11'		-
SB	--		--		--		--		11		00		11
EM	--		--		--		--		--		0		--
ET	3		9		3		9		16		13		16
DR	'1+B'		/		'A+1'		/		'0+B'		'0+B'		'A+B'
DA	-		/		-		/		-		-		r
DB	-		/		-		/		r		'R11'		r
		(I) ← ((P)) (T) ← (P)+1		(P) ← (T)		(I) ← ((P)) (T) ← (P)+1		(P) ← (T)		(T) ← (r)		(R11) ← (I_A)	

Symbolik: ? : unbekannt
! : zwar bekannt, aber im Steuerwerk nicht ausgewertet
( ) : bekannt, aber hier irrelevant
- : Don´t Care (vom ROM-Inhalt her)
/ : irrelevant, da in OPW nicht ausgewertet

Bild 45.24.
Detailablauf zu den Befehlen JPA und ROL

- RI_D, RI_B, RI_A übernehmen die Werte von I_D, I_B, I_A; sie werden im weiteren nicht verwertet.
- Aus (H,U)=(0,0) folgen alle weiteren Werte wie bei der "Anfangssituation".

Beispiel 2: Befehl ROL r qua (teilweise).

Die Signale werden ähnlich wie im ersten Beispiel erzeugt, so daß hier nur noch knappe Hinweise nötig erscheinen.

Anfangssituation:

- Direkt weiter nach Abschluß von Beispiel 1.
- Der immer noch gespeicherte Status-Wert F.EQ=**1** ist inzwischen irrelevant.

$C_{Q(1)}$: OPW: Erster Unterschritt im "Befehl holen".

- Befehlswort ROL r qua nach $I_D...I_A$.
- qua wird nur im OPW ausgewertet.
- Die Angabe CJ=**0** ist irrelevant.
- PLA erzeugt die Mikroprogrammanfangsadresse AA=28 entsprechend der Hauptabschnittsnummer des ROL-Befehls.

$C_{S(1)}$: Übergang nach H=0, U=1.

- Ähnlich $C_{S(1)}$ in Beispiel 1.
- Wegen (W2=**0** ∧ JA=**0**) ==> Modus 'b3' (Bild 45.21).
- Mit nunmehr MH=**0**, MU=**1** wird laut Bild 45.21 der Übergang (H^+,U^+)=(AA,W) vorbereitet. Der Wert AA=28 ist in Bild 45.24 bei $C_{Q(1)}$ entstanden; das Bild 45.10 liefert den Wert W=0.

$C_{Q(2)}$: OPW: Zweiter Unterschritt im "Befehl holen".

- Wie im Beispiel 1.

$C_{S(2)}$: Übergang nach H=28, U=0.

- Erster Mikrobefehl der Ausführungsphase.
- Die weiteren Werte folgen mit (H,U)=(28,0) zumeist direkt aus Bild 45.10.
- Der Steuerwortteil liefert u.a. SB=11; damit schaltet er den Inhalt von RI_B über MUX-DB nach DB durch. Auf diese Weise gelangt die vom Benutzer stammende Registernummer r an den Decodierer des Operationswerks (Bilder 45.9; 34.1).
- Die Angabe CN='EQ' (aus Bild 45.10) bereitet die demnächst zu entscheidende Verzweigung vor. Der Wert F.EQ=**1** des Flag-Registers stammt (immer noch) aus einem längst abgewickelten Befehl. Mit CN='EQ' und F.EQ=**1** liefert das Schaltnetz SN-FN den Wert VN=**1**. Damit gilt laut Bild 45.21 der Modus 'f1' und in der Folge auch (MH,MU)=(**1**,**1**) sowie (H^+,V^+)=(0,0); jedoch ist dieses Ergebnis noch irrelevant.

$C_{Q(3)}$: OPW: Erster Unterschritt im "Befehl ausführen".

- Im OPW wird der Registertransfer (T) ← (r) ausgeführt. Dadurch erhält das Flag-Register einen neuen, hier relevanten Wert, und zwar hier z.B. F.EQ=**0**. (Inhaltlich: Die im Register r gelagerte und durch ROL zu verschiebende Zahl ist keine 0).
- Nun: (CN='EQ') ∧ (F.EQ=**0**) ==> VN=**0** ==> Modus 'f2'.
  (Jetzt also erst endgültige Werte für MH und MU und damit für H^+ und U^+).

$C_{S(3)}$: Übergang nach H=28, U=1.

- Werte für MH, MU, H^+, U^+ noch nicht endgültig.
- Im Steuerwortteil entsteht laut Bild 45.10 u.a. SB=00 und EB='R11'. Damit schaltet MUX-DB den vom Steuerwerk gelieferten Wert 'R11' auf das Steuerbündel DB des Decodierers B durch (Bilder 45.9; 34.1).

$C_{Q(4)}$: OPW: Zweiter Unterschritt im "Befehl ausführen".

- Im OPW übernimmt R11 die Anzahl der Rotationsschritte vom Befehlswortteil I_A.
- Es entsteht ein neues Status-Flag F.EQ=**0**. Damit bleiben die schon eingestellten Werte MH, MU, H^+, U^+ (zufällig) erhalten.

$C_{S(4)}$: Übergang nach H=28, U=2.

- Im Bild 45.10 liest man Modus 'd' mitsamt den weiteren Werten ab.
- Mit SA=11 und SB=11 wird der Inhalt von RI_B, also die Registernummer r des OPW, sowohl nach DA als auch nach DB durchgeschaltet. (Mit $C_{Q(5)}$ folgt dann im OPW der Transfer (T)=(r)+(r)).

Die weiteren Schritte dieses Befehls sowie die Abarbeitung der anderen Befehle lassen sich bei Bedarf genau so im Detail verfolgen.

4.5.5 Optimierungsmöglichkeiten

Bei dem recht kleinen Rechner DEMOCOM2 ist das Steuerwerk nach Bild 45.9 schon so einfach, daß sich eine weitere Optimierung kaum noch lohnt. Bei größeren Rechnern, mit mehr Befehlen und mehr Adressierungsarten, kann das ROM immer noch deutlich zu umfangreich geraten. Es bieten sich formal mindestens drei Ansatzpunkte zur Verkleinerung:

A. Verringerung der Zeilenzahl

B. Verringerung der Spaltenanzahl im Folgewortteil

C. Verringerung der Spaltenanzahl im Steuerwortteil

Die bisher strenge Untergliederung in Hauptzustände H und Unterzustände U führt dazu, daß alle Mikroprogramme einheitlich, vorgegeben vom ROL-Befehl, acht ROM-Zeilen erfordern. Durch einen zusätzlichen Addierer ADD läßt sich die Adressenvergabe individuell genau auf die tatsächliche Mikroprogrammlänge ausrichten (Bild 45.25). Der PLA-Ausgang AA führt nun aber die volle Adreßbreite des Mikroprogramm-ROMs, hier also sechs Bit. Der Wert von AA ist identisch mit der Nummer SS des jeweils ersten Steuerschritts von "Befehl ausführen" (Bild 34.4). Dementsprechend ändert sich z.B. gegenüber Bild 45.16 die Codierung des ODER-Felds (Bild 45.26).

Die Zeilenanzahl ist noch weiter reduzierbar, wenn sich in Bild 34.4 die Gesamtzahl der Steuerschritte verringern läßt. Z.B. werden dort viele Befehle mit dem Steuerschritt (r) ← (T) abgeschlossen; es genügt, diesen Schritt nur ein einziges Mal aufzuführen und vom jeweils vorhergehenden Schritt einfach dorthin zu springen. Dies wäre ein sehr einfaches Beispiel für *Untermikroprogramme*, also für das Mehrfachnutzen gleicher Mikrobefehlsfolgen. Denkbar wäre es auch, die Anzahl der Mikroprogramme selbst zu verringern. Z.B. läßt sich der LOD-Befehl als Sonderfall der alu-Befehle auffassen und dort mit abarbeiten. Dann ist aber auch die umständlichere Befehlsausführung in Kauf zu nehmen; man vergleiche dazu in Bild 34.4 z.B. die Befehle LOD C und alu C.

Die Spaltenanzahl im Folgewortteil läßt sich am besten bei den Folgewortangaben V und W verkleinern. Da der Teil V, wie in Bild 45.10 ersichtlich, oft einfach nur einen gegenüber UA^+ um "1" erhöhten Wert enthält, ist er oft entbehrlich. Die Erhöhung besorgt dann ein zusätzlicher normaler Aufwärtszähler. Im verbleibenden Teil W kann man versuchen, die verschiedenen Sprungziele durchzunumerieren und diese Nummern statt der Ziele selbst anzugeben.

Eine maximale Spaltenanzahl im Mikroprogramm-ROM entsteht dann, wenn sowohl - wie im Schritt (H,U)=(0,0) - möglichst viele Registertransfers gleichzeitig ausgeführt werden als auch für jedes Tor eine eigene Spalte eingeplant ist. Diese extrem in die Breite gezo-

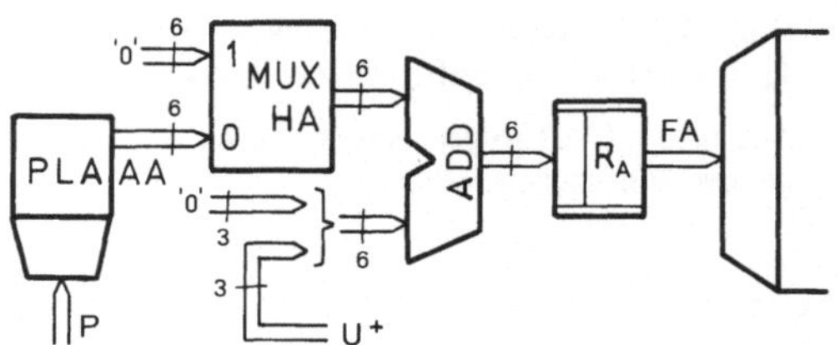

Bild 45.25.
Zusätzliches Addiernetz für mikroprogramm-individuelle ROM-Zeilenanzahl

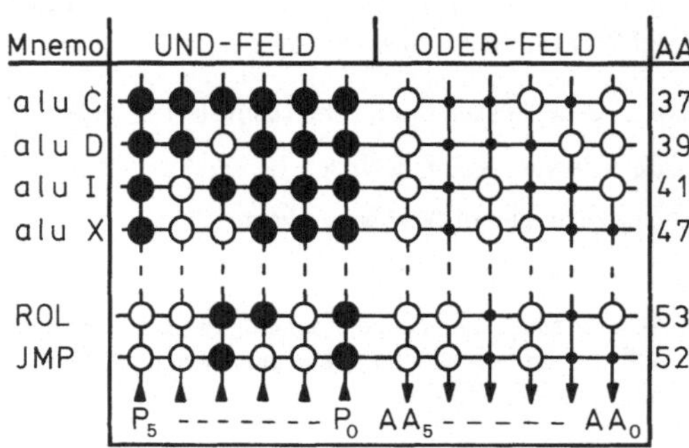

Bild 45.26.
Codierung des PLA, passend zu Bild 45.25

gene Form heißt auch *horizontale Mikroprogrammierung* (Bild 45.27). Sie ist sinnvoll, wenn höchste Abwicklungsgeschwindigkeit gewünscht ist.

Es gibt etliche - in der Literatur uneinheitlich benannte - Varianten, die eine verringerte Spaltenzahl bei nur geringfügigem Verlust an Arbeitsgeschwindigkeit anstreben. Man kann nun z.B. alle unterschiedlichen Torkombinationen aus Bild 34.4 in der Reihenfolge ihres Auftretens niederschreiben (Bild 45.28). Die 25 Kombinationen T_0 bis T_{24} lassen sich 5-Bit-codiert im Steuerwortteil unterbringen, wie in Bild 45.29 symbolisch angedeutet. Dadurch verringert sich die Spaltenanzahl von 21 auf 5. (Mit einiger Überlegung läßt sich die Anzahl unterschiedlicher Torkombinationen schon in Abschnitt 3.4 beim Aufstellen der Steuerschrittfolgen noch deutlich reduzieren). Allerdings bringt ein solcher *vollcodierter Steuerwortteil* gleich drei Nachteile mit sich:

- Es ist ein zusätzliches, manchmal ziemlich großes ROM zur Entschlüsselung dieses Codes nötig (Bild 45.29), manchmal genannt: *Nanoprogramm-ROM*.

H	U	1	2	3	4	5	6	7	8	9	10	11	12	13	14	15	16	17	18	19	20	21
0	0	∘	∘	1	1	∘	∘	∘	1	∘	∘	∘	∘	∘	∘	1	∘	∘	∘	∘	1	∘
0	1	∘	∘	∘	∘	∘	∘	∘	∘	∘	1	∘	∘	∘	∘	∘	∘	∘	∘	1	∘	∘
0	2	∘	∘	1	1	∘	∘	∘	∘	1	∘	∘	∘	∘	∘	1	∘	∘	∘	∘	1	∘
0	3	∘	∘	∘	∘	∘	∘	∘	∘	∘	1	∘	∘	∘	∘	∘	∘	∘	∘	1	∘	∘

Bild 45.27.
Horizontale Mikroprogrammierung für die Tore (Ausschnitt aus dem Steuerwortteil von Bild 45.14)

3 4 8 15 20	T_0
19 10	T_1
3 4 9 15 20	T_2
14 18 21 11	T_3
2 4 11	T_4
17 21 4 11	T_5
14 17 4 21 11	T_6
2 16 18 21 5	T_7
16 20 21	T_8
16 17 21 5 19	T_9
14 17 21 5 19	T_{10}
14 20 21	T_{11}
19 11	T_{12}
2 4 12 20 21	T_{13}
16 18 21 9	T_{14}
13 18 21 11	T_{15}
18 21 11	T_{16}
2 4 16 18 21	T_{17}
13 20 21	T_{18}
16 18 21	T_{19}
13 18 21 10	T_{20}
15 18 21 11	T_{21}
1 6 11	T_{22}
1 7 16 18 21	T_{23}
14 18 21 10	T_{24}

Bild 45.28.
Liste der Torkombinationen

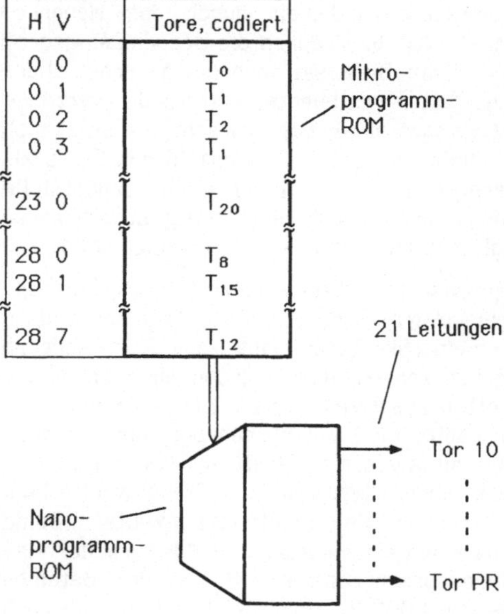

Bild 45.29.
Codierte Torkombinationen im Mikroprogramm-ROM mit angeschlossenem Nanoprogramm-ROM

- Das Nanoprogramm-ROM verringert die Arbeitsgeschwindigkeit des Steuerwerks.
- Eine nur geringe nachträgliche Änderung in einem Mikroprogramm kann drastische Änderungen der Torcodierung nach sich ziehen mit Auswirkungen sowohl auf die Spaltenanzahl des Mikroprogramm-ROMs als auch auf das Nanoprogramm-ROM insgesamt.

Ein oft gangbarer Kompromiß bietet sich durch die *Gruppencodierung*. Dazu werden solche Tore, die - entsprechend Bild 45.28 - nie gleichzeitig durchschalten, in eine Gruppe zusammengefaßt. Da bis zu fünf Tore gleichzeitig anzusteuern sind, muß es mindestens fünf Gruppen geben. In jeder Gruppe muß ein zusätzliches fiktives Tor vorgesehen werden als Ausdruck für "Keines der Tore dieser Gruppe ist zu aktivieren". Die Zuordnung der Tore zu Gruppen ist im allgemeinen nicht eindeutig und nicht trivial durchführbar. Man kann z.B. alle Tore paarweise auf "Feindschaft", also auf Nichtzugehörigkeit zur selben Gruppe untersuchen und die Ergebnisse in einer "Feindschaftsmatrix" zusammenstellen. Mit einigen formalen Hilfsmitteln lassen sich daraus Hinweise für eine geeignete Gruppierung ableiten. Im vorliegenden, relativ einfachen Beispiel, ergibt sich nach wenigen Versuchen z.B. die Einteilung in sieben Gruppen (Bild 45.30). Zufällig sind alle Gruppen gleich groß und zufällig auch alle voll ausgenutzt. Bild 45.31 zeigt die Anwendung für einen Ausschnitt aus Bild 45.10. Jede Eintragung wird durch zwei Bit entsprechend dem Code von Bild 45.30 dargestellt. Statt ursprünglich 21 gibt es jetzt nur noch 14 Torspalten. Allerdings ist pro Gruppe ein Gruppendecodierer GDEC erforderlich.

Sowohl beim voll codierten Steuerteil als auch bei der Gruppencodierung bleibt die Zeilenanzahl des ROMs gegenüber der horizontalen Mikroprogrammierung unverändert. Der Reduktion an Spaltenzahl steht ein Verlust an Arbeitsgeschwindigkeit durch das Nanoprogramm-ROM bzw. durch die Decodierer gegenüber. Schließlich sei noch als anderes, allerdings selten realisiertes Extrem die *vertikale Mikroprogrammierung* erwähnt; sie setzt sich die Minimierung der Spaltenzahl des ROMs als oberstes Ziel; wobei auch die sequentielle Abwicklung an sich gleichzeitig ausführbarer Registertransfers in Kauf genommen wird.

In praxisnaher Mikroprogrammierung sind Unterprogramme unentbehrlich. Man sollte dann in einem Mikrobefehl eine volle ROM-Adresse angeben können; dazu würden aber im Folgewortteil zusätzliche Spalten erforderlich. Andererseits muß ein Mikroprogramm oft auch Konstanten von z.B. 16 Bit an das Operationswerk senden; dazu wäre der Steuerwortteil um entsprechend viele Spalten zu erweitern. Beide Situationen erinnern an Vorbilder auf der Maschinensprachenebene; z.B. bei den Befehlen JMP und LODM C. Von dort her läßt sich auch das Konzept der unterschiedlichen Befehlsformate in die Mikroprogrammierung übernehmen. Dabei verschwimmen die Grenzen zwischen Folgewortteil und Steuerwortteil. Das jeweils gültige Mikrobefehlsformat wird in zusätzlichen Spalten des ROMs codiert. Dadurch läßt sich die jeweilige Bedeutung der Spalten pro ROM-Zeile individuell vorgeben, so daß z.B. gewisse Spalten manchmal Sprungziele und manchmal Konstanten ausdrücken können. Allerdings erfordern solche Maßnahmen natürlich auch zusätzliche Elemente in der Steuerwerksstruktur, z.B. Demultiplexer.

Code	G_1	G_2	G_3	G_4	G_5	G_6	G_7
0 0	-	-	-	-	-	-	-
0 1	18	9	1	2	12	6	4
1 0	19	10	13	3	15	8	5
1 1	20	11	14	17	16	21	7

Bild 45.30.
Sieben Gruppen sich gegenseitig ausschließender Toraktivierungen

H	V	G_1	G_2	G_3	G_4	G_5	G_6	G_7
0	0	20	-	-	3	15	8	4
0	1	19	10	-	-	-	-	-
0	2	20	9	-	3	15	-	4
0	3	19	10	-	-	-	-	-
23	0	18	10	13	-	-	21	-
28	0	20	-	-	-	15	21	-
28	1	18	11	13	-	-	21	-
28	7	19	11	-	-	-	-	-

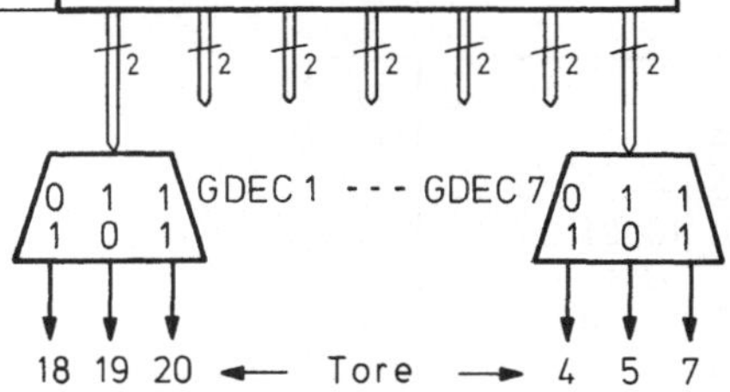

Bild 45.31.
Mikroprogramm-ROM (Ausschnitt) mit Gruppencodierung für die Tore

4.5.6 Textuelle Beschreibung und virtuelles Verhalten mikroprogrammierter Steuerwerke

Da alle Strukturelemente des Steuerwerks in den Abschnitten 3.1 oder 4.4 beschrieben sind, läßt sich eine textuelle Strukturbeschreibung nach den Regeln der Abschnitte 1.3.4 und 3.1.1 leicht anfertigen. Verhaltensbeschreibungen sind bereits in Abschnitt 3.4.4 notiert, wenn auch noch nicht völlig formalisiert. Natürlich wird eine textuelle Version ziemlich umfangreich, so daß Bild 45.32 zum Teil nur Ausschnitte darstellt. Man beachte, daß diese Beschreibung im Prinzip dem Strukturentwurf vorangeht und sich deshalb nur auf die informelle Version in Abschnitt 3.4.4 abstützt; die trotzdem gelegentlich eingefügten Verweise auf Bild 45.9 sollen lediglich veranschaulichen, wie sich die textuelle Beschreibung in der Struktur des Steuerwerks wiederfinden läßt. Die Angaben **H1** bis **H10** beziehen sich auf die folgenden Hinweise:

H1: Entsprechend der Architektur in Bild 34.1 bekommt das Steuerwerk als Eingabe den Inhalt des Befehlsregisters I, und zwar wiederum in Form von 4-Bit-Gruppen I_D, I_C, I_B, I_A. Als weitere Eingabe dient das 6-Bit-Flag-Register F. Auch die Ausgabe ist der

Architektur zu entnehmen; da auch Don't-Care-Werte vorkommen, ist in der textuellen Beschreibung der Registertyp RDT bzw. der Schalttyp SDT vorgesehen.

H2: Die Spalten DR, DA, DB, DM und DT des Bildes 34.4 bezeichnen die Ausgänge des Steuerwerks, auf denen alternativ die zu dem jeweils ausgewählten Steuerschritt gehörenden Werte erscheinen. Die in Klammern genannten Angaben ('A∘B'), (r) und (s) entstammen dem Befehlsregister I, und sie sind dem Steuerwerk über die Eingabe bekannt. Die übrigen Werte jedoch müssen vom Steuerwerk selbst produziert werden und daher dort irgendwo, und zwar hier auf lokalen Variablen ER, EA, EB, EM und ET, festgehalten sein. Bei Mikroprogrammierung dient dazu der Steuerwortteil des ROMs (Bild 45.9). Dazu lassen sich die 29 Hauptschritte des Bildes 34.4 mitsamt ihren maximal acht Unterschritten als zweidimensionales Feld auffassen. Die Deklaration der Variablen ER, ..., ET könnte in der textuellen Beschreibung dann z.B. lauten:

ER = **array** [0..28,0..7] **of** RBT<3..0>,
:
ET = **array** [0..28,0..7] **of** RBT<21..1>.

Um den Text knapper zu gestalten, sei eine abkürzende Schreibweise mit einem lokal vereinbarten Datentyp HU erlaubt:

HU = **array** [0..28,0..7] **of** RDT.

H3: Die ersten fünf Zeilen von **locvar** beschreiben alle Variablen zum Festhalten der nicht eingeklammerten Werte aus Bild 34.4; diese Variablen kehren auch im ROM des Bildes 45.5 wieder.

Die Variablen H und U dienen der konkreten Auswahl von Haupt- und Unterschritten. Die Variablen W2, JA und AA kommen bei den Nachfolgemodi im Abschnitt 3.4.4 vor. Weiterhin sind noch Zwischenvariable VJ und VN zweckmäßig.

H4: Die Deklaration **locsym** erlaubt es, auch weiterhin symbolische Werte zu verwenden. Ihnen seien implizit - durch den Interpreter solcher Verhaltensbeschreibungen - Zahlenwerte in der Reihenfolge ihrer Niederschrift, beginnend bei 0, zugeordnet. Die ersten drei Deklarationen beziehen sich auf Symbole, denen in den Bildern 31.1, 34.6 und 34.5 schon Binärcodes zugeordnet sind. Durch an sich nicht benötigte symbolische Zusatzwerte, hier genannt: 'DY' (DUMMY), lassen sich Binärcode und implizite Zahlenwerte in Übereinstimmung bringen. Die symbolischen Werte 'LODM C' bis 'ROL' repräsentieren die Befehle in der Reihenfolge von Bild 34.4; ihre impliziten Zahlenwerte entsprechen gerade den Nummern ihrer Hauptschritte. Bei den Nachfolgemodi 'A' bis 'G' sind die impliziten Zahlenwerte bedeutungslos.

H5: Im Prinzip sind alle nicht eingeklammerten Angaben zu den Steuer- und Folgeworten einfach aus Bild abzuschreiben; dabei sind die Angaben zu DR, DA, DB, DM und DT den Variablen ER, EA, EB, EM und ET zuzuordnen. Die Werte der Tore ET sind als 21-stelliges Binärwort (aus Platzgründen in zwei Teilen) notiert. Die hier nur ausschnittsweise vollzogene stumpfsinnige Schreibarbeit ließe sich vereinfachen, wenn zusätzlich ein Ausdrucksmittel **table** eingeführt würde. (Man beachte, daß - z.B. bei V[0,0] = 1 - die Binärworte auch durch ihre Dezimaläqivalente ausdrückbar sind).

H6: Die Eingangswerte ID bis IA werden in die Hauptschritte der Ausführungsphasen umgerechnet. Im Prinzip wird hier jenes Verhalten beschrieben, das später durch die Schaltnetze SN-I und PLA (Bild 45.19) realisiert wird.

H7: Die textuelle Form zum Auswerten der Bedingungen ist ziemlich kurz; sie benutzt die Schreibweise des bedingten boolschen Ausdrucks (aus z.B. ALGOL 60). Wenn das Steuerwerk als noch nicht entworfen gelten soll, müßte man die Diskussion zu Bild 45.21 hierher verlagern. Kurze Hinweise mögen hier genügen:

- IC<0> bzw. CN[H,U]<3..1> bilden das jeweils niederwertigste Bit der Sprungbedingung (s. auch Bild 34.6b). Es entscheidet, ob eine Bedingung in verneinter oder bejahter Form abzuprüfen ist.
- IC<3..1> bzw. CN[H,U]<3..1> enthalten die drei höherwertigen Bits der Bedingung 'EQN'...'PO'. Die Codes dieser drei Bits entsprechen im Bild 34.6b den Dezimalziffern 1...6. Sie liegen damit jeweils um den Wert 1 höher als die entsprechenden Bits im Flag-Register F (Bild 34.6c); daher rührt die Angabe "-1" in der textuellen Beschreibung.

H8: Mit den Variablen SR, SA, und SB läßt sich die - in Bild 34.4 - unterschiedliche Herkunft der Ausgabewerte ausdrücken. Daraus entsteht später die Konfiguration mit den Multiplexern MUX-DR, -DA und -DB (Bild 45.9).

H9: Vorab wird (man beachte das Semikolon) die Grundstellung H=0, U=0 erzwungen.

H10: Dies ist die formalisierte Niederschrift zu den Nachfolgemodi in Abschnitt 3.4.4. Die in Bild 45.21 entstandene endgültige Form wird durch diese Verhaltensbeschreibung noch nicht erzwungen; dort geht eine zusätzliche, strukturorientierte Entwurfsentscheidung ein.

```
box STEUERWERK;
 input  ID, IC, IB, IA: RBT <3..0>;                    H1
        F: RBT <5..0>;
 output DR, DA, DB: RDT <3..0>;
        DM: SDT; DT: RDT <21..1>;
 loctype HU = array [0..28,0..7] of RDT;               H2
 locvar ER, EA, EB,NM, CN: HU<3..0>;                   H3
        ET: HU<21..1>;
        SR, SA, SB: HU<1..0>;
        EM: HU<0>;
        V,W: HU<2..0>;
        H: RBT <4..0>; U: RBT <2..0>;
        W2, JA: SBT;  AA: RBT <4..0>;
        VJ, VN: SBT;
 locsym ('DY','DY','A+B',... '1+0'): RBT <3..0>;       H4
        ('DY','DY','EQN','EQ',...): RBT <3..0>;
        ('R0','R1'...'R15'): RBT <3..0>;
        ('A','B','C'...'G'): RBT <2..0>;
        ('DY','LODCM',...'ROL'): RBT <4..0>;

 begin
   (* INHALT DER STEUERSCHRITTE *)                     H5
   ER [0,0] = '1+B',
   SR [0,0] = 0,
   EA [0,0] = *,
    :
    :
   ET [0,0] <21..11> = #01000010000,
   ET [0,0] <10..1> = #0010001100,
   V [0,0] = 1,
   W [0,0] = *,
   NM [0,0] = 'A',
   CN [0,0] = *,
    :
    :
    :
    :
   V [28,7] = 2,
   W [28,7] = 0,
   NM [28,7] = 'F',
   CN [28,7] = 'EQ',

   (*ENTSCHLÜSSELN DES BEFEHLSWORTS*)                  H6
   | ID ≤ 7 ∨ IC ≠ 7 |:
     {| IC = 0 |: AA = 'ALUC',
        :
      | IC = 3 |: AA = 'ALUX' },
   | ID = 13 |: AA = 'OUT',
   | ID = 14 ∧ IC = 0 |: AA = 'ROL',
   | ID = 15 ∧ IC = 7 ∧ IB = 0 ∧ IA = 0 |: AA = 'JMP',
   W2 = (IC = 7),
   JA = (ID = 10 ∨ ID = 11),

   (*AUSWERTEN VON BEDINGUNGEN*)                       H7
   VJ = (IC <0>   F <IC <3..1> - 1>),
   VN = (CN [H,U] <0>   F<CN [H,U] <3..1> - 1>),

   (*ERZEUGEN DER AUSGANGSWERTE*)                      H8
   |SR [H,U] = 0 |: DR = ER [H,U],
   |SR [H,U] = 1 |: DR = ID,
   |SA [H,U] = 0 |: DA = EA [H,U],
   |SA [H,U] = 2 |: DA = IA,
   |SA [H,U] = 3 |: DA = IB,
   |SB [H,U] = 0 |: DB = EB [H,U],
   |SB [H,U] = 2 |: DB = IA,
   |SB [H,U] = 3 |: DB = IB,
   DM = EM [H,U],
   DT = ET [H,U],
   (*ABLAUF*)
   H := 0, U := 0;                                     H9
   |!C |:                                              H10
   {|NM [H,U] = 'A' |:      {U := V [H,U]; H := 0},
    |NM [H,U] = 'B' |:
     {|W2 |:                {U := V [H,U]; H := 0},
      |JA ∧ VJ' |:          {U := W[H,U]; H := 0},
      |W2' ∧ (JA' ∨ VJ) |:  {U := W[H,U]; H := AA}},
    |NM [H,U] = 'C' |:      {U := V [H,U]; H := AA},
    |NM [H,U] = 'D' |:      {U := V [H,U]; H := AA},
    |NM [H,U] = 'E' |:      {U := V [H,U]; H := 0},
    |NM [H,U] = 'F' |:
     {|VN |:                {U := W[H,U]; H := 0},
      |VN' |:               {U := V [H,U]; H := AA}},
    |NM [HU] = 'G' |:
     {|VN |:                {U := W [H,U]; H := AA},
      |VN' |:               {U := V [H,U]; H := AA}}}
end
```

Bild 45.32.
Textuelle Verhaltensbeschreibung des Steuerwerks auf Basis der Formulierungen in Abschnitt 3.4.

Interessant ist nun folgender Aspekt: Eine Verhaltensbeschreibung ist nach bisherigem Verständnis gedacht als Ausgangspunkt für den Entwurf einer Struktur. Tatsächlich aber sind wesentliche Teile des Verhaltens durch den Inhalt des Mikroprogramm-ROMs definiert. Im Prinzip kann man einfach durch andere Mikroprogramme (und geänderte Programmierung des PLA) ein anderes Verhalten, also letztlich einen anderen Rechner, implementieren. Ein Anliegen des Fachgebiets "Mikroprogrammierung" ist es auch, die Struktur des Steuerwerks so universell zu gestalten, daß sie die Mikroprogrammierbarkeit möglichst wenig behindert. Tatsächlich unterscheiden sich z.B. viele unter verschiedenen Typenbezeichnungen angebotene Mikroprozessoren oder Mikrocomputer nur durch unterschiedliche Mikroprogrammierung. Aus Sicht des Herstellers haben solche Rechner eine reale Struktur, der durch das Mikroprogramm, im Prinzip also durch Software, ein virtuelles Verhalten gegeben wird. Für einen Anwender dagegen wirkt ein Mikroprogramm als eine ihm verborgene und damit unveränderliche Einrichtung, die seinen Rechner als realen Prozessor mit festem Verhalten wie eine Hardwarestruktur erscheinen läßt. Wegen dieser Zwitterstellung ordnen manche Fachleute die Mikroprogrammierung zwischen Software und Hardware als *Firmware* ein.

5 Die Ebene der elektrischen Schaltungen

Zweifellos kann es nicht Sinn dieses Buches sein, die "Elektrotechnik" schlechthin zu behandeln. Vielmehr bedient sich dieses Kapitel einfach etlicher Erkenntnisse des Fachgebiets "Elektrotechnik" gerade so weit, wie sie für das Verständnis der Nachrichtenverarbeitung unentbehrlich erscheinen. Die Kapitelüberschrift spricht deshalb mit den "elektrischen Schaltungen" ausdrücklich nur ein Teilgebiet der Elektrotechnik an. Diese Beschränkung ist immer auch dann unterstellt, wenn im weiteren der sprachlichen Einfachheit halber oft kurz von der *elektrotechnischen Ebene* gesprochen wird.

Typische elementare Funktionseinheiten der Schaltwerkebene waren z.B. UND-Glied, ODER-Glied, NICHT-Glied oder NAND-Glied. Beim Übergang zur elektrotechnischen Ebene sollen die Binärnachrichten an Eingängen und Ausgängen nun als elektrische Nachrichten erscheinen. So wird z.B. das NAND-Glied nach Bild 50.1 als eine nicht-elementare Funktionseinheit erscheinen, deren Verhalten z.B. durch die tabellarisch aufgeführte Funktion $U_Y = f(U_1, U_2)$ beschrieben ist. Sinngemäß zum Vorgehen auf den höheren Ebenen wird nun gelten:

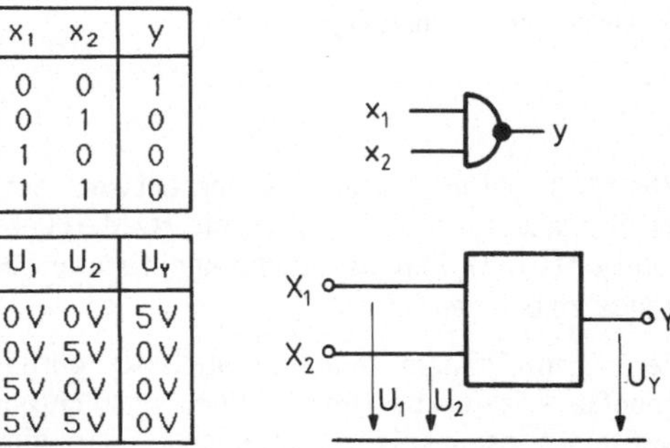

x_1	x_2	y
0	0	1
0	1	0
1	0	0
1	1	0

U_1	U_2	U_Y
0V	0V	5V
0V	5V	0V
5V	0V	0V
5V	5V	0V

Oben: Elementar auf Schaltwerkebene
Unten: Nicht-elementar auf der Ebene der elektrischen Schaltungen

Bild 50.1.
Verhaltensbeschreibung für ein NAND-Glied

Def.50.1:

> Ein Entwurfsvorgang auf elektrotechnischer Ebene bedeutet, zu einer vorgegebenen Verhaltensbeschreibung eine Struktur aus elementaren Funktionseinheiten dieser Ebene zu finden.

Der Leser möge noch einmal zu den Bildern 41.42 und 41.43 zurückblättern und sich daran ein wesentliches Formulierungsprinzip der Schaltwerkebene in Erinnerung rufen. Gleich ob eine Funktionseinheit elementar oder nicht-elementar oder ob durch Verhalten oder Struktur beschrieben, in jedem Fall gibt es Eingänge und Ausgänge als Träger von Variablenwerten **0** oder **1** sowie eine *Wirkungsrichtung* in dem Sinne, daß sich Ausgangswerte als Funktion einer Folge von Eingangswerten ergeben.

Auch auf der Ebene der elektrischen Schaltungen gibt es ein derartiges Formulierungsprinzip; es weicht allerdings in einigen Details von jenem der höheren Nachrichtenebenen ab: Eine Funktionseinheit hat *Anschlüsse*, die nicht von vornherein die Eigenschaft "Eingang" bzw. "Ausgang" aufweisen. Die Anschlüsse sind Träger von Strom- und Spannungswerten, deren Zusammenspiel durch *Strom-Spannungs-Beziehungen* ausdrückbar ist. Der Entwurf einer nicht-elementaren Funktionseinheit liefert eine Struktur, etwa in Art des Bildes 50.2. Es gibt darin keine natürliche Wirkungsrichtung; so führt eine Verhaltensbeschreibung z.B. der Einheit F zu Strom- und Spannungsänderungen an allen Knoten der Struktur. Allerdings läßt sich eine Wirkungsrichtung stets aus dem Zweck der Funktionseinheit ableiten. So seien in der Struktur - hier willkürlich - die Knoten 1 und 2 als "Eingänge" bezeichnet, an denen Spannungswerte U_X mit Hilfe einer Spannungsquelle erzwungen werden. Die Knoten 3 und 4 mögen als "Ausgänge" fungieren, an denen die Spannung $U_Y = f(U_X)$ beobachtbar ist. Einer solchen Zweckbestimmung folgt auch die geforderte Verhaltensbeschreibung zum NAND-Glied

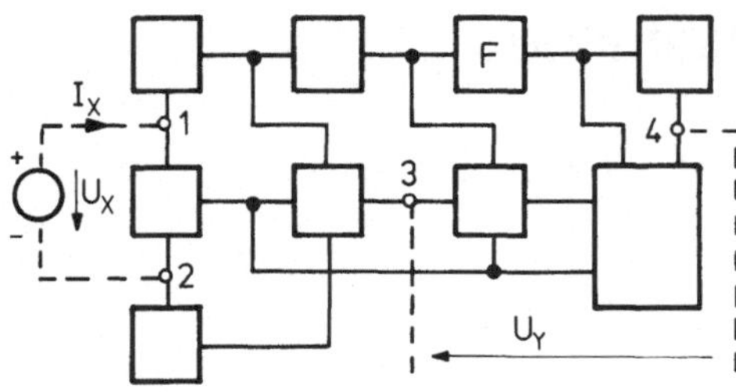

Bild 50.2.
Beispiel einer Struktur auf der Ebene der elektrischen Schaltungen

(Bild 50.1, unten); dabei muß der Entwurf seiner Struktur darauf abzielen, die NAND-Funktion $U_Y=f(U_1,U_2)$ entsprechend der Tabelle zustande zu bringen.

Die – im Prinzip lediglich abstrakt aufgepfropfte – zweckbestimmte Wirkungsrichtung darf nicht darüber hinwegtäuschen, daß eine solche Richtung, elektrotechnisch gesehen, nicht existiert. Wird z.B. die Funktionseinheit von Bild 50.2 ihrerseits wiederum Teil einer größeren Struktur und wird dazu eine Teilstruktur an die Knoten 3 und 4 angeschlossen, so tritt natürlich eine Rückwirkung auch an den Knoten 1 und 2 ein; sie könnte sich z.B. in einem geänderten Strom I_X äußern. Wenn die Spannung U_X tatsächlich nicht einer Spannungsquelle sondern einer vorgeschalteten Teilstruktur entstammt, wird auch sie durch die Rückwirkung beeinflußt. Um die auf der Schaltwerkebene als selbstverständlich vorausgesetzte Wirkungsrichtung auch tatsächlich zu erreichen, müssen auf der elektrotechnischen Ebene Maßnahmen ergriffen werden, die die Rückwirkung möglichst weit reduzieren. Letztlich gelingt dies durch Halbleiterbauelemente wie Dioden oder Transistoren, mit den Eigenschaften der Nichtlinearität und der Strom- bzw. Spannungsverstärkung.

Erfahrungsgemäß wird der Übergang von der Schaltwerkebene in die Ebene der elektrischen Schaltungen von Studierenden oft als Eintritt in eine fremde Fachwelt empfunden. Dies mag aus inhaltlicher Sicht z.T. gerechtfertigt sein; in der Entwurfmethodik dagegen gleichen sich die beiden Nachrichtenebenen jedoch weitgehend. Auf der Schaltwerkebene wäre doch z.B. die Frage absurd, warum ein UND-Glied eine UND-Funktion realisiert. UND-Glied, ODER-Glied usw. werden per Definition als existent vorausgesetzt einfach deshalb, weil es so zweckmäßig ist (z.B. zur Anwendung der Booleschen Algebra). Sinngemäß erscheint es als methodisch vernünftig, Bauelemente wie Widerstand, Kondensator, Spule, Diode und Transistor ebenfalls als existent anzunehmen. Sie sind durch Strom-Spannungs-Beziehungen beschrieben und es ist eigentlich gleichgültig, warum sie gerade so gelten. Tatsächlich fragt ja auch kaum jemand, warum ein Widerstand R dem Ohmschen Gesetzt $U=I \cdot R$ folgt; es ist eben so, per Definition. Beim Transistor ist ein solch axiomatisches Vorgehen ebenfalls sinnvoll, jedoch entspringen dem "physikalischen Hintergrund" oft wesentliche Aussagen zur Gültigkeit von Verhaltensmodellen, die bei vertiefender Betrachtung nicht vernachlässigbar sind:

Als naturwissenschaftlich orientierte Wissenschaftsdisziplin befaßt sich die Elektrotechnik natürlich intensiv mit den physikalisch-elektrotechnischen Gesetzmäßigkeiten unseres Lebensraums. Im Bestreben, die Erkenntnisse im Sinne einer ingenieurwissenschaftlichen Disziplin praktisch anzuwenden, entstanden z.B. auch die zitierten elektronischen Bauelemente. Man sollte versuchen, stets deutlich zu unterscheiden:

Ideale Bauelemente. Dies sind nur gedanklich abstrakt existente Bauelemente, in denen ein physikalisches Verhalten als völlig rein verwirklicht angenommen wird. Z.B. ist ein Widerstand, der allein und genau nur durch das Gesetz $U=I \cdot R$ beschrieben wird, ein ideales Bauelement.

Reale Bauelemente. Bei ihnen ist es den Ingenieuren gelungen, einen bestimmten physikalischen Effekt so weit herauszustellen, daß die ebenfalls wirksamen *parasitären Effekte* demgegenüber quantitativ verblassen. Z.B. wirkt ein realer Widerstand nebenbei immer auch noch als (kleiner) Kondensator und als (kleine) Spule.

Die Methodik auf der Ebene der elektrischen Schaltungen basiert wesentlich auf dem Umgang nur mit idealen Bauelementen. Die verwendeten Strom-Spannungs-Beziehungen sind also eigentlich modellhaft vereinfachte Beschreibungen des realen Verhaltens. Diese Methodik ist für das Verständnis grundlegender Zusammenhänge durchaus legitim und verhältnismäßig übersichtlich. Will man allerdings aus dem angeeigneten Grundverständnis heraus praktisch anwendbare Schaltungen entwickeln, hat man es mit realen Bauelementen zu tun und es ist zu klären, ob die parasitären Effekte hinreichend klein bleiben.

Oft ist dies nicht der Fall; aber auch dann ist methodisches Vorgehen grundsätzlich möglich.

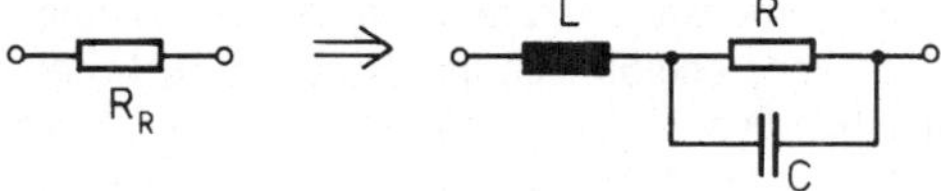

Bild 50.3.
Modellierung eines realen Widerstands durch eine Struktur aus drei idealen Bauelementen

Wenn z.B. die parasitären Effekte des realen Widerstands R_R in Bild 50.3 nicht vernachlässigbar erscheinen, läßt er sich durch eine Struktur mit zusätzlicher idealer Spule L und zusätzlichen idealem Kondensator C realitätsnäher nachbilden. Bei der Diskussion elektrischer Schaltungen sind also zu unterscheiden:

- Das Verständnis idealer Bauelemente und der aus ihnen zusammengesetzten Strukturen. Dieser Aspekt steht in diesem Buch im Vordergrund.

- Das Ringen um geeignete Modelle, also um Strukturen aus idealen Bauelementen, die das reale Bauelementeverhalten möglichst gut wiedergeben. Dieses Problem ist allgegenwärtig in nahezu jedem vertiefenden Lehrbuch zur Technik elektronischer Schaltungen.

Um noch einmal auf die Transistoren einzugehen: Es ist legitim, praktisch und durchsichtig, ihr Verhalten durch Strom-Spannungs-Beziehungen ebenso als vorgegeben hinzunehmen wie bei allen anderen Bauelementen auch. Wer die Funktionseinheiten der Schaltwerkebene elektronisch unter Einsatz diskreter Einzeltransistoren zu realisieren hat, wird meistens nicht allzusehr von Problemen der parasitären Effekte betroffen sein. Beim Entwurf integrierter (mikroelektronischer) Schaltungen jedoch spielen parasitäre Effekte eine große Rolle; Verständnis und Abhilfe durch geeignete Modelle sind ohne Kenntnis des physikalischen Hintergrunds kaum möglich.

Die Abschnitte des Kapitels 5 sind im wesentlichen den unterschiedlichen Bauelementen und den daraus konstruierbaren Strukturen gewidmet.

Abschnitt 5.1 behandelt Strukturen aus *linearen zeitunabhängigen Zweipolen*, also aus den gedanklich einfachsten idealen Bauelementen wie *Widerstand* und *Quelle*.

Abschnitt 5.2 erweitert diese Strukturen um *lineare zeitabhängige Zweipole*, also um *Kondensatoren* (*Kapazitäten*) und *Spulen* (*Induktivitäten*).

Abschnitt 5.3 führt am Beispiel des *linearen passiven Zweitors* vor, wie in ziemlich allgemeiner Form eine zweckbestimmte *Wirkungsrichtung* zustande kommen kann, wodurch allgemein auch Nachrichtenweitergabe von einem Sender zu einem Empfänger möglich wird.

Abschnitt 5.4 stellt mit den *nichtlinearen passiven Zweipolen*, also mit den *Dioden*, ein Bauelement vor, mit denen die Rückwirkung in den elektrotechnischen Schaltungen begrenzbar wird und insbesondere auch die Realisierung von UND- bzw. ODER-Verknüpfung gelingt.

Abschnitt 5.5 diskutiert mit dem *Bipolar-Transistor* ein derzeit sehr gebräuchliches aktives Bauelement, das insbesondere die elektrischen Signalpegel regenerieren kann und ausserdem die NICHT-Funktion verwirklicht.

Abschnitt 5.6 behandelt mit dem *MOS-Transistor* ein Bauelement, das zwar grundsätzlich denselben Zweck wie der Bipolar-Transistor dient, dabei aber doch deutlich abweichendes Verhalten zeigt.

Abschnitt 5.7 liefert mit einer - leider nur relativ kurzen - Diskussion zu den *integrierten Schaltungen* einen kapitelübergreifenden Abschluß dieses Buches.

5.1 Netze aus linearen zeitunabhängigen Zweipolen

Zweipole sind elektrische Bauelemente mit zwei Anschlüssen. Sie heißen *linear*, wenn Spannung U und Strom I durch *lineare Funktionen* der Form $I=R\cdot U+I_0$ oder $U=G\cdot I+U_0$ zusammenhängen; dabei dürfen die Konstanten R, G, U_0 und I_0 auch den Wert 0 annehmen. Die Eigenschaft *zeitunabhängig* meint, daß diese Funktionen über den Ablauf der Zeit unverändert bleiben. Diese Eigenschaften geben den *linearen zeitunabhängigen Zweipolen* auf der *elektrotechnischen Ebene* eine ähnliche Stellung, wie sie die Verknüpfungsglieder auf der Schaltwerksebene haben; sie dienen als elementare Funktionseinheiten für verzögerungslos arbeitende Netze, wobei sich "Verknüpfung" von elektrischen Nachrichten in der Verknüpfung von Strom-Spannungs-Beziehungen der beteiligten Bauelemente äußert. Grundsätzlich gehören auch die nichtlinearen Bauelemente in diese Betrachtungen, sofern man von deren -

meistens ungewollten parasitären – Zeitnebeneffekten absieht (s. Abschnitt 5.4).

Abschnitt 5.1.1 legt mit den *Strom-Spannungs-Beziehungen* die Grundlagen zur Beschreibung funktionaler Zusammenhänge.

Abschnitt 5.1.2 veranschaulicht an *Serien- und Parallelschaltungen* einige typische Netzgrundstrukturen und deren Analyse.

Abschnitt 5.1.3 regelt den Umgang mit Grössen, Maßen, Strom- und Spannungsrichtungen.

Abschnitt 5.1.4 behandelt *Energie* und *Leistung*.

Abschnitt 5.1.5 führt mit den *Kirchhoffschen Regeln*, mit der *Stern-Dreieck-Wandlung* und dem *Überlagerungssatz* einige Analysehilfsmittel ein und wendet sie auf ein systematisches Verfahren an.

Abschnitt 5.1.6 stellt mit *Verhaltens- und Strukturbeschreibungen* die gedankliche Verbindung zu den Beschreibungstechniken auf den höheren Nachrichtenebenen her und weist auf die Bedeutung der Simulationstechniken hin.

Abschnitt 5.1.7 verdeutlicht, weshalb – anders als z.B. auf der Schaltwerkebene – vor allem die *Analyse* und weniger die *Synthese* von Strukturen betrieben wird.

Abschnitt 5.1.8 schließlich zeigt auf, daß sich mit linearen Zweitoren allein noch keine *Verknüpfungsglieder* der Schaltwerkebene sinnvoll realisieren lassen.

5.1.1 Strom-Spannungs-Beziehungen am Widerstand

Die begrifflich einfachste Beziehung betrifft die des *Widerstands* (englisch: *resistor*). Der Strom I durch dieses Bauelement folgt einer angelegten Spannung U linear (Bild 51.1). Der Proportionalitätsfaktor G heißt *Leitwert*; er ist eine charakteristische Eigenschaft des jeweiligen Bauelements. Üblich ist auch der reziproke Wert R, genannt *Widerstandswert* oder kurz ebenfalls *Widerstand* (englisch: *resistance*). Es gilt das *Ohmsche Gesetz in elementarer Form*.

$$U = R \cdot I \qquad (51.1)$$

Um an einen Widerstand eine Spannung anlegen zu können, bedarf es einer *Spannungsquelle* (Bild 51.2). Eine *ideale Spannungsquelle* liefert eine konstante Spannung U_0 unabhängig vom entnommenen Strom. Beim Anschluß eines Widerstands ergibt sich der Strom I nach dem Ohmschen Gesetz. Grafisch läßt sich der Strom aus dem Schnittpunkt S der beteiligten *Kennlinien* $I = U/R$ sowie $U = U_0$ bestimmen (Bild 51.3).

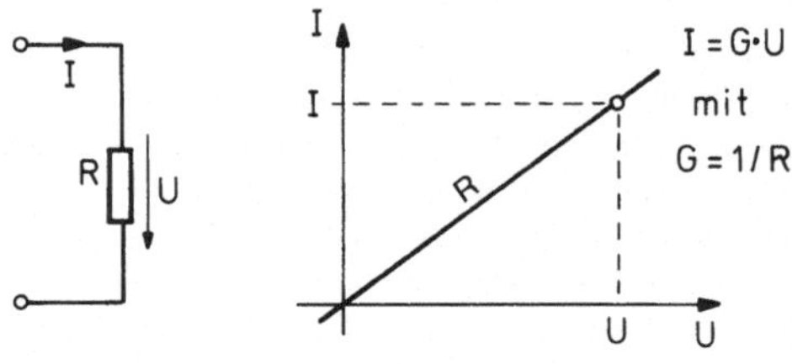

Bild 51.1.
Idealer Widerstand

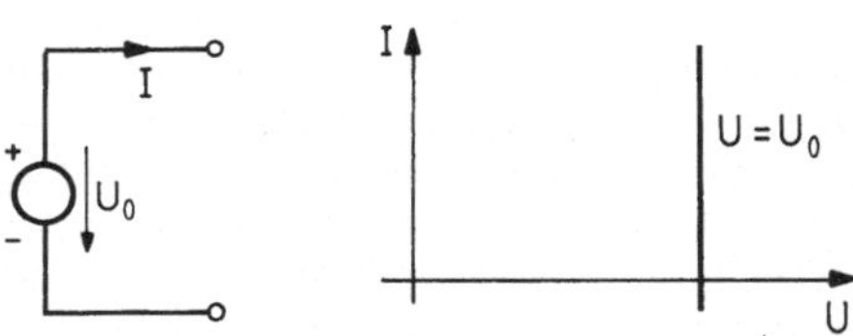

Bild 51.2.
Ideale Spannungsquelle

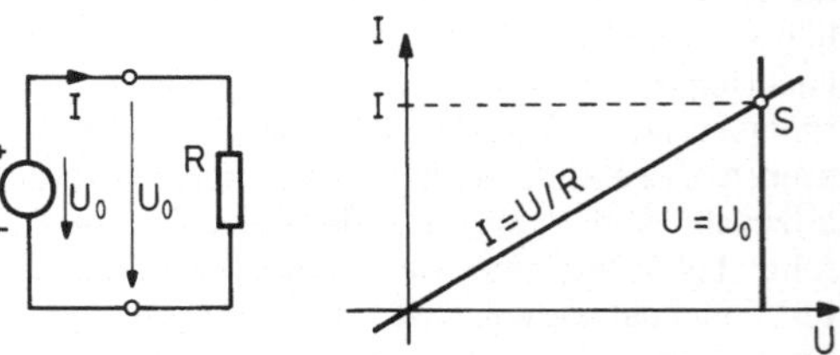

Bild 51.3.
Spannungsquelle und Widerstand

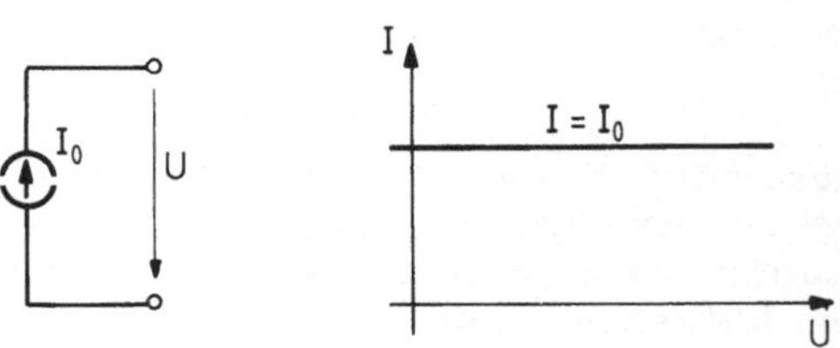

Bild 51.4.
Ideale Stromquelle

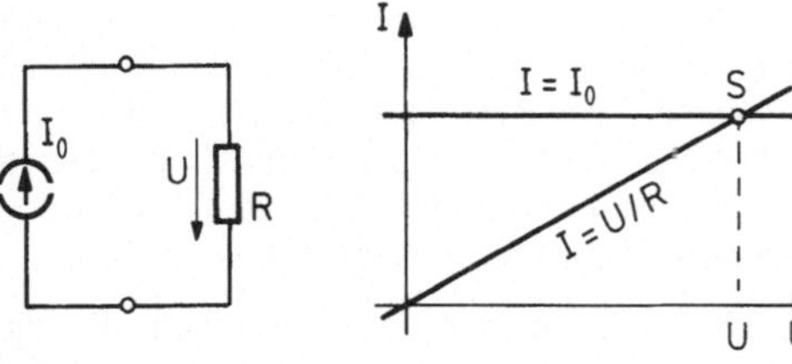

Bild 51.5.
Stromquelle und Widerstand

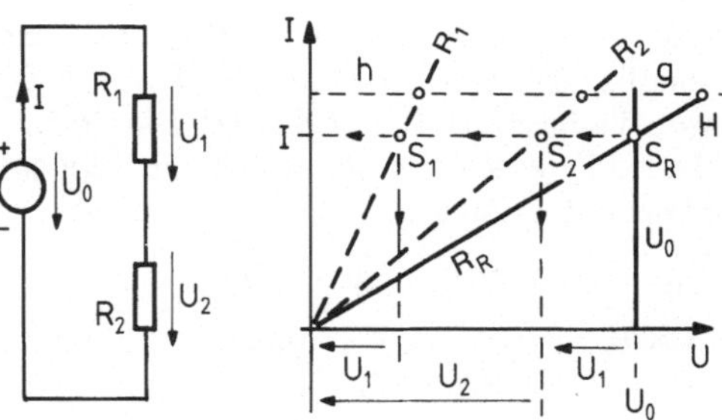

Bild 51.6.
Reihenschaltung von Widerständen an einer Spannungsquelle

Ähnliches gilt für *Stromquellen*; im idealen Fall liefern sie einen konstanten Strom I_0 (Bild 51.4). Bei Anschluß eines Widerstands stellt sich - wiederum nach dem Ohmschen Gesetz - eine Spannung U ein; sie läßt sich ebenfalls auch grafisch aus den Kennlinien $I = U/R$ und $I = I_0$ bestimmen (Bild 51.5). Stromquellen sind z.B. unentbehrliche Bestandteile von Transistormodellen (s. Abschnitt 5.5).

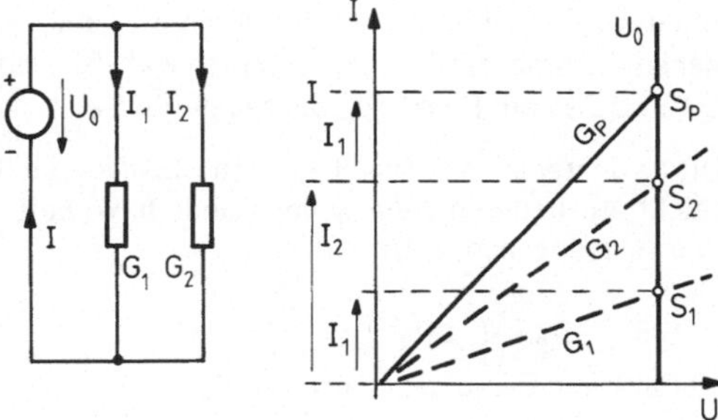

Bild 51.7.
Parallelschaltung von Widerständen (Leitwerten) an einer Spannungsquelle

5.1.2 Reihen- und Parallelschaltungen

In der *Reihenschaltung* von Bild 51.6 mögen die Widerstandswerte R_1 und R_2 sowie die Gleichspannung U_0 vorgegeben sein. Daraus lassen sich die Teilspannungen U_1 und U_2 sowie der Strom I auf folgende Weise bestimmen:

Mit: $U_1 = I \cdot R_1$; $U_2 = I \cdot R_2$; $U_0 = U_1 + U_2$

Folgt: $U_0 = I \cdot R_1 + I \cdot R_2 = I(R_1 + R_2)$

Sei: $R_R = R_1 + R_2$ *Reihenwiderstand*

Dann: $U_0 = I \cdot R_R$ ==> $I = U_0/R_R$

Somit: $U_1 = U_0 \cdot R_1/R_R$ $U_2 = U_0 \cdot R_2/R_R$

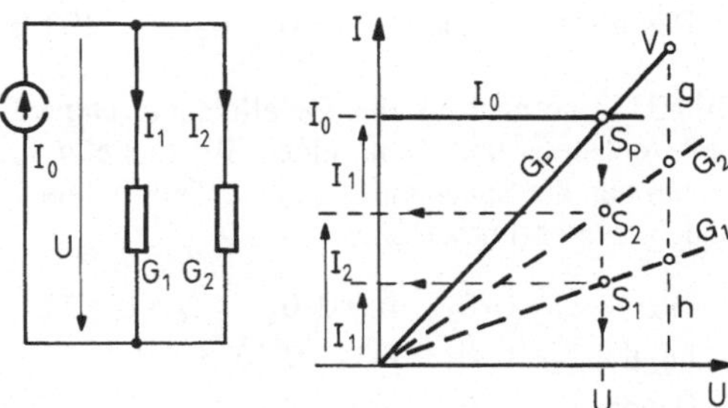

Bild 51.8.
Parallelschaltung an einer Stromquelle

Die Ergebnisse lassen sich in Bild 51.6 auch leicht grafisch finden: Hier und auch künftig seien an die Kennlinien statt der vollständigen Funktionen nur noch die wesentlichen Größen, hier: R_1, R_2, R_R und U_0, als Parameter aufgeschrieben. Bei vorgegebenen Kennlinien R_1 und R_2 läßt sich auf einer willkürlich gewählten Horizontalen ein Punkt H durch die gleiche Länge der Strecken g und h finden. Punkt H gehört zur gesuchten Kennlinie des Reihenwiderstandes R_R. Der Schnittpunkt S_R mit der Kennlinie U_0 liefert den Strom I. Die Punkte S_1 und S_2 entsprechen den Teilspannungen.

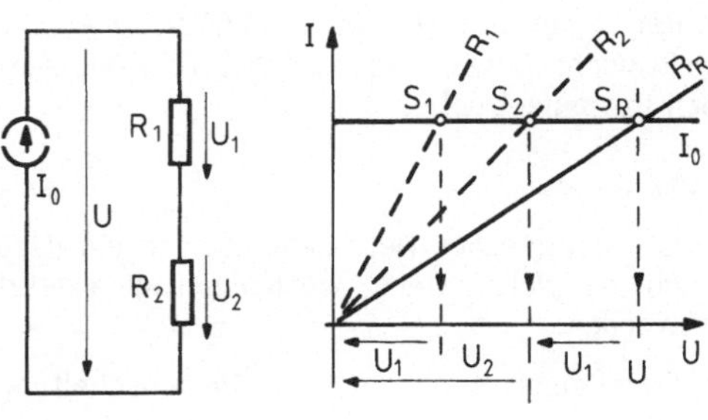

Bild 51.9.
Reihenschaltung an einer Stromquelle

In der *Parallelschaltung* von Bild 51.7 sind ebenfalls die Widerstandswerte R_1 und R_2 sowie die Spannung U_0 vorgegeben. Die Ströme I, I_1 und I_2 lassen sich am besten mit Hilfe der Leitwerte G ermitteln:

Sei: $G_1 = 1/R_1$; $G_2 = 1/R_2$

Dann: $I_1 = U_0 \cdot G_1$; $I_2 = U_0 \cdot G_2$; $I_0 = I_1 + I_2$

Folgt: $I = U_0(G_1 + G_2)$

Sei: $G_P = G_1 + G_2$ *Parallelleitwert*

Dann: $I = U_0 \cdot G_P$

Bei einer grafischen Konstruktion liefern die Schnittpunkte S_1 und S_2 der gegebenen Kennlinien G_1, G_2 und U_0 direkt die Ströme I_1 und I_2: deren Summe führt zum Schnittpunkt S_P und damit zu einem Punkt für die Kennlinie G_P.

Die vorstehenden Überlegungen lassen sich leicht auf beliebig viele Widerstände bzw. Leitwerte ausdehnen, z.B:

Sei: $R_R = R_1 + R_2$

Sei R_3 in Serie geschaltet zu R_R

Dann: $R_{RR} = R_R + R_3 = R_1 + R_2 + R_3$

Allgemein gilt also:

Reihenschaltung: $R_R = R_1 + R_2 + \ldots$ (51.2)

Parallelschaltung: $G_P = G_1 + G_2 + \ldots$ (51.3)

Bild 51.8 betrachtet die Parallelschaltung von Leitwerten G_1 und G_2 an einer Stromquelle I_0, wobei nun die Spannung U und die Teilströme I_1 und I_2 zu bestimmen sind.

Mit: $I_1 = U \cdot G_1$; $I_2 = U \cdot G_2$; $I_0 = I_1 + I_2$

Folgt: $I_0 = U \cdot G_1 + U \cdot G_2 = U \cdot (G_1 + G_2)$

Dann: $I_0 = U \cdot G_P$ ==> $U = I_0 / G_P$

Somit: $I_1 = I_0 \cdot G_1 / G_P$; $I_2 = I_0 \cdot G_2 / G_P$

Offensichtlich ist die Argumentation zu den Bildern 51.6 und 51.8 formal völlig gleich. Dahinter verbirgt sich das *Dualitätsprinzip* für elektrische Netze, das zunächst folgendermaßen formuliert sei:

Satz 51.4:

Ein elektrisches Netz geht über in ein dazu duales Netz, wenn wechselseitig ersetzt werden:

Parallelschaltung	<-->	Reihenschaltung
Widerstandswert	<-->	Leitwert
Strom	<-->	Spannung

Das Dualitätsprinzip erlaubt es, schon bekannte Erkenntnisse einfach für ein duales Netz zu übernehmen; davon wird in späteren Abschnitten häufiger Gebrauch gemacht. Z. B. lassen sich die Ergebnisse zu Bild 51.7 einfach auf das duale Netz in Bild 51.9 übertragen.

Zwei Beispiele mögen erste Gelegenheit zur Analyse kleiner Netze geben. (Die verwendeten Maßeinheiten werden im nächsten Abschnitt erläutert).

Beispiel 51.5:

Zu analysieren ist die Schaltung aus Bild 51.10.

Gegeben: $U_0 = 5\,V$; $R_1 = 300\,\Omega$; $R_2 = 1000\,\Omega$
$R_3 = 100\,\Omega$; $R_4 = 150\,\Omega$

Gesucht: $I, I_2, I_3, U_1, U_2, U_3, U_4$

Lösung:

$R_5 = R_3 + R_4 = 250\,\Omega$; $G_5 = 1/R_5 = 0{,}004\,S$
$G_2 = 1/R_2 = 0{,}001\,S$;
$G_6 = G_2 + G_5 = 0{,}005\,S$; $R_6 = 1/G_6 = 200\,\Omega$
$R = R_1 + R_6 = 500\,\Omega$
$I = U_0/R = 0{,}01\,A$; $U_1 = IR_1 = 3\,V$;
$U_2 = U_0 - U_1 = 2\,V$
$I_2 = U_2 G_2 = 0{,}002\,A$; $I_3 = I - I_2 = 0{,}008\,A$
$U_3 = I_3 R_3 = 0{,}8\,V$; $U_4 = I_3 R_4 = 1{,}2\,V$

Beispiel 51.6:

In Bild 51.11 ist neben einer Spannungsquelle U_0 auch eine Stromquelle I_2 vorgesehen; dabei errechnen sich negative Werte für den Strom I_3 sowie für die Spannungen U_3 und U_2:

Gegeben: $U_0 = 5\,V$; $I_2 = 0{,}02\,A$;
$R_1 = 700\,\Omega$; $R_3 = 200\,\Omega$; $R_4 = 150\,\Omega$

Gesucht: $I_1, I_3, U_1, U_2, U_3, U_4$

Lösung:

$U_0 = U_1 + U_3 = I_1 R_1 + I_3 R_3$
$= I_1 R_1 + (I_1 - I_2) R_3 = I_1 (R_1 + R_3) I_2 I_3$
$I_1 = (U_0 + I_2 R_3)(R_1 + R_2) = 0{,}01\,A$
$I_3 = I_1 - I_2 = -0{,}01\,A$
$U_4 = I_2 R_4 = 3\,V$; $U_1 = I_1 R_1 = 7\,V$;
$U_3 = I_3 R_3 = -2\,V$; $U_2 = U_4 - U_3 = 5\,V$

Die Lösungswege in den bisherigen Beispielen folgen bis jetzt keinem allgemeinen Schema.

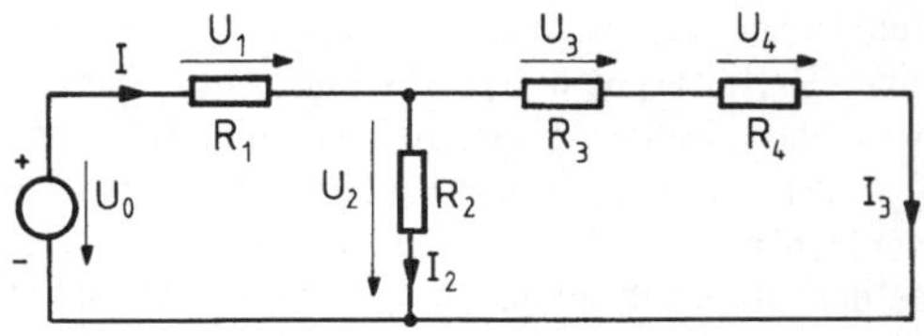

Bild 51.10.
Ein Beispiel mit Mischung von Parallel- und Reihenschaltungen

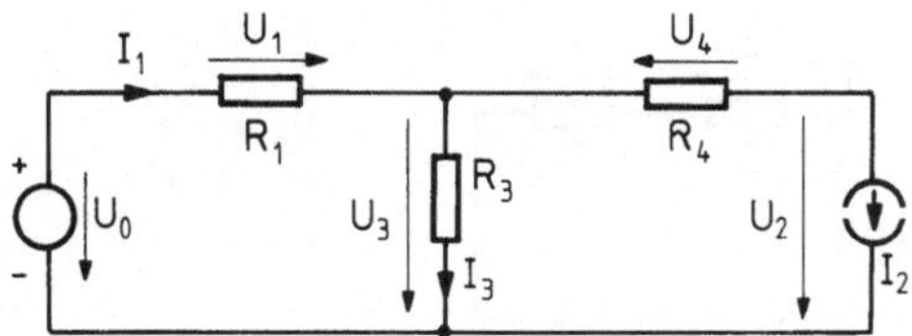

Bild 51.11.
Beispiel mit Spannungs- und Stromquelle

Für kompliziertere Schaltungen wird in Abschnitt 5.1.5 ein systematisches Analyseverfahren angegeben.

5.1.3 Größen und Maßeinheiten

In einer Schaltung möge ein Strom I = 2 A einen Widerstand R durchfließen und an ihm den Spannungsabfall U = 10 V erzeugen; dann läßt sich der Widerstandswert berechnen zu

$$R = U/I = 10\,V/2\,A = 5\,V/A.$$

Diese Beziehung ist eine *Größengleichung* ; jede *Größe*, wie z.B. U, ist gemeint als Produkt von *Zahlenwert* und *Maßeinheit*. Manchmal ist es zweckmäßig, auf Zahlenwert oder auf Maßeinheit getrennt verweisen zu können:

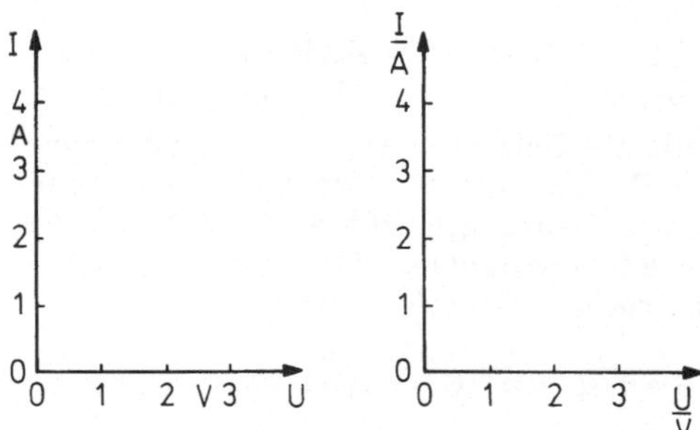

Bild 51.12.
Beschriftung von Koordinatensystemen

Sei P irgendeine Größe. Dann ist

{P} *Zahlenwert von P*
[P] *Maßeinheit von P*

P = {P}·[P]

So läßt sich das obige Beispiel ergänzen:

U = 10 V ==> {U} = 10; [U] = V
I = 2 A ==> {I} = 2; [I] = A

R = 5 V/A ==> {R} = 5; [R] = V/A

Neben den überwiegend üblichen Größengleichungen werden gelegentlich auch *Zahlenwertgleichungen* oder *Einheitengleichungen* benutzt. Passend zu obigem Beispiel:

Größe		Einheit	
Länge:	l	Meter:	m
Masse:	m	Kilogramm:	kg
Zeit:	t	Sekunde:	s
Strom:	I	Ampere:	A

Grundgrößen und Einheiten

p (Piko)	≙	10^{-12}	k (Kilo)	≙	10^{3}
n (Nano)	≙	10^{-9}	M (Mega)	≙	10^{6}
µ (Mikro)	≙	10^{-6}	G (Giga)	≙	10^{9}
m (Milli)	≙	10^{-3}	T (Tera)	≙	10^{12}

Angaben zur Größenordnung

Größe			Einheit			
Kraft:	$F = lmt^{-2}$		Newton:	N	$= mkgs^{-2}$	$= Wsm^{-1}$
Energie:	$W = Fl$	$= l^2mt^{-2}$	Joule:	J	$= m^2kgs^{-2}$	$= Ws = Nm$
Leistung:	$P = Wt^{-1}$	$= l^2mt^{-3}$	Watt:	W	$= m^2kgs^{-3}$	$= VA$
Spannung:	$U = PI^{-1}$	$= l^2mt^{-3}I^{-1}$	Volt:	V	$= m^2kgs^{-3}A^{-1}$	
Widerstand:	$R = UI^{-1}$	$= l^2mt^{-3}I^{-2}$	Ohm:	Ω	$= m^2kgs^{-3}A^{-2}$	$= VA^{-1}$
Leitwert:	$G = R^{-1}$	$= l^{-2}m^{-1}t^3I^2$	Siemens:	S	$= m^{-2}kg^{-1}s^3A^2$	$= AV^{-1}$
Ladung:	$Q = It$		Coloumb:	C	$= sA$	$= As$
Kapazität:	$C = QU^{-1}$	$= l^{-2}m^{-1}t^4I^2$	Farad:	F	$= m^{-2}kg^{-1}s^4A^2$	$= AsV^{-1}$
Magn. Fluß:	$= Ut$	$= l^2mt^{-2}I^{-2}$	Weber:	Wb	$= m^2kgs^{-2}A^{-1}$	$= Vs$
Induktivität:	$L = \quad I^{-1}$		Henry:	H	$= m^2kgs^{-2}A^{-2}$	$= VsA^{-1}$

Abgeleitete Größen und Einheiten

Bild 51.13.
Das internationale MKSA-Einheitensystem (Ausschnitt)

$\{R\} = 10/2 = 5$ *Zahlenwertgleichung*
$[R] = V/A = \Omega$ *Einheitengleichung*

Die letzte Zeile führt eine neue Einheit, nämlich Ω (gesprochen: *Ohm*), ein. Mit Hilfe solcher Gleichungen läßt sich z.B. auch die Größe G (*Leitwert*) sowie deren Maßeinheit S (gesprochen: *Siemens*) definieren:

$$G = 1/R \implies [G] = 1/[A] = A/V = 1/\Omega = S$$

Zur Beschriftung von Koordinatensytemen sind etliche Formen gebräuchlich. Bild 51.12 zeigt zwei genormte Versionen, wobei die Achsen links mit Größen, rechts dagegen mit Zahlenwerten beschriftet sind. Bei Prinzipdarstellungen fehlt oft jede konkrete Achseneinteilung; man unterstellt dann, daß Größen gemeint sind.

Seit 1973 gilt international das MKSA-Einheitensystem, durch das für die Bereiche Mechanik und Elektrotechnik die *Größen* und *Einheiten* des Bildes 51.13 festgelegt sind.

5.1.4 Leistung und Energie; Richtungen

Bekanntlich gilt:

$P = U \cdot I \quad [P] = VA = W$ *Leistung*
$W = P \cdot t \quad [W] = Ws = J$ *Energie*

Die von den Verbrauchern umgesetzte Leistung muß von den Quellen gerade in gleicher Weise bereitgestellt werden, wie das folgende Beispiel veranschaulicht:

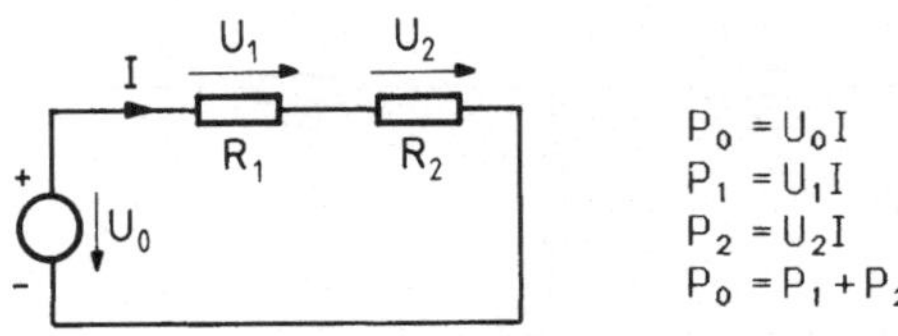

Bild 51.14.
Leistungsbilanz an einer Reihenschaltung

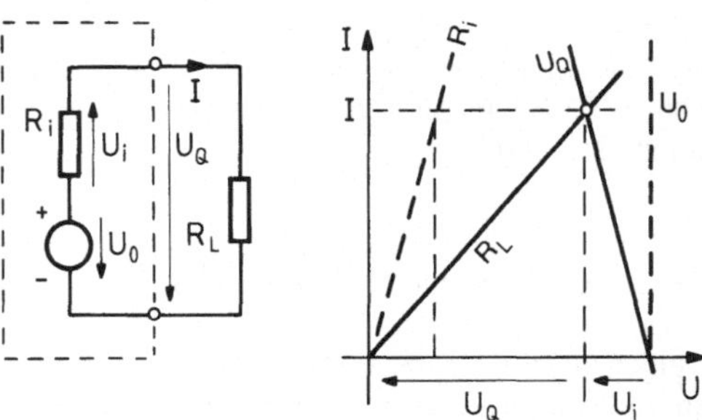

Bild 51.15.
Reale Spannungsquelle, modelliert als Struktur aus idealer Spannungsquelle U_0 mit idealem Widerstand R_i (Ersatzspannungsquelle)

Beispiel 51.7:

Bild 51.14 zeigt eine Serienschaltung; jeder Widerstand verbraucht einen Teil der Leistung.

Gegeben: $U_0 = 5\,V$; $R_1 = 40\,\Omega$; $R_2 = 60\,\Omega$

Gesucht: Leistungen P_0, P_1, P_2

Lösung:

$I = U_0/(R_1 + R_2) = 0.05\,A$; $\quad P_0 = U_0 I = 0.25\,W$
$U_1 = IR_1 = 2\,V$; $\quad U_2 = IR_2 = 3\,V$
$P_1 = U_1 I = 0.1\,W$; $\quad P_2 = U_2 I = 0.15\,W$

Würde man in der Schaltung nach Bild 51.3 den Widerstandswert R nach und nach verkleinern, müßte der Strom I entsprechend steigen und die Spannungsquelle hätte schließlich eine ins Unendliche anwachsende Leistung abzugeben. Allerdings ist ein solches Verhalten nur bei idealen Quellen denkbar. Eine *reale Spannungsquelle* dagegen weist einen *parasitären Effekt* auf (im Sinne der Bemerkungen am Anfang von Kapitel 5). Und zwar ist zusätzlich ein *innerer Widerstand* R_i wirksam. Die reale Spannungsquelle wird modelliert durch eine Struktur aus idealer Spannungsquelle U_0 und idealem Widerstand R_i (Bild 51.15); in der Elektrotechnik heißt diese Struktur auch *Ersatzspannungsquelle* . Die *Klemmenspannung* $U_Q = U_0 - I \cdot R_i$ sinkt linear mit steigendem Strom I, was sich grafisch durch eine Kennlinie U_Q ausdrückt, die spiegelbildlich zu der des Widerstands R_i verläuft. Die Maximalleistung wird bei Kurzschluß der Klemmen, also bei $R_L = 0$ bzw. $U_Q = 0$ abgefordert:

$$P_K = U_0 \cdot I_K = U_0^2/R_1 \qquad \text{Kurzschlußleistung} \tag{51.8}$$

Bei Kurzschluß wird alle Leistung (sinnlos) in der realen Spannungsquelle selbst umgesetzt. Sinnvoller ist die Frage, wieviel der Maximalleistung einem Verbraucher R_L höchstens zuführbar ist:

$I = U_0/(R_i + R_L) \qquad U_L = I \cdot R_L$
$P_L = U_L \cdot I = U_0^2 \cdot R_L/(R_i + R_L)^2$

Den Höchstwert findet man durch Differenzieren und Nullsetzen:

$$dP_L / dR_L = 0 \quad ==> \quad R_L = R_i$$
$$==> \quad P_{L\,max} = U_0^2/(4 \cdot R_i) \qquad (51.9)$$

Die Verbraucherhöchstleistung wird bei *Widerstandsanpassung* $R_L = R_i$ erreicht und beträgt dann ein Viertel der maximalen Quellenleistung. In der Quelle wird ein gleicher Betrag umgesetzt (*Leistungsanpassung*), so daß ihr insgesamt die halbe Maximalleistung abverlangt wird. Widerstands- bzw. Leistungsanpassung sind in der Nachrichtenverarbeitung sehr verbreitete Forderungen, weil dort möglichst hohe Absolutbeträge an Signalleistungen weiterzugeben sind. In der Starkstromtechnik soll dagegen der *Wirkungsgrad* P_L/P_i hoch sein:

$$P_i = U_i \cdot I \qquad P_L = U_L \cdot I$$
$$P_L/P_i = U_L/U_i = R_L/R_i \qquad (51.10)$$

Der Wirkungsgrad, also das Verhältnis von abgegebener zu intern umgesetzter Leistung wird offensichtlich mit steigendem R_L, also mit geringerer Last besser.

Auch eine Stromquelle kann nicht beliebig hohe Leistung abgeben; deswegen sieht das Modell einer *Ersatzstromquelle* einen *inneren Parallelleitwert* G_i vor (Bild 51.16). Wegen des Dualismus (Satz 51.4) ergeben sich ähnliche Ergebnisse: Leistungsanpassung bei $G_L = G_i$ und hoher Wirkungsgrad bei $G_L \ll G_i$.

Einige Aufmerksamkeit ist den jeweils vorausgesetzten *Spannungsrichtungen* und *Stromrichtungen* zu widmen.

Def.51.11:

a) Ein *Spannungspotential* (kurz: *Potential*) sei die Spannung eines Schaltungspunktes gegenüber einem willkürlich gewählten Bezugspunkt.

b) Ein *Spannungspfeil* kennzeichnet die Spannung zwischen zwei Punkten derart, daß sein Schaft das höhere und seine Spitze das niedrigere Potential angibt.

c) Ein *Verbraucher* nimmt Leistung auf; bei ihm fließt der Strom in Richtung des Spannungspfeils.

d) Eine *Quelle* gibt Leistung ab; in ihr fließt der Strom der Spannungsrichtung entgegengesetzt.

Diese Richtungsabsprachen gestatten meistens ein problemloses Aneinanderschalten von Quellen und Verbrauchern, wie ab Bild 51.3 immer wieder geschehen. Bei einer Gegeneinanderschaltung zweier Quellen wie z.B. in Bild 51.17, läßt sich diejenige mit dem kleineren Spannungswert entweder als Verbraucher einer positiven Spannung oder aber als Quelle einer negativen Spannung auffassen. Ein systematischer Umgang mit Richtungen ergibt sich nun durch die Kirchhoffschen Gesetze; dabei wird auch auf die Pfeilrichtung in den Kennliniendiagrammen eingegangen.

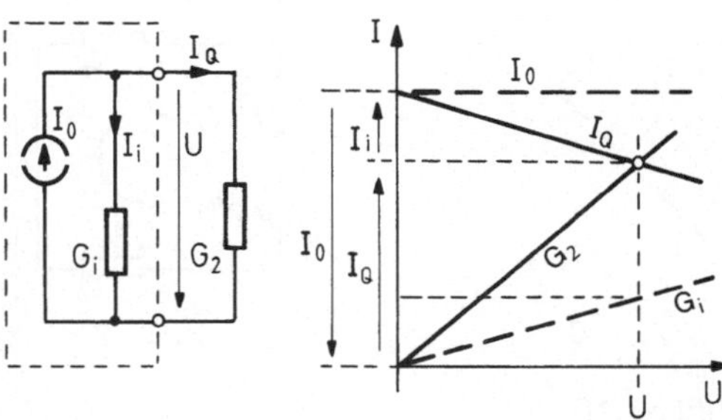

Bild 51.16.
Reale Stromquelle (Ersatzstromquelle)

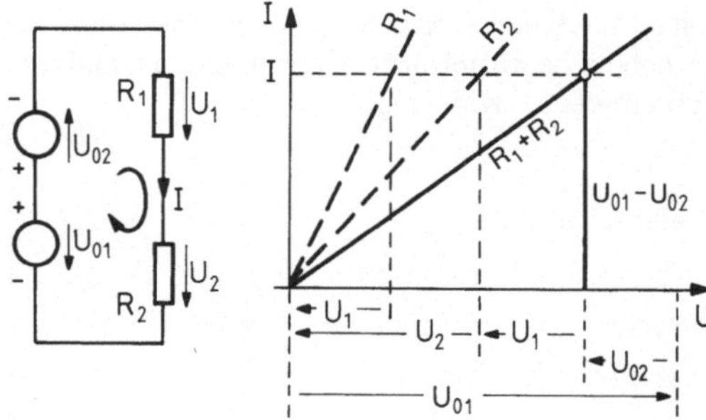

Bild 51.17.
Gegeneinander geschaltete ideale Spannungsquellen

5.1.5 Kirchhoffsche Gesetze und systematische Netzanalyse

In den vorangegangenen Beispielen wurden implizit die beiden *Kirchhoffschen Gesetze* (Sätze 51.12 und 51.14) angewandt, die nun explizit formuliert seien:

Satz 51.12: (*Knotenregel*; Bild 51.18)

Die Stromsumme in einem *Knoten* ist 0.

Ein in den Knoten hineinfließender Strom gilt als positiv, ein herausfließender als negativ. Bei einer Analyse ist die tatsächliche Strom-

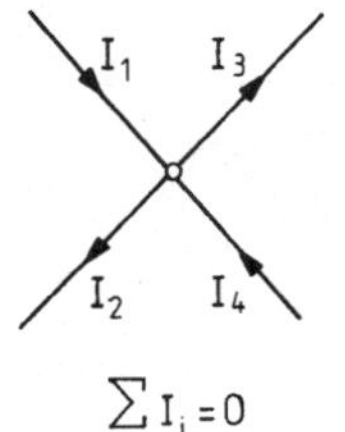

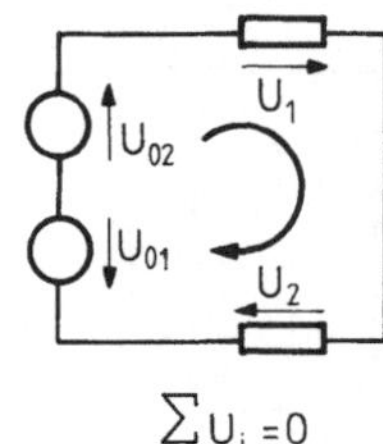

Bild 51.18.
Knotenregel und Maschenregel

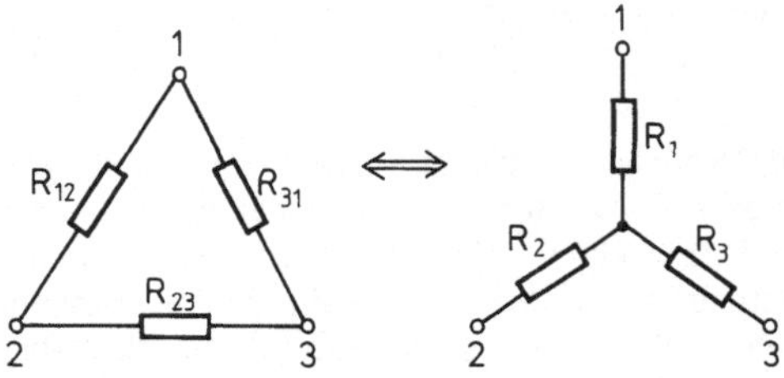

Bild 51.19.
Dreieck-Stern-Wandlung

richtung oft nicht im Voraus bekannt; man setzt dann eine Stromrichtung willkürlich fest und findet diese Annahme durch das Analyseergebnis bestätigt oder - durch einen negativen Stromwert - widerlegt.

Beispiel 51.13:

Im Bild 51.18 (links) sei:

Gegeben: $I_1 = 6\,A$, $I_2 = 3\,A$, $I_3 = 1\,A$

Gesucht: I_4

Lösung: $I_1 - I_2 - I_3 + I_4 = 0 \implies I_4 = -2\,A$

Die tatsächliche Stromrichtung von I_4 ist also entgegengesetzt als angenommen.

Satz 51.14: (*Maschenregel*; Bild 51.18)

Die Spannungssumme in einer *Masche* ist 0.

Eine *Masche* ist ein geschlossener Weg über beliebig viele Bauelemente entlang von Stromwegen. Zur Anwendung von Satz 51.13 legt man in einer Masche eine *Umlaufrichtung* fest. Spannungen entgegen dieser Richtung gelten als negativ.

Beispiel 51.15:

Im Bild 51.18 (rechts) sei:

Gegeben: $U_{01} = 6\,V$; $U_{02} = 3\,V$; $U_1 = 1\,V$

Gesucht: U_2

Lösung: $-U_{01} + U_{02} + U_1 + U_2 = 0 \implies U_2 = 2\,V$

Die Spannungsrichtung von U_2 ist tatsächlich wie angenommen.

Das letzte Beispiel ist qualitativ mit Bild 51.17 im Einklang. Die Spannungspfeile im Kennlinienbild symbolisieren durch ihre Länge vor allem den Spannungs<u>wert</u>. Die Richtungsangabe kann man z.B. derart handhaben, daß die Pfeile für positive Spannungen (im Sinne der gewählten Umlaufrichtung) nach links und für negative Spannungen nach rechts zeigen. Sinngemäß sollen die Pfeile für positive Ströme (im Sinne der Knotenregel) nach unten und für negative Ströme nach oben zeigen (z.B. Bild 51.16). Allerdings kann man sich auch auf andere Konventionen festlegen; die Literatur geht in diesem Punkt nicht einheitlich vor. Oft kann man auch ganz auf eine Pfeilangabe verzichten; z.B. wäre der Pfeil I_0 im Kennliniendiagramm von Bild 51.16 durchaus entbehrlich.

Bei einer Analyse - wie z.B. demnächst in Bild 51.20 - kann es Teilstrukturen geben, die sich weder als Reihen- noch als Parallelschaltung einordnen lassen. In solchen Fällen hilft die *Dreieck-Stern-* bzw. die *Stern-Dreieck-Wandlung*: Die beiden Teilschaltungen in Bild 51.19 sollen sich an ihren Anschlußpunkten gleich verhalten. Denkt man sich z.B. an die Punkte 1 und 2 eine Spannung angelegt, muß der Strom durch beide Schaltungen gleich sein:

$$R_1 + R_2 = R_{12}(R_{23} + R_{31})/(R_{12} + R_{23} + R_{31})$$

Sinngemäß gilt für Stromfluß zwischen den Punkten 2 und 3 bzw. den Punkten 3 und 1:

$$R_2 + R_3 = R_{23}(R_{31} + R_{12})/(R_{12} + R_{23} + R_{31})$$
$$R_3 + R_1 = R_{31}(R_{12} + R_{23})/(R_{12} + R_{23} + R_{31})$$

Für die *Dreieck-Stern-Wandlung* errechnet sich aus diesen drei Beziehungen:

$$\begin{aligned} R_1 &= R_{12}R_{13}/(R_{12} + R_{23} + R_{31}) \\ R_2 &= R_{12}R_{23}/(R_{12} + R_{23} + R_{31}) \\ R_3 &= R_{23}R_{31}/(R_{12} + R_{23} + R_{31}) \end{aligned} \qquad (51.16)$$

Für die *Stern-Dreieck-Wandlung* ergibt sich:

$$\begin{aligned} R_{12} &= R_1 + R_2 + R_1R_2/R_3 \\ R_{23} &= R_2 + R_3 + R_2R_3/R_1 \\ R_{31} &= R_1 + R_3 + R_3R_1/R_2 \end{aligned} \qquad (51.17)$$

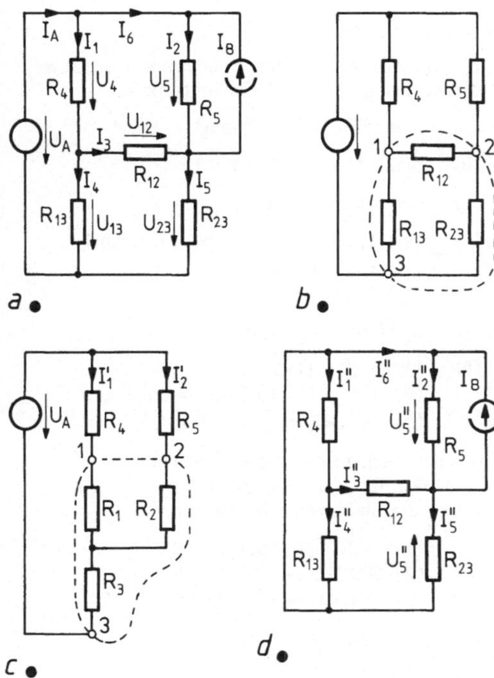

Bild 51.20.
Analyse eines Netzes mit dem Überlagerungssatz und mit Dreieck-Stern-Wandlung

Ein weiteres wichtiges Analysehilfsmittel ist der – nur in Netzen mit ausschließlich linearen Bauelementen gültige – *Überlagerungssatz*. Dabei sind zu einem gegebenen Netz mit k Quellen insgesamt k unterschiedliche Teilnetze zu bilden; bei jedem von ihnen wirkt nur eine Quelle, während die k-1 übrigen Quellen entweder durch Kurzschluß (bei Spannungsquellen) oder durch Leerlauf (bei Stromquellen) unwirksam gemacht werden. Die Summe der Wirkungen aller Teilnetze gibt die Gesamtwirkung im gegebenen Netz.

Die Struktur in Bild 51.20a enthält je eine Spannungs- und eine Stromquelle; ihre Analyse gelingt durch kombinierte Anwendung von Überlagerungssatz und Dreieck-Stern-Wandlung.

Beispiel 51.18: (Bild 51.20)

Gegeben: $U_A = 108\,V$; $I_B = 12\,A$;
$R_4 = 9\,\Omega$; $R_5 = 6\,\Omega$;
$R_{23} = 12\,\Omega$; $R_{13} = 18\,\Omega$; $R_{23} = 12\,\Omega$

Gesucht: $I_A, I_1, I_2, I_3, I_4, I_6$
$U_4, U_5, U_{12}, U_{13}, U_{23}$

Teillösung 1: Annahme: $I_B = 0$

Im Hinblick auf den Überlagerungssatz wird die Stromquelle I_B durch Leerlauf ($I_B = 0$) ersetzt. Es verbleibt die Struktur von Bild 51.20b. Die Widerstandsgruppe R_{12}, R_{13}, R_{23} wird mit der Dreieck-Stern-Wandlung von (51.16) in die Form von Bild 51.20c überführt:

$$R_N = R_{12} + R_{13} + R_{23} = 36\,\Omega$$
$$R_1 = R_{12}R_{13}/R_N = 3\,\Omega$$
$$R_2 = R_{12}R_{23}/R_N = 2\,\Omega$$
$$R_3 = R_{13}R_{23}/R_N = 6\,\Omega$$

Nun lassen sich einige wesentliche Teilströme berechnen:

$$R_{S1} = R_1 + R_4 = 12\,\Omega; \quad R_{S2} = R_2 + R_5 = 8\,\Omega$$
$$R_P = R_{S1}R_{S2}/(R_{S1} + R_{S2}) = 4{,}8\,\Omega$$
$$R_S = R_3 + R_P = 10{,}8\,\Omega$$
$$I_A' = U_A/R_S = 10\,A$$
$$I_1' = I_A' R_{S2}/(R_{S1} + R_{S2}) = 4\,A$$
$$I_2' = I_A' - I_1' = 6\,A$$

Teillösung 2: Annahme: $U_A = 0$

Wiederum im Hinblick auf den Überlagerungssatz wird die Spannungsquelle U_A durch einen Kurzschluß ersetzt ($U_A = 0$). Dadurch werden die Widerstände R_4 und R_{13} sowie R_5 und R_{23} parallel geschaltet, und es entsteht die Struktur von Bild 51.20d:

$$R_{P1} = R_4R_{13}/(R_4 + R_{13}) = 6\,\Omega$$
$$R_{P2} = R_5R_{23}/(R_5 + R_{23}) = 4\,\Omega$$
$$R_{S1} = R_{12} + R_{P1} = 12\,\Omega$$
$$R_{P3} = R_{S1}R_{P2}/(R_{S1} + R_{P2}) = 3\,\Omega$$
$$U_5'' = I_B R_{P3} = 36\,V$$
$$I_2'' = U_5''/R_5 = 6\,A; \quad I_5'' = -U_5''/R_{23} = -3\,A$$
$$I_3'' = I_B - I_2'' + I_5'' = 3\,A;$$
$$I_1'' = I_3''R_{13}/(R_{13} + R_4) = 2\,A$$

Gesamtlösung:

Nach dem Überlagerungssatz gewinnt man für die Struktur von Bild 51.20a:

$$I_1 = I_1' + I_1'' = 6\,A \qquad I_2 = I_2' + I_2'' = 12\,A$$

Damit lassen sich – in Bild 51.20a – die restlichen Unbekannten bestimmen:

$$U_4 = I_1R_4 = 54\,V; \quad U_5 = I_2R_5 = 72\,V$$
$$U_{12} = U_5 - U_4 = 18\,V; \quad I_3 = U_{12}/R_{12} = 3\,A$$
$$I_4 = I_1 - I_3 = 3\,A; \quad I_5 = I_3 + I_2 - I_B = 3\,A$$
$$I_A = I_4 + I_5 = 6\,A; \quad I_6 = I_A - I_1 = 0$$
$$U_{13} = U_A - U_4 = 54\,V; \quad U_{23} = U_A - U_5 = 36\,V$$

Die soeben vorgeführte Analyse kann bei noch umfangreicheren Netzen schon recht beschwerlich werden. Einfacher ist es oft, ein System linearer Gleichungen aufzustellen und zu lösen. Eine der Varianten sei an der gleichen Struktur (Bild 51.20a) vorgestellt. Zum Verfahren gehört der Umgang mit einfachen *Netzgraphen* (Bild 51.21); Details lassen sich parallel am nachfolgenden Beispiel 51.19 verfolgen.

(a) Man bilde zum gegebenen *Netz* einen Graphen mit allen Knoten.

(b) Man konstruiere einen Baum derart, daß alle Knoten in einem der *Baumzweige* enthalten sind.
(Zweige mit Stromquellen, im Beispiel: I_B, sollten nicht im Baum erfaßt sein, um die Rechnung nicht unnötig zu erschweren.)

(c) Zweige, die nicht im Baum erfaßt sind, heißen *Verbindungszweige*; sie sind Träger der als unbekannt angenommenen Ströme.
(Im Beispiel: I_1, I_2, I_3, I_B, wobei I_B als Stromquelle schon gegeben ist.)

(d) Die Ströme in den Baumzweigen lassen sich nach der Knotenregel als Summe oder Differenzen der unbekannten Ströme ausdrücken.

(e) Je ein Verbindungszweig wird in den Baum eingefügt und liefert damit eine Masche, deren Umlaufrichtung im Prinzip willkürlich gewählt wird.
(Im Beispiel: Drei Maschen (1), (2), (3).)

(f) Jede Masche liefert nach der Maschenregel eine Gleichung, wobei man auf die Quellenspannungen und Widerstandswerte der vorgegebenen Schaltung zurückgreift.

(g) Auflösen des Gleichungssystems liefert die als unbekannt angenommenen Ströme.
(Im Beispiel: I_1, I_2, I_3.)

(h) Danach lassen sich zunächst die übrigen Ströme und schließlich auch alle Spannungen direkt errechnen.

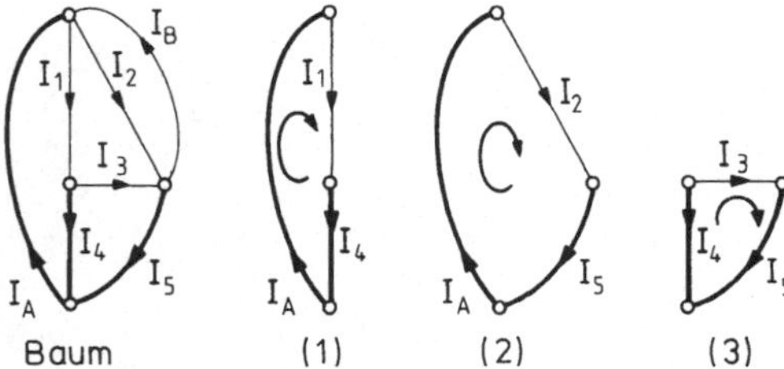

Bild 51.21.
Netzgraph mit Baum und Maschen

Beispiel 51.19:

Zu analysieren ist das Netz in Bild 51.20a in den soeben genannten Teilschritten:

zu (a): siehe Bild 51.21 (Baum)

zu (b): siehe Bild 51.21 (Baum)

zu (c): unbekannt: I_1, I_2, I_3

zu (d): $I_A = I_1 + I_2 - I_B$ (Bild 51.21; Baum)
$I_4 = I_1 - I_3$
$I_5 = I_2 + I_3 - I_B$

zu (e): siehe Bild 51.21; (1), (2), (3)

zu (f): (1): $-U_A + I_1 R_4 + I_4 R_{13} = 0$
(2): $-U_A + I_2 R_5 + I_5 R_{23} = 0$
(3): $-I_4 R_{13} + I_3 R_{12} + I_5 R_{23} = 0$

mit den Beziehungen aus (d) und den Zahlenwerten aus Beispiel 51.18 folgen die Zahlenwertgleichungen:

(1): $27\{I_1\} - 18\{I_3\} = 108$
(2): $18\{I_2\} + 12\{I_3\} = 252$
(3): $-18\{I_1\} + 12\{I_2\} + 36\{I_3\} = 144$

zu (g): $I_1 = 6\,A$; $I_2 = 12\,A$; $I_3 = 3\,A$

zu (h): aus (d): $I_A = 6\,A$; $I_4 = 3\,A$
$I_5 = 3\,A$; $I_6 = 0$
Spannungen wie am Schluß von Beispiel 51.18

5.1.6 Ersatzzweipole; Verhaltens- und Strukturbeschreibungen

Auf der *Schaltwerkebene* standen Verhaltens- und Strukturbeschreibung in folgendem Zusammenhang:

- Es gibt *elementare Funktionseinheiten*, nämlich die' *Verknüpfungsglieder*, die per *Verhaltensbeschreibung*, z.B. mit *Schaltfunktionen*, erklärt werden. Aus solchen elementaren Funktionseinheiten lassen sich *Strukturen* bilden, z.B. *Schaltnetze*, deren Verhalten mit denselben Mitteln, also wieder z.B. mit Schaltfunktionen, beschreibbar ist.

Entsprechend der Absicht dieses Buches, mögliche Verwandtschaften zwischen der Schaltwerksebene und der elektrotechnischen Ebene zu betonen, läßt sich nun sagen:

- Es gibt *elementare Funktionseinheiten*, nämlich *elektronische Bauelemente*, die per *Verhaltensbeschreibung* z.B. mit *Strom-Spannungs-Beziehungen*, erklärt werden. Aus solchen elementaren Funktionseinheiten lassen sich *Strukturen* bilden, z.B. *elektri-*

sche Netze, deren Verhalten mit denselben Mitteln, also wieder z.B. mit Strom-Spannungs-Beziehungen, beschreibbar sind.

Zum Beispiel sind die drei Widerstände der Struktur in Bild 51.22 (links) jeweils durch die Strom-Spannungs-Beziehung (51.1) beschrieben. Das Verhalten der Struktur insgesamt, ausgedrückt durch Strom I und Spannung U an den Anschlüssen ergibt sich leicht durch die Analyse:

$$R_E = R_1 + R_2 R_3/(R_1 + R_2); \quad U = R_E I$$

Formal interessant ist, daß sich die Struktur insgesamt ebenfalls wie ein Widerstand, hier: R_E, verhält. Verallgemeinert läßt sich zu jeder Struktur mit zwei Anschlüssen eine Verhaltensbeschreibung in Form einer einzigen Strom-Spannungs-Beziehung angeben. Dieses Verhalten wiederum läßt sich oft mit einer einfacheren Struktur, einem *Ersatzzweipol*, nachbilden. Z.B. sind im Bild 51.23 zwei reale Spannungsquellen - jeweils modelliert durch eine ideale Spannungsquelle und einen idealen Widerstand - parallel geschaltet. Ihr Verhalten als Gesamtstruktur an den Anschlüssen 1 und 2 ließe sich durchaus mit den üblichen Analyseverfahren gewinnen. Bei dieser Gelegenheit soll hier aber noch eine andere Vorgehensweise gezeigt werden. Sie stützt sich auf ein Vorwissen um das vermutete Ergebnis ab; in diesem Fall sei ein *Ersatzzweipol* mit idealer Spannungsquelle U_E und idealem Widerstand R_E erwartet. Dessen Kennlinie U_Q hat prinzipiell den Verlauf nach Bild 51.23:

- Der Punkt L der Kennlinie ergibt sich bei $I = 0$, also bei *Leerlauf* der Struktur bzw. des Ersatzzweipols. Die *Leerlaufspannung* U_{QL} ist dann gleich der Spannung U_E der Ersatzquelle.
- Der Punkt K der Kennlinie ergibt sich bei $U_Q = 0$, also bei *Kurzschluß* der Struktur bzw. des Ersatzzweipols. Der *Kurzschlußstrom* I_K errechnet sich aus U_E und R_E.

Setzt man nun für die gegebene Struktur je den Leerlauf- und den Kurzschlußfall an, ergeben sich zwei Gleichungen für die Größen U_E und I_K und man gewinnt:

$$R_E = U_E/I_K.$$

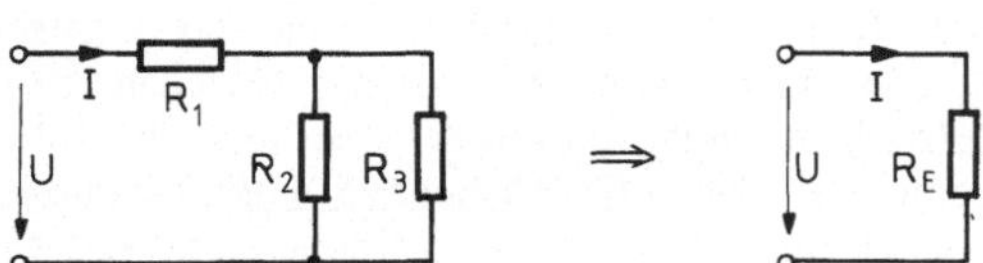

Bild 51.22.
Beispiel für einen Ersatzzweipol

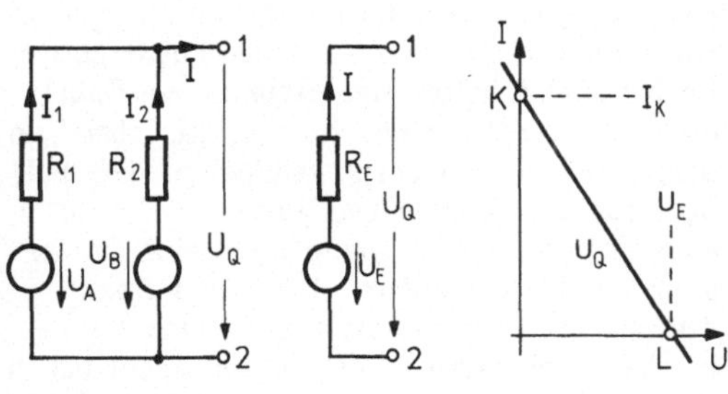

Bild 51.23.
Ersatzzweipol (Ersatzspannungsquelle) für eine Parallelschaltung zweier realer Spannungsquellen

Beispiel 51.24:

Man bestimme in Bild 51.23 die Werte des Ersatzzweipols.

Gegeben: $U_A = 9V$; $U_B = 6V$; $R_1 = 6\,\Omega$; $R_2 = 12\,\Omega$

Gesucht: U_E, R_E

Lösung:

Leerlauf: $I = 0$; $I_2 = -I_1$; $U_Q = U_{QL} = U_E$

$I_1 = (U_A - U_E)/R_1 \quad I_2 = (U_B - U_E)/R_2$

$U_E = (U_B R_1 + U_A R_2)/(R_1 + R_2) = 8\,V$

Kurzschluß: $U_Q = 0$; $I = I_K = I_1 + I_2$

$I_1 = U_A/R_1$; $\quad I_2 = U_B/R_2$; $\quad I_K = 2\,A$

Ersatzquelle: $R_E = U_E/I_K = 4\,\Omega$

$U_Q = U_E - I R_E$

Die gesuchte Stromspannungsbeziehung lautet also:

$$U = 8\,V - 4 \cdot I\,\Omega$$

Erwähnt sei, daß sich nach diesem Prinzip reale Spannungsquelle und reale Stromquelle wechselseitig ineinander umrechnen lassen.

Auf den höheren Nachrichtenebenen wurden wiederholt auch *textuelle Beschreibungen* vorgeführt. Auf der elektrotechnischen Ebene sind solche Techniken aus denselben Motiven heraus ebenfalls nötig, z.B. für die Simulation von elektrischen Netzen. Auch hier lassen sich Verhaltensbeschreibungen einerseits und Strukturbeschreibungen andererseits deutlich trennen. Die Formulierungstechnik wurde bereits im Abschnitt 1.3.4 vorgeführt. Bild 51.24 zeigt als Beispiel die Verhaltensbeschreibungen von idealem Widerstand, realer Spannungsquelle und realer Stromquelle. Die Struktur in Bild

51.25 greift auf diese Beschreibungen zurück, wobei Spannungsquelle UQA und Stromquelle IQB durch entsprechende Parameterwahl, nämlich RI=0 bzw. GI=0, in idealer Form benutzt werden.

In konkreten Anwendungsfällen, etwa bei der Simulation eines Netzes, muß der Simulator aus der Strukturbeschreibung ein - hier lineares - Gleichungssystem ableiten, in das er auch

```
box RE (R: OHM);
  terminal A,B: ELEC;
  termvar U(A,B): VOLT;
          I(B): AMP;
  begin U = I*R end

box UQ (U0: VOLT; RI: OHM);
  terminal P,Q: ELEC;
  termvar U(A,B): VOLT;
          I(P): AMP;
  begin U = U0 - I*RI end

box IQ (I0: AMP; GI: SIE);
  terminal P,Q: ELEC;
  termvar U(P,Q): VOLT;
          I(P): AMP;
  begin I = I0 - U*GI end
```

Bild 51.24.
Verhaltensbeschreibung für elementare Funktionseinheiten

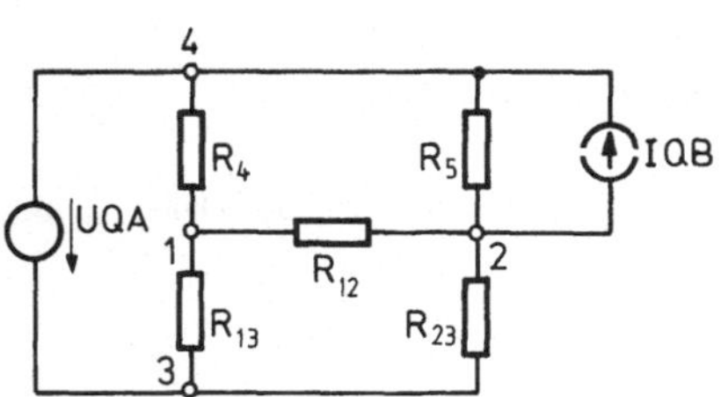


```
structure KOMB;
  unit  UQA: UQ(UA,0);
        IQB: IQ(IB,0);
        R4: RE(9);
        R5, R12: RE(6);
        R13: RE(18);
        R23: RE(12);
  locnode 1, 2, 3, 4;
    begin
      UQA.P,Q: 4,3;   IQB.P,Q: 4,2;
      R4: 1,4;   R5: 2,4;   R12: 1,2;
      R13: 1,3;   R23: 2,3;
    end
```

Bild 51.25.
Strukturbeschreibung für ein kleines Netz

die Verhaltensbeschreibungen der elementaren Funktionseinheiten zu integrieren hat. Dem Anwender müssen dazu sehr strenge inhaltliche Vorschriften zur Formulierung solcher Verhaltensbeschreibungen auferlegt werden. Üblicherweise umgeht man dieses Problem, indem das betreffende Simulationssystem die Verhaltensbeschreibungen von sich aus bereit stellt, so daß der Anwender in der Strukturbeschreibung - hier: bei **unit** - nur noch die Bauelementeparameter einzusetzen hat [5.4, 5.5].

Wenn auch die formale Ähnlichkeit der Beschreibungstechnik mit der auf den höheren Ebenen unverkennbar ist, so bleibt doch ein wesentlicher inhaltlicher Unterschied: Funktionale Zusammenhänge äußern sich nicht durch Verknüpfung von binären Eingangssignalen zu binären Ausgangssignalen sondern durch Wechselwirkung der kontinuierlichen Signale Strom und Spannung an Anschlüssen.

5.1.7 Zur Synthese von Netzen

Der Abschnitt 4.1 beschäftigt sich überwiegend mit der Synthese von Schaltnetzen, während in Abschnitt 5.1 bisher nur die Analyse vorkam. Diese augenfälllige Diskrepanz hat zwei Ursachen: Die Analyse elektrischer Netze ist deutlich aufwendiger als die von Schaltnetzen, da kontinuierliche anstatt binärer Signale zu verarbeiten sind und lokale Änderungen - etwa Abwandeln eines Widerstandswerts - zu Strom- und Spannungsänderungen im ganzen Netz führen. So ist das Verhalten von Schaltnetzen durch einfache Schaltfunktionen beschreibbar, während elektrische Netze im Allgemeinfall durch Gleichungssysteme charakterisiert sind. Um auch die Synthese sinnvoll diskutieren zu können, soll zunächst das Entwurfsziel konkretisiert werden:

Bei der Schaltnetzsynthese soll zu einer Verhaltensbeschreibung eine Struktur aus Verknüpfungsgliedern gefunden werden. Sinngemäß wäre auf der elektrotechnischen Ebene zu gefordertem Verhalten eine Struktur aus Bauelementen zu entwerfen. Nun zeigte aber die Diskussion zu den Ersatzzweipolen, daß jede Struktur aus Quellen und Widerständen durch eine Ersatzspannungsquelle oder eine Ersatzstromquelle darstellbar ist. Es sind also - jedenfalls bis jetzt - überhaupt keine Verhaltensbeschreibungen forderbar, die nicht durch z.B. eine Reihenschaltung von idealer Spannungsquelle U_E und Widerstand R_E realisierbar wären. Im Sinne von Abschnitt 1.3.2 be-

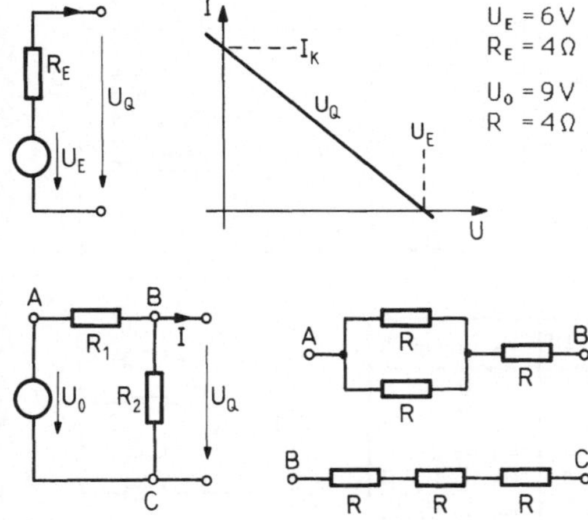

Bild 51.26.
Synthese-Beispiel: Aufbau einer realen Spannungsquelle mit gefordertem Verhalten (U_E, R_E) durch eine Struktur mit vorgegebenen Elementen U_0 und R.

schränkt sich der Strukturentwurf also auf das Festlegen eines Wertepaars (U_E, R_E).

Eine Synthese, in der im engeren Sinne über eine Struktur zu entscheiden ist, fällt aber als Aufgabe z.B. dann an, wenn für die bereitgestellten Bauelemente nur eine endliche Menge erlaubter Parameterwerte zugelassen ist.

Beispiel 51.25: (Bild 51.26)

Es ist eine reale Spannungsquelle zu entwerfen, deren Verhalten durch eine Ersatzspannungsquelle mit den geforderten Werten U_E und R_E beschreibbar ist. Zur Verfügung stehen nur eine ideale Spannungsquelle U_0 sowie einige Exemplare eines Widerstands mit dem stets gleichen Widerstandswert R. Also:

Gefordert: $U_E = 6\,V$; $R_E = 4\,\Omega$

Gegeben: $U_0 = 9\,V$; $R = 4\,\Omega$

Lösung:

Da die bereitgestellte Quelle U_0 eine höhere Spannung liefert als die geforderte Leerlaufspannung U_E, sei – auch aus Erfahrung – vermutet, daß die gesuchte Struktur einen Spannungsteiler aus zwei noch unbekannten Widerständen R_1 und R_2 enthält:

Leerlauf: $U_Q = U_E = U_0 R_2/(R_1 + R_2)$

Kurzschluß: $I_K = U_0/R_1$ sowie $I_K = U_E/R_E$

Aus diesen drei Beziehungen folgt:

$R_1 = R_E U_0/U_E = 6\,\Omega$
$R_2 = R_1 R_E/(R_1 - R_E) = 12\,\Omega$

Nun sind noch die geforderten Werte R_1 und R_2 ihrerseits durch Strukturen mit Widerständen R zu realisieren. Im vorliegenden Fall gelingt dies sogar exakt.

Obwohl dieses Beispiel zu einfach ist, um realitätsnah zu sein, sind doch typische Merkmale der Synthese elektrischer Netze erkennbar:

- Aus Vorkenntnissen oder Erfahrung vermutet der Entwerfer eine geeignete Struktur. Die Synthese beschränkt sich dann auf das Errechnen von geeigneten Parameterwerten.
- Im allgemeinen läßt sich das geforderte Verhalten – anders als in Beispiel 51.25 – nur angenähert erreichen; denn mit einer endlichen Menge einsetzbarer Bauelemente sind auch nur endlich viele der unendlich vielen forderbaren Verhaltensweisen exakt realisierbar.

Diese Merkmale treten wesentlich deutlicher hervor, wenn auch zeitabhängige und nichtlineare Bauelemente zu berücksichtigen sind.

5.1.8 Zur Realisierbarkeit von Schaltnetzen

Die ersten Zeilen des Kapitels 5 nennen als Ziel, für die Verknüpfungsglieder der Schaltwerksebene nun Strukturen aus elektrischen Bauelementen angeben zu können. Es fragt sich, wie weit dieses Ziel allein mit Widerständen erreichbar ist.

Zunächst muß die Schnittstelle zwischen Schaltwerkebene und elektrischer Ebene definiert sein. Dazu sei unterstellt, daß für die elektrischen Schaltungen eine konstante Versorgungsspannung U_0 bereit steht; in der Praxis überwiegend , aber keineswegs ausschließlich gebräuchlich ist ein Wert $U_0 = 5\,V$. Zur Repräsentation der Binärwerte **0** und **1** möge es zwei *Spannungsschwellen* S^0 und S^1 geben, die

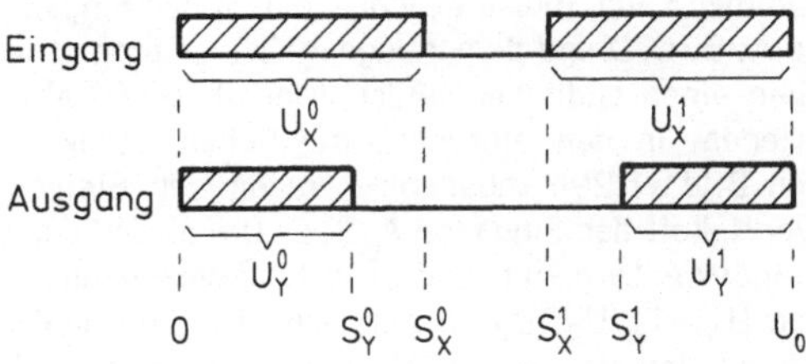

Bild 51.27.
Repräsentation der Binärwerte **0** und **1** durch Spannungsbereiche in positiver Logik

X_1 X_2	Y
U^0 U^0	U^0
U^0 U^1	U^0
U^1 U^0	U^0
U^1 U^1	U^1

X_1 X_2	Y
U^0 U^0	U^0
U^0 U^1	U^1
U^1 U^0	U^1
U^1 U^1	U^1

Bild 51.28.
Funktionstabellen für UND-Glied und ODER-Glied (mit je zwei Eingängen) als Verhaltensbeschreibung auf der Ebene der elektrischen Schaltungen

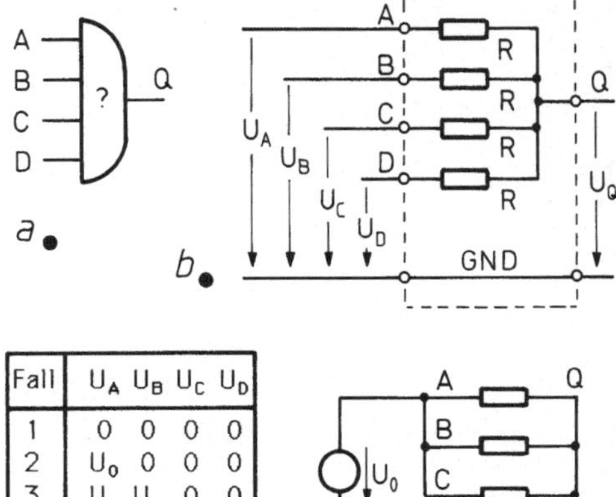

Fall	U_A U_B U_C U_D
1	0 0 0 0
2	U_0 0 0 0
3	U_0 U_0 0 0
4	U_0 U_0 U_0 0
5	U_0 U_0 U_0 U_0

c

A B C D Q U_0 U_Q

d

Bild 51.29.
Verknüpfungsglied aus Widerständen

zulässige Bereiche für spezielle Spannungen U^0 und U^1 abgrenzen.

Def.51.26:

positive Logik	*negative Logik*
0 <--> $U^0 \leq S^0$	**0** <--> $U^0 \geq S^0$
1 <--> $U^1 \geq S^1$	**1** <--> $U^1 \leq S^1$
mit $S^0 < S^1$	mit $S^0 > S^1$

Die Zuordnung entsprechend der *negativen Logik* ist nur bei negativen Versorgungsspannungen hilfreich. Im weiteren sei *positive Logik* vorausgesetzt. Zwischen den Schwellen S^0 und S^1 verbleibe ein Sicherheitsabstand z.B. zum Abfangen von Störspannungen. Die zulässigen Spannungsbereiche am Ausgang U_Y^0 bzw. U_Y^1 müssen kleiner sein als die Bereiche U_X^0 bzw. U_X^1 am Eingang, um beim Zusammenschalten solcher Verknüpfungsglieder gegen Störungen oder Toleranzen gewappnet zu sein (Bild 51.27).

Für die – auf der Schaltwerkebene elementaren Funktionseinheiten – UND-Glied und ODER-Glied lassen sich nun die Verhaltensbeschreibungen auf elektrischer Ebene nach Bild 51.28 angeben; die Indizes X und Y sind fortgelassen, da sie aus der Tabellenüberschrift hervorgehen. Bild 51.29 zeigt einen Versuch, für ein Verknüpfungsglied eine Struktur aus Widerständen zu gewinnen. Damit überhaupt eine Verknüpfung der Form Q = f(A, B, C, D) zustande kommen kann, muß zwischen jedem der Eingänge A, B, C, D und dem Ausgang Q ein Strompfad über einen endlichen Widerstand R ($R \neq 0$) existieren. In der einfachst möglichen Struktur von Bild 51.29b müssen – wegen der Gleichwertigkeit der Eingänge A, B, C, D – alle Widerstandswerte gleich sein. Die Eingangsspannungen U_A, U_B, U_C, U_D können von einander unabhängig jeweils einen Wert entsprechend U_X^0 oder U_X^1 annehmen. Es fragt sich, welches Verknüpfungsergebnis am Ausgang Q zu beobachten ist.

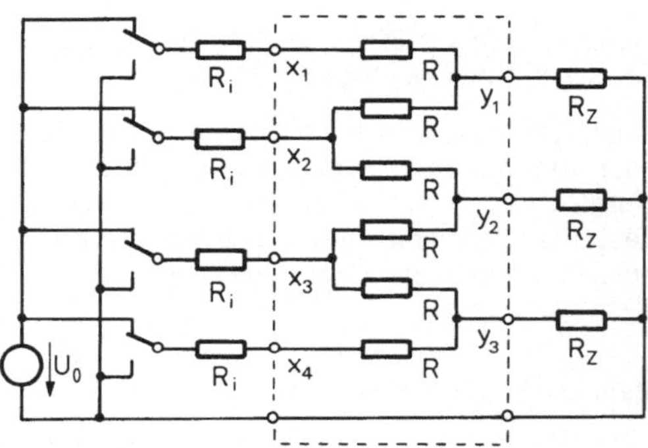

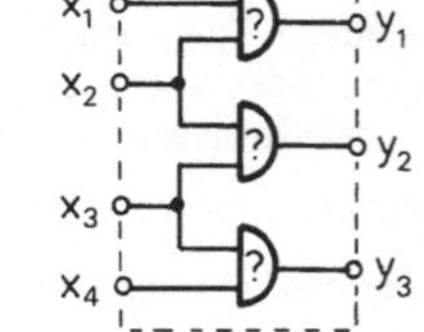

Bild 51.30.
Widerstandsschaltnetz

Um die Diskussion auf das Wesentliche zu konzentrieren, sei vereinfachend angenommen, daß dem Verknüpfungsglied am Eingang alternativ nur die Idealwerte $U_X^0 = 0$ und $U_X^1 = U_0$ zugeführt werden. Es lassen sich dann hier die fünf Fälle des Bildes 51.29c unterscheiden. Im Teilbild d ist als Beispiel der Fall 4 modelliert. Hier – und sinngemäß auch für die anderen Fälle – errechnen sich leicht die Ausgangsspannungen U_Q; sie liegen im allgemeinen Fall irgendwo zwischen den Werten $U_Q = 0$ und $U_Q = U_0$ und somit auch außerhalb der zulässigen Bereiche U_Y^0 und U_Y^1.

Offensichtlich ist das Ausgangsverhalten weder eindeutig als UND- noch als ODER-Verknüpfung interpretierbar. Tatsächlich sind die realen Verhältnisse sogar noch viel unübersichtlicher (Bild 51.30): Zum einen muß man mit Verzweigungen rechnen; zum anderen sind Innenwiderstände R_i in den vorangehenden sowie Abschlußwiderstände R_Z in den nachfolgenden Stufen zu berücksichtigen. Das resultierende Modell liefert ein eng vermaschtes Widerstandsnetz, dessen Spannungswerte an den Punkten Y_1, Y_2 und Y_3 bei wechselnden Schalterstellungen keine eindeutige Zuordnung zu Binärwerten **0** bzw. **1** erlauben. Abhilfe bringt der Übergang zu nichtlinearen Zweipolen in Abschnitt 5.4.2.

5.2 Netze mit zeitabhängigen linearen Zweipolen

Die Strom-Spannungs-Beziehungen *zeitabhängiger Zweipole* enthalten zusätzlich auch noch die *Zeit* als physikalische Größe. Bild 52.2 zeigt als Beispiel vorab einen typischen Verlauf von Strom i(t) und Spannung u(t) bei der Aufladung einer Kapazität; dabei ist - anders als z.B. beim Widerstand - das Verhältnis u(t)/i(t) keine Konstante. Bei einem *linearen zeitabhängigen Zweipol* erweist sich die für einen willkürlich gewählten Zeitpunkt t_1 gültige Strom-Spannungs-Beziehung f(u(1),i(1)) als lineare Funktion. Das Verhalten elektrischer Netze mit zeitabhängigen Zweipolen läßt sich im allgemeinen durch lineare Differentialgleichungen mit konstanten Koeffizienten beschreiben. Die Lösung dieser Gleichungen liefert den zeitlichen Spannungs- und Stromverlauf für jeden der beteiligten Zweipole. Solch ein Zeitverlauf ist sowohl durch die Eigenschaften des Zweipols selbst als auch durch die übrigen Zweipole des Netzes bestimmt.

Die Hinzunahme der Zeitabhängigkeit in die elektrischen Netze ist eine ähnliche Verallgemeinerung wie in Kapitel 4 der Übergang von Schaltnetzen zu Schaltwerken: Das Verhalten eines Schaltnetzes ist durch seine Schaltfunktion beschrieben; ein Schaltwerk läßt sich - wie in Abschnitt 4.3 gezeigt - als "zeitabhängiges Schaltnetz" auffassen. Ein elektrisches Netz ist durch seine Strom-Spannungs-Beziehungen beschreibbar, die durch die zeitabhängigen Zweipole nun ebenfalls zeitabhängig werden.

Abschnitt 5.2.1 führt zunächst den *Kondensator* ein und zeigt wie dessen Zeitfunktion sich als Lösung einer Differentialgleichung ergibt.

Abschnitt 5.2.2 behandelt die *Spule* als duales Gegenstück zum Kondensator.

Abschnitt 5.2.3 zeigt den *Reihenschwingkreis* als einfachstes Beispiel für Kombination von Kondensator und Spule.

Abschnitt 5.2.4 nimmt als weiteres zeitabhängiges Bauelement die *Sinus-Wechselspannungsquelle* hinzu und zeigt, daß sich Kondensatoren und Spulen dann wie frequenzabhängige Scheinwiderstände verhalten.

Abschnitt 5.2.5 setzt diesen Gedanken fort und behandelt *Scheinwiderstandsnetze* mit Hilfe der *komplexen Zahlenebenen* weitgehend wie übliche Widerstandsnetze.

Abschnitt 5.2.6 läßt für Wechselspannungsquellen nun auch allgemeinere *periodische Funktionen* zu, wie z.B. *Rechteck*- oder *Dreieckverläufe*.

Abschnitt 5.2.7 dehnt die Technik der *textuellen Verhaltens- und Strukturbeschreibungen* nun auch auf die zeitabhängigen Bauelemente aus.

Abschnitt 5.2.8 beschäftigt sich kurz mit dem Begriff der *Synthese* und bringt dazu ein Beispiel.

5.2.1 Kondensator und Kapazität

Die Strom-Spannungs-Bezeichnung eines *Kondensators* läßt sich gleichbedeutend in *Differential*- oder in *Integralform* angeben:

$$i = C\frac{du}{dt} \quad \text{bzw.} \quad u = \frac{1}{C}\int i\,dt \tag{52.1}$$

$$\text{mit } [C] = \frac{As}{V} = F \text{ (Farad)}$$

Der Strom i ist also proportional der Änderungsgeschwindigkeit der an ihm beobachtbaren Spannung u. Die *Kapazität* C ist eine Konstante, die sich aus Materialeigenschaften und Abmaßen des Kondensators ergibt. Hier und auch künftig seien *zeitveränderliche Größen* durch Kleinbuchstaben symbolisiert.

Aus (52.1) folgt direkt Satz 52.2, denn zur sprunghaften Änderung der Spannung wäre ein unendlich hoher Strom i erforderlich.

Satz 52.2:

Die Spannung am Kondensator kann sich nicht sprunghaft ändern.

Die physikalischen Grundlagen des Kondensators werden hier - entsprechend dem Ziel des Buches - nicht weiter dargestellt; siehe z.B. [5.1] oder [5.3]. Vielmehr sei sofort mit der Diskussion von Netzen begonnen:

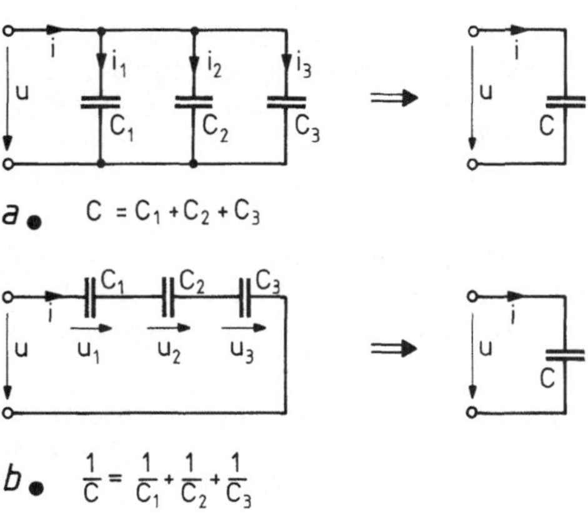

Bild 52.1.
Parallel- und Serienschaltung von Kondensatoren

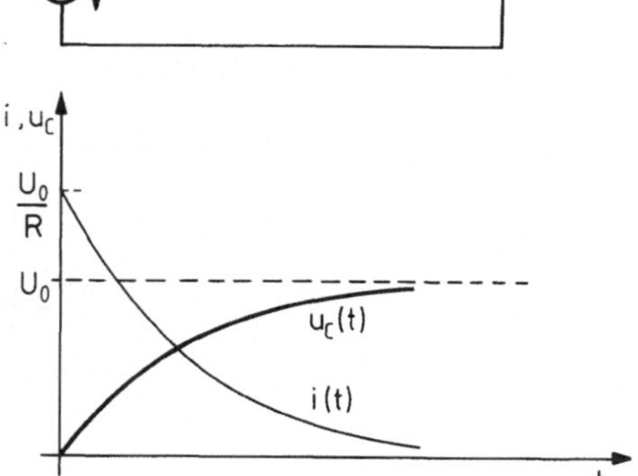

Bild 52.2.
Zeitabhängige Strom-Spannungs-Beziehungen beim Laden eines Kondensators

Im einfachsten Fall sind mehrere Kondensatoren parallelgeschaltet (Bild 52.1a). Der Wert C des Ersatzzweipols errechnet sich ziemlich einfach mit (52.1):

$$i_1 + i_2 + i_3 = i$$

$$C_1 \frac{du}{dt} + C_2 \frac{du}{dt} + C_3 \frac{du}{dt} = C \frac{du}{dt}$$

$$\Longrightarrow \quad C_1 + C_2 + C_3 = C \qquad (52.3)$$

Ähnlich einfach gilt für die Reihenschaltung (Bild 52.1b):

$$u_1 + u_2 + u_3 = u$$

$$\frac{1}{C_1} \int i\,dt + \frac{1}{C_2} \int i\,dt + \frac{1}{C_3} \int i\,dt = \frac{1}{C} \int i\,dt$$

$$\Longrightarrow \quad \frac{1}{C_1} + \frac{1}{C_2} + \frac{1}{C_3} = \frac{1}{C} \qquad (52.4)$$

Natürlich lassen sich Beziehungen für Parallelschaltung und Reihenschaltung auf beliebig viele Kondensatoren erweitern.

In Bild 52.2 sind je ein Widerstand und ein Kondensator als Reihen-RC-Glied an eine Spannungsquelle U_0 geschaltet; der Schalter sei zunächst geschlossen. Zur Analyse läßt sich zunächst die Maschenregel anwenden:

$$u_R + u_C = U_0$$

Mit den Bauelemente-Beziehungen (51.1) und (52.1) läßt sich u_R schreiben:

$$u_R = iR = RC \frac{du_C}{dt}$$

Einsetzen ergibt eine inhomogene lineare Differentialgleichung (kurz: DGL) mit den konstanten Koeffizienten RC und 1 sowie dem Störglied U_0:

$$RC \frac{du_C}{dt} + u_C = U_0 \qquad (52.5)$$

Bekanntlich ist zunächst die Lösungsmenge zur homogenen DGL

$$RC \frac{du_C}{dt} + u_C = 0 \qquad (52.6)$$

zu finden. Wie aus der Mathematik bekannt, hat die Lösungsmenge die Form

$$u_C = k e^{st}.$$

Einsetzen dieses Ansatzes sowie der Ableitung

$$\frac{du_C}{dt} = k s e^{st}$$

in (52.6) führt zur charakteristischen Gleichung

$$RCs+1=0 \qquad \text{(bei } k \neq 0\text{)}$$

mit der Auflösung

$$s=-t/RC, \tag{52.7}$$

Durch Einsetzen in u_C entsteht die Lösungsmenge für die homogene DGL; sie sei durch ein Apostroph gekennzeichnet:

$$u_C' = k \cdot e^{-t/(RC)} \tag{52.8}$$

Nun ist noch die spezielle Lösung u_C'' der inhomogenen DGL (52.5) anzugeben:

$$u_C'' = U_0 \tag{52.9}$$

Von der Richtigkeit überzeugt man sich leicht, indem man (52.9) sowie deren Ableitung in (52.5) einsetzt; Die Gesamtlösung entsteht durch:

$$u_C = u_C'' + u_C'$$
$$u_C = U_0 + k \cdot e^{-t/(RC)} \tag{52.10}$$

Die spezielle Lösung (52.9) kennzeichnet den *stationären Endzustand*, der bei $t \to \infty$ erreicht wird. Die Spannung am Kondensator beträgt dann konstant $u_C = U_0$ und nach (52.1) fließt kein Strom. Um überhaupt eine sinnvolle Zeitabhängigkeit beobachten zu können, muß ein Anfangszustand existieren, der vom stationären Endzustand abweicht. Es stellt sich ein *Ausgleichsvorgang* entsprechend (52.8) ein. Die *Randbedingungen* zu Anfang und zu Ende legen die jeweils gültigen Konstantenwerte fest.

Im Bild 52.2 sei z.B. ein zunächst spannungsloser Kondensator unterstellt. Der Anfangszeitpunkt t=0 sei durch das Schließen des Schalters festgelegt. Wegen Satz 52.2 bleibt der Kondensator zunächst spannungslos. Im Zeitpunkt t=0 folgt aus (52.10):

$$u_C(t=0): \qquad 0 = U_0 + k$$
$$\Longrightarrow k = -U_0$$

Unter diesen Randbedingungen hat der Ausgleichsvorgang (52.10) die konkrete Form:

$$u_C = U_0(1-e^{-t/(RC)})$$
$$i = \frac{U_0}{R} e^{-t/(RC)} \tag{52.11}$$

Die Zeitabläufe in Bild 52.2 legen die anschauliche Interpretation vom "Aufladen eines Kondensators" nahe. Dabei transportiert ein Strom i in der Zeit dt eine *elektrische Ladungsmenge* dq, die am Kondensator einen proportionalen Spannungszuwachs du verursacht.

$$dq = i \cdot dt \qquad dq = C \cdot du \tag{52.12}$$

Gleichsetzen führt zur Beziehung (52.1) zurück.

Um den Einfluß von Randbedingungen zu untermauern, sei als Beispiel eine spezielle Folge von Aufladen und Entladen diskutiert:

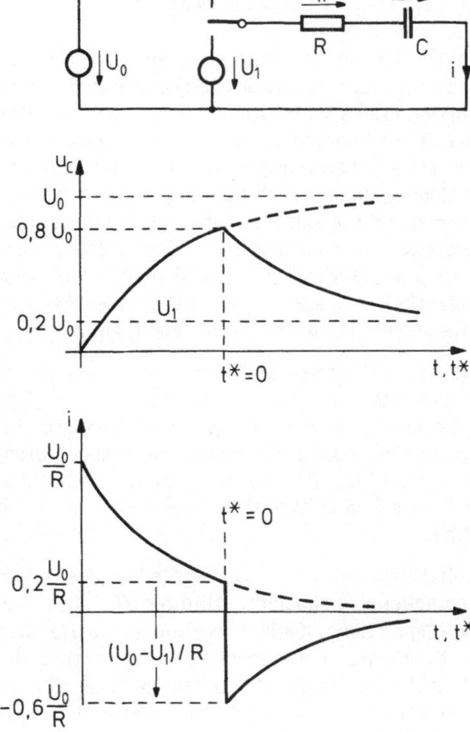

Bild 52.3.
Folge von Aufladen und Entladen

Beispiel 52.13:

Im Bild 52.3 sei der Schalter bei t=0 an die Spannung U_0 gelegt, wodurch ein Aufladevorgang der Form (52.11) beginnt. Ist am Kondensator die Spannung $u_C=0{,}8U_0$ erreicht, sei der Schalter nach $U_1 = 0{,}2U_0$ umgelegt. Der Umschaltzeitpunkt sei Anfangspunkt einer neuen Zeitzählung t*. Als Randbedingung gilt also:

$u_C(t^*=0) = 0{,}8\,U_0$

Nach Einsetzen in (52.10):

$0{,}8\,U_0 = 0{,}2\,U_0 + k^* \;\Longrightarrow\; k^* = 0{,}6\,U_0$

Spannungs- und Stromverlauf lauten nun:

$$u_C(t^*) = U_0(0{,}2 + 0{,}6\,e^{-t^*/(RC)})$$

$$i_C(t^*) = -0{,}6\frac{U_0}{R}e^{-t^*/(RC)}$$

Der zeitliche Verlauf der Ausgleichsvorgänge wird maßgeblich durch das Produkt RC bestimmt, für das folgende Abkürzung üblich ist.

Def.52.14:

$\tau = RC$ *Zeitkonstante*

Bild 52.4 zeigt die Aufladung eines Kondensators mit verschiedenen Zeitkonstanten. Vergrößerung des Widerstandswerts oder der Kapazität verlangsamt den Ladevorgang. Elektronische Schaltungen sind - technisch unvermeidbar - immer auch mit ungewollten Widerständen und Kapazitäten behaftet. Viele Schaltvorgänge der Digitaltechnik folgen daher dem Prinzip des Bildes 52.2. Damit deutet sich eine wesentliche Ursache für die begrenzte Arbeitsgeschwindigkeit von Rechnern an.

Aus (52.11) lassen sich leicht spezielle Spannungswerte für die Zeitpunkte $t=\tau$, $t=2\tau$, $t=3\tau$ usw. ausrechnen. In der Praxis gilt ein Ausgleichsvorgang als hinreichend abgelaufen, wenn 90% des Endwerts erreicht sind. Dazu sind etwa 2,3 Zeitkonstanten erforderlich (Bild 52.5).

Schließlich sei noch das Aufladen aus einer Stromquelle diskutiert (Bild 52.6): Über die Knotengleichung, deren Erweiterung sowie über die Bauelemente-Beziehungen ergibt sich die DGL (52.15). Sie gleicht formal der DGL (52.5), so daß auch die zu (52.11) formal gleiche Lösung (52.16) entsteht.

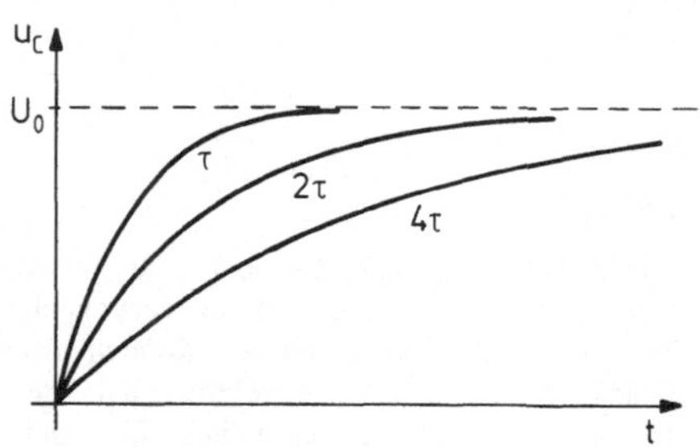

Bild 52.4.
Aufladen mit unterschiedlichen Zeitkonstanten

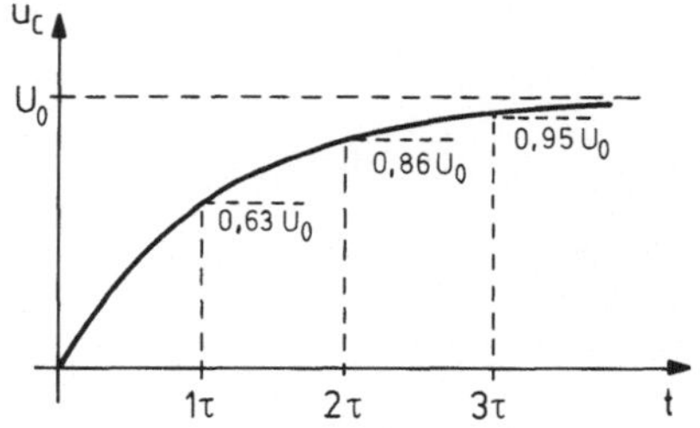

Bild 52.5.
Zeitachse mit Maßeinheit τ

$$i_C + i_R = I_0$$

$$\frac{i_C}{G} + \frac{i_R}{G} = \frac{I_0}{G}$$

$$i_C = C\frac{du}{dt}$$

$$\frac{i_R}{G} = u$$

$$\frac{C}{G}\frac{du}{dt} + u = \frac{I_0}{G} \qquad (52.15)$$

$$u = \frac{I_0}{G}(1 - e^{-t \cdot G/C}) \qquad (52.16)$$

$$i_C = I_0\,e^{-t \cdot G/C}$$

Der Ausgleichsvorgang verläuft also wieder nach Bild 52.2, wobei lediglich U_0 durch I_0/G ersetzt ist. Es bestätigt sich auch wieder, daß eine reale Spannungsquelle - hier U_0 und R - durch eine reale Stromquelle - hier I_0 und G - ersetzbar ist.

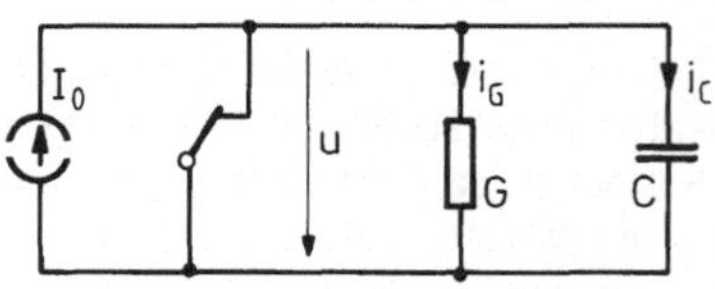

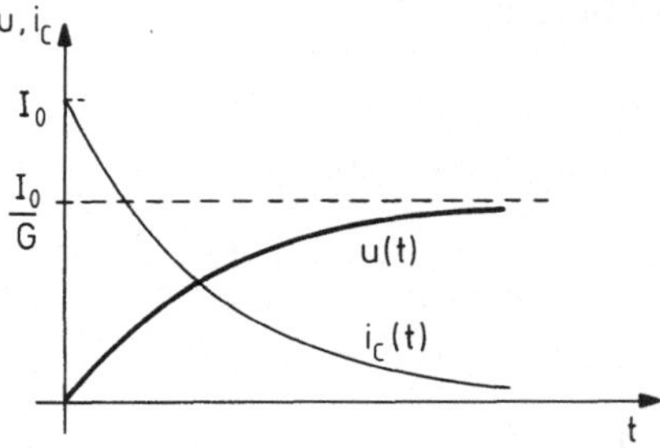

Bild 52.6.
Aufladen an einer Stromquelle

Anders als ein Widerstand kann ein Kondensator als Energiespeicher dienen, und zwar nimmt er während des Aufladens pro Zeitelement dt die Energiemenge $dW = u_C i\,dt$ auf. Mit (52.1) gilt:

$$dW = C\,u_C\,du_C$$

Wird der Aufladevorgang beim Erreichen des speziellen Werts $u_C = U$ abgebrochen, so beträgt die gespeicherte Energie:

$$W = C\int_0^U u_C\,du_C = \frac{CU^2}{2} \qquad (52.17)$$

Ein geladener Kondensator kann seine Spannung $u_C = U$ nach Beenden des Aufladevorgangs beliebig lange beibehalten. Werden z.B. die speziellen Spannungswerte $u_{C0} = 0$ sowie $u_{C1} = U_0$ den Binärwerten **0** und **1** zugeordnet, ist bereits eine technische Verwirklichung der Binärwertspeicherung möglich. Tatsächlich ist Binärwertspeicherung auf der Ebene elektrischer Schaltungen immer an das - oft versteckte - Mitwirken von Kapazitäten (oder Induktivitäten) gebunden.

5.2.2 Spule und Induktivität

Die Strom-Spannungs-Beziehung einer Spule läßt sich wiederum in Differential- oder in Integralform angeben:

$$u = L\frac{di}{dt} \quad \text{bzw.} \quad i = \frac{1}{L}\int u\,dt \qquad (52.18)$$

$$\text{mit} \quad [L] = \frac{Vs}{A} = H \quad \text{(Henry)}$$

Der Proportionalitätsfaktor L, genannt *Induktivität* wird durch Material und Abmaße der Spule bestimmt. Offenbar ist diese Beziehung dual - im Sinne von Satz 51.4 - zur entsprechenden Beziehung (52.1) des Kondensators. Ohne nähere Diskussion sei angemerkt, daß sich der physikalische Hintergrund der Spule nicht dual zu dem des Kondensators darstellen läßt.

Der formale Dualismus zwischen (52.1) und (52.18) erlaubt es, die Aussagen zum Kondensator in dualer Form zu übernehmen. So gilt zunächst dual zu Satz 52.2:

Satz 52.19:

Der Strom durch eine Spule kann sich nicht sprunghaft ändern.

Weiterhin folgt zu (52.3) und (52.4):

$$\text{Reihenschaltung:} \quad L = L_1 + L_2 + \dots \qquad (52.20)$$

$$\text{Parallelschaltung:} \quad \frac{1}{L} = \frac{1}{L_1} + \frac{1}{L_2} + \dots \qquad (52.21)$$

Bild 52.7 zeigt das duale Gegenstück zur Parallelschaltung in Bild 52.6. Mit der Maschengleichung, deren Erweiterung und den Bauelemente-Beziehungen, ergibt sich - dual zu (52.15) - die DGL (52.22) mit der Lösungsmenge (52.23):

$$u_L + u_R = U_0$$

$$\frac{u_L}{R} + \frac{u_R}{R} = \frac{U_0}{R}$$

$$u_L = L\frac{di}{dt}; \qquad \frac{u_R}{R} = i$$

$$\frac{L}{R}\frac{di}{dt} + i = \frac{U_0}{R} \qquad (52.22)$$

$$i = \frac{U_0}{R} + k e^{-t \cdot R/L} \qquad (52.23)$$

Wegen Satz 52.19 fließt auch unmittelbar nach Schließen des Schalters kein Strom; deshalb folgt auch aus (52.23):

$$i(t=0): \quad 0 = \frac{U_0}{R} + k \quad ==> \quad k = -\frac{U_0}{R}$$

Eingesetzt in (52.23) und mit (52.18):

$$i = \frac{U_0}{R}(1 - e^{-t \cdot R/L}) \qquad (52.24)$$

$$u_L = U_0 e^{-t \cdot R/L}$$

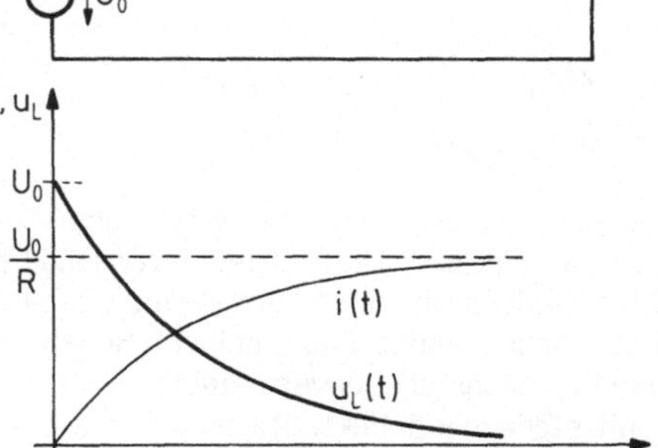

Bild 52.7.
Einschalten einer Spule; dual zu Bild 52.6

Nicht so anschaulich wie beim Kondensator ist das formal duale (nicht aber physikalisch duale) Gegenstück zur Ladung q, nämlich der *magnetische Fluß* φ. Dabei gilt - fußend auf Induktionsgesetz und Durchflutungssatz [5.1], [5.3] - formal dual zu (52.12):

$$d\varphi = u_L \cdot dt \qquad d\varphi = L \cdot di$$

Dual zur Reihenschaltung in Bild 52.2 und zum Ausgleichsvorgang (52.11) ist die Parallelschaltung in Bild 52.8:

$$\begin{aligned} i_L &= I_0 (1 - e^{-t/(GL)}) \\ u &= \frac{I_0}{G} (1 - e^{-t/(GL)}) \end{aligned} \qquad (52.25)$$

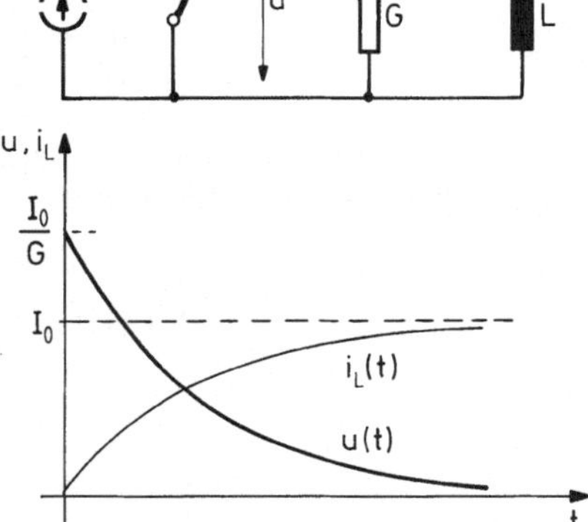

Bild 52.8.
Einschalten einer Spule; dual zu Bild 52.7

Entsprechend Def.52.14 gibt es auch hier eine Zeitkonstante:

Def.52.26:

$$\tau = L/R \qquad \text{bzw.} \qquad \tau = G \cdot L$$

Gebräuchlich ist vor allem die erste Form. Sie besagt u. a., daß sich ein Ausgleichsvorgang bei erhöhtem Widerstand oder bei verringerter Induktivität beschleunigt. Elektronische Schaltungen sind - technisch unvermeidbar - immer auch mit störenden Induktivitäten behaftet; jedoch ist der quantitative Einfluß meistens deutlich geringer als der von ungewollten Kapazitäten.

Abschließend gilt - dual zu (52.17) - für die in einer Spule gespeicherte Energie:

$$W = \frac{L I^2}{2} \qquad (52.27)$$

5.2.3 Der Reihenschwingkreis

Zu den einfachsten Beispielen elektrischer Netze, die sowohl Kapazitäten als auch Induktivitäten aufweisen, zählt der *Reihenschwingkreis* nach Bild 52.9.

Am Beginn der Analyse steht wieder eine Maschengleichung:

$$u_R + u_L + u_C = U_0$$

Mit den Bauelementebeziehungen

$$\begin{aligned} i &= C \frac{du_C}{dt} \\ u_R &= R_i = RC \frac{du_C}{dt} \\ u_L &= L \frac{di}{dt} = LC \frac{d^2u_C}{dt^2} \end{aligned}$$

ergibt sich folgende DGL:

$$LC \frac{d^2u_C}{dt^2} + RC \frac{du_C}{dt} + u_C = U_0 \qquad (52.28)$$

Zu lösen ist wieder zunächst die homogene DGL

$$LC \frac{d^2u_C}{dt^2} + RC \frac{du_C}{dt} + u_C = 0. \qquad (52.29)$$

Mit dem Ansatz

$$u_C = k e^{st}$$

entsteht nach Einsetzen in (52.29) die charakteristische Gleichung

$$LCs^2 + RCs + 1 = 0$$

mit der Auflösung

$$s_{1,2} = -\frac{R}{2L} \pm \sqrt{\frac{1}{4}\frac{R^2}{L^2} - \frac{1}{LC}} \; .$$

Aus der Mathematik ist bekannt, daß die Lösungsmenge zu (52.29) folgende Form annimmt:

$$u_C' = k_1 e^{s_1 t} + k_2 e^{s_2 t} \qquad (52.30)$$

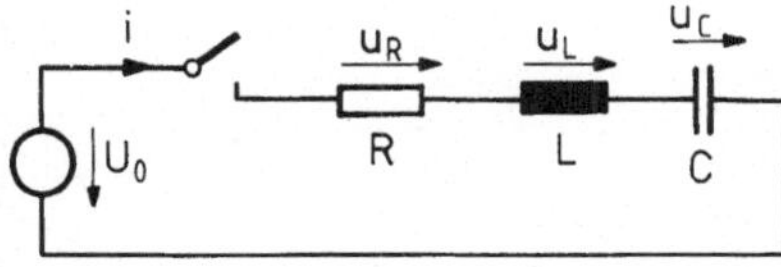

Bild 52.9.
Einschalten eines Reihenschwingkreises

Als spezielle Lösung der inhomogenen DGL (52.28) ergibt sich intuitiv leicht:

$$u_C'' = U_0$$

Damit lautet die Gesamtlösung:

$$u_C = k_1 e^{s_1 t} + k_2 e^{s_2 t} + U_0 \qquad (52.31)$$

und mit (52.1):

$$i = C(k_1 s_1 e^{s_1 t} + k_2 s_2 e^{s_2 t}) \qquad (52.32)$$

Die Konstanten k_1 und k_2 lassen sich aus den jeweils gültigen Randbedingungen bestimmen. Sei z.B. der Kondensator zunächst entladen und die Spule stromlos, so ist dieser Zustand wegen der Sätze 52.2 und 52.19 auch unmittelbar nach dem Einschalten gegeben:

$$u_C(t=0) = 0 \qquad i(t=0) = 0$$

Eingesetzt in (52.31) und (52.32) entstehen zwei Gleichungen für k_1 und k_2:

$$0 = k_1 + k_2 + U_0$$
$$0 = k_1 s_1 + k_2 s_2$$

Aufgelöst nach k_1 und k_2:

$$k_1 = \frac{U_0 s_2}{s_1 - s_2}$$
$$k_2 = \frac{U_0 s_1}{s_1 - s_2} \qquad (52.33)$$

Um (52.30) zu veranschaulichen:

Def.52.34:

$$\delta = \frac{R}{2L} \qquad \textit{Abklingkonstante}$$

$$\omega_0 = \sqrt{\frac{1}{LC}} \qquad \textit{Kennfrequenz}$$

Mit dieser Definition und mit (52.33) geht (52.31) über in:

$$u_C = U_0\left(\frac{1}{s_1 - s_2}(s_2 e^{s_1 t} - s_1 e^{s_2 t}) + 1\right) \qquad (52.35)$$

$$\text{mit } s_{1,2} = \delta \pm \sqrt{\delta^2 - \omega_0^2} \qquad (52.36)$$

Abklingkonstante δ und die Kennfrequenz ω_0 bestimmen sich ausschließlich aus den Daten der Bauelemente. Dabei sollen drei Fälle unterschieden sein:

$\delta > \omega_0$	*aperiodischer Fall*
$\delta < \omega_0$	*periodischer Fall*
$\delta = \omega_0$	*aperiodischer Grenzfall*

Im aperiodischen Fall errechnen sich in (52.36) für s_1 und s_2 reelle Zahlenwerte, die in (52.35) als Kehrwerte von Zeitkonstanten wirken. Der Ausgleichsvorgang äußert sich also als Überlagerung zweier abklingender e-Funktionen mit dem stationären Endzustand U_0 (Bild 52.10). Zur Zeit $t=0$ gilt $i=0$, und damit ist – wegen (52.1) – die Anfangssteigung für u_C ebenfalls gleich Null. Der Strom i und die Spannungen u_R bzw. u_L ergeben sich aus den Bauelemente-Beziehungen.

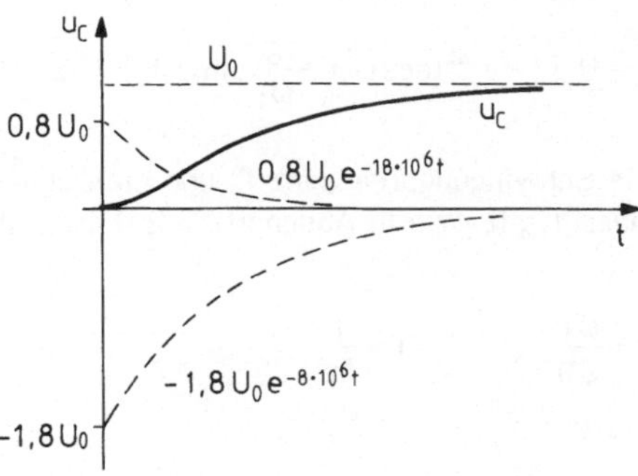

Bild 52.10.
Aperiodischer Fall; zu Beispiel 52.37

Beispiel 52.37:

Gegeben: $R = 2600\,\Omega$; $L = 100\cdot 10^{-6}\,H$; $C = 10^{-9}/14{,}4\,F$

Gesucht: Ausgleichsvorgang für u_C, i, u_R, u_L

Lösung:
mit Def.52.34: $\delta = 13\cdot 10^6\,s^{-1}$; $\omega_0 = 12\cdot 10^6\,s^{-1}$

mit (52.36): $s_1 = -8 \cdot 10^6\,s^{-1}$; $s_2 = -18 \cdot 10^6\,s^{-1}$

$s_1 - s_2 = 10 \cdot 10^6\,s^{-1}$

mit (52.35): $u_C = U_0(-1{,}8\,e^{-8 \cdot 10^6 t} + 0{,}8\,e^{-18 \cdot 10^6 t} + 1)$

mit (51.1): $i = U_0(e^{-8 \cdot 10^6 t} - e^{-18 \cdot 10^6 t}) \cdot 10^{-3}$

mit (51.1): $u_R = 2{,}6\,U_0\,(e^{-8 \cdot 10^6 t} - e^{-18 \cdot 10^6 t})$

mit (52.18): $u_L = U_0(-0{,}8\,e^{-8 \cdot 10^6 t} + 1{,}8\,e^{-18 \cdot 10^6 t})$

Im periodischen Fall wird die Wurzel in (52.36) negativ.

Def.52.38:

$$\omega_1 = \sqrt{\omega_0^{\,2} - \delta^2} \qquad \textit{Eigenfrequenz}$$

Die Bedeutung als Eigenfrequenz wird weiter unten deutlich. Zunächst ist mit Def.52.38 nur eine vereinfachte Schreibweise erstrebt:

$$s_{1,2} = -\delta \pm j\omega_1, \quad \text{wobei } j = \sqrt{-1}$$
$$s_2 - s_1 = -2j\omega_1$$
$$e^{s_1 t} = e^{(-\delta + j\omega_1)t} = e^{-\delta t} e^{j\omega_1 t}$$
$$e^{s_2 t} = e^{(-\delta - j\omega_1)t} = e^{-\delta t} e^{-j\omega_1 t}$$

Einsetzen dieser Ausdrücke in (52.35) und Anwenden der Eulerschen Beziehung

$$e^{\pm j\omega_1 t} = \cos\omega_1 t \pm j \sin\omega_1 t$$

liefert als Ergebnis eine gedämpfte Schwingung mit der Eigenfrequenz ω_1:

$$u_C = U_0[1 - e^{-\delta t}(\cos\omega_1 t + \frac{\delta}{\omega_1}\sin\omega_1 t)] \qquad (52.39)$$

Für die Schwingungsfrequenz f_1 und die Periodendauer T gilt, wie in Abschnitt 5.2.4 gezeigt wird:

$$f_1 = \frac{\omega_1}{2\pi} \qquad T = \frac{1}{f_1}$$

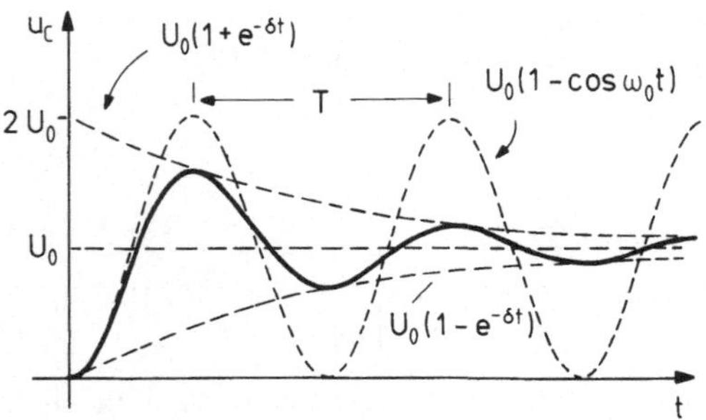

Bild 52.11.
Periodischer Fall; zu Beispiel 52.40

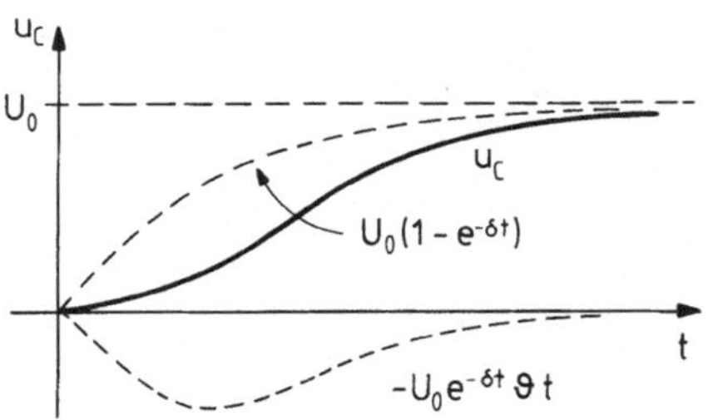

Bild 52.12.
Aperiodischer Grenzfall; zu Beispiel 52.42

Die Zeitkonstante des Abklingens beträgt:

$$\tau = \frac{1}{\delta}$$

Beispiel 52.40:

Gegeben: $R = 30\,\Omega$; $L = 10^{-4}$H; $C = 8{,}85 \cdot 10^{-9}$F

Gesucht: Ausgleichsvorgang für u_C

Lösung:

mit Def.52.34: $\delta = 15 \cdot 10^4 s^{-1}$; $\omega_0 = 113 \cdot 10^4 s^{-1}$.

mit Def.52.38: $\omega_1 = 112 \cdot 10^4 s^{-1}$; $\frac{\delta}{\omega_1} = 0{,}134$.

Einsetzen in (52.39).

Veranschaulichung in Bild 52.11.

Damit innerhalb des Abklingvorgangs der umhüllenden e-Funktionen auf z.B. einen 10%-Wert noch einige vollständige Schwingungen zustande kommen, muß die Abklingkonstante δ deutlich kleiner sein als die Eigenfrequenz ω_1; die dabei – wie im Beispiel – praktisch der Kennfrequenz ω_0 gleich wird. Statt der Beziehung (52.39) gilt dann näherungsweise:

$$u_C = U_0[1 - e^{-\delta t}\cos\omega_0 t]$$

Der periodische Fall gibt der Anordnung von Bild 52.9 die Bezeichnung "Reihenschwingkreis". Schaltet man einen solchen Kreis mit einem elektrischen Verstärker zusammen, der die Dämpfung δ ausgleicht, ergibt sich ein Schwingungserzeuger, wie er in vielfältigen Formen in der Nachrichtenübertragungstechnik üblich ist.

Im aperiodischen Grenzfall wird die Eigenfrequenz nach Def.52.38 zu Null. Er läßt sich also aus (52.39) herleiten, indem dort der Grenzübergang $\omega_1 \to 0$ vollzogen wird. Dazu gilt:

$$\lim_{\omega_1 \to 0} (\cos\omega_1 t) = 1; \qquad \lim_{\omega_1 \to 0} \left(\frac{\sin\omega_1 t}{\omega_1}\right) = t$$

(Regel von Bernoulli-L'Hospital)

Eingesetzt in (52.39) ergibt sich:

$$u_C = U_0[\,1-e^{-\delta t}(1+\delta t)] \qquad (52.41)$$

Beispiel 52.42:

Gegeben: $R = 1000\,\Omega$; $L = 0{,}25\cdot 10^{-3}\,H$.

Gesucht: Ausgleichsvorgang für u_C.

Lösung: Zunächst sei ein Wert für C gerade so bestimmt, daß der Grenzfall bei $\omega_0 = \delta$ eintritt:

Mit Def.52.34: $\omega_0 = \delta = 2\cdot 10^6\,s^{-1}$

$$C = \frac{1}{\omega_0^2 L} = 10^{-9}\,F$$

Einsetzen von δ in (52.41).
Veranschaulichung in Bild 52.12.

Neben dem Reihenschwingkreis ist mit etwa gleichem Aufwand auch der *Parallelschwingkreis* (Bild 52.13) diskutierbar, wobei auch dort aperiodischer und periodischer Fall sowie der Grenzfall zu unterscheiden sind. Bei Beteiligung von mehr als zwei Kapazitäten oder Induktivitäten wächst der Rechenaufwand sehr schnell an, ohne daß - im Sinne dieser Einführung - grundsätzlich andersartige Ergebnisse zustande kommen. Immer wieder entstehen e-Funktionen oder Sinus- bzw. Cosinus-Funktionen als Lösung. Im Fachgebiet Elektrotechnik wird dieser Umstand für die *La-Place-Transformation* genutzt, durch die die beteiligten Differentialgleichungen oft in lineare Normalgleichungen überführbar sind; s. z.B. [5.2].

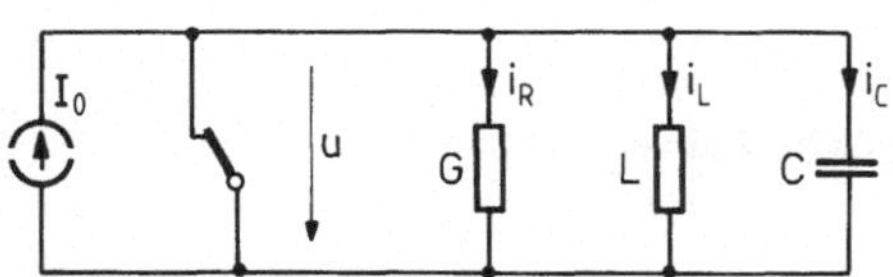

Bild 52.13.
Einschalten eines Parallelschwingkreises

5.2.4 Sinus-Wechselspannungen und -ströme

In der Elektrotechnik sind Sinus-Wechselspannungen bzw. -ströme u.a. in folgenden beiden Anwendungsbereichen weit verbreitet. In der Starkstromtechnik treten sie in niederfrequenter Form auf, z.B. mit 50 Hz im landesweiten Versorgungsnetz. Dabei spielt vor allem die Transformierbarkeit der Spannungen, z.B. zwischen einigen 100000 Volt in Überlandleitungen und 220 Volt in Haushalten, eine wichtige Rolle, um die Übertragungsverluste zu minimieren bzw. den Wirkungsgrad zu optimieren. In der Nachrichtentechnik dagegen wird die Frequenz zu einem wesentlichen Merkmal. Menschliche Sprache umfaßt Frequenzen zwischen etwa 30 Hz und 20 kHz; Bilddarstellung im Fernsehen beansprucht einen Frequenzbereich von 6 MHz. Zur Ton- und Bildübertragung dienen Trägerfrequenzen im Bereich von wenigen kHz bis über 1 GHz.

Die Wechselspannungstechnik bildet im Fachgebiet Elektrotechnik ein sehr großes eigenständiges Feld mit ausgefeilten Entwurfsmethoden. Die Abschnitt 5.2.4 und 5.2.5 behandeln daraus einige Grundzüge. Dabei soll u.a. deutlich werden, daß sich die Analyse von Wechselstromnetzen weitgehend auf die Methoden der Gleichstromnetze aus Abschnitt 5.1 zurückführen läßt.

Eine Sinus-Funktion nach Bild 52.14 wird bestimmt durch drei Größen:

$\hat{y}$: *Amplitude*
T: *Periodenlänge*
d: *Phasenverschiebung*

In der Elektrotechnik sind dazu folgende Begriffe üblich:

Def.52.43:

$f = 1/T$	*Frequenz*	$[f] = s^{-1} = Hz$
$\omega = 2\pi f$	*Kreisfrequenz*	$[\omega] = s^{-1} = Hz$
$\alpha = \omega d$	*Phasenwinkel*	

Damit gilt für einen Sinusverlauf:

$$y = \hat{y}\cdot\sin(\omega t + \alpha) \qquad (52.44)$$

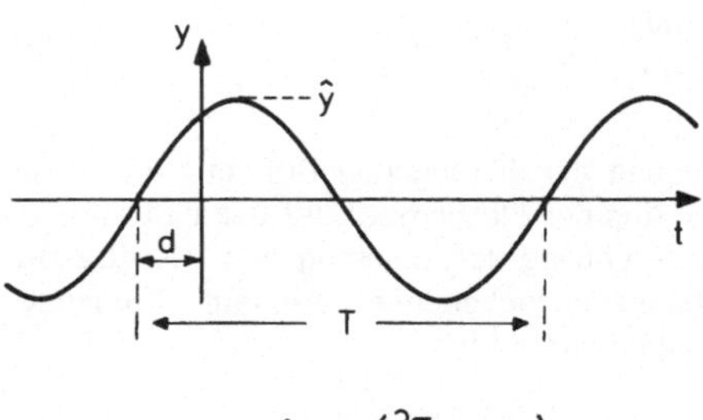

Bild 52.14.
Sinus-Funktion

Mit dem bekannten Additionstheorem

$$\sin(p+q) = \sin p \cdot \cos q + \cos p \cdot \sin q$$

läßt sich (52.44) umformen in

$$y = \hat{y}(\sin\omega t \cdot \cos\alpha + \cos\omega t \cdot \sin\alpha).$$

Die Konstanten $\sin\alpha$ und $\cos\alpha$ lassen sich mit $\hat{y}$ zu Amplituden für die Teilfunktionen zusammenfassen:

$$\hat{y}_{(A)} = \hat{y} \cdot \sin\alpha \qquad \hat{y}_{(B)} = \hat{y} \cdot \cos\alpha \qquad (52.45)$$

Damit erhält (52.44) die Form

$$y = \hat{y}_{(A)} \cdot \cos\omega t + \hat{y}_{(B)} \cdot \sin\omega t \qquad (52.46)$$

mit den Teilfunktionen

$$y_{(A)} = \hat{y}_{(A)} \cdot \cos\omega t; \quad y_{(B)} = \hat{y}_{(B)} \cdot \sin\omega t. \qquad (52.47)$$

Aus (52.45) folgt noch:

$$\tan\alpha = \frac{\hat{y}_{(A)}}{\hat{y}_{(B)}} \qquad \hat{y}^2 = \hat{y}^2_{(A)} + \hat{y}^2_{(B)} \qquad (52.48)$$

Oft interessiert auch der Ergänzungswinkel β:

$$|\alpha| + |\beta| = 90^0 \qquad (52.49)$$

Bild 52.15 veranschaulicht den Zusammenhang zwischen den Formen (52.14) und (52.46). Erkennbar ist auch die vektorielle Addition der Amplitudenwerte $\hat{y}_{(A)}$ und $\hat{y}_{(B)}$ zur Gesamtamplitude $\hat{y}$. Hier und auch künftig sei gerade derjenige Vektor horizontal angeordnet, der eine nicht-phasenverschobene Sinus-Funktion – hier: $\hat{y}$ – wiedergibt.

Die vorstehenden allgemeinen Beziehungen lassen sich nun z.B. zur Analyse eines wechselspannungsgetriebenen RC-Glieds (Bild 52.16) anwenden. Ansatzpunkt ist die DGL (52.5), nun allerdings mit neuem Störglied:

$$RC\frac{du_C}{dt} + u_C = \hat{u} \cdot \sin\omega t \qquad (52.50)$$

Als Lösung der homogenen DGL gilt weiterhin (52.8). Aus der Mathematik ist bekannt, daß als spezielle Lösung der inhomogenen DGL (52.50) ein phasenverschobener Verlauf folgender Form zu erwarten ist:

$$\hat{u}_C = \hat{u}_{C(A)} \cdot \cos\omega t + \hat{u}_{C(B)} \cdot \sin\omega t \qquad (52.51)$$

Um die Größen $\hat{u}_{C(A)}$ und $\hat{u}_{C(B)}$ zu bestimmen, setzt man (52.51) sowie die Ableitung

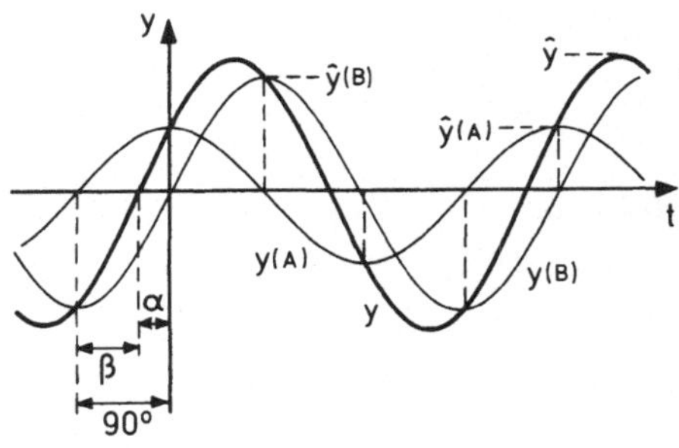

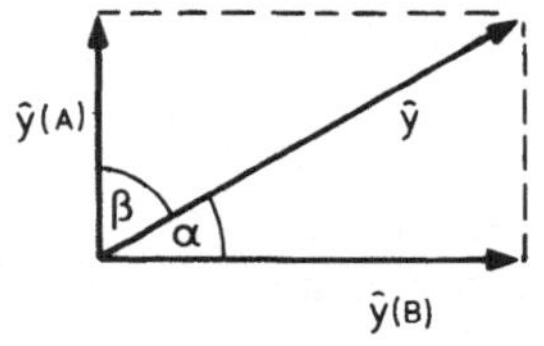

Bild 52.15.
Überlagerung von Sinus- und Cosinus-Funktion zu einer phasenverschobenen Funktion

$$\frac{du_C}{dt} = -\hat{u}_{C(A)} \cdot \omega \cdot \sin\omega t + \hat{u}_{C(B)} \cdot \omega \cdot \cos\omega t$$

in (52.50) ein und gewinnt:

$$-RC\omega \cdot \hat{u}_{C(A)} + \hat{u}_{C(B)} = \hat{u} \qquad RC\omega \cdot \hat{u}_{C(B)} + \hat{u}_{C(A)} = 0$$

Aufgelöst nach $\hat{u}_{C(A)}$ und $\hat{u}_{C(B)}$ durch Koeffizientenvergleich:

$$\hat{u}_{C(A)} = -\hat{u}\frac{\omega CR}{1+\omega^2C^2R^2} \qquad \hat{u}_{C(B)} = \hat{u}\frac{1}{1+\omega^2C^2R^2}$$

Zur anschaulichen Interpretation gilt:

Def.52.52:

$X_C = \frac{1}{\omega C}$	*Blindwiderstand*
$Z = \sqrt{X_C^2 + R^2}$	*Scheinwiderstand*
R	*Wirkwiderstand*

Damit ergibt sich nun:

$$\hat{u}_{C(A)} = -\hat{u}\frac{X_C}{Z}\frac{R}{Z} \qquad \hat{u}_{C(B)} = \hat{u}\frac{X_C}{Z}\frac{X_C}{Z} \qquad (52.53)$$

Der Winkel α aus Bild 52.15 und (52.48) nimmt hier die Bedeutung der Phasenverschiebung – hier nun genannt: Ψ – zwischen Quellen-

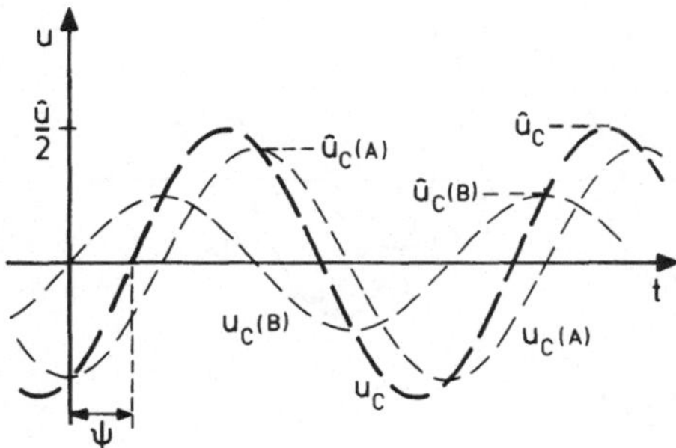

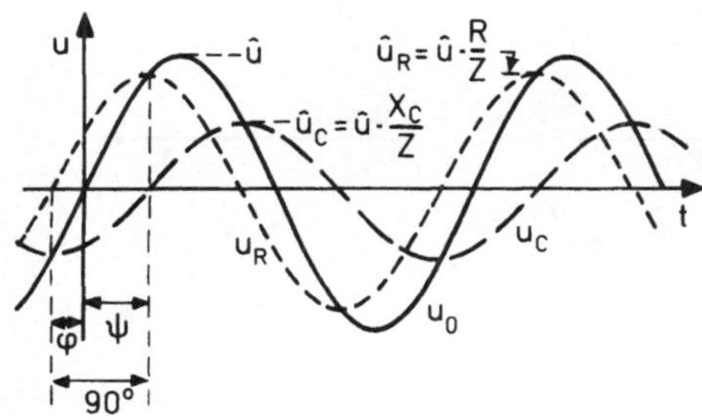

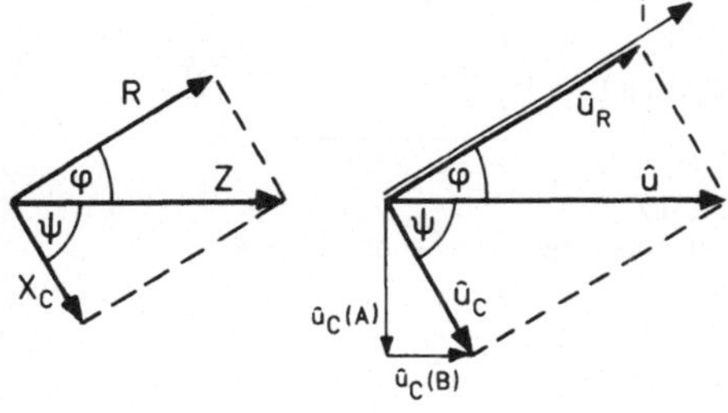

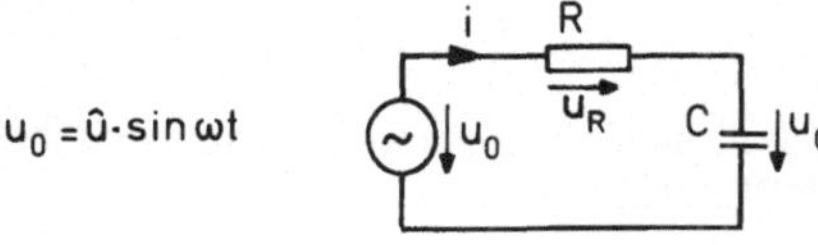

Bild 52.16.
Wechselspannungsbetriebenes RC-Glied

spannung und Kondensator an:

$$\tan\Psi = \frac{\hat{u}_{C(A)}}{\hat{u}_{C(B)}} = -\frac{R}{X_C} \qquad (52.54)$$

$$\hat{u}_C{}^2 = \hat{u}_C{}^2{}_{(A)} + \hat{u}_C{}^2{}_{(B)} \implies \hat{u}_C = \hat{u}\,\frac{X_C}{Z} \qquad (52.55)$$

Somit lautet die spezielle Lösung der inhomogenen DGL (52.50):

$$u_C = \hat{u}\,\frac{X_C}{Z}\sin(\omega t + \Psi) \qquad [\mathrel{\hat{=}} u_C''] \qquad (52.56)$$

Diese Lösung beschreibt den Verlauf der Kondensatorspannung im stationären Endzustand, der - anders als im Gleichspannungsbetrieb - Anlaß zu tieferer Diskussion gibt (Dabei sei das kennzeichnende Doppelapostroph der Übersichtlichkeit halber nicht mit angeschrieben). Bild 52.16 (oben) veranschaulicht zunächst den Zusammenhang zwischen Kondensatorspannung u_C und deren - nur rechnerische - Zerlegbarkeit in die Teilfunktionen $u_{C(A)}$ und $u_{C(B)}$. Allerdings spielt dieser Zusammenhang nur für die Herleitung von (52.54) und (52.55) eine Rolle. Für die praktische Anwendbarkeit wichtiger - und meßtechnisch tatsächlich beobachtbar - sind Strom i und Spannung u_R; man gewinnt sie über die Bauelementebeziehungen

$$i = C\cdot\frac{du_C}{dt} = \frac{1}{\omega X_C}\frac{du_C}{dt} \qquad u_R = i\cdot R$$

$$i = \frac{\hat{u}}{Z}\cos(\omega t + \Psi) \qquad (52.57)$$

$$u_R = \hat{u}_R\cdot\cos(\omega + \Psi) \quad \text{mit} \quad \hat{u}_R = \hat{u}\,\frac{R}{Z} \qquad (52.58)$$

Ein Beispiel möge diese Aussage verdeutlichen:

Beispiel 52.59:

Gegeben: $R = 8{,}66\,k\Omega$; $C = 2\,nF$; $\omega = 100\,kHz$
(Der Wert von R wurde so gewählt, daß im Ergebnis, speziell für Ψ und Z, glatte Zahlen entstehen).

Gesucht: $\hat{u}_C$, $\hat{u}_R$, Ψ

Lösung:
Mit Def.52.52: $X_C = 5\,k\Omega$; $Z = 10\,k\Omega$
Mit (52.54): $\tan\Psi = -1.732 \implies \Psi = -60^\circ$
Mit (52.55): $\hat{u}_C = 0{,}500\,\hat{u}$
Mit (52.58): $\hat{u}_R = 0{,}866\,\hat{u}$

Nebenbei läßt sich auch noch die Zerlegung von u_C (Bild 52.16, oben) angeben:

Mit (52.53): $\hat{u}_{C(A)} = -0{,}433\,\hat{u}$; $\hat{u}_{C(B)} = 0{,}250\,\hat{u}$

Bild 52.16 (Mitte) zeigt den Zusammenhang zwischen den Spannungen u_0, u_R und u_C entsprechend dem Beispiel. (Man beachte den gegenüber dem oberen Teilbild halbierten Maßstab). Die Spannung u_C ist gegenüber der Quellenspannung u_0 um den Winkel Ψ rückverschoben. Dagegen eilen Strom i und damit auch Spannung u_R um einen Winkel φ vor. Dies ist auch gut im linken Vektordiagramm zu erkennen: Das RC-Glied hat insgesamt den Scheinwiderstand Z, der sich vektoriell aus Wirkwiderstand R und Blindwiderstand X_C zusammensetzt. Der Wirkwiderstand verursacht den Spannungsabfall u_R, der Blindwiderstand den

Abfall u_C. Somit lassen sich auch Spannungen und Ströme – hier durch ihre Amplituden repräsentiert – in Größe und Phasenlage vektoriell darstellen; dabei ist im rechten Vektordiagramm rückblickend auch noch die Zerlegung von u_C nach (52.53) mit feinen Linien eingetragen. Aus (52.56) und (52.57) folgt direkt

Satz 52.60:

In einem Wechselstromkreis eilt die Spannung am Kondensator dem Strom um 90^0 nach.

Sehr ähnlich läßt sich nun auch das wechselspannungsgetriebene RL-Glied nach Bild 52.17 analysieren. Ansatzpunkt ist die DGL (52.22), nun in der Form:

$$\frac{L}{R}\frac{di}{dt} + i = \frac{\hat{u}}{R}\sin\omega t \qquad (52.61)$$

Die inhomogene DGL hat als spezielle Lösung:

$$i = \hat{\imath}_{(A)}\cdot\cos\omega t + \hat{\imath}_{(B)}\cdot\sin\omega t \qquad (52.62)$$

Einsetzen dieses Ansatzes und der Ableitung

$$\frac{di}{dt} = -\hat{\imath}_{(A)}\cdot\omega\cdot\cos\omega t + \hat{\imath}_{(B)}\cdot\omega\cdot\sin\omega t$$

in (52.62) mit anschließendem Koeffizientenvergleich liefert:

$$\hat{\imath}_{(A)} = -\frac{\hat{u}}{R}\frac{\frac{\omega L}{R}}{1+\frac{\omega^2 L^2}{R^2}} \qquad \hat{\imath}_{(B)} = \frac{\hat{u}}{R}\frac{1}{1+\frac{\omega^2 L^2}{R^2}}$$

Als Ergänzung zu Def.52.52:

Def.52.63:

$X_L = \omega L$ *Blindwiderstand* der Spule

Daraus ergibt sich

$$\hat{\imath}_{(A)} = -\frac{\hat{u}}{Z}\frac{X_L}{Z} \qquad \hat{\imath}_{(B)} = \frac{\hat{u}}{Z}\frac{R}{Z}\ . \qquad (52.64)$$

Anders als beim RC-Glied nach (52.50) wird hier eine DGL für den Strom gelöst. Infolgedessen wird hier nun die Phasenverschiebung zwischen Quellenspannung U_0 und Strom i berechnet; dafür wurde beim RC-Glied die Bezeichnung φ gewählt, die auch hier beibehalten sei. Also taucht der Winkel α aus Bild 52.15 und (52.48) hier nun als Winkel φ auf:

$$\tan\varphi = \frac{\hat{\imath}_{(A)}}{\hat{\imath}_{(B)}} = -\frac{X_L}{R} \qquad (52.65)$$

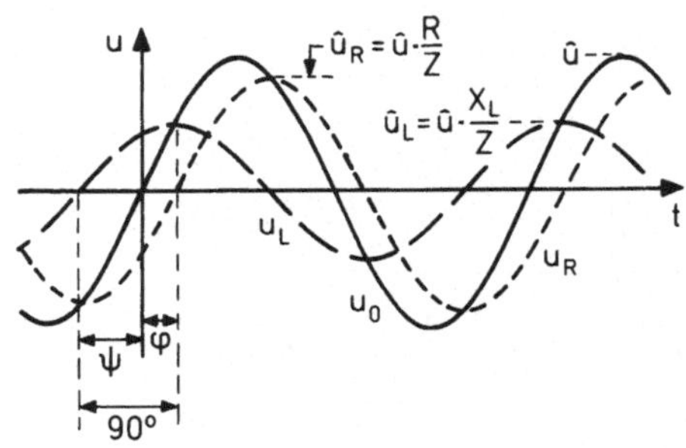

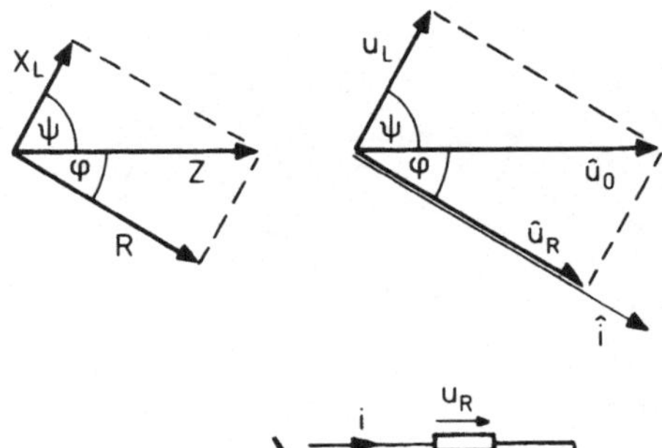

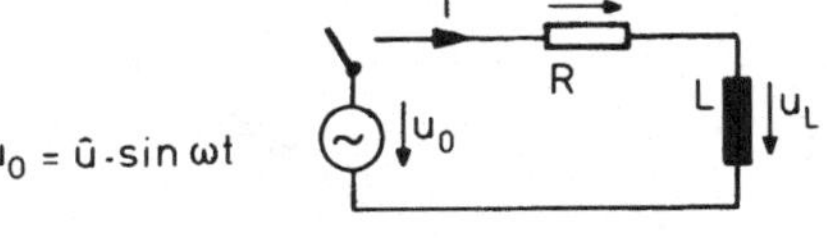

Bild 52.17.
Wechselspannungsbetriebenes RL-Glied

$$\hat{\imath}^2 = \hat{\imath}^2_{(A)} + \hat{\imath}^2_{(B)} \quad ==> \quad \hat{\imath} = \frac{\hat{u}}{Z} \qquad (52.66)$$

Somit ergibt sich als spezielle Lösung der inhomogenen DGL (52.61):

$$i = \frac{\hat{u}}{Z}\sin(\omega t + \varphi) \qquad [\hat{=}\, i''] \qquad (52.67)$$

Mit den Bauelemente-Beziehungen folgt dann noch:

$$\begin{aligned} u_L &= \hat{u}_L\cos(\omega t+\varphi) \quad \text{mit } \hat{u}_L = \hat{u}\frac{X_L}{Z} \\ u_R &= \hat{u}_R\sin(\omega t+\varphi) \quad \text{mit } \hat{u}_R = \hat{u}\frac{R}{Z} \end{aligned} \qquad (52.68)$$

Bild 52.17 stellt die Ergebnisse zusammen, wobei allerdings auf die Wiedergabe der Teilfunktionen $i_{(A)}$ und $i_{(B)}$ verzichtet wurde. Es gilt:

Satz 52.69:

In einem Wechselstromkreis eilt die Spannung an einer Spule dem Strom um 90^0 voraus.

Beispiel 52.70:

Gegeben: $R = 8{,}66\,\mathrm{k\Omega}$; $\omega = 100\,\mathrm{kHz}$; $L = 50\,\mathrm{mH}$

Gesucht: φ, $\hat{u}_L$, $\hat{u}_R$

Lösung:

Mit Def.52.63: $X_L = 5\,\mathrm{k\Omega}$
Mit Def.52.52: $Z = 10\,\mathrm{k\Omega}$
Mit (52.65): $\tan\varphi = -0{,}577 \implies \varphi = -30^0$
Mit (52.68): $\hat{u}_L = 0{,}500\,\hat{u}$; $\hat{u}_R = 0{,}877\,\hat{u}$

Völlig dual zum eben diskutierten RL-Glied läßt sich auch das wechselstromgetriebene Parallel-RC-Glied nach Bild 52.18 (links) behandeln.

zu (52.61): $$\frac{C}{G}\frac{du}{dt} + u = \frac{i}{G}\cdot\sin\omega t$$

zu Def.52.52 und Def.52.63 paßt:

Def.52.71:

$B = B_C = \omega C$ *Blindleitwert des Kondensators*

$B = B_L = \dfrac{1}{\omega L}$ *Blindleitwert der Spule*

G *Wirkleitwert des Widerstands*

$Y = \sqrt{G^2 + B^2}$ *Scheinleitwert*

wobei: $G = \dfrac{1}{R}$; $B_C = \dfrac{1}{X_C}$; $B_L = \dfrac{1}{X_L}$; $Y = \dfrac{1}{Z}$

zu (52.64): $$\hat{u}_{(A)} = -\frac{\hat{\imath}}{Y}\frac{B_C}{Y} \qquad \hat{u}_{(B)} = \frac{\hat{\imath}}{Y}\frac{B_C}{Y}$$

zu (52.65): $$\tan\varphi = \frac{\hat{u}_{(A)}}{\hat{u}_{(B)}} = -\frac{B_C}{G}$$

zu (52.66): $$\hat{u} = \frac{\hat{\imath}}{Y}$$

zu (52.67): $$u = \frac{\hat{\imath}}{Y}\cdot\sin(\omega t + \varphi)$$

zu (52.68): $$i_C = \hat{\imath}_C\cdot\cos(\omega t + \varphi) \quad \text{mit } \hat{\imath}_C = \hat{\imath}\frac{B_C}{Y}$$

$$i_G = \hat{\imath}_G\cdot\sin(\omega t + \varphi) \quad \text{mit } \hat{\imath}_G = \hat{\imath}\frac{G}{Y}$$

Es gelten Funktionsverlauf und Vektordiagramme von Bild 52.17, sofern man sich die Größen u, u_L, u_R, i, R, X_L, Z durch die dazu dualen Grössen i, i_C, i_G, u, G, B_C, Y ersetzt denkt. Dual zum RC-Glied von Bild 52.16 ließe sich auch das Parallel-RL-Glied nach Bild 52.18 (rechts) behandeln.

Bei vorgegebener Frequenz der Spannungs- bzw. Stromquelle ist in einem Schaltkreis jede Teilspannung und jeder Teilstrom eindeutig durch Spitzenwert und Phasenlage charakterisiert. Um leicht Überlegungen zur Leistungsbilanz anschließen zu können, gibt man statt des Spitzenwerts oft lieber *Effektivwerte* an:

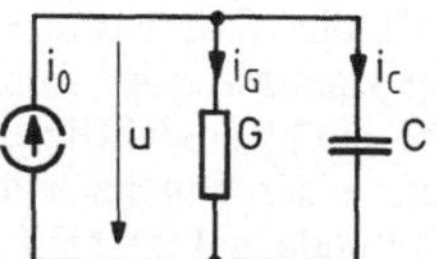

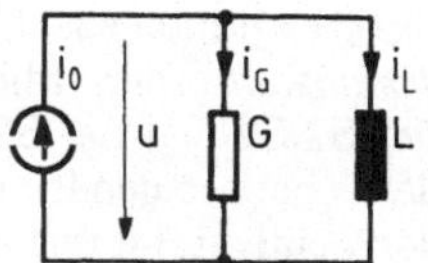

$i_0 = i\cdot\sin\omega t$

Bild 52.18.
Parallel-RC-Glied und Parallel-RL-Glied an einer Wechselstromquelle

Dazu fragt man sich, wie hoch eine Gleichspannung U_{eff} zu sein hätte, die an einem Widerstand R genau so viel Leistung P umsetzen würde wie im Mittel eine Wechselspannung:

$$P = \frac{U^2_{eff}}{R} = \frac{2}{T}\int_0^{\frac{T}{2}} \frac{u^2}{R}\,dt$$

Mit $u = \hat{u}\cdot\sin\omega t$:

$$U_{eff} = R\sqrt{P} = \sqrt{\frac{2}{T}\int_0^{\frac{T}{2}} (\hat{u}\cdot\sin\omega t)^2\,dt}$$

$$\implies U_{eff} = \frac{\hat{u}}{\sqrt{2}} \qquad \textit{Effektivwert} \qquad (52.72)$$

Bild 52.19 zeigt, daß der Effektivwert etwas größer ist als der *arithmetische Mittelwert* $\bar{u}$, der z.B. für gleichgerichtete Wechselspannungen maßgeblich ist:

$$\bar{u} = \frac{2}{T}\int^{\frac{T}{2}} \sin\omega t\,dt = \frac{2\hat{u}}{\pi} \qquad (52.73)$$

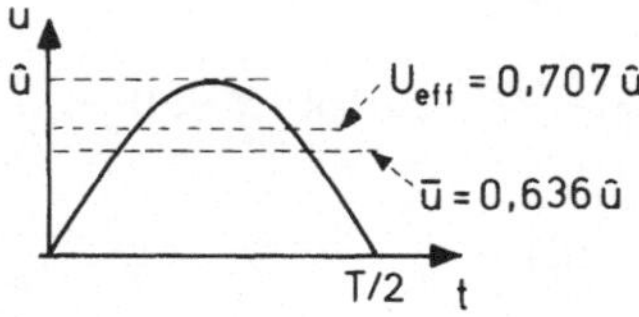

Bild 52.19.
Arithmetischer Mittelwert û und Effektivwert U_{eff}

Praktisch interessant ist oft die *Frequenzabhängigkeit* der Blindwiderstandswerte. Aus Def.52.52 und Def.52.63 ist leicht ersichtlich, daß – bei steigender Frequenz – der Widerstand der Spule steigt und der des Kondensators fällt. Bild 52.20 stellt einige Konsequenzen zusammen.

Es sei nun noch kurz das Einschalten einer Wechselspannungsquelle, hier speziell am RL-Glied nach Bild 52.17 diskutiert. Bild 52.21 wiederholt – gestrichelt – den stationären Endzustand für Teilspannungen also u_R'' und u_L'',

	X_C	Z_C	$\hat{u}_C$	$\hat{u}_R$	$\hat{i}$	α	φ
$\omega \to 0$	∞	∞	$\hat{u}$	0	0	0	90^0
$\omega \to \infty$	0	R	0	$\hat{u}$	$\hat{u}/R$	90^0	0

	X_L	Z_L	$\hat{u}_L$	$\hat{u}_R$	$\hat{i}$	α	φ
$\omega \to 0$	0	R	0	$\hat{u}$	$\hat{u}/R$	90^0	0
$\omega \to \infty$	∞	∞	$\hat{u}$	0	0	0	90^0

Bild 52.20.
Grenzwerte für RC-Glied und RL-Glied bei veränderlicher Kreisfrequenz ω

sowie die Quellenspannung u_0. Die Winkel Ψ und φ beziehen sich auf den Nulldurchgang von u – hier gekennzeichnet durch eine gestrichelt gezeichnete senkrechte Linie. Der Einschaltaugenblick, also t=0, liegt im allgemeinen um einen Winkel δ gegenüber diesem Nulldurchgang verschoben. Deshalb ist (52.67) nun zu schreiben:

$$i'' = \frac{\hat{u}}{Z}\sin(\omega t + \varphi - \delta)$$

Zusammen mit der Lösungsmenge zur homogenen DGL (s. z.B. (52.23)) folgt:

$$i = k \cdot e^{-t \cdot R/L} + \frac{\hat{u}}{Z}\sin(\omega t + \varphi - \delta)$$

Wegen Satz 52.19 gilt für t=0:

$$0 = k + \frac{\hat{u}}{Z}\sin(\varphi - \delta)$$

Einsetzen von k liefert:

$$i = \frac{\hat{u}}{Z}(-\sin(\varphi - \delta)e^{-t \cdot R/L} + \sin(\omega t + \varphi - \delta))$$

Mit (51.1) und (52.18):

$$u_R = \hat{u}\frac{R}{Z}(-\sin(\varphi - \delta)e^{-t \cdot R/L} + \sin(\omega t + \varphi - \delta))$$

$$u_L = \hat{u}\left(\frac{R}{Z}\sin(\varphi - \delta)e^{-t \cdot R/L} + \frac{X_L}{Z}\cos(\omega t + \varphi - \delta)\right)$$

Dem stationären Endzustand i'' überlagert sich also eine abklingende e-Funktion. Phasengleich verläuft der Ausgleichsvorgang für u_R (siehe Bild 52.21).

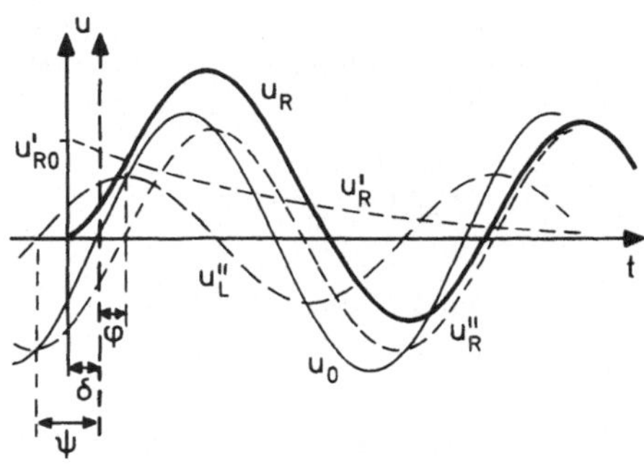

Bild 52.21.
Einschalten einer Wechselspannung an das RC-Glied aus Bild 52.17

Beispiel 52.74:

Gegeben: $X_L = 500\,\Omega$; $R = 866\,\Omega$; $\delta = 40^0$

Gesucht: $\hat{u}_R''$, $\hat{u}_L''$, φ, u'_{R0}, τ

Lösung:

Mit Def.52.52: $Z = 1000\,\Omega$

$$\hat{u}_R'' = \frac{R}{Z}\hat{u} = 0{,}866\,\hat{u}; \quad \hat{u}_L'' = \frac{X}{Z}\hat{u} = 0{,}500\,\hat{u}$$

Mit (52.65): $\tan\varphi = -0{,}577 \implies \varphi = -30^0$
$\sin(\varphi - \delta) = \sin(-30^0 - 40^0) = -0{,}939$

$$u_{R0} = \hat{u}\frac{R}{Z}(-\sin(\varphi - \delta)) = 0{,}81\,\hat{u}$$

Die Zeitkonstante τ sei relativ zur Periodendauer T angegeben:

Mit Def.52.63: $L = \frac{X_L}{\omega}$

Mit Def.52.43: $\frac{1}{\omega} = \frac{T}{2\pi}$

Mit Def.52.26: $T = \frac{L}{R} = \frac{X_L}{R}\frac{1}{\omega} = \frac{X_L}{R}\frac{T}{2\pi}$

Mit den Zahlenwerten: $\tau = 0{,}092\,T$
(Im Bild 52.21 ist τ der Deutlichkeit halber etwa fünffach vergrößert).

Unter den Annahmen: $X_L \gg R$ und $\delta = 0$ kann der Strom i bis nahezu auf den doppelten Wert von $\hat{i}''$ ansteigen.

5.2.5 Netze mit komplexen Widerständen

Im Anschluß an Abschnitt 5.1.5 soll hier nun gezeigt werden, daß das dort vorgestellte Netzanalyse-Verfahren auch auf Wechselstromnetze anwendbar ist. In der Elektrotechnik ist es dazu üblich, die vektoriellen Abhängigkeiten mit Hilfe der *komplexen Zahlenebene* zu beschreiben. So äußern sich die Vektordiagramme der Bilder 52.16 und 52.17 nun als *Zeigerdiagramme* nach Bild 52.22. Zunächst liefert die Zuordnung von Blindwiderständen X_C bzw. X_L zur *Imaginär-Achse* IM und von den Wirkwiderständen R zur *Real-Achse* RE sowie die Notation mit dem Wertsymbol $j=\sqrt{-1}$ nur eine andere Schreibweise für schon bekannte Sachverhalte:

Die Größen R, X und Z meinen *Vektoren*, hier genannt: *Zeiger*. Dabei sind Wirkwiderstände R der Real-Achse, Blindwiderstände X der Imaginär-Achse zugeordnet. Scheinwiderstände Z setzen sich im allgemeinen aus einem Real- und einem Imaginärteil zusammen; sie heißen deswegen oft auch *komplexe Widerstände*. Falls ausdrücklich Absolutwerte – also insbesondere Zeigerlängen von Scheinwiderständen Z – gemeint sind, klammert man die Größe in senkrechte Striche. Ähnlich wird auch bei Spannungen und Strömen verfahren, wobei üblicherweise Effektivwerte angesetzt werden. Über die Notation hinaus wichtig ist, daß – hier ohne Beweis, s. z.B. [5.2] – auch die Rechengesetze der komplexen Zahlenebene anwendbar sind.

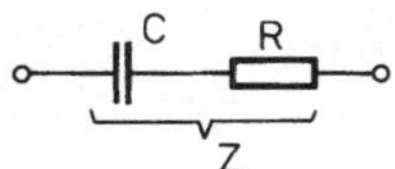

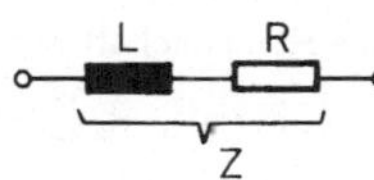

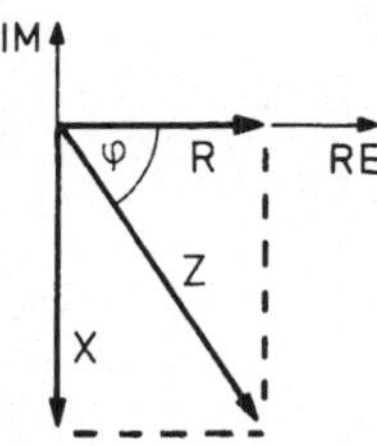

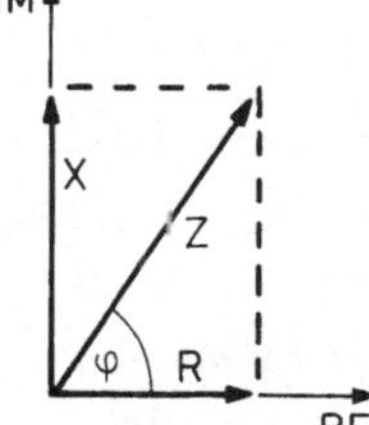

Kondensator + Widerst.

$R = RE(Z)$
$X = IM(Z) = 1/(j\omega C)$
$Z = R - jX = R + 1/(j\omega C)$
$|Z| = \sqrt{R^2 + X^2}$
$\arctan \varphi = -X/R$

Spule + Widerst.

$R = RE(Z)$
$X = IM(Z) = \omega L$
$Z = R + jX = R + j\omega L$
$|Z| = \sqrt{R^2 + X^2}$
$\arctan \varphi = X/R$

Bild 52.22.
Komplexe Widerstände von RC-Glied und RL-Glied

Im Bild 52.23 wird deutlich, daß sich nun z.B. eine Reihenschaltung aus zwei komplexen Widerständen Z_L und Z_C ähnlich wie in der Gleichstromtechnik behandeln läßt:

Es sind einfach die Widerstände Z_L und Z_C – vektoriell – zu einem Gesamtwiderstand Z zu addieren.

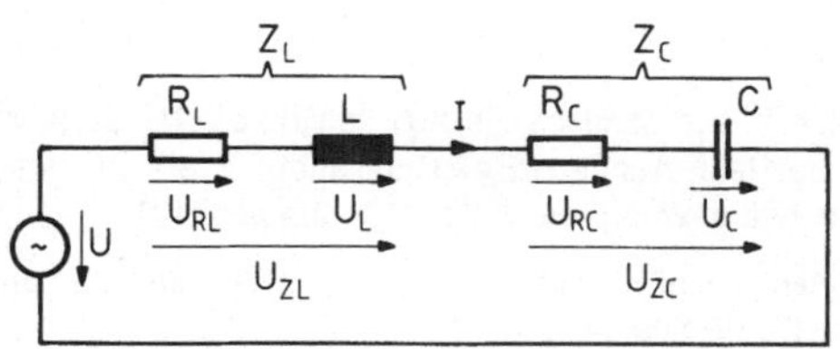

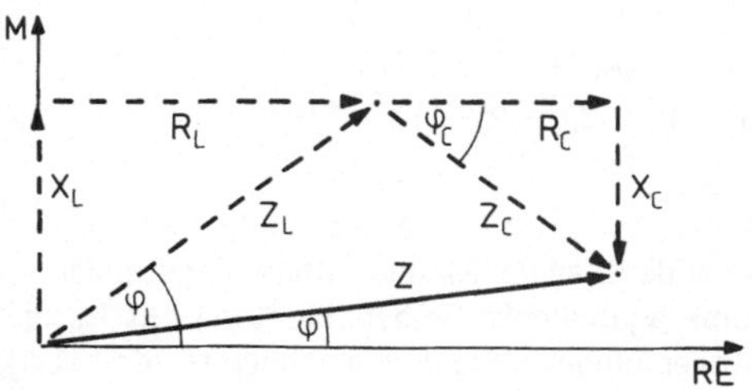

Bild 52.23.
Analyse eines einfachen Netzes mit Spule und Kondensator

Beispiel 52.75 (zu Bild 52.25):

Gegeben:

Quellenspannung: $u = \hat{u} \sin \omega t$
mit $\omega = 2\pi f = 100\,\text{kHz}$; $\hat{u} = 380\,\text{V}$
$R_L = 7\,\text{k}\Omega$; $L = 50\,\text{mH}$
$R_C = 5\,\text{k}\Omega$; $C = 2{,}85\,\text{nF}$

Gesucht:

Phasenlage der durch einen Zeiger U repräsentierten Quellenspannung gegenüber dem Strom I sowie Wert des Stroms.

Lösung:

$X_L = \omega L = 5\,\text{k}\Omega$; $X_C = 1/(\omega C) = 3{,}5\,\text{k}\Omega$
$X = X_L - X_C = 1{,}5\,\text{k}\Omega$ $R = R_L + R_Z = 12\,\text{k}\Omega$
$Z = R + jX = (12 + 1{,}5j)\,\text{k}\Omega$
$|Z| = \sqrt{R^2 + X^2} = 12{,}1\,\text{k}\Omega$
$\tan \varphi = X/R \implies \varphi \approx 7^0$
$|U| = \hat{u}/\sqrt{2} = 220\,\text{V}$;
$I = |U|/|Z| \approx 18\,\text{mA}$
$U = I \cdot Z = 18(12 + 1{,}5j)\,\text{V} = (216 + 27j)\,\text{V}$

Der Strom I liegt in Phase mit den Wirkwiderständen R_L und R_C und damit auch genau in der Real-Achse. Die Spannung U eilt um den Winkel

Bild 52.24.
Gegenseitige Transformierbarkeit von Reihen- und Parallelschaltung

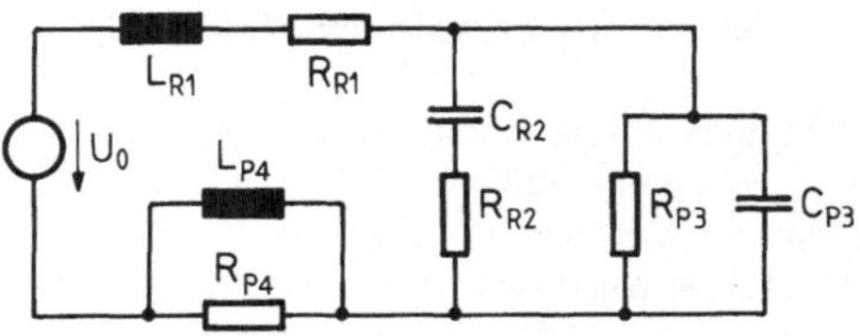

Bild 52.25.
Ein Netz aus Wirk- und Blindwiderständen; zu Beispiel 52.78

$\varphi = 7^0$ vor (Anders als z.B. in Bild 52.16 ist jetzt die Real-Achse (RE ≙ R) und nicht Z als Bezugsachse gewählt. Deshalb ist φ nun positiv).

Man könnte noch weitere Größen bestimmen, z.B. die Spannung U_{ZC}:

$\tan \varphi_C = -X_C/R_C \qquad \varphi_C = -35^0$

$Z_C \;= R_C - jX_C = (5-3{,}5j)\,k\Omega$

$|Z_C| = \sqrt{R_C{}^2 + X_C{}^2} \approx 6{,}1\,k\Omega$

$|U_{ZC}| = I \cdot |Z_C| = 18 \cdot 6{,}1\,V \approx 110\,V$

$U_{ZC} \;= I \cdot Z = 18(5-3{,}5j)\,V = (90-63j)\,V$

Oft ist es nötig, eine Parallelschaltung von Wirkwiderständen R_P und Blindwiderständen X_P in eine äquivalente Reihenschaltung mit R_R und X_R (oder umgekehrt) umzurechnen (Bild 52.24).

$$\frac{1}{R_R + jX_R} = \frac{1}{R_P} + \frac{1}{jX_P}$$

Auflösen nach R_R und X_R:

$$R_R + jX_R = \frac{R_P \cdot jX_P}{R_P + jX_P} = \frac{R_P \cdot jX_P (R_P - jX_P)}{(R_P + jX_P)(R_P - jX_P)}$$

$$= \frac{R_P X_P{}^2 + jR_P{}^2 X_P}{R_P{}^2 + X_P{}^2}$$

$$R_R = \frac{R_P X_P{}^2}{R_P{}^2 + X_P{}^2} \qquad X_R = \frac{R_P{}^2 X_P}{R_P{}^2 + X_P{}^2} \qquad (52.76)$$

Auflösen nach R_P und X_P, basierend auf (52.76):

$$R_P = \frac{R_R{}^2 + X_R{}^2}{R_R} \qquad X_P = \frac{R_R{}^2 + X_R{}^2}{X_R} \qquad (52.77)$$

Mit den Beziehungen für

Reihenschaltung: $Z = Z_1 + Z_2 + Z_3 + \ldots$
Parallelschaltung: $Y = Y_1 + Y_2 + Y_3 + \ldots$

sowie den Umrechnungen (52.76) und (52.77) sind alle Voraussetzungen geschaffen, um die Analysemethoden aus Abschnitt 5.1.4 auch hier anwenden zu können. Ein kleines Beispiel möge dies andeuten:

Beispiel 52.78:

Zu analysieren ist die Schaltung in Bild 52.25.

Gegeben: $\omega = 2\pi f = 100\,kHz$

$R_{R1} = 0{,}4\,k\Omega \quad R_{R2} = 2\,k\Omega \quad R_{P3} = 6\,k\Omega \quad R_{P4} = 1\,k\Omega$
$L_{R1} = 5\,mH \quad C_{R2} = 10\,nF \quad C_{P3} = 5\,nF \quad L_{P4} = 20\,mH$

Gesucht: Gesamtscheinwiderstand und Phasenwinkel φ zwischen Spannung U der Quelle und Gesamtstrom I.

Lösung:

(Alle Zahlenwerte in kΩ)
$X_{R1} = \omega L_{R1} = 0{,}5 \qquad X_{R2} = 1/\omega C_{R2} = 1$
$X_{P3} = 1/\omega C_{P3} = 2 \qquad X_{P4} = \omega L_{P4} = 2$

a) Umrechnen der Reihenschaltung (R_{R2}, X_{R2}) in eine Parallelschaltung (R_{P2}, X_{P2}):

Mit (52.77): $R_{P2} = 2{,}5 \qquad X_{P2} = 5$

b) Zusammenfassen von R_{P2} und X_{P2} mit R_{P3} und X_{P3}:

$$R_{P23} = \frac{R_{P2} \cdot R_{P3}}{R_{P2} + R_{P3}} = 2{,}31 \qquad X_{P23} = \frac{X_{P2} \cdot X_{P3}}{X_{P2} + X_{P3}} = 1{,}54$$

c) Umrechnen der Parallelschaltung (R_{P23}, X_{P23}) in eine Reihenschaltung (R_{R23}, X_{R23}):

Mit (52.76): $R_{R23} = 0{,}71 \qquad X_{R23} = 1{,}07$

d) Umrechnen der Parallelschaltung (R_{P4}, X_{P4}) in eine Reihenschaltung (R_{R4}, X_{R4}):

Mit (52.76): $R_{R4} = 0{,}8 \qquad X_{R4} = 0{,}4$

e) Gesamtscheinwiderstand $\quad Z = R + jX$

$R = R_{R1} + R_{R23} + R_{R4} = 1{,}91$
$X = X_{R1} - X_{R23} + X_{R4} = 0{,}19$

f) Phasenwinkel:

$\tan\varphi = 0{,}19/1{,}91 \approx 0{,}1; \qquad \varphi \approx 5{,}7^0$

Der Phasenwinkel φ ist noch positiv; d.h. der Schaltkreis wirkt insgesamt wie eine Spule mit einem Reihenwiderstand.

Das ständige Hin- und Her-Wandeln zwischen Reihen- und Parallelschaltungen verursacht u.U. ärgerlichen Rechenaufwand. In der Elektrotechnik gibt es deshalb weitergehende, teils auch grafische Analysemethoden.

5.2.6 Quellen für beliebige periodische Funktionen

In der Elektrotechnik sind häufig Spannungs- oder Stromquellen mit nicht-sinusförmiger Zeitabhängigkeit zu beachten (Bild 52.26). Dieser Abschnitt soll aufzeigen, daß solche Fälle auf eine Addition von Sinus-Funktionen zurückführbar sind:

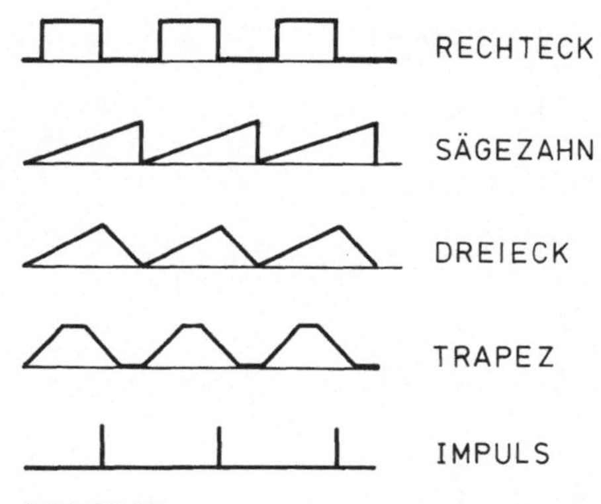

Bild 52.26.
Bekannte periodische Verläufe

Grundlage der folgenden Diskussion sei eine phasenverschobene Sinus-Funktion:

$$y_1(t) = A_1 \cdot \cos \omega t + B_1 \cdot \sin \omega t$$

mit ω: *Grundfrequenz*

Dann läßt sich eine weitere phasenverschobene Sinus-Funktion mit k-facher Frequenz denken, wobei k eine natürliche Zahl ist:

$$y_k(t) = A_k \cdot \cos k\omega t + B_k \cdot \sin k\omega t \qquad (52.79)$$

Aus dem Bereich der numerischen Mathematik stammt die *Fourier-Analyse*. Sie besagt, daß sich jede periodische Funktion y darstellen läßt als - meistens unendliche - Summe von Sinus- und Cosinus-Funktionen der folgenden Form:

$$y(t) = \frac{A_0}{2} + \sum_{k=1}^{n} (A_k \cos k\omega t + B_k \sin k\omega t) \qquad (52.80)$$

wobei: $$A_0 = \frac{2}{T} \int_{-\frac{T}{2}}^{\frac{T}{2}} y(t)\,dt \qquad (52.81)$$

$$A_k = \frac{2}{T} \int_{-\frac{T}{2}}^{\frac{T}{2}} y(t) \cdot \cos k\omega t \cdot dt \qquad (52.82)$$

$$B_k = \frac{2}{T} \int_{-\frac{T}{2}}^{\frac{T}{2}} y(t) \cdot \sin k\omega t \cdot dt \qquad (52.83)$$

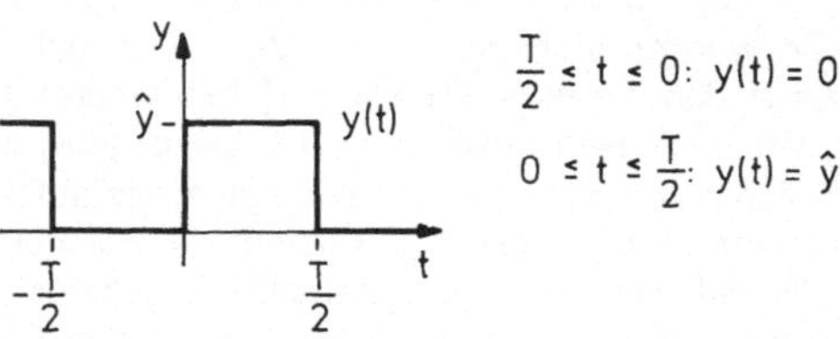

Bild 52.27.
Eine Periode eines Rechteckverlaufs

Beispiel 52.84:

Gesucht: Fourieranalyse der Rechteckfunktion aus Bild 52.26.

Lösung:

Bild 52.27 beschreibt den zeitlichen Verlauf der Rechteckfunktion für eine Periode. Für den Bereich von -T/2 bis 0 gilt $y(t) = 0$, so daß im folgenden nur der Integrationsbereich von 0 bis +T/2 zu berücksichtigen ist.

Mit (52.81): $A_0 = \frac{2}{T} \int_0^{\frac{T}{2}} \hat{y} \cdot dt = \hat{y}$

Mit (52.82): $A_k = \frac{2}{T} \int_0^{\frac{T}{2}} \hat{y} \cdot \cos k\omega t \cdot dt$

$$A_k = \frac{2}{T} \cdot \frac{\hat{y}}{k \cdot \omega} \cdot \sin k\omega t \Big|_0^{\frac{T}{2}}$$

Mit (52.83): $B_k = \frac{2}{T} \int_0^{\frac{T}{2}} \hat{y} \cdot \sin k\omega t \cdot dt$

$$B_k = -\frac{2}{T} \frac{\hat{y}}{k \cdot \omega} \cos k\omega t \Big|_0^{\frac{T}{2}}$$

für $t = \frac{T}{2}$: $\cos k\omega t = \cos k\omega T$

$$= \cos(k \frac{2\pi}{T} \frac{T}{2}) = \cos k\pi$$

$\cos k\pi = 1$, wenn $k = 2, 4, 6, \ldots$
$\cos k\pi = 0$, wenn $k = 1, 3, 5, \ldots$

für $t = \frac{T}{2}$: $\sin k\omega t = \sin(k \frac{2\pi}{T} \frac{T}{2}) = \sin k\pi = 0$

für $t = 0$: $\sin k\omega t = 0$

Also: Alle Koeffizienten $A_k = 0$

für $t = 0$: $\cos k\omega t = 1$

für $k = 2, 4, 6, \ldots$: $B_k = -\frac{2}{T}\frac{\hat{y}}{k \cdot \omega}(1-1) = 0$

für $k = 1, 3, 5, \ldots$: $B_k = -\frac{2}{T}\frac{\hat{y}}{k \cdot \omega}(-1-1)$

$$B_k = \frac{4}{T}\frac{\hat{y} \cdot T}{k \cdot 2\pi} = \frac{2 \cdot \hat{y}}{k\pi}$$

$$y(t) = \hat{y}\{\frac{1}{2} + \frac{2}{\pi}(\sin\omega t + \frac{1}{3}\sin 3\omega t + \frac{1}{5}\sin 5\omega t + \ldots)\}$$

Eine Rechteckfunktion läßt sich also Überlagerung von unendlich vielen Sinusfunktionen auffassen.

Für die übrigen periodischen Verläufe in Bild 52.26 würden sich im Prinzip ähnliche Ergebnisse finden: Es entsteht ein Gleichstromanteil A_0, der nur dann entfällt, wenn die gegebene Funktion symmetrisch zur Zeitachse verläuft. Weiterhin fallen Sinus- und Cosinus-Funktionen an, deren Frequenzen ganzzahlige Vielfache der Grundfrequenz ω sind und deren Amplituden A_k und B_k mit steigendem k immer kleiner werden.

Zwei wichtige praktische Konsequenzen seien hier - ohne tiefere Begründung - noch angedeutet:

Wenn zum einen eine konkrete Schaltung - z.B. das RL-Glied nach Bild 52.17 - mit einer Spannungsquelle nach Bild 52.26 betrieben wird, unterliegt jede einzelne Funktion in (52.80) den geschilderten stationären Endzuständen. So nimmt der Scheinwiderstand des RL-Glieds mit wachsender Frequenz zu, so daß der Strom und die Teilspannungen an der Spule L und dem Widerstand R gegenüber der treibenden Wechselspannung einem anderen - man sagt: verzerrten - zeitlichen Verlauf folgen. Da jeder elektrische Schaltkreis und sogar jede Verbindung immer auch parasitäre Induktivitäten und Kapazitäten aufweist, lassen sich nicht-sinusförmige periodische Verläufe in der Regel bestenfalls annähernd, aber niemals exakt verzerrungsfrei übertragen.

Zum anderen bedient man sich in der Nachrichtentechnik oft z.B. der *Amplitudenmodulation*. Bild 52.28 stellt den besonders einfachen Fall dar, daß eine Sinusfunktion y_1 (mit der Kreisfrequenz ω) einen *Träger* y_2 (mit der Kreisfrequenz Ω) so moduliert, daß die - gestrichelt angedeuteten - Einhüllenden die ursprüngliche Form von y_1 annehmen. Eine Fourieranalyse des derart modulierten Trägers würde ergeben, daß eine Überlagerung von Sinusfunktionen mit den Kreisfrequenzen

$$\Omega - \omega, \quad \Omega, \quad \Omega + \omega$$

vorliegt. Bei realer Nachrichtenübertragung, z.B. beim Fernsprechen über Trägerfrequenz, würde ω als *Grenzfrequenz* ω_g, also als höchste zu übertragende Frequenz, in Erscheinung treten. Zu übertragen ist dann der ganze Frequenzbereich zwischen 0 und ω_g, und auf der Übertragungsstrecke treten alle Frequenzen in einem *Band* von $(\Omega - \omega_g)$ bis $(\Omega + \omega_g)$ bzw. mit der *Bandbreite* $2 \cdot \omega_g$ auf.

Würde man in Telefonverbindungen den vollen Frequenzumfang menschlicher Sprache von etwa 20 kHz tatsächlich übertragen wollen, müßten die *Trägerfrequenzen* der verschiedenen, gleichzeitig auf einer Leitung übermittelten Gespräche jeweils um die Bandbreite von 40 kHz auseinanderliegen. In der Entstehungszeit des Telefonverkehrs ließen sich Trägerfrequenzen nur im kHz-Bereich verwirklichen, so daß die Übertragungsbandbreite mit technischen Maßnahmen von 40 kHz auf 3 kHz beschränkt wurde, um möglichst viele Träger auf derselben Leitung unterbringen zu können. Ein ähnliches Problem liegt in jüngerer Zeit bei der Fernsehübertragung vor. Die Bildinhalte führen Bandbreiten von z.B. 6 MHz; entsprechend weit müssen die Trägerfrequenzen auseinander liegen, wodurch die Anzahl gleichzeitig in einem Gebiet empfangbarer Programme begrenzt ist. Wirksame Steigerung der Trägeranzahl ver-

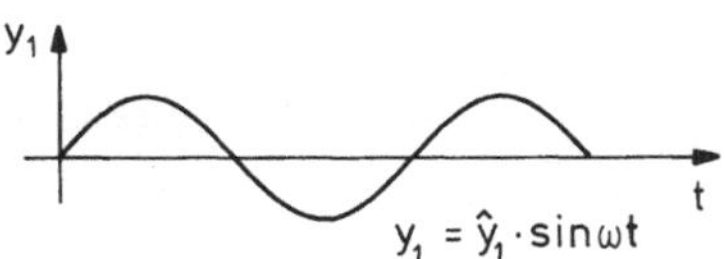

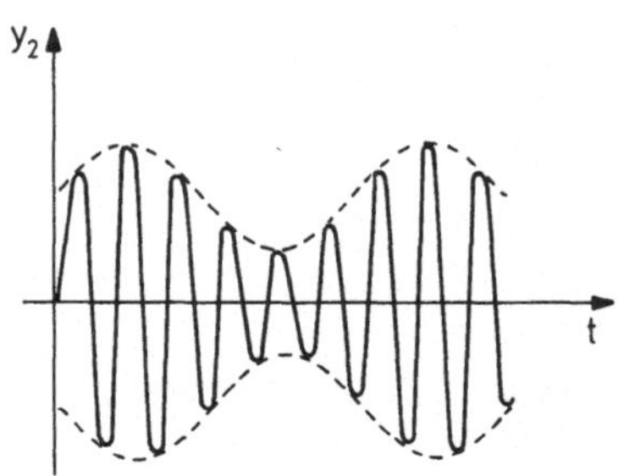

Bild 52.28.
Modulation eines Trägers

spricht die aufkommende optische Nachrichtenübertragung auf Basis modulierter Lichtwellen mit sehr viel höheren Trägerfrequenzen.

5.2.7 Verhaltens- und Strukturbeschreibungen

Die Liste der Verhaltensbeschreibungen aus Bild 51.24 läßt sich nun einfach verlängern um z.B. jene in Bild 52.29. Als weitere global vordefinierte Datentypen sind die Maßeinheiten FARAD, HENRY und HZ vorausgesetzt. Als global definiert gelten auch eine Variable T für die Zeit, eine Konstante PI mit dem Zahlenwert π sowie die Funktionen DDT (für die Ableitung nach der Zeit) und SIN (für die Sinus-Funktion).

Wie schon in Abschnitt 5.1.6 sind die Anweisungsteile zunächst nur Beschreibungen des Verhaltens. Um sie auf einem Rechner - z.B. im Rahmen von Simulationen ausführbar zu machen, bedarf es eines komplexen Interpretationssystems, das u.a. solche Konstrukte wie "Zeit T" und "Ablauf von Zeit" bereitstellen muß. Überdies sind die Anweisungsteile - etwa die Anweisung

```
U = C * DDT(I)
```

grundsätzlich nicht lokal ausführbar, da ja die Zahlenwerte für U und I auch von der Einbindung der Funktionseinheit in eine Struktur abhängen.

```
box KO (C: FARAD);
  terminal A,B;
  termvar U(A,B): VOLT;
          I(A): AMP;
  begin U=C*DDT(I) end.

box SP (L: HENRY);
  terminal A,B;
  termvar U(A,B): VOLT;
          I(A): AMP;
  begin I=L*DDT(U) end.

box SINU (UD: VOLT; F: HZ);
  terminal A,B;
  termvar U(A,B): VOLT;
          I(A): AMP;
  begin
    U=UD*SIN(2*PI*F*T);
  end.
```

Bild 52.29.
Verhaltensbeschreibung für Kondensator, Spule und Wechselspannungsquelle

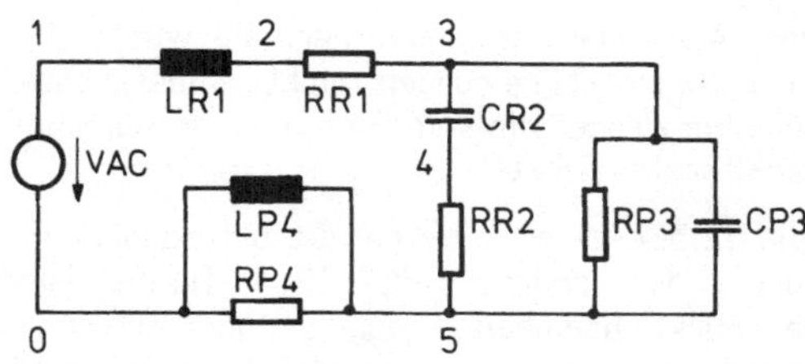

a. Strukturbild

```
structure KOMPLNETZ;
  unit
    RR1: RE(400);    RR2: RE(2000);
    RP3: RE(6000);   RP4: RE(1000);
    LR1: SP(5E-3);   CR2: KO(1E-8);
    CP3: KO(5E-9);   LP4: SP(2E-2);
    VAC:SINU(10,15.9E3)
  locnode: 0,1,2,3,4,5;
  begin
    VAC: 1,0;
    RR1: 2,3;  RR2: 3,4;  RP3: 3,5;
    RP4: 5,0;  LR1: 1,2;  CR2: 4,5;
    CP3: 3,5;  LP4: 5,0
  end.
```

b. Ausführliche Beschreibung

```
VAC  1 0  SIN (0 10 15.9K)
RR1  2 3  400
RR2  3 4  2000
RP3  3 5  6000
RP4  5 0  1000
LR1  1 2  5E-3
CR2  4 5  1E-8
CP3  3 5  5E-9
LP4  5 0  2E-2
```

c. Beschreibung mit SPICE

Bild 52.30.
Beispiel für eine Strukturbeschreibung

Bild 52.30 greift das Beispiel 52.75 zu Bild 52.25 auf und stellt im Teilbild b eine Strukturbeschreibung zusammen. Da die Struktur KOMPLNETZ angenommenerweise nicht selbst als Teil einer noch größeren Struktur dienen soll, sind keine Anschlüsse definiert und es fehlen die Definitionen **terminal** und **termvar**. Da Spannungen und Ströme aller Strukturteile, also aller **units**, miteinander verwoben sind, kann ein Interpretationssystem eine Struktur nur insgesamt analysieren. Dazu stellt es - nach dem Prinzip in Abschnitt 5.1.5 - ein Differentialgleichungssystem auf und stellt Algorithmen zu dessen Lösung bereit.

Der Anwender definiert normalerweise die Verhaltensbeschreibungen nicht selbst, sondern verwendet die vom Simulationsprogramm bereitgestellten Formen.

Bild 52.30c zeigt z.B. die Strukturbeschreibung in der Sprache *SPICE* [5.4]. Da der Typ der Funktionseinheiten implizit über die Anfangsbuchstaben der verwendeten Namen, also V für Spannungsquelle, R für Widerstand, L für Induktivität, C für Kapazität, festgelegt wird, kann ein **unit**-Teil entfallen. Die Parameterwerte werden direkt in die Anweisungen, hier jeweils an vierter Position, übernommen.

5.2.8 Synthese von Netzen

Die Gedanken aus Abschnitt 5.1.7 lassen sich in zweierlei Hinsicht fortführen:

Einerseits interessieren die Ausgleichsvorgänge beim Schalten von Quellen. Eine Syntheseaufgabe würde darin bestehen, zu einem geforderten - z.B. durch eine e-Funktion oder einen gedämpften Sinus-Verlauf beschriebenen - Verhalten eine Struktur aus Widerständen, Kondensatoren und Spulen zu finden. Ein Entwerfer muß dazu die Analyseergebnisse der Abschnitte 5.2.1 bis 5.2.3 prinzipiell kennen und braucht dann nur noch die konkreten Zahlenwerte zu berechnen.

Beispiel 52.85:

Ein Reihenschwingkreis soll mit einer Frequenz $f_1 = 100\,\text{kHz}$ schwingen. Die Schwingung soll innerhalb eine Periode T auf 60% gedämpft werden.

Lösung:

- Die Struktur folgt Bild 52.9
- $T = 1/f_1 = 10^{-5}$ $\qquad \omega_1 = 2\pi f_1 = 2\pi \cdot 10^{-5}$
- Aus (52.39) folgt für die Dämpfung:

  $e^{-\delta} = 0{,}6 \implies \delta T = 0{,}51$

  $\implies \delta = 0{,}51 \cdot f_1 = 0{,}51 \cdot 10^5$
- Aus Def.52.38 folgt:

  $2\pi \cdot 10^5 = \sqrt{\omega_0{}^2 - 0{,}51^2 \cdot 10^{10}}$

  $\implies \omega_0{}^2 = (4\pi^2 + 0{,}51^2) \cdot 10^{10} \approx 4\pi^2 \cdot 10^{10}$
- Mit Def.(52.34):

  $\frac{R}{2L} = 0{,}51 \cdot 10^5 \qquad \frac{1}{LC} = 4\pi^2 \cdot 10^{10}$

Man kann eine der Größen frei wählen, z.B.

$L = 10^{-3}\,\text{H}$

$\implies R = 2 \cdot 10^{-3} \cdot 0{,}51 \cdot 10^5 = 102\,\Omega$

$C = 10^3 \cdot 10^{-10} / 4\pi^2 \approx 2{,}5 \cdot 10^{-9}\,\text{F}$

Andererseits lassen sich wechselstrombetriebene Schaltkreise im stationären Endzustand stets auf einen Ersatzzweipol, speziell auf einen komplexen Widerstand, zurückführen; dadurch verläuft ein Entwurfsvorgang - abgesehen von eventuell erhöhtem Rechenaufwand - prinzipiell genauso wie bei den Gleichstromkreisen in Abschnitt 5.1.7.

5.3 Lineare passive Zweitore

Mit den Aussagen der Abschnitte 5.1 und 5.2 lassen sich elektrische Netze als Strukturen aus Bauelementen analysieren oder synthetisieren. Nicht erklärt ist bisher allerdings, wie die - in diesem Buch vornehmlich zu diskutierende - Hauptaufgabe, nämlich die Weitergabe, Verarbeitung und Speicherung von Nachrichten auf der elektrischen Ebene gelöst wird.

Abschnitt 5.3.1 greift das Sender-Empfänger-Modell aus Kapitel 1 auf und zeigt, daß sich der "Prozessor" auf der elektrischen Ebene als *Zweitor* mit zwei Eingangsanschlüssen und zwei Ausgangsanschlüssen auffassen läßt.

Abschnitt 5.3.2 führt mit den *Zweitorgleichungen* in *Leitwertform* allgemein verwendbare Verhaltensbeschreibungen für Zweitore ein.

Abschnitt 5.3.3 stellt alternative Formen der Verhaltensbeschreibungen vor.

Abschnitt 5.3.4 behandelt Strukturen aus Zweitoren.

Abschnitt 5.3.5 schließlich verweist auf Ähnlichkeiten und Abweichungen in Verhalten und Struktur im Vergleich zu den anderen Nachrichtenebenen.

Die Zweitortheorie bildet in der Elektrotechnik ein ausgedehntes Spezialgebiet. Es ist hier keineswegs die Absicht, hierzu konkrete Entwurfsfähigkeiten zu vermitteln. Vielmehr soll lediglich klar werden, wie sich auf der elektrotechnischen Ebene Wirkungsrichtungen definieren lassen und damit eine Weitergabe von Nachrichten möglich wird.

5.3.1 Zweitor im Sender-Empfänger-Modell

Auf der elektrischen Ebene äußert sich ein Sender im Sender-Zweitor-Empfänger-Modell nach Bild 53.1 als Quelle, speziell z.B. als Sprach- oder Bildquelle, die Spannungen unterschiedlichster Frequenzen abgeben kann. Der Empfänger hingegen ist ein Verbraucher z.B. in Form eines Scheinwiderstandes. Das dazwischen liegende Zweitor wirkt – im allgemeinen Verständnis des Kapitels 1 – als ein "Prozessor", der den vom Sender gelieferten, ja auch zeitabhängigen Spannungsverlauf $U_1(t)$ in einen dem Empfänger zugänglichen Spannungsverlauf $U_2(t)$ "umrechnet".

Für allgemeingültige Überlegungen bevorzugt man in der Regel die Stromrichtungen entsprechend I_1 und I_2 (Bild 53.1). Es kann aber sinnvoll sein, einen dieser Ströme entgegengesetzt, entsprechend I_1' oder I_2' festzulegen.

Es sei hier gleich betont, daß in der Begriffswelt der Zweitore eigentlich zwei Gedankenebenen nebeneinander auftreten: Zum einen wirkt ein Zweitor funktionell als Bindeglied zwischen Sender und Empfänger, und es hat deswegen zwei *Eingangsanschlüsse* und zwei *Ausgangsanschlüsse*. Die Grundfrage betrifft dann das *Übertragungsverhalten*: Wie verändert das Zweitor eine am Eingang angelieferte Nachricht bei der Übertragung zum Ausgang? Der Begriff "Übertragen" meint also nicht "direkte Weitergabe", sondern schließt eine Veränderung der Nachricht durchaus ein. Aus dieser Gedankenebene heraus ist der Begriff *Zweitor* entstanden; er hat den früher üblichen Begriff *Vierpol* inzwischen weitgehend verdrängt. Zum anderen ist ein Zweitor ein elektrotechnisches Gebilde, dessen Spannungen und Ströme an seinen vier Anschlüssen alle gegenseitig voneinander abhängen. So beeinflußt z.B. der Scheinwiderstand eines Empfängers die Größen I_2 und U_2, die ihrerseits – sozusagen entgegen der funktionellen Übertragungsrichtung – auch auf die Größe I_1 und U_1 zurückwirken. Es ist zwar üblich, bei der Diskussion der elektrischen Zusammenhänge die Begriffe "Eingang" und "Ausgang" beizubehalten, jedoch tragen sie dann nicht immer ihre ursprüngliche funktionell orientierte Bedeutung.

Besonders auf der Schaltwerkebene wurde wiederholt eine grundlegende Entwurfsidee – siehe Abschnitt 1.3.3 – veranschaulicht: Z.B. sei das Verhalten eines Schaltnetzes durch eine Schaltfunktion beschrieben; dann entsteht durch den Entwurfsvorgang eine Struktur aus elementaren Funktionseinheiten, nämlich Verknüpfungsgliedern, deren Verhalten mit gleichen Mitteln, also ebenfalls mit Schaltfunktionen ausgedrückt wird. Eine grundsätzlich gleiche Idee wird in Bild 53.2 angedeutet: Das Verhalten eines Zweitors, gegeben durch geeignete Kenngrößen, sei realisierbar durch eine Struktur von letztlich elementaren Zweitoren, deren Verhalten durch Kenngrößen der gleichen Art beschrieben ist.

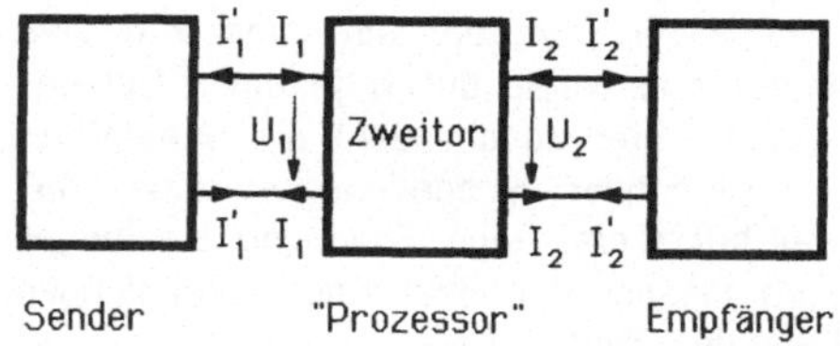

Die vorausgesetzten Stromrichtungen können je nach Diskussionshintergrund wechseln

Bild 53.1.
Sender – Zweitor – Empfänger – Modell

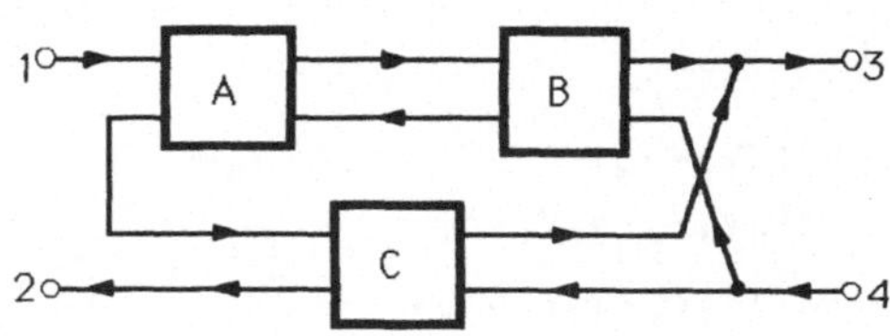

Bild 53.2.
Beispiel für ein Zweitor als Struktur aus Zweitoren

Die Abschnitte 5.3.2 und 5.3.3 befassen sich dementsprechend mit solchen Ausdrucksmitteln für die Verhaltensbeschreibung; Abschnitt 5.3.4 wendet sie dann auf das Verhalten von Strukturen aus Zweitoren an.

Die Aussagen des Abschnitts 5.3 sind auf *lineare, passive Zweitore* beschränkt, und zwar – wie sich zeigen wird – auf solche, die aus Scheinwiderständen, also nur aus Widerständen, Kapazitäten und Induktivitäten bestehen.

5.3.2 Verhaltensbeschreibung für Zweitore

Ein beliebiges Scheinwiderstandsnetz mit vier Anschlüssen ist ein *Zweitor*, wenn in je einem Anschlußpaar gleiche Stromwerte auftreten; in Bild 53.1 also $I(1) = -I(2)$ sowie $I(3) = -I(4)$. Grundsätzlich lassen sich die Beziehungen zwischen den an diesen Anschlüssen bemerkbaren Spannungen und Strömen U_1, U_2, I_1 und I_2 mit den Analysemethoden aus Abschnitt 5.1.5 konkret berechnen. So zeigt Bild 53.3 z.B. ein *all-*

gemeines X-Zweitor; bei ihm sind alle vier Anschlüsse paarweise durch je einen Scheinwiderstand - hier ausgedrückt als Scheinleitwert - miteinander verbunden. Für seine Analyse sei hilfsweise eine Spannung U_3 eingeführt; es lassen sich drei Knotengleichungen direkt aus dem Bild ablesen:

$$1:\ I_1 = U_1Y_5 + (U_1 - U_3)Y_4 + (U_1 - U_2 - U_3)Y_1$$
$$2:\ I_1 = U_1Y_5 + (U_2 + U_3)Y_3 + U_3Y_2$$
$$3:\ I_2 = U_2Y_6 + (U_2 + U_3)Y_3 + (U_2 + U_3 - U_1)Y_1$$

Mit elementaren Umformungen läßt sich zunächst U_3 eliminieren und dann z.B. schreiben [5.9]

$$I_1 = U_1(Y_1 + Y_4 + Y_5 - (Y_1 + Y_4)^2/Y_G) + U_2(Y_3Y_4 - Y_1Y_2)/Y_G$$
$$I_2 = U_1(Y_3Y_4 - Y_1Y_2)/Y_G + U_2(Y_1 + Y_3 + Y_6 - (Y_1 + Y_3)^2)/Y_G$$
$$\text{mit}\quad Y_G = Y_1 + Y_2 + Y_3 + Y_4.$$

Die Koeffizienten bei den Größen U_1 und U_2 haben die Dimension eines Leitwerts. Die Analyse jedes beliebigen anderen linearen passiven Zweitors würde ein Ergebnis gleicher Form bringen, nämlich die der

Zweitorgleichungen in Leitwertform

$$I_1 = Y_{11}U_1 + Y_{12}U_2 \qquad (53.1)$$
$$I_2 = Y_{21}U_1 + Y_{22}U_2$$

Die *Zweitorkoeffizienten* Y_{11}, Y_{12}, Y_{21} und Y_{22} lassen sich für jedes gegebene Netz tatsächlich berechnen und definieren vollständig das Zweitorverhalten. Das konkrete Beispiel des allgemeinen X-Zweitors liefert als folgendes wichtiges Teilresultat:

$$Y_{12} = Y_{21} = (Y_3Y_4 - Y_1Y_2)/Y_G \qquad (53.2)$$

Die Gleichheit der Koeffizienten Y_{12} und Y_{21} ist hier zwar nur für dieses allgemeine X-Zweitor hergeleitet, aber sie gilt natürlich auch für alle jene Zweitore, die sich auf diese Form bringen lassen. Z.B. kann jeder der Leitwerte Y_1 bis Y_6 selbst ein Ersatzzweitor für ein komplizierteres Netz sein. Insbesondere kann jeder dieser Leitwerte auch den Wert 0 annehmen oder unendlich groß sein. Sei z.B. Y_1 unendlich groß; d.h. seien die Anschlüsse 1 und 3 in Bild 53.3 direkt verbunden. Die Beziehung (53.2) läßt sich dann schreiben:

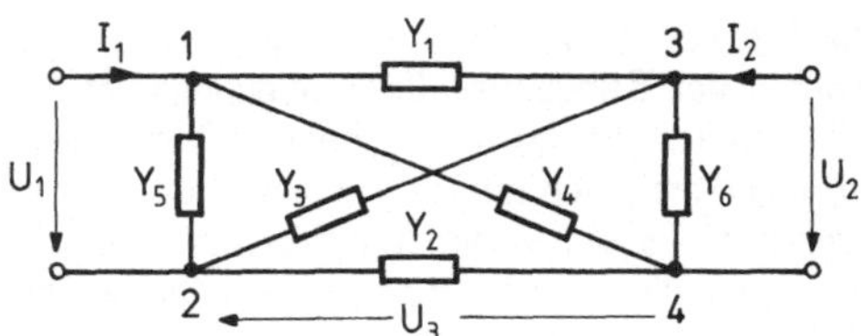

Bild 53.3.
Allgemeines X-Zweitor

$$Y_{12} = Y_{21} = \frac{\frac{1}{Y_2}Y_3Y_4 - Y_1}{\frac{1}{Y_2}(Y_1 + Y_3 + Y_4) + 1}$$

$$\text{mit}\quad 1/Y_2 = 0; \quad \Longrightarrow \quad Y_{12} = Y_{21} = -Y_1$$

Tatsächlich läßt sich zeigen, daß jedes beliebige Zweitor entweder der Form des allgemeinen X-Zweitors genügt oder aber in mehrere allgemeine X-Zweitore zerlegbar ist. Jedenfalls gilt für lineare passive Zweitore aus Scheinwiderständen allgemein:

$$Y_{12} = Y_{21} \qquad (53.3)$$

Dieses Ergebnis läßt sich auch dadurch gewinnen, daß mit den Methoden in Abschnitt 5.1.5 ein lineares Gleichungssystem für beliebige Zweitore formuliert und dessen Lösung mit Determinantenrechnung allgemein nachvollzogen wird [5.1], [5.3].

Ein Zweitor, gegeben durch seine Koeffizienten Y_{11}, $Y_{12} = Y_{21}$ und Y_{22}, läßt sich leicht den speziellen Betriebsformen nach Bild 53.4 unterwerfen. In (53.1) entfällt beim *Kurzschluß am Eingang* jeweils der erste Term, beim *Kurzschluß am Ausgang* jeweils der zweite Term. Die entsprechend vereinfachten Beziehungen aus Bild 53.4 tragen jeweils eine spezielle Bedeutung, wobei mit den tief gestellten Formulierungen "$U_2 = 0$" bzw. "$U_1 = 0$" die Aussagen "unter der Bedingung $U_2 = 0$" bzw. "unter der Bedingung $U_1 = 0$" gemeint sind:

$Y_{11} = (I_1/U_1)_{U_2=0}$ — *Eingangsleitwert bei kurzgeschlossenem Ausgang*

$Y_{22} = (I_2/U_2)_{U_1=0}$ — *Ausgangsleitwert bei kurzgeschlossenem Eingang*

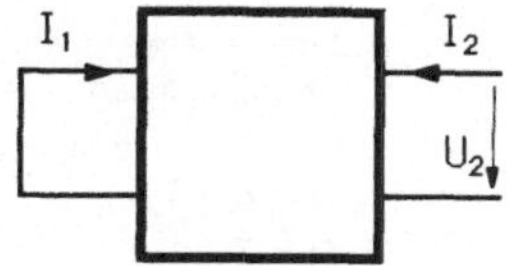

a. Kurzschluß am Eingang: $U_1 = 0$

$I_1 = Y_{12} U_2$
$I_2 = Y_{22} U_2$

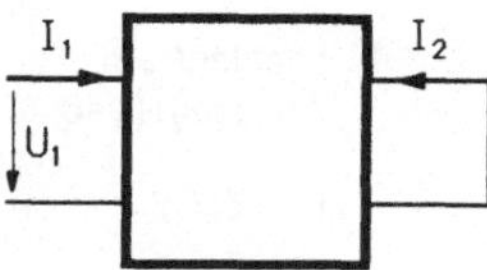

b. Kurzschluß am Ausgang: $U_2 = 0$

$I_1 = Y_{12} U_1$
$I_2 = Y_{22} U_1$

Bild 53.4.
Spezielle Betriebsfälle des Zweitors

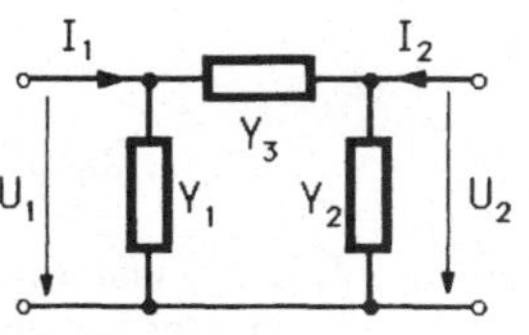

a.
π-Ersatzzweitor

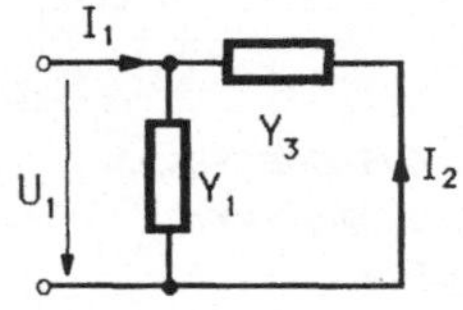

b. Kurzschluß am Ausgang

$Y_{11} = I_1/U_1 = Y_1 + Y_3$
$Y_{21} = I_2/U_1 = Y_3$

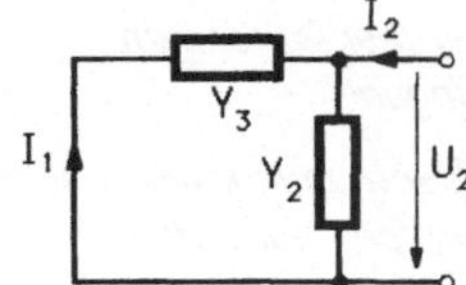

c. Kurzschluß am Eingang

$Y_{22} = I_2/U_2 = Y_2 + Y_3$
$Y_{12} = I_1/U_2 = Y_3$

Bild 53.5.
Koeffizienten des π-Ersatzzweitors

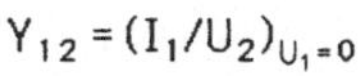

$Y_{12} = (I_1/U_2)_{U_1=0}$ *Übertragungsleitwert bei kurzgeschlossenem Eingang*

$Y_{21} = (I_2/U_1)_{U_2=0}$ *Übertragungsleitwert bei kurzgeschlossenem Ausgang*

Wegen der Gleichheit von Y_{12} und Y_{21} gilt der

Satz 53.4: (*Umkehrungssatz*)

$$(I_1/U_2)_{U_1=0} = (I_2/U_1)_{U_2=0}$$

Die vier obigen Deutungen sind von erheblichem praktischen Nutzen: Die vier Zweitorkoeffizienten lassen sich für ein beliebiges lineares passives Zweitor meßtechnisch durch Herbeiführen der Kurzschlußfälle bestimmen. Schon mehrmals, zuletzt in Abschnitt 5.2.8, zeigte sich, daß sich ein Scheinwiderstandsnetz durch einen Ersatzzweipol in Form eines einzigen Scheinwiderstands nachbilden läßt. Ähnliches deutet sich nun auch für Zweitore an: Offenbar bilden die Koeffizienten Y_{11}, $Y_{12} = Y_{21}$ und Y_{22} die kennzeichnenden Größen eines *Ersatzzweitors*. Eine dazu passende allgemein gültige Struktur ist das *π-Ersatzzweitor* nach Bild 53.5a: Werden dort nämlich die beiden Kurzschlußfälle herbeigeführt, lassen sich die Zweitorkoeffizienten direkt aus den Strukturgrößen Y_1, Y_2 und Y_3 berechnen:

$$Y_{11} = Y_1 + Y_3; \quad Y_{22} = Y_2 + Y_3; \quad Y_{12} = Y_{21} = Y_3$$

Durch elementare Umrechnung folgt:

$$Y_1 = Y_{11} - Y_{12}; \quad Y_2 = Y_{22} - Y_{12}; \quad Y_3 = Y_{12}$$

Es gilt also

Satz 53.5:

Für jedes passive lineare Zweitor aus Scheinwiderständen läßt sich ein π-Ersatzzweitor angeben, dessen Werte Y_1, Y_2 und Y_3 über die Zweitorkoeffizienten Y_{11}, $Y_{12} = Y_{21}$, Y_{22} aus Kurzschlußmessungen konkret bestimmbar sind.

Ergänzend sei bemerkt, daß es auch lineare passive Zweitore gibt, sogenannte *Gyratoren*, bei denen die Beziehung $Y_{12} = -Y_{21}$ (statt $Y_{12} = Y_{21}$) gilt. Der Umkehrsatz ist nicht anwendbar. Ein Gyrator ist nicht durch eine Struktur aus Scheinwiderständen darstellbar.

5.3.3 Varianten der Zweitorgleichungen

Die Gleichungen (53.1) lassen sich leicht umrechnen in die

Zweitorgleichungen in Widerstandsform

$$U_1 = Z_{11} I_1 + Z_{12} I_2 \qquad (53.6)$$
$$U_2 = Z_{21} I_1 + Z_{22} I_2$$

mit $Z_{11} = Y_{22}/P \qquad Z_{12} = -Y_{12}/P$
$\quad\; Z_{21} = -Y_{21}/P \qquad Z_{22} = Y_{11}/P$

wobei $P = Y_{22} Y_{11} - Y_{12} Y_{21}$

Mit $Y_{12} = Y_{21}$ folgt:

$$Z_{12} = Z_{21} \qquad (53.7)$$

Die Zweitorkoeffizienten Z_{11}, Z_{12}, Z_{21} und Z_{22} lassen sich ebenfalls direkt in speziellen Betriebsformen bestimmen, diesmal in Leerlaufsituationen (Bild 53.6):

$Z_{11} = (U_1/I_1)_{I_2=0}$ *Eingangswiderstand bei leerlaufendem Ausgang*

$Z_{22} = (U_2/I_2)_{I_1=0}$ *Ausgangswiderstand bei leerlaufendem Eingang*

$Z_{12} = (U_1/I_2)_{I_1=0}$ *Übertragungswiderstand bei leerlaufendem Eingang*

$Z_{21} = (U_2/I_1)_{I_2=0}$ *Übertragungswiderstand bei leerlaufendem Ausgang*

Der Umkehrungssatz äußert sich in der Form:

$$(U_1/I_2)_{I_1=0} = (U_2/I_1)_{I_2=0} \qquad (53.8)$$

Für ein beliebiges Zweitor läßt sich nun auch ein *T-Ersatzzweitor* angeben, indem dort die Leerlauffälle angesetzt werden (Bild 53.7):

$$Z_{11} = Z_1 + Z_3; \quad Z_{22} = Z_2 + Z_3; \quad Z_{12} = Z_{21} = Z_3$$

Durch elementare Umrechnung:

$$Z_1 = Z_{11} - Z_{12}; \quad Z_2 = Z_{22} - Z_{12}; \quad Z_3 = Z_{12}$$

Der Dualismus zum π-Ersatzzweitor ist offensichtlich und es gilt:

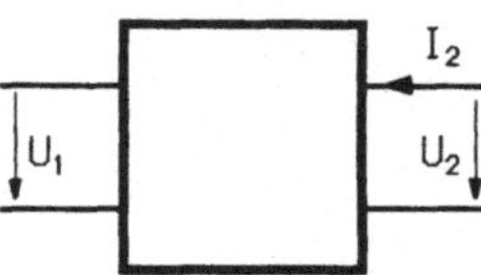

a. Leerlauf am Eingang: $I_1 = 0$

$U_1 = Z_{12} I_2$
$U_2 = Z_{22} I_2$

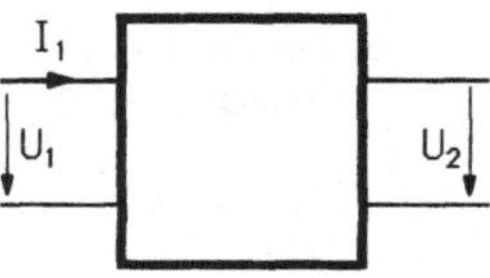

b. Leerlauf am Ausgang: $I_2 = 0$

$U_1 = Z_{11} I_1$
$U_2 = Z_{21} I_1$

Bild 53.6.
Spezielle Betriebsfälle des Zweitors

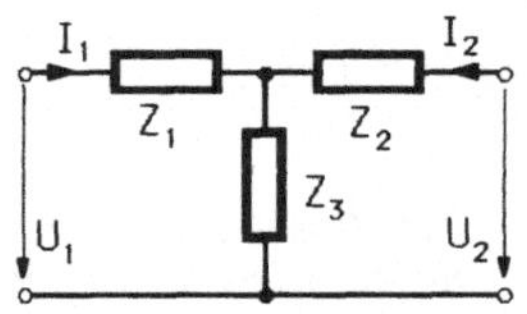

a.
T-Ersatzzweitor

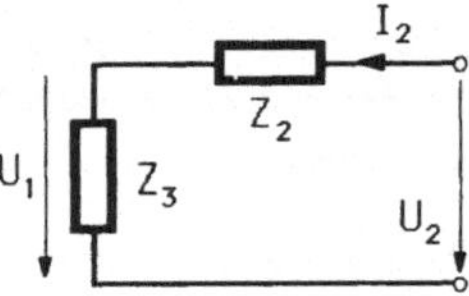

b. Leerlauf am Eingang

$Z_{22} = U_2/I_2 = Z_2 + Z_3$
$Z_{12} = U_1/I_2 = Z_3$

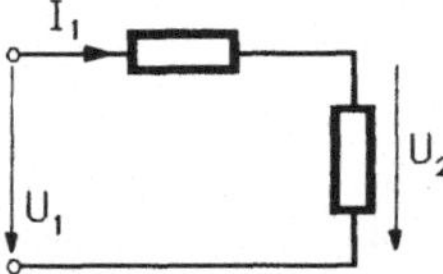

c. Leerlauf am Ausgang

$Z_{11} = U_1/I_1 = Z_1 + Z_3$
$Z_{21} = U_2/I_1 = Z_3$

Bild 53.7.
Koeffizienten des T-Ersatzzweitores

Satz 53.9:

Für jedes passive lineare Zweitor aus Scheinwiderständen läßt sich ein T-Ersatzzweitor angeben, dessen Werte Z_1, Z_2, Z_3 über die Koeffizienten Z_{11}, $Z_{12} = Z_{21}$ und Z_{22} aus Leerlaufmessungen konkret bestimmbar sind.

Ebenfalls aus (53.1) direkt herleitbar sind die

Zweitorgleichungen in Kettenform (53.10)

$$U_1 = A_{11} U_2 + A_{12} I_2'$$
$$I_1 = A_{21} U_2 + A_{22} I_2'$$

mit $A_{11} = -Y_{22}/Y_{21}$

$A_{12} = -1/Y_{21}$

$A_{21} = Y_{11} Y_{22} - Y_{12} Y_{21}/Y_{21}$

$A_{22} = -Y_{11}/Y_{21}$

In dieser Form sind die (benötigten) Eingangsgrößen U_1 und I_1 als Funktion von (gewünschten) Ausgangsgrößen U_2 und I_2' dargestellt. Der Begriff *Kettenform* verweist auf deren Hauptnutzen, nämlich den der Analyse oder Synthese kettenförmig aneinandergehängter Zweitore. Dabei erweist sich dann auch die gleichsinnige Richtung von Ausgangsstrom I_2' und Eingangsstrom I_1 des nachgeschalteten

Zweitors als zweckmäßig (s. Abschnitt 5.3.4). Auch die Zweitorkoeffizienten A_{11}, A_{12}, A_{21} und A_{22} lassen sich durch Leerlauf- und Kurzschlußfälle bestimmen, in denen sich die Beziehung (53.10) jeweils entsprechend vereinfacht:

$A_{11}=(U_1/U_2)_{I_2=0}$ *Reziproke Spannungsübersetzung bei leerlaufendem Ausgang*

$A_{22}=(I_1/I_2')_{U_2=0}$ *Reziproke Stromübersetzung bei kurzgeschlossenem Ausgang*

$A_{12}=(U_1/I_2')_{U_2=0}$ *Übertragungswiderstand bei kurzgeschlossenem Ausgang*

$A_{21}=(I_1/U_2)_{I_2=0}$ *Übertragungsleitwert bei leerlaufendem Ausgang*

Die Beziehungen bei (53.10) lassen sich umformen in:

$$Y_{11}=A_{22}/A_{12} \qquad (53.11)$$
$$Y_{12}=(A_{12}A_{21}-A_{11}A_{22})/A_{12}$$
$$Y_{21}=-1/A_{12}$$
$$Y_{22}=A_{11}/A_{12}$$

Wegen $Y_{12}=Y_{21}$ äußert sich der Umkehrsatz nun auch in der Form:

$$A_{11}A_{22}-A_{12}A_{21}=1 \qquad (53.12)$$

Aus der Kettenform (53.10) lassen sich noch folgende Betriebsfälle ableiten:

Eingangs-Leerlaufwiderstand:
$Z_{L1}=(U_1/I_1)_{I_2=0}=A_{11}/A_{21}$

Ausgangs-Leerlaufwiderstand:
$Z_{L2}=(U_2/I_2')_{I_1=0}=-A_{22}/A_{21}$

Eingangs-Kurzschlußwiderstand:
$Z_{K1}=(U_1/I_1)_{U_2=0}=A_{12}/A_{22}$

Ausgangs-Kurzschlußwiderstand:
$Z_{K2}=(U_2/I_2')_{U_1=0}=-A_{12}/A_{11}$

Daraus folgt:

$$Z_{L1}/Z_{L2}=Z_{K1}/Z_{K2} \qquad (53.13)$$

Aus (53.1) ergeben sich schließlich noch die

Zweitorgleichungen in Hybridform (53.14)

$$U_1=h_{11}I_1+h_{12}U_2$$
$$I_2=h_{21}I_1+h_{22}U_2$$

mit
$$h_{11}=1/Y_{11}$$
$$h_{12}=-Y_{12}/Y_{11}$$
$$h_{21}=Y_{21}/Y_{11}$$
$$h_{22}=(Y_{11}Y_{22}-Y_{12}Y_{21})/Y_{11}.$$

Die Koeffizienten ergeben sich wieder durch Leerlauf- und Kurzschlußfälle für (53.14):

$h_{11}=(U_1/I_1)_{U_2=0}$ *Eingangswiderstand bei kurzgeschlossenem Ausgang*

$h_{12}=(U_1/U_2)_{I_1=0}$ *Spannungsrückwirkung bei leerlaufendem Eingang*

$h_{21}=(I_2/I_1)_{U_2=0}$ *Stromverstärkung bei kurzgeschlossenem Ausgang*

$h_{22}=(I_2/U_2)_{I_1=0}$ *Ausgangsleitwert bei leerlaufendem Eingang*

Aus (53.14) folgt - mit $Y_{12}=Y_{21}$ - für den Umkehrsatz:

$$h_{12}=-h_{21} \qquad (53.15)$$

Welche der hier diskutierten Formen praktisch verwendet wird, hängt vom Einsatzzweck des betrachteten Zweitors ab. Z.B. ist die Hybridform besonders bei der Beschreibung des *Kleinsignalverhaltens* von Transistoren gebräuchlich, da die Koeffizienten h_{11}, h_{12}, h_{21} und h_{22} mit technisch relevanten Transistor-Kenndaten übereinstimmen.

5.3.4 Strukturen aus Zweitoren

Zweitore lassen sich nun als elementare Funktionseinheiten auffassen, deren Verhalten durch die Koeffizienten in einer der vier Formen (53.1), (53.6), (53.10) oder (53.14) beschrieben ist. Das Verhalten von Strukturen aus mehreren Zweitoren sollte sich konsequenterweise allein aus deren Koeffizienten ableiten lassen. *Parallelgeschaltete Zweitore* lassen sich am besten über die Zweitorgleichungen in Leitwertform analysieren (Bild 53.8):

$$I_1^A=Y_{11}^AU_1^A+Y_{12}^AU_2^A \qquad I_2^A=Y_{21}^AU_1^A+Y_{22}^AU_2^A$$
$$I_1^B=Y_{11}^BU_1^B+Y_{12}^BU_2^B \qquad I_2^B=Y_{21}^BU_1^B+Y_{22}^BU_2^B$$

Die Parallelschaltung bildet insgesamt wiederum ein Zweitor:

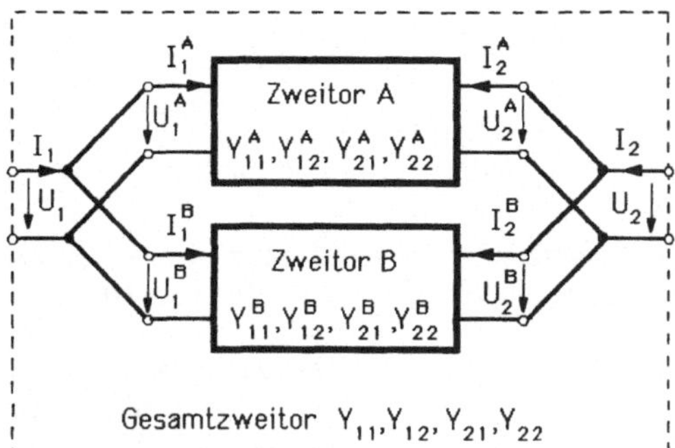

Bild 53.8.
Parallelschaltung von Zweitoren

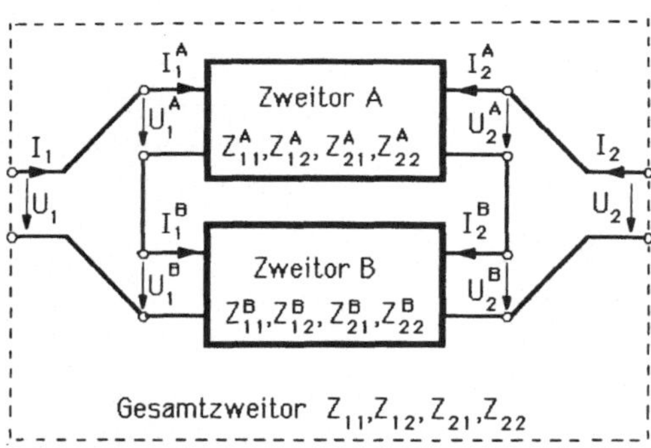

Bild 53.9.
Reihenschaltung von Zweitoren

$$I_1 = Y_{11}U_1 + Y_{12}U_2 \qquad I_2 = Y_{21}U_1 + Y_{22}U_2$$

Mit den durch die Parallelschaltung erfüllten Randbedingungen

$$I_1 = I_1^A + I_1^B \qquad I_2 = I_2^A + I_2^B$$
$$U_1 = U_1^A + U_1^B \qquad U_2 = U_2^A + U_2^B$$

lassen sich deren Koeffizienten berechnen zu:

$$Y_{11} = Y_{11}^A + Y_{11}^B \qquad Y_{12} = Y_{12}^A + Y_{12}^B \qquad (53.16)$$
$$Y_{21} = Y_{21}^A + Y_{21}^B \qquad Y_{22} = Y_{22}^A + Y_{22}^B$$

In analoger Weise sind *reihengeschaltete Zweitore* über die Zweitorgleichungen in Widerstandsform behandelbar (Bild 53.9) mit dem Ergebnis:

$$Z_{11} = Z_{11}^A + Z_{11}^B \qquad Z_{12} = Z_{12}^A + Z_{12}^B \qquad (53.17)$$
$$Z_{21} = Z_{21}^A + Z_{21}^B \qquad Z_{22} = Z_{22}^A + Z_{22}^B$$

Eine Mischform ist die *Reihen-Parallel-Schaltung* (Bild 53.10), die am besten mit der Hybridform der Zweitorgleichungen analysierbar ist. Die Ergebnisse lauten:

$$h_{11} = h_{11}^A + h_{11}^B \qquad h_{12} = h_{12}^A + h_{12}^B \qquad (53.18)$$
$$h_{21} = h_{21}^A + h_{21}^B \qquad h_{22} = h_{22}^A + h_{22}^B$$

Etwas andere Verhältnisse ergeben sich bei *Kettenschaltung von Zweitoren* (Bild 53.11):

$$U_1^A = A_{11}^A U_2^A + A_{12}^A I_2^A \qquad I_1^A = A_{21}^A U_2^A + A_{22}^A I_2^A$$
$$U_1^B = A_{11}^B U_2^B + A_{12}^B I_2^B \qquad I_1^B = A_{21}^B U_2^B + A_{22}^B I_2^B$$

Das Gesamtzweitor der Form

$$U_1 = A_{11}U_2 + A_{12}I_2' \qquad I_1 = A_{21}U_2 + A_{22}I_2'$$

steht unter den Randbedingungen:

$$I_1 = I_1^A \qquad I_2^A = I_1^B \qquad I_2' = I_2^B$$
$$U_1 = U_1^A \qquad U_2^A = U_1^B \qquad U_2 = U_2^B$$

Durch Einsetzen in die Zweitorgleichungen gewinnt man:

$$A_{11} = A_{11}^A A_{11}^B + A_{12}^A A_{21}^B \qquad (53.19)$$
$$A_{12} = A_{11}^A A_{12}^B + A_{12}^A A_{22}^B$$
$$A_{21} = A_{21}^A A_{11}^B + A_{22}^A A_{21}^B$$
$$A_{22} = A_{21}^A A_{11}^B + A_{22}^A A_{2}^B$$

Rückblickend auf das Sender-Prozessor-Empfänger-Modell in Bild 53.1 läßt sich festhalten, daß der "Prozessor" seinerseits aus Zweitoren nach den Prinzipien der Bilder 53.8 bis 53.11 zusammengesetzt sein kann und seine (Gesamt-) Koeffizienten aus den Koeffizienten der beteiligten Zweitore berechenbar sind. Der Empfänger äußert sich meistens einfach als Scheinwiderstand, hier genannt: Z_E (Bild 53.12). Mit der dadurch erzwungenen Abhängigkeit $I_2' = U_2/Z_E$ nehmen die Zweitorgleichungen (53.10) folgende Form an:

$$U_1 = A_{11}U_2 + A_{12}(U_2/Z_E) \qquad (53.20)$$
$$I_1 = A_{21}U_2 + A_{22}(U_2/Z_E)$$

Daraus läßt sich ein Scheinwiderstandswert Z_R berechnen:

$$Z_R = \frac{U_1}{I_1} = \frac{A_{11}Z_E + A_{12}}{A_{21}Z_E + A_{22}} \qquad (53.21)$$

Somit reduziert sich das Sender-Prozessor-Empfänger-Modell auf eine Quelle mit Innen-

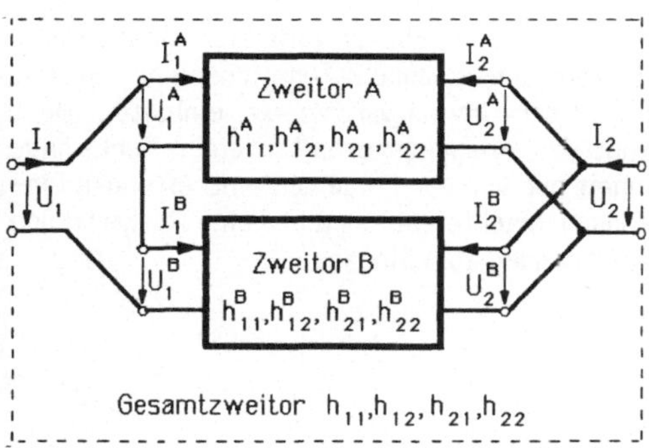

Bild 53.10.
Reihen-Parallel-Schaltung von Zweitoren

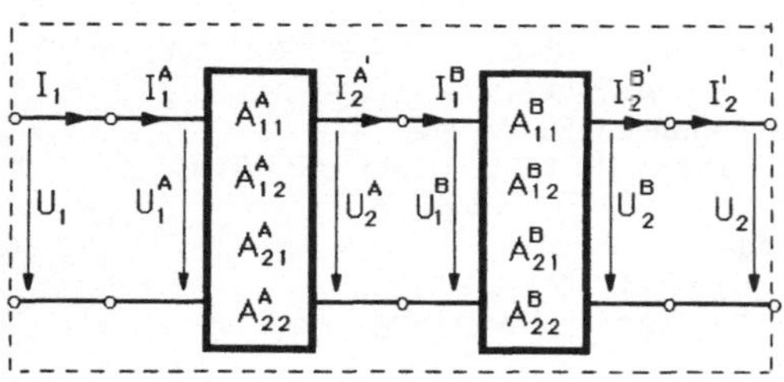

Bild 53.11.
Kettenschaltung von Zweitoren

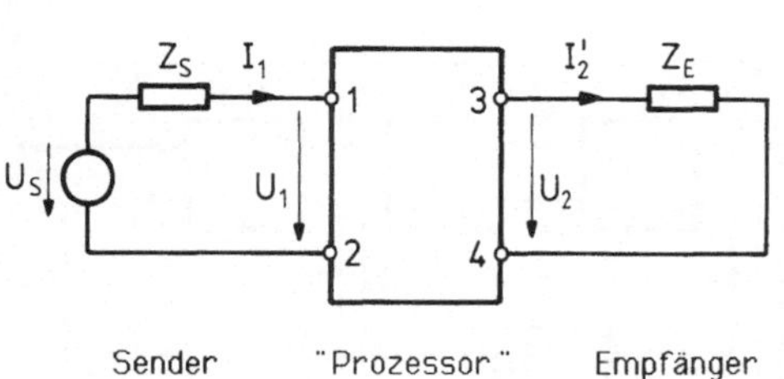

Bild 53.12.
Konkretisiertes Sender-Prozessor-Empfänger-Modell

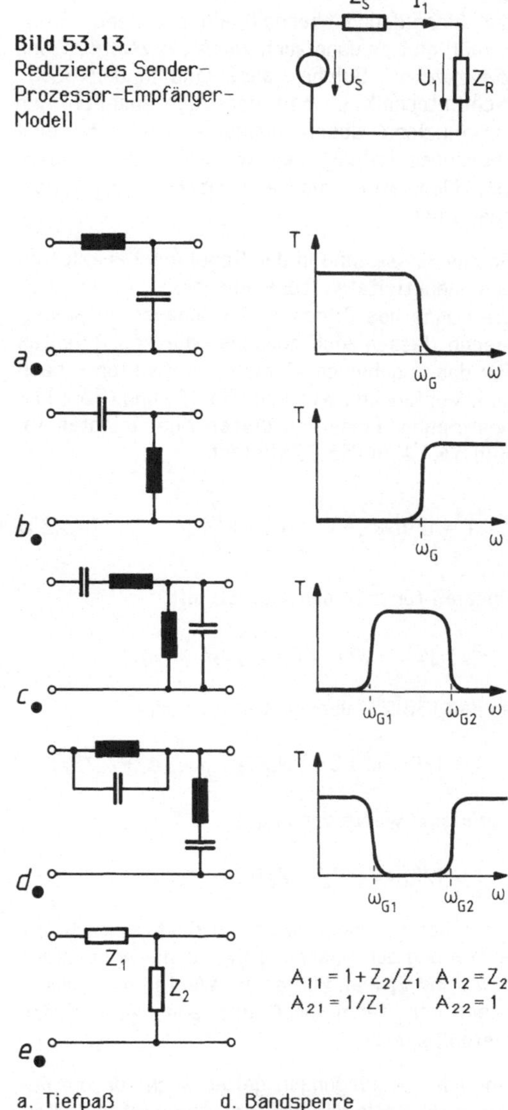

Bild 53.13.
Reduziertes Sender-Prozessor-Empfänger-Modell

a. Tiefpaß
b. Hochpaß
c. Bandpaß
d. Bandsperre
e. Paß, allgemein

Bild 53.14.
Einige Pässe

widerstand Z_S, die einen Scheinwiderstand Z_R als Ersatzzweipol für Übertragungszweitor und Empfänger zu treiben hat (Bild 53.13).

Durch Einsetzen von (53.20) in die Beziehung

$$U_S = U_1 + Z_S I_1$$

läßt sich eine *Übertragungsfunktion* T gewinnen, die die Spannungen U_2 und U_S von Empfänger und Sender vergleicht:

$$T = \frac{U_2}{U_S} = \frac{1}{A_{11} + \dfrac{A_{12}}{Z_E} + A_{21} Z_S + A_{22} \dfrac{Z_S}{Z_E}} \qquad (53.22)$$

Der Sinn dieser Definition sei am Beispiel der *Pässe* angedeutet (Bild 53.14). Stellt man sich den Sender z.B. als Sprach- oder Bildquelle vor, deren Nachricht im Prinzip alle Frequenzen ω umfassen kann, so wirkt z.B. ein *Tief-*

paß unterhalb einer Grenzfrequenz ω_G als durchlässig und oberhalb als sperrend. Sinngemäß gibt es dann auch *Hochpaß*, *Bandpaß* und *Bandsperre*. Solche Pässe sind in der Nachrichtentechnik überall dort gebräuchlich, wo ein einziges Übertragungsmedium, z.B. eine Fernsprechleitung, per Trägerfrequenzsystem und Modulation mehrere Übertragungskanäle realisiert.

Solche *Pässe* sind in der Regel aus Kapazitäten und Induktivitäten zusammengesetzt. Um z.B. die Pässe des Bildes 53.14 genauer zu analysieren, lassen sich zunächst die Koeffizienten für das zugehörige elementare Zweitor - nach dem Verfahren zwischen (53.10) und (53.11) - bestimmen. Einsetzen dieser Koeffizienten (s. Bild 53.14) in (53.22) liefert:

$$T = 1/(1 + \frac{Z_2}{Z_1} + \frac{Z_2}{Z_E} + \frac{Z_S}{Z_1} + \frac{Z_S}{Z_E}) \qquad (53.23)$$

Speziell für z.B. den Tiefpaß gilt

$$Z_2 = j\omega L \quad \text{und} \quad Z_1 = 1/j\omega C,$$

so daß (53.23) übergeht in die Form

$$T = 1/(1 - \omega^2 LC + j\omega L/Z_E + j\omega C \cdot Z_S + Z_S/Z_E).$$

Für kleine Werte von ω gilt

$$T \approx 1/(1 + Z_S/Z_E) = Z_E/(Z_S + Z_E).$$

Die Übertragungsfunktion drückt einfach die Aufteilung der Spannung U_S auf die Widerstände Z_S und Z_E aus. Für große Werte von ω überwiegt der Term $\omega^2 LC$ alle anderen und der Tiefpaß sperrt.

Ähnliche Überlegungen gelten auch für die anderen Pässe. In der Elektrotechnik ist es üblich, in diesem Zusammenhang spezielle Definitionen wie *Übertragungsmaß*, *Dämpfungsmaß* und *Phasenwinkel* einzuführen [5.8]. Dort wird diese Fachrichtung unter dem Begriff "Systemtheorie" wesentlich vertieft.

5.3.5 Wirkungsrichtung bei Zweitoren

Bei den elektrischen Netzen der Abschnitte 5.1 und 5.2 ließ sich durchaus zwischen Verhalten und Struktur unterscheiden. Jedoch fehlte die funktionelle Komponente, wie sie auf allen Nachrichtenebenen auftaucht, und zwar mit der Idee, daß Nachrichtenweitergabe entlang einer Richtung von Sender zum Empfänger verläuft. Auf den höheren Ebenen läßt sich dieses Prinzip konsequent durch Funktionseinheiten mit eindeutiger *Wirkungsrichtung* einhalten: Dort hängt das Ausgangsverhalten einer Funktionseinheit nur von der Folge der eintreffenden Eingangsnachrichten ab; es gibt keine Rückwirkung vom Ausgang zum Eingang.

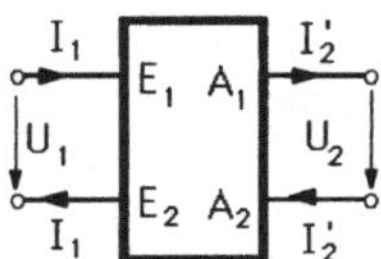


```
box ZT (A11: REAL; A12: OHM; A21: SIE;
        A22: REAL);
terminal E1, E2, A1, A2;
termvar  U1.E1-E2, U2.A1-A2: VOLT;
         I1.E1, I2S.A2: AMP;
begin
  U1 = A11 * U2 + A12 * I2S;
  I1 = A21 * U2 + A22 * I2S
end
```

Bild 53.15.
Textuelle Verhaltensbeschreibung für ein Zweitor

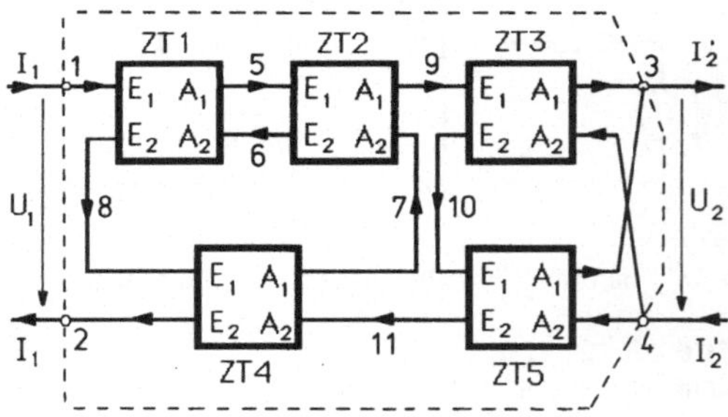


```
structure NET (A111, A112: REAL;
               A121, A122: SIE;
               A211, A212: SIE;
               A221, A222: REAL)
terminal 1, 2, 3, 4;
termvar  U1.1-2, U2.3-4: VOLT;
         I1.1, I2.3: AMP;
begin
  ZT (A111, A121, A211, A221): 1, 8, 5, 6;
  ZT (A111, A121, A211, A221): 5, 6, 7, 9;
  ZT (A111, A121, A211, A221): 8, 2, 7, 11;
  ZT (A112, A122, A212, A222): 9, 10, 3, 4;
  ZT (A112, A122, A212, A222): 10, 11, 3, 4;
end
```

Bild 53.16.
Textuelle Strukturbeschreibung für ein Zweitornetz

Soll eine solche rückwirkungsfreie Funktionseinheit, z.B. ein NAND-Glied, durch ein elektrisches Netz realisiert werden, muß dieses zwangsläufig ebenfalls rückwirkungsfrei arbeiten. Der Gedanke des Zweitors liefert mit "Eingang" und "Ausgang" wenigstens schon eine begriffliche Basis für dieses Ziel. Tatsächlich wird es aber durch lineare passive Zweitore noch nicht erreicht. Erst der Übergang zu nichtlinearen und aktiven Zweitoren schafft eine bevorzugte Wirkungsrichtung und drückt die Rückwirkung auf ein zulässiges Maß herab. Dieser Gedanke wird daher in den folgenden Abschnitten durch die Dioden und Transistoren realisierbar.

Die Bilder 53.15 und 53.16 stellen ein Beispiel für textuelle Beschreibungen zusammen. Die Beschreibungstechnik gleicht der von elektrischen Netzen z.B. in Abschnitt 5.2.7. In der Verhaltensbeschreibung sind einfach die Zweitorgleichungen in Kettenform genannt. In der Strukturbeschreibung sind die Vierpole ZT1, ZT2, ZT3 einerseits und ZT4, ZT5 andererseits über die Parameter A111 bis A222 als jeweils gleich angenommen. Die Größe I_2' lautet im Programmtext: I2S. Wie ersichtlich sind z.B. beim Knoten 8 zwei "Eingänge" direkt miteinander verbunden; dies mag als weiteres Indiz dafür gelten, daß die Differenzierung nach "Eingängen" und "Ausgängen" bei linearen passiven Zweipolen, elektrotechnisch gesehen, nicht immer inhaltlich sinnvoll ist.

5.4 Nichtlineare passive Zweipole; Halbleiterdioden

Am Ende des Abschnitts 5.1 wurde ein - erfolgloser - Versuch unternommen, Verknüpfungsglieder der Schaltwerksebene allein mit Widerständen zu verwirklichen. Mit den nichtlinearen Zweipolen bietet sich ein Ausweg an:

Abschnitt 5.4.1 erklärt den Begriff der *Nichtlinearität* und zeigt am Beispiel einer exponentiellen Strom-Spannungs-Abhängigkeit die Konsequenzen für die bisherigen Analyseverfahren auf.

Abschnitt 5.4.2 zeigt auf, daß sich *Verknüpfungsglieder* prinzipiell mit *nichtlinearen passiven Zweipolen* realisieren lassen.

Abschnitt 5.4.3 behandelt eine in der Nachrichtenverarbeitung sehr gebräuchliche Form des nichtlinearen passiven Zweipols, nämlich die *Halbleiterdiode*; dabei stellt sich heraus, daß zur Zusammenschaltung beliebig vieler Verknüpfungsglieder noch aktive Bauelemente, z.B. Transistoren fehlen.

Abschnitt 5.4.4 schließlich nennt noch einige gebräuchliche *Sonderformen* der Halbleiterdiode.

5.4.1 Nichtlineare passive Zweipole

In Abschnitt 5.1 wurden zeitunabhängige, lineare passive Zweipole, also Widerstände, eingeführt. Entfällt dort die Voraussetzung der Linearität, entstehen Zweipole, deren Strom-Spannungs-Beziehungen sich grafisch als *nichtlineare Kennlinien* äußern. Das Bild 54.1 zeigt als bekanntes Beispiel eine exponentielle Abhängigkeit. Dabei seien die Größen U_T und I_S zunächst als willkürlich wählbare positive Konstanten angesehen; sie bekommen in Abschnitt 5.4.3 eine spezielle Bedeutung.

$$I = I_S(e^{U/U_T}-1) \qquad (54.1)$$

Bei einem *nichtlinearen Zweipol* mit solcher Kennlinie fließt in *Durchlaßrichtung*, also bei positiver Spannung U, ein um viele Größenordnungen höherer Strom als in Sperrichtung, also bei negativer Spannung. Um die Allgemeingültigkeit dieses Gedankengangs besser zu betonen, sei vorerst ein Symbol verwendet, das sich von dem - der erst später vorgestellten - Halbleiterdiode unterscheidet (Bild 54.1). Offensichtlich hat also ein nichtlinearer Zweipol keinen für alle Ströme bzw. Spannungen konstanten Widerstandswert. Vielmehr ist der *statische Widerstand*

$$R_N = U/I \qquad (54.2)$$

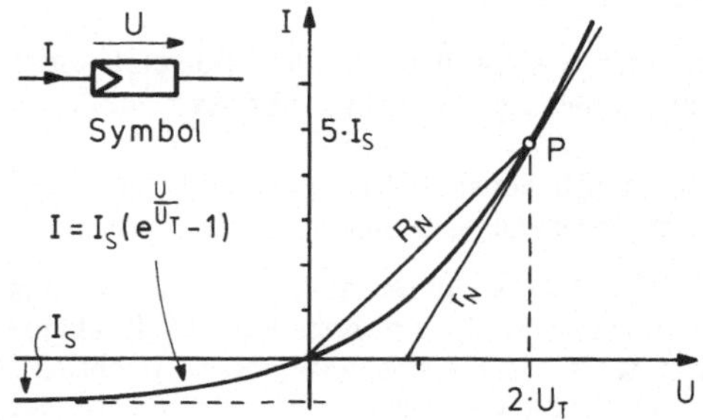

Für $U = 2\cdot U_T$: $R_N \approx 0{,}31\,U_T/I_S$; $r_N \approx 0{,}13\,U_T/I_S$

Bild 54.1.
Eine nichtlineare Kennlinie mit Beispielen für statischen und differentiellen Widerstand R_N bzw. r_N

selbst abhängig vom *Arbeitspunkt* P, also vom Wertepaar (U, I) einer vorgegebenen Betriebssituation. Das Verhalten einer einfachen Reihenschaltung nach Bild 54.2 wird beschrieben durch die Maschengleichung für die Spannungen sowie die Bauelementebeziehungen:

$$U_0 = U_N + U_R$$
$$I = I_S(e^{U_N/U_T} - 1)$$
$$U_R = R \cdot I$$
$$\Longrightarrow \quad U_0 = U_N + R \cdot I_S(e^{U_N/U_T} - 1)$$

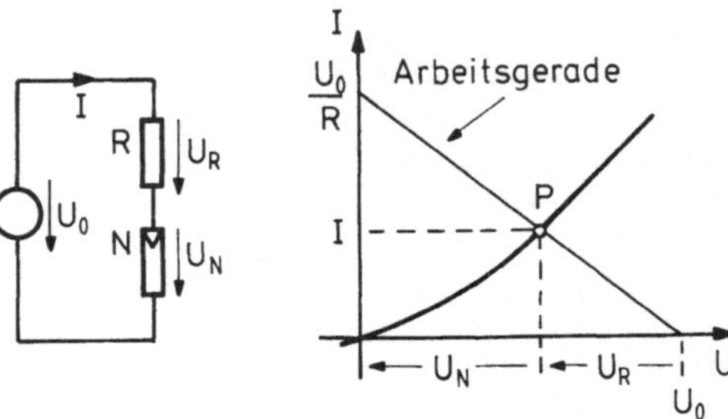

Bild 54.2.
Gleichspannungskreis mit nichtlinearem Zweipol N

Schon dieses einfache Beispiel zeigt folgende Konsequenzen auf:

- Grundsätzlich gelten auch hier die Kirchhoffschen Gesetze zu Maschenspannungen und Knotenströmen.
- Im systematischen Analyseverfahren aus Abschnitt 5.1.5 entstehen *nichtlineare* Gleichungssysteme, zu deren Auflösung es im allgemeinen spezieller Methoden der numerischen Mathematik bedarf.

In einfachen Fällen, wie dem des Bildes 54.2, hilft oft ein grafisches Verfahren: Dazu sei die *Arbeitsgerade* des Widerstands R mit den Endpunkten $I = U_0/R$ und $U = U_0$ konstruiert; sie faßt alle Betriebsfälle zusammen, die einem Widerstand R bei gegebener Quellenspannung U_0 und – noch unbekanntem Spannungsabfall U_N – widerfahren können. Der tatsächliche Betriebsfall ergibt sich durch den Schnittpunkt P mit der Kennlinie des nichtlinearen Zweipols. Dieses einfache Verfahren läßt sich auch auf die Reihenschaltung zweier nichtlinearer Zweipole sowie auf entsprechende Parallelschaltungen übertragen. Dabei tritt an die Stelle der Arbeitsgeraden für den Widerstand R die allgemeinere Form einer *Arbeitskennlinie* für die zweite Diode; ein Beispiel folgt zu Bild 54.7.

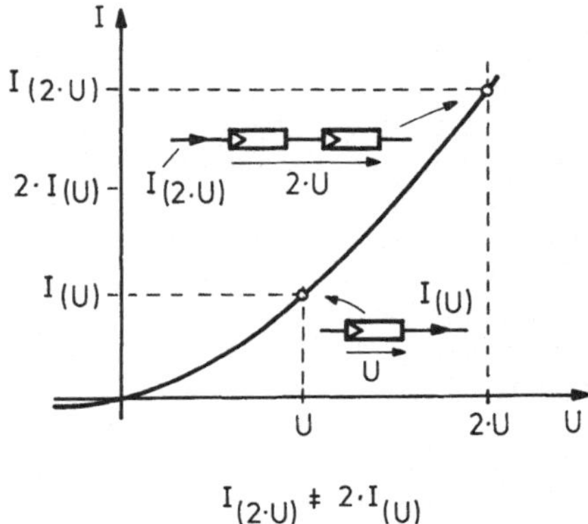

Bild 54.3.
Zur Ungültigkeit des Überlagerungssatzes

Bild 54.3 veranschaulicht am Beispiel einer Reihenschaltung eine weitere Konsequenz:

- In nichtlinearen Schaltungen gilt nicht der Überlagerungssatz aus Abschnitt 5.1.5.

Im Bild 54.4 ist unterstellt, daß durch eine Gleichspannung U_0 ein Arbeitspunkt P eingestellt wird. Durch eine überlagerte Rechteckspannung ΔU_0 verlagert sich der Arbeitspunkt von P_A über P nach P_B, wobei am nichtlinearen Zweipol eine Spannungsänderung ΔU und eine Stromänderung ΔI eintritt. Das Verhältnis $\Delta U/\Delta I$ entspricht einem Widerstandswert, der sich grafisch durch die Sekante durch die Punkte P_A und P_B ausdrückt. Zu gleichen Teiländerungen $(U_B - U)$ und $(U - U_A)$ gehören ungleiche Stromdifferenzen $(I_B - I)$ bzw. $(I - I_A)$; es treten also *Verzerrungen*, hier des Stroms I, auf. Das Einstellen eines Arbeitspunkts durch eine Gleichspannung und das Überlagern mit einer Wechselspannung bildet eine Grundsituation in der *Signalverstärkung* bei Transistoren (s. Abschnitt 5.5). Um die Verzerrung möglichst gering zu halten, sollte die *Aussteuerung*, also hier die Spannungsschwankung ΔU, möglichst gering bleiben. Man spricht auch von *Kleinsignalverhalten* (obgleich dazu im weiteren Sinn oft auch noch das Zeitverhalten einbezogen wird). Im Grenzfall $\Delta U \to 0$ wirkt der *differentielle Widerstand* als Tangente im Punkt P:

$$r_N = (\Delta U_N/\Delta I)_{\Delta U_N \to 0} = dU_N/dI \tag{54.3}$$

Durch Ableitung der Beziehung (54.1) gilt:

$$dI/dU = (I_S/U_T) \cdot e^{U/U_T} \tag{54.4}$$

Als Beispiel sind im Bild 54.1 der statische und der differentielle Widerstand für den Spannungswert $U=2\cdot U_T$ miteinander verglichen:

$$(54.1), (54.2) \implies R_N = 2\cdot U_T/(I_S(e^2-1))$$
$$(54.3), (54.4) \implies r_N = U_T/(I_S\cdot e^2)$$

Bild 54.5 deutet das Aufladen einer Kapazität über einen nichtlinearen Zweipol an. Maßgebend sind wieder die Maschengleichung sowie die beiden Bauelementebeziehungen:

$$u_N + u_C = U_0$$
$$i = C\cdot du_C/dt$$
$$i = I_S(e^{u_N/U_T}-1)$$

Durch Gleichsetzen der beiden letzten Beziehungen und Differenzieren der Maschengleichung läßt sich eine nichtlineare Differentialgleichung für u_N gewinnen:

$$\frac{du_N}{dt} + \frac{1}{C} I_S(e^{u_N/U_T}-1) = 0$$

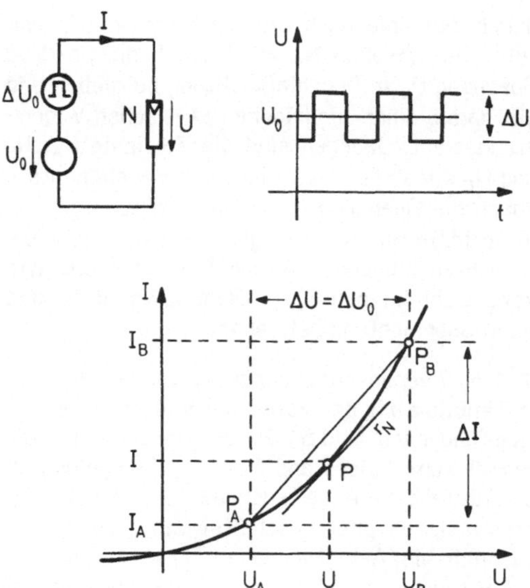

Bild 54.4.
Differentieller Widerstand r_N

Beim Aufladen durchläuft der nichtlineare Zweipol die Kennlinie von $u_N=U_0$ bis $u_N=0$, wobei der wirksame differentielle Widerstand von einem Anfangswert r_{N1} auf einen Endwert r_{N2} anwächst. Im Vergleich zu einer Aufladung über einen Widerstand R (mit $r_{N2}<R<r_{N1}$) lädt sich der Kondensator also zunächst schneller, dann aber langsamer auf. Ohne jetzt weitere Details zu diskutieren, sei hier festgehalten, daß nichtlineare Zweipole zusammen mit zeitabhängigen Bauelementen im allgemeinen zu nichtlinearen Differentialgleichungssystemen führen, für deren Auflösung es ausgefeilter Methoden der numerischen Mathematik bedarf. Die Nichtlinearitäten von konkreten Bauelementen wie Dioden und Transistoren sind bei der Simulation größerer elektrischer Netze eine wesentliche Ursache für immense Rechnerlaufzeiten.

Schließlich sei noch angemerkt, daß es auch <u>zeitabhängige</u>, nichtlineare passive Zweipole gibt. Dabei ist die Spannungsabhängigkeit von kapazitiven Einflüssen oft nicht vernachlässigbar.

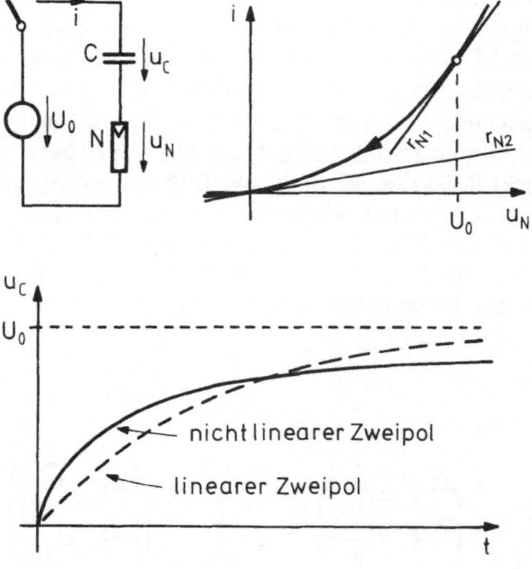

Bild 54.5.
Aufladen einer Kapazität über einen nichtlinearen Zweipol N

5.4.2 Verknüpfungsglieder mit nichtlinearen passiven Zweipolen

Der Nutzen nichtlinearer Zweipole läßt sich nun an dem noch ungelösten Problem aus Abschnitt 5.1.8 aufzeigen. Der Fall 4 des Bildes 51.29c ist nochmals in Bild 54.6a wiederholt. Soll das Verknüpfungsglied eine UND-Funktion verwirklichen, muß die Spannung U_Q in diesem Fall möglichst gering sein; dies gelingt, wenn die – nunmehr nichtlinearen – Zweipole N_A, N_B, N_C einen möglichst hohen Widerstandswert aufweisen, wohingegen der Widerstandswert von N_D gering sein soll. Diese Forderungen sind durch Zweipole nach Bild 54.1 im Prinzip erfüllt: Der Zweipol N_D wird durch die positive Spannung U_Q in Durchlaßrichtung betrieben und hat damit einen niedrigeren statischen Widerstandswert. Dagegen sind die Zweipole N_A, N_B und N_C allesamt – aus Sicht des Bauelements – durch die Spannung U_P in Sperrichtung gepolt. Im Bild 54.6b ist der gleiche Fall mit vertauschten Eingängen A und D wiederholt; wie gewünscht ist nun N_A in Durchlaßrichtung und N_D in Sperrichtung betrieben.

Bild 54.7 veranschaulicht den erzielten Gewinn. In Teilbild a ist der Fall 4 bei Widerstandsverknüpfung nach Bild 51.29 zu finden. Linie ① gehört zum Widerstand R; durch Spiegelung an U_0 entsteht die Arbeitsgerade ②. Da drei Widerstände parallel geschaltet sind, wird tatsächlich die Arbeitsgerade ③ wirksam. Der Schnittpunkt P liefert die Teilspannungen U_Q und U_P. In Teilbild b bildet die Linie (1_D) Kennlinie des nichtlinearen Zweipols in Durchlaßrichtung. Für die Sperrichtung gilt die um 180° gedrehte Linie (1_S). Zu ihr gehört die Arbeitskennlinie ② und – bei drei parallel geschalteten in Sperrichtung betriebenen Zweipolen – die wirksame Arbeitskennlinie ③. Der Schnittpunkt P liefert nun eine deutlich kleinere Spannung U_Q. Bei den Halbleiterdioden des nächsten Abschnitts ist der Sperrstrom I_S, und damit der Strom $I \approx 3 \cdot I_S$, so gering, daß der Arbeitspunkt P fast in den Nullpunkt fällt und damit U_Q praktisch zu Null wird. Soll das Verknüpfungsglied aus Bild 51.29 dagegen ein ODER-Glied sein, ergibt sich – wie am Bild 54.8 angedeutet, gerade die umgekehrte Situation.

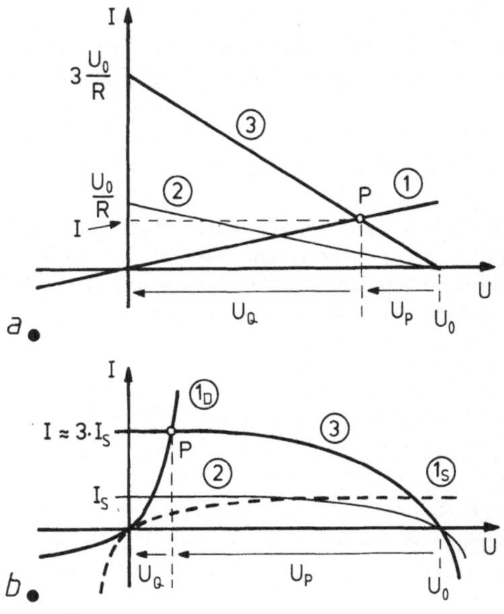

a. Verknüpfungsglied aus Widerständen (entsprechend Bild 51.29d)

b. UND-Glied mit nichtlinearen Zweipolen (entsprechend Bild 54.6)

Bild 54.7.
Arbeitspunkt P zu zwei verschieden realisierten Verknüpfungsgliedern

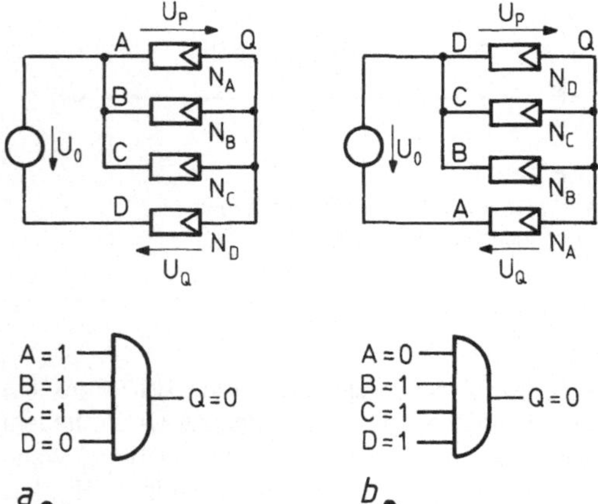

Bild 54.6.
UND-Glied mit nichtlinearen Zweipolen

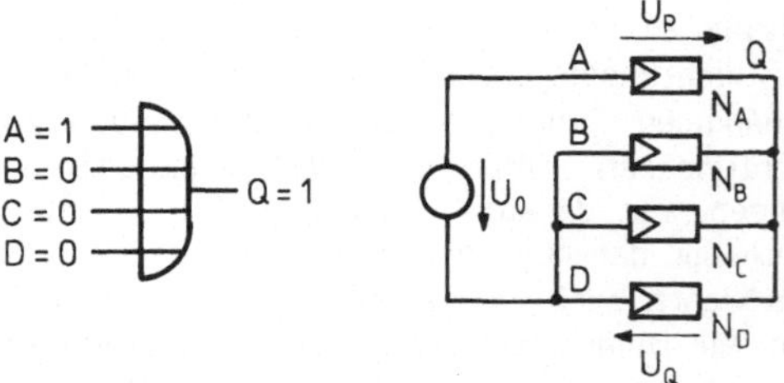

Bild 54.8.
ODER-Glied mit nichtlinearen Zweipolen

5.4.3 Halbleiterdioden

Einkristalline Gitterstrukturen aus vierwertigen Atomen, insbesondere aus Silizium- oder Germaniumatomen, haben nur eine sehr geringe elektrische Leitfähigkeit. Durch gezielten Einbau von drei- und fünfwertigen Fremdatomen, läßt sich in einem solchen Einkristall ein sogenannter pn-Übergang und damit als weiteres Bauelement die *Halbleiterdiode* gewinnen; ihr Verhalten ist weitgehend durch (54.1) bzw. (54.5) beschrieben.

$$I = I_S(e^{U/U_T} - 1) \quad \text{mit} \qquad (54.5)$$

$U_T = k \cdot T/q$ *Temperaturspannung*

$k \approx 1{,}38 \cdot 10^{-23}$ Ws/K *Boltzmann-Konst.*

$q \approx 1{,}60 \cdot 10^{-19}$ As *Elementarladung*

Bei Zimmertemperatur ($T \approx 300$ K) beträgt der *Sperrsättigungsstrom* I_S von *Siliziumdioden* etwa 10^{-14} A; er verdoppelt sich bei jeweils etwa 6 °C Temperaturerhöhung. *Germaniumdioden* sperren bei $T \approx 300$ K deutlich schlechter ($I_S \approx 10^{-10}$ A); jedoch verdoppelt sich der Wert erst bei 9 °C Temperaturerhöhung [5.8].

Die Kennlinie (54.5) wird also bei steigender Temperatur stark zu höheren Stromwerten verschoben; dem wirkt die Verminderung des Exponenten U/U_T nur untergeordnet entgegen. Bei $T = 300$ K gilt $U_T \approx 25$ mV; aus (54.5) folgt dazu:

- Im Sperrbereich ist ab etwa $U < -100$ mV der Sperrsättigungsstrom $I = -I_S$ erreicht. (Der Wert von I_S selbst ist positiv anzusetzen).
- Im Durchlaßbereich läßt jede Spannungssteigerung um 0,1 V den Strom auf etwa das 50-fache ansteigen.
- Zu praktisch gebräuchlichen Strömen um etwa 1 mA gehört bei Siliziumdioden eine Spannung von etwa 0,7 V, bei Germaniumdioden von etwa 0,3 V.

Besonders die letzte Aussage bedarf einer Erläuterung: In der linearen Darstellung von Bild 54.9 äußert sich der exponentielle Verlauf von (54.5) durch einen starken Stromanstieg bei einer *Knickspannung* U_K. Natürlich gibt es eine solche fixierte Knickspannung nicht wirklich; vielmehr ist sie lediglich ein darstellungstechnisches Ergebnis, und der (scheinbar) konkrete Wert hängt einfach vom gewählten Strommaßstab ab. Nun gibt es aber aus pragmatischer Sicht einen bevorzugten Strombereich für den Durchlaßfall einer Diode: Einerseits soll der Strom möglichst groß sein und damit auch der Durchlaßwiderstand möglichst klein. Andererseits bedingt steigender Strom auch erhöhten Leistungsumsatz in der Diode, so daß thermische Zerstörung droht; dieser Umstand begrenzt den zulässigen Strom auf Werte, zu denen die Spannungen $U_K \approx 0{,}7$ V (bei Siliziumdioden) und $U_K \approx 0{,}3$ V (bei Germaniumdioden) gehören. Bei z.B. 0,05 V unterhalb dieser Werte fließt aber nur noch etwa ein Achtel des zulässigen Stromes und der Durchlaßwiderstand ist dementsprechend auf das Achtfache gestiegen. Deshalb wird man die Durchlaßbetriebspunkte – in Digitalschaltungen der Nachrichtentechnik – bevorzugt in die Nähe der Knickspannungen $U_K \approx 0{,}7$ V bzw. $U_K \approx 0{,}3$ V legen.

Ein Bauelement mit der Kennlinie nach (54.5) heißt oft *ideale Diode*; Symbol und Anschlußbezeichnungen finden sich in Bild 54.10. Zwar wäre für UND- und ODER-Glieder ein Bauelement mit der Kennlinie eines Schalters (Bild 54.11, links) besonders günstig. Leider existiert er jedoch nicht in elektronischer Form; die ideale Diode kommt dem Schalterverhalten aber schon recht nah. Für einen ersten Überblick reicht es aus, mit einem Ersatzbild in Form einer *linearisierten idealen Diode* zu argumentieren (Bild 54.11, rechts). Der – symbolhaft gemeinte – Schalter schließt, wenn die äußere Spannung zwischen Anode und Kathode gerade $U = U_K$ beträgt. Die Knickspannungsquelle wirkt dabei als Verbraucher einer konstanten Spannung mit – bei Siliziumdioden – z.B. $U_K = 0{,}7$ V.

In einer gebräuchlichen technischen Ausführung von UND-Glied und ODER-Glied – basierend auf den Grundideen der Bilder 54.6 und 54.8 – liegen die Ausgangsspannungswerte für die binäre **0** bei 0,7 V (UND-Glied) und 0 V (ODER-Glied)

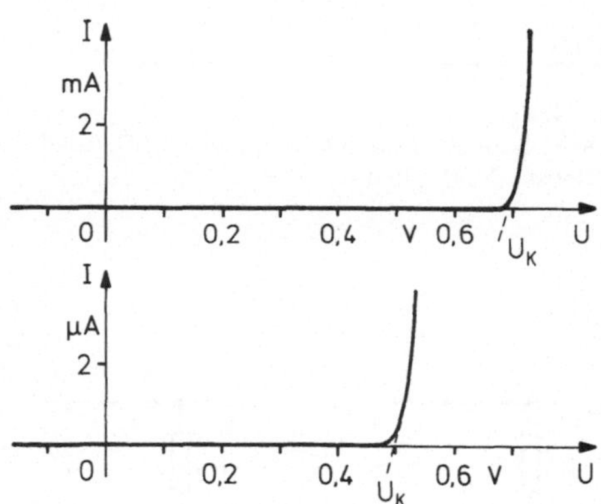

Bild 54.9.
Dieselbe Diodenkennlinie in zwei unterschiedlichen Strommaßstäben

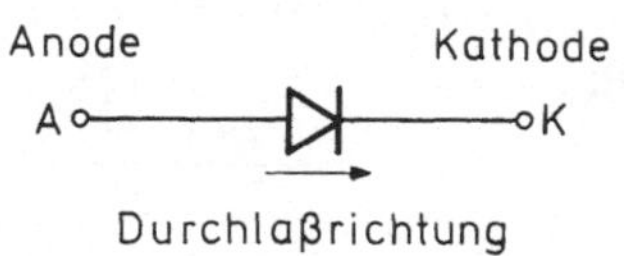

Bild 54.10.
Symbolik zur idealen Diode

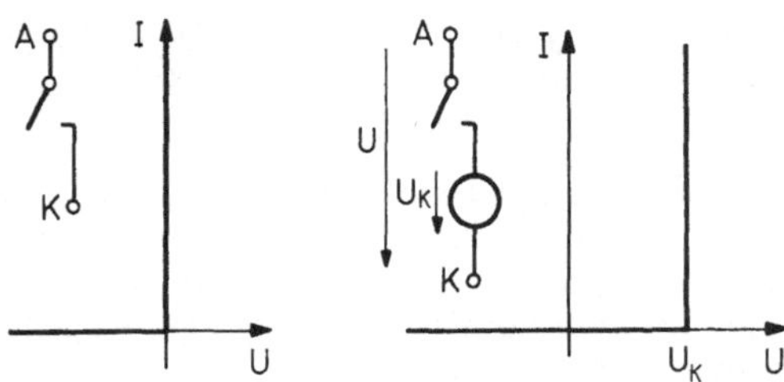

Bild 54.11.
Kennlinie eines idealen Schalters (links); Strukturmodell und Kennlinie einer linearisierten idealen Diode (rechts)

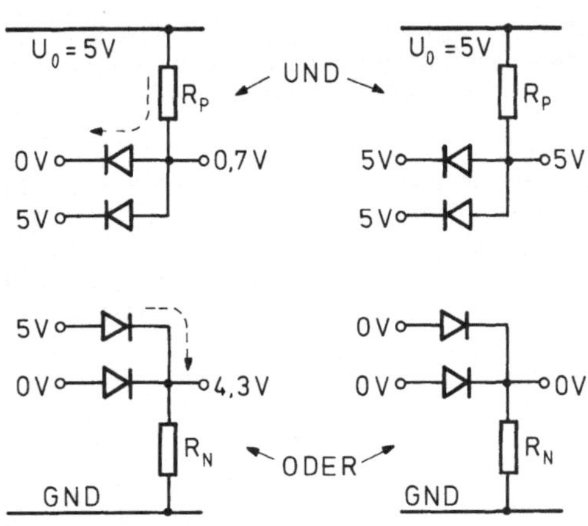

Bild 54.12.
Typische Betriebssituation für Dioden-UND-Glied und Dioden-ODER-Glied

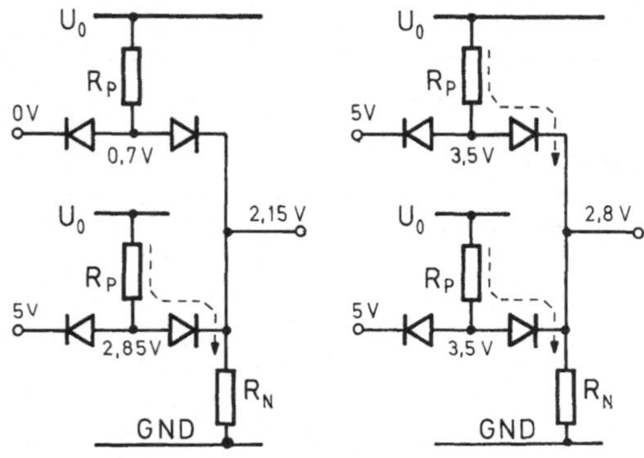

Bild 54.13.
Kombination aus UND- und ODER-Grundkonfigurationen

sowie für die binäre **1** bei 5 V (UND-Glied) und 4,3 V (ODER-Glied) (Bild 54.12). Damit ließen sich – wie in Abschnitt 5.1.8 gefordert – durchaus Spannungsschwellen S^0 und S^1 einrichten.

Im Bild 54.13 sind UND-Glied und ODER-Glied auf die Grundkonfiguration – mit nur je einem Eingang – reduziert und dann miteinander kombiniert. Die Ausgangsspannung am ODER-Glied für die binäre **1** ergibt sich aus der Spannungsteilung über den Widerständen R_P und R_N; bei z.B. $R_N=R_P$, $U_K=0{,}7$ V und $U_0=5$ V kann diese Ausgangsspannung bis auf 2,15 V absinken. Diesem Problem ist durch Erhöhen von R_N oder Absenken von U_K nur begrenzt beizukommen: Bei einer Kette aus mehreren UND-ODER-Strukturen – wie in Bild 54.14 angedeutet – nähern sich die Ausgangswerte $U_Y=U_Y^0$ (für die binäre **0**) und $U_Y=U_Y^1$ (für die binäre **1**) mit zunehmender Kettenlänge immer mehr einander an, und zwar auch im Idealfall $U_K=0$. Diesem Dilemma ist nur durch aktive Bauelemente, z.B. mit Bipolar-Transistoren zu entkommen (Abschnitt 5.5.7). Für detailliertere Analysen ist oftmals zu beachten, daß sich in einer *realen Diode*, also in einem konkret gefertigten Bauelement neben dem Effekt der idealen Diode nach (54.5) noch weitere physikalische Effekte bemerkbar machen können. Am augenfälligsten ist der *Durchbruch* im Sperrbereich, der bei einer gewissen Sperrspannung eintritt und zur thermischen Überlastung der realen Diode führen kann. Weiterhin wirkt im Durchlaßfall ein *Bahnwiderstand* R_D als vorgeschalteter Reihenwiderstand, wohingegen im Sperrfall ein, wenn auch hoher, Parallelwiderstand R_S bedeutsam sein kann. Schließlich ist bei der Analyse des Zeitverhaltens eine – aus mehreren nichtlinearen Anteilen zusammengesetzte – Kapazität zu beachten. Alle Effekte sind im Bild 54.15 in einem Strukturersatzbild zusammengefaßt [5.4]. Bei der Diodenkennlinie ist der Einfluß von R_D und insbesondere der von R_S der Deutlichkeit halber weit übertrieben dargestellt; die Diode D_S modelliert das Durchbruchverhalten.

Gelegentlich reicht es aus, das Verhalten der realen Diode durch zwei lineare Kennlinienteile z.B. nach Bild 54.16 zu modellieren. Der Schalter möge bei $U=U_K$ seine Stellung wechseln. Bei diesem Modell fließt bei der Spannung $U=0$ tatsächlich auch kein Strom I. Nicht wirklichkeitsgetreu tritt aber beim Umschalten in den Durchlaßbereich ein kleiner Stromsprung von $I=U_K/U_S$ nach $I=0$ ein. Da der Teil R_D aber weit steiler und der Teil R_S weit flacher verläuft

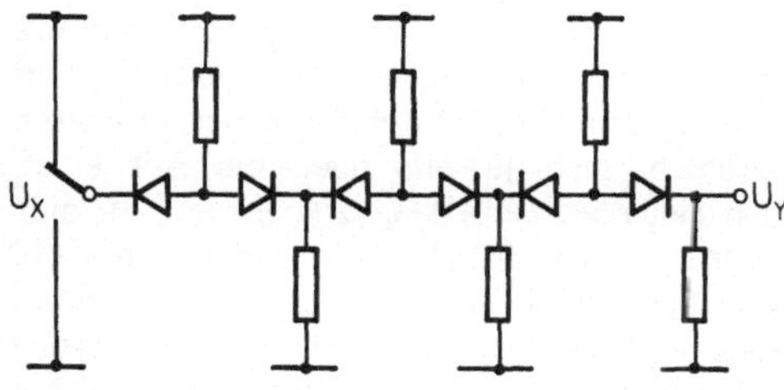

Bild 54.14.
Schematisierte Kette von Dioden-Grundkonfigurationen

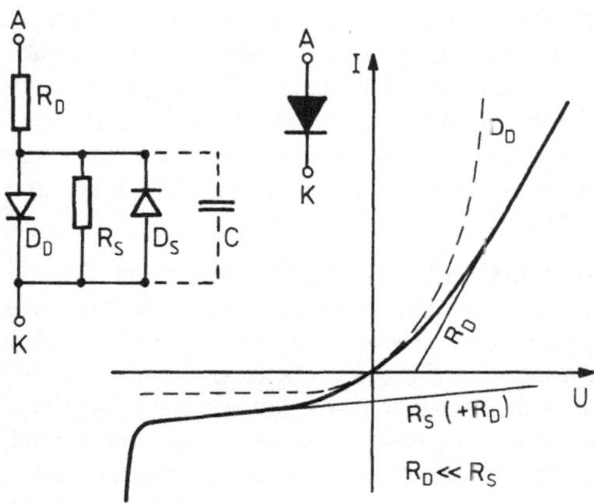

Bild 54.15.
Strukturersatzbild, Symbol und Kennlinie einer realen Diode

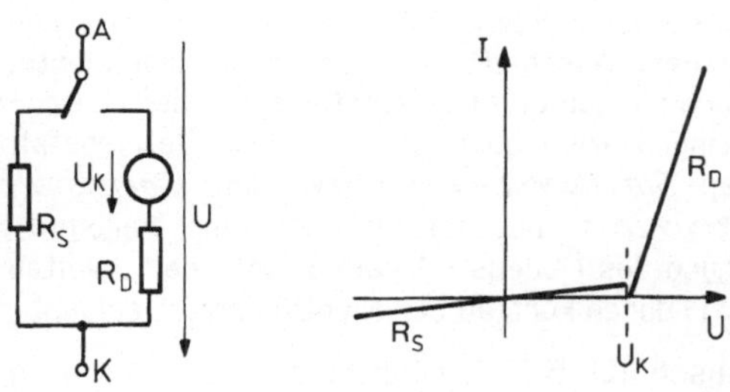

Bild 54.16.
Strukturmodell und Kennlinie einer linearisierten realen Diode

als hier im Bild gezeichnet, bleibt diese Modellierungsungenauigkeit ohne praktischen Einfluß. Tieferen Einblick in solche Modellvorstellungen bieten z.B. [5.8] und – besonders für die Diskussion von nichtlinearen Zweipolen allgemein – auch [5.10].

5.4.4 Spezialdioden

Die in der digitalen Nachrichtenverarbeitung wohl bekannteste Sonderform ist die *Leuchtdiode* (light emitting diode, *LED*). Sie funktioniert elektrisch weitgehend wie eine normale reale Diode, sendet aber im Durchlaßbetrieb monochromatisches Licht im Spektrum zwischen Infrarot und Grün aus. Die Knickspannungen liegen zwischen etwa 1,6 V und 2,4 V; die Sperrfähigkeit ist allerdings gering. Leuchtdioden dienen in vielfältiger Form zu Anzeigezwecken und sie haben dort wegen ihrer praktisch unbegrenzten Lebensdauer und ihrer geringen Wärmeentwicklung die Glühlampen praktisch völlig verdrängt. Bei *Zenerdioden* wird die Durchbruchspannung bewußt ausgenutzt, um bestimmte Spannungsschwellen – etwa für konstante Versorgungsspannungen von Netzgeräten – zu erzeugen. Zenerdioden sind lieferbar für Durchbruchspannungen zwischen etwa 3 V und 50 V.

Eine *Schottky-Diode* ist eine Halbleiter-Metall-Kombination. Ihr Grundverhalten gleicht ebenfalls dem einer idealen Diode; jedoch ist die Knickspannung meistens geringer. In einer realen Schottky-Diode ist der Einfluß der Kapazität weit geringer als bei einer normalen realen Diode, so daß sie häufig bei zeitkritischen Stellen einer elektrischen Schaltung eingesetzt wird.

5.5 Bipolar-Transistoren

In den vorangegangenen Abschnitten 5.1 bis 5.4 wurden Bauelemente stets durch Verhaltensbeschreibungen in Form von Strom-Spannungs-Beziehungen charakterisiert, ohne dabei auf den physikalischen Hintergrund einzugehen. Die Gleichungen für z.B. den Widerstand (51.1), für den Kondensator (52.1), für die Spule (52.18) und für die Diode (54.1) beschreiben stets ein ideales Verhalten. Sie berücksichtigen nicht, daß jedem dieser Bauelemente auch noch weitere – meistens unerwünschte – Verhaltenseigenschaften anhaften können. Z.B. wirkt ein Widerstand aufgrund seiner räumlichen Ausdehnung nebenbei auch als (kleine) Kapazität. Eine Spule ist bautechnisch ein aufgewickelter Draht und hat deshalb einen (kleinen) Serienwiderstand. Eine Diode hat zusätzlich auch die Eigenschaft eines Widerstands und weist zudem eine oft beträchtliche nichtlineare Kapazität auf. Trotz dieser Nebeneffekte ist es üblich und vernünftig, die Bauelemente zunächst in ihrer idealisierten Form zu behandeln.

Der Leser wird also erwarten, für weitere Bauelemente, hier für den *Bipolar-Transistor*, eine ähnliche Situation anzutreffen. Insbesondere wird er vermuten, daß es eine einzige, im wesentlichen universell verwendbare Verhaltensbeschreibung durch eine Strom-Spannungs-Beziehung gibt. Tatsächlich wird er im Abschnitt 5.5.2 mit den Ebers-Moll-Gleichungen solche Beschreibungen kennenlernen. Ein Blick in Transistorlehrbücher zeigt aber schnell, daß es viele weitere Darstellungsformen gibt, darunter auch eine Vielzahl von Strukturmodellen. Einige Vorabhinweise mögen den Leser über die Ursache dieser Modellvielfalt orientieren:

Ein Bipolar-Transistor ist ein Dreipol, so daß an den äußeren Anschlüssen bereits drei Spannungen und drei Ströme unterscheidbar sind. Daher umfaßt eine textuelle Verhaltensbeschreibung mehr als nur eine Gleichung. Durch die Strukturmodellierung kommen weitere Größen ins Spiel. Je nach Diskussionsziel entsteht eine erste Art von Modellvarianten einfach durch mathematische Umformung schon gegebener Gleichungen; die inhaltliche Aussage wird dadurch nicht verändert.

Die Gleichungen des idealen Transistors enthalten e-Funktionen, so daß sie meistens nicht explizit nach den gerade interessierenden Größen auflösbar sind. Andererseits sind die e-Funktionen unter speziellen Randbedingungen oft näherungsweise als stückweise linear oder als Konstanten interpretierbar. Eine zweite Art von Modellvarianten äußert sich also in einer Palette von Näherungsmodellen, die durch Vernachlässigung oder Vereinfachung von Teilmodellen entstehen.

Schließlich ergibt sich eine dritte Art von Modellvarianten durch unterschiedliche Realitätsnähe, also durch unterschiedlich weitgehende Berücksichtigung von physikalischen Nebeneffekten. Das Verhalten des idealen Transistors wird in der Praxis überlagert durch die Wirkung von z.B. Bahnwiderständen, Kapazitäten, Leckströmen, Temperatur- und Lebensalterabhängigkeiten oder Toleranzen. Im allgemeinen sind diese Nebenwirkungen so groß, daß ein Schaltungstechniker sie nicht grundsätzlich unbeachtet lassen kann. Jedoch hängt es stark von Einsatzzweck eines Transistors ab, welche Effekte jeweils relevant sein können; entsprechend unterschiedlich fallen die Modelle aus.

Diese drei Arten von Modellvarianten sind oft nicht scharf voneinander zu trennen. Dem Leser sei beim Studium vertiefender Literatur empfohlen, sich jeweils über die Art einer neuen Modellvariante klar zu werden. Es gibt Bücher, z.B. [5.10], [5.12], die demselben didaktischen Prinzip wie hier folgen, nämlich ein Bauelement weitgehend aus seiner Verhaltensbeschreibung verständlich zu machen und dabei auf die Diskussion des physikalischen Hintergrunds fast ganz zu verzichten. Diese Bücher benutzen natürlich Darstellungsmittel der Elektrotechnik; Leser ohne spezielle elektrotechnische Grundausbildung haben dann u.U. Schwierigkeiten mit gewissen Ausdrucksformen, z.B. mit der Interpretation von Kennlinienfeldern. So sei denn hier nicht so sehr versucht, Faktenwissen über den Bipolar-Transistor zu vermitteln. Vielmehr sei angestrebt, gewissermaßen im Vorfeld die Art der Diskussionsweise und der Schlußfolgerungstechnik zu verdeutlichen.

Abschnitt 5.5.1 stellt eine Reihe von Gedankenexperimenten an. Dabei sollen Begriffe, wie *gesteuerte Quellen, Kennlinienfelder, Arbeitspunkt, Signalverstärkung* oder *Nichtlinearität* deutlich werden. Es sind Begriffe, die in der Transistortechnik ständig verwendet werden, obgleich sie von ihr unabhängig definiert sind. Die durch die Gedankenexperimente geschaffenen Strukturmodelle sind zueinander Varianten der dritten Art, d.h. sie berücksichtigen in unterschiedlicher Weise irgendwelche (gedachten) physikalischen Effekte.

Abschnitt 5.5.2 bildet mit der Verhaltensbeschreibung des *idealen Transistors* durch die *Ebers-Moll-Gleichungen* sozusagen den krönenden Abschluß der Gedankenexperimente. Nach einigen einfachen mathematischen Umformungen wird auch der spezielle Betriebsfall der *Signalverstärkung* bzw. des *Kleinsignalverhaltens* beschrieben, der eine Vereinfachung des Modells (Modellvariante der zweiten Art) durch Fortfall der Nichtlinearität erlaubt.

Abschnitt 5.5.3 vollzieht mit dem Übergang zur *Emitterschaltung* einen wesentlichen Schritt zur praktischen Anwendung des idealen Transistors als Signalverstärker. Formal entstehen neue Modellvarianten (der ersten Art) allein durch mathematische Umformung. An sie schließt sich wiederum der spezielle Betriebsfall der Signalverstärkung mit Modellvereinfachung an.

Abschnitt 5.5.4 verwendet die Emitterschaltung des idealen Transistors als *Spannungsschalter*, also für einen Anwendungsfall des

Großsignalverhaltens, so wie er zur Realisierung von NICHT-Gliedern der Schaltwerkebene geeignet sein könnte. Auch hier wird der Transistor den speziellen Situationen der *Übersteuerung* und des *Sperrbetriebs* unterworfen, die eine Vereinfachung der Beschreibungen erlaubt.

Abschnitt 5.5.5 greift für das *Zeitverhalten des Spannungsschalters* auf weitere physikalische Effekte zurück, wodurch das Modell des idealen Transistors (in der dritten Art) durch weitere Strukturelemente, hier speziell durch *Kapazitäten* erweitert wird. Sie sind wesentliche Ursache dafür, daß Transistoren nicht beliebig schnell ein- und ausgeschaltet werden können und daß Schaltwerke und letztlich auch ganze Rechenanlagen nur über eine begrenzte Arbeitsgeschwindigkeit verfügen.

Abschnitt 5.5.6 gibt Hinweise auf weitere physikalische Effekte, wie z.B. *Bahnwiderstände, Leckströme, Temperaturabhängigkeiten* usw. Ohne in Einzelheiten zu gehen, soll dadurch einsichtig werden, daß ein Entwurf praxistauglicher Schaltungen neben dem Verständnis zum idealen Transistor auch noch einige Kenntnis zu den Nebeneinflüssen beim *realen Transistor* erfordert.

Abschnitt 5.5.7 geht zur Realisierung von *Verknüpfungsgliedern* der Schaltwerkebene über und greift dabei die Notwendigkeit der Stromkreisentkopplung auf. Eines der Prinzipien wurde schon in der Diodenlogik (Abschnitt 5.4) diskutiert und kehrt hier in der Form der *Dioden-Transistor-Logik* (DTL) wieder. Eine andere Form findet sich in der *Direct Coupled Transistor Logic* (DCTL). Zu beiden Formen gibt es moderne Varianten, nämlich TTL bzw. I^2L, die im Abschnitt 5.7 vorgestellt werden.

Abschnitt 5.5.8 liefert mit dem *Stromschalter* ein Prinzip für besonders schnell schaltende Verknüpfungsglieder; genannt auch: *Emitter Coupled Logic* (ECL). Sie vermeidet durch höheren Bauaufwand und höhere Verlustleistung die für hohe Schaltgeschwindigkeiten ungünstige Betriebsform der Übersteuerung.

Abschnitt 5.5.9 widmet sich noch einmal den *textuellen Beschreibungen* und deutet an, wie sich der Anwender von Simulationsprogrammen den Aufruf vordefinierter Verhaltensbeschreibungen für Transistoren vorzustellen hat. Der Rückgriff auf Strukturmodelle des Transistors trägt nicht unbedeutend zu den hohen Simulationslaufzeiten bei.

5.5.1 Gedankenexperimente mit gesteuerten Quellen

Der Versuch, sich in die Transistortechnik einzuarbeiten, erscheint oft schwierig, weil neben den inhaltlichen Aussagen zur Funktionsweise der Transistoren auch einige zumeist noch nicht vertraute Darstellungsmittel zu verkraften sind. Deshalb sei hier etwas unkonventionell vorgegangen, indem in diesem Abschnitt zunächst nur gewisse Darstellungsmittel durch einfache Gedankenexperimente - völlig unabhängig von der Transistortechnik - vorgeführt werden.

In Abschnitt 5.1.1, Bild 51.2, wurde eine ideale Spannungsquelle dargestellt. Als Gedankenexperiment sei nun gefordert, die Quellenspannung durch eine Steuergröße verändern zu können. Als fiktives Bauelement ist z.B. eine *ideale spannungsgesteuerte Spannungsquelle* denkbar; ihre Quellenspannung U_2 sei proportional zu einer *Steuerspannung* U_1 (Bild 55.1a). Der dimensionslose Verstärkungsfaktor heiße hier A_U; im Bild ist als Beispiel willkürlich der Wert $A_U = 10$ gewählt. Statt der einfachen Kennlinie in Bild 51.2 entsteht hier ein *Kennlinienfeld*, bei dem die Steuerspannung U_1 als Parameter dient. Im Hinblick auf spätere Diskussionen wurde das Strukturbild "auf den Kopf gestellt" sowie - davon unabhängig - das Achsenkreuz spiegelbildlich angeordnet; beide Maßnahmen ändern natürlich nichts am Aussagewert.

Ebenso gut ist eine *ideale stromgesteuerte Spannungsquelle* vorstellbar; der Proportionalitätsfaktor, hier genannt: A_Z, hat die Dimension eines Widerstands (Bild 55.1b). Mit gleichem Recht ließe sich die ideale Stromquelle von Bild 51.4 zur *idealen spannungsgesteuerten* bzw. *idealen stromgesteuerten Stromquelle* weiterentwickeln (Bild 55.1c, d).

Die vier gezeigten Quellen sind ideal in zweifacher Weise: Weder auf der Ausgangsseite (Quellenseite) noch auf der Eingangsseite (Steuerseite) gibt es Reihenwiderstände bzw. Parallelleitwerte. Derartige Einflüsse kann man an allen vier Quellen untersuchen; hier soll dies bevorzugt an der stromgesteuerten Stromquelle von Bild 55.1d geschehen.

Zunächst sei die Eingangsseite realer gestaltet, indem dort ein Widerstand, hier genannt: R_1, angenommen wird (Bild 55.2). Bei den Spannungs- und Strombeziehungen an den Anschlüssen ergibt sich eine formale Ähnlichkeit zu Zweitoren. Um mit Bild 53.1 in Einklang zu bleiben, sei deshalb fortan I_1' (statt I_1) geschrieben.

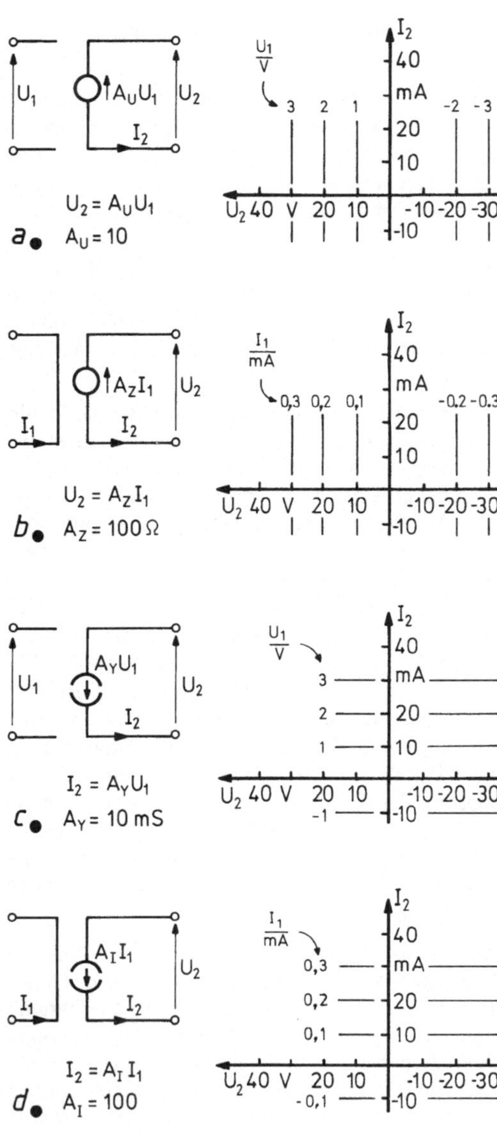

a. Spannungsgesteuerte Spannungsquelle
b. Stromgesteuerte Spannungsquelle
c. Spannungsgesteuerte Stromquelle
d. Stromgesteuerte Stromquelle

Bild 55.1.
Ideale gesteuerte Quellen

Neben dem – unveränderten – *Ausgangskennlinienfeld* $I_2 = f(U_2)$ läßt sich zusätzlich noch eine *Eingangskennlinie* $I_1' = f(U_1)$ angeben. Die Zahlenwerte für den *Eingangswiderstand* R_1, sowie für den *Stromverstärkungsfaktor*, jetzt einfach genannt: A, sind im Prinzip willkürlich gewählt; jedoch dienen sie auch bei den weiteren Bildern als Beispiel. Wenn – wie in

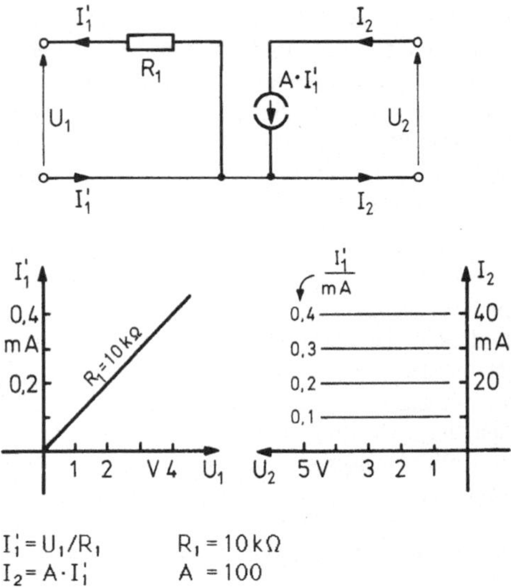

Bild 55.2.
Stromgesteuerte Stromquelle mit Widerstand im Eingangskreis; mit Beispielswerten

Bild 55.2 – Eingangskreis und Ausgangskreis einseitig miteinander verbunden werden, ändert sich am Gesamtverhalten nichts, denn durch das Verbindungsstück fließt kein Strom.

An dieser Stelle sei eingeflochten, wie hier in den Diagrammen der Umgang mit Parametern geregelt sein soll. Grundsätzlich seien alle Parameterangaben in etwas kleinerer Schrift gehalten. Eine erste Ausdrucksweise ist im rechten Teil des Bildes 55.2 zu erkennen: Die Parametergröße, dort I_1, sowie deren Maßeinheit, also mA, sind als Bruch geschrieben; die gleiche Form wurde bereits in Bild 51.12 (rechts) als mögliche Achsenbeschriftung genannt. Von diesem Bruch aus zeigt ein Pfeil auf den Parameterwert der nächstliegenden Kennlinie. Eine zweite Ausdrucksweise eignet sich besonders für einzelne Kennlinien, wie im linken Teil von Bild 55.2; sie ist aber grundsätzlich auch für Kennlinienfelder anwendbar. Dabei wird die Kennlinie mit Parametergrößen, also nicht mit Parameterwerten, beschriftet. In der ausführlichen Form sind sowohl der Parametername, hier R_1, als auch das Produkt von Wert und Maßeinheit, hier $10\,k\Omega$, angegeben. Bild 55.3 zeigt im rechten Teil wiederum die ausführlichen Formen, dort für die Parametergrößen R_L und I_1'; bei Platzmangel kann man sich mit einem Bezugspfeil behelfen. Im linken Teilbild ist eine auf den Parameternamen, dort R_1, reduzierte Beschriftung gewählt.

Diese Kennlinienbeschriftungen sollten nicht mit Funktionsgleichungen verwechselt werden: Ein Blick voraus auf Bild 55.5 läßt u.a. zwei fett gezeichnete Geraden erkennen, zu denen folgende Funktionsgleichungen gehören:

Gerade P_AP_B: $\quad I_2 = U_2/R_L$

Gerade Q_AQ_B: $\quad I_2 = (U_{CC} + U_2)/R_L$

Beide Geraden sind dort mit demselben Parameternamen R_L beschriftet; denn in dem - dort näher diskutierten - Zusammenhang ist bei beiden der gleiche Parameterwert vorausgesetzt.

Nun sei das nächste Gedankenexperiment angestellt. Dazu wird die Stromquelle von Bild 55.2 in eine einfache *Betriebsschaltung* eingebettet (Bild 55.3). Ihre Eingangsseite sei von einer idealen Spannungsquelle U_1 getrieben. Die Ausgangsseite sei mit einem *Lastwiderstand* R_L versehen; die zusätzliche Beziehung $U_L = U_2 = R_L I_2$ äußert sich als Gerade R_L im Ausgangskennlinienfeld. Die äußeren Betriebsbedingungen z.B. $U_1 = 2\,V$ und $R_L = 0{,}2\,k\Omega$ definieren einen *Arbeitspunkt P*; die zugehörigen Werte für die Größen I_1', I_2 und U_2 lassen sich wahlweise direkt den Kennliniendiagrammen entnehmen oder auf einfache Weise berechnen:

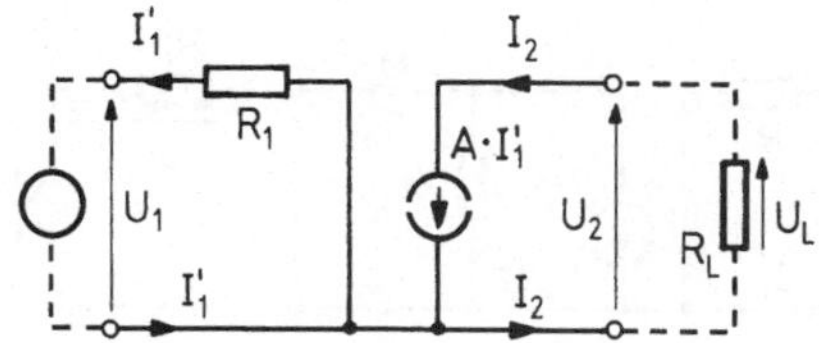

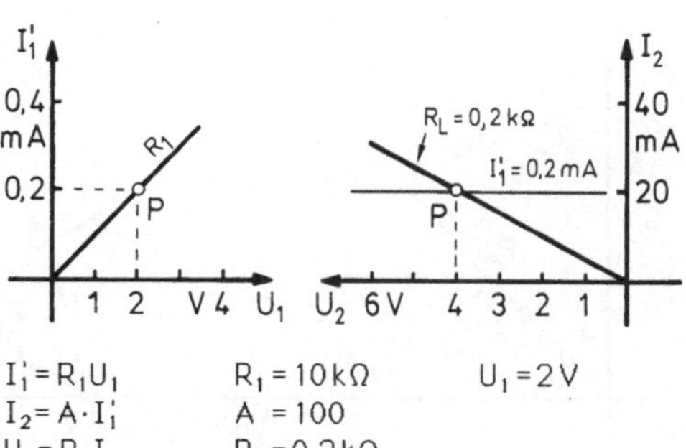

$I_1' = R_1 U_1 \qquad R_1 = 10\,k\Omega \qquad U_1 = 2\,V$

$I_2 = A \cdot I_1' \qquad A = 100$

$U_2 = R_L I_2 \qquad R_L = 0{,}2\,k\Omega$

Bild 55.3.
Stromgesteuerte Stromquelle (nach Bild 55.2) in einer speziellen Betriebsschaltung

$$\begin{aligned} I_1' &= U_1/R_1 = 0{,}2\,mA \\ I_2 &= A \cdot I_1' = 20\,mA \\ U_2 &= U_L = R_L I_2 = 4\,V \end{aligned} \qquad (55.1)$$

Um auch die Ausgangsseite der Stromquelle realer darzustellen, sei ein innerer Leitwert G_2 eingefügt (Bild 55.4). Von dem Quellenstrom $A \cdot I_1'$ geht ein Anteil $I_2^* = G_2 U_2$ verloren, so daß sich der nach außen gelieferte Strom I_2 entsprechend vermindert; dieser Vorgang entspricht dem Verhalten der realen Stromquelle von Bild 51.16. Das Kennlinienfeld erscheint nun in Schräglage. Mit z.B. $G_2 = 2\,mS$ - bei sonst gleichen Verhältnissen wie im Bild 55.3 - errechnen sich für den Arbeitspunkt P folgende, kleinere Werte:

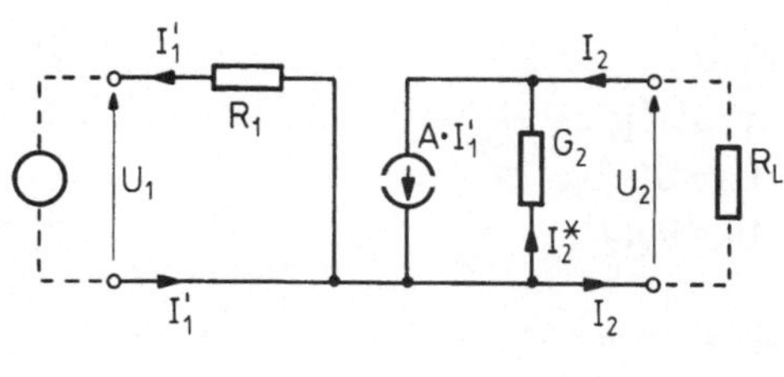

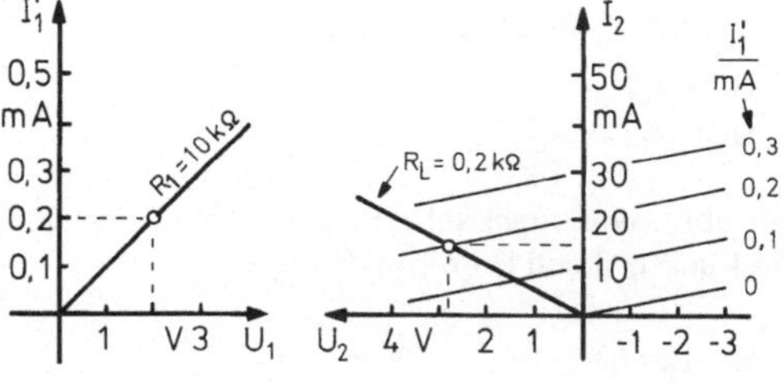

$I_1' = R_1 U_1 \qquad R_1 = 10\,k\Omega \qquad U_1 = 2\,V$

$I_2 = A \cdot I_1' - G_2 U_2 \qquad A = 100$

$U_2 = R_L I_2 \qquad G_2 = 2\,mS \qquad R_L = 0{,}2\,k\Omega$

Bild 55.4.
Stromgesteuerte Stromquelle mit innerem Leitwert G_2 in einer speziellen Betriebsschaltung

$$I_2 = A \cdot I_1' - G_2 U_2$$

$$U_2 = U_L = R_L I_2$$

$$\Longrightarrow \quad I_2 = A \cdot I_1'/(1 + G_2 R_L) \qquad (55.2)$$

Also: Mit $G_2 R_L = 0{,}4$

$\Longrightarrow \quad I_2 \approx 14\,mA$;

$U_2 \approx 2{,}86\,V$

Das Ausgangskennlinienfeld von Bild 55.5 enthält im linken Teil nochmals den soeben beschriebenen Arbeitspunkt P. In einem weiteren, zunächst vielleicht noch etwas unmotiviert erscheinenden Gedankenexperiment sei im äußeren Ausgangskreis eine zusätzliche Gleichspannung $U_{CC} = 10\,V$ derart angenommen, daß sie den Strom I_2 erhöht. Es gilt nun:

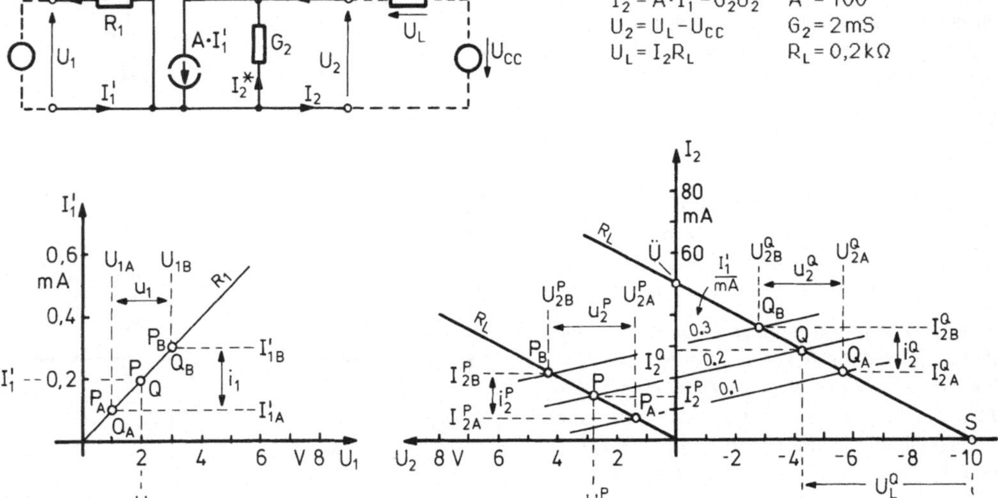

Bild 55.5.
Einfluß einer Gleichspannung U_{CC} im Ausgangskreis

$$I_2 = A \cdot I_1' - G_2 U_2$$
$$U_2 = U_L - U_{CC}$$
$$U_L = R_L I_2 \qquad (55.3)$$

Daraus errechnen sich:

$$I_2 = (A \cdot I_1' + G_2 U_{CC}) / (1 + G_2 R_L)$$
$$U_L = R_L I_2;$$
$$U_2 = R_L I_2 - U_{CC} \qquad (55.4)$$

Es gibt zwei markante Betriebsfälle, nämlich die Punkte S und Ü im Bild 55.5:

$$S\colon (I_2 = 0) \Longrightarrow (U_L = 0) \Longrightarrow (U_2 = -U_{CC}) = -10\,\text{V}$$
$$\text{Ü}\colon (U_2 = 0) \Longrightarrow (U_L = U_{CC})$$
$$\Longrightarrow (I_2 = U_{CC} / R_L) \qquad = 50\,\text{mA}$$

Gegenüber Bild 55.4 hat sich die Gerade R_L, genannt nun: *Arbeitsgerade*, um $U_{CC} = 10\,\text{V}$ nach rechts bzw. um $I_2 = 50\,\text{mA}$ nach oben verschoben. Unter sonst gleichen Verhältnissen stellt sich ein neuer Arbeitspunkt Q ein, dessen Werte sich aus (55.4) leicht berechnen zu:

$$I_2 = 29\,\text{mA}; \quad U_2 = -4{,}3\,\text{V}; \quad U_L = 5{,}7\,\text{V} \qquad (55.5)$$

Abweichend von den einfachen Beziehungen in (55.1) weist (55.4) die zusätzlichen Terme $G_2 U_{CC}$ und $(1 + G_2 R_L)$ auf. Sie ändern aber nichts an den linearen Abhängigkeiten zwischen den Größen I_1', U_1, I_2, U_2 und U_L. Offenbar eignen sich die Stromquellen der Bilder 55.3 bis 55.5 als *linearer Signalverstärker*. Eine *Signalverstärkung* bringt zum Ausdruck, in welchem Maß sich Spannungs- oder Stromdifferenzen der *Signalquelle* (hier: U_1) als Spannungs- bzw. Stromdifferenzen im Verbraucher (hier: R_L) niederschlagen. Zur genaueren Analyse sei angenommen, daß sich die Signalspannung U_1 zwischen zwei Werten U_{1A} und U_{1B} ändert. Es gilt dann:

$$I_{1A}' = U_{1A} / R_1 \qquad I_{1B}' = U_{1B} / R_1 \qquad (55.6)$$

Aus (55.4) folgt unmittelbar:

$$I_{2A} = (A \cdot I_{1A}' + G_2 U_{CC}) / (1 + G_2 R_L)$$
$$U_{LA} = R_L I_{2A} \qquad (55.7)$$
$$I_{2B} = (A \cdot I_{1B}' + G_2 U_{CC}) / (1 + G_2 R_L)$$
$$U_{LB} = R_L I_{2B}$$

Zur Vereinfachung der Schreibweise seien Spannungs- bzw. Stromdifferenzen durch Kleinbuchstaben charakterisiert; z.B.:

$$u_1 = U_{1B} - U_{1A} \qquad u_2 = U_{2B} - U_{2A}$$
$$u_L = U_{LB} - U_{LA} \qquad (55.8)$$
$$i_1' = I_{1B} - I_{1A} \qquad i_2 = I_{2B} - I_{2A}$$

Die Beziehungen (55.6) und (55.7) vereinfachen sich zu:

$$i_1' = u_1/R_1$$
$$i_2 = A \cdot i_1'/(1+G_2R_L)$$
$$u_L = R_L i_2 \qquad (55.9)$$

Man beachte, daß der Term G_2U_{CC} durch diese Differenzbildung, und somit die Abhängigkeit von der Gleichspannung U_{CC}, verschwindet. Dieses Ergebnis ist auch im Ausgangskennlinienfeld des Bildes 55.5 erkennbar: Die Spannungs- und Stromdifferenzen u_2 bzw. i_2 sind für die beiden Beispiele $U_{CC} = 10\,V$ (Punkte Q_B und Q_A) sowie $U_{CC} = 0\,V$ (Punkte P_B und P_A) gleich.

Nun läßt sich der Begriff der *Signalverstärkung* leicht durch folgende Definition präzisieren:

Def.55.10:

Stromverstärkung: $v_i = i_2/i_1'$

Spannungsverstärkung: $v_u = u_L/u_1$

Leistungsverstärkung: $v_p = v_u \cdot v_i$

Aus (55.9) folgt dazu allgemein (in Klammern die Zahlenergebnisse mit den Werten aus Bild 55.5):

$$v_i = A/(1+G_2R_L) \qquad (\approx 71)$$
$$v_u = A \cdot R_L/(R_1(1+G_2R_L)) \qquad (\approx 1{,}4) \qquad (55.11)$$
$$v_p = v_u \cdot v_i \qquad (\approx 101)$$

Bekanntlich läßt sich Stromverstärkung allein oder Spannungsverstärkung allein auch ohne Quellen erreichen, bei Wechselspannungen z.B. mit einem Transformator. Eine Signalverstärkung kommt dagegen nur bei Leistungsverstärkung $v_p > 1$ zustande. Um Verwechselungen zwischen der *Stromverstärkung* v_i der Betriebsschaltung und dem Verstärkungsfaktor A der idealen Stromquelle zu vermeiden, sei letzterer genauer bezeichnet als *Kurzschlußstromverstärkung* A. Dieser Name beruft sich auf eine spezielle Betriebssituation, nämlich die des kurzgeschlossenen Ausgangs: In (55.3) entfällt der Term G_2U_2 und in der Folge vereinfacht sich (55.11) zu $v_i = A$. Man kann also definieren:

Def.55.12:

$A = v_i$ (für $u_2 = 0$) *Kurzschlußstromverstärkung*

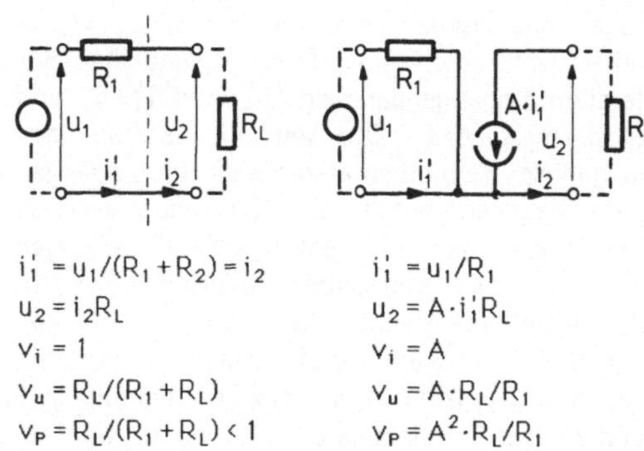

Bild 55.6.
Vergleich zweier Schaltungen

Es ist sicher bemerkenswert, daß eine Signalverstärkung v_p auch dann erreichbar ist, wenn die Kurzschlußstromverstärkung $A < 1$ beträgt; dazu müßte lediglich der Wert von R_1 – in (55.11) – genügend klein gewählt werden. Ergänzend vergegenwärtige man sich, daß die beiden Schaltungen in Bild 55.6 selbst im Falle $A = 1$ bzw. $i_2 = i_1'$ natürlich <u>nicht</u> äquivalent sind.

Das Gedankenexperiment mit der zusätzlichen Quelle U_{CC} machte also folgenden Sachverhalt deutlich:

- Ein *Arbeitspunkt* ist durch Gleichstromverhältnisse, z.B. durch das Wertepaar (I_2, U_2) gegeben. Er ist auch abhängig von der Gleichspannung U_{CC}. Man vergleiche z.B. die Punkte P und Q in Bild 55.5.
- Die Gleichstromverhältnisse eines Arbeitspunktes lassen sich überlagern durch (wechselnde) Signale. Bei allseits linearen Bauelementen sind Strom- und Spannungsverstärkungen unabhängig von den Werten des Arbeitspunktes.

Es bleibt also zunächst weiterhin offen, weshalb überhaupt eine Gleichspannung U_{CC} eingeführt wurde; dieser Punkt wird bei Bild 55.9 erneut aufgegriffen. Zunächst aber sei Bild 55.5 in einem weiteren Gedankenexperiment durch Einfügen einer Stromquelle im Eingangskreis vervollständigt (Bild 55.7). Da der Stromgenerator nun strukturell symmetrisch wirkt, sollte dies auch in den Bezeichnungen zum Ausdruck kommen; daher gelte nun: $G_1 = 1/R_1$ und $I_1 = -I_1'$.

Um sich die Wirkung der zusätzlichen Stromquelle $A_1I_2^*$ qualitativ klar zu machen, seien gegenüber Bild 55.4 vergleichbare Verhältnisse angenommen, also unveränderte Werte von R_1 (= $1/G_1$), G_2, A_2 (= A), R_L und U_{CC}. Bei gleicher Eingangsspannung U_1 wird $I_1^* = I_1'$ und damit $A_2 I_1^* = A \cdot I_1'$. Die Verhältnisse auf der Ausgangsseite bleiben also gleich. Im Eingangskreis dagegen wirkt die Stromquelle $A_1 I_2^*$ gleichsinnig zu I_1^*; entsprechend weniger Strom $-I_1$ muß von außen zugeführt werden. Also steigt das Verhältnis $-I_2/I_1$ an. Bei genügend großem Wert von A_1 kann sich die Richtung von I_1 umkehren und die Stromquelle gibt auch auf der Eingangsseite Leistung ab. Quantitativ gelten für den beidseitigen Stromgenerator des Bildes 55.7 folgende Beziehungen:

$$I_1 = -I_1^* + A_1 I_2^* \quad \text{mit} \quad I_1^* = G_1 U_1$$
$$I_2 = A_2 I_1^* - I_2^* \quad \text{mit} \quad I_2^* = G_2 U_2 \qquad (55.13)$$

Nach Einsetzen von I_1^* und I_2^*:

$$I_1 = -G_1 U_1 + A_1 G_2 U_2$$
$$I_2 = A_2 G_1 U_1 - G_2 U_2 \qquad (55.14)$$

Die formale Ähnlichkeit dieses Ansatzes mit den Zweitorgleichungen in Leitwertform (s. (53.1) in Abschnitt 5.3.2) lädt zu folgender Zwischenbetrachtung ein:

Ein Zweitor in Leitwertform läßt sich veranschaulichen als beidseitig wirkender gesteuerter Stromgenerator (Bild 55.8). Damit erscheint diese Struktur als recht allgemein gültiges Modell. Unter der Bedingung $Y_{12} = Y_{21}$ stellt die Struktur trotz der bildlich vorhandenen Stromquellen insgesamt ein lineares passives Zweitor dar. Für den allgemeineren Fall $Y_{12} \neq Y_{21}$ wirkt die Struktur dagegen als lineares aktives Zweitor. Bild 55.7 bzw. die Gleichungen (55.14) bilden dazu ein spezielles Beispiel; die Struktur wird unter der Bedingung $A_1 G_2 = A_2 G_1$ passiv. Rückblickend gesehen, sind die Strukturen der Bilder 55.4, 55.3 und 55.2 ebenfalls als aktive Zweitore aufzufassen. Diese Zwischenbetrachtung soll darauf hinweisen, daß sich die Signalverstärkung (z.B. mit Transistoren) gut mit Mitteln der Zweitortheorie behandeln läßt.

Um das Gedankenexperiment zu Bild 55.7 fortzuführen, sei noch die Signalverstärkung ermittelt. Da lineare Verhältnisse herrschen, sind die Gleichungen (55.14) unmittelbar auch auf die Signalgrößen anwendbar. Zusammen mit der Abschlußbedingung (Widerstand R_L) gilt also:

$$i_1 = -G_1 u_1 + A_1 G_2 u_2$$
$$u_2 = i_2 R_L$$
$$i_2 = A_2 G_1 u_1 - G_2 u_2 \qquad (55.15)$$

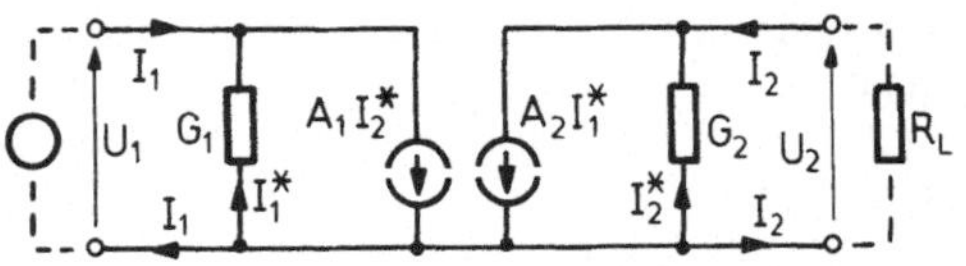

Bild 55.7.
Betriebsschaltung mit einer beidseitig wirkenden stromgesteuerten Stromquelle

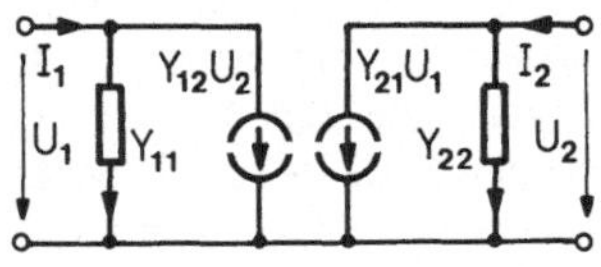

$I_1 = Y_{11} U_1 + Y_{12} U_2$
$I_2 = Y_{21} U_1 + Y_{22} U_2$

Bild 55.8.
Veranschaulichung von Zweitorgleichungen in Leitwertform

Daraus errechnen sich durch elementare Umformung:

$$v_i = -i_2/i_1 = A_2/(1 + G_2 R_L (1 - A_1 A_2))$$
$$v_u = u_2/u_1 = A_2 G_1/(1/R_L + G_2) \qquad (55.16)$$

Falls hierin A_1 gegen den Wert 0 strebt, kommt man zu Bild 55.4 bzw. zu (55.11) zurück. Umgekehrt bestätigt sich die obige qualitative Aussage: Mit wachsendem Faktor A_1 steigt die Stromverstärkung v_i. Bei $A_1 A_2 > 1$ kann es, abhängig noch vom Term $G_2 R_L$, sogar zur Leistungsabgabe auf der Eingangsseite kommen. (Allerdings ist diese Situation für den Transistorbetrieb nicht relevant). Sind die Faktoren A_1 und A_2 beide kleiner 1, ist natürlich auch die Stromverstärkung $v_i < 1$; jedoch kann – bei genügend großem Wert von G_1 – immer noch eine Spannungsverstärkung $v_u > 1$ und damit eine Leistungsverstärkung $v_p > 1$ gelingen.

Ein letztes Gedankenexperiment setzt bei Bild 55.5 an und sieht dort statt des Leitwerts G_2 eine Diode vor (Bild 55.9, oben). Es gelten nun folgende Beziehungen:

$$I_1' = U_1/R_1 \qquad (55.17)$$
$$I_2 = A \cdot I_1' - I_{2S}(e^{U_2/U_T} - 1)$$

Die Diodengleichung folgt dem Ansatz in Abschnitt 5.4.1, Gleichung (54.1). Um die Wirkung der Diode auch grafisch veranschaulichen zu können, wurden hier für sie stark realitätsfremde Koeffizienten angenommen, nämlich $I_{2S}=5\,mA$ (statt des realitätsnahen Wertes von etwa $10^{-13}\,A$) sowie $U_T=1{,}4\,V$ (statt $U_T=25\,mV$). Im Bild 55.9 ist zunächst die Diodenfunktion $-I_2^*$ erkennbar. Die weiteren Kennlinien ergeben sich durch Addition der Größen $A\cdot I_1'$. Eine wichtige Konsequenz ist sofort erkennbar: Bei $U_{CC}=0$, also beim Arbeitspunkt P sind die Werte i_2 und u_2 deutlich kleiner als bei $U_{CC}=10\,V$, also beim Arbeitspunkt Q. Hier hat man nun ein handfestes Motiv für die zusätzliche Gleichspannung U_{CC}; bei nichtlinearen Stromquellen läßt sich dadurch die Leistungsverstärkung beträchtlich steigern.

Für konkrete Zahlenrechnungen muß man nun – wie weiter oben schon einmal gesagt – die Wahl eines Arbeitspunktes und die Analyse der Signalverstärkung in getrennten Schritten vollziehen:

<u>Die Wahl eines *Arbeitspunktes*</u> wird durch die Abschlußbedingungen bestimmt; aus Bild 55.9 folgt dazu:

$$U_L=I_2R_L \quad \text{und} \quad U_2=U_L-U_{CC} \qquad (55.18)$$

Einsetzen dieser Bedingungen in (55.17) und z.B. Auflösen in die Form $U_2=f(U_1)$ ergibt:

$$(U_2+U_{CC})/R_L=A\cdot U_1/R_1-I_{2S}(e^{U_2/U_T}-1) \qquad (55.19)$$

Es entsteht also eine transzendente Gleichung für U_2. Sie läßt sich mit numerischen Methoden auflösen, indem z.B. die e-Funktion in eine Reihe entwickelt wird. Einfacher und für praktische Anwendungen meistens hinreichend genau sind grafische Verfahren, etwa nach Bild 54.2. Im Kennlinienfeld des Bildes 55.9 findet man die Arbeitspunkte P bzw. Q als Schnittpunkte der Parameterlinie (hier für $I_1'=0{,}2\,mA$) und der Arbeitsgeraden (hier für $R_L=0{,}2\,k\Omega$). Konkret sind ablesbar:

$$\begin{aligned} &\text{P (für } U_{CC}=0\,V\text{):} && U_2^P=1{,}7\,V && I_2^P=8{,}5\,mA \\ &\text{Q (für } U_{CC}=10\,V\text{):} && U_2^Q=-5\,V && I_2^Q=25\,mA \end{aligned} \qquad (55.20)$$

Wegen der Krümmung der Kennlinien ist die <u>Signalverstärkung</u> nun prinzipiell <u>nichtlinear</u>. Wird z.B. der Betriebspunktstrom der Eingangsseite $I_1'=0{,}2\,mA$ symmetrisch um jeweils 0,1 mA erhöht oder erniedrigt (I_{1B}' bzw. I_{1A}'), so folgen daraus keineswegs auch symmetrische Änderungen im Ausgangskennlinienfeld; z.B. liegt Punkt P_B dichter am Betriebspunkt P als der Punkt P_A. Die *Signalverzerrung*, also das Abweichen der Verstärkung von linearen Verhältnissen, wird um so geringer, je kleiner die *Aussteuerungen*, also die Signaländerungen auf der Eingangsseite sind. Allgemein spricht man in diesem Zusammenhang auch von *Kleinsignalverstärkung*. Ist die Aussteuerung hinreichend klein, kann das Kennlinienstück, hier z.B. bei Punkt P, als gerade angesehen werden. Die Diode wirkt dann als differentieller Leitwert, hier genannt: g_2. Ähnlich Bild 54.4 bzw. Gleichung (54.4) gewinnt man aus (55.17):

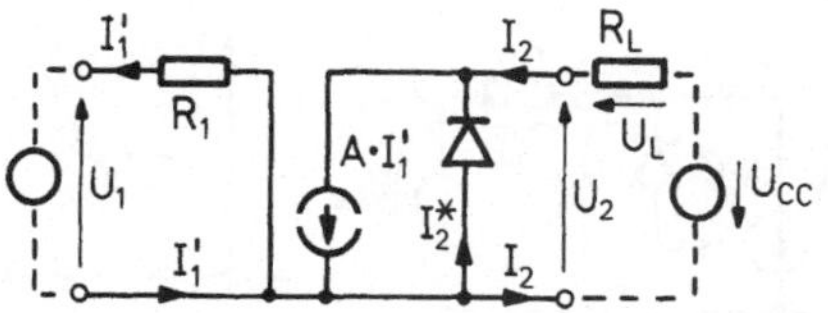

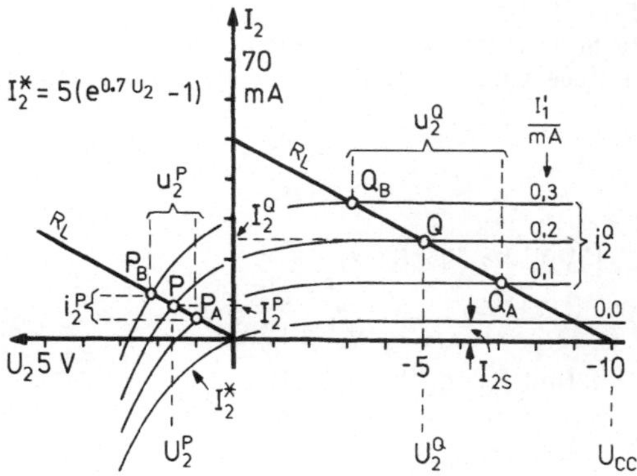

$R_1=10\,k\Omega$
$R_L=0{,}2\,k\Omega$
$A=100$

Bild 55.9.
Einseitig gesteuerte nichtlineare Stromquelle

$$g_2=dI_2/dU_2=(I_{2S}/U_T)\cdot e^{U_2/U_T} \qquad (55.21)$$

Mit den angenommenen Werten $I_{2S}=5\,mA$ und $U_T=1{,}4\,V$ errechnen sich für die Werte von U_2 aus (55.20):

$$\begin{aligned} &\text{Arbeitspunkt P:} && g_2^P=11{,}5\,mS \\ &\text{Arbeitspunkt Q:} && g_2^Q=0{,}1\,mS \end{aligned} \qquad (55.22)$$

Für die <u>Analyse der Signalverstärkung</u> in einem vorgegebenen Arbeitspunkt ist nun das Modell in Bild 55.5 anwendbar. Aus den zugehörigen Gleichungen (55.11) errechnen sich:

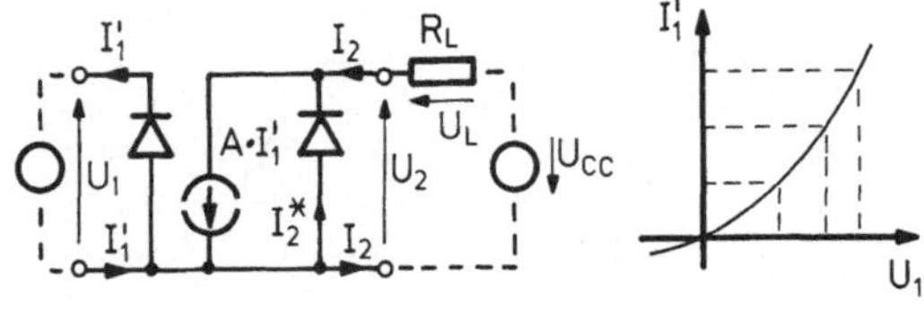

Bild 55.10.
Nichtlinearität auf beiden Seiten einer gesteuerten Stromquelle

wirkt, ist allerdings ein Arbeitspunkt mit gesperrter Diode nicht sinnvoll. Daher sind Nichtlinearitäten zwischen den Eingangsgrößen I_1' und U_1 nicht so einfach eliminierbar; ein Schaltungstechniker versucht daher in der Regel, eine hochohmige Signalquelle einzusetzen und damit, von außen gesehen, möglichst direkt den Strom I_1' statt der Spannung U_1 vorzugeben.

P (mit $G_2 = g_2^P$): $v_i^P = 25$
$v_u^P = 0{,}5$
$v_p^P = 12{,}5$

Q (mit $G_2 = g_2^Q$): $v_i^Q = 100$
$v_u^Q = 2$
$v_p^Q = 200$

Im Betriebspunkt Q (hier mit $U_2 = -5\,V$) wird die Diode in Sperrichtung betrieben und die Ausgangskennlinie verläuft praktisch schon horizontal. Der Leitwert g_2^Q wird vernachlässigbar klein, so daß für die Analyse der Signalverstärkung sogar das Modell von Bild 55.2 ausreicht. Nebenbei sind die Ausgangskennlinien in der Umgebung von Q allesamt praktisch gerade. Es gibt also – anders als beim Arbeitspunkt P – kaum Probleme mit der Signalverzerrung. Bei den realitätsnahen Werten von $I_{2S} \approx 10^{-11}$ mA und $U_T \approx 25$ mV wird der Arbeitspunkt P in Signalverstärkung und Verzerrungsverhalten untragbar.

Der Leser möge also festhalten, daß ein Betrieb mit nichtlinearen gesteuerten Stromquellen zunächst die Definition eines Arbeitspunktes auf Basis einer Gleichstromanalyse erfordert. Sie liefert einen differentiellen Leitwert, mit dem die Signalverstärkung mit linearen Modellen errechenbar wird. Der Leser mag sich fragen, wozu denn ein Gedankenexperiment mit nichtlinearem Leitwert durchgeführt wird, wenn letztlich doch nur deren lineare Bereiche (Arbeitspunkt Q) interessieren. Die Antwort ist einfach: Die gängigen Verstärkerelemente, also die Transistoren, verhalten sich nämlich wie spezielle nichtlineare Stromquellen; um sie für lineare Zwecke anwendbar zu machen, geht man so vor, wie eben beschrieben.

Zur Abrundung sei noch auf den Fall verwiesen, in dem auch im Eingangskreis eine Diode liegt (Bild 55.10). Man kann dann auch dort über den Gleichspannungsanteil von U_1 einen Arbeitspunkt einstellen und einen differentiellen Leitwert festlegen. Da dort keine Stromquelle

5.5.2 Der ideale Bipolar-Transistor in Basisschaltung

Ein *Bipolar-Transistor* ist ein Stück Halbleitermaterial aus Germanium oder Silizium, in dem drei Zonen, genannt: *Emitter, Basis* und *Kollektor*, durch örtlich wirkende Prozesse gegeneinander abgegrenzt und entweder positiv oder negativ leitend gemacht wurden. Bei einer Dreizonenfolge "negativ, positiv, negativ leitend" spricht man von *npn-Transistor*; sinngemäß gibt es als zweite Grundform den *pnp-Transistor*. Der Begriff "bipolar" bezieht sich auf den physikalischen Hintergrund, wonach sowohl positive als auch negative Ladungsträger am Stromtransport maßgeblich mitwirken. Abgesehen von diesen Hinweisen zur Begriffsbildung werde der physikalische Hintergrund hier nicht weiter vertieft.

Jede Zone eines Bipolar-Transistors hat einen gleichnamigen Anschluß, also *Emitter* E, *Basis* B und *Kollektor* C. Bild 55.11 zeigt Symbole und Zählrichtungen. Die für einen npn-Transistor gültigen Aussagen gelten – nach Umkehr aller Zählrichtungen – qualitativ auch für den pnp-Transistor. Im weiteren genügt es daher, nur den npn-Transistor (kurz: Transistor) zu diskutieren.

Für den Transistor als Dreipol gilt entsprechend den Kirchhoffschen Gesetzen allgemein:

$$I_E + I_C + I_B = 0 \tag{55.23}$$

$$U_{BE} - U_{CE} - U_{BC} = 0 \tag{55.24}$$

Wenn zwei Strom- bzw. zwei Spannungswerte bekannt sind, ist der jeweils dritte Wert leicht errechenbar. Eine Verhaltensbeschreibung für einen Transistor muß also die Beziehungen zwischen zwei Spannungs- und zwei Stromgrößen ausdrücken. Es sei vorausgesetzt, daß ein Transistor in einer Betriebsschaltung keine direkt verbundenen und keine offenen Anschlüsse aufweist. Demnach ist ein Transistor im Betrieb ein Bestandteil von mindestens zwei

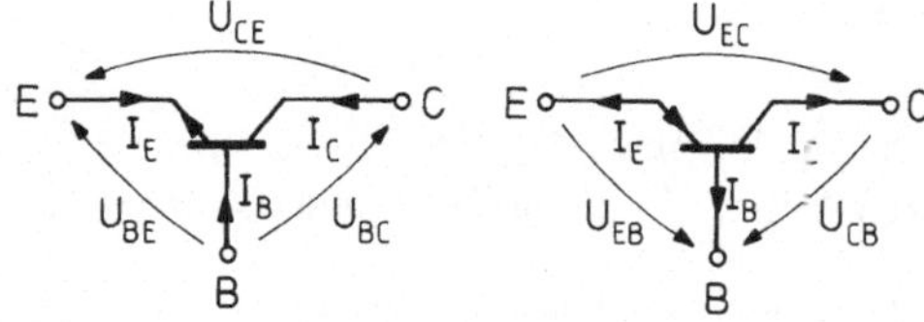

Bild 55.11.
Symbol und Benennungen am npn-Transistor (links) und am pnp-Transistor (rechts)

Stromkreisen, und deshalb muß einer der drei Anschlüsse beiden Stromkreisen angehören. Je nachdem ob dieser gemeinsame Anschluß die Basis, der Emitter oder der Kollektor ist, spricht man von *Basis-*, *Emitter-* bzw. *Kollektorschaltung*.

Da die Basis im technischen Aufbau eines Transistors zwischen Emitter und Kollektor liegt, bietet sie sich natürlicherweise als gemeinsamer Anschluß der beiden Stromkreise an. Es ist daher üblich, natürlich und mathematisch am einfachsten, das Transistorverhalten zunächst durch die Eingangsgrößen I_E und U_{BE} sowie die Ausgangsgrößen I_C und U_{BC} auszudrücken. Bei der Verhaltensbeschreibung von z.B. Widerstand (51,1) oder Diode (54.1) wurde idealisiert, d.h. von theoretisch sekundären, praktisch aber nicht immer vernachlässigbaren weiteren physikalischen Effekten abgesehen. Auf ähnliche Weise läßt sich auch das Verhalten des *idealen Transistors* formulieren, und zwar durch die *Ebers-Moll-Gleichungen*:

$$-I_E = I_E^* - A_I I_C^* \qquad (55.25)$$

$$I_C = A_N I_E^* - I_C^* \qquad (55.26)$$

mit:

$$I_E^* = I_{ES}(e^{U_{BE}/U_T} - 1) \qquad (55.27)$$

$$I_C^* = I_{CS}(e^{U_{BC}/U_T} - 1) \qquad (55.28)$$

$$A_N I_{ES} = A_I I_{CS} \qquad (55.29)$$

Dabei bedeuten:

- I_{ES}: *Emitterdiodensperrstrom*
- I_{CS}: *Kollektordiodensperrstrom*
- A_N: *(Kurzschluß-) Stromverstärkung*, normal (<1)
- A_I: *(Kurzschluß-) Stromverstärkung*, invers (<1)
- U_T: *Temperaturspannung* (bei $T = 300\,^\circ K$: $25\,mV$)

Die Gleichungen (55.25) bis (55.29) sind das Ergebnis eines Modellbildungsprozesses, der sich auf tiefer gehende Modelle im theoretisch-physikalischen Bereich abstützt. Der Leser sollte diese Gleichungen genauso als "gegeben" und als hier nicht hinterfragbar ansehen, wie er es auch schon bei der Beschreibung von Widerstand (51.1) oder Diode (54.1) tun mußte.

Wohl aber ist es möglich und sinnvoll, das durch die Ebers-Moll-Gleichungen ausgedrückte Verhalten näher zu durchleuchten. Zunächst lassen sich die Beziehungen (55.25) bis (55.28) durch ein Strukturmodell veranschaulichen, in dem zwei Stromquellen von überkreuz zugeordneten Diodenströmen gesteuert werden (Bild 55.12). Die Beziehung (55.29) gilt zusätzlich; sie ist nicht aus den anderen Beziehungen ableitbar. Ebenso gehört zur Verhaltensbeschreibung, daß die Größen A_N und A_I kleiner als 1 sind.

Offenbar vereinigen sich im Strukturmodell die Eigenschaften einer beidseitig gesteuerten Stromquelle (Bild 55.7) mit der einer nichtlinearen Stromquelle (Bild 55.9). Z.B. lassen sich die Gleichungen (55.24) und (55.25) durch Eliminieren einerseits von I_E^* und andererseits I_C^* auch folgendermaßen schreiben:

$$I_E = -A_I I_C - (1 - A_N A_I) I_E^* \qquad (55.30)$$

$$I_C = -A_N I_E - (1 - A_N A_I) I_C^* \qquad (55.31)$$

In dieser Schreibweise sind die Faktoren A_I und A_N statt mit den Diodenströmen I_C^* und I_E^* - s. (55.25) und (55.26) - nun mit den Klemmenströmen I_C und I_E verknüpft. Durch Einsetzen von (55.27) und (55.28):

$$I_E = -A_I I_C - (1 - A_N A_I) I_{ES}(e^{U_{BE}/U_T} - 1) \qquad (55.32)$$

$$I_C = -A_I I_E - (1 - A_N A_I) I_{CS}(e^{U_{BC}/U_T} - 1) \qquad (55.33)$$

Die Beziehung (55.33) gleicht formal (55.17). Der einzige Unterschied besteht im Faktor $(1 - A_N A_I)$, der hier wegen der zusätzlichen Stromquelle $A_I I_C^*$ ins Spiel kommt. Dementsprechend beschreibt die Beziehung (55.33) das *Ausgangskennlinienfeld in Basisschaltung für Normalbetrieb* (Bild 55.13). Es gleicht prinzipiell dem Kennlinienfeld von Bild 55.9; lediglich sind hier nun realitätsnahe Werte für I_{CS} (z.B. $10^{-13}\,A$) und U_T (z.B. $25\,mV$) angenommen. Einige Einzelheiten folgen noch am Ende des Abschnitts.

Wegen der strukturellen Symmetrie des Modells von Bild 55.12 lassen sich die Funktionen von Emitter und Kollektor prinzipiell vertauschen; für einen solchen *inversen Betrieb* gilt

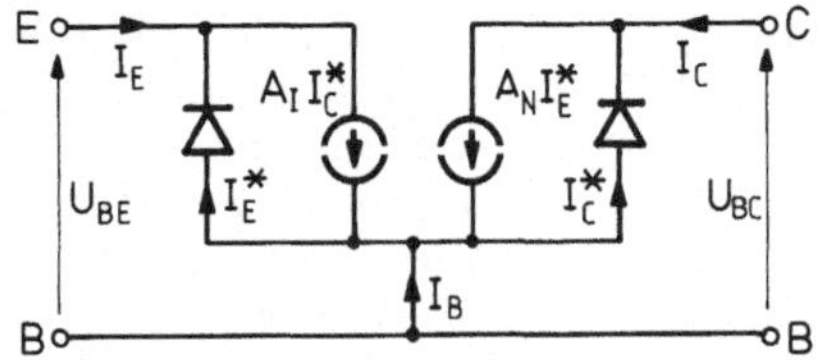

Bild 55.12.
Strukturmodell für einen idealen npn-Transistor

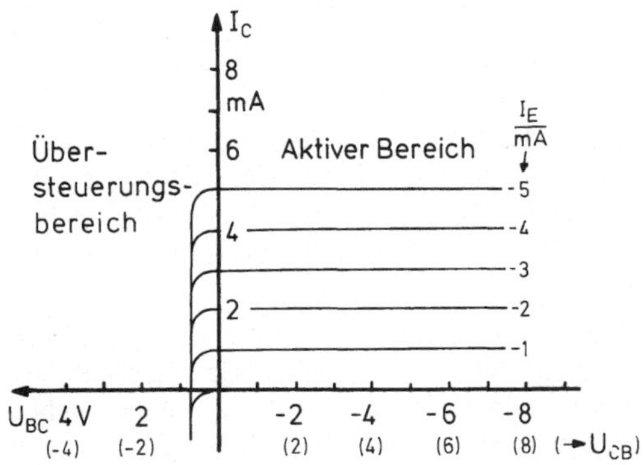

Bild 55.13.
Ausgangskennlinienfeld für die Basisschaltung

dann das Kennlinienfeld zu (55.32). Da die Verstärkungseigenschaften des Transistors im Normalbetrieb, wie sich noch zeigen wird, wesentlich vom Faktor A_N abhängen, bemüht sich der Hersteller, ihn möglichst nahe an den Wert 1 heranzubringen; erreichbar sind etwa $A_N = 0{,}99$. Aufbautechnisch bedingt und schaltungstechnisch oft auch erwünscht, ist die inverse Stromverstärkung A_I meistens deutlich kleiner, z.B. $A_I = 0{,}5$.

Oft führt man noch folgende Abkürzungen ein:

I_{E0} : *Emitterreststrom*
I_{C0} : *Kollektorreststrom*

wobei:

$$I_{E0} = (1 - A_N A_I) I_{ES} \qquad (55.34)$$

$$I_{C0} = (1 - A_N A_I) I_{CS} \qquad (55.35)$$

Die Kennliniengleichungen nehmen dann folgende Form an:

$$I_E = -A_I I_C - I_{E0}(e^{U_{BE}/U_T} - 1) \qquad (55.36)$$

$$I_C = -A_N I_E - I_{C0}(e^{U_{BC}/U_T} - 1) \qquad (55.37)$$

Diese Form hat den praktischen Vorteil, daß die Größen A_N, A_I, I_{C0} und I_{E0} in Versuchsschaltungen meßtechnisch bestimmbar sind. Z.B. folgt aus (55.37):

$$A_N = -I_C / I_E \qquad \text{für } U_{BC} = 0$$

$$I_{C0} = I_C \qquad \text{für } I_E = 0 \text{ und } U_{BC} \to -\infty$$

Beide Größen sind also durch Kurzschluß am Ausgang bzw. durch Leerlauf am Eingang bestimmbar; gleiches gilt invers für A_I und I_{E0}. Bemerkenswert ist, daß die Restströme I_{C0} und I_{E0}, also die Pendents zur Größe I_{2S} in Bild 55.9, kleiner sind als die Diodensperrströme I_{CS} und I_{ES}.

Ähnlich zu Bild 55.9 bzw. zu den Gleichungen (55.18) bis (55.21) kann man nun eine Beziehung für einen Arbeitspunkt aufstellen und z.B. auch die dazu gehörigen differentiellen Leitwerte bestimmen:

In der Betriebsschaltung von Bild 55.14 gelten zusätzlich die Bedingungen;

$$I_C = U_L / R_L \qquad U_{BC} = U_L - U_{CC} \qquad (55.38)$$

Einsetzen von (55.38) sowie (55.27) bis (55.29) in die Beziehung (55.26) liefert, vergleichbar mit (55.19):

$$\frac{1}{R_L} = \frac{A_N}{A_I} \cdot \frac{I_{ES}}{U_{BC} + U_{CC}} (A_I(e^{U_{BE}/U_T} - 1) - (e^{U_{BC}/U_T} - 1)) \qquad (55.39)$$

Die differentiellen Leitwerte errechnen sich, formal vergleichbar zu (55.21), aus (55.27) und (55.28):

$$g_E = dI_E^* / dU_{BE} = (I_{ES} / U_T) e^{U_{BE}/U_T} \qquad (55.40)$$

$$g_C = dI_C^* / dU_{BC} = (I_{CS} / U_T) e^{U_{BC}/U_T} \qquad (55.41)$$

Ist ein Arbeitspunkt mitsamt den zugehörigen differentiellen Leitwerten g_E und g_C konkret bestimmt, spezialisiert sich die Struktur von Bild 55.14 zu jener nach Bild 55.15. Sinngemäß zu Bild 55.7 bzw. zur Gleichung (55.16) lassen sich jetzt Spannungs- und Stromverstärkungen angeben:

$$v_i = -i_C / i_E = A_N / (1 + g_C R_L (1 - A_N A_I)) \qquad (55.42)$$

$$v_u = u_{BC} / u_{BE} = A_N g_E / (1/R_L + g_C) \qquad (55.43)$$

Eine Folge von drei Beispielen möge diese Angaben veranschaulichen, wobei gemeinsam gilt:

Für Beispiele 55.44 bis 55.46 :

Es sei: $A_N = 1$ $\qquad A_I = 0{,}5$
$\qquad U_T = 25\,mV$ $\qquad I_{ES} = 10^{-13}\,A$

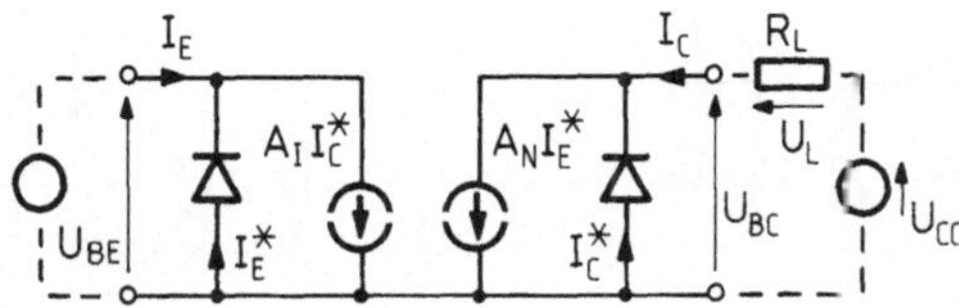

Bild 55.14.
Betriebsschaltung

Bild 55.15.
Modell für das Kleinsignalverhalten

Also: $A_N/A_I=2$ $\quad I_{ES}/U_T=4\cdot 10^{-12}\,A/V$
Aus (55.29): $I_{CS}=(A_N/A_I)I_{ES}$

Weiterhin wiederholen sich folgende Zahlen:

$e^{20}\approx 5\cdot 10^8 \qquad e^{21}\approx 13\cdot 10^8$
$e^{24}\approx 265\cdot 10^8 \qquad (1-A_NA_I)=0{,}5$

Um einigermaßen glatt rechnen zu können, seien Werte für U_{BE} und U_{BC} vorgegeben und daraus dann R_L, g_E und g_C errechnet.

Beispiel 55.44: Arbeitspunkt P mit $U_{CC}=0$

Sei $U_{BE}=21\,U_T$; $\quad U_{BC}=20\,U_T$

(55.39): $1/R_L=2(I_{ES}/20\,U_T)\cdot(0{,}5(e^{21}-1)-(e^{20}-1))$
$=0{,}15\cdot 10^8\cdot(I_{ES}/U_T)$
$=0{,}6\cdot 10^{-4}\,A/V$ {1.1}

(55.40): $g_E=e^{21}(I_{ES}/U_T)=52\cdot 10^{-4}\,A/V$ {1.2}

(55.41): $g_C=e^{20}(I_{ES}/U_T)=20\cdot 10^{-4}\,A/V$ {1.3}

(55.27): $I_E^*=10^{-13}\cdot(e^{21}-1)=13\cdot 10^{-5}\,A$ {1.4}
$A_NI_E^*=1\cdot I_E^*=13\cdot 10^{-5}\,A$ {1.5}

(55.28): $I_C^*=2\cdot 10^{-13}(e^{20}-1)=10\cdot 10^{-5}\,A$ {1.6}
$A_II_C^*=0{,}5\cdot I_C^*=5\cdot 10^{-5}\,A$ {1.7}

(55.25): $-I_E=8\cdot 10^{-5}\,A$ $\quad U_{BE}=525\,mV$ {1.8}

(55.26): $I_C=3\cdot 10^{-5}\,A$ $\quad U_{BC}=500\,mV$ {1.9}

(55.42): $v_i=1/(1+(20/0{,}6)\cdot 0{,}5)=0{,}06$ {1.10}

(55.43): $v_u=1\cdot 52/(0{,}6+20)=2{,}52$ {1.11}
$v_p=v_i\cdot v_u=0{,}15$ {1.12}

Die Stromverstärkung v_i ist – vor allem wegen des hohen Wertes von g_C (gegenüber $1/R_L$) – so klein, daß trotz einer gewissen Spannungsverstärkung v_u keine Leistungsverstärkung v_p zustande kommt.

Beispiel 55.45: Arbeitspunkt Q mit $U_{CC}=10\,V$ $(=400\,U_T)$

Ähnlich Bild 55.9 sei nun unterstellt, daß eine Gleichspannung im Ausgangskreis einen Arbeitspunkt $U_{BC}=-5\,V$ $(=-200\cdot U_T)$ erlaubt. Weiterhin sei $U_{BE}=21\,U_T$, so daß {1.2}, {1.4}, {1.5} auch hier gelten. In (55.39) wird der Term e^{U_{BC}/U_T} vernachlässigbar klein:

(55.39): $1/R_L\approx 2(I_{ES}/200\,U_T)(0{,}5\cdot e^{21})$
$\approx 0{,}065\cdot 10^8(I_{ES}/U_T)$
$=0{,}26\cdot 10^{-4}\,A/V$ {2.1}

(55.41): $g_C=e^{-200}(I_{ES}/U_T)\approx 0$ {2.3}

(55.28): $I_C^*\approx -I_{CS}=-2\cdot I_{ES}=-2\cdot 10^{-13}\,A$ {2.6}
$A_II_C^*=0{,}5\,I_C^*=10^{-13}\,A$ {2.7}

(55.25): $-I_E\approx I_E^*=13\cdot 10^{-5}\,A$
$U_{BE}=525\,mV$ {2.8}

(55.26): $I_C\approx A_NI_E^*=13\cdot 10^{-5}\,A$
$U_{BC}=-5\,V$ {2.9}

(55.42): $v_i\approx A_N=1$ {2.10}

(55.43): $v_u\approx A_Ng_ER_L=52/0{,}26\approx 200$ {2.11}
$v_p=v_i\cdot v_u=200$ {2.12}

Man sieht, daß die zusätzliche Speisespannung U_{CC} und die dadurch bewirkte Verlagerung des Arbeitspunktes – zumindest bei diesem Beispiel – eine gewaltige Steigerung der Leistungsverstärkung v_p nach sich zieht.

Beispiel 55.46: $U_{CC}=0$, aber $U_{BE}=24\cdot U_T$

Anschließend an Beispiel 55.44 sei nun $U_{BE}=24\cdot U_T$. $U_{BC}=20\cdot U_T$ bleibe wie dort. Damit gelten weiterhin die Ergebnisse {1.3}, {1.6} und {1.7}.

(55.39): $1/R_L=2(I_{ES}/20\,U_T)\cdot(0{,}5(e^{24}-1)-(e^{20}-1))$
$=12{,}8\cdot 10^8(I_{ES}/U_T)$
$=49{,}2\cdot 10^{-4}\,A/V$ {3.1}

(55.40): $g_E=e^{24}(I_{ES}/U_T)$
$=1060\cdot 10^{-4}\,A/V$ {3.2}

(55.27): $I_E^*=10^{-13}\cdot(e^{24}-1)=265\cdot 10^{-5}\,A$ {3.4}
$A_NI_E^*\approx 1\cdot I_E^*=265\cdot 10^{-5}\,A$ {3.5}

(55.25): $-I_E=260\cdot 10^{-5}\,A$
$U_{BE}=600\,mV$ {3.8}
$I_C=255\cdot 10^{-5}\,A$
$U_{BC}=500\,mV$ {3.9}

(55.42): $v_i=1/(1+(20/49{,}2)\cdot 0{,}5=0{,}83$ {3.10}

(55.43): $v_u=1\cdot 1064/(49{,}2+20)=15{,}2$ {3.11}
$v_p=v_i\cdot v_u=12{,}61$ {3.12}

Durch die – gegenüber Beispiel 55.44 – deutliche Verlagerung des Arbeitspunktes auf der Eingangsseite, also durch Aufbringen einer höheren Gleichspannung U_{BE}, erhöht sich der differentielle Leitwert g_E beträchtlich. Trotz des nun höheren Leitwerts $1/R_L$ steigert sich die Leistungsverstärkung v_p.

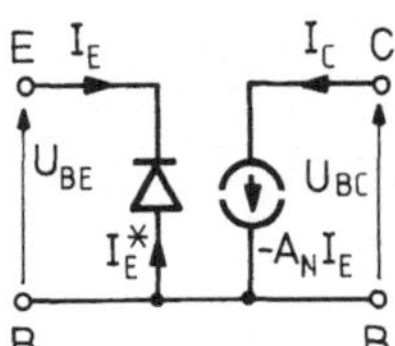

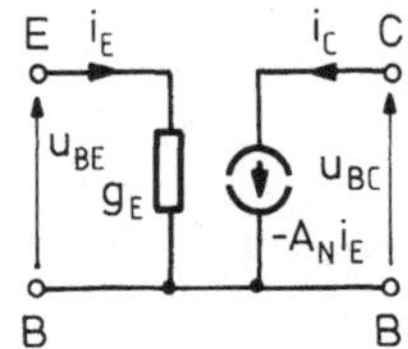

Bild 55.16.
Vereinfachte Modelle für das Gleichstromverhalten und für das Kleinsignalverhalten, gültig für den aktiven Transistorbereich in Basisschaltung

Das letzte Beispiel belegt, daß eine – (kleine) – Leistungsverstärkung auch ohne Gleichspannung im Ausgangskreis möglich ist. Jedoch ist das erforderliche Gleichstromniveau deutlich höher; man vergleiche {3.8}, {3.9} mit {1.8}, {1.9} sowie mit {2.8}, {2.9}. Außerdem bringt der Betrieb im nichtlinearen Teil des Ausgangskennlinienfeldes starke Signalverzerrungen mit sich. Es ist daher sinnvoll und üblich, im Ausgangskreis eine Gleichspannungsquelle vorzusehen.

Es sei hier eingeflochten, daß ein Transistor – trotz einer möglichen Signalverstärkung – ein passives Bauelement ist. Die eingespeiste Gleichstromleistung $-U_{BE} \cdot I_E$ ist größer als die an den Verbraucher abgegebene Leistung $U_{BC} \cdot I_C$. Dies ist z.B. anschaulich an den Zahlenwerten in {1.8}, {1.9} oder {3.8}, {3.9} zu sehen. Verallgemeinert folgt aus (55.33): $I_C < -I_E$. Da I_C – als Verbraucherstrom – positiv ist, ergibt sich aus (55.26) bis (55.29):

$$A_N I_E^* > I_C^*$$
$$\Longrightarrow \quad A_I(e^{U_{BE}/U_T}-1) > e^{U_{BC}/U_T}-1$$
$$\Longrightarrow \quad U_{BE} > U_{BC}$$

Nun sei nochmals der Betrieb mit Ausgangsgleichspannung aufgegriffen: Die Zahlenrechnung im Beispiel 55.45 zeigte auch, daß oft Zahlenwerte stark unterschiedlicher Größenordnung zu summieren sind. Dies führt zu einer in der Elektrotechnik recht gebräuchlichen Art von Modellbildung, nämlich zum

Vereinfachen von Modellen durch Vernachlässigen von – unter bestimmten Randbedingungen praktisch irrelevanten – Teilen.

Eine der Randbedingungen bestehe hier darin, daß der Arbeitspunkt durch eine Gleichspannung in den linearen Teil des Ausgangskennlinienfeld gelegt werde. Die dann nahezu horizontalen Kennlinien lassen die Größen e^{U_{BC}/U_T} bzw. g_C praktisch zu Null werden. Die Beziehung (55.31) vereinfacht sich zu:

$$I_C = -A_N I_E + (1 - A_N A_I) I_{CS} \qquad (55.47)$$

Noch prägnanter wird die Aussage mit Hilfe des Kollektorreststroms nach (55.35):

$$I_C = -A_N I_E + I_{C0} \qquad (55.48)$$

Demnach fließt im Ausgangskreis (bei $U_{BC} \to -\infty$) ein kleiner Kollektorreststrom I_{C0}, dem sich ein zum Eingangsstrom $-I_E$ proportionaler Anteil $-A_N I_E$ überlagert. Im praktischen Betrieb kann man, zumindestens zum Zwecke eines Arbeitspunktes für Signalverstärkung, als weitere Randbedingung den Kollektorreststrom als vernachlässigbar ansehen. Dann vereinfachen sich die Ebers-Moll-Gleichungen (55.25) bis (55.28) auf die Form:

$$-I_E = I_E^* = I_{ES}(e^{U_{BE}/U_T}-1) \qquad (55.49)$$
$$I_C = -A_N I_E = A_N I_{ES}(e^{U_{BE}/U_T}-1) \qquad (55.50)$$

Entsprechend reduziert sich das Gleichstrommodell (Bild 55.16, links). Für die Berechnung der Signalverstärkung ist weiterhin ein differentieller Leitwert g_E nach (55.40) zu bestimmen. Die Beziehungen (55.42) und (55.43) vereinfachen sich; ein passendes Modell zeigt Bild 55.16, rechts.

$$v_i = A_N \qquad v_u = A_N g_E R_L \qquad (55.51)$$

Einige Anmerkungen zum Kennlinienfeld von Bild 55.13 mögen diesen Abschnitt abrunden. Der rechte Teil heißt auch *aktiver Bereich*. Die Kollektordiode ist gesperrt; d.h. $U_{BC} < 0$. Für Signalverstärkung wird ein Arbeitspunkt in diesem Bereich gewählt; man spricht dann auch vom *aktiven Betrieb* des Transistors. Der linke Teil heißt auch *Übersteuerungsbereich*. Die Kollektordiode leitet; d.h. $U_{BC} > 0$. Der Sperrstrom I_{CS} ist mit z.B. 10^{-13} A so klein, daß die Kennlinie für $I_E = 0$ im aktiven Bereich praktisch auf die Abszisse fällt. Der tatsächliche Wert der Temperaturspannung mit $U_T = 25$ mV sorgt – etwa im Vergleich zu Bild 55.9 – für einen steilen Abfall der Kennlinien im Übersteuerungsbereich. Die Linien fallen scheinbar zusammen und haben scheinbar einen gemeinsamen Schnittpunkt mit der Abszisse. Die Spannung U_{BC} (für $I_C=0$) läßt sich konkret ermitteln, wenn man in (55.33) die Bedingung $I_C=0$ annimmt und nach U_{BC} auflöst:

$$U_{BC\,(I_C=0)} = U_T \ln\left(-\frac{I_E}{I_{ES}}\frac{A_I}{1-A_N A_I}+1\right) \quad (55.52)$$

Für genügend große Werte von $-I_E$ ist der Term "1" vernachlässigbar und man erhält:

$$U_{BC\,(I_C=0)} = U_T\left(\ln\left(-\frac{I_E A_I}{1-A_N A_I}\right)+\ln\frac{1}{I_{ES}}\right) \quad (55.53)$$

Für z.B. $U_T=25\,\text{mV}$; $A_N=1$; $A_I=0{,}5$; $I_{ES}=10^{-13}\,\text{A}$ folgt an konkreten Werten z.B.:

Bei $I_E=10\,\text{mA}$: $U_{BC\,(I_C=0)} \approx 0{,}63\,\text{V}$

Bei $I_E=1\,\text{mA}$: $U_{BC\,(I_C=0)} \approx 0{,}58\,\text{V}$

Erwähnt sei noch, daß man in der Anwendungspraxis oft die Symmetrie der Zählrichtungen aufgibt. So wird anstelle der Bezeichnung U_{BC} meistens die Angabe U_{CB} benutzt; dadurch erscheint die Ausgangsseite des Transistors als Gleichstromverbraucher (s. eingeklammerte Angaben in Bild 55.13). Ähnlich wird die Richtung des Emitterstroms I_E oft entgegengesetzt definiert, um die negativen Zahlenwerte zu vermeiden.

5.5.3 Der ideale Transistor in Emitterschaltung

Nach Bild 55.12 ist der Basisstrom I_B die Differenz zwischen Emitter- und Kollektorstrom. Gelingt es, den Faktor A_N nahe an den Wert 1 zu bringen, wird der Basisstrom I_B vergleichsweise klein. Es liegt daher nahe, den Kollektorstrom nicht mit dem Emitterstrom sondern mit dem Basisstrom zu steuern und dadurch eine große Stromverstärkung zu erzielen. Von aussen betrachtet entsteht eine *Emitterschaltung*, in der das Verhalten duch Beziehungen zwischen den Größen I_B, U_{BE}, I_C und U_{CE} beschreibbar sein müßte (Bild 55.17).

Da der Übergang zur Emitterschaltung das Transistorverhalten nicht ändert, sondern nur eine neue Beschreibungsform verlangt, müssen die gesuchten Aussagen allesamt aus den Ebers-Moll-Gleichungen (55.25) bis (55.29)

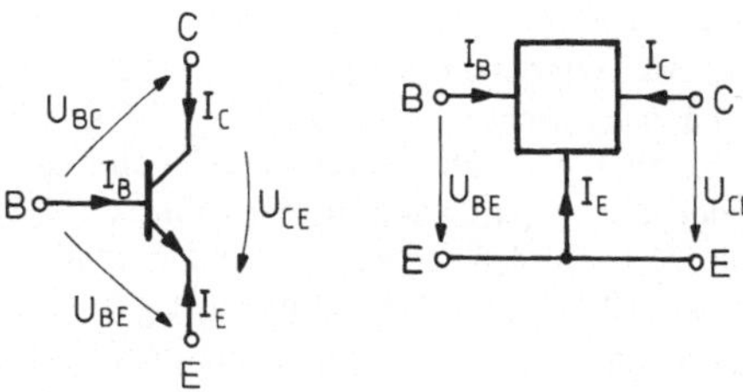

Bild 55.17.
Ein npn-Transistor in Emitterschaltung

ableitbar sein. So kann man z.B. in (55.31) die Größe I_E mit Hilfe von (55.23) eliminieren:

$$I_C = A_N(I_C+I_B)-(1-A_N A_I)I_C^*$$

$$I_C^* = \frac{A_N}{1-A_N}I_B - \frac{1-A_N A_I}{1-A_N}I_C \quad (55.54)$$

Zur Abkürzung definiert man:

Stromverstärkung in Emitterschaltung

$$B_N = \frac{A_N}{1-A_N} \quad (55.55)$$

Formal ähnlich gilt:

Inverse Stromverstärkung in Emitterschaltung

$$B_I = \frac{A_I}{1-A_I} \quad (55.56)$$

Zu den herstellerseitig erreichbaren Werten von z.B. $A_N=0{,}995$ und $A_I=0{,}5$ gehören dann $B_N\approx 200$ und $B_I\approx 1$. Aus der Beziehung (55.55) folgt direkt, daß die Stromverstärkung B_N um so mehr steigt, je dichter der Faktor A_N an den Wert 1 heranreicht. Andererseits hat ein invers betriebener Transistor in Emitterschaltung eine um Größenordnungen niedrigere Verstärkung B_I. Oft sind auch die umgekehrten Beziehungen nützlich:

$$A_N = \frac{B_N}{B_N+1} \qquad A_I = \frac{B_I}{B_I+1} \quad (55.57)$$

Mit (55.55) und (55.57) läßt sich (55.54) nun umformen in:

$$I_C = B_N I_B - (1+B_N)(1-A_N A_I)I_C^* \quad (55.58)$$

Somit ist die Beziehung (55.31) in eine äußerlich vergleichbare Form überführt. Man kann sie, zusammen mit der unveränderten Beziehung (55.30), wiederum durch ein Strukturmodell veranschaulichen. Es ist in Bild 55.18 gleich in eine Betriebsschaltung eingebettet. Das Modell hat – gemessen an der Abstraktion von Bild 55.17 – den Schönheitsfehler, daß – über I_C^* aus (55.28) – die Spannung U_{BC} statt der Spannung U_{CE} ins Spiel gekommen ist. Trotzdem lassen sich daran schon einige Aussagen von praktischem Nutzen gewinnen:

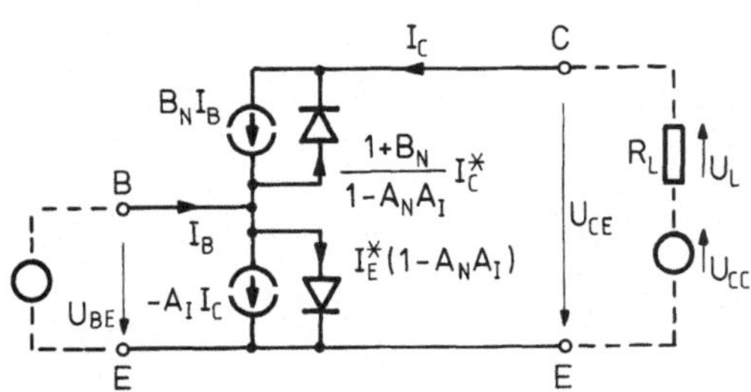

Bild 55.18.
Strukturmodell für die Emitterschaltung

Ist z.B. Signalverstärkung gewünscht, ist die Emitterdiode wie bei der Basisschaltung durch einen positiven Basisstrom I_B leitend zu machen. Wie schon in Abschnitt 5.4.3 gezeigt, muß der Durchlaßstrom einer Diode, hier: I_B, wegen drohender Überlastung auf einen zulässigen Wert begrenzt werden; im Bild 55.18 ließe sich dies schaltungstechnisch leicht z.B. durch einen Widerstand in der Basiszuleitung erreichen. Die Eingangsspannung U_{BE} erreicht deshalb maximal etwa Werte um 0,7 V. Durch eine Gleichspannung U_{CC} im Ausgangskreis sowie durch geeignete Werte für den Widerstand R_L sind daher Betriebszustände mit negativer Spannung U_{BC}, also mit gesperrter Kollektordiode einstellbar. Unter dieser Randbedingung läßt sich ähnlich wie bei der Basisschaltung argumentieren: In (55.28) wird der Term e^{U_{BC}/U_T} vernachlässigbar. Beziehung (55.58) vereinfacht sich zu:

$$I_C = B_N I_B + (1+B_N)(1-A_N A_I) I_{CS} \qquad (55.59)$$

Als Abkürzung definiert man oft den *Kollektor-Emitter-Reststrom*:

$$I_{CEO} = (1+B_N)(1-A_N A_I) \qquad (55.60)$$

Damit läßt sich nun prägnant schreiben:

$$I_C = B_N I_B + I_{CEO} \qquad (55.61)$$

Die formale Ähnlichkeit zu den Beziehungen der Basisschaltung, also zu (55.47), (55,35) und (55.48) ist offenkundig. Demnach fließt im Ausgangskreis einer Emitterschaltung bei genügend hoher Spannung $-U_{BC}$ bzw. U_{CB} ein Kollektor-Emitter-Reststrom I_{CEO}, dem sich ein zum Eingangsstrom I_B proportionaler Anteil $B_N I_B$ überlagert. Obwohl der Strom I_{CEO} um den Faktor (B_N+1), also z.B. um etwa das 200-fache, größer ist als der Kollektorreststrom I_{CO}, ist er beim Festlegen eines Arbeitspunktes für Signalverstärkung rechnerisch vernachlässigbar. Es gilt also kurz:

$$I_C \approx B_N I_B \qquad (55.62)$$

Durch Einsetzen dieser Beziehung in (55.23) ergibt sich – wiederum bei $U_{CB} \to \infty$ – für den Emitterstrom:

$$I_E \approx (B_N+1) I_B \qquad (55.63)$$

Für die Eingangsseite gilt weiterhin die Gleichung (55.49), die man nun auch schreiben kann als:

$$I_B \approx \frac{1}{B_N+1}(e^{U_{BE}/U_T}-1) \qquad (55.64)$$

Die Ergebnisse (55.62) und (55.64) lassen sich im Strukturmodell von Bild 55.19, links, veranschaulichen, das dem entsprechenden Modell der Basisschaltung formal sehr ähnlich ist (Bild 55.16). Sinngemäß läßt sich ein differentieller Eingangsleitwert g_B bestimmen:

$$g_B = \frac{dI_B}{dU_{BE}} = \frac{1}{U_T(B_N+1)} e^{U_{BE}/U_T} = \frac{1}{B_N+1} g_E \qquad (55.65)$$

Das entsprechende Modell für das Kleinsignalverhalten in Bild 55.19, rechts, gleicht jenem von Bild 55.16. Die Beziehungen (55.51) für Spannungs- und Stromverstärkung gehen über in:

$$v_i = B_N \qquad v_u = B_N g_B R_L = A_N g_E R_L \qquad (55.66)$$

Offensichtlich bleibt die Spannungsverstärkung v_u gegenüber jener der Basisschaltung im Prinzip unverändert; dagegen steigt die Stromverstärkung von $A_N \approx 1$ auf den sehr viel grösseren Wert B_N. Die Emitterschaltung liefert also eine um etwa den Faktor B_N größere Leistungsverstärkung.

Ausgehend vom Modell des Bildes 55.18 bzw. von der Gleichung (55.59) wurde damit das

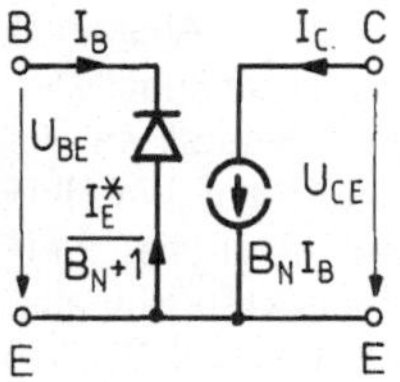

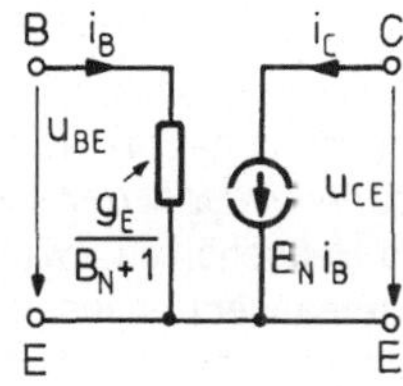

Bild 55.19.
Vereinfachte Modelle für das Gleichstromverhalten und für das Kleinsignalverhalten, gültig für den aktiven Bereich in Emitterschaltung

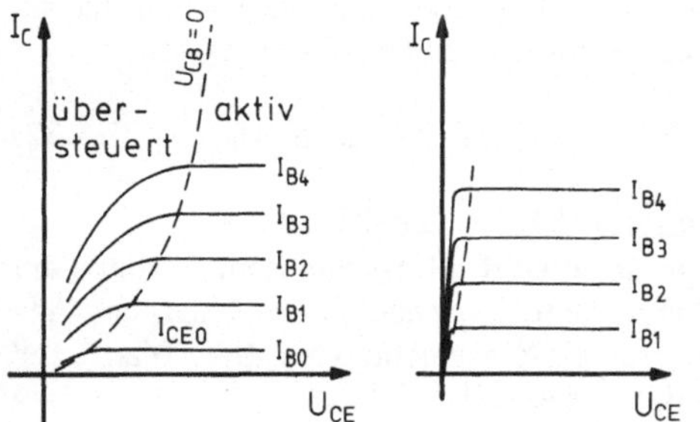

Bild 55.20.
Ausgangskennlinien des idealen Transistors in Emitterschaltung prinzipiell (links) und absolut (rechts)

Transistorverhalten im aktiven Bereich hinreichend genau erklärt. Dazu gehören im Bild 55.20 die horizontalen Kennlinienteile. Oftmals aber, insbesondere beim Schalterbetrieb des Transistors (Abschnitt 5.5.4), ist die Bedingung $U_{CB} \to \infty$ nicht erfüllt. Damit ist aber der Kollektordiodenstrom I_C^* in (55.58) nicht mehr vernachlässigbar und diese Beziehung wird als Ansatz unzweckmäßig.

Es wird nun unumgänglich, die ursprünglich zu Bild 55.17 gestellte Forderung zu erfüllen und insbesondere die Ausgangsspannung U_{CE} anstelle der Größe U_{CB} ins Spiel zu bringen. Leider verbirgt sich dahinter eine etwas umständliche Rechnerei. Zunächst lassen sich die Gleichungen (55.32) und (55.33) nach U_{BE} und U_{BC} auflösen. Mit $U_{CE} = U_{BE} - U_{BC}$ errechnet sich daraus folgender Ausdruck:

$$U_{CE} = U_T \ln \frac{I_{C0}\left(1 + \frac{I_C}{I_B}(1 - A_I) + \frac{I_{E0}}{I_B}\right)}{I_{E0}\left(A_N - \frac{I_C}{I_B}(1 - A_N) + \frac{I_{C0}}{I_B}\right)} \qquad (55.67)$$

Auf die Einzelheiten der Umrechnung kommt es hier nicht an; man kann sie im Detail in [5.10] nachlesen. Wichtig ist, daß tatsächlich ein exakter geschlossener Ausdruck für die Ausgangskennlinien vorliegt, und zwar hier in der Form $U_{CE} = f(I_C, I_B)$. In [5.12] wird sogar die übliche Form $I_C = f(U_{CE}, I_B)$ vorgeführt, die allerdings noch komplizierter ist. Dort wird auch die Kennlinienform für kleine Werte von U_{CE} genau begründet (Bild 55.21). Im größeren Maßstab, etwa in Bild 55.20, sind die Feinheiten in der Nähe des Nullpunktes nicht mehr erkennbar und für die hier diskutierten Anwendungsfälle auch nicht wichtig.

Definitionsgemäß gehören – wie bei der Basisschaltung – die Betriebsfälle mit gesperrter Kollektordiode zum aktiven Bereich, dagegen jene mit leitender Diode zum Übersteuerungsbereich. Bild 55.20 läßt auch die entsprechende Grenzlinie erkennen: Wegen $U_{BC} = 0$ wird in (55.28) auch $I_C^* = 0$. Damit gilt in (55.26):

$$I_{C(U_{BC}=0)} = A_N I_E^* = A_N I_{ES} \left(e^{U_{BE}/U_T} - 1\right) \qquad (55.68)$$

Wegen $U_{CE} = U_{BE}$ und $A_N \approx 1$ nimmt also die Grenzlinie praktisch die Form der Emitterdiodenkennlinie an. In Bild 55.20, rechts, sind die absoluten Verhältnisse des idealen Transistors angedeutet, wie sie sich durch die Zahlenwerte für z.B. $I_{ES} = 10^{-13}$ A und $U_T = 25$ mV ergeben. "Absolut" ist nicht gleichbedeutend mit "real": Ein realer Transistor berücksichtigt weitere physikalische Effekte; siehe Abschnitt 5.5.6.

Die Emitterschaltung wird in der Praxis weitaus am häufigsten verwendet, und zwar sowohl für das Kleinsignalverhalten, also für Signalverstärkung, als auch für das Großsignalverhalten, also für den Schalterbetrieb des näch-

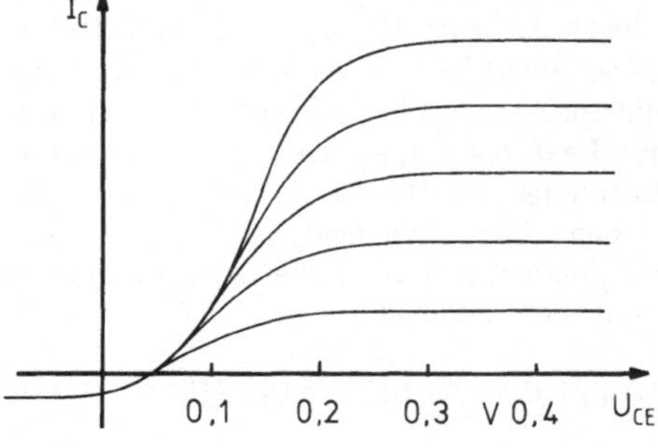

Bild 55.21.
Prinzipieller Verlauf der Ausgangskennlinien für kleine Werte von U_{CE}

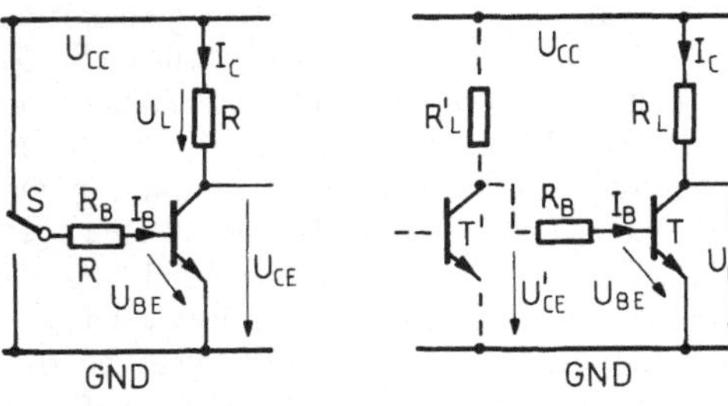

Bild 55.22.
Grundstrukturen des Spannungsschalters

sten Abschnitts. Als dritte Grundform läßt sich aus den Ebers-Moll-Gleichungen auch noch die Kollektorschaltung ableiten; sie liefert zwar Strom- aber keine Spannungsverstärkung. Sie läßt sich z.B. dazu verwenden, einen relativ kleinen Lastwiderstand R_L aus Sicht der Signalquelle auf einen höheren Wert zu transformieren. Dagegen erlaubt die Basisschaltung gerade die umgekehrte Transformation.

Eine ausführliche Diskussion zur Modellbildung auf Basis der Ebers-Moll-Gleichungen findet sich, insbesondere auch für das Kleinsignalverhalten und für das Einstellen von Arbeitspunkten, in [5.12].

5.5.4 Der ideale Transistor als Spannungsschalter

Ein wesentliches Ziel der Digitaltechnik besteht darin, für die elementaren Funktionseinheiten der Schaltwerkebene Realisierungen auf der elektrotechnischen Ebene anzubieten. Eine prinzipiell geeignete Grundstruktur ist die Emitterschaltung in Bild 55.22, links. Es ist üblich, die Gleichspannungsquelle des Ausgangskreises nicht gesondert aufzuzeichnen, sondern sie einfach durch das Paar U_{CC} und GND (GROUND) zu repräsentieren. Der Transistor sei durch das Kennlinienfeld von Bild 55.23 beschrieben, wobei der Reststrom I_{CE0} übertrieben groß und die Kennlinien im Übersteuerungsbereich untertrieben steil gezeichnet sind. Der Widerstand R_L äußert sich als Arbeitsgerade mit den theoretischen Endpunkten

$$A:\ U_{CE} = U_{CC} \qquad B:\ I_C = U_{CC}/R_L$$

Durch entsprechende Wahl des Basisstroms I_B lassen sich verschiedene Arbeitspunkte einstellen. Ein Arbeitspunkt im aktiven Bereich, wie hier: V, eignet sich – wie in Abschnitt 5.5.3 diskutiert – zur Signalverstärkung. Der hier angestrebte Betrieb des Transistors als *Spannungsschalter* dagegen läuft auf ein Hin- und Herschalten zwischen zwei möglichst weit auseinanderliegenden Arbeitspunkten hinaus, hier z.B. zwischen den Punkten Y und X. Man bezeichnet die entsprechenden Spannungs- und Stromdifferenzen auch als *Großsignale* und spricht von *Großsignalverhalten*.

<u>Arbeitspunkt Y:</u> *Sperrzustand Y*

Der Schalter S sei geöffnet, so daß kein Basisstrom I_B fließt. Im zugehörigen Arbeitspunkt Y fließt nur der vernachlässigbare Reststrom I_{CE0} und es gilt praktisch:

$$U_{CE} \approx U_{CC}, \text{ genannt auch: } U_{CEY} \qquad (55.69)$$

<u>Arbeitspunkt X:</u> *Leitzustand X*

Der Schalter S sei geschlossen. Es fließe ein Basisstrom I_B gerade so groß, daß der Arbeitspunkt X erreicht wird. Der Transistor leitet und es gilt:

$$U_{CE} \approx 0, \text{ genannt auch: } U_{CEX} \qquad (55.70)$$

Ordnet man den beiden Spannungswerten U_{CEX} und U_{CEY} die Binärwerte **0** und **1** zu, ist der gedankliche Anschluß an die Schaltwerkebene zumindest prinzipiell erreicht.

Im Sperrzustand Y fließt durch den Emitter der in (55.60) definierte, kleine Kollektor-Emitter-Reststrom. Die Emitterdiode ist dabei noch nicht voll gesperrt. Die theoretische Grenze zum Sperrbereich ergibt sich also – anders als im Bild 55.23 – nicht für $I_B=0$ sondern für $I_E=0$. Es fließt dann der um den Faktor (B_N+1) geringere Kollektorreststrom $I_C=I_{C0}$; siehe (55.35). Erreichbar wäre diese Grenze nur durch einen negativen Basisstrom $I_B=-I_{C0}$ und entsprechender zusätzlicher negativer Basisversorgungsspannung. In der Schaltungspraxis begnügt man sich daher mit der "Fast-Sperrung" bei $I_B=0$.

Um den Leitzustand X konkret zu bewerkstelligen, ist ein passender Widerstandswert R_B festzulegen. Man kann dabei zunächst recht pragmatisch vorgehen: Der Basisstrom I_B sei mindestens so hoch, daß die Emitterdiode bis etwa an die Knickspannung $U_K \approx 0{,}7\,V$ gerät (s. Abschnitt 5.4.3). Ein hilfreicher Ansatz zur Analyse oder Synthese eines Spannungsschalters lautet daher:

Die Basisspannung eines leitenden Transistors hat den Wert

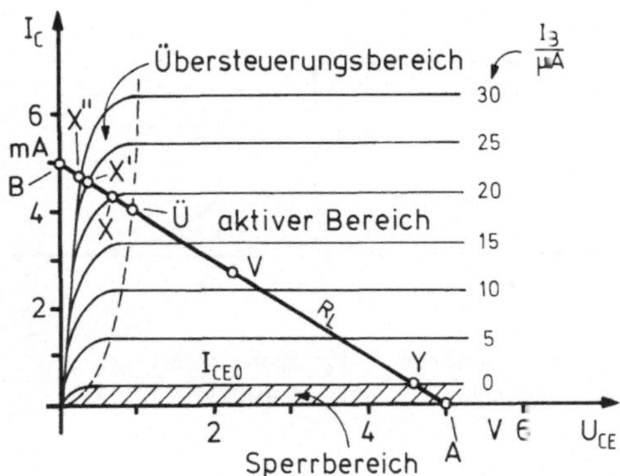

Bild 55.23.
Ausgangskennlinienfeld für Emitterschaltung mit verschiedenen Arbeitspunkten

$$U_{BE} \approx 0{,}7\,V, \text{ genannt auch } U_{BEX} \qquad (55.71)$$

Damit gilt für den Basiswiderstand R_B:

$$R_B = (U_{CC} - U_{BEX}) / I_B \qquad (55.72)$$

Bei vernachlässigbaren Werten von U_{CEX} und I_{CEO} ergibt sich auf der Ausgangsseite einfach:

$$I_C \approx U_{CC} / R_L \qquad (55.73)$$

Unter den gleichen Vernachlässigungen gilt entsprechend (55.62) auch $I_C = B_N \cdot I_B$. So folgt schließlich:

$$R_B = B_N(U_{CC} - U_{BEX}) / I_C \qquad (55.74)$$

Für z.B. $U_{CC} = 5\,V$, $R_L = 1\,k\Omega$ und $B_N = 200$ errechnen sich: $I_C = 5\,mA$, $I_B = 25\,\mu A$, $R_B = 172\,k\Omega$.

Der um des Prinzips willen zunächst eingeführte Schalter S läßt sich durch eine gleichartige Emitterschaltung ersetzen, in Bild 55.22, rechts, bestehend aus Transistor T' und Widerstand R_L'. Es gilt dann:

(T' leitet) ==> ($U_{CE}' = 0$)
==> (T sperrt) ==> $U_{CE} = U_{CC}$
(T' sperrt) ==> ($U_{CE}' \approx U_{CC}$)
==> (T leitet) ==> $U_{CE} = 0$

Offensichtlich wirkt jetzt jede Emitterschaltung wie ein NICHT-Glied, und es spricht im Prinzip nichts dagegen, sie auch in längeren Ketten aneinanderzuhängen. Da der Basisstrom I_B eines leitenden Transistors auch den Widerstand R_L' der vorangehenden Emitterschaltung durchfließt, ist der Basiswiderstand R_B – zumindest prinzipiell – um eben den Wert von R_L' zu verringern.

Die hier noch so einfach anmutenden Verhältnisse verschlechtern sich in der Schaltungspraxis im wesentlichen durch zwei Einflüsse:

- Anders als beim bis jetzt vorausgesetzten idealen Transistor sind beim tatsächlich verwendeten realen Transistor weitere physikalische Effekte zu modellieren.
- Es sind nicht nur Ketten von NICHT-Gliedern sondern Netze von Verknüpfungsgliedern zu realisieren.

Diesen Einflüssen wird in den Abschnitten 5.5.6 bis 5.5.8 nachgegangen.

5.5.5 Zum Zeitverhalten des Spannungsschalters

Die beiden Dioden im Strukturmodell eines Transistors sind insofern realitätsnah, als sie sich auch im physikalischen Aufbau wiederfinden lassen. Durch ihre räumliche Nähe bewirken sie zusätzlich den – durch Stromquellen modellierten – Transistoreffekt. Die physikalische Wirkungsweise der Dioden bringt es mit sich, daß sie außerdem noch als Kapazitäten wirken; und zwar im Leitzustand als stromabhängige *Diffusionskapazitäten* C_{ED} und C_{CD} sowie im Sperrzustand als spannungsabhängige *Sperrschichtkapazitäten* C_{ES} bzw. C_{CS}. Es ist letztlich unerheblich, ob man diese Kapazitäten als "nicht eigentlich zum Transistor gehörenden Nebeneffekt" oder als "weiteren, dem Transistor wesenseigenen Effekt" auffaßt. In jedem Fall ist ihre Wirkung im Ebers-Moll-Modell des idealen Transistors nicht erfaßt. Die um diese Kapazitäten erweiterte Struktur von Bild 55.24 gehört zu einer neuen Klasse von Modellen, in der nun auch das Zeitverhalten berücksichtigt ist. Die Schalter S_E und S_C symbolisieren gedanklich den Übergang zwischen Leitzustand und Sperrzustand.

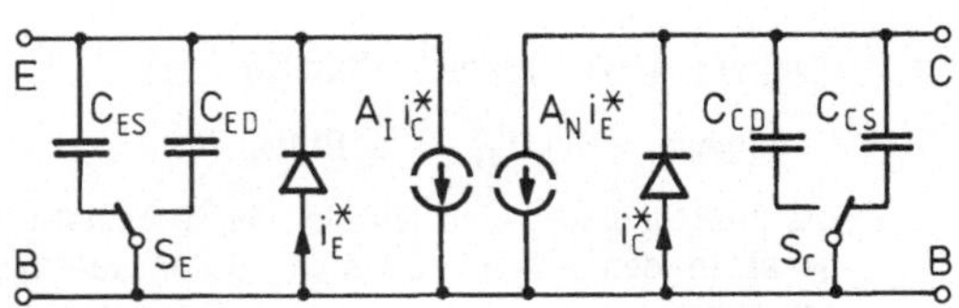

Bild 55.24.
Erweitertes Strukturbild zur Berücksichtigung des Zeitverhaltens

Die Kapazitäten sind für das Gleichstromverhalten des Transistors, z.B. für die Kennlinien, ohne Bedeutung. Ähnliches gilt für langsame Signaländerungen. Für die Verstärkung schnell veränderlicher Signale und für den Betrieb des Transistors als Spannungsschalter ist ihr Einfluß aber erheblich. Sie sind wesentliche Ursache für die begrenzte Arbeitsgeschwindigkeit von elektronischen Schaltungen und damit auch von Rechenanlagen.

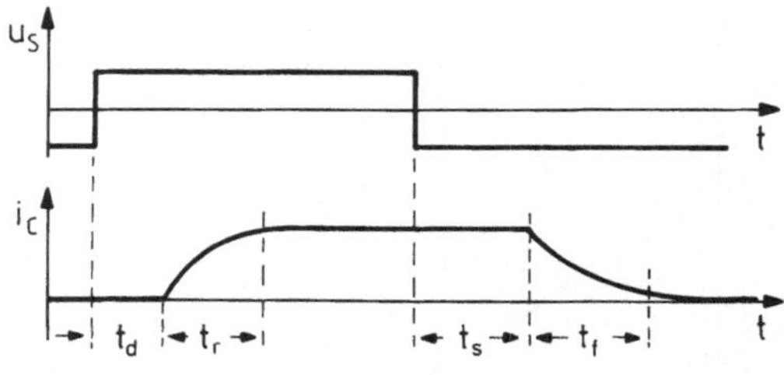

t_d : Verzögerungszeit t_s : Speicherzeit
t_r : Anstiegszeit t_f : Abfallzeit

Bild 55.25.
Zeitverhalten am Spannungsschalter

Die quantitative Berechnung zum Einfluß der Kapazitäten ist ziemlich aufwendig; ohnehin sind nur Näherungslösungen angebbar. Aber eine gewisse qualitative Vorstellung läßt sich z.B. beim Betrieb des Transistors als Schalter noch vermitteln: Im Bild 55.25 ist das Zeitverhalten der Emitterschaltung von Bild 55.22 angedeutet, bei der die Eingangsspannung U_S am Schalter S sprunghaft von einem negativen auf einen positiven Wert wechselt, sowie umgekehrt. Um dieses Verhalten zu deuten, sei die inverse Stromquelle gegenüber Bild 55.24 vernachlässigt, wodurch sich die Gleichstromverhältnisse vereinfachen. Das verbleibende Restmodell sei als Emitterschaltung nach Bild 55.26 betrieben. Zur Veranschaulichung sollen die Versorgungsspannungen U_{CC} und $-U_{BB}$ jeweils den konkreten Wert 5 V aufweisen.

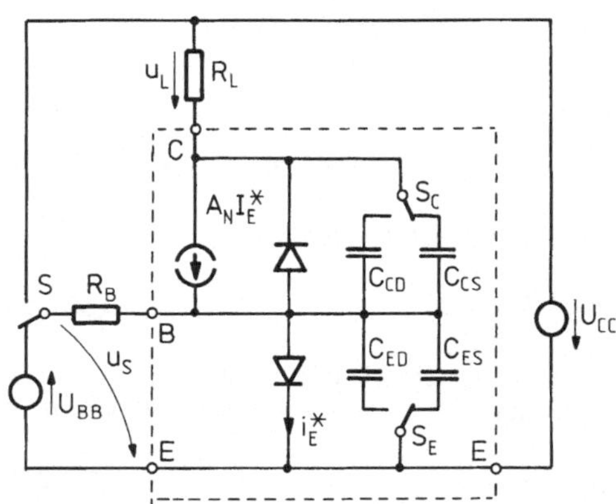

Bild 55.26.
Modell zur Veranschaulichung des Zeitverhaltens in Emitterschaltung

a. Sperrzustand (Bild 55.27a):

- Schalter S liege nach unten.
- Beide Dioden sind gesperrt; keinerlei Stromfluß.
- C_{ES} und C_{CS} sind aufgeladen.

b. Verzögerungszeit t_d (Bild 55.27b):

- Im Umschaltaugenblick: Spannungen an den Kapazitäten können nicht springen; Spannungswerte wie im Bild.
- Es fließen kleine Umladeströme durch C_{ES} und C_{CS}; speziell der Strom i_C ist so klein, daß er im Bild 55.25 praktisch nicht erkennbar wird.
- Die Spannung U_{BE} wächst, doch bleiben die Dioden zunächst gesperrt.
- Ende der Verzögerungszeit, wenn $U_{BE}=0$ erreicht.

c. Anstieg im aktiven Bereich (Bild 55.27c):

- Er beginnt, wenn $U_{BE}=0$ (s. Bild).
- Die Emitterdiode wird leitend, der Transistor gerät in den aktiven Bereich, Stromfluß i_C setzt ein.
- Ein abnehmender Anteil des Emitterstroms i_E wird zum Aufladen der Kapazität C_{EB} gebraucht, daher wächst der Diodenstrom i_E^* und somit der Strom $i_C \approx A_N i_E^*$ nicht sprunghaft an.
- U_{BE} steigt, u_L steigt ==> u_{CB} sinkt.
- C_{ES} wird weiter entladen.
- Ende dieses Teiles der Anstiegzeit, wenn $U_{BC}=0$ erreicht.

d. Anstieg im Übersteuerungsbereich (Bild 55.27d):

- Er beginnt, wenn $U_{CB}=0$. Normalerweise ist dabei die Emitterdiode bereits auf die Knickspannung $U_{BE}\approx 0{,}7\,V$ (bei Silizium) durchgesteuert; jedoch ist dieser Umstand primär nicht entscheidend.
- Wenn der Basisstrom, hier abhängig von R_B, noch weiter ansteigen kann, steigt auch i_C weiter.
- U_L steigt weiter ==> U_{CB} wird negativ.

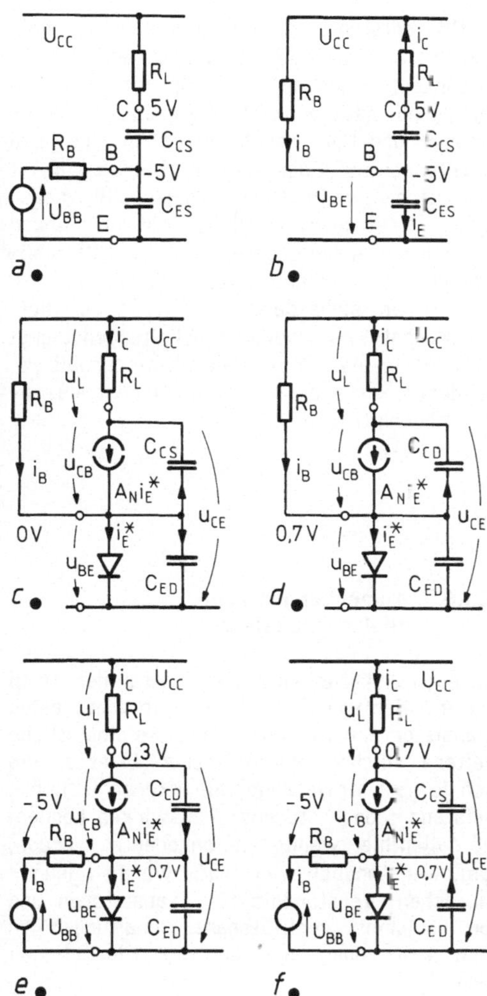

Bild 55.27.
Verschiedene Stadien beim Schalten des Transistors

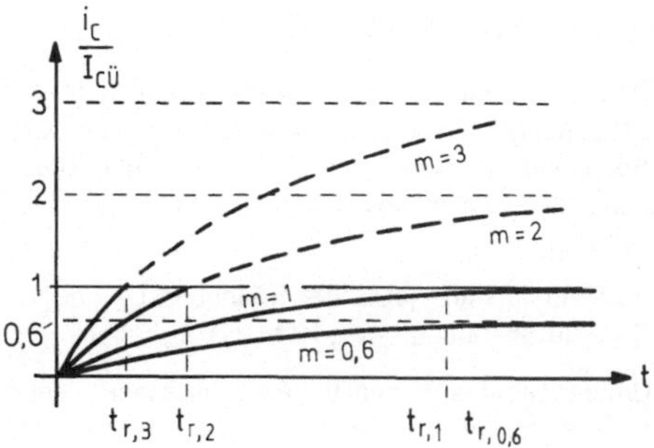

Bild 55.28.
Einfluß des Übersteuerungsfaktors m auf die Anstiegszeiten t_r

- Kollektordiode beginnt zu leiten.
- Kapazität C_{CD} wird aufgeladen.
- Ende dieses Teils der Anstiegszeit, wenn der Gleichstromwert $I_C \approx B_N \cdot I_B$ erreicht ist.

Zum Anstieg im Übersteuerungsbereich seien hier einige Hinweise eingeflochten: Bei gegebenem Transistor und festgelegtem Lastwiderstand R_L gibt es im Kennlinienfeld einen speziellen Arbeitspunkt Ü genau an der Übersteuerungsgrenze (Bild 55.23). Der Kollektorstrom hat dann den speziellen Wert $I_C = I_{CÜ}$; der dazu notwendige Basisstrom errechnet sich zu $I_{BÜ} \approx I_{CÜ} / B_N$. Wird nun der Basiswiderstand R_B im Bild 55.27 beim Einschalten gerade so gewählt, daß der Basisstrom i_B im Endzustand dem Wert $I_B = I_{BÜ}$ entgegenstrebt, nähert sich der Kollektorstrom i_C asymptotisch dem Endwert $I_C = I_{CÜ}$. Dieser Fall ist im Bild 55.28 durch den Verlauf m = 1 markiert. Da der Anstieg theoretisch unendlich lange dauert, definiert man als Anstiegsdauer t_r die Zeit bis zum Erreichen von z.B. 90% des Endwerts; im Bild: $t_{r,1}$. Wird der Widerstand R_B höher gewählt, so daß der Endwert des Stromes z.B. bei $0{,}6\, I_{CÜ}$ liegt (also im aktiven Bereich; z.B. im Bild 55.23 etwa bei Punkt V), so ist diese Definition ebenfalls anwendbar; in Bild 55.28: $t_{r,0,6}$.

Wird jedoch – durch einen kleineren Widerstand R_B – ein Basisstromendwert $I_B > I_{BÜ}$ eingestellt, strebt der Strom i_C während der Anstiegszeit einem entsprechend höheren Endwert entgegen. Dazu definiert man:

$$m = I_B / I_{BÜ} \qquad \textit{Übersteuerungsgrad}$$

Im Bild 55.23 ist ersichtlich, daß z.B. bei den Basisströmen $I_B = 40\,\mu A$ oder $I_B = 60\,\mu A$, also für etwa m = 2 bzw. m = 3, praktisch immer derselbe Kollektorstrom I_C, entsprechend dem Arbeitspunkt X" fließt. Er ist kaum größer als der Strom $I_{CÜ}$. Größere Basisströme I_B äußern sich also darin, daß ein Transistor beim Einschalten zwar letztlich immer etwa den gleichen Kollektorstrom erreicht, dies aber in geringerer Anstiegszeit, z.B. entsprechend $t_{r,2}$ bzw. $t_{r,3}$ in Bild 55.28.

Ein hoher Übersteuerungsgrad wirkt sich zwar für die Anstiegszeit günstig aus, ist aber für das Ausschaltverhalten des Transistors von deutlichem Nachteil:

e. Speicherzeit t_s (Bild 55.27e):

- Das Bild zeigt die Spannungsverhältnisse direkt nach dem Umschalten am Eingang. Die Spannung u_{CE} hängt vom Grad der Übersteuerung ab; ein Wert zwischen 0,2 V und 0,5 V ist typisch.
- Im Prinzip muß jetzt die Spannung U_{CE} gegen 5 V, die Spannung U_{BE} gegen -5 V streben.
- Um besser das Wesentliche zu erkennen, denke man sich die Emitterdiode, die Stromquelle und die Kapazität C_{ED} im Moment als nicht vorhanden. Es würde nach dem Umschalten ein Stromfluß über R_L, C_{CD} und R_B einsetzen, durch den die Spannungen U_{CE} und U_{BE} entsprechend dem Spannungsteilerverhältnis von R_L zu R_B (wobei $R_B \gg R_L$) sprunghaft um z.B. 4V ansteigen möchten. Wegen der nun doch vorhandenen leitenden Emitterdiode ist ein solcher Sprung aber nicht möglich. Sinn dieses Gedankens ist, plausibel zu machen, daß die Spannung U_{BE} zunächst nicht sinkt.
- Es entlädt sich nun die Kapazität C_{CD}, wobei die Spannung u_{CB} ansteigt. Da - wie gesagt - die Spannung U_{CE} etwa konstant bleibt, verändern sich auch die Ströme i_E^* und $i_C \approx A_N i_E^*$ praktisch nicht. Im Bild 55.25 äußert sich dies als etwa konstanter Strom i_C während der Speicherzeit t_s.
- Ende dieses Verhaltens tritt ein, wenn $U_{CB}=0$ erreicht.

f. Abfallzeit t_f (Bild 55.27f):

- Beginn, wenn $U_{CB}=0$; Kollektordiode sperrt.
- Der Transistor gerät in den aktiven Bereich zurück.
- Die Kapazität C_{ED} wird entladen; (C_{ES} in umgekehrter Richtung aufgeladen).
- Spannung U_{BE} sinkt; i_E^* sinkt; i_C sinkt.
- Ende, wenn $u_{BE}=0$ erreicht.
- Im Anschluß sinkt u_{BE} weiter ab (ohne Einfluß auf die Ausgangsseite), bis wieder der Sperrzustand nach Bild 55.27a erreicht ist.

Das größte Ärgernis im Zeitverhalten ist die Speicherzeit t_s. Die Kapazität C_{CD} scheint zwar in Bild 55.27e mit $U_{CB} \approx 0{,}4$ V nur wenig aufgeladen zu sein. Der Eindruck täuscht aber. Der Wert der - nichtlinearen - Kapazität steigt mit dem Stromfluß durch die leitende Kollektordiode stark an, entsprechend auch die gespeicherte Ladung. Jedenfalls besteht durchaus Anlaß, unnötig hohe Übersteuerungsgrade zu vermeiden. Andererseits ist aber eine gewisse Übersteuerung z.B. aus Gründen der Bauelementetoleranzen unumgänglich (s. nächsten Abschnitt), so daß hier ein echter Zielkonflikt entsteht. Grundsätzlich wird die Speicherzeit (und auch die Abfallzeit) natürlich um so kürzer, je größer der Entladestrom i_B sein kann, und natürlich ist dazu eine negative Vorspannung U_{BB} sehr hilfreich. In modernen Schaltungen auf Basis der Mikroelektronik ist aber eine zweite Versorgungsquelle, neben U_{CC}, äußerst unerwünscht, so daß man lieber zu anderen schaltungstechnischen Hilfsmaßnahmen greift. Einzelheiten würden hier zu weit führen; siehe dazu z.B. [5.10]. Für digitale Höchstgeschwindigkeitsschaltungen eignet sich besser das Prinzip des Stromschalters, bei dem Speicherzeiten gar nicht erst entstehen (Abschnitt 5.5.8).

5.5.6 Anmerkungen zum realen Transistor

Die eben diskutierten Kapazitäten bilden einen ersten, wichtigen Einfluß, der sich dem idealen Transistorverhalten überlagert. Es gibt etliche weitere solcher physikalischer Effekte, die sich je nach Anwendungsfall unterschiedlich - meistens jedoch störend - auswirken können. Sie sollen hier wenigstens angedeutet werden, damit verständlich wird, daß zwischen grundsätzlichem Verständnis für Transistoren und der Fähigkeit, realitätsnahe Schaltungen zu entwickeln, noch eine größere Kluft liegen kann.

Dem Emitter, der Basis und dem Kollektor eines Transistors ist jeweils eine gewisse räumliche Ausdehnung zu eigen, die sich als *Bahnwiderstand* auffassen läßt. Im Strukturmodell lassen sie sich durch die Widerstände $R_{EE'}$, $R_{BB'}$ und $R_{CC'}$ berücksichtigen; typische Werte sind z.B. 0,1 Ω, 100 Ω bzw. 20 Ω (Bild 55.29). Das ideale Verhalten existiert dann am *inneren Transistor* mit den fiktiven, nicht zugänglichen Anschlüssen E', B' und C'. Das Verhalten, an den Anschlüssen E, B und C des *äußeren Transistors* kann beträchtlich verfälscht sein; z.B. kann der Kollektorbahnwiderstand R_{CC} deutlich höhere Restspannungen U_{CEX} des leitenden Transistors verursachen.

Zur Diskussion des Zeitverhaltens wären solche Bahnwiderstände auch in das Modell von Bild 55.24 einzufügen. Weitere, wenn auch meistens schwächere Einflüsse dieser Art, wie Leckströme oder Streukapazitäten, können Modellverfeinerungen durch zusätzliche Leitwerte bzw. Kapazitäten nötig machen.

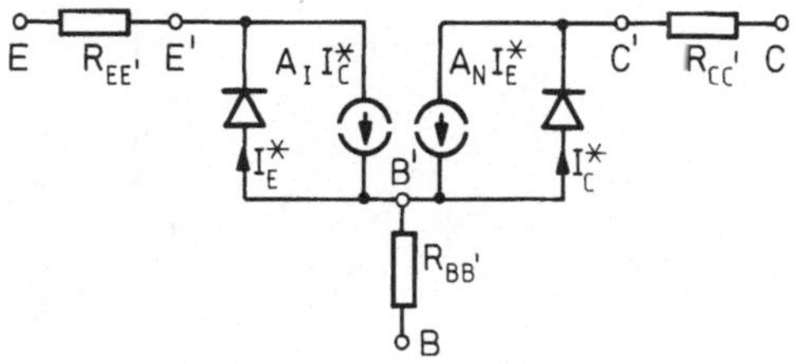

Bild 55.29.
Strukturmodell eines Transistors mit Bahnwiderständen

Unzutreffend ist auch die bisherige (stillschweigende) Voraussetzung, daß die Stromverstärkungen A_N, A_I bzw. B_N, B_I Konstanten seien. Vielmehr sorgt ein Zusammenspiel mehrerer physikalischer Effekte dafür, daß diese Verstärkungsfaktoren bei einem bestimmten Kollektorstrom ein Maximum haben und außerhalb dieses Maximums deutlich geringere Werte aufweisen können. Immerhin ist dies eine praktische Ursache dafür, für verschiedene Stromanforderungen unterschiedliche Transistortypen verwenden zu müssen. Weiterhin sind die Verstärkungen auch noch frequenzabhängig; sie sinken bei hohen Frequenzen u.U. rapide ab.

Eine neue Dimension im Verhalten des realen Transistors ist die z.T. starke *Temperaturabhängigkeit* praktisch aller gewollten oder nicht gewollten physikalischen Effekte. Z.B. steigen Stromverstärkung A_N und Temperaturspannung U_T etwa linear zur absoluten Temperatur an. Die Sperrströme I_{ES} und I_{CS} wachsen sogar exponentiell; beträgt ein Sperrstrom bei Zimmertemperatur ($T = 293\,°K$) z.B. 10^{-13} A, erhöht sich dieser Wert bei $T = 393\,°K$ auf etwa den Wert 10^{-6} A. Damit würden die Restströme, insbesondere auch der Kollektor-Emitter-Reststrom schon in die Nähe normaler Basisströme I_B kommen können. Dazu sollte man sich vergegenwärtigen, daß nicht die Umgebungstemperatur, sondern die Temperatur im Innern des Transistors maßgebend ist. Daher muß die interne Verlustleistung des Transistors, an der wesentlich die Größe $U_{CE} \cdot I_C$ beteiligt ist, möglichst niedrig gehalten werden. Dazu kann auch ein hoher Übersteuerungsgrad, also kleine Spannung U_{CEX}, von Vorteil sein.

Eine nochmals andere Dimension ergibt sich durch *Toleranzen* der Schaltungsgrößen. Beim Transistor selbst kann z.B. der Stromverstärkungsfaktor stark von Exemplar zu Exemplar schwanken. Aber auch die Werte der umliegenden Bauelemente, wie der von Bahnwiderstand R_B oder Kollektorwiderstand R_C sind toleranzbehaftet. Weiterhin sind auch die Versorgungsspannungen, z.B. U_{CC} im praktischen Betrieb kleinen Schwankungen unterworfen. Auch gibt es Alterungserscheinungen, wodurch sich wesentliche Kenngrößen ändern können. Schließlich kann eine Schaltung insgesamt auch noch Störeinflüssen aus der Umgebung ausgesetzt sein.

Dieser vieldimensionale Raum von Einflußgrößen macht einen konkreten Schaltungsentwurf nicht selten zu einem Problem. Eine Art Idealfall des Entwurfsgeschehens besteht in der *Worst-Case-Dimensionierung*; dazu nimmt man an, daß sämtliche negativen Einflüsse in Maximalgröße gleichzeitig auftreten, und versucht dann, die verlangte Schaltung zu dimensionieren. Oft findet man aber keine Lösung. Nicht selten ist dabei auch ungeeignete Modellbildung im Spiel, so daß z.B. sich gegenseitig kompensierende negative Einflüsse nicht richtig erfaßt werden.

Ohnehin sind Modelle nicht nur als Verständnisgrundlage für Interessenten gedacht. Bei einem Entwurf einer mikroelektronischen Schaltung, in der z.B. einige hunderttausend Transistoren auf einer Fläche von wenigen Quadratmillimetern vereinigt sind, ist ein Probeaufbau aus Einzeltransistoren praktisch nicht mehr möglich. Er wäre auch sinnlos, da die gedrängte Bauform der Mikroelektronik wegen zahlreicher parasitärer Effekte ganz andere Resultate als ein Konglomerat aus Einzeltransistoren liefert. Abhilfe schafft hier nur eine möglichst exakte Modellbildung, so daß das Verhalten der Gesamtschaltung auf einer Rechenanlage im Voraus simulierbar wird. Trotz zum Teil jahrzehntelanger Bemühungen sind die Forschungen auf diesem Sektor bei weitem noch nicht abgeschlossen.

5.5.7 Realisierungen von Verknüpfungsgliedern mit dem Prinzip des Spannungsschalters

Bild 55.27 zeigte mit dem Spannungsschalter die Grundform eines NICHT-Glieds. Die Hoffnung, auf dieser Grundlage, also mit nur einem Transistor und einigen Widerständen, auch Verknüpfungsglieder wie z.B. NAND oder NOR verwirklichen zu können, verblaßt aber schnell. Schon die simple Aufgabe, von einem Transistor aus eine – im Voraus nicht festliegende – Anzahl weiterer Transistoren in den Leitzustand zu bringen, kann problematisch sein; in

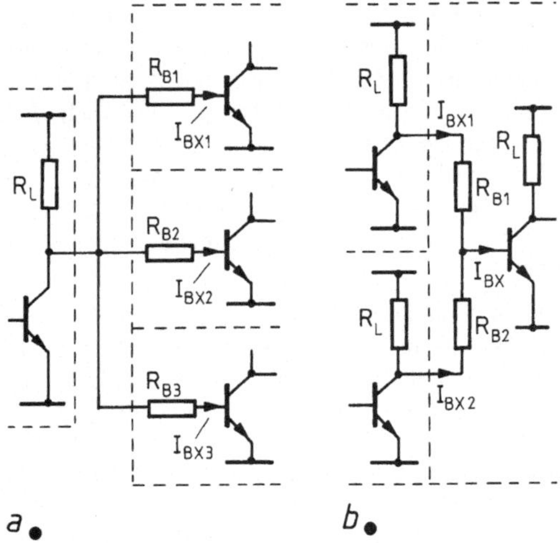

Bild 55.30.
Einfache Kombinationen aus Spannungsschaltern

der Struktur von Bild 55.30a hängt der Wert z.B. des Basisstroms I_{BX1} auch von der Anzahl parallel geschalteter Transistoren ab. Da die Widerstände R_B wegen der vielen zuvor angedeuteten Nebeneffekte deutlich niederohmiger als beim idealen Transistorverhalten gewählt werden müssen, kann R_L nicht als hinreichend klein gegenüber der Parallelschaltung aller R_B angesehen werden.

Schon fast aussichtslos ist die sichere Realisierung von Verknüpfungen (Bild 55.30b). Zwar läßt sich die NOR-Funktion noch ganz gut verwirklichen, da sich die Bedingung $I_B = I_{BX}$ zum Einschalten des rechten Transistors leicht durch alternatives oder gleichzeitiges Sperren der Vorgängertransistoren einstellen läßt. Dagegen würde die NAND-Funktion (hier) zu den beiden Eingabegrößen $I_{BX} = I_{BX1}$ einerseits sowie $I_{BX} = I_{BX1} + I_{BX2}$ andererseits auf der Ausgangsseite zu zwei deutlich getrennten Stromwerten I_C führen müssen.

Erlaubt man gar – wie erforderlich – sowohl Verzweigungen als auch Zusammenführungen, verkoppeln sich die Ströme in unentwirrbarer Weise. Diese Sachlage wurde im Prinzip schon in den Abschnitten 5.4.2 und 5.4.3 diskutiert. Die dort gefundene Abhilfe, also die Entkopplung mit nichtlinearen Zweipolen, also mit Dioden, bietet sich auch hier an.

Die *Dioden-Transistor-Logik* (DTL) von Bild 55.31 kennt im Prinzip zwei Hauptzustände:

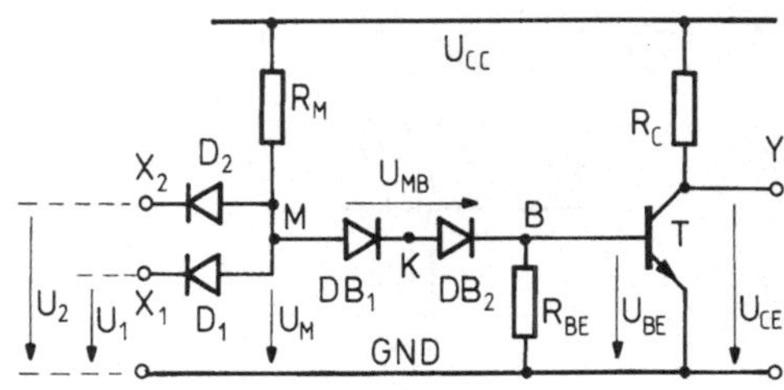

Bild 55.31.
NAND-Glied in DTL-Technik

Sperrzustand des Transistors

Annahme: $(U_1 \approx 0{,}2\,\text{V})$ ODER $(U_2 \approx 0{,}2\,\text{V})$

==> D_1 bzw. D_2 leiten ==> $U_M \approx 0{,}9\,\text{V}$

==> DB_1, DB_2 und Emitterdiode werden zu schwach ausgesteuert, um den Transistor einzuschalten

==> Transistor sperrt (==> $U_{CE} \approx 5\,\text{V}$)

Leitzustand des Transistors

Annahme: T soll leiten (==> $U_{CE} \approx 0{,}2\,\text{V}$)

==> $U_{BE} \approx 0{,}7\,\text{V}$

==> DB_1 und DB_2 müssen leiten

==> $U_{MB} \approx 1{,}4\,\text{V}$ ==> $U_M \approx 2{,}1\,\text{V}$

Um diesen Zustand zu gewährleisten genügt die Bedingung $((U_1 > 2{,}1\,\text{V}) \wedge (U_2 > 2{,}1\,\text{V}))$

==> D_1, D_2 sperren

Dieses DTL-Glied erfüllt eine wesentliche Voraussetzung zum beliebigen Einsatz in Schaltnetzen: Der gelieferte Spannungshub am Ausgang (zwischen $\approx 0{,}2\,\text{V}$ und $\approx 5\,\text{V}$) überdeckt vollständig den erforderlichen Hub am Eingang (zwischen $\leq$ z.B. $0{,}5\,\text{V}$ und $\geq 1{,}4\,\text{V}$). Das zu Bild 55.30 angedeutete Problem verschwindet durch die Sperrwirkung der Dioden D_1 und D_2. Die Dioden DB_1 und DB_2 dagegen sorgen für eine hinreichende Sperrung des Transistors. Der Basisableitwiderstand R_{BE} dient der Verkürzung der Speicherzeit t_s; die beim Abschalten des Transistors gesperrten Dioden DB_1 und DB_2 würden sonst das Entladen der Kapazität C_{CD} behindern (Abschnitt 5.5.5). Das DTL-Glied erfüllt die Funktion des NANDs. Das Prinzip läßt sich leicht auf die Funktion UND-ODER-NICHT erweitern. Im Bereich der Mikroelektronik hat sich als moderne Variante insbesondere die *Transistor-Transistor-Logik* (TTL) durchgesetzt (s. Abschnitt 5.7.3).

In integrierten Schaltungen der Mikroelektronik sind Transistoren oft kostengünstiger realisierbar als andere Bauelemente. Deshalb wurde schon früh (etwa im Jahr 1964) versucht, die erforderliche Stromkreisentkopplung allein mit Transistoren zu erreichen. Dazu dient das Prinzip der *Direct Coupled Transistor Logic* (DCTL) nach Bild 55.32. Sobald an einem der beiden Eingänge X_1 ODER X_2 ein genügend hoher Basisstrom bereitgestellt wird, leitet der betreffende Transistor T_1 bzw. T_2 und die Ausgangsspannung sinkt auf den üblichen Wert von ca. 0,2 V. Das DCTL-Glied erfüllt also die NOR-Funktion. Pro Glied gibt es genau einen Widerstand R_C; weitere Widerstände sind nicht vorhanden. Genau von dort her erhebt sich das Hauptproblem dieses Prinzips: Beim Verzweigen eines Ausgangs auf mehrere nachfolgende Eingänge verteilen sich die Teilströme I_B u.U. sehr ungleichmäßig, da sich hier auch nur winzige Toleranzen in den Emitterdioden-Kennlinien schon erheblich auswirken. Abhilfe war damals nur durch zusätzliche kleine Widerstände in den Basiszuleitungen möglich; es entstand die *Resistor Coupled Transistor Logic* (RCTL). Letztlich aber machten diese Zusatzwiderstände den erhofften Kostenvorteil zunichte. In den letzten Jahren ist quasi ein Nachfolger mit sehr ähnlichem Prinzip aber völlig anderer technologischer Realisierung populär geworden: *Integrated Injection Logic* (I^2L).

Einige Aspekte zu Verknüpfungsgliedern folgen noch in Abschnitt 5.7.3.

5.5.8 Das Prinzip des Stromschalters

Um die vielen Toleranzeinflüsse zu beherrschen, wird der Spannungsschalter im leitenden Zustand – entsprechend dem Punkt X' in Bild 55.23 – immer mit einem gewissen Übersteuerungsgrad (z.B. m = 5) eingestellt. Der Nachteil ist die hohe Speicherzeit t_s. Für Höchstgeschwindigkeitsschaltungen vermeidet man deshalb den Übersteuerungsbereich und versucht, den Leitzustand im aktiven Bereich einzustellen.

Ein Grundelement des *Stromschalters* ist die *Kollektorstufe* von Bild 55.33:

- Der Lastwiderstand, hier R_E, liegt in der Emitterzuleitung; dementsprechend dient der Emitter als Ausgang.
- Offensichtlich ist jetzt der Kollektor ein Teil sowohl des Eingangs- wie auch des Ausgangskreises; dazu gehören eigentlich die Eingangsspannungen U_1' und U_2'.
- Im Hinblick auf bisher gewohnte Praxis soll aber mit den Spannungen U_1 und U_2 argumentiert werden.
- Der bestmögliche Leitzustand wird erreicht, wenn die Basis direkt an die Spannung U_{CC} angeschlossen würde. Selbst dann wäre die Spannung $U_{CE} = U_2'$ nicht negativ.

  ==> Die Kollektorschaltung ist nicht übersteuerbar
- Im Leitzustand gilt: $U_{2x} \approx U_{1x} - 0{,}7\,V$
- Im Sperrzustand gilt: $U_{2y} \approx 0$

Die Kollektorschaltung vermeidet zwar die unerwünschten hohen Speicherzeiten, ist aber für Verknüpfungsglieder so noch nicht verwendbar: Die Spannung U_{2x} einer solchen Stufe ist um

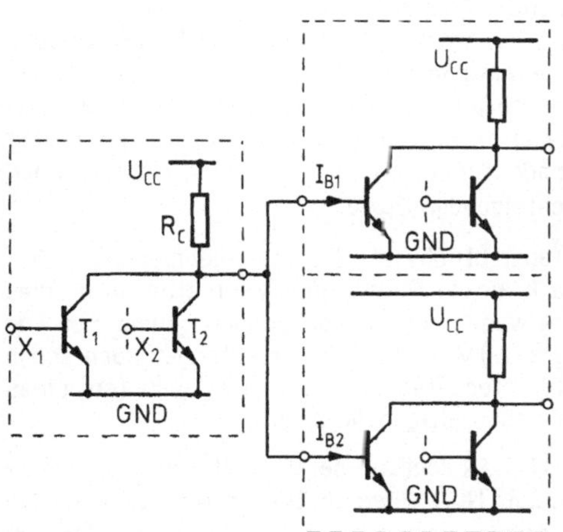

Bild 55.32.
Struktur aus drei DCTL-Schaltungen

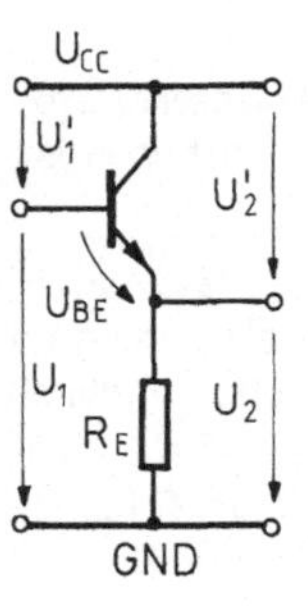

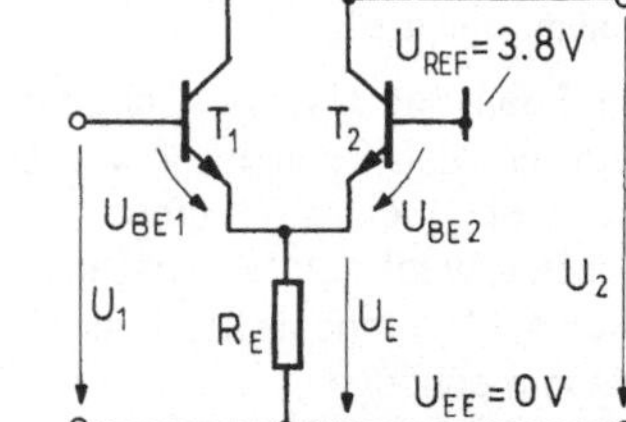

a. Kollektorstufe b. Stromschalter

Bild 55.33.
Prinzip des Stromschalters

0,7 V niedriger als die gleiche Spannung an der Vorgängerstufe, so daß eine Kette solcher Stufen nicht möglich ist. Der Stromschalter entsteht nun durch Hinzunahme eines Transistors in Basisschaltung, wobei dessen Basis an einer festen Referenzspannung U_{REF} liegt (Bild 55.34). Die Werte für die Versorgungsspannungen

$$U_{CC} = 5\,V, \quad U_{EE} = 0\,V, \quad U_{REF} = 3{,}8\,V$$

sind in der Praxis üblich, und sie mögen auch hier als Grundlage zur Analyse des qualitativen Verhaltens dienen:

Fall 1 $U_1 = U_{1X}$ (so daß T_1 leitet)

- Wertvorgabe: $U_1 = U_{1X} = 4{,}2\,V$
- Vermutung: T_1 leitet

==> $U_{BE1} \approx 0{,}7\,V$ ==> $U_E \approx 3{,}5\,V$
==> $U_{BE2} \approx 0{,}3\,V$
==> T_2 sperrt zwar nicht richtig, doch ist der Stromfluß vergleichsweise klein
==> Vermutung richtig

- $U_2 = U_{2X} \approx 5\,V$
- Um das Sperren von T_2 zu verbessern, könnte man von der Wertvorgabe z.B. $U_{1X} = 4{,}5\,V$ ausgehen und erhielte dann $U_{BE2} \approx 0$. Trotzdem sind nur 4,2 V möglich; Begründung folgt weiter unten.

Fall 2 $U_1 = U_{1Y}$ (so daß T_2 sperrt)

- Wertvorgabe: $U_1 = U_{1Y} = 3{,}4\,V$
- Vermutung: T_1 leitet

==> $U_{BE1} \approx 0{,}7\,V$ ==> $U_E \approx 2{,}7\,V$
==> $U_{BE2} \approx 1{,}1\,V$ (unmöglich)
==> T_2 leitet ==> $U_{BE2} \approx 0{,}7\,V$
==> $U_E = 3{,}1\,V$ ==> $U_{BE1} \approx 0{,}3\,V$
==> T_1 sperrt zwar nicht richtig, doch ist der Stromfluß vergleichsweise niedrig
==> Vermutung falsch

- $U_2 = U_{2Y} \geq 3{,}8\,V$
- Das Sperren von T_1 ließe sich verbessern, z.B. durch die Wertvorgabe $U_{1Y} = 3{,}1\,V$. Auch dies ist nicht möglich.

Die Spannung U_{2Y} muß größer als $U_{REF} = 3{,}8\,V$ sein, um den Transistor vor Übersteuerung zu schützen. Sei z.B. diese Spannung – durch richtige Wahl der Widerstände R_E und R_2 – auf $U_{2Y} = 4{,}1\,V$ eingestellt; dann hat man folgende Zusammenhänge:

$$U_{1X} = 4{,}2\,V \implies U_{2X} \approx 5\,V$$
$$U_{1Y} = 3{,}4\,V \implies U_{2Y} \approx 4{,}1\,V$$

Die Ausgangsspannungen U_2 liegen also um etwa 0,7 V höher als die Eingangsspannungen U_1.

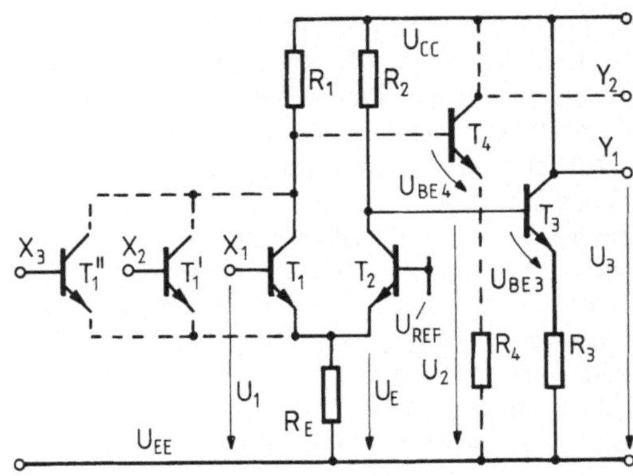

$U_{CC} = 5\,V$ (0 V)
$U_{EE} = 0\,V$ (−5 V)
$U_{REF} = 3{,}8\,V$ (−1,2 V)

Bild 55.34.
ECL-Schaltung als NOR/OR-Glied

Dies ist speziell für den Fall 2 nicht akzeptabel, da der Transistor T_1 mit $U_{1Y} = 4{,}1\,V$ – wie im Fall 1 – leiten würde. Deshalb wird die Spannung U_{2Y} durch eine nachgeschaltete Kollektorstufe – im Bild 55.34 bestehend aus T_3 und R_3 – um 0,7 V auf den Wert $U_{3Y} = 3{,}4\,V$ abgesenkt. Mit diesem Wert läßt sich der Fall 2, also $U_{1Y} \approx 3{,}4\,V$, einer nachfolgenden Stufe gerade noch erreichen. Eine bessere Sperre von T_2, etwa durch $U_{1Y} \approx 3{,}1\,V$ würde eine weitere, dem Ausgang Z_1 nachgeschaltete Kollektorstufe erfordern.

Die Kollektorstufe T_3, R_3 wirkt natürlich auch auf den Fall 1 ein und senkt zunächst durch den Stromfluß über R_2 und T_3 die Spannung U_{2X} auf z.B. den Wert 4,9 V herab (Die Kollektorstufe ist ein Stromverstärker, daher ist der Spannungsabfall über R_2 gering). Die Spannung U_{3X} beträgt dann (maximal) etwa 4,2 V, reicht also gerade für den Fall 1, also $U_{1X} = 4{,}2\,V$, einer nachfolgenden Stufe.

Offensichtlich ist die Dimensionierung schon stark an die Grenze des Vertretbaren getrieben. Wegen des kleinen Spannungshubs von nur etwa 0,8 V sind solche Schaltungen auch schon sehr störgefährdet, und sie bedürfen eines sehr sorgfältigen Aufbaus.

Bild 55.34 deutet – gestrichelt – noch den Ausbau zum NOR-Glied an. Die Transistoren T_1' und T_1'' bilden zusammen mit T_1 ein ODER-Glied. Ein zusätzlicher Widerstand R_1 mitsamt nachfolgender Kollektorstufe T_4, R_4 liefert am Ausgang Z_2 die NOR-Funktion, wohingegen am Ausgang Z_1 die ODER-Funktion bereitgestellt wird. Üblicherweise ordnet man den drei Versorgungsspannungen U_{CC}, U_{EE} und U_{REF} die Werte 0V, -5V und -1,2V zu.

Von dieser *Emitter Coupled Logic* (ECL) gibt es etliche Varianten. Wegen der vermiedenen Übersteuerung liefert sie im Bereich der Bipolar-Transistoren die Schaltungen mit der höchsten Arbeitsgeschwindigkeit. Nachteilig sind ihr hoher Bauaufwand und ihre relativ hohe Verlustleistung, so daß sie sich nicht im gleichen Maße für hochintegrierte Schaltungen eignet wie z.B. die TTL-Technik oder gar wie die im nächsten Abschnitt diskutierten unipolaren MOS-Schaltungen.

5.5.9 Textuelle Beschreibungen

Die Beschreibungstechnik ändert sich durch die Hinzunahme von Transistoren im Grundsatz nicht. Schon im Abschnitt 1.3.4 wurde zu Bild 13.1 eine Strukturbeschreibung mit Rückgriff auf Verhaltensbeschreibungen für Bauelemente zusammengestellt (Bilder 13.8 und 13.7). Allerdings fehlt die Beschreibung des Transistors und die Parameterliste der **unit** TR ist nur angedeutet. Es wurde schon mehrfach gesagt, daß solche Verhaltensbeschreibungen - z.B. zu Simulationszwecken - als vorab definiert bereitgestellt zu denken sind. Immerhin muß aber einem Anwender klar gemacht werden, wie solche Verhaltensbeschreibungen in eine Strukturbeschreibung einzubetten sind und welche Bedeutung die Parameter haben. Der Anwender muß also in gewissem Maß die Funktionsweise des Bauelements, z.B. hier des Bipolar-Transistors, verstehen.

Hier bewährt sich das Prinzip des Strukturmodells als Veranschaulichung des Verhaltens (s. Abschnitt 1.3.3). Einem Anwender eines Simulationsprogramms wird z.B. erklärt, daß das Verhalten eines Transistors durch ein Modell, z.B. durch jenes von Bild 55.24, nachgebildet sei; bei Aufruf eines derart vorab beschriebenen Transistors hat der Anwender "lediglich" noch die Parameterwerte , hier also für A_I, A_N, I_{CS}, I_{ES}, C_{ES}, C_{ED}, C_{CD} und C_{CS} anzugeben. Immerhin sind all diese Werte selbst wiederum von der Temperatur und anderen Grundwerten abhängig, so daß tatsächlich bis zu etwa 40 Parameterwerte zu spezifizieren sind. Damit der Anwender nicht in Schreibarbeit ertrinkt, kann ein solches Simulationssystem für Parameter vernünftige Ersatzwerte von sich aus einsetzen. Weiterhin gibt es Schreibvereinfachungen, durch die - sinngemäß zu **unit**-Deklarationen - nur Abweichungen von den Ersatzwerten einzutragen sind.

Das Simulationsprogramm selbst nimmt das Strukturmodell als tatsächlich zu simulierende Struktur an. Die Anzahl der Knoten und Bauelemente ist demnach aus Sicht des Simulators um ein Vielfaches höher als die Strukturbeschreibung des Anwenders erkennen läßt. Nicht zuletzt daran liegt es, daß die Simulation elektrischer Schaltungen in der Regel sehr viel Rechenzeit beansprucht.

5.6 Feldeffekt-Transistoren

Der *Feldeffekt-Transistor* erfüllt im Wesentlichen den gleichen Zweck wie der Bipolar-Transistor. Er kann also als Signalverstärker wirken und als Grundelement zur Realisierung von Verknüpfungsgliedern der Schaltwerkebene dienen. Auch die Herstellungstechnologie ähnelt der des Bipolar-Transistors; beide Arten basieren auf Halbleiterkristallen, vorwiegend aus Silizium. Andererseits ist die physikalische Wirkungsweise beider Transistorarten stark verschieden, so daß man nicht etwa von Varianten desselben Grundtyps, sondern von völlig verschiedenen Bauelementen sprechen muß. Dementsprechend unterschiedlich sind auch die Verhaltensbeschreibungen. Allerdings gibt es innerhalb der Feldeffekt-Transistoren einige Varianten. Besonders verbreitet sind die *MOS-Transistoren*; sie bilden derzeit die Grundlage für die sehr hochintegrierten Schaltungen der modernen Mikroelektronik. Warum sie sich dafür besser als die Bipolar-Transistoren eignen, ist nur aus der Herstellungstechnik verständlich. Es ist sicher nützlich, wenn auch nicht zwingend nötig, wenn der Leser sich vorab den entsprechenden Abschnitt 5.7.1 ansieht.

Abschnitt 5.6.1 beschreibt das *Verhalten* des MOS-Transistors wie üblich durch *Strom-Spannungs-Beziehungen*. Da in der MOS-Technik besonders viele Begriffe auf die physikalische Wirkungsweise zurückgehen, wird zur Veranschaulichung - nicht als Voraussetzung - das etwas physikalisch orientierte Modell des Transistors als *spannungsgesteuerter Widerstand* vorausgeschickt.

Abschnitt 5.6.2 widmet sich der Realisierung von *Verknüpfungsgliedern* und betrachtet dazu den *Basic Inverter* und dessen *Transfercha-*

rakteristik. Ein für die MOS-Technik typisches Element ist der bidirektional wirkende *Pass-Transistor*.

Abschnitt 5.6.3 weist auf das *Zeitverhalten* des Basic Inverters hin. Wesentlich ist das Aufladen und Entladen von Kapazitäten über leitende MOS-Transistoren. Darauf läßt sich eine *dynamische Technik* aufbauen, durch die auf einfache Weise Speichereigenschaften geschaffen werden.

Abschnitt 5.6.4 stellt eine gedankliche Verbindung zum Demonstrationsrechner DEMOCOM2 her und zeigt für eine wichtige Teilstruktur, wie *Register* und *BUS-Ankopplung* mit dynamischer Technik realisiert sein können.

Abschnitt 5.6.5 zeigt mit der *Complementary MOS-Technik (CMOS)* die Kombination von Transistoren mit unterschiedlicher Ladungsträgerpolarität. Der technologisch grössere Aufwand wird belohnt durch eine einfache Schaltungstechnik. Es fließen keine Ruhe-Gleichströme, so daß der Leistungsumsatz und der Energiebedarf besonders gering sein können.

5.6.1 Strom-Spannungs-Beziehungen für MOS-Transistoren

Da im Bereich der Feldeffekt-Transistoren viele Benennungen auf die physikalische Wirkungsweise zurückgehen, sei hierzu eine ganz grobe Vorstellung vermittelt. Aus [5.10] stammt das folgende recht anschauliche Gedankenexperiment: Man denke sich einen Plattenkondensator (Bild 56.1). Durch eine Spannung U_{GB} lassen sich - im einzelnen abhängig von Dicke und Beschaffenheit des Isolators - pro Kubikzentimeter und pro Volt z.B. etwa 10^{13} Ladungsträger, also Elektronen, einbringen oder abführen. Allerdings sind im Metall bereits sowieso etwa 10^{22} Elektronen pro Kubikzentimeter vorhanden. Der (sehr kleine) Widerstand zwischen den Anschlüssen D und S wird durch die zusätzlichen 10^{14} Ladungsträger nur unmeßbar gering verändert, so daß das im Bild gestrichelt angedeutete Experiment eines gesteuerten Widerstands in der Praxis nicht nutzbar ist.

Dies ändert sich aber entscheidend, wenn die untere Elektrode des Kondensators aus Halbleitermaterial, vorwiegend Silizium, besteht. Statt 10^{22} sind zunächst nur etwa 10^{13} Ladungsträger vorhanden; dann verursachen natürlich 10^{14} durch Auf- oder Entladung eingebrachte weitere Ladungsträger eine erhebliche Änderung der Leitfähigkeit dieser unteren Elektrode. Damit ist das Grundprinzip des *Feldeffekt-Transistors* (kurz: FET) deutlich, hier dargestellt an der besonders bekannten Form des *MOS-Transistors (Metal-Oxide-Semiconductor)*:

> Ein MOS-Transistor ist im Prinzip ein kapazitiv gesteuerter Widerstand.

Aufbautechnisch ist ein *n-Kanal-Transistor* eingebettet in ein *p-Substrat*; das ist ein Halbleiterkristallmaterial mit einer gewissen, relativ schwach ausgeprägten Eigenleitfähigkeit auf Basis positiver Ladungsträger, genannt auch *Defektelektronen* oder *Löcher* (Bild 56.2). Die beiden Anschlußpunkte der "unteren Elektrode" heißen *Drain* D und *Source* S. Sie sind ausgeführt als hoch leitfähige *n^+-Gebiete*, also als Gebiete mit hoher Konzentration an negativen Ladungsträgern (Elektronen); sie dienen gleichzeitig auch als Stromzu- bzw. abführung. Der Transistor selbst wirkt dort, wo zwischen Drain und Source ein *Gate* G, mit den Abmaßen W (*Kanalweite*) und L (*Kanallänge*) vorgesehen ist. Die "untere Elektrode", genannt hier: *n-Kanal*, ist nur leitfähig, wenn in sie durch entsprechend hohe positive Spannung U_{GB} zwischen *Bulk* B und G genügend viele negative Ladungsträger eingebracht werden. Im Vergleich zum Metallplattenkondensator hat die "untere Elektrode" also nicht nur eine viel geringere Eigenleitfähigkeit, sondern diese ist außerdem noch von der falschen Polarität: Es muß beim n-Kanal-Transistor zunächst einmal die von sich aus vorhandene positive Leitfähigkeit durch Einbringen entsprechend vieler negativer Ladungen kompensiert werden. Dazu ist die Gate-Bulk-Spannung U_{GB} vorab auf einen gewissen positiven Wert, genannt *Schwellspannung* U_{TH} (*threshold voltage*), zu bringen. Erst für Spannungen $U_{GB} > U_{TH}$ entsteht im n-Kanal ein Überschuß an Elektronen und erst von dann ab beginnt er zu leiten.

Ein MOS-Transistor der eben genannten Form heißt genauer: *selbstsperrender n-Kanal-Transistor*; der Begriff "selbstsperrend" sagt aus, daß der n-Kanal bei fehlender Gate-Bulk-Spannung U_{GB} nicht leitet. Daneben gibt es auch den *selbstleitenden n-Kanal-Transistor*. Bei ihm ist durch einen zusätzlichen Herstellungsschritt dafür gesorgt, daß im Kanalgebiet, also unter dem Gate, bereits auch ohne Gate-Bulk-Spannung eine negative Leitfähigkeit herrscht. Er gleicht in dieser Hinsicht qualitativ dem Metallplattenkondensator, den man

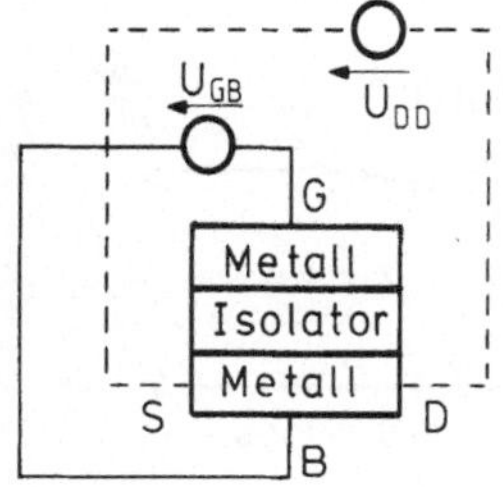

Bild 56.1.
Ein Metallplattenkondensator als kapazitiv gesteuerter Widerstand

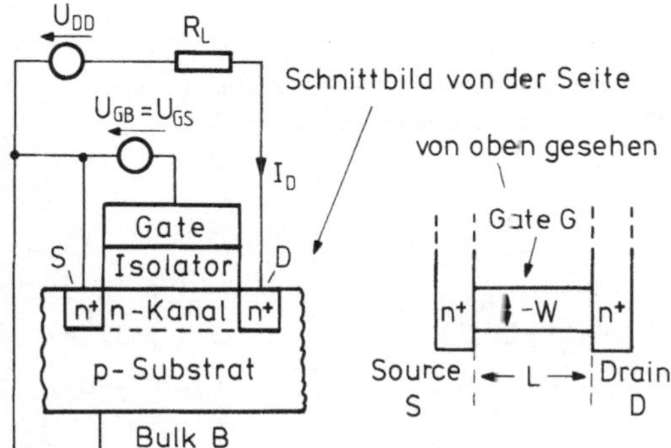

Bild 56.2.
Schema eines n-Kanal-MOS-Transistors (Schnitt)

rückblickend als "unter allen Umständen bestens selbstleitenden Transistor" bezeichnen könnte. Der selbstleitende n-Kanal-Transistor läßt sich dagegen durch eine genügend hohe negative Gate-Bulk-Spannung durchaus noch sperren; er hat also eine negative Schwellspannung. Statt von selbstsperrendem bzw. selbstleitendem Transistor spricht man unter Anspielung auf die genauere physikalische Wirkungsweise oft auch von *Anreicherungstyp* (*enhancement*) bzw. *Verarmungstyp* (*Depletion*).

Neben dem n-Kanal-Transistor gibt es auch den p-Kanal-Transistor. Er ist in ein schwach leitendes n-Substrat eingebettet. Drain und Source sind p^+-Gebiete, also hochleitende Gebiete auf Basis positiver Ladungsträger. Die Richtung aller Spannungen und Ströme ist umzukehren.

In der Schaltungspraxis werden die beiden Stromkreise meistens auf ein gemeinsames Potential bezogen. Am einfachsten und am häufigsten verbindet man Source und Bulk direkt miteinander. Allgemein üblich ist es dann, statt von "Gate-Bulk-Spannung" von "Gate-Source-Spannung" (kurz: *Gate-Spannung* U_{GS}) zu sprechen. Eine erste qualitative Aussage zum Gleichstromverhalten des Transistors läßt sich nun durch die *Steuerkennlinie* geben, die die Abhängigkeit des Drain-Stroms I_D von der Gate-Spannung U_{GS} ausdrückt (Bild 56.3).

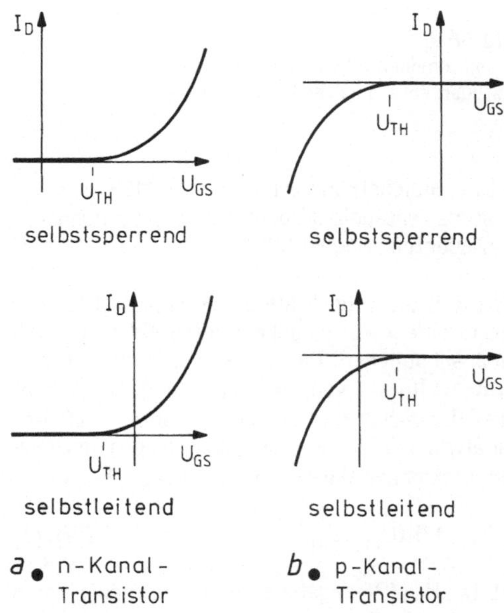

Bild 56.3.
Steuerkennlinien für MOS-Transistoren

Der Begriff *Feldeffekt-Transistor* (FET) bringt zum Ausdruck, daß die Leitfähigkeit des Kanals durch das von der Gate-Spannung aufgebaute elektrische Feld gesteuert wird. Da – anders als bei den Bipolar-Transistoren – nur jeweils eine Ladungsträgerart (Elektronen bzw. Löcher) am Stromtransport mitwirkt, spricht man auch von *Unipolar-Transistoren*. Der MOS-Transistor ist nur eine, wenn auch die bekannteste Variante der Feldeffekt-Transistoren. Das Gate wird heutzutage überwiegend nicht mehr aus Metall (Aluminium) sondern aus Polysilizium hergestellt.

Nachdem nun der physikalische Hintergrund wegen der von dort entlehnten Begriffswelt ohnehin – wenn auch nur oberflächlich – angesprochen wurde, mag er im folgenden auch zur zusätzlichen Erklärung des Transistorverhaltens herangezogen werden. Zunächst läßt sich sagen:

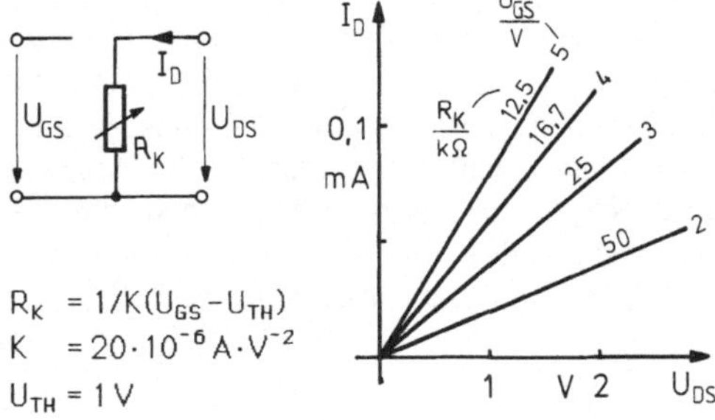

Bild 56.4.
Strukturmodell eines (fiktiven) spannungsgesteuerten Widerstands; mit Beispielswerten

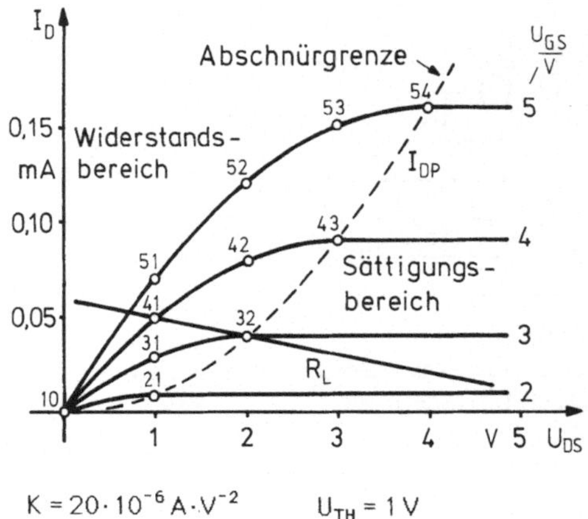

Bild 56.5.
Ausgangskennlinienfeld eines idealen n-Kanal-MOS-Transistors; mit Beipielswerten

Das Gleichstromverhalten des MOS-Transistors entspricht dem eines spannungsgesteuerten Widerstands.

Dies läßt sich durch die Struktur von Bild 56.4 und in einem Ausgangskennlinienfeld prinzipiell veranschaulichen. Da die Ladung Q einer Kapazität C linear von der Spannung U abhängt ($Q = C \cdot U$), wird man erwarten dürfen, daß der Kanalwiderstand R_K umgekehrt proportional zur wirksamen Gate-Spannung ($U_{GS} - U_{TH}$) ist:

$$R_K = 1/K(U_{GS} - U_{TH}) \qquad (56.1)$$

Mit $I_D = U_{DS}/R_K$ ergäbe sich die vertraute Form einer Strom-Spannungs-Beziehung

$$I_D = K(U_{GS} - U_{TH})U_{DS} \qquad (56.2)$$

Diese Beziehungen sind im Bild 56.4 durch im Prinzip willkürlich gewählte Beispielswerte für den Proportionalitätsfaktor K und die Schwellspannung U_{TH} veranschaulicht. Von der Größenordnung gelten die Beispielswerte aber für wirkliche Transistoren. Die Verhaltensbeschreibung eines idealen MOS-Transistors weicht von der – zunächst vermuteten – Beziehung (56.2) ein wenig ab:

Fall a): $U_{GS} < U_{TH}$: $I_D = 0$ (56.3)

Fall b): $U_{GS} > U_{TH}$ und $U_{DS} < (U_{GS} - U_{TH})$
$I_D = K \cdot ((U_{GS} - U_{TH})U_{DS} - U_{DS}^2/2)$ (56.4)

Fall c): $U_{GS} > U_{TH}$ und $U_{DS} > (U_{GS} - U_{TH})$
$I_D = K \cdot (U_{GS} - U_{TH})^2/2$ (56.5)

<u>wobei</u>: $K = K^* \cdot W/L$ K^*: Materialgrößen

Der <u>Fall a)</u> bezieht sich einfach auf die – auch in Bild 56.3 erkennbare – Situation zu geringer Gate-Spannung.

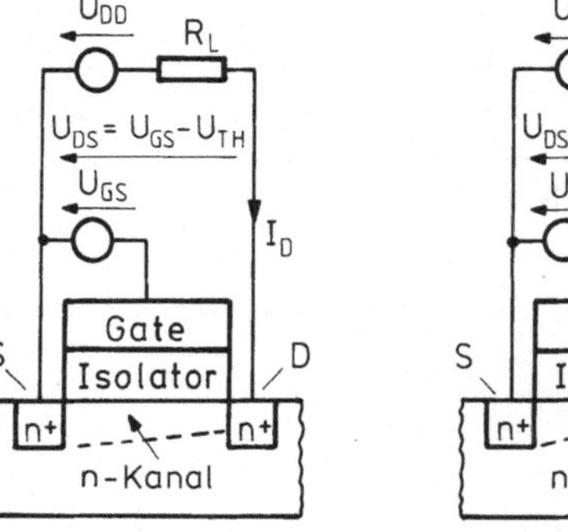

a Widerstandsbereich *b* Abschnürgrenze

Bild 56.6.
Der n-Kanal in zwei Betriebssituationen

Im <u>Fall b)</u> – genannt auch *Widerstandsbereich* – ist gegenüber (56.2) ein negativer quadratischer Term hinzugekommen. Seinetwegen flachen sich die Kennlinien, anders als in Bild 56.4, mit zunehmender Spannung U_{DS} ab (Bild 56.5). Dieser Term berücksichtigt zusätzlich den Spannungsabfall U_{DS} im Kanal. Dadurch wirkt am Drain-Ende nämlich nur noch der Betrag ($U_{GD} - U_{TH}$) auf den Kanal ein:

$$(U_{GD} - U_{TH}) = (U_{GS} - U_{TH} - U_{DS}) \qquad (56.6)$$

Dementsprechend leitet der Kanal am Drain-Ende schlechter als am Source-Ende. Physikalisch reicht er dort weniger in die Tiefe; man sagt auch "Der Kanal verengt sich" (Bild 56.6a).

Die Beziehung (56.4) läßt sich mit verhältnismäßig geringem Aufwand aus dem Kondensatormodell (Bilder 56.1 und 56.2) herleiten [5.10]. Der Widerstand R_K im Modell von Bild 56.4 ist also nicht nur spannungsgesteuert sondern auch noch stromabhängig.

Wenn bei gegebener Gate-Spannung U_{GS}, d.h. bei einer ausgewählten Kennlinie in Bild 56.5, die Spannung U_{DS} weiter ansteigt, wird schließlich die *Abschnürgrenze* erreicht. Sie ist definiert durch die Bedingung:

$$U_{GD} = U_{TH} \quad ==> \quad U_{DS} = U_{GS} - U_{TH} \qquad (56.7)$$

Die an dieser Grenze jeweils gültige Spannung U_{DS} heißt auch *Abschnürspannung* U_P (*pinch off voltage*). Der Verlauf der Grenze ergibt sich durch Einsetzen von (56.7) in (56.4):

$$I_{DP} = K \cdot U_{DS}^2/2 \qquad (56.8)$$

Ebenfalls mit (56.7) lassen sich hieraus die Kennlinienwerte I an der Abschnürgrenze in der Form (56.5) angeben. Physikalisch gesehen hat das Drain-Ende des Kanals gerade die Leitfähigkeit Null; der Kanal wird dort "abgeschnürt" (Bild 56.6b).

Im Falle c, also beim weiteren Anstieg von U_{DS}, kann sich der Strom I_D - beim idealen MOS-Transistor - nicht mehr erhöhen; die Kennlinien verlaufen im *Sättigungsbereich* horizontal, und es gilt weiterhin (56.5). (Bei einer realitätsnäheren Modellierung steigen die Kennlinien dort trotzdem etwas an [5.10]). Manchmal ist es nützlich, diesen Betriebsfall durch einen spannungsgesteuerten Stromgenerator zu veranschaulichen (Bild 56.7).

Rückblickend erweist sich ein Kanal mit konstanter Leitfähigkeit, wie in den Bildern 56.1 und 56.4, als Näherungslösung für kleine Spannungen U_{DS}, so daß der Term U_{DS}^2 in der Beziehung (56.4) vernachlässigbar bleibt.

Auch die Steuerkennlinie von Bild 56.3 läßt sich nun etwas genauer charakterisieren. Im Bild 56.5 sind etliche Arbeitspunkte durch die Zahlen 10, 21, ..., 54 gekennzeichnet. Man kann nun dieselbe Beziehung, also (56.4) mit denselben Arbeitspunkten auch so darstellen, daß die Spannung U_{DS} als Parameter auftritt (Bild 56.8). Im so entstandenen *Steuerkennlinienfeld* erscheinen die Kennlinien als Geraden. Allerdings sind diese Geraden kein Abbild realer Betriebssituationen: Bei z.B.

$$U_{DD} = 6\,V; \quad R_L = 100\,k\Omega; \quad U_{GS} = 3\,V$$

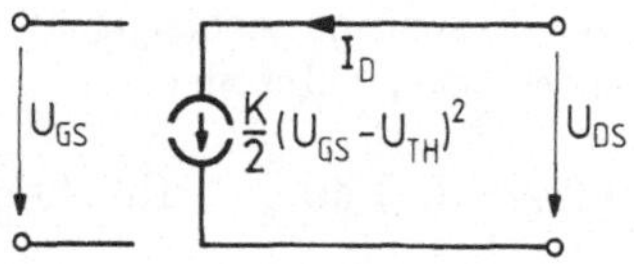

Bild 56.7.
Strukturmodell des n-Kanal-Transistors für den Sättigungsbereich

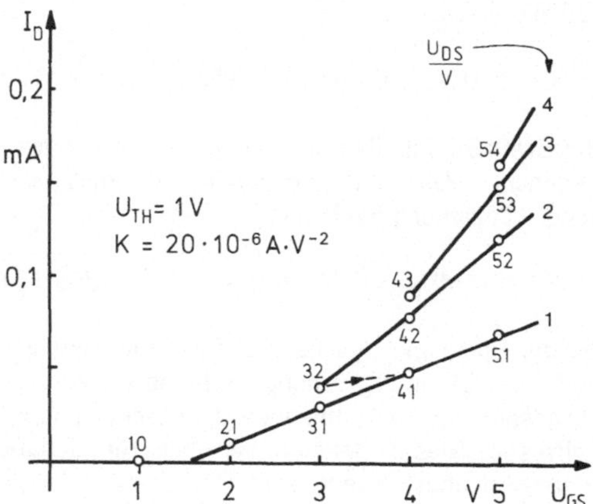

Bild 56.8.
Steuerkennlinienfeld

wird im Bild 56.5 der Arbeitspunkt 32 erreicht. Beim Erhöhen der Gate-Spannung auf den Wert $U_{GS} = 4\,V$ stellt sich der neue Arbeitspunkt 41 ein. Die entsprechende Verlagerung ist im Bild 56.8 gestrichelt eingezeichnet. Das Steuerkennlinienfeld ist in dieser Form also nicht sehr aussagekräftig. Nützlich ist allerdings die - nicht gezeichnete - Verbindungslinie der Punkte 10, 21, 32, 43, 54: Sie gibt die Beziehung (56.5) wieder und ist somit gleichzeitig die - einzige - Steuerkennlinie für den Sättigungsbereich.

Interessanter und z.B. für eine beabsichtigte Signalverstärkung wichtig ist die Frage nach differentiellen Änderungen. Dazu definiert man:

$$S = dI_D / dU_{GS} \qquad \textit{Steilheit} \qquad (56.9)$$

Für den Sättigungsbereich folgt aus (56.5):

$$S_S = K(U_{GS} - U_{TH}) \quad \text{(Sättigungsbereich)} \quad (56.10)$$

Bei einem Arbeitspunkt im Sättigungsbereich ist die Steilheit durch die Gate-Spannung U_{GS}

bestimmt. Die Strom-Spannungs-Abhängigkeit für differentielle Änderungen lautet also:

$$dI_D = S_S \cdot dU_{GS} = K(U_{GS} - U_{TH}) \cdot dU_{GS} \qquad (56.11)$$

Bei kleinen Änderungen kann U_{GS} als konstant gelten und der Strom dI_D folgt der Spannung dU_{GS} praktisch linear. Der Sättigungsbereich ist also für lineare, verzerrungsarme Signalverstärkung geeignet.

Dagegen folgt für den Widerstandsbereich aus (56.4):

$$S_R = K \cdot U_{DS} \quad \text{(Widerstandsbereich)} \quad (56.12)$$

Die Steilheit ist also unabhängig von der Gate-Spannung. Die entsprechende Strom-Spannungs-Beziehung heißt nun:

$$dI_D = S_R \cdot dU_{GS} = K \cdot U_{DS} \cdot dU_{GS} \qquad (56.13)$$

Da die Spannung U_{DS} nach (56.4) aber wiederum vom Strom I_D abhängt, gibt es im Widerstandsbereich keine linearen Verstärkungsverhältnisse. Dieser Bereich ist aber für Schalteranwendungen interessant.

Dieser Abschnitt sei mit einigen Hinweisen, auch im Vergleich zum Bipolar-Transistor abgeschlossen:

Hinter der Konstanten K^* verbergen sich physikalische Größen, speziell die Dielektrizitätskonstanten ε und ε_0, die Isolierschichtdicke d_{ox} und die Beweglichkeit von Elektronen. [5.10, 5.14]. Ein praktikabler Zahlenwert (bei $d_{ox} = 10^{-4}$mm) beträgt $K^* = 20 \cdot 10^{-6}\,A \cdot V^{-2}$. Bei den vorangehenden Beispielen ist ein - durchaus wirklichkeitsnaher - Wert $W/L = 1$ unterstellt, wodurch $K = K^*$ gilt. Interessant und von praktisch weitreichender Konsequenz ist es, daß sich der Strom I_D proportional zum Verhältnis W/L verhält. Kanalweite W und Kanallänge L sind geometrische Größen, die unmittelbar in die Herstellungsschritte von hochintegrierten Schaltungen eingehen. Ein derartig direkter Zusammenhang zwischen elektrischen Größen und geometrischen Abmaßen existiert bei Bipolar-Transistoren nicht.

Die Verhaltensbeschreibungen durch Strom-Spannungs-Beziehungen sind beim Bipolar-Transistor und beim MOS-Transistor prinzipiell recht verschieden. Betrachtet man zunächst nur den normalen Betriebsbereich (mit Stromfluß vom Kollektor zum Emitter bzw. von Drain nach Source), so wird das Verhalten des Bipolar-Transistors durch die zwei Ebers-Moll-Gleichungen (55.25) und (55.26) beschrieben. Dagegen reicht beim MOS-Transistor, für jeweils eine Betriebssituation, nur eine Gleichung aus; dabei ist dann allerdings nach den Fällen a) bis c), also nach Gültigkeit der Beziehungen (56.3) bis (56.5) zu unterscheiden. Eine zweite Beschreibungsgleichung entfällt beim idealen MOS-Transistor, da auf der Eingangsseite kein Strom fließt. Er ist daher ein leistungslos gesteuertes Bauelement, wodurch die Frage nach möglicher Signalverstärkung sogleich positiv beantwortet ist. Da es keinen Sinn macht, das Gate in einer Betriebsschaltung dem Ausgangskreis zuzuordnen, entfallen die Variationen in den Grundschaltungen, wie sie beim Bipolar-Transistor durch Basis-, Emitter- und Kollektorschaltung vorliegen.

Die Vorteile der MOS-Transistoren - leistungslose Steuerung, direkte Beziehungen zu geometrischen Abmaßen, einfacher technologischer Aufbau - lassen natürlich die Frage aufkommen, weshalb überhaupt (noch) Bipolar-Transistoren in Gebrauch sind. Die Antwort ist summarisch recht einfach: Der Widerstand eines leitenden Kanals liegt bei mindestens etwa $10\,k\Omega$ (gegenüber einigen Ohm des leitenden Bipolar-Transistors). Es fließen viel geringere Ströme und die Anfälligkeit gegen äußere Störeinflüsse ist deutlich größer. Zusammen mit den Kapazitäten des Gates (und mit anderen wirksamen Kapazitäten) ergeben sich vergleichsweise hohe Zeitkonstanten und somit tendenziell geringere Arbeitsgeschwindigkeiten. Ein Problem des MOS-Transistors liegt also im Zeitverhalten; dazu folgt einiges in Abschnitt 5.6.3. MOS-Transistoren haben daher ihre wesentliche praktische Bedeutung in der Technik der sehr hoch integrierten Schaltungen, wo sich durch die besonders kompakte Bauweise die Nachteile sehr stark mildern lassen.

Wie der Bipolar-Transistor so ist auch der MOS-Transistor invers betreibbar. Da Source und Drain in der Regel bautechnisch gleich sind, verlaufen auch Normal- und Inversbetrieb quantitativ gleich. Tatsächlich ist es ein markantes Merkmal von digitalen MOS-Schaltungen, daß einzelne MOS-Transistoren bidirektional, also mit wechselnden Stromrichtungen betrieben werden können (s. nächste Abschnitte). Formal ist der Inversbetrieb des Bipolar-Transistors bereits durch die Ebers-Moll-Gleichungen miterfaßt. Beim MOS-Transistor müßten dagegen die Gleichungen (56.3) bis (56.5) durch drei weitere Gleichungen für die Fälle des Inversbetriebs ergänzt werden. Bei Hilberg/Piloty wird gezeigt, daß sich Normal-

und Inversbetrieb durch Einführen der Gate-Drain-Spannung U_{GD} in eine gemeinsame Form bringen lassen [5.10]. Dort wird auch ein allgemein gültiges Strukturmodell vorgestellt, das die Modelle für Widerstandsbereich (Bild 56.4) und Sättigungsbereich (Bild 56.7), jeweils für Normal- und Invers-Betrieb, in sich vereinigt.

5.6.2 Gleichstromverhalten von Verknüpfungsgliedern

Ähnlich wie beim Bipolar-Transistor läßt sich ein NICHT-Glied am einfachsten durch eine Serienschaltung von MOS-Transistor T_S, genannt auch: *Schalttransistor*, und Lastwiderstand R_L realisieren (Bild 56.9). (Nebenbei sei das allgemein übliche Symbol für den MOS-Transistor eingeführt). Im Bild 56.10 ist das Ausgangskennlinienfeld von Bild 56.5 vertikal vierfach gestreckt wiederholt und eine Arbeitsgerade für einen Lastwiderstand R_L eingezeichnet. Qualitativ ist klar, daß bei geringer Gate-Spannung U_{GS} (z.B. Punkt B) eine hohe Ausgangsspannung U_{DS} auftritt; umgekehrt ist bei hoher Gate-Spannung (z.B. bei Punkt F) eine niedrige Spannung U_{DS} zu erreichen. Die Wanderung auf der Arbeitsgeraden zwischen den Punkten A und F läßt sich auch gut in der *Transfercharakteristik* des Bildes 56.9 darstellen; sie veranschaulicht für das NICHT-Glied, genannt auch *Inverterstufe*, den Zusammenhang zwischen Eingangsspannung U_X (U_{GS}) und Ausgangsspannung U_Y (U_{DS}).

Zur quantitativen Dimensionierung bedarf es eines konkreten Werts für den Lastwiderstand R_L. Für das Gleichstromverhalten ist eine solche Wertewahl nicht sonderlich kritisch: In der Transfercharakteristik muß es einen Betriebsfall geben, in dem Eingangsspannung U_X und Ausgangsspannung U_Y gleich sind; der zugehörige spezielle Wert heißt auch *logic inverter voltage* U_{INV}. Es ist sicher nicht unvernünftig, diesen Wert etwa in der Mitte zwischen 0 und Versorgungsspannung U_{DD} anzusetzen. Bei $U_{DD} = 5\,V$ gilt also:

$$U_{INV} = U_{DD}/2 = 2{,}5\,V$$

Damit liegt für die Arbeitsgerade neben dem Punkt A auch der Punkt D fest. Aus dem Kennlinienfeld läßt sich dazu ein Stromwert $I_{DINV} = 0{,}0225\,mA$ ablesen. Der Lastwiderstand R_L ermittelt sich zu:

$$R_L = U_{INV}/I_{DINV} \approx 111\,k\Omega$$

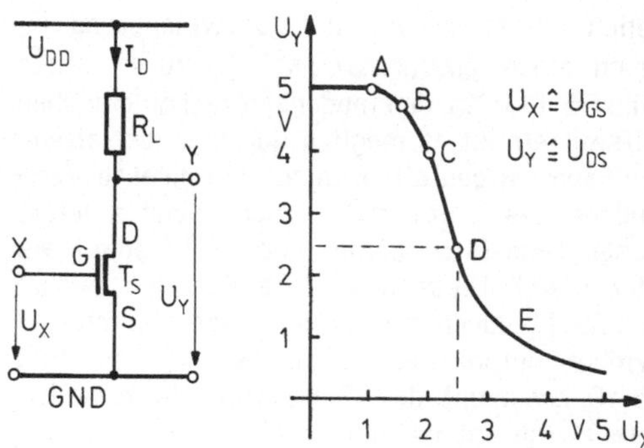

Bild 56.9.
Inverterstufe und Transfercharakteristik

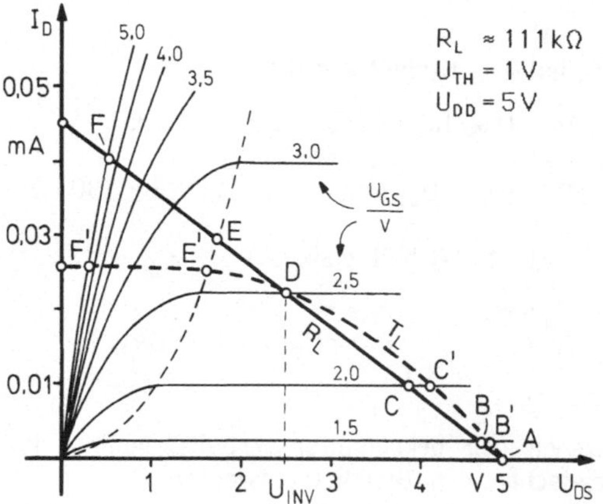

Bild 56.10.
Arbeitslinien für den Lastwiderstand R_L und Lasttransistor T_L

Der Gleichstromwiderstand R_S des leitenden Transistors errechnet sich aus Arbeitspunkt F mit $U_{DS} = 0{,}53\,V$ und $I_D = 0{,}040\,mA$:

$$R_S = U_{DS}/I_D \approx 13{,}3\,k\Omega$$

Ein Blick auf die Herstellungsverfahren (Abschnitt 5.7.1) zeigt, daß die Struktur von Bild 56.9 als Grundlage für hochintegrierte Schaltungen absolut ungeeignet ist. Der Widerstand R_L würde – mit den Grundschritten der MOS-Fertigung allein – etwa um den Faktor 10^4 bis 10^5 mehr Platz auf dem Halbleiterkristall erfordern als der Transistor T_S. Mit Sonderschritten ließe sich dieses Mißverhältnis zwar mildern, jedoch entstehen dadurch zusätzliche Kosten und das Ergebnis ist nicht befriedigend.

Üblich ist es daher, den Lastwiderstand R_L durch einen *Lasttransistor* T_L zu ersetzen (Bild 56.11). Mit den modernen technologischen Hilfsmitteln ist es möglich, ihn in selbstleitender Form zu gestalten. Durch die direkte Verbindung des Gates mit seinem Source leitet dieser Transistor immer und wirkt somit als Widerstand. Diese besondere Funktion ist im Bild 56.11 durch das "widerstandsähnlichere" Symbol betont. Im Kennlinienfeld von Bild 56.10 erscheint der Transistor als Arbeitslinie T_L; sie ist im Prinzip die für $U_{GS}=0$ (des Lasttransistors) gültige Ausgangskennlinie, die hier in einer - an der 5-Volt-Linie - gespiegelten Form auftritt. Die Transfercharakteristik von Bild 56.9 ändert sich nicht allzusehr. Auch hier lassen sich Zahlenwerte angeben:

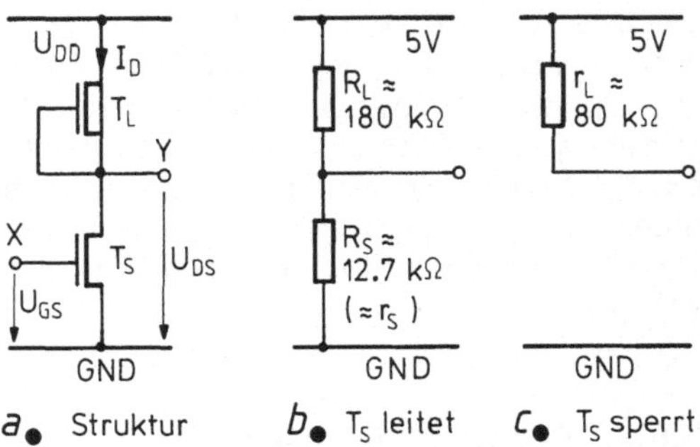

Bild 56.11.
Basic Inverter mitsamt Modellen für die beiden Schaltzustände

T_S leitet: (Arbeitspunkt F')

$$R_S = U_{DS}/I_{DS} \approx 0{,}33/0{,}026 \approx 12{,}7\,k\Omega$$
$$r_S \approx R_S \qquad r_L \approx \infty$$
$$R_L = (U_{DD}-U_{DS})/I_{DS} = 4{,}67/0{,}026 \approx 180\,k\Omega$$

T_S sperrt: (Arbeitspunkt A)

$$R_S \approx \infty \qquad r_S \approx \infty$$
$$R_L \approx \infty \qquad r_L = dU_{DS}/dI_D \approx 80\,k\Omega$$

Wegen der gekrümmten Arbeitskennlinie ist zwischen den Gleichstromwerten R_L und R_S (genannt auch: statische Werte) und den differentiellen Werten r_L und r_S zu unterscheiden. Allerdings liegt der Arbeitspunkt F' im nahezu linearen Teil des Widerstandsbereichs. Daher gilt $r_S \approx R_S$; man kann direkt die Beziehung (56.1) verwenden. Der Wert r_L ist dem Kennlinienfeld graphisch entnommen (Steigung zwischen den Punkten A und B'). Ohnehin geht es hier nur darum, eine erste Vorstellung von der Größenordnung der beteiligten Widerstandswerte zu vermitteln.

An sich fehlt noch ein Hinweis, wie die spezielle Arbeitslinie, bzw. das entsprechende Kennlinienfeld des Lasttransistors T_L zustande kommt. Man erkennt qualitativ an der geringeren Steigung der Linie T_L, daß das Verhältnis W/L beim Lasttransistor kleiner ist als beim Schalttransistor. Bei Mead/Conway [5.11] wird gezeigt, daß dieses Verhältnis etwa vier- bis achtfach geringer sein sollte. Einzelheiten würden hier zu weit führen, da in diese Überlegung gewisse technologische Randbedingungen, z.B. Einstellen der Schwellspannung des Lasttransistors, eingehen. Jedenfalls mündet diese Überlegung in dem Ergebnis, daß ein Lasttransistor gegenüber einem Schalttransistor - bei gleicher Kanalbreite W - etwa vier- bis achtfach mehr Platz auf dem Halbleiterkristall benötigt.

Die Struktur in Bild 56.11, genannt auch: *Basic Inverter*, läßt sich verhältnismäßig leicht zur Verwirklichung von NAND-Gliedern oder NOR-Gliedern erweitern (Bild 56.12). Beim NAND-Glied addieren sich im Leitzustand der Transistoren T_{S1} und T_{S2} die entsprechenden Kanalwiderstände R_{S1} und R_{S2}. Dem läßt sich prinzipiell leicht begegnen, indem jeder dieser Transistoren die doppelte Kanalbreite W bekommt. Allerdings sollte man nicht zu viele Schalttransistoren in Reihe schalten, da deren Gesamtfläche quadratisch mit deren Anzahl wächst; ein NAND-Glied mit z.B. vier Eingängen müßte vier Schalttransistoren mit jeweils vierfacher Kanalbreite vorsehen. Zu berücksichtigen ist eventuell auch der *Substrateffekt* (*body effect*): Das Source von T_{S2} liegt im Leitzustand von T_{S1} auf einer Spannung von z.B. 0,3 V; es ist also gegenüber dem Substrat positiv vorgespannt, wodurch sich die Schwellspannung um einige Zehntel Volt erhöht [5.10, 5.11].

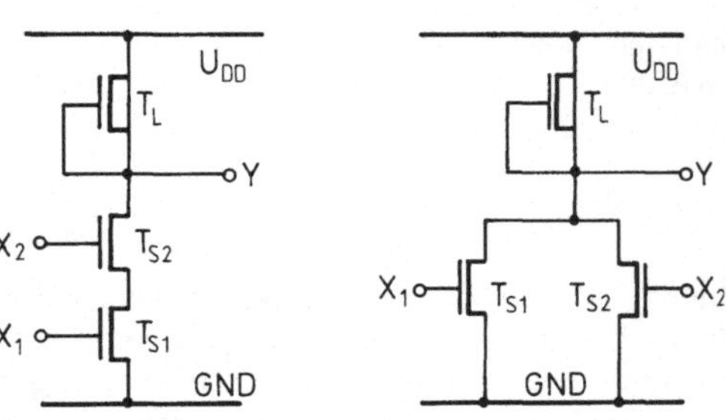

Bild 56.12.
NAND-Glied (links) und NOR-Glied (rechts) mit jeweils zwei Eingängen

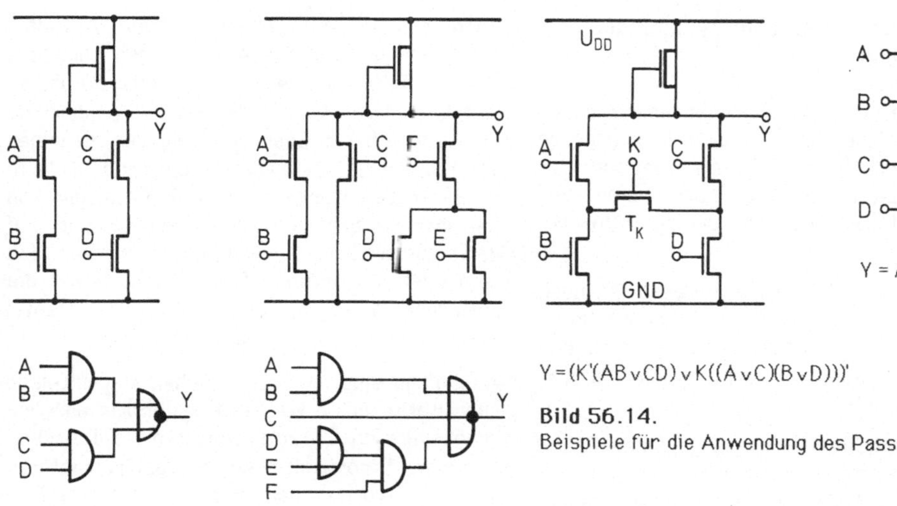

Bild 56.13.
Beispiele für Komplex-Glieder

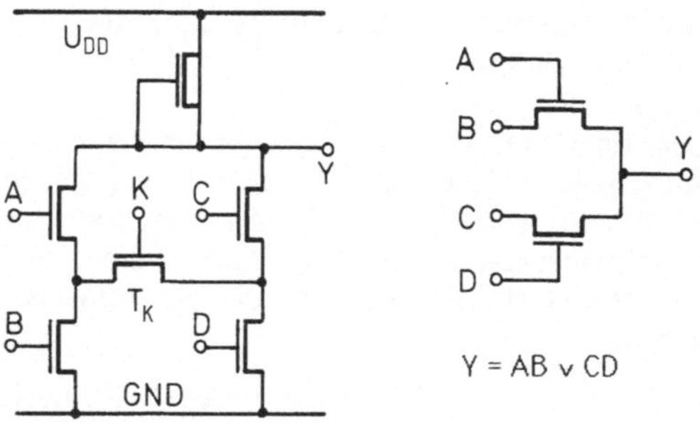

Bild 56.14.
Beispiele für die Anwendung des Pass-Transistors

Ein NOR-Glied ist so zu dimensionieren, daß bereits ein einziger leitender Schalttransistor für hinreichend niedrige Spannung am Ausgang y sorgt. Alle Schalttransistoren haben jeweils die vom Basic Inverter gewohnte Größe. Vom Platzbedarf her sind daher NOR-Glieder den NAND-Gliedern (gleicher Eingangszahl) meistens vorzuziehen.

Einige Strukturen realisieren mit verhältnismäßig wenigen Transistoren bereits relativ komplizierte Schaltfunktionen (Bild 56.13). Sie lassen sich oft als schon vorab definierte *Komplex-Glieder* (*complex gates*) auffassen, die ein Schaltungsentwickler dann bevorzugt verwenden sollte. Die Entwurfs- und Minimierungsverfahren aus Abschnitt 4.1 liefern dazu nur jeweils eine erste, im Prinzip aber wenigstens fehlerfreie Lösung, die es anschließend auf solche vorhandenen Komplex-Glieder noch zu optimieren gilt.

Gut läßt sich auch die Bidirektionalität des MOS-Transistors ausnutzen. Im Bild 56.14, links, ist ein MOS-Transistor T_K als *Pass-Transistor* eingefügt, d.h. je nach Leitzustand der übrigen Transistoren ist Stromfluß in beiden Richtungen möglich. Hier offenbart sich eine gewisse Verwandschaft zu den Kontaktschaltnetzen (Abschnitt 4.1.10). Denkbar sind auch Teilstrukturen nur aus Pass-Transistoren wie in Bild 56.14, rechts. Die Anschlüsse A und D sollten dann allerdings im Normalfall nicht ihrerseits zu Pass-Transistoren führen sondern an übliche Ausgänge auf Grundlage von Basic Invertern angeschlossen sein. Umgekehrt führt der Ausgang Y normalerweise an ein MOS-Transistor-Gate (und nicht zu einem weiteren Pass-Transistor); es gibt allerdings Ausnahmen.

Im Bild 56.15 ist gezeigt, wie im Prinzip ein Pass-Transistor in eine Umgebung von Basic Invertern eingebettet sein kann. Um den Transistor T_{S2} leitend zu machen, muß natürlich T_{S1} sperren und außerdem T_K möglichst gut leiten; in dieser Situation wirkt der rechte Anschluß als Source. Falls – wie üblich – nur eine einzige Versorgungsspannung, nämlich U_{DD}, vorgesehen ist, kann die Gate-Spannung U_K am Pass-Transistor T_K maximal auf $U_K = U_{DD}$ gebracht werden. Da ein MOS-Transistor zum Leiten eine Gate-Spannung von mindestens der Schwellspannung braucht, muß also die Bedingung $U_{GSK} \geq U_{THK}$ erfüllt sein. Das Gate vom Transistor T_{S2} kann sich also maximal auf den Wert $U_{GS2} = U_{DD} - U_{THK}$ aufladen. Diese Reduktion verlangt – wie in [5.11] ausgeführt wird – etwa eine Verdopplung der Kanallänge vom Lasttransistor T_{L1}. Pass-Transistoren spielen eine große Rolle bei den dynamischen Schaltungen des nächsten Abschnitts.

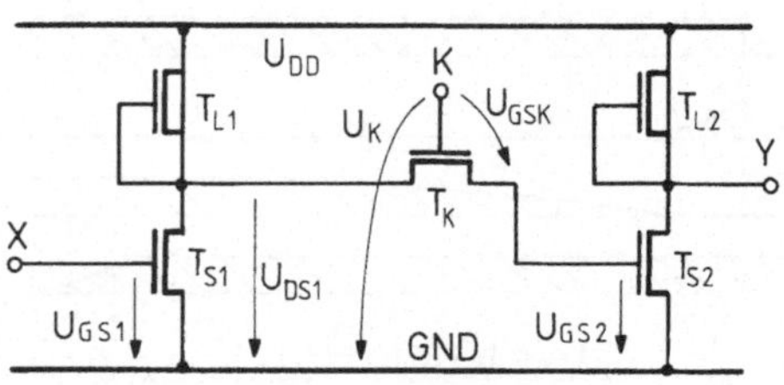

Bild 56.15.
Pass-Transistor als Koppelglied zwischen zwei Basic Invertern

5.6.3 Zeitverhalten und dynamische Technik

Der Umstand, daß die Gate-Spannung durch Auf- bzw. Entladen einer Kapazität vorgegeben wird, hat erhebliche Konsequenzen für den Schaltungsentwurf mit MOS-Transistoren. Dieser Abschnitt kann dazu nur geringe Hinweise geben.

In der Kette von gleichen Inverterstufen nach Bild 56.16 sind gestrichelt zusätzlich die Gate-Kapazitäten C_G angedeutet; es handelt sich also nicht um eigenständige, nachträglich hinzugefügte Bauelemente.

Es sei - wahrheitswidrig - angenommen, daß sich die Spannung U_1 sprunghaft von Null auf den Wert U_{DD} (=5 V) umschalten ließe. Transistor T_{S1} geriete dann schlagartig in den Leitzustand mit einem wirksamen Widerstand von z.B. $R_{S1} = 12\,k\Omega$. Bei einer - der Wirklichkeit etwa entsprechenden - Gate-Kapazität von $C_G = 10^{-14}$ F entlädt sich das Gate von Transistor T_{S2} mit der Zeitkonstanten

$$\tau = R_S \cdot C_G \approx 0{,}1\,\text{ns} \qquad (56.14)$$

Wird eine Kapazität nach einer e-Funktion entladen, ist die Spannung nach etwa $3 \cdot \tau$ auf etwa 10% des Endwerts abgesunken. Es kommt dann eine Gate-Entladezeit t_E zustande:

$$t_E \approx 3 \cdot R_S \cdot C_G \approx 0{,}3\,\text{ns} \qquad (56.15)$$

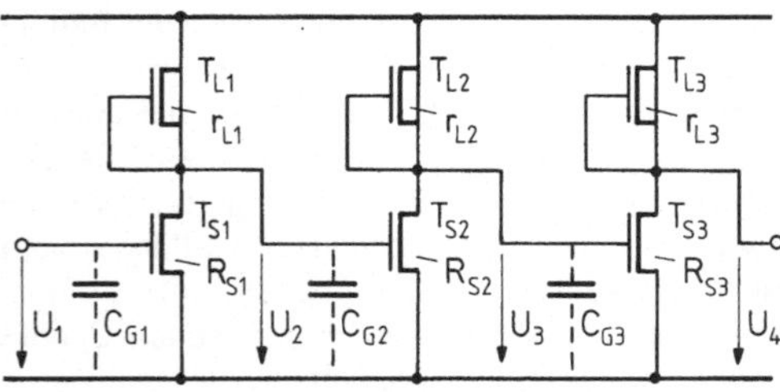

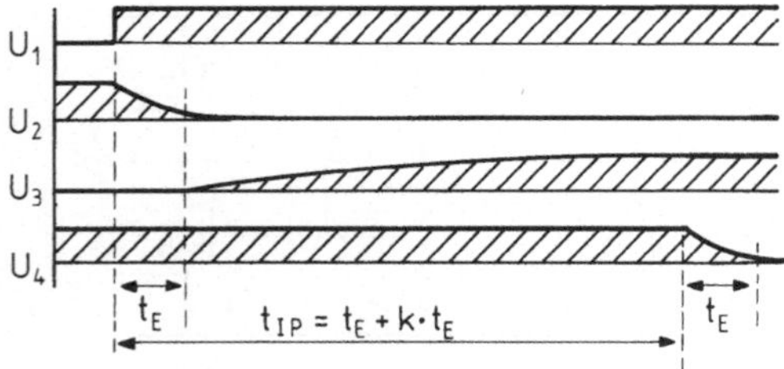

Bild 56.16.
Inverterpaar-Verzögerung t_{IP}

Wird nun obige wahrheitswidrige Annahme korrigiert und für das Aufladen der Kapazität C_{G1} ebenfalls die Zeitdauer t_E unterstellt, so würde sich der Kanalwiderstand R_{S1} innerhalb von t_E vom hohen Sperrwert auf den niedrigen Wert (von z.B. $12\,k\Omega$) des Leitzustands ändern; in dieser Zeit würde bereits die Entladung von C_{G2} über R_{S1} beginnen. Am einfachsten und "auf der sicheren Seite liegend" nimmt man an, daß sich erst C_{G1} völlig aufladen muß, bevor die Entladung von C_{G2} einsetzen kann. Der Gesamtvorgang würde dann einfach $2 \cdot t_E$ dauern.

Allerdings sind die tatsächlichen Verhältnisse quantitativ noch etwas anders. Ein Aufladevorgang - hier an C_{G3} zu beobachten - setzt nämlich einen Stromfluß über den Lasttransistor - hier T_{L2} - voraus; dann wirkt aber dessen Widerstand r_L von z.B. $80\,k\Omega$. Dementsprechend dauert das Aufladen um einen Faktor $k \approx r_L/R_S$ länger; im Beispiel wäre k etwa 6 bis 7. Dieser Wert wird noch höher, da der Lasttransistor T_L - wie im vorigen Abschnitt angedeutet - wegen des Spannungsabfalls am Pass-Transistor einen höheren Widerstand bekommen muß. Für die beiden Inverter zusammen benutzt man auch den Begriff der *Inverterpaar-Verzögerung* t_{IP}

$$t_{IP} = t_E + k \cdot t_E \qquad (\text{z.B. } t_{IP} \approx 10 \cdot t_E) \qquad (56.16)$$

Die unterschiedliche Dauer von Auf- und Entladung hat zu zahlreichen Schaltungstricks geführt. Eine besondere Rolle spielt dabei das *Precharging*; dies ist das Vorabaufladen von Gate-Kapazitäten zu Zeitpunkten, an denen gerade kein Zeitengpaß zu befürchten ist [5.11].

Üblich ist es "aus der Not eine Tugend zu machen", indem die ohnehin unvermeidbaren Gate-Kapazitäten als speicherfähige Elemente eines Zweitaktsystems ähnlich dem Prinzip von Bild 42.7a eingesetzt werden. Nach Bild 56.17 dient jeweils ein Basic Inverter mit vorgeschaltetem Pass-Transistor als Zeitglied TZ. Ein größeres Schaltwerk wird dann so organisiert, daß als Grundstruktur eine Folge von Zeitgliedern vorgesehen wird, die abwechselnd von den Takten φ^1 und φ^2 getrieben werden. Zwischen je zwei Zeitgliedern kann ein Schaltnetz etwa in der Art der Bilder 56.13 oder 56.14 eingefügt sein. Die Verzweigung von und zu anderen Zeitgliedern ist hier lediglich angedeutet. Wenn der Takt φ^1 eingeschaltet ist ($\varphi^1 \approx U_{DD}$), wird das Gate von Transistor $T_S{}^1$ auf den am Ausgang von SN^1 beobachtbaren Wert auf- bzw. entladen. Beim Verschwinden von φ^1 sperrt zwar der Pass-Transistor, das Gate von $T_S{}^1$ bleibt aber

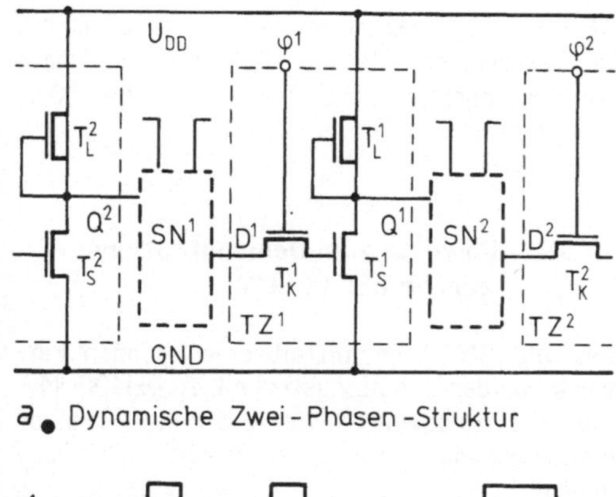

a Dynamische Zwei-Phasen-Struktur

b Zwei-Phasen-Takt c Modell für TZ

Bild 56.17.
Prinzip des dynamischen Zwei-Phasen-Betriebs

weiterhin aufgeladen, so daß dieser Transistor weiterhin leitet. Somit erfüllt die 3-Transistor-Konfiguration mit vergleichsweise geringem Aufwand die Funktion des taktpegelgesteuerten Zeitglieds von Bild 42.5a. Allerdings liefert der Ausgang Q das komplementierte D-Signal. Es ist zu beachten, daß sich die Gate-Kapazität durch parasitäre Effekte langsam selbst entlädt. Daher ist zum Betrieb der betreffenden Schaltung eine Mindestfrequenz, z.B. von 1 kHz, nötig. Man spricht daher oft von *dynamischem Betrieb* und nennt das Zeitglied auch *dynamische Registerzelle*.

Im Bild 56.18 ist die dynamische Registerzelle um eine zweite Inverterstufe - aus $T_{S2}{}^1$ und $T_{L2}{}^1$ - erweitert worden, so daß keine Komplementierung am Ausgang Q^1 auftritt. Durch Rückkopplung über den Pass-Transistor $T_K{}^2$ entsteht die *quasi-statische Registerzelle*; sofern die Taktfrequenz φ^2 nur hinreichend hoch ist, kann ein Binärwert durch periodisches Wiedereinschreiben beliebig lange, also quasi statisch, gespeichert bleiben. Die Pass-Transistoren $T_{K1}{}^1$ und $T_{K2}{}^1$ (sowie eventuell weitere) bilden einen Multiplexer; die Steuertakte $C_1{}^{(1)}$ und $C_2{}^{(1)}$ entstammen im Prinzip einem Steuerwerk. Die geklammerten Indizes drücken aus, daß ein aktiviertes Steuersignal nur <u>während</u> - also nicht <u>infolge</u> - des Taktes φ^1 wirksam sein soll. Im Bild 56.19 ist ein äquivalentes Verhalten durch ein Strukturmodell nachgebildet; es gleicht also einem taktpegelgesteuerten Flipflop mit zwei (oder mehr) alternativ wirksamen Eingangsgruppen (C, D). Es wäre möglich, aber viel aufwendiger, die NAND-Glieder dieser Struktur direkt 1:1 durch MOS-NAND-Glieder zu verwirklichen.

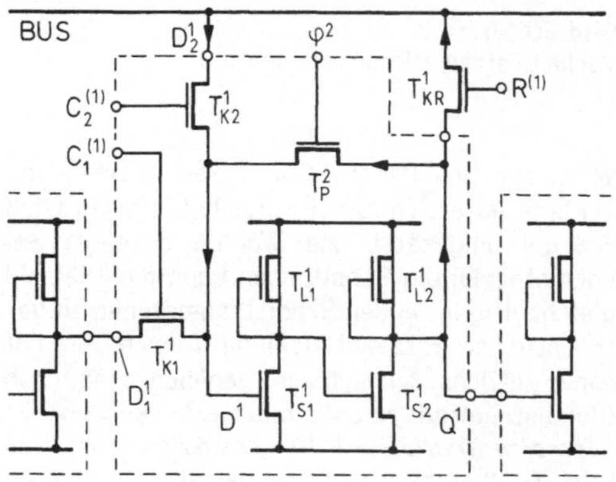

Bild 56.18.
Quasi-statische Registerzelle mitsamt einer möglichen Umgebung

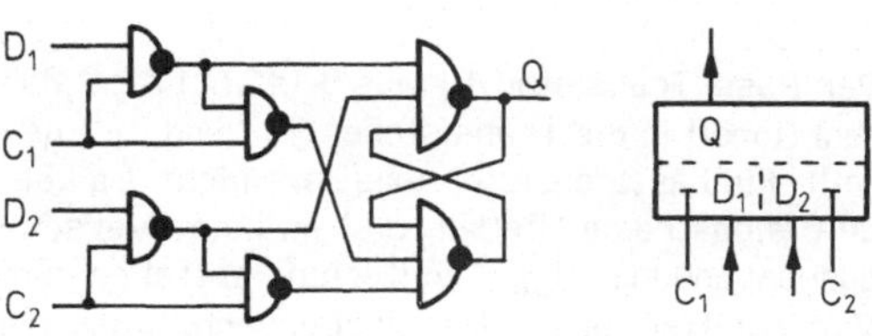

Bild 56.19.
Strukturmodell für eine quasi-statische Registerzelle mit zwei Eingangsgruppen (C, D)

Bild 56.18 deutet auch eine mögliche Umgebung der quasi-statischen Registerzelle an. Der Eingang $D_2{}^1$ ist an einen BUS angeschlossen. Als Ergänzung ist ein Pass-Transistor $T_{KR}{}^1$ vorgesehen, der das Ausgangssignal durch ein - ebenfalls nur während φ^1 aktiviertes - Steuersignal $R^{(1)}$ an den BUS zurückliefert. Der Transistor $T_{KR}{}^1$ übt also die Aufgabe eines Tristate-Tores aus. Links und rechts der Registerzelle ist je ein Basic Inverter, jeweils als Teil eines dort möglicherweise nötigen Schaltnetzes SN, eingezeichnet.

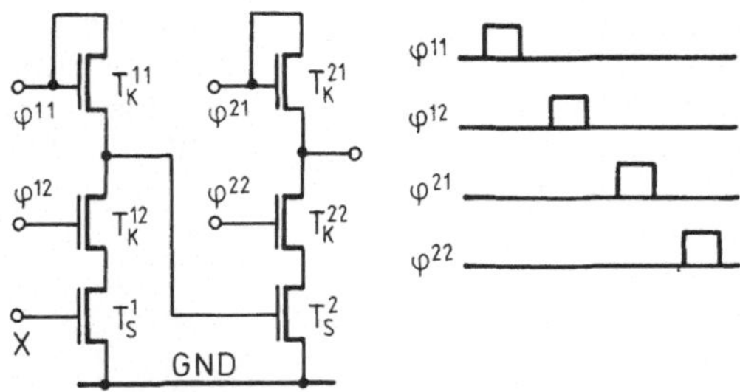

Bild 56.20.
Verhältnisfreie Vierphasentechnik

Wenn der Schalttransistor T_S eines Basic Inverters leitet, fließt ein Gleichstrom; es wird Energie umgesetzt und Wärme erzeugt. Bei hochintegrierten Schaltungen kann die Vielzahl gleichzeitig leitender Schalttransistoren zu beträchtlicher Hitzeentwicklung führen. Es hat daher etliche Vorschläge gegeben, jeglichen Gleichstromfluß zu unterbinden. In der *verhältnisfreien (ratioless) Vierphasentechnik* von Bild 56.20 spielt sich folgendes ab:

φ^{11} : Aufladen des Gate von $T_S{}^2$ über $T_K{}^{11}$

φ^{12} : Falls $T_S{}^1$ leitet: Entladen von $T_S{}^2$
Falls $T_S{}^1$ sperrt: Gate von $T_S{}^2$ bleibt geladen

φ^{21} : Sinngemäß zu φ^{11}

φ^{22} : Sinngemäß zu φ^{12}

Der Pass-Transistor $T_K{}^1$ aus Bild 56.17 ist also funktionell in die Transistoren $T_K{}^{11}$ und $T_K{}^{12}$ geteilt. Ein Lasttransistor existiert nicht. Da keine Gleichströme fließen, gibt es keine Versorgungsspannung U_{DD}. Weiterhin entfallen die Vorschriften über das Größenverhältnis von Last- zu Schalttransistoren; deshalb heißt diese Technik *verhältnisfrei*. Alle Transistoren können gleich groß sein. Etwas problematisch ist die Vielzahl der Phasenleitungen; der Aufwand einer integrierten Schaltung wird nämlich mehr durch die nötigen Verbindungen als durch die Transistoren bestimmt.

Bisher wurde als Kapazität lediglich die des MOS-Transistor-Gates angenommen. Auf Basis eines Beispielwerts für die Entladezeit von $t_E \approx 0{,}3$ ns kommt laut (56.16) eine Inverterpaar-Verzögerung von z.B. 3 ns zustande. Bei einer Verzweigung eines Ausgangs in n Richtungen vervielfacht sich die zu treibende Kapazität entsprechend n-fach. Dies ist besonders bei Steuerleitungen oder Phasensignalen φ^1 bzw. φ^2 zu beachten. Weiterhin sind zusätzliche Kapazitäten mindestens gleicher Größenordnung zu berücksichtigen, z.B. die Drain-Gebiet-Kapazität oder die Kapazität von Verbindungsbahnen. Die Taktperiode z.B. des φ^1-Signals muß tatsächlich erheblich höher liegen, z.B. bei 30 ns [5.11].

5.6.4 Hinweise zum Demonstrationsrechner DEMOCOM2

Das Bild 56.21 vermittelt einen groben Eindruck von der Schaltungstechnik zu DEMOCOM2. Spezielle Probleme, wie z.B. das Treiben größerer kapazitiver Lasten, bleiben unberücksichtigt.

Der linke Teil zeigt ein Bit des Registers J aus Bild 34.1 sowie die Tore 2, 9 und 14; das Register P ist genauso realisierbar. Das Register I im rechten Teil steuert direkt das Steuerwerk STW an. Unterstellt man, daß gerade ein Bit aus dem Wortteil I_B, z.B. die Stelle I_5, gemeint ist, läßt sich auch der betreffende Teil der speziellen Maske SMA von Bild 44.51 darstellen. Dabei ist die UND-ODER-Folge mit dem Gesetz B13 (Bild 41.9) auf die Form

$$M_5 = ((I_5' \vee DM') \wedge Z')'$$

gebracht und mit drei Schalttransistoren implementiert. Alle Tore werden nur während der Phase φ^1 aktiviert.

Die Registerbank R_0 bis R_{15} läßt sich nach gleicher Art wie Register J in Two-Port-Form ausführen. Register T und F sind quasistatische Registerzellen. Die Decodierer kann man als

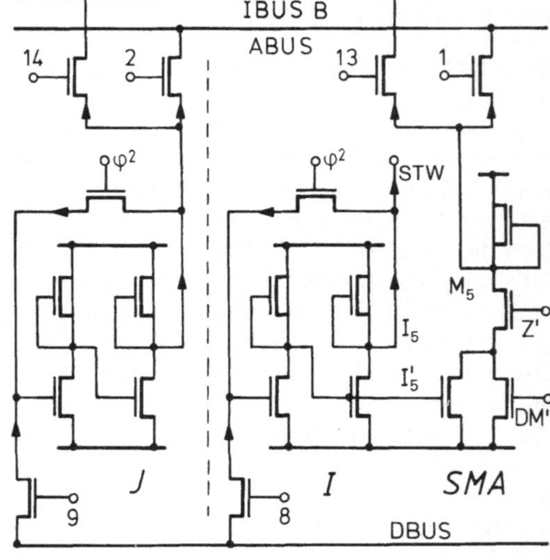

Bild 56.21.
Ausschnitt zu DEMOCOM2 (Bild 34.1)

Bank von jeweils 16 NOR-Gliedern zu je 4 Eingängen ausführen. Etwas tiefer gehende Überlegungen müßte man noch zur ALU anstellen. Mead/Conway geben ein Beispiel, wie sich durch geschickte Kombination einiger Prinzipien, wie z.B. Regularität, Universalität, Pass-Transistor-Logik oder Precharging, eine übersichtliche, integrationsfreundliche Lösung finden läßt [5.11].

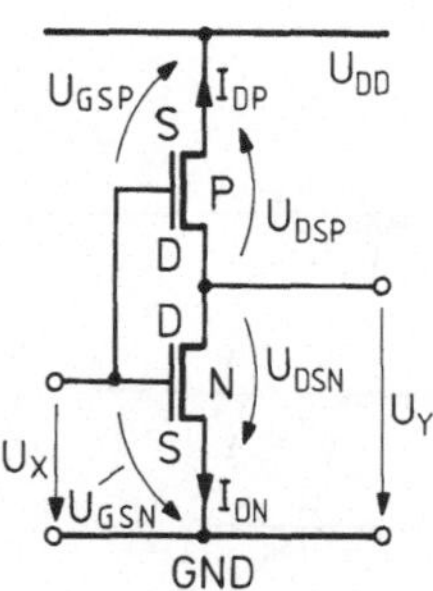

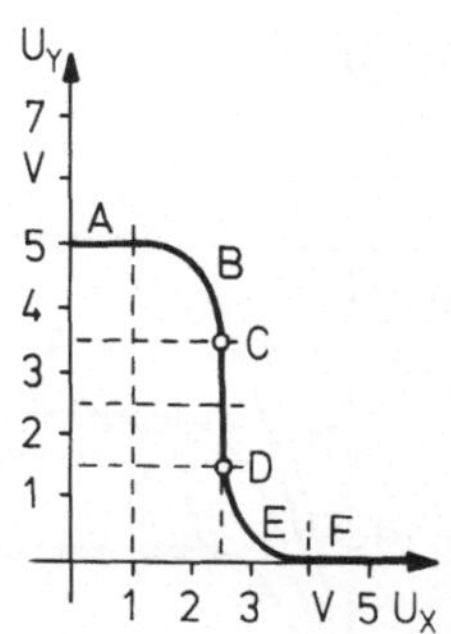

Bild 56.22.
CMOS-Inverter und Transfercharakteristik

5.6.5 CMOS-Schaltungen

Schon seit langem sind die Vorteile der *CMOS-Schaltungen* (*Complementary MOS*) bekannt; jedoch erst relativ spät gelang es, die ihnen grundsätzlich anhaftenden parasitären Effekte technologisch zu beherrschen [5.15, 5.16]. Derzeit - also 1987 - gilt die CMOS-Technik im Bereich hochintegrierter Schaltungen als ernsthafter Konkurrent zur n-Kanal-MOS-Technik.

Die Grundstruktur der CMOS-Digitaltechnik, der *CMOS-Inverter*, besteht aus je einem n-Kanal- und einem p-Kanal-Transistor in Reihenschaltung; im Bild 56.22 heißen sie einfach N bzw. P. Die Schaltung arbeitet, bezogen auf die Versorgungsspannungspotentiale U_{DD} und GND voll komplementär. Demnach sind beide Transistoren selbstsperrend und mit ihren Drain-Anschlüssen zum gemeinsamen Ausgang verbunden. Im folgenden sei der Einfachheit halber unterstellt, daß die beiden Transistoren sich auch elektrisch komplementär verhalten. Insbesondere sei der Wert K in den Gleichungen (56.4) und (56.5) jeweils gleich; betragsgleich seien auch die Schwellspannungen U_{THN} (des n-Kanal-Transistors) und U_{THP} (des p-Kanal-Transistors). Es gelten folgende einfache Zusammenhänge:

$$U_X = U_{GSN} \quad \textit{Eingangsspannung} \tag{56.17}$$

$$U_Y = U_{DSN} \quad \textit{Ausgangsspannung} \tag{56.18}$$

$$U_{TH} = U_{THN} = -U_{THP} \quad \textit{Schwellspannung} \tag{56.19}$$

$$U_{GSP} = U_X - U_{DD} \tag{56.20}$$

$$U_{DSP} = U_Y - U_{DD} \tag{56.21}$$

$$I_{DP} = -I_{DN} \tag{56.22}$$

Es lassen sich nun sofort zwei wichtige Betriebsfälle festlegen:

Betriebsfall A: $U_X < U_{THN}$

==> Transistor N sperrt, denn $U_{GSN} < U_{THN}$
==> Transistor P leitet, denn $|U_{GSP}| > |U_{THP}|$
==> Ausgangsspannung $U_Y = U_{DD}$

Bei z.B. $U_{THN} = 1\,V$ bzw. $U_{THP} = -1\,V$ würde gelten $U_{GSN} < 1\,V$ und $|U_{GSP}| > 4\,V$. Der Transistor P arbeitet im Widerstandsbereich.

Betriebsfall F: $U_X > U_{DD} - |U_{THP}|$

==> Transistor P sperrt, denn $|U_{GSP}| < |U_{THP}|$
==> Transistor N leitet, denn $U_{GSN} > U_{THN}$
==> Ausgangsspannung $U_Y = 0$

Bei wiederum $U_{THP} = -1\,V$ wäre $U_X > 4\,V$. Der Transistor N arbeitet im Widerstandsbereich.

Diese beiden Betriebsfälle sind in der Transfercharakteristik des Bildes 56.22 unter den Namen A bzw. F eingetragen. In der Digitaltechnik repräsentieren sie z.B. die Ausgangsbinärwerte **1** bzw. **0**. Es ist bemerkenswert und von weitreichender praktischer Bedeutung, daß in beiden Betriebsfällen kein Gleichstrom fließt. (Einige Anmerkungen dazu folgen noch).

Um das Verhalten des CMOS-Inverters während des Umschaltens von Betriebsfall A nach Betriebsfall F zu studieren, bedarf es eines Äquivalents zur Arbeitslinie, wie sie beim n-MOS-Basic-Inverter (Bild 56.10) benutzt wurde. Im Bild 56.23 sind - durchgezogen gezeichnet - die Ausgangskennlinien des n-Kanal-Transistors gezeichnet (und zwar quantitativ gleich wie in Bild 56.10). Da sich der p-Kanal-Transistor laut Voraussetzung - von Vorzeichen abgesehen - gleich verhalten soll, erscheinen seine Kennlinien - gestrichelt dargestellt - spiegelbildlich gleich, bezogen auf die Versorgungsspannung U_{DD} (=5 V). Als Parameter ist für beide Transistorarten die Eingangsspannung U_X angegeben. Ein konkreter Arbeitspunkt, z.B. der Punkt B, entsteht als Schnittpunkt der Kennlinien mit gleichem Parameterwert, hier also für $U_X = 2{,}0\,V$. Im Bild 56.24 ist der gleiche Betriebsfall in einem gedehnten Teilausschnitt wiederzufinden. Die kleinen

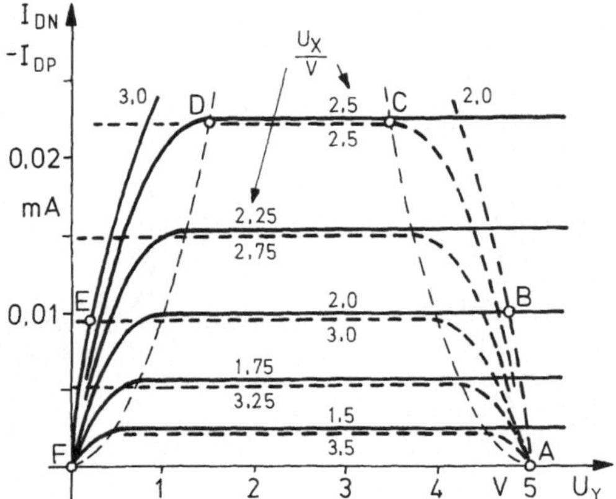

Bild 56.23.
Ausgangskennlinienfelder der beiden Transistoren des CMOS-Inverters

Kreise lassen erkennen, wie sich beim Anwachsen der Eingangsspannung U_X verschiedene Betriebspunkte zwischen A und C ergeben. Man kann sie sich zu einer Arbeitslinie verbunden denken.

Bei allen Arbeitspunkten zwischen den Grenzpunkten A und C arbeitet offensichtlich der n-Kanal-Transistor im Sättigungsbereich und der p-Kanal-Transistor im Widerstandsbereich. Zur quantitativen Berechnung eines beliebigen Betriebspunktes B läßt sich also der n-Kanal-Transistor mit Beziehung (56.5), der p-Kanal-Transistor mit (56.4) beschreiben:

$$I_{DN} = K(U_{GSN} - U_{THN})^2/2 \qquad (56.23)$$

$$I_{DP} = K(U_{GSP} - U_{THP})U_{DSP} - U_{DSP}{}^2/2 \qquad (56.24)$$

Durch Einsetzen der Beziehungen (56.17) bis (56.22) sowie durch anschließende Eliminierung der Ströme läßt sich eine quadratische Gleichung für die Ausgangsspannung U_Y aufstellen, mit folgender Auflösung:

$$U_Y = U_X + U_{TH} + \sqrt{U_{DD}^2 - 2U_{DD}U_{TH} - (2U_{DD} - 4U_{TH})U_X} \qquad (56.25)$$

Für z.B. $U_{DD} = 5\,V$ und $U_{TH} = 1\,V$ gilt dann:

$$U_Y = U_X + 1 + \sqrt{15 - 6U_X} \qquad (56.26)$$

Für den Beispielswert $U_X = 2{,}0\,V$ folgt daraus – übereinstimmend mit Bild 56.24 – ein Wert $U_Y = 4{,}73\,V$. Die Beziehung (56.26) äußert sich in der Transfercharakteristik des Bildes 56.22 als Bereich B. Die Grenze, also Punkt C, ist erreicht, wenn der Wurzelausdruck in (56.25) zu Null wird. Es gilt dann:

$$\text{Betriebspunkt C:} \quad U_X = U_{DD}/2, \quad U_Y = U_{DD}/2 + U_{TH} \qquad (56.27)$$

Bei $U_{DD} = 5\,V$ und $U_{TH} = 1\,V$ gehören zum Betriebspunkt C die Spannungen $U_X = 2{,}5\,V$ und $U_Y = 3{,}5\,V$.

Wegen der vorausgesetzten Verhaltensgleichheit beider Transistoren ergibt sich in allen Bildern ein Betriebsbereich E spiegelbildlich zum Bereich B. Entsprechend existiert ein Grenzfall:

$$\text{Betriebspunkt D:} \quad U_X = U_{DD}/2, \quad U_Y = U_{DD}/2 - U_{TH} \qquad (56.28)$$

Mit den Beispielswerten gehören dazu $U_X = 2{,}5\,V$ und $U_Y = 1{,}5\,V$. Interessant ist der Bereich zwischen den Grenzfällen C und D. Beide Transistoren sind im Sättigungsbereich und wirken als gesteuerte Stromquellen. Neben der Gleichung (56.23) gilt nun noch:

$$I_{DP} = K(U_{GSP} - U_{THP})^2/2 \qquad (56.29)$$

Durch Einsetzen von (56.17) bis (56.22) und anschließende Eliminierung des Stromes entsteht eine Gleichung, in der die Ausgangsspannung U_Y nicht vorkommt. Die Auflösung nach U_X ergibt einfach:

$$U_X = U_{DD}/2 \qquad (56.30)$$

Die im Prinzip ja instabile Situation zweier in Reihe geschalteter Stromquellen existiert also nur für genau den speziellen Eingabewert $U_X = U_{DD}/2$. In der Transfercharakteristik erscheint dieser Bereich als senkrechter Teil zwischen den Punkten C und D.

Im Abschnitt 5.6.1 wurde gesagt, daß die Konstante K über die Materialgrößen K* auch von der Beweglichkeit der Ladungsträger abhängt. Da die Beweglichkeit von Elektronen (im n-Kanal) etwa dreimal größer als die der Löcher (im p-Kanal) ist, wäre die hier vorausgesetzte Gleichheit der Konstanten K für beide Transistoren nur über unterschiedliche Geometrieverhältnisse W/L erreichbar. In der Praxis bevorzugt man aber geometrisch gleiche n-Kanal- und p-Kanal-Transistoren. Dadurch werden die Konstanten K für beide Transistoren um den Faktor 3 verschieden. Man kann den Ansatz (56.23) und (56.24) entsprechend korrigieren. Im Endergebnis verlagert sich die Spannung U_X der Betriebspunkte C bzw. D von 2,5 V auf

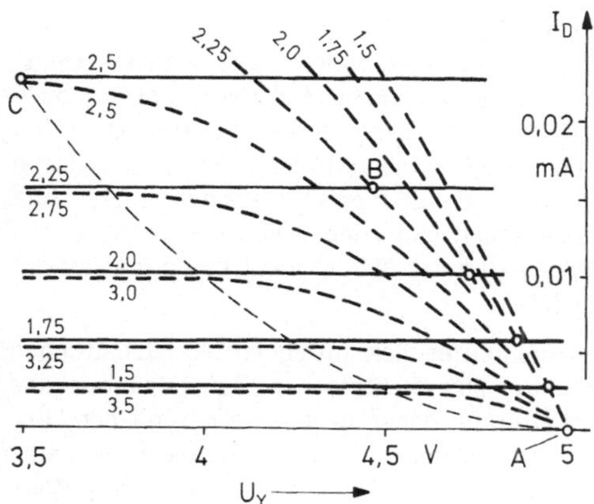

Bild 56.24.
Gedehnte Darstellung für den Betriebsfall B aus Bild 56.23

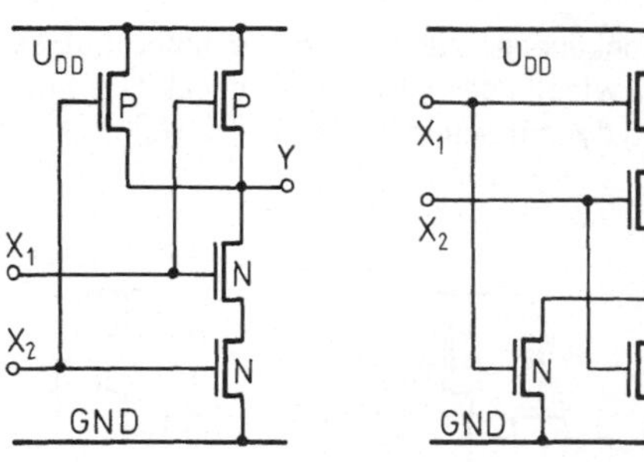

Bild 56.25.
NAND-Glied und NOR-Glied in CMOS-Technik

etwa 2,1 V. Die Steilheit der Transfercharakteristik ändert sich aber nicht. Einzelheiten dazu findet man bei Weste / Eshraghian [5.16].

Die Transfercharakteristik ist gegenüber der des n-MOS-Basic-Inverters von Bild 56.9 wesentlich steiler; dadurch wird der CMOS-Inverter deutlich toleranz- und störunempfindlicher. Von besonderem Vorteil ist allerdings, daß nur während des Umschaltens ein Strom fließt, nicht jedoch in den stabilen Arbeitspunkten A bzw. F. Der Leistungsverbrauch einer CMOS-Schaltung hängt deshalb direkt von der Umschalthäufigkeit, also von der Betriebsfrequenz ab. CMOS-Schaltungen haben sich daher schon länger in solchen Anwendungen eingebürgert, wo geringer Leistungsumsatz wichtig ist. Markant ist z.B. ihr Einsatz in Armbanduhren, wo sich nur winzige Batterien unterbringen lassen; die weitaus meisten Transistoren schalten nur vergleichsweise selten um. Tatsächlich ist der Energiebedarf einer solchen Uhr vor allem durch die notwendigen Anzeigeelemente bestimmt.

Am einfachsten lassen sich die Verknüpfungen der Schaltwerkebene durch *statische CMOS-Logik* verwirklichen (Bild 56.25). Typisches Merkmal sind die voll komplementären Strukturen aus n-Kanal- und p-Kanal-Transistoren. Der Pass-Transistor aus der n-MOS-Technik (Bild 56.15) wird zum *Transmission Gate* erweitert; in ihm sind je ein n-Kanal- und ein p-Kanal-Transistor komplementär angesteuert. Im Durchlaßfall leiten beide Transistoren. Wenn z.B. am Anschluß L ein hohes Potential liegt, wirkt der n-Kanal-Transistor wie in Bild 56.15; d.h. auf seiner Drain-Source-Strecke geht im Prinzip der Spannungsanteil U_{THN} verloren. Der p-Kanal-Transistor arbeitet dagegen komplementär; in dieser Situation wirkt sein Anschluß R als Drain und aus seiner Sicht fließt ein Entladestrom, wobei über seiner Drain-Source-Strecke keine Spannung abfällt. Anders als beim Pass-Transistor arbeitet das Transmission Gate also immer ohne Spannungsverlust. Das allgemein übliche Symbol vereinigt die Aussagen "bidirektional" und "komplementär". Allerdings ist es schon etwas merkwürdig, daß ein Symbol komplizierter ist als der dargestellte Inhalt.

Bild 56.27 zeigt die bekannte Grundstruktur des vorderflankengesteuerten D-Flipflops. Es besteht aus zwei taktpegelgesteuerten D-Flipflops mit insgesamt vier Invertern und vier Transmission Gates. Bei einiger Übung ist offensichtlich, welche Transistoren vom n-Kanal- und welche vom p-Kanal-Typ sind, so daß oft auf eine gesonderte Kennzeichnung verzichtet wird.

Auf Basis der statischen CMOS-Logik ist eine komplette Familie integrierter Schaltungen kommerziell erhältlich. Sie tritt in erster Linie als Konkurrenz zur TTL-Technik auf (s. Abschnitt 5.7.3). Häufig bildet sie auch die Grundlage für sogenannte *Gate Arrays* (Abschnitt 5.7.4). Für sehr hoch integrierte Schaltungen,

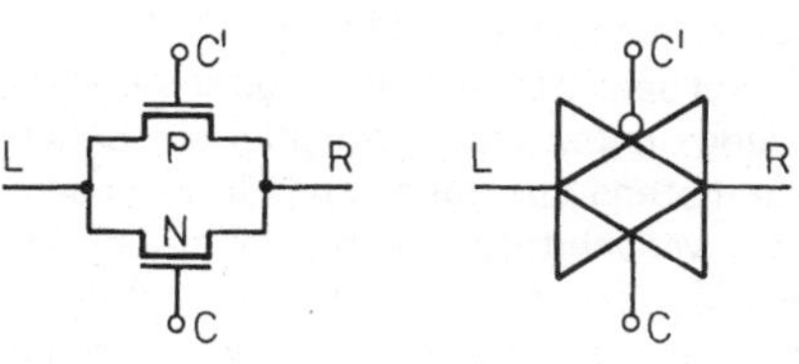

Bild 56.26.
Transmission Gate nebst Symbol

also in Konkurrenz zur n-MOS-Technik, gibt es Weiterentwicklungen, u.a. auch durch die Einbeziehung dynamischer Elemente [5.16].

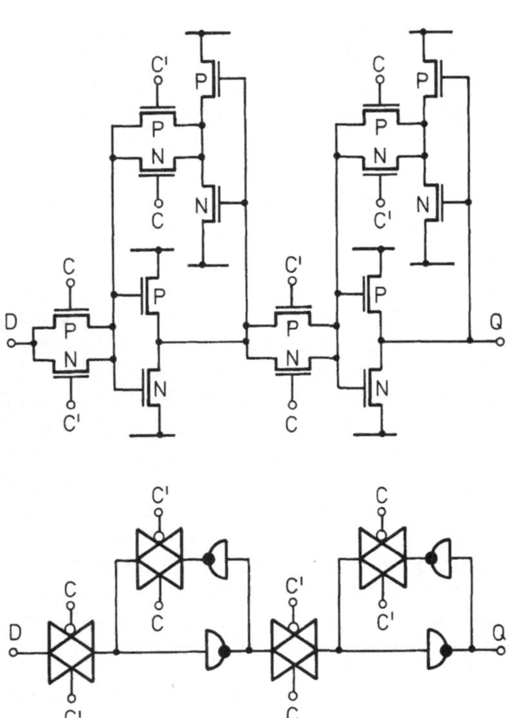

Bild 56.27.
Schaltung und Symbolik für ein vorderflankengesteuertes D-Flipflop

5.7 Integrierte Schaltungen

Einer gängigen Definition zufolge sind die elektrischen Bauelemente einer *integrierten Schaltung* (*integrated cicuit; IC*) derart zu einer physischen Einheit zusammengefaßt, daß sie nur mit Gewalt und Zerstörung wieder voneinander trennbar wären. Demnach gilt eine Schaltung z.B. schon dann als integriert, wenn die, zunächst getrennten, Bauelemente auf einer Platine zusammengelötet, in ein gemeinsames Gehäuse eingebracht und mit Füllmasse eingehüllt würden. Schon seit langem versteht man allerdings unter einer integrierten Schaltung eine meistens spezielle, allerdings besonders weit verbreitete Form, nämlich die *monolithische integrierte Schaltung*. Bei ihr entstehen alle Bauelemente, vorzugsweise Transistoren und Widerstände, von vornherein gleichzeitig nebeneinander auf einem Halbleiterkristall; die Bauelemente einer solchen Schaltung haben also niemals separat existiert. Für etliche Spezialanwendungen gibt es auch noch *hybride integrierte Schaltungen*; bei ihnen ist eine monolithische Schaltung durch separate Bauelemente ergänzt, und die Gesamtanordnung wird durch die Gehäuseverpackung zu einer später nicht mehr trennbaren Baueinheit.

Die monolithischen integrierten Schaltungen bestehen aus elektrischen Bauelementen. Ihr Verhalten ist daher grundsätzlich mit den Mitteln der vorangehenden Abschnitte beschreibbar. Allerdings treten durch die kompakte Bauweise parasitäre Nebeneffekte auf, die insbesondere dem Hersteller solcher Schaltungen beträchtliche Probleme bereiten können; jedoch kann dieses Thema hier nicht vertieft werden. Die monolithischen integrierten Schaltungen (im folgenden kürzer: *Integrierte Schaltung*) sind weniger durch ihr spezielles elektrisches Verhalten interessant als vielmehr durch ihre zentrale Bedeutung für die rasante Ausbreitung der *Mikroelektronik* in alle Lebensbereiche. Das Thema "Integrierte Schaltung" gehört daher gar nicht ausschließlich zur "Ebene der elektrischen Schaltungen"; vielmehr müßte es in einem eigenen Kapitel 6 übergreifende Zusammenhänge vertikal durch alle Nachrichtenebenen schildern. Leider aber läßt sich das komplexe Geflecht von technologischen, systembedingten, ökonomischen und sozialen Abhängigkeiten der Mikroelektronik nicht mehr hinreichend vollständig in diesem Buch unterbringen. Es soll aber doch versucht werden, hierzu wenigstens einen pauschalen Eindruck zu vermitteln. Vertiefung findet man bei Hilberg [5.17].

Abschnitt 5.7.1 schildert kurz den *Planarprozeß* zur Herstellung integrierter Schaltungen und zeigt auf, wie dabei die Bauelemente, hier genannt: *Komponenten*, entstehen und zu einer Schaltung verbunden werden. Aus einer elektrischen Schaltung entsteht in einem Entwurfsvorgang ein *Layout* geometrischer Strukturen, das in einen Satz von *Masken* umgesetzt wird. Dadurch lassen sich alle *Chips* einer *Halbleiterscheibe* gleichzeitig und damit kostengünstig produzieren.

Abschnitt 5.7.2 befaßt sich mit dem Phänomen des bisher ungebrochenen Anstiegs des *Integrationsgrads*, also der Anzahl von Komponenten pro Chip. An einfachen Kostenüberlegungen wird demonstriert, wie sowohl der *Hersteller* von integrierten Schaltungen als auch deren *Anwender* von diesem Anstieg profitiert.

Abschnitt 5.7.3 definiert eine *Standardschaltung* als eine vom Hersteller einem unbestimmten Anwenderkreis, z.B. per Datenkatalog angebotene integrierte Schaltung. Einige Beispiele, z.B. die *TTL-Technik*, verdeutlichen die Bemühungen, durch *Design Cleverness* zu hoher Integrationsdichte zu kommen. Für höhere Integrationsgrade bildet die I^2L-Technik einen weiteren technologischen Ansatz. Ökonomisch bedeutsam ist das *Stückzahlenproblem*, das durch die zunehmende Spezialisierung von Bausteinen höheren Integrationsgrades hervorgerufen ist. Davon ausgenommen ist nur der *Speicherbaustein*, dessen Schaltungstechnik hier an einigen Beispielen angedeutet wird.

Abschnitt 5.7.4 widmet sich der Bekämpfung des *Stückzahlenproblems* durch *Personalisierung* (*Individualisierung*) beim Anwender. Eine erste, weit verbreitete Abhilfe, entstand durch den *Mikroprozessor*, dessen spezielle Aufgabe vom Anwender durch (Software-) Programmierung festgelegt wird. Für große Stückzahlen sind *Voll-Kundenschaltungen* üblich; sie sind seitens des Herstellers genau nach Wunsch eines bestimmten Anwenders spezialisiert. Für kleinere Stückzahlen etablieren sich zunehmend die *Semi-Kundenschaltungen* nach der *Standardzellen-* oder nach der *Gate-Array-Technik*. Schließlich wird noch - am Beispiel von *systolischen Arrays* - auf den notwendigen Übergang zu neuen, *innovativen Rechnerstrukturen* verwiesen.

Abschnitt 5.7.5 äußert sich zunächst allgemein zur *Entwurfsproblematik*. Einerseits erfordert die hohe Komponentenanzahl eine strukturierte Vorgehensweise über mehrere Nachrichtenebenen hinweg; dabei wird am Beispiel der *systolischen Arrays* veranschaulicht, daß sich die Optimierungskriterien der einzelnen Nachrichtenebenen stark gegenseitig beeinflussen. Andererseits erfordert effizienter und *fehlerfreier Entwurf* ein umfangreiches Instrumentarium an *CAD-Hilfsmitteln*. Abschließend wird mit der *Testproblematik* ein derzeit noch unbefriedigend gelöster Aufgabenkreis angesprochen. Gemeint sind Maßnahmen, durch die produzierte Chips möglichst schnell und vollständig auf Fehlerfreiheit überprüfbar sind.

5.7.1 Herstellung integrierter Schaltungen durch den Planarprozeß

Etwa im Jahr 1960 mündeten Vorarbeiten verschiedener Richtungen im *Planarprozeß*, der häufig als eine der Basiserfindungen dieses Jahrhunderts bezeichnet wird: Eine einkristalline *Silizium-Halbleiterscheibe* von damals etwa 30 mm Durchmesser und 0,2 mm Dicke dient als Träger einer Vielzahl gleicher Schaltungen von (damals) etwa 1 mm^2 Größe in Rechteckform (Bild 57.1). Jede dieser Schaltungen besteht aus einigen elektrischen *Komponenten*, vorzugsweise Bipolar-Trasistoren, Dioden und Widerständen. Die zunächst gänzlich unstrukturierte Scheibe wird einer Folge von etwa 100 physikalischen oder chemischen Prozeßschritten unterworfen, durch die alle Komponenten aller Schaltungen gleichzeitig nebeneinander an der Scheibenoberfläche entstehen. Erst das anschließende Zersägen der Scheibe in *Chips* macht eine einzelne Schaltung zu einer individuellen Einheit, die nun noch in ein Gehäuse verpackt und auf Funktionstüchtigkeit getestet werden muß.

Der Planarprozeß des Jahres 1960 wurde inzwischen qualitativ stark verbessert und durch einige neuartige Prozeßschritte ergänzt. Der Scheibendurchmesser beträgt jetzt etwa 125 mm und die Chips können mehr als 100 mm^2 umfassen. Das Grundprinzip aber blieb unverändert.

Die Folge der Prozeßschritte, kurz: die *Prozeßtechnologie*, sowie die strukturellen Details der Komponenten bedingen sich gegenseitig, so daß beides zusammen erklärt werden muß. Meistens ordnet man die zugehörigen Entwurfsarbeiten und Realisierungsformen einer neuen Ebene, nämlich der *physikalischen Ebene* zu. Diese (nicht besonders treffend benannte) Ebene setzt die Reihe von Hauptblock-, Registertransfer-, Schaltwerk- und Schaltungsebene um ein weiteres Glied fort. Zwar spielt der Blickwinkel der Nachrichtenbearbeitung auf der physikalischen Ebene keine Rolle, und infolgedessen wird es dort auch keine Ver-

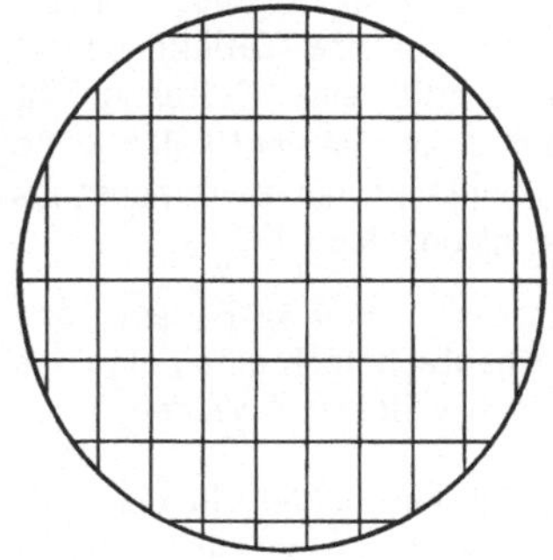

Bild 57.1.
Eine Silizium-Halbleiterscheibe, eingeteilt in Chips

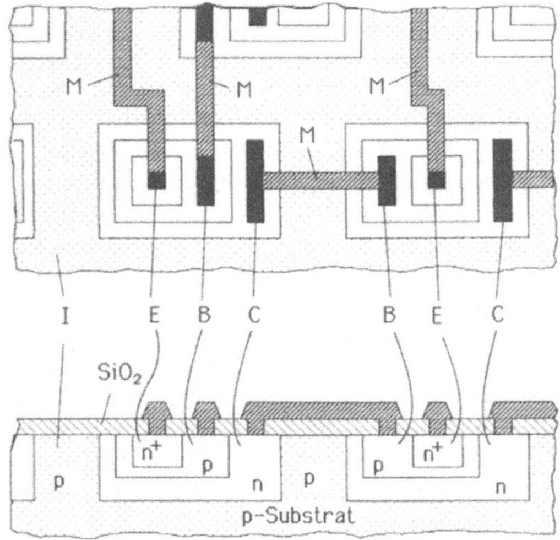

Bild 57.2.
Physikalische Struktur von Bipolar-Transistoren in Draufsicht (oben) und Schnittbild (unten); Darstellung stark schematisiert

haltensbeschreibungen geben. Wohl aber äußern sich die *physikalischen Strukturen* von Komponenten in geometrischen Relationen, für die textuelle Strukturbeschreibungen durchaus sinnvoll und üblich sind; z.B. [5.11].

Im Bereich der Bipolar-Technik erfordert der Transistor die aufwendigste physikalische Struktur. Er bestimmt weitgehend den Charakter der Prozeßschritte; die übrigen Komponenten, speziell Dioden und Widerstände lassen sich produktionstechnisch als Sonderfälle des Transistors auffassen.

Im oberen Teil des Bildes 57.2 ist ein Ausschnitt eines Chips in Draufsicht schematisch angedeutet. Man erkennt zwei Transistoren, jeweils mit Kollektor C, Basis B und Emitter E, sowie - teils nur angedeutet - einige Verbindungen M (Metall). Das untere Teilbild deutet einen Schnitt und somit eine Seitenansicht durch die Transistoren an; die vertikalen Maße sind gegenüber den horizontalen um mindestens das Zehnfache gedehnt gezeichnet.

Ein Bipolar-Transistor - hier z.B. ein npn-Transistor - ist aufbautechnisch eine Folge von drei Gebieten unterschiedlicher *Dotierung*:

- Der Kollektor C ist ein Gebiet, in dem der Silizium-Kristall durch zusätzlich eingebrachte fünfwertige *Dotierungsatome* (z.B. Antimon) bevorzugt *n-leitend* gemacht wird. Die Leitfähigkeit beruht dort vorwiegend auf negativen Ladungsträgern, also auf Elektronen.
- Die Basis B wirkt durch zusätzlich eingebrachte dreiwertige Dotierungsatome (z.B. Bor) vorwiegend *p-leitend*. Die positiven Ladungsträger heißen auch *Defektelektronen* oder *Löcher*.
- Der Emitter E ist wiederum n-leitend, wobei oft eine andere Art von Dotierungsatomen, z.B. Phosphor, verwendet wird.

Ein Transistor liegt insgesamt in einer p-dotierten Wanne mit dem *Isolationsgebiet* I als Wand und dem *p-Substrat* als Boden. Ähnlich wannenartig ist das Emittergebiet E in das Basisgebiet B geschachtelt und dieses wiederum in das Kollektorgebiet C. Nach oben hin ist das Chip mit *Silizium-Dioxid* (SiO_2) bedeckt, in das *Kontaktlöcher* für Emitter, Basis und Kollektor eingelassen sind. Sie dienen als Anschlußpunkte für *Leiterbahnen* in Metall (M), durch die sich Komponenten in gewünschter Weise verbinden lassen.

Das gewünschte Transistorverhalten tritt vor allem in Vertikalrichtung ein, und zwar unterhalb des Emitteranschlußpunktes. Die Einzelheiten der physikalischen Wirkungsweise sind im vorliegenden Zusammenhang nicht wichtig [5.19]. Allerdings sollten einige Grundzüge der Herstellungstechnik von integrierten Schaltungen bekannt sein, da sich daraus der weltweite kommerzielle Erfolg der Mikroelektronik erklärt.

In der Prozeßtechnologie lassen sich folgende Hauptschritte unterscheiden (Bild 57.3):

a. Bereitstellen einer Siliziumscheibe als p-Substrat. Sie ist durchgängig schwach p-dotiert, also mit fünfwertigen Atomen angereichert.

b. Aufbringen einer schwach n-dotierten Schicht, genannt: *Epitaxschicht*, auf der ganzen Scheibe durch einen *Epitaxprozeß*; dabei lagern sich gasförmig zugeführte Atome auf der Scheibenoberfläche so an, daß die einkristalline Struktur nach oben fortgeführt wird.

c. Anlegen des Isolationsgebietes I durch örtlich begrenztes Eindiffundieren von p-Dotierungen, also von fünfwertigen Atomen in die Kristallstruktur. Die Dotierungsdichte muß so hoch sein, daß sie die der Epitaxschicht deutlich, z.B. um das zehnfache, überkompensiert. Die Diffusion muß bis zum p-Substrat herunter dringen, um so eine allseits geschlossene p-dotierte Wanne zu erzeugen. Das von der Wanne umschlossene n-Gebiet bildet bereits den Kollektor C des geplanten Transistors.

d. Anlegen des Basisgebiets B durch örtlich begrenztes Eindiffundieren von p-Dotierungen. Die Dotierungsdichte muß wiederum die der Epitaxschicht deutlich übersteigen. Die Eindringtiefe ist so zu begrenzen, daß unterhalb der Basis ein Kollektorgebiet verbleibt.

e. Schließlich wird das Emittergebiet E örtlich begrenzt eindiffundiert. Die Dotierungsdichte muß die des Basisgebiets wiederum um z.B. das Zehnfache übersteigen. Solche - schon recht hohen Dotierungsdichten - kennzeichnet man durch ein Plus-Zeichen; hier also gültig für n^+-Gebiete.

f. Die ganze Scheibe wird mit SiO_2 bedeckt; diese Schicht dient als Isolator für die noch aufzubringenden Leiterbahnen. Wiederum örtlich begrenzt werden nun Kontaktlöcher K in die SiO_2-Schicht eingeätzt.

g. Im letzten Hauptschritt werden Leiterbahnen aus Metall örtlich begrenzt aufgebracht; sie beginnen und enden in Kontaktlöchern und liegen sonst einfach auf dem SiO_2 auf.

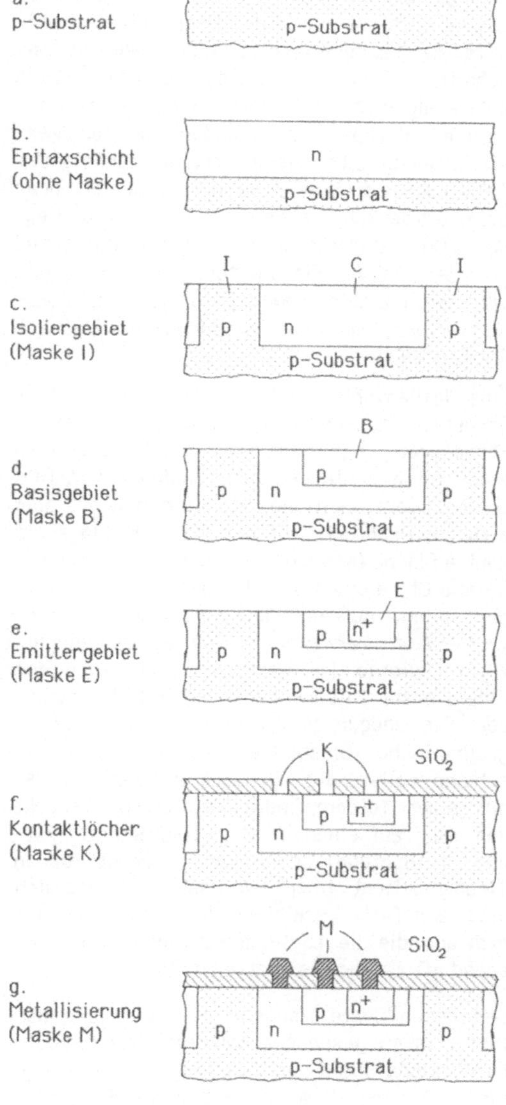

Bild 57.3.
Hauptabschnitte der Standard-Bipolar-Technologie

Es dürfte an dieser Stelle bereits einsichtig sein, daß ein Hauptschritt stets gleichzeitig auf alle Transistoren aller Schaltungen dieser Scheibe einwirken kann. Am Ende dieser sieben Hauptschritte sind also alle Schaltungen gemeinsam fertiggestellt.

Nun bleibt noch zu klären, wie die in den Hauptschritten **c** bis **g** vorausgesetzten örtlichen Begrenzungen zustande kommen. Sie äußern sich in der Draufsicht von Bild 57.2 durch fünf Gruppen geometrischer Figuren, im Vorgriff auf den technischen Hintergrund hier bereits als *Masken* bezeichnet.

Maske I : Für Isolationsgebiet
Maske B : Für Basisgebiet
Maske E : Für Emittergebiet
Maske K : Für Kontaktlöcher
Maske M : Für Leiterbahnen (Metall)

Deutlich zu unterscheiden ist einerseits die Herstellung von Masken und andererseits ihr Einsatz in der Prozeßtechnologie.

Ausgangspunkt für die Herstellung einer Maske ist im Prinzip ein Schaltplan auf der elektrotechnischen Ebene, ergänzt durch Angaben zu speziellen Parametern, z.B. zur erforderlichen Stromstärke in den einzelnen Bauelementen. Normalerweise existiert ein Satz von *Entwurfsregeln*, nach denen eine elektrische Schaltung in geometrische Strukturen, etwa solche des Bildes 57.2, überführbar ist. Die Gesamtheit der geometrischen Strukturen (aller Masken) einer Schaltung heißt *Layout*. In den ersten Jahren nach Erfindung des Planarprozesses bestand eine integrierte Schaltung aus nur wenigen Komponenten. Der *Layout-Entwickler* konnte die zugehörigen geometrischen Strukturen stark vergrößert, z.B. im Maßstab 1000:1, auf Papier zeichnen oder in spezielle verzugsfreie Folien ritzen. Auf fototechnischem Wege entstand dann eine *Maskenvorlage*, meistens im Maßstab 10:1 gegenüber der endgültigen Größe. Heutzutage enthält eine integrierte Schaltung manchmal einige hunderttausend Komponenten. Ein entsprechendes Layout entsteht nun in der Regel mit Rechnerhilfe am Farbgrafik-Bildschirm; wie in Abschnitt 5.7.5 näher ausgeführt, unterstützt ein aufwendiger Unterbau an Hilfsprogrammen den Layout-Entwickler insbesondere bei der Vervielfältigung sich gleichartig wiederholender Teilstrukturen sowie beim Vermeiden oder beim Aufdecken von Fehlern. Das Layout liegt schließlich als Datensatz auf einem Magnetband vor; es dient als Eingabe für einen *Mustergenerator* (*pattern generator*), der eine *Maskenvorlage*, meistens wiederum im Maßstab 10:1, erzeugt.

Eine Maskenvorlage enthält für je eine der fünf genannten Masken jeweils alle geometrischen Strukturen einer integrierten Schaltung, also eines Chips. Entgegen dem Eindruck von Bild 57.2 äußert sich ein Strukturelement, hier also ein Rechteck, auf der Maskenvorlage als dunkle Fläche (nicht nur als dunkle Umrandung). Da alle Chips einer Scheibe gleichzeitig entstehen sollen, muß die Maskenvorlage im *Step-and-Repeat-Verfahren* sowohl auf den endgültigen Maßstab 1:1 verkleinert als auch der Chip-Anzahl entsprechend vervielfältigt werden. Die endgültige Maske ist eine meistens quadratische Glasplatte, die die Siliziumscheibe vollständig überdecken kann. Sie ist mit einer fotoempfindlichen Schicht bedeckt und wird auf einen im Chip-Rastermaß in X- und Y-Richtung schrittweise verstellbaren Tisch montiert. Über dem Tisch befindet sich eine zehnfach verkleinernde Projektionseinrichtung, die die 10:1-Maskenvorlage entsprechend oft auf die Glasplatte abbildet.

Der geschilderte Vorgang muß für jede der fünf Masken gesondert ablaufen. Die Layout-Entwicklung spielt sich normalerweise in den Konstruktions- bzw. Entwicklungslabors des betreffenden Halbleiterherstellers ab. Die Masken entstehen in einem gesonderten Gebäudekomplex, dem *Maskenzentrum*, das oft weit von der Produktionsstätte der Chips entfernt liegt, z.B. in einem anderen Land. Die Gesamtheit der fünf Masken heißt auch *Maskensatz*. Er stellt einen beträchtlichen Wert dar. Üblicherweise wird deshalb im Maskenzentrum eine Anzahl von Maskenkopien gezogen, die dann als *Arbeitsmasken* an die Produktionsstätte gehen. Erwähnt sei, daß neben der hier beschriebenen Standardform der Maskenherstellung etliche Varianten existieren oder im Entstehen sind [5.11, 5.17, 5.18].

Der Einsatz der Masken äußert sich in einer Art "Unterprogrammtechnik". Jedem der Hauptschritte **c** bis **g** des Bildes 57.3 ist genau eine der Masken I, B, E, K oder M zugeordnet. Dabei wird die in der jeweiligen Maske festgehaltene Struktur in einer Folge von (Unter-) Schritten auf die Scheibe übertragen, genannt auch *fotolithografischer Prozeß* (Bild 57.4):

1. Bedecken der ganzen Scheibe mit SiO_2 in einem Oxidationsofen. Dicke der Schicht z.B. 0,4 µm.
2. Einspannen der Scheibe in eine Zentrifuge; Umdrehungszahl z.B. 7000 U/min. Aufbringen eines Tropfens *Fotolack*, der sich in einigen Sekunden gleichmäßig auf der sich drehenden Scheibe verteilt.
   Trocknen bei z.B. ca. 100 °C.
3. Einspannen der Scheibe zusammen mit der zugehörigen Arbeitsmaske ; sie ist - abhängig vom Entwurfsziel - an einigen Stellen lichtundurchlässig.
   Belichten (Ultraviolett).
4. Ausspannen der Scheibe und entwickeln, wobei z.B. der belichtete Teil des Lacks aushärtet.
   Wegwaschen des unausgehärteten Lackanteils; dort erscheint wieder die SiO_2-Oberfläche.
   Fixieren des verbliebenen Lacks.
5. Wegätzen des SiO_2 in den Lackfenstern (mit z.B. Flußsäure).
6. Abtragen des verbliebenen Lacks (z.B. Kochen in Schwefelsäure).
   Damit ist die Hell-Dunkel-Struktur der Maske in eine Struktur von Fenstern in der SiO_2-Schicht übertragen.
7. Eindiffusion von Dotierungsatomen durch die Fenster in den Siliziumkristall. Dadurch entsteht das letztlich gewünschte n- bzw. p-dotierte Gebiet.
8. Wegätzen des restlichen SiO_2, so daß wieder eine ebene Oberfläche entsteht. (Dieser Schritt entfällt oft, wobei allerdings über mehrere Hauptschritte hinweg eine zunehmende Stufung in der SiO_2-Schicht in Kauf zu nehmen ist).

Im Bild 57.4 ist diese Schrittfolge am Beispiel der Maske E für das Emittergebiet gezeigt; sie schildert also den Übergang von Schritt **d** nach Schritt **e** in Bild 57.3. Eine etwas größere Abweichung gibt es bei den Leiterbahnen. Dort wird die ganze Scheibe zwischen den Unterschritten **1** und **2** mit Aluminium bedampft, so daß die Maskenstruktur schließlich in die Aluminiumschicht übertragen wird. Die Unterschritte **7** und **8** entfallen.

Auch diese fotolithografischen Schritte sind hier nur in der Standardform beschrieben.

Die anderen Bauelemente der bipolar orientierten Schaltungstechnik aus Abschnitt 5.5, speziell also Dioden und Widerstände, entstehen

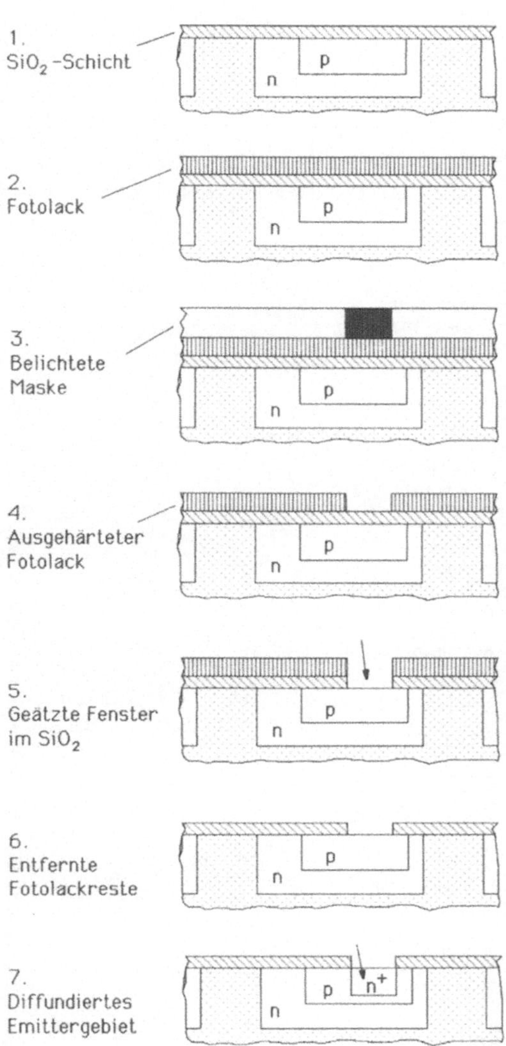

Bild 57.4.
Teilschritte des fotolithografischen Prozesses

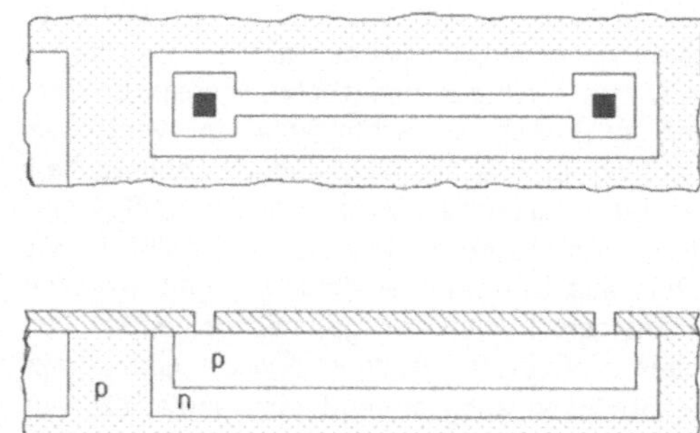

Bild 57.6.
Grundform eines Widerstandes in Draufsicht (oben) und Schnitt (unten)

gleichzeitig mit den Transistoren. Anode A und Kathode K der *Diode* können entweder den Basis- und Kollektorgebieten zugeordnet sein (Bild 57.5, links) oder aber Basis- und Emittergebiet entsprechen (Bild 57.5, rechts); die elektrischen Eigenschaften, z.B. die zulässige Sperrspannung, sind wegen der abweichenden Dotierungsdichten von Kollektorgebiet und Emittergebiet verschieden. Relativ problematisch ist dagegen ein *Widerstand* (Bild 57.6): Er besteht aus einem gestreckten p-Gebiet und wirkt einfach durch dessen begrenzte Leitfähigkeit. Die Dotierungsdichte des p-Gebiets ist aber bereits von den Erfordernissen der gleichzeitig entstehenden Transistorbasis festgelegt; die Leitfähigkeit ist für geplante Widerstandswerte oft reichlich hoch, so daß die Widerstandsbahnen ziemlich in die Länge gezogen werden müssen. Insbesondere sind die Kanalwiderstände leitender MOS-Transistoren um einige Größenordnungen hochohmiger als Widerstände vergleichbarer Flächenausdehnungen.

Damit das Isolationsgebiet I (Bild 57.2) seine Aufgabe, die Transistoren voneinander elektrisch zu trennen, tatsächlich erfüllt, muß das p-Substrat an die niedrigste vorkommende Spannung, normalerweise also an GND, angeschlossen sein. Der Übergang vom Kollektorgebiet C zum p-Substrat wirkt dann wie eine gesperrte Diode. Nebenbei wird aber auch deutlich, wie es zu *parasitären Effekten* kommen kann: Basisgebiet, Kollektorgebiet und p-Substrat bilden einen unerwünschten pnp-Transistor. Sein Einfluß ist keineswegs vernachlässigbar; jedoch bleibt er wegen der vergleichsweise hohen Dicke des Kollektorgebiets in erträglichen Grenzen.

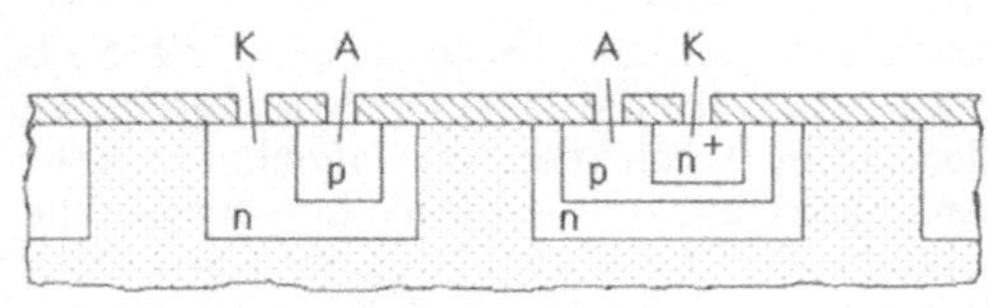

Bild 57.5.
Mögliche Grundformen für Dioden (Schnittbild)

Beim Bipolar-Transistor sind die horizontalen Abmaße wesentlich größer als die vertikalen; trotzdem tritt die eigentliche Transistorfunktion praktisch ausschließlich in vertikaler Richtung in Erscheinung, und zwar unterhalb des Emittergebiets. Dagegen ist der MOS-Transistor funktionell horizontal ausgerichtet. Wie schon aus Bild 56.6 ersichtlich, gibt es zwei technologisch gleichartige, nebeneinander liegende n^+-Gebiete, genannt *Source* und *Drain*; die Steuerwirkung stammt vom *Gate*, das auf einen Kanal zwischen Source und Drain einwirkt.

Die fotolithografischen Schritte des Bildes 57.4 sind weitgehend auch für die MOS-Prozeßtechnologie anwendbar. Allerdings sind die Hauptschritte etwas anders als bei Bipolar-Transistoren. Das Bild 57.7 ist im Vergleich zu Bild 57.3 in vergrößerten Maßen gezeichnet, und es berücksichtigt einige Details mehr wie z.B. technologisch bedingte Kantenschrägen oder die Stufung von SiO_2-Schichten. Trotzdem ist es immer noch stark gegenüber realen Verhältnissen vereinfacht. Dargestellt ist die derzeit besonders oft angewandte *Silizium-Gate-Technologie*:

a. Bereitstellen einer Siliziumscheibe als p-Substrat (ähnlich wie beim Bipolar-Transistor).

b. Aufbringen einer SiO_2-Schicht von z.B. 1 µm Dicke auf der ganzen Scheibe, genannt auch: *Dickoxid*. Einätzen einer Öffnung, die (mindestens) das gesamte Transistorgebiet einschließlich Source, Drain und Gate umfaßt. Die Struktur entstammt einer Maske D (*Diffusionsgebiet*). (Die Bezeichnung ist etwas problematisch, da die Diffusion selbst – im Schritt **d** – nur einen Teil des Diffusionsgebiets erfaßt).

c. Bedecken der ganzen Scheibe mit je einer dünnen SiO_2-Schicht (z.B. 0,1 µm), genannt auch *Dünnoxid*, und einer Schicht aus polykristallinem Silizium. Anschließend, vorgegeben durch eine Maske P (Polysilizium), wegätzen von Polysilizium und Dünnoxid, so daß ein *Polysilizium-Gate* über einer dünnen Isolationsschicht verbleibt.

d. Eindiffundieren von Dotierungsatomen u.a. in die Siliziumoberfläche des Diffusionsgebietes D, soweit sie nicht durch das Polysilizium-Gate verdeckt ist. Es entstehen Source und Drain. Das tatsächliche Diffusionsgebiet, also die n^+-leitenden Bereiche, sind definiert durch die Aussage "Diffusionsgebiet (Maske D) und nicht Polysiliziumgebiet (Maske P)".

e. Aufbringen von Dickoxid und Einätzen von Kontaktlöchern entsprechend einer Maske K (ähnlich Schritt **f** beim Bipolar-Transistor).

f. Bedampfen der ganzen Scheibe mit Aluminium und selektives Wegätzen (Maske M) entsprechend der gewünschten Leiterbahnführung (ähnlich Schritt **g** beim Bipolar-Transistor).

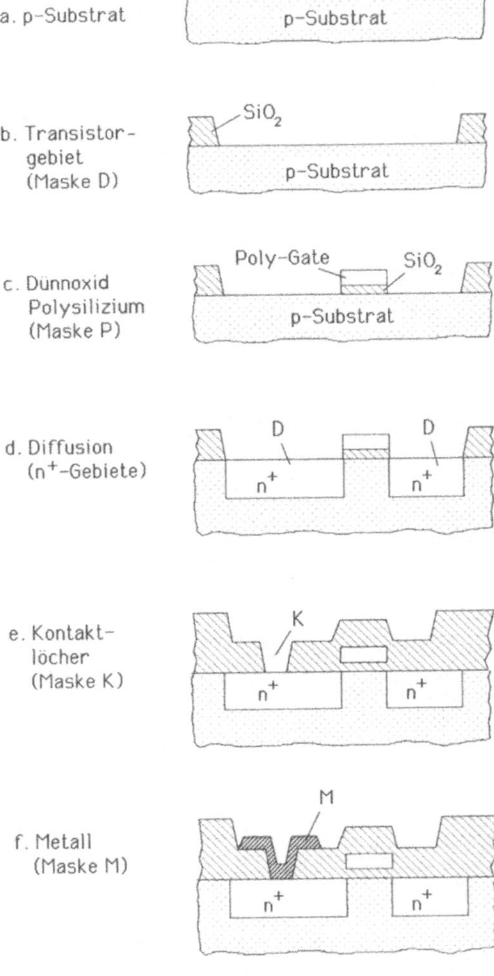

Bild 57.7.
Haupschritte der Silizium-Gate-Technologie für MOS-Transistoren

Die n^+-Gebiete und die Polysiliziumgebiete sind immerhin so gut elektrisch leitend, daß sie in der – ja vergleichsweise hochohmigen – MOS-Schaltungstechnik auch als Verbindungen zwischen Komponenten dienen können. Bild 57.8 zeigt in der Draufsicht ein gewinkeltes Diffusionsgebiet D, das von zwei Polysilizium-Bahnen P gekreuzt wird. An jeder Kreuzungsstelle entsteht ein Transistor T. Es sind also zwei Transistoren in Reihe geschaltet, so wie sie z.B. für ein NAND-Glied nach Bild 56.12 verwendbar wären. (Die – an sich ungünstige –

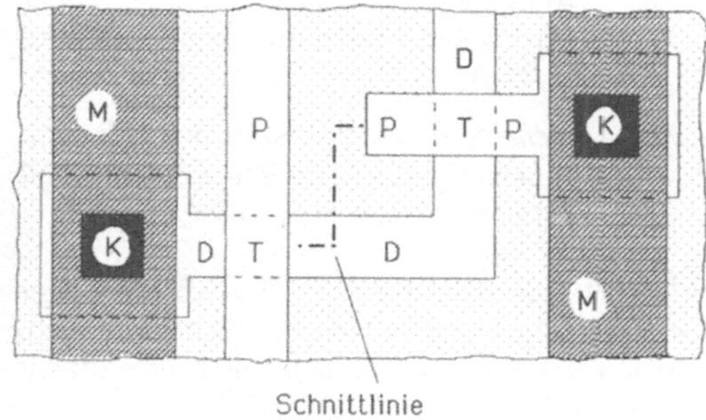

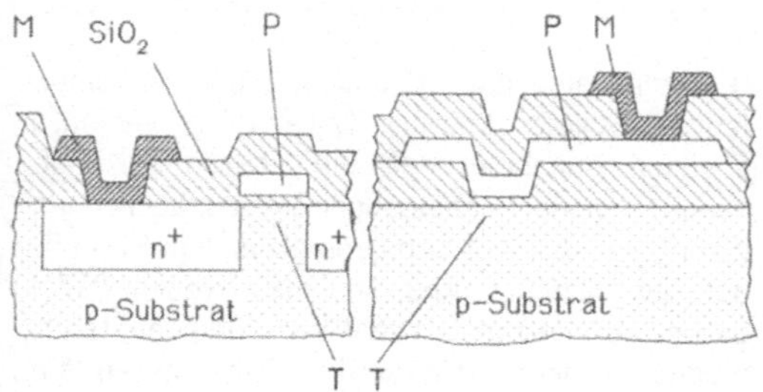

Bild 57.8.
Zwei MOS-Transistoren in Silizium-Gate-Technologie

winklige Anordnung ist hier gewählt, um im Schnittbild je einen Transistor in Längs- und in Querrichtung darzustellen). Es läßt sich ein typisches Phänomen der MOS-Technik erahnen: Im wesentlichen sind Verbindungen in Form von Diffusionsbahnen D, Polysiliziumbahnen P und Metallbahnen M zu verlegen. Die Transistoren T entstehen als Kreuzungspunkte der Bahnen D und P; sie beanspruchen nur einen Bruchteil der Gesamtfläche. Anders als im Bipolar-Bereich sind keine Maßnahmen zur gegenseitigen Isolation der Transistoren erforderlich; dies trägt maßgeblich zu der im allgemeinen deutlich höheren Packungsdichte der Komponenten in der MOS-Technik bei.

Es sei betont, daß die Prozeßtechnologien hier stark vereinfacht dargestellt wurden. Wesentliche Verfeinerungen oder neuere Details, wie z.B. die *Ionenimplantation*, fehlen hier. Auch lassen sich die Prozeßtechnologien von Bipolar- und MOS-Transistoren inzwischen soweit vereinheitlichen, daß beide Transistorarten bei Bedarf auf demselben Chip integrierbar sind. Mehr Details zu den Prozeßtechnologien finden sich z.B. in [5.11, 5.14, 5.16, 5.17, 5.18]; noch weitere Vertiefung bieten z.B. [5.15, 5.19 bis 5.22].

5.7.2 Der Anstieg des Integrationsgrades

Eines der bekanntesten und meist diskutierten Phänomene der Mikroelektronik ist die Steigerung des *Integrationsgrades* n, also der Anzahl von Komponenten pro Chip (Bild 57.9). Bestanden die integrierten Schaltungen zunächst, also etwa im Jahr 1960, aus höchsten zehn Komponenten, so hat sich deren Anzahl anschließend in jeweils zwei bis drei Jahren etwa vervierfacht. Derzeit wird die Millionengrenze überschritten, und auch für die nähere Zukunft ist eine wesentliche Abflachung des Anstiegs noch nicht zu erwarten. Ein derartiges Wachstum ist natürlich nur sinnvoll, wenn es sowohl dem *Hersteller* von integrierten Schaltungen als auch deren *Anwender* von deutlichen Nutzen ist. (Unter *Anwender* sei hier ein Gerätefabrikant verstanden, der integrierte Schaltungen beim Hersteller kauft und sie in seine Produkte einbaut mit dem Ziel, diese seinerseits zu verkaufen).

Aus Sicht des *Anwenders* läßt sich vorab recht einfach argumentieren: Hat er ein spezielles Schaltungsproblem bisher durch Zusammenfügen von z. B. 100 integrierten Schaltungen gelöst, so ist es für ihn bereits von Vorteil, wenn er vom Hersteller nun eine einzige integrierte Schaltung mit hundertfachem Integrationsgrad, aber zu hundertfachen Stückkosten angeboten bekommt. Obwohl zwar die Ankaufkosten, umgerechnet auf je eine Komponente, unverändert blieben, erspart er sich doch die Verarbeitungskosten, die bisher durch Montage, Verbindung oder Test der 100 kleineren integrierten Schaltungen entstanden. Eine Voraussetzung ist natürlich, daß die hundertfach höher integrierte Schaltung intern gerade so verschaltet ist, wie vom Anwender benötigt. Dieser Punkt ist in neuerer Zeit problematisch geworden und führt zu der Zweiteilung in *Standardschaltungen* (Abschnitt 5.7.3) und *Kundenschaltungen* (Abschnitt 5.7.4).

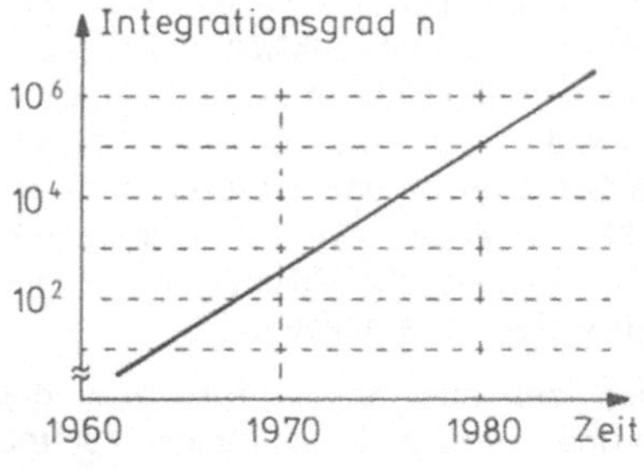

Bild 57.9.
Entwicklung des Integrationsgrades

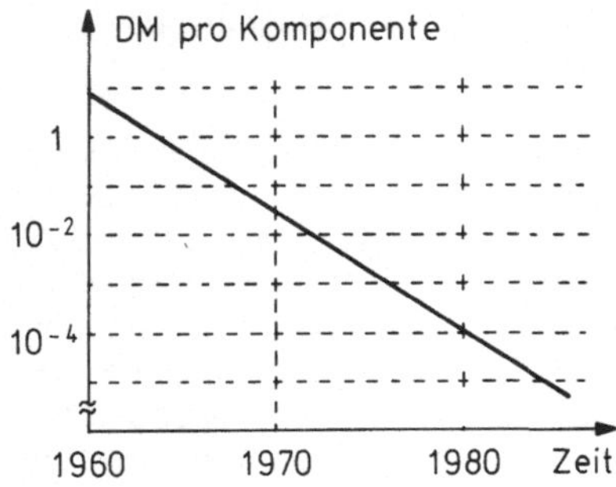

Bild 57.10.
Entwicklung der Komponentenkosten

Aus Sicht des *Herstellers* stellt sich die Frage, ob er die Kosten pro Komponente bei steigendem Integrationsgrad wenigstens konstant halten kann. Ein Blick auf Bild 57.10 verdeutlicht nun das Merkmal, das der Mikroelektronik zu immer breiterer Anwendung verhilft: Die Kosten pro Komponente sinken ständig, und zwar etwa auf ein Viertel in jeweils zwei bis drei Jahren. Diese rasante Kostenreduktion führt natürlich dazu, daß in alle Anwendungsgebiete, in denen irgendeine Form maschineller Nachrichtenverarbeitung anfällt, mikroelektronische Lösungen eindringen, so z.B. in der Haushalts-, Auto-, Spielzeug- oder Kommunikationselektronik. Weiterhin werden bisher recht teure Geräte, wie z.B. Rechenanlagen, so preiswert, daß sie in großen Stückzahlen absetzbar sind und durch ihren Einsatz auch starke Umwälzungen im Arbeitsleben hervorrufen.

Der Hersteller bringt die Kostenreduktion der Komponenten nur zu einem geringen Teil dadurch zustande, daß er eine integrierte Schaltung - mit gegebenem Integrationsgrad - immer billiger produzieren kann. Der wesentliche Grund dieser Reduktion liegt im Übergang zu immer höheren Integrationsgraden. Will ein Anwender von der Kostenreduktion profitieren, muß er also seine Produkte in verhältnismäßig kurzen Abständen auf die neueren, höher integrierten Schaltungen umrüsten oder durch neue Produkte ersetzen. Die Mikroelektronik ist daher auch wesentliche Mitursache für die Kurzlebigkeit vieler Gerätetypen.

Im folgenden sei nun angedeutet, wie die Kostenreduktion prinzipiell zustande kommt und warum sie mit einer Steigerung des Integrationsgrades einher geht. Dazu sei definiert:

n_W : Anzahl aller Komponenten (aller Chips) auf einer Siliziumscheibe (*silicon wafer*)

K_W : *Scheibenkosten*; Kosten pro Siliziumscheibe, die bei der Prozeßtechnologie anfallen; s. Abschnitt 5.7.1.

Wesentliches Merkmal der Prozeßtechnologie ist, daß alle Komponenten der Scheibe gleichzeitig entstehen. Dies erlaubt folgende einfache Rechnung:

$$k_W = K_W / n_W \quad \textit{anteilige Scheibenkosten} \quad (57.1)$$

Dies sind also die auf eine Komponente umgelegten Scheibenkosten. Unter der vereinfachenden Annahme, daß die Kosten K_W unabhängig von der Scheibengröße und auch unabhängig von der Art der geometrischen Struktur auf der Scheibe sind, leuchtet wegen (57.1) sofort ein, daß die Anzahl der Komponenten n_W möglichst groß sein sollte. Dazu bieten sich zwei Maßnahmen an:

- Vergrößerung der Scheibe
  Tatsächlich wuchs der Scheibendurchmesser von anfangs etwa 30 mm auf inzwischen bis zu 150 mm an.

- Verkleinerung der Komponenten
  Abhängig vom Stand der Technologie gibt es eine kleinste noch sicher realisierbare Strukturabmessung; bei der Bipolar-Technologie findet man sie z.B. beim Kontaktloch des Emitters vor. Sie betrug zu Beginn der 60er Jahre etwa 50 µm und ist heute bei etwa 1,5 µm angelangt. Mit großem finanziellen Investitionsaufwand - pro Hersteller mit etlichen hundert Millionen DM - ist der Kampf um die *Submikrontechnologie* entbrannt, bei der die kleinsten Strukturen unter die 1 µm-Grenze gedrückt werden sollen.

Bei der Fabrikation von integrierten Schaltungen fallen neben den Scheibenkosten K_W weitere Kosten an. Für ein Grundverständnis reicht es aus, sich speziell noch mit den *Chipkosten* K_C zu beschäftigen; sie entstehen, wenn ein Chip als Individuum zu behandeln ist, so etwa beim Testen des Chips auf Funktionsfähigkeit oder beim Verpacken in ein Gehäuse. Dazu sei definiert:

n : *Integrationsgrad*; Anzahl der Komponenten pro Chip

K_C : *Chipkosten*; Kosten pro Chip

Da die Komponenten eines Chips wiederum gleichzeitig behandelt werden, gilt ähnlich zu (57.1) einfach:

$$k_c = K_c/n \quad \textit{anteilige Chipkosten} \qquad (57.2)$$

Da - vereinfachend - angenommen sei, daß nur Scheiben- und Chipkosten anfallen, errechnet sich leicht:

$$k = k_W + k_c \quad \text{anteilige Kosten}$$
$$\text{mit} \quad k = K_W/n_W + K_c/n \qquad (57.3)$$

Noch unbeantwortet ist die Frage, wie hoch der Integrationsgrad n gewählt werden sollte. Wiederum vereinfachend sei vorausgesetzt, daß die Chipkosten vom Integrationsgrad unabhängig sind. Bei einem vorgegebenen Stand der Technologie können daher die Größen K_W, n_W und K_c (angenähert) als Konstanten gelten. Bild 57.11a veranschaulicht das einfache Ergebnis zu (57.3): Die anteiligen Scheibenkosten sind vom Integrationsgrad n unabhängig, die anteiligen Chipkosten dagegen fallen. Die Schlußfolgerung lautet also:

Die Chips sollten möglichst groß, bzw. der Integrationsgrad sollte möglichst hoch sein. (57.4)

Naheliegenderweise wird man sich fragen, wieso denn eine Scheibe überhaupt in Chips zerteilt wird, statt sie als eine einzige große integrierte Schaltung in ein einziges Gehäuse zu verpacken. Dem steht leider ein Einfluß gegenüber, von dem bisher noch nicht gesprochen wurde, nämlich die Wirkung von *Fabrikationsfehlern*; im folgenden kurz *Fehler*. Jeder der Prozeßschritte verläuft zwar hochgradig, aber eben doch nicht absolut fehlerfrei. Bei deren Vielzahl entsteht (leider) eine nicht vernachlässigbare Anzahl von Fehlern. Ein einfaches Modell genügt schon, um die wichtigsten Folgen zu erkennen. Dazu sei angenommen:

- Ein tatsächlich auftretender Fehler wirkt örtlich so begrenzt, daß er nicht mehr als eine Komponente - somit also genau eine Komponente - unbrauchbar macht.
- Ein Fehler tritt bezüglich der örtlichen Lage zufällig auf.

Damit ergibt sich ein Modell, wonach - verteilt über die ganze Scheibe - zufällig irgendwelche Komponenten unbrauchbar sind. Anders ausgedrückt:

Y_E: *Komponentenausbeute (component yield)*
Prozentualer Anteil an brauchbaren Komponenten.

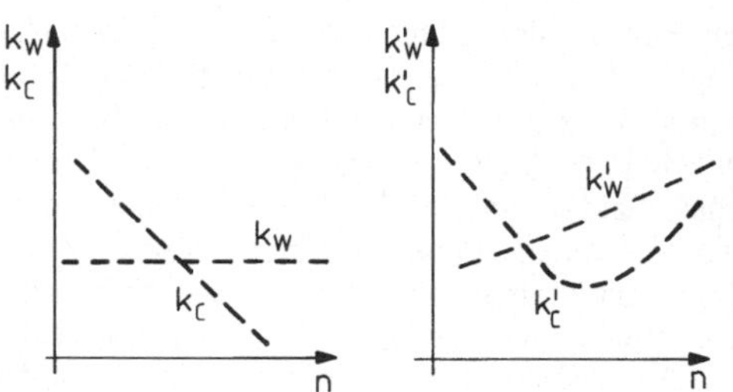

a. Chipausbeute: $Y_c = 1$ b. Chipsausbeute: $Y_c < 1$

k_W bzw. k'_W: Anteilige Scheibenkosten
k_c bzw. k'_c: Anteilige Chipkosten

Bild 57.11.
Komponentenkosten als Funktion des Integrationsgrads in doppellogarithmischer Darstellung

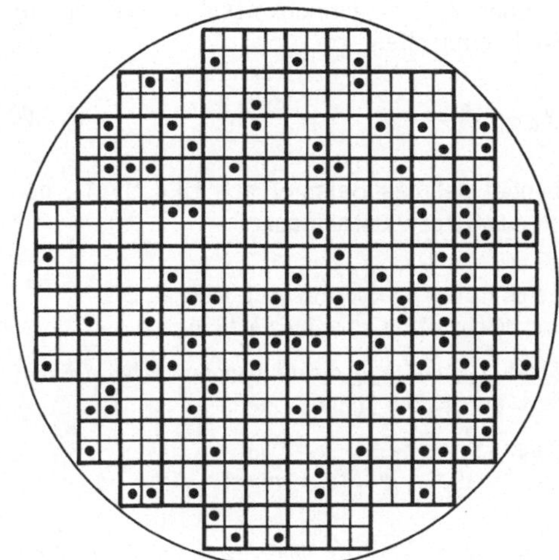

	kleine Chips	große Chips
Chipanzahl	448	112
Brauchbar	352	44
Chipausbeute	0,79	0,39

Bild 57.12.
Chipausbeute für zwei Chipgrößen

Bereits eine einzige fehlerhafte Komponente macht das gesamte davon betroffene Chip unbrauchbar. Dementsprechend sei definiert:

Y_c: *Chipausbeute (Chip yield)*
Prozentualer Anteil an brauchbaren Chips.

Der Einfluß der Chipgröße auf die Chipausbeute ist qualitativ leicht am Beispiel des Bildes 57.12 zu erkennen. Dazu sei die Scheibe zunächst in kleine Chips entsprechend dem engen Raster unterteilt. Unbrauchbare Chips sind mit einem Punkt markiert. Durch Auszählen erhält man hier eine Chipausbeute von 79%. Bei Vervielfachung der Chipgröße, entsprechend den dicken Linien, sinkt die Ausbeute auf 39%. Als Schlußfolgerung bietet sich demnach an:

Die Chips sollten möglichst klein, bzw. der Integrationsgrad sollte möglichst niedrig sein. (57.5)

Dieses Ergebnis widerspricht völlig der Aussage (57.4). Es läßt sich vermuten, daß zwischen ihnen ein optimaler Kompromiß gefunden werden könnte. Dazu läßt sich aus einfachen Wahrscheinlichkeitsüberlegungen zunächst feststellen:

$$Y_C = Y_E^{\,n} \qquad (57.6)$$

Nebenbei sei das Beispiel aus Bild 57.12 nun auch quantitativ untermauert:

- Seien n_1 und n_2 der Integrationsgrad des kleinen und des großen Chips, hier also: $n_2 = 4 \cdot n_1$
- Seien Y_{C1} und Y_{C2} die Chipausbeute bei kleinen bzw. bei großen Chips.
- Dann: $Y_{C1} = Y_E^{\,n_1}$
  $Y_{C2} = Y_E^{\,n_2} = (Y_E^{\,n_1})^{\frac{n_2}{n_1}} = (Y_{C1})^{\frac{n_2}{n_1}}$

Mit konkret $Y_{C1} = 0{,}79$ und $n_2/n_1 = 4$ folgt auch rechnerisch tatsächlich $Y_{C2} = 0{,}39$.

Um den gesuchten Kompromiß zu finden, müssen die anteiligen Kosten nach (57.1) und (57.2) nochmals, nun unter Einbeziehung der Chipausbeute ermittelt werden:

$n_W \cdot Y_C$: Anzahl der Komponenten in den brauchbaren Chips.

Nur auf diese Komponenten können die Scheibenkosten k_W umgelegt werden. Statt (57.1) gilt daher:

$$k_W' = K_W/(n_W \cdot Y_C) \quad \textit{anteilige Scheibenkosten} \qquad (57.7)$$

Die Chipkosten fallen bei jedem Chip an, also auch, wenn es unbrauchbar ist (was ja durch einen Test erst festgestellt werden muß). Umlegen kann man diese Kosten aber nur auf die brauchbaren Chips. Die Beziehung (57.2) ist also zu ersetzen durch:

$$k_C' = K_C/(n \cdot Y_C) \quad \textit{anteilige Chipkosten} \qquad (57.8)$$

Ein aktueller Stand der Technologie zeichnet sich - wie zuvor - aus durch die gegebenen Größen K_W, n_W und K_C sowie zusätzlich nun durch eine bestimmte Komponentenausbeute Y_E. Unter Berücksichtigung von (57.6) läßt sich als Ergebnis schreiben:

$$\begin{aligned} k_W' &= K_W/(n_W \cdot Y_E^{\,n}) \\ k_C' &= K_C/(n \cdot Y_E^{\,n}) \\ k' &= k_W' + k_C' \end{aligned} \qquad (57.9)$$

Das Ergebnis ist in Bild 57.11b veranschaulicht: Die anteiligen Scheibenkosten k_W' steigen mit dem Integrationsgrad n; sie werden ja nun nicht auf alle brauchbaren Komponenten umgelegt, sondern nur auf jene, die in brauchbaren Chips stecken. Anders ausgedrückt; mit steigendem Integrationsgrad bleiben zunehmend an sich brauchbare Komponenten ungenutzt, weil sie in unbrauchbaren Chips liegen. Bei den anteiligen Chipkosten k_C' dagegen arbeiten zwei Einflüsse gegeneinander. Der erste Einfluß, ausgedrückt durch $Y_E^{\,n}$, erfaßt wie bei den Scheibenkosten die unnutzbaren Komponenten. Der zweite Einfluß berücksichtigt, wie schon in (57.2), daß bei kleiner werdenden Chips eben entsprechend weniger Komponenten pro Chip vorhanden sind, auf die die Kosten umlegbar sind.

Wichtig bei diesem Ergebnis ist vor allem, daß es tatsächlich einen Kompromiß gibt, bei dem die anteiligen Kosten ein Minimum erreichen. Somit gibt es aus Herstellersicht zu einem aktuellen technologischen Stand auch einen bestimmten optimalen Integrationsgrad n und damit eine optimale Chipgröße. Bei Hilberg [5.17] wird ausführlich gezeigt, wie sich dieses Optimum konkret berechnen läßt; dabei kommt z.B. das zunächst erstaunliche Resultat zustande, daß die Chipausbeute im Kostenminimum nur ca. 37% beträgt, also weit weniger, als man unvoreingenommen vermuten würde.

Die hier vorgestellte Rechnung ist zweifellos stark vereinfacht. Z.B. ist es sinnvoll, die Verpackungskosten aus den Chipkosten auszugliedern, da man nur brauchbare Chips in Gehäuse verpackt. Die Beziehungen (57.9) werden dadurch etwas umfangreicher. Weiterhin wachsen die hier als konstant angenommenen Grössen K_W und K_C selbst ebenfalls mit der Scheibengröße bzw. mit der Chipgröße an. Die Qualität der Aussagen ändert sich dadurch aber nicht entscheidend.

Auch ohne konkrete Rechnung läßt sich eine letzte wichtige Schlußfolgerung einsehen: Die Aussage (57.4), also der Vorteil möglichst großer Chips, gilt für den Fall, daß keine Fabrikationsfehler auftreten. Der Trend zu kleineren Chips kommt durch die Fehlerträchtigkeit, ausgedrückt in Aussage (57.5), ins Spiel. Je mehr sich die Prozeßtechnologie der Fehlerfreiheit annähert, um so stärker fällt die Aussage (57.4) ins Gewicht. Also:

> Mit verbesserter Prozeßtechnologie verlagert sich das Kostenoptimum zu größeren Chips.

Diese Aussage charakterisiert den Motor für das anhaltende Ansteigen des Integrationsgrades.

Im Laufe der Zeit hat sich eine Grobeinteilung der integrierten Schaltungen nach der Höhe des Integrationsgrades eingebürgert:

SSI (*Small Scale Integration*) $n < 100$

MSI (*Medium Scale Integration*) $100 < n < 1000$

LSI (*Large Scale Integration*) $1000 < n < 10000$

VLSI (*Very Large Scale Integration*) $n > 10000$

Diese Zahlen sind sicherlich nur als grobe Anhaltspunkte zu werten. Inhaltlich etwas besser ist es, diese Stufen aus Sicht der realisierbaren *Funktionseinheiten* FE zu gliedern:

SSI : Für FE der Schaltwerkebene

MSI : Für FE der Registertransferebene

LSI : Für FE der Hauptblockebene

Die VLSI setzt sich von der LSI nicht nur durch noch höheren Integrationsgrad ab sondern vor allem auch durch eine oft deutlich kompliziertere Wechselwirkung zwischen Anwender und Hersteller; dazu folgt einiges noch in Abschnitt 5.7.4.

Wenn auch der Anstieg des Integrationsgrads primär durch die geschilderten ökonomischen Bedingungen verursacht ist, so gehen mit ihm doch auch noch technische Vorteile einher wie größere Arbeitsgeschwindigkeit (durch die kompakteren Strukturen), geringere Verlustleistung oder höhere Zuverlässigkeit.

5.7.3 Standardschaltungen

Vor der Erfindung des Planarprozesses gab es nur *diskrete Schaltungen*; deren Bestandteile, wie z.B. Transistoren, Dioden oder Widerstände, wurden als *Standardbauelemente* in Datenbüchern angeboten, und sie waren für einen nahezu unbegrenzten Anwenderkreis für praktisch alle Bereiche der Elektronik einsetzbar. Die Abschnitte 5.7.3 und 5.7.4 sollen u.a. verdeutlichen, daß integrierte Schaltungen sich bei steigendem Integrationsgrad funktionell spezialisieren, womit ihr Anwendungsbereich zu schrumpfen droht. Eine solche Entwicklung gefährdet aber den ökonomischen Erfolg der Mikroelektronik.

Die Anfangsphase der Integrationstechnik, also die Small Scale Integration (SSI) mit bis etwa 100 Komponenten pro Chip, gliederte die Welt der Elektronik sogleich in *Analogschaltungen* und *Digitalschaltungen*. Zentralaufgabe einer Analogschaltung ist die Kleinsignalverstärkung (s. Abschnitt 5.5) [5.23]. Digitalschaltungen dagegen basieren auf der Großsignalverstärkung und sie realisieren die Verknüpfung und Spezialisierung binärer Signale.

Typische Schaltungen der SSI sind – im Bereich der Digitaltechnik – insbesondere die NAND-Glieder und die Flipflops. Sie repräsentieren die wichtigsten elementaren Funktionseinheiten der Schaltwerkebene, und sie sind deshalb universell von vielen Anwendern für viele Aufgaben einsetzbar. Aus Sicht sowohl vom Hersteller als auch vom Anwender handelt es sich um *Standardschaltungen*, das sind Schaltungen, die der Hersteller für einen unbestimmten Anwenderkreis produziert und z.B. über Vertriebsbüros verkaufen läßt. Die äußere Erscheinungsform einer integrierten Schaltung als schwarzes Gehäuse mit meistens 10 bis 16 Anschlüssen symbolisierte augenfällig einen fast revolutionären Wandel in der Elektronik: Schaltungen waren nun nur durch ihr "Black-Box-Verhalten" beschreibbar; der Zugriff zu Meßpunkten innerhalb einer Schaltung war unmöglich. Einerseits wurden dadurch die Beschreibungstechniken höherer Nachrichtenebenen forciert; so haben sich damals z.B. die Beschreibungs- und Entwurfsmethoden der Schaltwerkebene von einer Spezialisten- zu einer Grundlagendisziplin für Digitaltechniker gewandelt. Andererseits wirft die Unzugänglichkeit der Black-Box-Interna gewaltige – noch nicht befriedigend gelöste – Probleme für die Testbarkeit der integrierten Schaltungen auf (Abschnitt 5.7.5).

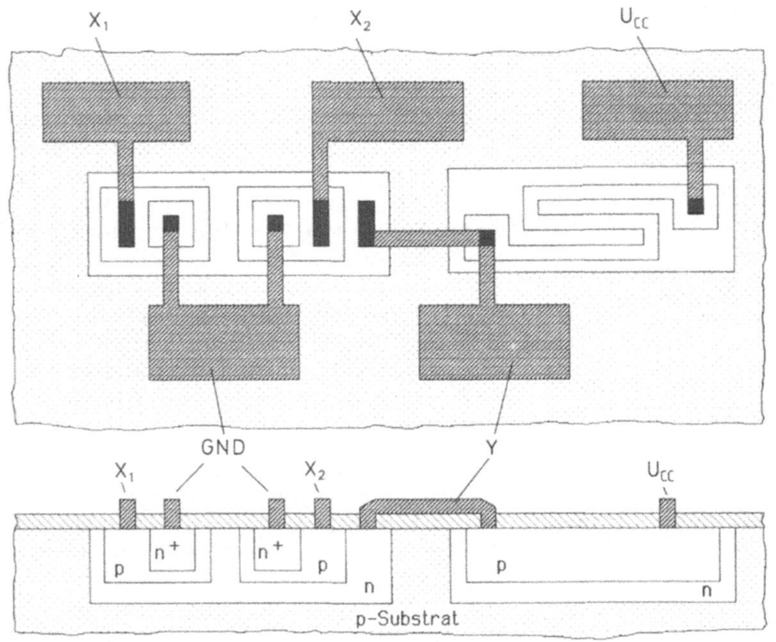

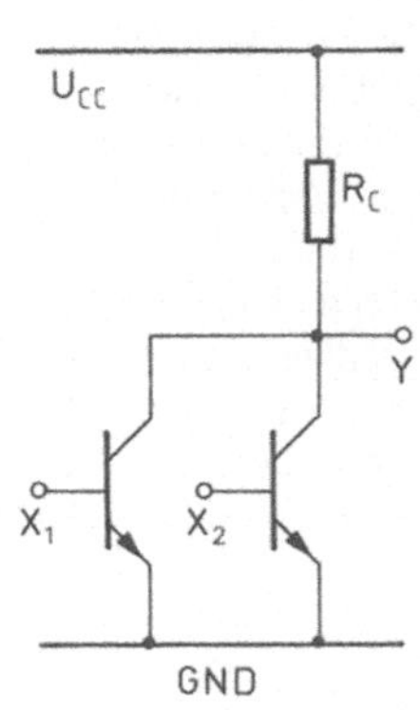

Die Anschlußflecke sind – anders als hier gezeichnet – quadratisch und relativ zu den übrigen Abmaßen bedeutend größer.

Bild 57.13.
Physikalische Struktur einer DCTL-Schaltung (schematisiert)

Da der ökonomische Zwang zu möglichst hohem Integrationsgrad von Anfang an bestand, fehlte es nicht an Versuchen, durch *design cleverness*, also durch geschickte Anpassung der Schaltungstechnik an die Randbedingungen des Planarprozesses, zu möglichst gedrängter Bauweise zu kommen. Dabei bildeten sich die *Schaltungsfamilien* heraus; dies sind Mengen funktionell unterschiedlicher Bausteine mit aufeinander abgestimmten elektrotechnischen Randbedingungen. Z.B. bezieht die *Direct Coupled Transistor Logic* (*DCTL*) von Bild 55.32 ihren Vorteil allein aus der hohen Pakkungsdichte der Komponenten auf dem Chip (Bild 57.13): Da die Transistoren an den Kollektoren direkt verbunden sind, brauchen sie nicht durch Isolationsgebiete getrennt zu sein. In der Draufsicht sind – stellvertretend für alle Schaltungsfamilien – auch die Leiterbahnen angedeutet. Sie erweitern sich an einigen Stellen zu quadratischen *Anschlußflecken* (*pads*), auf die feine Golddrähte zur Verbindung mit den Gehäuseanschlüssen aufgeschweißt werden können. Da sich solche Anschlußflecken nicht im gleichen Maß verkleinern lassen wie die Komponenten, gibt das Bild 57.13 nur den Stand etwa des Jahres 1965 wieder. Beim derzeitigen Stand beansprucht ein Anschlußfleck den Platz von mehr als 100 Komponenten.

Verbundene Kollektoren sind auch bei den Eingangstransistoren der *Emitter Coupled Logic* (*ECL*) von Bild 55.34 anzutreffen. Ein weiteres Beispiel für Design Cleverness ist der Übergang von der *Dioden-Transistor-Logik* (*DTL*) (Bild 55.31) zur *Transistor-Transistor-Logik* (*TTL*). Die Bilder 57.14a und b zeigen den Platzbedarf für drei Dioden im Eingangsteil, basierend auf den Grundformen von Bild 57.5. Beide Lösungen erscheinen hier – zufällig – gleich aufwendig; jedoch richtet sich ein endgültiges Urteil stark nach den tatsächlichen geometrischen Ausdehnungen der – hier ja nur schematisch angedeuteten – Diffusionsgebiete, insbesondere jenen des Isolationsgebietes I. Die p-Gebiete zu Lösung b sind – durch eine Leitung angedeutet – untereinander verbunden. Es liegt daher nahe, ein gemeinsames p-Gebiet vorzusehen. Realisiert man außerdem die innere Diode (Anschluß K) wie in Lösung a, entsteht der deutlich kompaktere Aufbau eines *Multi-Emitter-Transistors* nach Teilbild c.

Im Bild 57.15 ist der Multi-Emitter-Transistor in eine einfache Form der TTL-Schaltung integriert. Die Diode DB_2 aus Bild 55.31 ist durch einen Transistor T_2 in Kollektorschaltung mit praktisch gleichgebliebener elektrischer Funktion ersetzt. Links ist der Ausgangskreis einer

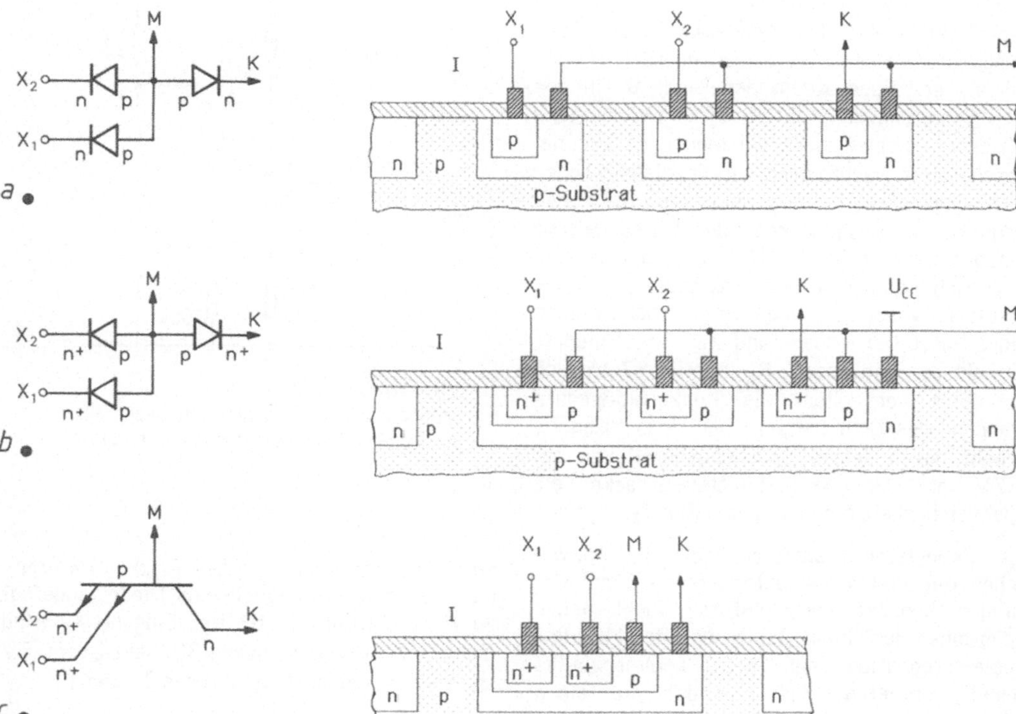

a. Dioden aus Kollektor- und Basisgebiet
b. Dioden aus Emitter- und Basisgebiet
c. Multi-Emitter-Transistor

Bild 57.14.
Physikalische Strukturen für die Eingangs-Dioden-Konfigurationen eines NAND-Glieds nach Bild 55.31

gleichen TTL-Stufe vorangeschaltet. Zu unterscheiden sind - ähnlich der DTL-Stufe von Abschnitt 5.5.7 - zwei Zustände zur Repräsentation der Binärwerte **0** und **1**:

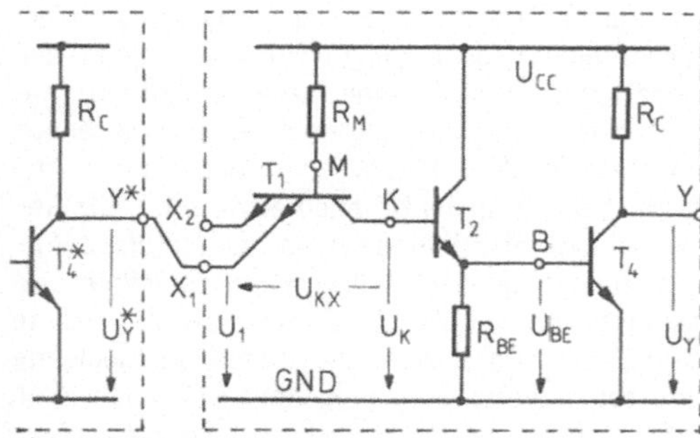

Bild 57.15.
Einfache Form einer TTL-Schaltung

Sperrzustand des Transistors T_4.

Annahme: T_4^* leitet ==> $U_1 < \approx 0{,}3\,V$

==> T_1 leitet ==> $U_{KX} < \approx 0{,}3\,V$

==> $U_K < \approx 0{,}6\,V$

==> Transistoren T_2 und T_4 sperren hinreichend

(T_1 leitet zwar, aber es fließt nur - von U_{DD} über T_2 - ein winziger Reststrom).

Leitzustand des Transistors T_4.

Annahme 1: T_4 leitet

==> $U_{BE} \approx 0{,}7\,V$ ==> $U_K \approx 1{,}4\,V$

Annahme 2: T_4^* sperrt

==> $U_1 > U_K$ ==> U_{KX} ist negativ

==> T_1 wird invers betrieben

(Annahme 2 muß für alle den Eingängen X_1, X_2 usw. vorangeschalteten Stufen erfüllt sein).

Der *invers* betriebene Multi-Emitter-Transistor T_1 zieht über den Widerstand R_C^* der Vorgängerstufe einen Strom, der deutlich größer ist als der Sperrstrom der Diode D_1 in der DTL-Schaltung nach Bild 55.31. Am Widerstand R_C^* droht, insbesondere bei mehreren parallel geschalteten Nachfolgern, ein unzulässig hoher Spannungsabfall. Dies ist einer von mehreren Gründen, den Ausgangskreis der TTL-Schaltung entsprechend Bild 57.16 zu modifizieren. Gebräuchlich ist eine Gegentaktstufe aus Transistoren T_3 und T_4, von denen alternativ immer einer leitet. Der Widerstand R_3 ist viel niedriger als der Widerstand R_C im Bild 57.15, und er dient vor allem als Kurzschlußschutz während des Umschaltens. Der Transistor T_5 erhöht durch seinen Spannungsabfall von ca. 0,7V an der Basis-Emitter-Strecke die Sperrsicherheit für den Transistor T_3.

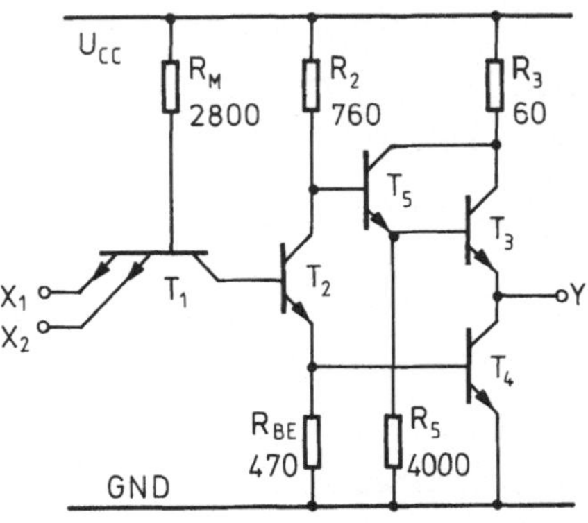

Bild 57.16.
Eine gebräuchliche TTL-Form; mit Gegentaktausgangskreis (Zahlenwertbeispiele in Ohm)

Die Transistor-Transistor-Logik ist inzwischen mit vielen Varianten und in Form von einigen hundert verschiedenen funktionellen Bausteinen der Small Scale- und der Medium-Scale-Integration auf dem kommerziellen Markt vertreten. Zudem bildet sie einen Schnittstellenstandard: Viele hochintegrierte Schaltungen, die intern z.B. mit NMOS- oder CMOS-Schaltungen arbeiten, sind nach außen hin *TTL-kompatibel* geschaltet, d.h. die Spannungs- und Stromwerte zur Repräsentation der Binärwerte **0** bzw. **1** entsprechen jenen von TTL-Schaltungen. Es lohnt sich daher, bei Bedarf intensiver in diese Schaltungstechnik einzusteigen [5.24].

Hier soll lediglich noch auf die in den Abschnitten 4.1.10 und 4.4.4 geschilderten Probleme von WIRED DOT und Tristate-Glied eingegangen werden. Im Bild 57.17 (links) sind die Ausgangskreise zweier Stufen der einfachen TTL-Form von Bild 57.15 direkt per DOT verbunden. Nur wenn beide Transistoren sperren, nimmt der Punkt Y hohes Potential an. Hier wird also ein *WIRED AND* nach Bild 41.39d bzw. Bild 44.35 geschaffen. Beim DOT-Verknüpfen von noch mehr solcher Schaltungen kann die Parallelwirkung aller Widerstände R_C einen unzulässig niedrigen Gesamtwert erreichen. Abhilfe schaffen *Open-Collector-Schaltungen*; bei ihnen sind die Widerstände R_C fortgelassen und statt ihrer wird ein einziger Widerstand direkt am Knoten Y angebracht. Ein Zusammenschalten von zwei Gegentaktschaltungen nach Bild 57.16 verbietet sich. Wie im Bild 57.17 (rechts) angedeutet, droht eine Kurzschlußsituation, denn der Widerstand R_3 ist nicht zur Begrenzung des statischen Gleichstromflusses gedacht. Dagegen ist die Gegentaktstufe von Bild 57.16 leicht zum *Tristate-Glied* von Bild 44.36 erweiterbar. Es braucht lediglich eine Diode eingefügt zu werden (Bild 57.18). Der Eingang X_2 wird dadurch zum Steuereingang SQ; bei $U_{SQ} <\approx 0{,}3V$ sperren die beiden Transistoren T_3 und T_4.

Bei den derzeitigen Standard-SSI und -MSI-Schaltungen dominiert die TTL-Technik. Daneben gibt es weniger ausgebaute Schaltungsfamilien, wie z.B. Emitter-Coupled-Logic (wegen der höheren Geschwindigkeit; s. Abschnitt 5.5.8) oder CMOS-Technik (wegen geringerer Verlustleistung; s. Abschnitt 5.6.5). Bei der *Large Scale Integration* (LSI) und erst recht bei der *Very Large Scale Integration* (VLSI) gewinnt aber die NMOS-Technik die Oberhand, da sie gedrängte Bauweise mit mäßiger Verlustleistung und noch günstigen Schaltungsgeschwindigkeiten vereinigt.

Es fehlt nicht an Versuchen, auch für die Bipolar-Technik geeignete Formen für die Hochintegration zu finden. Bekanntgeworden ist insbesondere die *Integrated Injection Logic* (*I^2L*). Auf der Schaltungsebene läßt sie sich aus der DCTL des Bildes 55.32 ableiten, indem durch eine andere Abgrenzung zwischen den Schaltungseinheiten eine neue Grundform mit nur einem Eingang und mehreren Ausgängen entsteht (Bild 57.19). Weshalb dabei die in Abschnitt 5.5.7 zitierte problematische Stromaufteilung entfällt und wieso gerade diese Abgrenzung besonders integrationfreundlich ist, erklärt sich aus der physikalischen Struktur in Bild 57.20. Da sowohl die Basen als auch die Emitter jeweils untereinander verbunden sind, läßt sich ein *Multi-Kollektor-Transistor* formen. Er entspricht im Aufbau einem Multi-Emitter-Transistor der TTL-Technik, wird

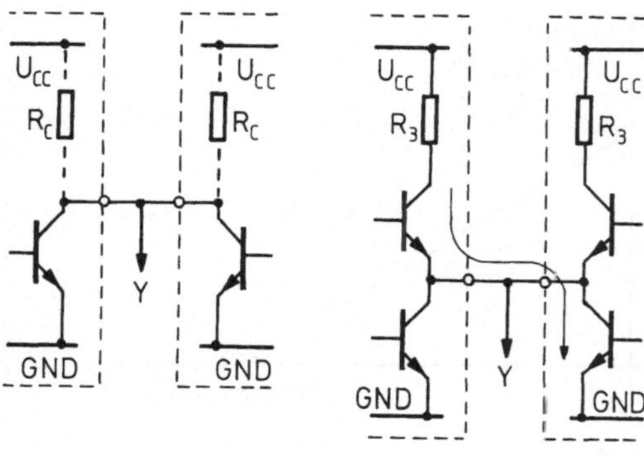

Bild 57.17.
WIRED AND in TTL; üblich (links) und schädlich (rechts)

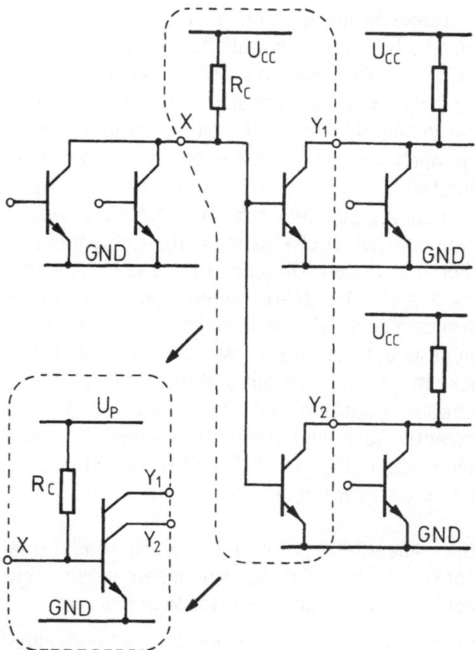

Bild 57.19.
Übergang vom DCTL-Glied zum I^2L-Glied

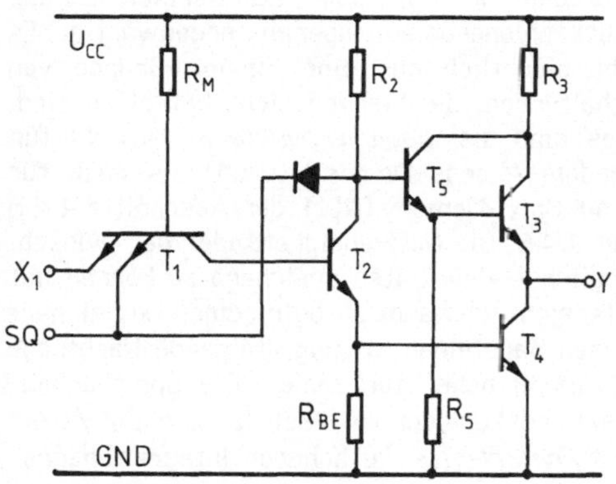

Bild 57.18.
Tristate-Glied in TTL-Technik

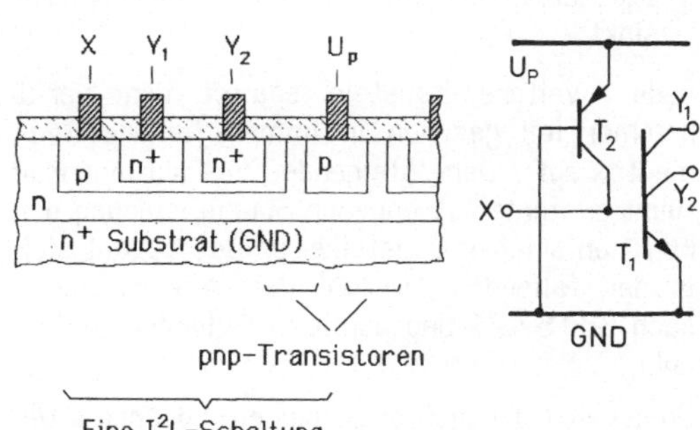

Bild 57.20.
Physikalische und elektrotechnische Struktur einer I^2L-Schaltung

aber <u>invers</u> betrieben. Der Strom durch den Widerstand R_C ist weitgehend konstant, denn er fließt entweder in die Basis des Multi-Kollektor-Transistors oder in einen Kollektor des invers leitenden Transistors der vorangehenden I^2L-Schaltung. Deshalb läßt sich der platzaufwendige Widerstand R_C durch eine Stromquelle I ersetzen. Sie wird realisiert durch den lateralen pnp-Transistor T_2, dessen Basis mit GND und dessen Emitter mit der Versorgungsspannung U_p verbunden ist. Die Stromquelle, speziell das p-Gebiet unter dem Anschluß U_p, ist gleichzeitig für mehrere I^2L-Schaltungen ausnutzbar. Ein vollständiges I^2L-Glied braucht nicht mehr Platz als ein Multi-Emitter-Transistor, der ja seinerseits nur einen Teil eines TTL-Glieds (z.B. nach Bild 57.16) ausmacht. Außerdem entfallen die platzfressenden Isolationsgebiete. Deswegen ist kein p-Substrat nötig; statt dessen dient ein gut leitendes n^+-Substrat als gemeinsames Bezugspotential GND. Durch vergleichsweise niedrige Versorgungsspannungen (z.B. $U_p = 0{,}7\,V$), läßt sich auch die Verlustleistung niedrig halten. Die I^2L-Technik hat sich einen gewissen Marktanteil erobern können, z.B. in der Form von Gate Arrays (Abschnitt 5.7.4). Da sie aber nicht die Aufbaudichte der NMOS-Technik erreicht, bleibt ihr ein Spitzenplatz bei den VLSI-Schaltungen vorenthalten. Vertiefung findet man z.B. in [5.18; 5.24].

Der steigende Integrationsgrad beschwört eine ökonomisch widersprüchliche Situation, genannt auch: *Stückzahlenproblem*, herauf, die ein weiteres Wachstum ernsthaft gefährdet. Zum Verständnis sei zunächst eine konstante Nachfrage nach Komponenten seitens der Anwender unterstellt. Gäbe es z.B. nur Bausteine der SSI-Technik, speziell z.B. nur NAND-Glieder, so würden sämtliche gebrauchte Komponenten in Form solcher Glieder fabriziert. Anders ausgedrückt: Das NAND-Glied wäre von allen Anwendern für alle Anwendungen einsetzbar; dementsprechend hoch wäre die verkaufte Stückzahl. Käme nun im Rahmen der MSI ein spezieller Baustein auf den Markt, z.B. ein Vorwärts-Rückwärtszähler mit einer funktionellen Komplexität von z.B. 40 NAND-Gliedern, so hätte dies zweierlei Wirkungen:

- Die Anzahl verkaufbarer NAND-Bausteine sänke, da sie für Anwendungen in solchen Zählern nicht mehr benötigt würden.
- Die Stückzahl des Zählerbausteins läge schon wegen des 40-fach höheren Integrationsgrads um den Faktor 40 niedriger. Außerdem ist dieser Baustein auf eine Aufgabe spezialisiert, wodurch die erforderliche Stückzahl noch um weitere Größenordnungen sinkt.

Jeder weitere Baustein spaltet den Markt kommerziell gesehen in immer feinere Segmente auf. Der steigende Integrationsgrad führt zu immer strengerer Spezialisierung der Funktion solcher Bausteine. Beides äußert sich in der fallenden "Anzahl der Anwendungen" nach Bild 57.21 und damit in fallender Stückzahl.

Umgekehrt dagegen erzwingt ein höherer Integrationsgrad auch höhere Grundkosten, z.B. beim Layout-Entwurf oder bei der Maskenherstellung. Solche Kosten sind in den Überlegungen des Abschnitts 5.7.2 überhaupt nicht berücksichtigt, da stillschweigend so hohe Stückzahlen vorausgesetzt wurden, daß sie prozentual - also pro Komponente - nicht ins Gewicht fallen. Angesichts der fallenden Tendenz in Bild 57.21 aber gilt diese Voraussetzung bei höheren Integrationsgraden nicht. Daß dieses Stückzahlenproblem nicht bereits bei der MSI-Technik auftritt, liegt an der tatsächlich nicht konstanten sondern vielmehr drastisch steigenden Nachfrage nach Komponenten. Grob geschätzt hat sich der Markt bei den integrierten Schaltungen in den letzten zehn Jahren vom Verkaufswert her etwa verzehnfacht; die Anzahl verkaufter Komponenten stieg um etwa den Faktor 1000.

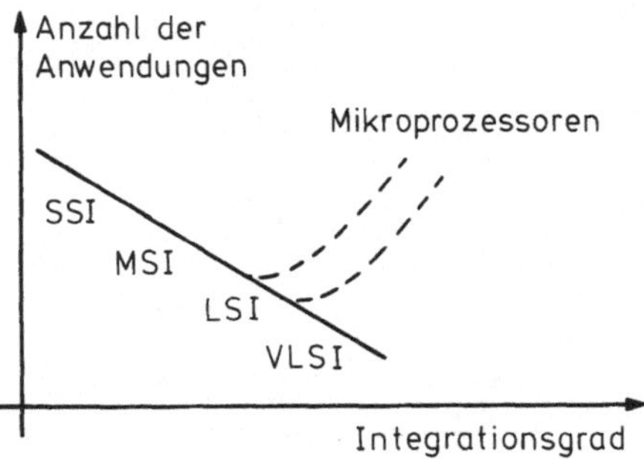

Bild 57.21.
Anzahl der Anwendungen von Standardschaltungen als Funktion des Integrationsgrades

Trotzdem, im LSI- und VLSI-Bereich ist das Stückzahlenproblem überall gegenwärtig. Es gibt eigentlich nur eine einzige Gruppe von Schaltungen, die hiervon nicht betroffen sind. Dies sind die *Speicherbausteine*, sowohl für Random-Access-Memory (RAM) als auch für Read-Only-Memory (ROM) der Abschnitte 4.4.5 und 4.4.6. Die Notwendigkeit oder der Wunsch, möglichst viele Daten speichern zu können, ist offensichtlich kaum zu befriedigen und sichert diesen Bausteinen ständig steigende Nachfrage und damit hohe Stückzahlen. Die Speicherbausteine wirken denn auch seit langem als *Motor des Fortschritts* zu höheren Integrationsgraden. Von der technischen Seite kommen zudem zwei günstige Randbedingungen zum tragen: Zum einen hat ein Speicherbaustein trotz hohen Integrationsgrades nur verhältnismäßig wenig Anschlüsse, wodurch sie für den Anwender vergleichsweise preiswert und montagefreundlich erscheinen. Zum anderen reduziert der interne hochreguläre Aufbau die Entwurfskosten beträchtlich und er erlaubt besonders günstige Ausnutzung der Chipfläche bei hoher Integrationsdichte.

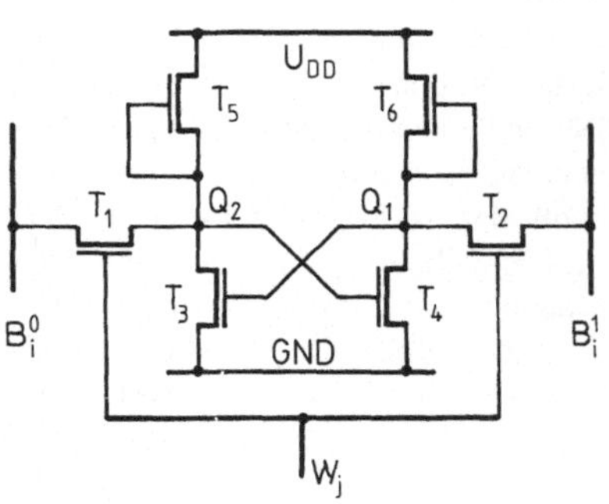

Bild 57.22.
Statische Speicherzelle in NMOS-Technik

Die NMOS-Technik bietet ein gutes Beispiel dafür, wie sich beim Speicherbaustein ein höherer Integrationsgrad auch durch Design Cleverness, hier durch Vereinfachung der Schaltungstechnik erreichen läßt: Bild 57.22 gibt die bekannte *statische Speicherzelle* aus sechs Transistoren wieder, bestehend aus zwei Basic Invertern und zwei Pass-Transistoren. Mit ihr wird die Struktur aus sechs NAND-Gliedern von Bild 44.39 elektrotechnisch überraschend einfach realisiert.

Genau dazu passend gilt:

- Speicherzustand: $W_j = \mathbf{0}$
  $(Q_1 = \mathbf{1}) \wedge (Q_2 = \mathbf{0})$: Speicherwert **1**
  $(Q_1 = \mathbf{0}) \wedge (Q_2 = \mathbf{1})$: Speicherwert **0**
- Lesen: $W_j = \mathbf{1}$
  der **1**: $(Q_2 = \mathbf{0}) \Longrightarrow (B_i^{\,0} = \mathbf{0})$
  der **0**: $(Q_1 = \mathbf{0}) \Longrightarrow (B_i^{\,1} = \mathbf{0})$
- Schreiben: $W_j = \mathbf{1}$
  der **1**: $(B_i^{\,1} = \mathbf{1}) \wedge (B_i^{\,0} = \mathbf{0}) \Longrightarrow$
  $(Q_1 = \mathbf{1}) \wedge (Q_2 = \mathbf{0})$
  der **0**: $(B_i^{\,1} = \mathbf{0}) \wedge (B_i^{\,0} = \mathbf{1}) \Longrightarrow$
  $(Q_1 = \mathbf{0}) \wedge (Q_2 = \mathbf{1})$

Um Platz und Verlustleistung zu sparen, wurde die *dynamische Speicherzelle* aus nur drei Transistoren entwickelt (Bild 57.23, links). Als Speicher dient die Gate-Kapazität des Transistors T_2; das Prinzip ähnelt dem der dynamischen Registerzelle in Abschnitt 5.6.3. Zum Schreiben wird der Pass-Transistor T_1 durch $W_{jW} = \mathbf{1}$ leitend gemacht, so daß der Wert von Leitung B_{iW} durchgeschaltet wird. Zum Lesen wird die der Leitung B_{iR} anhaftende Streukapazität C_B nach dem Prinzip des Precharging vorab aufgeladen. Der eigentliche Lesevorgang wird über $W_{jR} = \mathbf{1}$ und durch schalten des Pass-Transistors T_3 erreicht, wobei die Leitung B_{iR} je nach Leitzustand von T_2 entweder entladen wird oder den aufgeladenen Zustand beibehält.

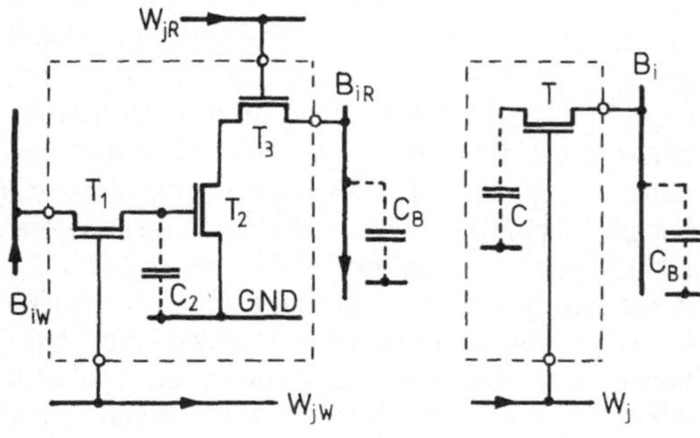

Bild 57.23.
Dynamische Speicherzellen

Bei der dynamischen *1-Transistor-Speicherzelle* von Bild 57.23, rechts, gibt es schließlich nur noch einen Pass-Transistor. Beim Schreiben wird mit $W_j = \mathbf{1}$ der an der Leitung B_i liegende Wert in die - sehr kleine - Source-Kapazität C des Pass-Transistors geladen. Zum Lesen wird wiederum vorab die Streukapazität C_B aufgeladen; danach fließt über den Pass-Transistor ein kleiner Umladestrom von C_B nach C, sofern letzterer zuvor entladen war.

Die dynamische Technik mit ihren winzigen Ladeströmen erfordert natürlich eine excellente Beherrschung der Herstellungstechnologien. Wenn derzeit vom Eintritt in die *Submikrontechnologie* mit Minimalstrukturen unterhalb eines Mikrometer und Integrationsdichten von mehreren Millionen Komponenten die Rede ist, darf man sich als konkrete Vorreiter mit gutem Recht die Speicherbausteine mit dynamischen 1-Transistor-Zellen vorstellen.

5.7.4 Die Lösung des Stückzahlenproblems durch Mikroprozessoren oder Semi-Kundenschaltungen

Mit weiter steigendem Integrationsgrad wird es für einen Anwender immer unwahrscheinlicher, auf dem Markt der hochintegrierten Standardschaltungen für seinen speziellen Anwendungsfall einen auch nur halbswegs passenden Baustein zu finden. Er ist daher gezwungen, mit einem derartigen Baustein etliche von ihm nicht benötigte Teilfunktionen mitzukaufen und mitzubezahlen und dann außerdem noch etliche MMS- und SSI-Schaltungen zum Anpassen an sein Einsatzziel hinzuzufügen. Als generelle Abhilfe führen sich zunehmend Bausteine ein, die aus Herstellersicht möglichst wenig spezialisiert erscheinen und erst durch den Anwender auf ihre spezielle Aufgabe zugeschnitten werden. Dieses Prinzip ist unter den Begriffen *Personalisierung* oder *Individualisierung* durch den Anwender bekannt geworden. Es gibt dazu verschiedene Prinzipien, die sich z. T. überlappen; es bietet sich kein eindeutiges Gliederungsschema an, und entsprechend unterschiedlich fallen die Darstellungen und Begriffsbildungen in der Literatur aus.

Das erste Prinzip der Personalisierung basiert auf der Technik des *Mikroprozessors*. In der Grundform handelt es sich einfach um eine integrierte Zentraleinheit aus Rechenwerk und

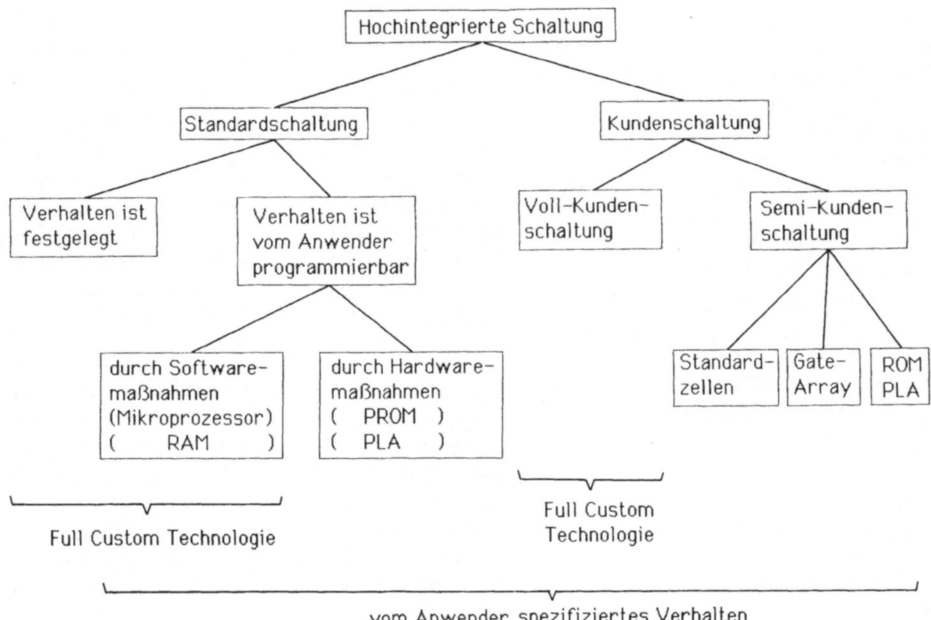

Bild 57.24.
Eines der Gliederungsprinzipien für hochintegrierte Schaltungen

Leitwert (einschließlich Steuerwerk). In der Anfangszeit, etwa im Jahre 1972, war ein Mikroprozessor einfacher als etwa die Zentraleinheit von DEMOCOM2 in Bild 34.1. Die Breite des Datenbus hat sich von zunächst 4 Bit über 8 und 16 Bit auf heutzutage 32 Bit erweitert. Immer weitere Spezialfunktionen, z.B. zur Interrupt-Behandlung oder zur Speichersteuerung kamen hinzu. Vielfach auch sind Speicherteile sowie Ein-/Ausgabe-Funktionen eingebaut, so daß der Mikroprozessor zum *1-Chip-Mikrocomputer* wird. Es soll hier nicht der Versuch gemacht werden, die Vielfalt in diesem Bereich zu durchleuchten. Im Grundprinzip folgen die Mikroprozessoren dem von-Neumann-Konzept. Eine jeweils repräsentative Darstellung für 8-Bit bzw 16-Bit-Mikroprozessoren liefern z.B. [5.25 bzw. 5.26]. Für weitere Vertiefung sollte man die - z.T. fast lehrbuchartigen - Datenbücher und Applikationsberichte der betreffenden Halbleiterhersteller konsultieren.

Im vorliegenden Zusammenhang ist folgende Einsicht wichtiger: Mikroprozessoren wurden zunächst nicht auf den Markt gebracht, um bestehende Rechensysteme zu verbilligen oder zu verbessern. Dazu war ihre Leistungsfähigkeit zu gering und der Markt zu klein. Die rasche weltweite Verbreitung des Mikroprozessors geht auf seine Eigenschaft als billiger Baustein zurück, den der Anwender - in Verein mit einem Speicher - gemäß seinen eigenen Bedürfnissen programmieren und damit individualisieren kann. Damit wurde er in Anwendungsgebieten einsetzbar, in denen zuvor nie Rechensysteme, ja oft nie Elektronik, verwendet wurde. Besonders verbreitet sind auch *dedizierte Mikroprozessorsysteme*. Sie werden mit einem festen, im ROM abgelegten Programm betrieben und wirken dann keineswegs mehr als (Universal-) Rechensysteme; z.B. fehlt ihnen meistens jegliche Bedienungsperipherie [5.27]. Aus Herstellersicht läßt sich der Mikroprozessor als Standardschaltung auffassen, die in vergleichsweise großen Stückzahlen produziert und in Datenbüchern einem unbestimmten Anwenderkreis angeboten wird. Laut Bild 57.24 lassen sich Standardschaltungen in die Teilrubriken "mit festgelegtem Verhalten" und "mit anwender-programmierbarem Verhalten" unterscheiden. Die Anwendungsflexibilität äußert sich im Bild 57.21 durch die gestrichelt ansteigende Linie. Rückblickend läßt sich die hohe Stückzahl verkaufbarer RAM-Speicherbausteine auch dadurch erklären, daß erst der Programminhalt eine Individualisierung durch den Anwender herbeiführt.

Mikroprozessoren sind allerdings kein Allheilmittel. Für viele Anwendungen ist die Arbeitsgeschwindigkeit des von-Neumann-Konzepts zu gering. Der Anschluß von Speicherbausteinen sowie die Ankopplung an die zu steuernden technischen Prozesse erfordern beim Anwender beträchtliche Kenntnisse in Programmierung und in Hardware-Aufbau sowie einen nicht gerade billigen Gerätepark zur Unterstützung der Anwendungsentwicklung. In der Regel ist neben dem Mikroprozessor selbst eine Vielzahl weiterer Bausteine vonnöten.

Daher gewinnt eine ganz andere Richtung der Anwenderspezifizierung schon seit Jahren an Bedeutung, nämlich die der *Kundenschaltungen* (neuerdings - und noch nicht ganz einheitlich - benannt auch als *ASIC*; *application specified integrated circuit*). Darunter sei eine Schaltung verstanden, deren Struktureinzelheiten auf der physikalischen Ebene, also wirksam z.B. in den Einzelheiten von Masken, in gewisser Weise vom Anwender mit vorgegeben werden. In solchen Fällen tritt der Anwender beim Hersteller direkt als Kunde auf und schaltet sich - oftmals nur notgedrungen - in den Entwurfsvorgang ein. Nach dieser Definition sind Kundenschaltungen sozusagen das komplentäre Gegenstück zu den *Standardschaltungen*, die demnach ohne jeden Kundeneinfluß entworfen, produziert und angeboten werden.

Am längsten bekannt und schon vor Aufkommen der Mikroprozessoren häufig realisiert sind die *Voll-Kundenschaltungen* (*full custom circuits*). Bei ihnen sind sämtliche Entwurfs- und Produktionsschritte voll auf die Bedürfnisse des betreffenden speziellen Anwenders zugeschnitten. Dieser muß dann die gesamten Grundkosten, z.B. für Entwurf und Maskenherstellung, übernehmen. Daher sind Voll-Kundenschaltungen nur bei sehr hohen Stückzahlen - einige hunderttausend - rentabel. Anwendungsbeispiele finden sich dort, wo ein Anwender selbst als Produzent vieler gleicher Geräte auftritt, z.B. in der Fernseh-, Haushalts- oder Autoindustrie.

In jüngerer Zeit etablieren sich zunehmend die *Semi-Kundenschaltungen* (*semi custom circuits*). Dort ist nur ein Teil der Entwurfs- und Produktionsschritte vom Kunden beeinflußt. Dementsprechend hat der Anwender nur einen Teil der Grundkosten zu übernehmen, so daß solche Schaltungen auch bei geringerer Stückzahl rentabel werden. Dieser Anteil fällt je nach Art der Semi-Kundenschaltung unterschiedlich aus:

Beim *Standardzellenverfahren* stellt der Hersteller eine Bibliothek von vorentworfenen

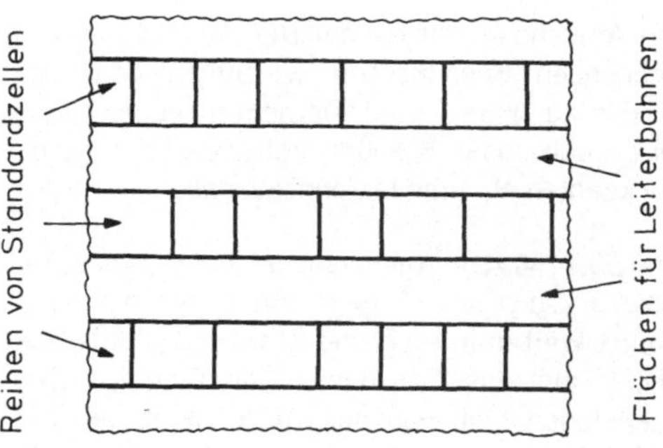

Bild 57.25.
Prinzip des Standardzellenverfahrens (Ausschnitt)

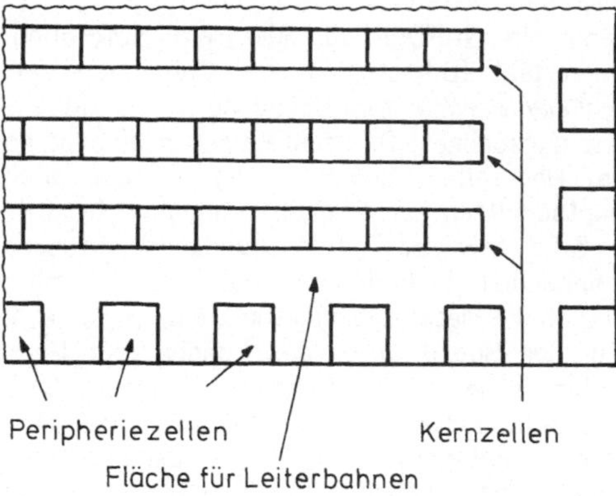

Bild 57.26.
Prinzip des Gate Arrays (Eck-Ausschnitt)

Teileinheiten, wie z.B. NAND-Glieder, Flipflops, Decodierer usw. bereit. Diese *Standardzellen* haben in der Regel eine einheitliche Höhe und sie sind intern bis in alle Strukturfeinheiten der physikalischen Ebene durchkonstruiert. Um eine hochintegrierte Schaltung zu gewinnen, braucht der Entwerfer lediglich solche Standardzellen entsprechend seinem Entwurfsziel auszuwählen, sie (im Layout) zeilenweise aneinanderzusetzen und sie untereinander zu verbinden (Bild 57.25). Üblicherweise wird er dabei durch rechnergesteuerte Entwurfshilfsmittel unterstützt (Abschnitt 5.7.5) [5.28]. Eine wesentliche Hilfe bieten dabei auch *Peripheriezellen*, also Standardzellen zum Übergang an die Außenwelt. Der Vorteil der Standardzellen liegt im vereinfachten und zeitlich stark gekürzten Entwurfsvorgang. Nachteilig ist die - im Vergleich zu Voll-Kundenschaltungen - geringe Integrationsdichte. Der komplette Maskensatz und damit sämtliche Schritte der Prozeßtechnologie sind ausschließlich auf diese eine Anwendung zugeschnitten, so daß die dazu gehörenden Grundkosten weiterhin vom Anwender zu tragen sind. Dementsprechend rentiert sich das Standardzellenverfahren bei Stückzahlen ab einigen Zehntausend.

Das *Gate Array* (genannt auch: *unconnected logic array*; *ULA*) geht einen wesentlichen Schritt weiter in Richtung Standardschaltungen zurück als das Standardzellen-Prinzip. (Der Leser lasse sich von der Ähnlichkeit der Begriffe *Standardschaltungen* und *Standardzellen* nicht von deren ganz unterschiedlicher Bedeutung ablenken; s. auch Bild 57.24). Das Chip wird vom Hersteller in ein festes Raster von Zellen, genauer: *Kernzellen*, eingeteilt; pro Zelle sind einige Komponenten vorgesehen, aus denen sich jeweils ein Verknüpfungsglied, meistens ein NAND-Glied oder ein NOR-Glied, bilden läßt (Bild 57.26). Am Chip-Rand sind *Peripheriezellen* zum Übergang an die Außenwelt angeordnet. Das feste Raster erlaubt es dem Hersteller, solche Chips in fast allen Hauptschritten der Prozeßtechnologie (s. Bilder 57.3 bzw. 57.7) wie Standardschaltungen zu behandeln. Lediglich der letzte Hauptschritt, nämlich die Metallisierung für die Leiterbahnen, folgt der Spezifikation des Kunden. Der Hersteller kann somit Scheiben solcher Gate Arrays in größerer Stückzahl auf Vorrat produzieren. Entsprechend gering ist der pro Komponente anzurechnende Grundkostenanteil. Ein Kundenauftrag läßt sich besonders schnell abwickeln, da nur noch dieser eine Hauptschritt auszuführen ist. Der Entwurf des Layouts ist der dem des Standardzellenverfahrens ähnlich. Auch hier gibt es eine Bibliothek von Funktionseinheiten, wie z.B. NAND-Glieder oder Flipflops, die im wesentlichen Layout-Angaben zu Leiterbahnen zwischen den Komponenten enthält. Diese *Bibliothekszellen* sind funktionell orientiert; sie umfassen meistens mehrere der - technologisch definierten - Zellen des Gate Arrays.

Ein nicht unbedeutender Nachteil des Gate Arrays ist seine vergleichsweise geringe Integrationsdichte; hinzu kommt, daß nicht alle Teile des Arrays wirklich ausnutzbar sind. Besonders Speicher und auch schon einfache Register lassen sich nur mühsam realisieren. Der maximale Integrationsgrad liegt derzeit bei etwa 20000 Verknüpfungsglieder bzw. bei etwa 80000 Komponenten pro Chip. Gate Arrays sind aus Anwendersicht derzeit mit Stückzahlen ab etwa 1000 rentabel; ein wesentliches Ziel ist es, Gate Arrays bis hinunter zu Einzelexemplaren wirtschaftlich vernünftig realisieren zu können. Zu den typischen Anwendern gehören übrigens auch einige Produzenten von Großrechenanlagen; sie setzen Gate Arrays z.B. in ECL-Technik in Zentraleinheiten ein und erzielen dabei z.B. deutliche Geschwindigkeitsvorteile.

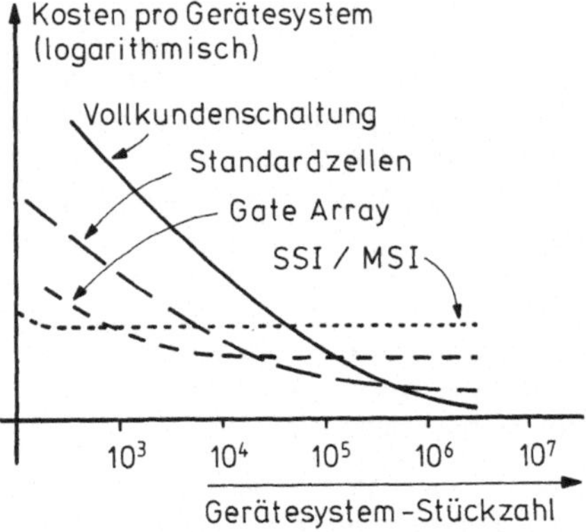

Bild 57.27.
Gerätesystemkosten als Funktion der Stückzahlen

Bild 57.27 gibt einen Anhaltspunkt für die *Gerätesystemkosten* in Abhängigkeit von der Stückzahl der Gerätesysteme. Unter *Gerätesystem* sei hier die Gesamtheit der elektronischen Bauteile einschließlich des Aufbaumaterials, wie z.B. Platinen, gemeint, die ein Anwender als funktionelle Einheit in seinem Gerät einsetzt. Vertiefung findet man z.B. in [5.18] und [5.29].

Prinzipiell gehören auch ROM, PLA und PAL zu den Semi-Kundenschaltungen, denn auch sie erhalten ihre Anwenderspezifizierung lediglich durch eine vom Kunden definierte Metallisierung (Abschnitt 4.4.6). Es gibt für sie spezielle Ausführungsformen, genannt: *PROM* (*Programmierbares ROM*) oder *FPLA* (im Anwendungsfeld programmierbares PLA), bei denen die Individualisierung beim Anwender erfolgt, z.B. durch gezieltes Durchschmelzen von Leiterbahnbrücken mit Hilfe von "Programmiergeräten" [5.18]. Entsprechend der Begriffsbildung zu Bild 57.24 gehören PROM und FPLA (nebst ihren vielen Unterformen) zu den Standardschaltungen, und sie bilden dort die eigene Gruppe der "beim Anwender durch Hardware-Programmierung spezifizierten Schaltungen".

Erwähnt sei noch eine gewisse Doppeldeutigkeit im Begriff "Voll-Kundenschaltung". Im englischen Begriff "custom" stecken die Bedeutungen "Kunde" und "maßgeschneidert". Vollkundenschaltungen im Sinne von Bild 57.24 sind in der Regel auch maßgeschneidert; d.h. die Komponenten sind speziell für die gerade hier gewünschte Funktion möglichst platzsparend auf dem Chip plaziert. Insofern sind sie "full custom circuits" in beiderlei Bedeutung. In technologischer Sicht sind aber auch die Standardschaltungen auf möglichst geringen Platzbedarf ausgelegt, so daß auf sie oft der Begriff "Full-Custom-Technologie" angewandt wird.

Die Entwicklung bei den Kundenschaltungen ist noch voll im Fluß. Zu erwarten ist neben erhöhtem Integrationsgrad auch eine zunehmende Vermischung von Teilaspekten. Z.B. wird man analoge Teilschaltungen oder auch Speicherschaltungen mit Gate Arrays vereinen und die Voll-Kundenschaltung wird verdrängt durch Kombinationen von (wenigen) besonders gut durchkonstruierten hochkomplexen *Makrozellen*.

Eine bedeutende Entwicklung, die viele bisherige Konzepte, Wirtschaftslichkeitsüberlegungen oder Gliederungsprinzipien veralten lassen könnte, zeichnet sich durch die *VLSI-gerechten Hardware-Strukturen* ab, zu denen z.B. auch *innovative Rechnerstrukturen* gehören. Dahinter verbirgt sich die z.T. recht drastische Abkehr von bisher gewohnten Denkschemata. Z.B. kann man zunächst die technologisch bestgünstigen Randbedingungen definieren und dann fordern, daß sich die Spezifikations- und Entwurfsvorgänge bestmöglich über alle Nachrichtenebenen hinweg dahingehend annähern. Dabei wird es auch unnötig und sogar oft hinderlich, sich an tradionellen Voraussetzungen, wie z.B. am von-Neumann-Konzept festzuklammern.

Ein Beispiel für ein - wenigstens prinzipiell - einleuchtendes neues Konzept ist das *systolische Array* (Bild 57.28). Eine Vielzahl - möglichst gleicher und möglichst einfacher - Prozessoren bildet ein Feld, in dem vorzugsweise nur Verbindungen direkt zwischen Nachbarn vorkommen sollen. Für eine gewünschte Anwendung ist ein Algorithmus zu finden, der die Gesamtaufgabe in eine Vielzahl von Teilaufgaben gerade so zerlegt, daß diese von den Prozessoren gleichzeitig ausführbar werden. Letztlich sind die Lösungen meistens auch mit *pipe lining* verbunden; es arbeiten also verschiedene Prozessoren nacheinander an derselben Teilaufgabe bzw. verschiedene Prozessoren arbeiten gleichzeitig an unterschiedlichen Phasen verschiedener Teilaufgaben. Inzwischen hat sich dazu auch eine neue Forschungsdisziplin, nämlich das der *VLSI-Algorithmen* bzw. der *VLSI-Theorie* gebildet; s. z.B. [5.29].

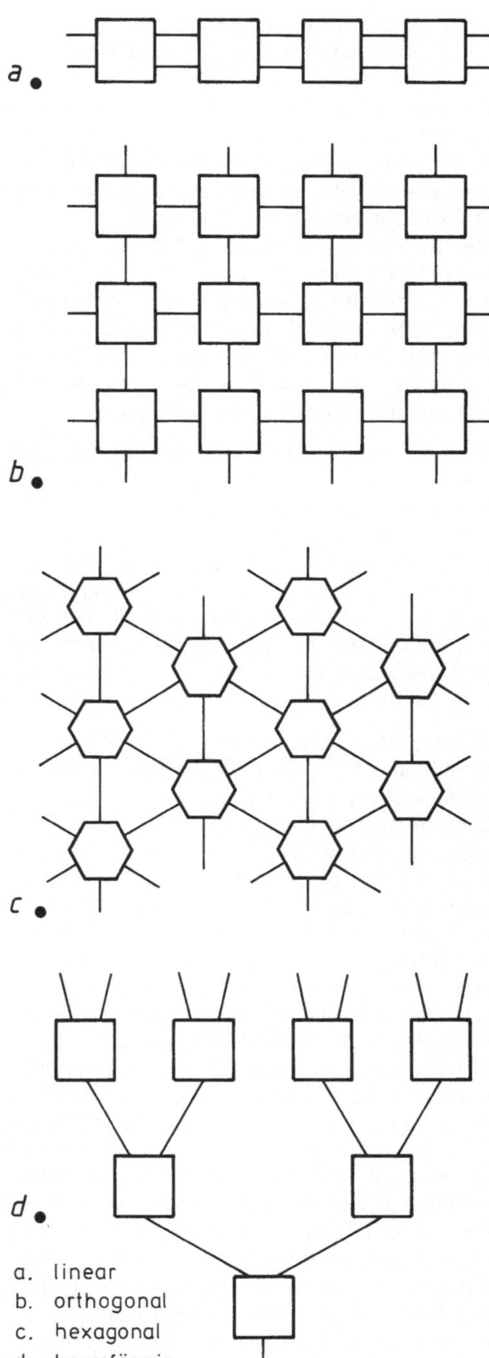

Bild 57.28.
Einige Grundformen für systolische Arrays

5.7.5 Entwerfen und Testen als wesentliche Zukunftsprobleme

Der Werdegang einer integrierten Schaltung läßt sich pauschal im Bild 57.29 zusammenfassen: Am Anfang steht eine Verhaltensbeschreibung, aus der der Entwerfer - genauer: eine Entwurfsmannschaft - ein Layout ableitet, also eine Strukturbeschreibung auf der physikalischen Ebene. Diese wandert - z.B. als Datensatz auf einem Magnetband - zum Maskenzentrum; dort entsteht der Maskensatz, der in Form von Kopien (Arbeitsmasken) zur Fabrik und somit zur Chipfabrikation gelangt. Am Schluß steht dort der Test der Chips.

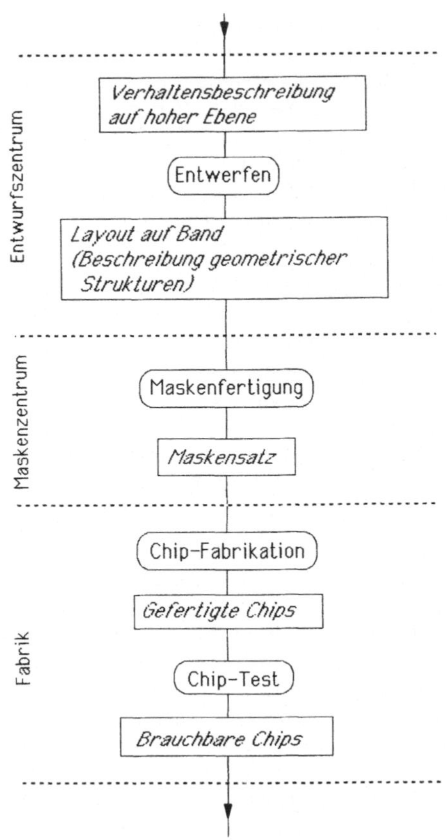

Bild 57.29.
Wichtige Stadien der Chipentstehung

Für jede neue integrierte Schaltung fallen im Entwurfs- und im Maskenzentrum Grundkosten an. Wie schon ausgeführt, nehmen sie mit steigendem Integrationsgrad zu, und sie müssen auf eine tendenziell geringere Anzahl von tatsächlich produzierten, brauchbaren Chips umgeschlagen werden. Besonders droht sich der Entwurfsvorgang zu einem Kardinalproblem der Mikroelektronik auszuweiten. Dazu sollen hier einige Hinweise folgen:

Bei Integrationsgraden von demnächst mehreren Millionen Komponenten pro Chip ist natürlich irgendeine Form von Strukturierung oder Hierarchisierung unumgänglich mit dem Ziel, möglichst viele sich gleichartig wiederholende Teilstrukturen zu schaffen. Der Entwurfsprozeß erscheint dabei als sequentieller Durchlauf von Teilentwurfsvorgängen in den verschiedenen Nachrichtenebenen (Bild 57.30a). Auf jeder Ebene spielt sich im Prinzip der übliche Übergang von einer Verhaltens- zu einer Strukturbeschreibung ab (Bild 57.30b); auf der physikalischen Ebene sind mit "Verhalten" die geometrischen Daten gemeint, die eine Komposition aus geometrischen Strukturen als "Black Box" insgesamt beschreiben, z.B. Form der Gesamtfläche oder Lage der Anschlußstellen. Die Abfrage "zufrieden?" drückt - sehr allgemein - aus, daß ein Entwurfsvorgang meistens erst in mehreren iterativen Schritten zu einer befriedigenden Struktur führt; was mit "befriedigend" konkret gemeint sein kann, sei einige Absätze weiter unten erklärt.

Der lineare Ablauf von Bild 57.30a täuscht zu einfache Verhältnisse vor. Eine solche Top-Down-Strategie kann nur funktionieren, wenn nach solchem Schema schon mehrfach Entwurfsabläufe erfolgreich abgeschlossen wurden und sich dadurch für jede Ebene ein Satz von Entwurfs- und Optimierungsregeln etablieren konnte, der mit den entsprechenden Regeln der anderen Ebenen nicht kollidiert (s. auch Abschnitt 1.3.3). Z.B. ließen sich viele Zeitengpässe auf der Registertransferebene vermeiden, wenn jedes Register mit jedem Register direkt über ein Tor verbunden würde. Eine solche Entwurfsregel kollidiert aber heftig mit einer Regel der physikalischen Ebene, wonach die Verbindungsstruktur möglichst einfach und regulär sein sollte. Die Beliebtheit von BUS-Strukturen auf der Registertransferebene geht ganz wesentlich auf ihre relativ einfache Realisierbarkeit auf der physikalischen Ebene zurück.

Ganz allgemein ist es bisher noch keineswegs befriedigend gelungen, die Beziehungen zwischen den Nachrichtenebenen derart zu erkennen und in konkrete Entwurfsregeln umzusetzen, daß - gesehen über alle Ebenen hinweg - annähernd optimale Entwurfsergebnisse garantierbar sind. Z.B. ist das von-Neumann-Prinzip immer noch der meist genutzte Ausgangspunkt für Nachrichtenverarbeitung auf der Register-

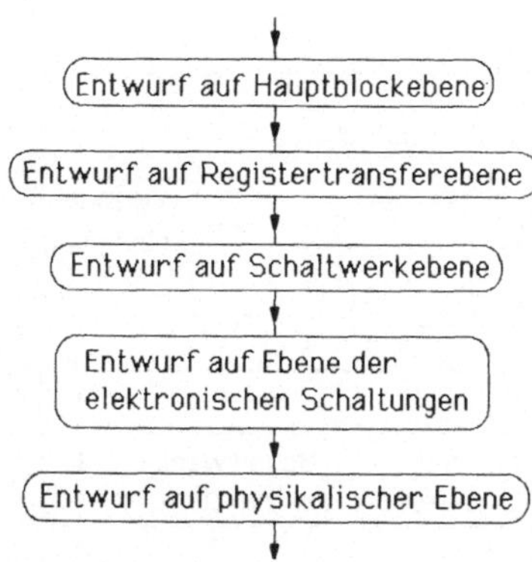

a. Verfeinerung des Entwurfsobjekts

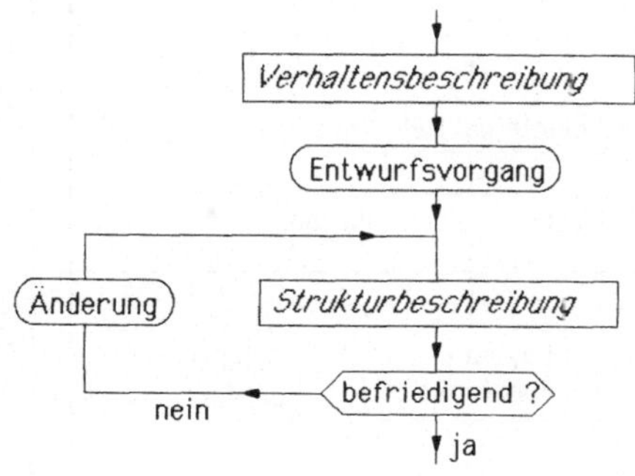

b. Entwurfsablauf auf jeder Ebene

Bild 57.30.
Idealisierter Entwurfsablauf, verteilt über verschiedene Nachrichtenebenen

transferebene, obgleich seit vielen Jahren bekannt ist, daß für die physikalische Ebene ganz andere Ansätze besser geeignet wären. Die Diskussion um die systolischen Arrays (Bild 57.28) zeigen die Problematik sehr deutlich: Auf der physikalischen Ebene sind sie bestens realisierbar; jedoch ist es noch nicht gelungen, diese Erkenntnis in konkrete Entwurfsregeln auf den verschiedenen Nachrichtenebenen umzusetzen. Es ist noch nicht einmal selbstverständlich, ob die bisher gewohnte Ebeneneinteilung beibehalten oder durch eine andere Einteilung ersetzt werden sollte. Die wesentlichen Anstrengungen seitens der VLSI-Theorie konzentrieren sich derzeit noch auf die Hauptblockebene (jedenfalls bei der hier gewählten Ebenengliederung). Dabei geht es vornehmlich darum, für Klassen von Aufgabenstellungen geeignete Algorithmen zu finden, die sich in einer Kombination von "Multiprocessing" und "Pipelining" auf systolischen Arrays ausführen lassen. Wesentliches Kriterium ist dabei die Komplexität in Raum (Anzahl der Prozessoren) und Zeit (Anzahl der Zeitschritte); man möchte erreichen, daß bei linearer Ausweitung einer Aufgabenstellung möglichst auch nur ein linearer Zuwachs an Prozessorbedarf und Abwicklungszeit anfällt.

Es soll hier keineswegs dafür plädiert werden, den Unterschied zwischen Ebenen zu verwischen oder gar eine solche Einteilung ganz aufzugeben. Es sollte aber klar sein, daß sich die inhaltlichen Aussagen, die eine Ebene eigentlich erst charakterisieren und z.B. Optimierungskriterien erlauben, aus den Wechselwirkungen mit den anderen Ebenen herleiten und damit einem ständigen Wandel unterworfen sind.

Nun läßt sich auch der Begriff "befriedigend" aus Bild 57.30b ein wenig genauer fassen. Er meint die beiden folgenden – nicht immer klar gegeneinander abgrenzbaren – Aspekte:

- Zum einen kann ein Entwurf noch unbefriedigend im Hinblick auf die jeweils gültigen Optimierungskriterien sein.
- Zum anderen kann der Entwurf schlicht fehlerhaft sein, d.h. die entstandene Struktur erfüllt nicht das geforderte Verhalten.

Die *Entwurfsfehler* sind zweifellos ein besonders heikles Problem. Es gibt in der Technik integrierter Schaltungen keinen Probeaufbau. Die Strukturbeschreibung auf der physikalischen Ebene, also die Layout-Beschreibung auf dem Magnetband, darf nicht einen einzigen Fehler enthalten; dies ist bei hunderttausenden verbundener Komponenten wahrhaftig keine triviale Aufgabe.

Selbstverständlich bedient man sich hier der Hilfe des Rechners, da seine Neigung zur Fehleranfälligkeit weit unterhalb der des Menschen liegt. Der derzeitige Stand der Entwurfstechnik ist weitgehend durch folgendes Vorgehen geprägt:

- Für den Entwerfer bzw. für die Entwurfsmannschaft zerfällt der Entwurfsvorgang in Teilabläufe entsprechend den Ebenen. Die Entwurfsentscheidungen stammen wesentlich vom Entwerfer selbst, wobei er vielfach von Rechnerprogrammen unterstützt wird. Grundsätzlich ist mit Entwurfsfehlern zu rechnen, so daß auf jeder Ebene Maßnahmen zur Fehlerbeseitigung nötig werden.

Je weiter die Ebenenhierarchie abwärts durchschritten wird, desto mehr Rechnerunterstützung ist derzeit anzutreffen. Grob läßt sich sagen, daß sich die Unterstützung auf Register- und auf Hauptblockebene überwiegend noch im Forschungsstadium befindet, während von der Schaltwerkebene an deren Einsatz in der Entwurfspraxis weitgehend selbstverständlich ist. Einige Beispiele mögen der Veranschaulichung dienen (Bild 57.31):

Schaltwerkebene:

- *Schaltwerkkonstruktion*: Programme für diesen Zweck können Schaltwerkbeschreibungen in textueller Form (ähnlich solchen aus Abschnitt 4.1.11) oder grafischer Form (über Bildschirmgeräte) einlesen oder ausgeben und sie rechnerintern so darstellen, daß andere Programme sie inhaltlich, also als Schaltwerke, "verstehen" können.
- *Logiksimulation*: Dies ist das derzeit gebräuchlichste Verfahren zum Überprüfen der Fehlerfreiheit. Die bei der Schaltwerkkonstruktion entstandene Struktur wird - als Datensatz für ein Simulationssystem - durch *Stimuli*, also durch eine Folge von Eingangsvektoren, beschickt, so daß das Verhalten möglichst wirklichkeitsgetreu nachgeahmt wird. Schwierig ist die hinreichend genaue Modellierung des Zeitverhaltens. Eine Logiksimulation läuft auf ein Durchprobieren relevanter Betriebsfälle hinaus. Dadurch lassen sich zwar Fehler aufspüren; ein Beweis für die Fehlerfreiheit wäre aber nur erbracht, wenn alle Betriebsfälle simuliert würden. Dies verbietet bei hochintegrierten Schaltungen aber deren Vielzahl.

Die Ebene der elektrischen Schaltungen:

- *Schaltkreiskonstruktion*: Für die Funktionselemente der Schaltwerkebene sind elektrotechnische Realisierungen zu finden, wobei natürlich die verwendete Schaltungstechnik, z.B. NMOS, zu berücksichtigen ist. Die Darstellungsmittel sind ähnlich denen der Schaltwerkkonstruktion.
- *Electrical Rule Check* (*ERC*): Das entworfene Netz wird auf Einhalten einiger grundsätzlicher Bedingungen geprüft, z.B. auf Existenz von nur teilweise angeschlossenen Komponenten.
- *Schaltkreissimulation*: Eine Netzbeschreibung, z.B. formal ähnlich der von Bild 51.29, wird in ein System nichtlinearer Differentialgleichungen transformiert, so daß dieses insgesamt ein Analogon zum Netz darstellt. Ermittelt wird dabei vor allem das Zeitverhalten. Problematisch sind die in der Regel sehr hohen Simulationslaufzeiten.

Die physikalische Ebene

- *Layout-Konstruktion*: Ein elektrisches Netz wird - in kleinen Ausschnitten - in geometrische Strukturen umgesetzt, wobei *Layers* (Schichten) entsprechend den Masken der Hauptschritte (s. z.B. Bild 57.7) zu unterscheiden sind. Zur Unterstützung gibt es etliche Hilfsprogramme, z.B.:

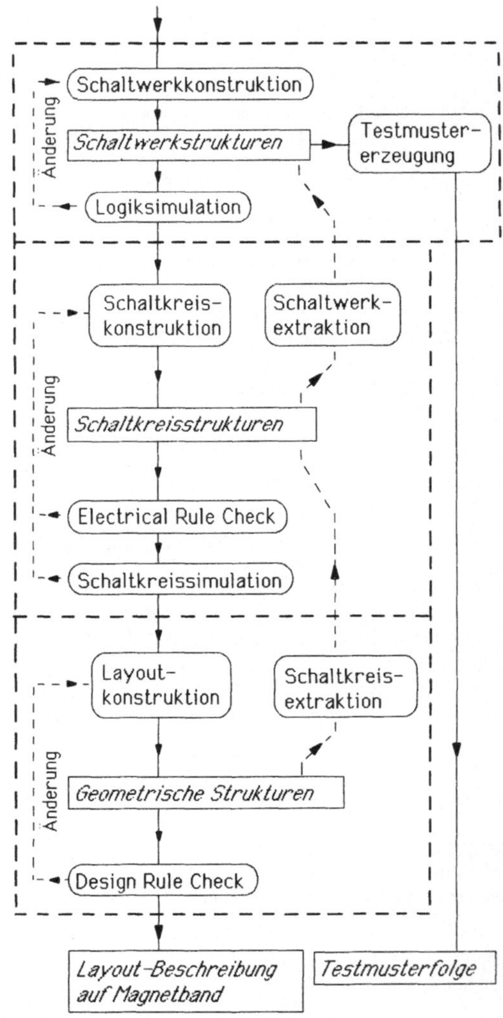

Bild 57.31.
Wichtige Teilschritte des Entwurfsablaufs und der Testmustererzeugung nach gegenwärtigem Stand

- - *Grafikeditoren*: Programme zur bildlichen Darstellung geometrischer Strukturen einschließlich solcher Hilfsmittel, wie z.B. Duplizieren, Verschieben, Drehen, Spiegeln, Vergrößern oder Verkleinern.
- - *Placierungsprogramme*: Sie versuchen, schon gebildete Teilkomplexe platzsparend zu grösseren geometrischen Komplexen zusammenzusetzen.
- - *Verdrahtungsalgorithmen*: Sie legen fest, wie die Verbindungen zwischen Teilkomplexen verlaufen sollen. Es kommt hier auf möglichst kurze und möglichst kreuzungsfreie Verbindungsführung an. Die Suche nach effizienten Algorithmen führt in den Bereich "Komplexitätstheorie" der Informatik.

- - *Kompaktoren*: Oftmals genügt es, die geometrischen Teilstrukturen zunächst nur relativ zueinander, möglicherweise sogar nur symbolisch (*Stickdiagramme*), anzugeben. Ein Kompaktor sorgt dann für möglichst enges Aneinanderrücken.
- *Design Rule Check* (*DRC*): Für die geometrischen Strukturen gibt es spezielle Entwurfsregeln, die z.B. deren Mindestgröße, Mindestbreite oder Mindestüberlappung festlegen. Ein DRC-Programm überprüft das Einhalten dieser Regeln.

Zunehmend setzt sich die Vernetzung all solcher Programme durch; sie äußert sich wesentlich auch in Rückwirkungen auf die höheren Ebenen. Dazu gibt es z.B. das folgende neuere Hilfsmittel:

- *Extraktoren*: Sie analysieren die erhaltene Struktur und versuchen von dort aus den Ausgangspunkt des Entwurfsvorgangs zurückzugewinnen. Z.B. versucht ein *Schaltkreisextraktor*, aus den geometrischen Strukturen die Transistorschaltung der elektrotechnischen Ebene zurückzugewinnen. Immerhin lassen sich nun auch Fehler durch Vergleich von ursprünglicher und extrahierter Schaltung aufspüren.

Generell ist man bemüht, Detailaussagen auf niedrigerer Ebene entsprechend abstrahiert auf höherer Ebene zu berücksichtigen. Z.B. liefert die Schaltkreisextraktion über die tatsächlichen geometrischen Abmaße ziemlich genaue Aussagen zu den tatsächlichen elektrischen Parameterwerten. Dadurch wiederum lassen sich die Schaltkreissimulationen unter zuverlässigeren Randbedingungen betreiben; deren Zeitaussagen können wiederum in die Zeitmodelle der Logiksimulation einfließen. Das Bild 57.31 gibt daher den gegenseitigen Einfluß der Hilfsmittel auf den Entwurfsablauf nur recht pauschal wieder.

Neben dem hier dargestellten Entwurfsablauf mit "nachträglicher Fehlerbeseitigung" entwickelt sich zunehmend das Prinzip der *correctness by construction* (Fehlerfreier Entwurf durch den Konstruktionsvorgang selbst). Dabei verläuft ein (Teil-) Entwurfsvorgang vollautomatisch, so daß Entwurfsfehler gar nicht entstehen können. Endziel ist der *Silicon Compiler*, bei dem *correctness by construction* über alle Ebenen erreicht werden soll, so daß ein Anwender einen Entwurfsvorgang tatsächlich nun in der pauschalen Form des Bildes 57.29 erlebt. Die wesentliche Schwierigkeit ist die mangelnde Effizienz des vollautomatischen Entwurfs. Z.B. wurde in den Abschnitten 4.4.1 und 4.4.2 am Beispiel des ALU-Entwurfes gezeigt, wie unterschiedlich die Optimierungskriterien sein können und wie wenig formal manchmal Entwurfsentscheidungen fallen. Das Ziel des Silicon Compilers ist derzeit nur (annähernd) durch drastische Einschränkung von Entwurfsfreiheiten auf allen Ebenen, insbesondere auch auf den höheren Ebenen, zu erreichen.

Für eine, möglicherweise längere, Übergangszeit könnte sich als günstiger Kompromiß eine Mischung beider Prinzipien erweisen: Von einer Verhaltensbeschreibung ausgehend entwirft ein Mensch, wahrscheinlich fehlerhaft, eine effiziente Struktur; ein Entwurfsprogramm konstruiert als Vergleichslösung ein korrektes, aber wahrscheinlich ineffizientes Ergebnis. Ein Vergleich beider Strukturen kann die Fehlerfreiheit des menschlichen Entwurfs aufzeigen. Allerdings führen solche *Äquivalenzbeweise* sehr schnell wiederum in hochkomplexe *Verifikationsprobleme* der Informatik (Stichworte: *Automatischer Beweiser*; *symbolische Simulation*).

Selbst wenn der Entwurf schließlich fehlerfrei ist, kann jedes einzelne der in der Fabrik gefertigten Chips noch wegen eines Fabrikationsfehlers unbrauchbar sein. In Abschnitt 5.7.2 wurde ja angedeutet, daß es ökonomisch vernünftig sein kann, sich mit einer Chipausbeute von nur etwa 37% zufrieden zu geben [5.17]. Jedes gefertigte Chip muß also getestet werden. Bei einem Schaltwerk mit n Eingängen und m Zuständen sind 2^{n+m} Gesamtzustände unterscheidbar. Um sie zu Testzwecken alle mit Sicherheit zu erreichen, bedarf es einer Folge von Eingangsvektoren, genannt: *Testmusterfolge*, der Länge 2^{n+m}. Bei hochintegrierten Schaltungen würde das vollständige Durchspielen solcher Testmusterfolgen zu Testlaufzeiten von z.B. hunderten von Jahren führen. Nun lassen sich im Prinzip – unter gewissen Randbedingungen – alle Fehler aufspüren, ohne alle Gesamtzustände einzustellen. Die Aktion *Testmustererzeugung* in Bild 57.31 soll eine Testmusterfolge so generieren, daß

- mit möglichst wenigen Testmustern möglichst viele Fehler erkennbar werden,
- die erkannten Fehler auch tatsächlich an den Chipanschlüssen beobachtbar sind.

Das Erzeugen solcher Testmusterfolgen ist eine keineswegs triviale Aufgabe. Zunächst bedarf es einer *Fehlermodellierung*; sie trifft Annahmen darüber, in welcher Weise sich Fabrikationsfehler meßtechnisch bemerkbar machen würden. Gängig und erfolgreich ist vor allem das *Haftfehlermodell* (*stuck at model*); ihm zufolge läßt ein Fabrikationsfehler den

Ausgang oder einen der Eingänge des betroffenen Verknüpfungsgliedes entweder fest auf dem Wert **0** (*stuck at 0*; *sa0*) oder fest auf dem Wert **1** (*stuck at 1*; *sa1*) verharren. Da die Gesamtzahl aller Eingänge und Ausgänge der Verknüpfungsglieder (des getesteten Chips) zwar groß, aber doch endlich ist, gibt es auch eine endliche Anzahl möglicher Haftfehler. Ein Chiptest verläuft dann - im Idealfall - so, daß jeder einzelne mögliche Haftfehler auf sein tatsächliches Auftreten hin untersucht wird.

Es stellt sich also die Frage, wie sich bei einem tief im Inneren einer Schaltung verborgenen Verknüpfungsglied ein Haftfehler feststellen läßt. Üblich ist dazu die *Pfadsensibilisierung*. Um z.B. im Schaltnetz von Bild 57.32 festzustellen, ob der Ausgang des ODER-Glieds G einen sa1-Fehler hat, wählt man einen Eingangsvektor gerade so, daß sein Wert nur von einer einzigen Eingangsvariablen - hier der obersten - abhängt; ebenso sind die nachfolgenden Glieder - hier I und K - so zu belegen, daß der Ausgangswert von G eindeutig am Schaltnetzausgang erkennbar wird. Beim konkreten Chiptest müßte ein Übergang 1→0 der obersten Variablen einen 1→0 Übergang am Schaltnetzausgang hervorrufen; verharrt dieser jedoch beim Wert 1, liegt ein sa1-Fehler bei G vor. Dieses Prinzip verkompliziert sich dadurch, daß einerseits im Schaltnetz normalerweise Verzweigungen und Maschen auftreten, die eine voneinander unabhängige Belegung von Gliedeingängen verbieten, und daß andererseits mit *Mehrfachfehlern* zu rechnen ist, deren Wirkungen sich gegenseitig auslöschen. Theoretische Grundlage für die analytische Pfadsensibilisierung bilden z.B. der *D-Algorithmus* oder die *Booleschen Differenzen* [5.31].

In der Praxis ist es oft zu zeitaufwendig, für jeden denkbaren Haftfehler analytisch einen Sensibilisierungspfad zu ermitteln. Daher stellt man gerne auch die umgekehrte Frage: "Welche Haftfehler werden beim Anlegen eines - im Prinzip willkürlich gewählten - Testmusters entdeckt?" Zur Beantwortung benutzt man z.B. die *Fehlersimulation*. Sie basiert auf der Logiksimulation, ist aber in einigen Details erweitert: Wenn z.B. ein UND-Glied bei einem gewählten Testmuster während der Simulation - im fehlerfreien Fall - den Wert **0** annimmt, würde dieses Testmuster beim konkreten Chiptest einen sa1-Fehler dieses Glieds entdecken. Die Fehlersimulation muß aber auch die Frage beantworten, ob dieser entdeckbare Fehler wirklich an einem Ausgang in Erscheinung tritt und damit beobachtbar wird. Dazu bedarf es im Fehlersimulator eines umfangreichen Meldesystems, so daß die Fehlersimulation zu den

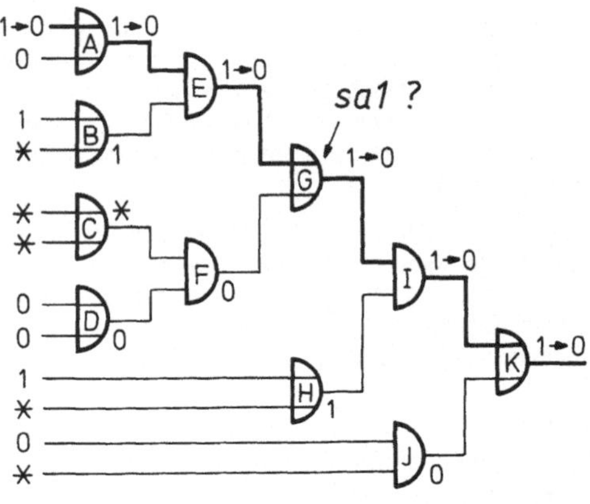

Bild 57.32.
Pfadsensibilisierung für sa1-Fehler an ODER-Glied G

zeit- und speicheraufwendigsten CAD-Hilfsmitteln (*computer aided design tools*) zählt [5.32]. Das Resultat einer Fehlersimulation mit einer gewissen Anzahl ausgewählter Testmuster äußert sich in einer Angabe zur *Fehlerüberdeckung*, das ist der prozentuale Anteil der durch diese Testmuster insgesamt entdeckbaren Haftfehler.

Alle Versuche, noch höher integrierte Chips mit hinreichender Fehlerüberdeckung testen zu können, drohen am Zeitaufwand zu scheitern. Es gilt daher inzwischen als selbstverständlich, daß das Testproblem bereits beim Entwurf der integrierten Schaltung zu beachten ist; bekannte Stichworte sind dazu *testfreundlicher Entwurf* (*design for testability*). Dabei gilt ein Zusatzaufwand von z.B. 10% bis 20% als durchaus vertretbar. Relativ bekannt ist schon der *scan path*; dabei werden alle Zeitglieder (Flipflops, Register) einer Schaltung zusätzlich kettenförmig zu einem Schieberegister verbunden, das über eine gesonderte Steuerleitung zu Testzwecken aktiviert werden kann. Im Endeffekt gelingt es dadurch, ein Gesamtschalt<u>werk</u> in kleinere Schalt<u>netze</u> zu gliedern, von denen jedes mit deutlich geringerem Aufwand testbar ist.

Eine weitere Tendenz zeigt in Richtung des *Selbsttests*; dabei enthält die integrierte Schaltung, jeweils für Teilausschnitte, eigene eingebaute Testmustergeneratoren. Schließlich dürfte in näherer Zukunft der Ausweg der *fehlertolerierenden Systeme* erhebliche Bedeutung gewinnen; bei ihnen wird das Auftreten von Fabrikationsfehlern als unabänderliches

Faktum bereits im Entwurfsstadium derart berücksichtigt, daß die Funktion eines fehlerhaften Komponente und der davon betroffenen Funktionseinheit selbsttätig von anderen Systemteilen übernommen wird.

Die voranstehenden, stark pauschalisierten Aussagen, vermögen sicherlich kein gründliches Bild von den geschilderten Problemen und den Lösungsansätzen zu vermitteln. Der Leser sollte aber doch den Eindruck mitnehmen, daß die künftige Entwicklung der Mikroelektronik nicht nur weitere Fortschritte in der Prozeßtechnologie verlangt, sondern auch eine Herausforderung vor allem an Elektrotechniker und Informatiker darstellt, den Umgang mit hochkomplexen Systemen deutlich besser beherrschen zu lernen.

Literaturverzeichnis

1.1 DIN-Taschenbuch 25: Informationsverarbeitung 1, DIN 44300. Berlin: Beuth 1978

1.2 Bauer, F.L.; Goos, G.: Informatik, Erster Teil, Heidelberger Taschenbücher 80, 3. Auflage. Berlin: Springer 1982

1.3 Bauer, F.L.; Goos, G.: Informatik, Zweiter Teil, Heidelberger Taschenbücher 91, 3. Auflage. Berlin: Springer 1984

1.4 DIN-Taschenbuch 25: Informationsverarbeitung 1, DIN 66008. Berlin: Beuth 1978

1.5 Tafel, H.J.; Kohl, A.: Ein- und Ausgabegeräte der Datentechnik. München: Carl Hanser 1982

1.6 Dworatschek, S.: Grundlagen der Datenverarbeitung, 6. Auflage. Berlin: Walter de Gruyter 1977

1.7 DIN-Taschenbuch 125: Informationsverarbeitung 2, DIN 66003. Berlin: Beuth 1978

1.8 Kästner, H.: Architektur und Organisation digitaler Rechenanlagen. Stuttgart: B.G. Teubner 1978

1.9 Jessen, E.: Architektur digitaler Rechenanlagen, Heidelberger Taschenbücher 175. Berlin: Springer 1975

1.10 Steinbuch, K.; Weber, W. (Hrsg): Taschenbuch der Informatik 1. Berlin: Springer 1974

1.11 Giloi, W.K.: Rechnerarchitektur, Heidelberger Taschenbücher 208. Berlin: Springer 1981

1.12 Waldschmidt, K.: Schaltungen der Datenverarbeitung. Stuttgart: B.G. Teubner 1980

1.13 Hoefer, E.E.E.; Nielinger, H.: SPICE. Berlin: Springer 1985

2.1 Wirth, N.: Algorithmen und Datenstrukturen, 3. Auflage. Stuttgart: B.G. Teubner 1983

2.2 Brinch Hansen, P.: Betriebssysteme. München: Carl Hanser 1977

2.3 Wirth, N.: Compilerbau, 4. Auflage. Stuttgart: B.G. Teubner 1986

2.4 Seegmüller, G.: Einführung in die Systemprogrammierung, Reihe Informatik Band 11. Mannheim: B.I. Wissenschaftsverlag 1974

2.5 Tanenbaum, A.S.: Computer networks. Englewood Cliffs: Prentice-Hall 1981

2.6 Färber, G.: Prozeßrechentechnik, Reihe Nachrichtentechnik 5. Berlin: Springer 1979

2.7 Oberschelp, W.; Vossen, G.: Rechneraufbau und Rechnerstrukturen. München: R. Oldenbourg 1986

2.8 Hofer, H.: Datenverarbeitung, Heidelberger Taschenbücher 120, 3. Auflage. Berlin: Springer 1984

2.9 Kuck, D.J.: The structure of computers and computations, vol. 1. New York: John Wiley & sons 1978

3.1 Flores, I.: Assemblers and BAL. Englewood Cliffs: Prentice-Hall 1971

3.2 Osborne, A.: An introduction to microcomputers, vol. 1, 2, and 3. Paris: Sybex 1977

3.3 Flik, Th.; Liebig, H.: 16-Bit-Mikroprozessorsysteme, 2. Auflage. Berlin: Springer 1984

3.4 Spaniol, O.: Arithmetik in Rechenanlagen. Stuttgart: B.G. Teubner 1976

3.5 Schecher, H.: Funktioneller Aufbau digitaler Rechenanlagen, Heidelberger Taschenbücher 127. Berlin: Springer 1973

3.6 Bode, A.; Händler, W.: Rechnerarchitektur. Berlin: Springer 1980

3.7 Bode, A.; Händler, W.: Rechnerarchitektur II. Berlin: Springer 1983

3.8 Schmitt, G.: Maschinenorientierte Programmierung für Mikroprozessoren, 2. Auflage. München: R. Oldenbourg 1980

4.1 Maley, G.A.; Earle, J.: The logic design of transistor digital computers. Englewood Cliffs: Prentice-Hall 1963

4.2 McCluskey, E.J.; Bartee, T.C.: A survey of switching circuit theory. New York: Mc Graw Hill 1962

4.3 Caldwell, S.H.: Der logische Entwurf von Schaltkreisen. München: R. Oldenbourg 1964

4.4 Humphrey, W.S.: Switching circuits. New York: Mc Graw Hill 1958

4.5 Föllinger, O.; Weber, W.: Methoden der Schaltalgebra. München: R. Oldenbourg 1964

4.6 Phister, M.: Logic of digital computers. New York: John Wiley and sons 1958

4.7 McCluskey, E.J.: Introduction to the theory of switching circuits. New York: Mc Graw Hill 1965

4.8 Schulte, D.: Kombinatorische und sequentielle Netzwerke. München: R. Oldenbourg 1967

4.9 Hu, S.T.: Mathematical theory of switching circuits and automata. Berkeley: University of California Press 1968

4.10 Unger, S.H.: Asynchronous sequential switching circuits. New York: Wiley-Interscience 1969

4.11 Wendt, S.: Entwurf komplexer Schaltwerke. Berlin: Springer 1974

4.12 Giloi, W; Liebig, H.: Logischer Entwurf digitaler Systeme, 2. Auflage. Berlin: Springer 1980

4.13 Wendt, S.: Nachrichtenverarbeitung, Reihe Nachrichtentechnik 3. Berlin: Springer 1983

4.14 Lagemann, K.: Verschiedene Flipfloparten und ihre Darstellung durch Symbole und Wahrheitstabellen. Hamburg: VALVO-Bericht 13 (1967) 149-188

4.15 Lagemann, K.: Flipflops, in Schneider: Lexikon der Datenverarbeitung, 2. Auflage. München: R. Oldenbourg 1986

4.16 Lagemann, K.: Ein Vorschlag zur Darstellung asynchron betriebener JK-Flipflops. Elektronische Rechenanlagen 10 (1968) 171-176

4.17 Grass, W.: Steuerwerke, Entwurf von Schaltwerken mit Festwertspeichern. Berlin: Springer 1978

4.18 Hoffmann, R.: Rechenwerke und Mikroprogrammierung. München: R. Oldenbourg 1977

4.19 Almaini, A.E.A.: Electronic logic systems. Englewood Cliffs: Prentice-Hall 1986

4.20 Hilberg, W.: Grundprobleme der Mikroelektronik. München: R. Oldenbourg 1982

4.21 Paul, R.: Einführung in die Mikroelektronik. Heidelberg: Hüthig 1985

4.22 Bode, A.: Mikroarchitekturen und Mikroprogrammierung: Formale Beschreibung und Optimierung, Informatik-Fachberichte 82. Berlin: Springer 1984

5.1 Ameling, W.: Grundlagen der Elektrotechnik I, 3. Auflage. Braunschweig: Vieweg 1984

5.2 Ameling, W.: Grundlagen der Elektrotechnik II, 2. Auflage. Braunschweig: Vieweg 1984

5.3 Küpfmüller, K.: Einführung in die theoretische Elektrotechnik, 11. Auflage. Berlin: Springer 1984

5.4 Hoefer, E.E.E.; Nielinger, H.: SPICE. Berlin: Springer 1985

5.5 Sibbert, H.: Dynamische, nicht-lineare Schaltungssimulation (DOMOS), in Höfflinger, B. (Hrsg): Großintegration. München: R. Oldenbourg 1978

5.6 Kremer, H.: Numerische Berechnung linearer Netzwerke und Systeme. Berlin: Springer 1978

5.7 Selder, H.: Einführung in die Numerische Mathematik für Ingenieure. München: Carl Hanser 1973

5.8 Bauer; Hahn: Physikalische und elektrotechnische Grundlagen für Informatiker, Heidelberger Taschenbücher 147. Berlin: Springer 1975

5.9 Freitag, H.: Einführung in die Zweitortheorie, 3. Auflage. Stuttgart: B.G. Teubner 1984

5.10 Hilberg, W.; Piloty, R.: Grundlagen elektronischer Digitalschaltungen. München: R. Oldenbourg 1981

5.11 Mead, C.; Conway, L.: Introduction to VLSI-systems, 2nd printing. Reading, Massachusetts: Addington-Wesley 1980

5.12 Wupper, H.: Grundlagen elektronischer Schaltungen, 2. Auflage. Heidelberg: Hüthig 1986

5.13 Tholl, H.: Bauelemente der Halbleiterelektronik, Teil 1. Stuttgart: B.G. Teubner 1976

5.14 Weiß, H.; Horninger, K.: Integrierte MOS-Schaltungen, Serie Halbleiter-Elektronik 14. Berlin: Springer 1982

5.15 Zimmer, G.: CMOS-Technologie. München: R. Oldenbourg 1982

5.16 Weste, N.; Eshraghian, K.: Principles of CMOS VLSI design. Addison-Wesley Publishing Company 1985

5.17 Hilberg, W.: Grundprobleme der Mikroelektronik. München: R. Oldenbourg 1982

5.18 Paul, R.: Einführung in die Mikroelektronik. Heidelberg: Hüthig 1985

5.19 Rein, H.M.; Ranfft, R.: Integrierte Bipolarschaltungen, Serie Halbleiter-Elektronik 13. Berlin: Springer 1980

5.20 Höfflinger, B. (Hrsg): Großintegration. München: R. Oldenbourg 1982

5.21 Tarni, V.: VLSI-Technology. New York: Springer 1986

5.22 Schlachetzki, A.; v. Münch, W.: Integrierte Schaltungen. Stuttgart: B.G. Teubner 1978

5.23 Tietze, U.; Schenk, Ch.: Halbleiterschaltungstechnik, 8. Auflage. Berlin: Springer 1986

5.24 Waldschmidt, K.: Schaltungen der Datenverarbeitung. Stuttgart: B.G. Teubner 1980

5.25 Görke, W.: Mikrorechner, Reihe Informatik 26. Mannheim: BI-Wissenschaftsverlag 1978

5.26 Flik, Th.; Liebig, H.: 16-Bit-Mikroprozessorsysteme, 2. Auflage. Berlin: Springer 1984

5.27 Mußtopf, G.; Winter, M.: Mikroprozessorsysteme. Stuttgart: B.G. Teubner 1982

5.28 Hörbst, E.; Nett, M.; Schwärtzel, H.: VENUS, Entwurf von VLSI-Schaltungen. Berlin: Springer 1986

5.29 Ammon, P.: Gate Arrays. Heidelberg: Hüthig 1985

5.30 Ullman, J.D.: Computational aspects of VLSI. Rochville, Maryland: Computer Science Press 1984

5.31 Geisselhardt, W.: Fehlerdiagnose in Geräten der Digitaltechnik. München: Carl Hanser 1978

5.32 Breuer, M.A.; Friedman, A.D.: Diagnosis and reliable design of digital systems. Rockville, Maryland: Computer Science Press 1984

5.33 Reghbati, H.K. (Hrsg): VLSI-testing and validation techniques. Amsterdam: IEEE Computer Society Press, North Holland 1985

5.34 Lala, P.K.: Fault tolerant and fault testable hardware design. Englewood Cliffs: Prentice-Hall International 1986

Sachverzeichnis

Einordnungshinweise:

- ä, ö, ü: Wie a, o, u
- ß: Wie ss
- Ziffern: Hinter den Buchstaben
- Sonderzeichen: Bleiben unberücksichtigt
- Bei mehrteiligen Begriffen: Vorzugsweise erst das Substantiv
- Angaben in Klammern: Hinweis auf das Teilgebiet

Abfallzeit (Transistor) 238
Abklingkonstante 189
Abmachung 2
Abschnürgrenze 247
Abschnürspannung 247
Abtaster s. Bildabtaster
Achter-Schleife 83
address s. Adresse
addressing, immediate
s. Adressierung, unmittelbare
Adreßbildung 154
Adreßbreite 47
Adreßbus 52
Adresse 47
-, berechenbare 63
Adressierung
-, direkte 52, 62
-, indirekte 63
-, indizierte 63
-, unmittelbare 62
Adressierungsart 51, 58
Aiken-Code 14
Akkumulator 50
Aktuator 35
Alphabet 3
alphanumerisch 4
Amplitude 191
Amplitudenmodulation 200
Analog-Digital-Wandler 35
Analogrechner 11
Analogschaltung 269
Analogtechnik 11
Analyse 18
Anode 215
Anreicherungstyp 245
Anschluß 21, 167
Anschlußflecken 270
Anstiegzeit (Transistor) 236
Antivalenz 76
Anweisungsteil 21
Anwender 265
anwenderspezifisch 146
anwenderspezifizierte integrierte Schaltung 277
Anzeigeeinrichtung 34
application specified integrated circuit
s. anwenderspezifizierte integrierte Schaltung
Äquivalenz 76
Äquivalenzbeweiser 283
Arbeitsgerade 222
Arbeitskennlinie 212
Arbeitskontakt 94
Arbeitsmaske 262
Arbeitspunkt 212, 221, 223
Arbeitsstation 36
arithmetisch logische Einheit
s. Einheit, arithmetisch logische
Array, systolisches 28, 279
Assembler 27
Assemblerbefehl 48
Assemblersprache 27
Assoziativspeicher 141
Auftrag 6
Ausbeute 267
Ausdruck
-, schaltalgebraischer 79
-, minimaler 81
Ausgabegerät 25, 32
Ausgabewerk 52
Ausgang 21
Ausgangsanschluß 203
Ausgangsfunktion 99
Ausgangskennlinienfeld 220
Ausgangs-
-, Kurzschlußwiderstand 207
-, Leerlaufwiderstand 207
Ausgangsleitwert 204
Ausgangstafel 112
Ausgangsvariable 72, 99
Ausgangsvektor 99
Ausgangswiderstand 206
Ausgleichsvorgang 185
Aussteuerung 212, 225

Bahnwiderstand 216, 238
Balken-Code 33
Band (elektrisch) 200
Bandbreite (elektrisch) 200
Bandpaß 209
Bandspeicher
s. Magnetbandspeicher
Bandsperre 209
Basic Inverter 250
Basis (Transistor) 226
Basisadresse 64
Basis-Flipflop 111
Basis-Komplement
s. B-Komplement
Basismenge 77
-, funktional vollständige 77
Basisschaltung 227
Batch-Betrieb s. Stapelbetrieb
Bauelement 168
-, elektronisches 178
-, ideales 168
-, reales 168
Baum 178
Baumzweig 178
Befehl 50
Befehl ausführen 53
Befehl holen 52
Befehlsabwicklung 53
Befehlsformat 50
Befehlsregister 52
Befehlswirkung 50
Befehlswort 50
Belegleser 33
Belegung 99
benachbart 82
Bereich, aktiver 230, 235
Betrieb (elektrisch)
-, aktiver 230
-, dynamischer 253
-, inverser 227
Betrieb (von Rechnern)
-, interaktiver 33
Betriebsschaltung 221
Betriebssystem 27
Beweiser, automatischer 283
Bibliothekszelle 278
Bildabtaster 33
Bildschirmanzeige 34
binär 12
Binärcode 5, 14
-, für Dezimalziffern 14
Binärwert 10, 38
Binärwort 22
binary code s. Binärcode
binary digit s. Binärzeichen
binary element s. Binärzeichen
Binärzeichen 3
Bipolar-Transistor 226, 261
Biquinär-Code 15
Bit 3
bit-organisiert 141
B-Komplement 130
Blindleitwert 195
Blindwiderstand 192, 194
body effect s. Substrateffekt
Boltzmann-Konstante 215
Boolesche Differenz 284
Boolescher Verband 78

- für Schaltfunktionen 79
Bottom-Up-Einfluß 19
bulk 244
Bündel s. Funktionsbündel
Bus 41, 138
(B-1)-Komplement 130
(B-1)-Komplementierer 132

Carry-Look-Ahead 136
character 3
character set 3
Charge Coupled Device 31
Chip 259
Chipausbeute 267
Chipkosten 266
-, anteilige 266, 268
chip yield
s. Komponentenausbeute
CMOS-Inverter 255
CMOS-Logik, statische 257
CMOS-Schaltung 255
Code 4
-, einschrittiger 14
Codierer 127
Codierscheibe 15
Compiler 26
Complementary MOS 255
Complementfunktion 75
Complementierungsfunktion 75
complex gate s. Komplex-Glied
component yield
s. Komponentenausbeute
Consensus-Methode 92
content addressable memory 141
correctness by construction 283
central processing unit
s. Zentraleinheit
critical race 115
cross compiling 27
Cursor 33

D-Algorithmus 284
Dämpfungsmaß 210
data s. Daten
Daten 4
Datenbus 47, 52
Datenkommunikationsprotokoll 149
Datenrate 30
Datentyp 21, 38
Datenweg 138
Decodierer 40, 126
Defektelektron 244, 260
Deklarationsteil 21
DEMOCOM1 52
DEMOCOM2 57, 147, 254
de Morgan 78
Demultiplexer 41, 128
denär 12
depletion s. Verarmungstyp
design cleverness 270
design for testability
s. Entwurf, testfreundlicher
design rule check 283
Dezimaläquivalent 73
Dezimal- Binär-Code 14
Dezimalsystem 12
Dezimalzahl 12
Dezimalzahlenaddition 13
D-Flipflop 122
Dickoxid 264
Differentialform 183
Diffusionsgebiet 264
Diffusionskapazität 235
Digital-Analog-Wandler 35
Digitalrechner 12
Digitalschaltung 269
Digitaltechnik 11
Diode 215, 263
-, ideale 215
-, ideale linearisierte 215
-, reale 216
-, reale idealisierte 215
Dioden-UND-Glied 216
Dioden-ODER-Glied 216
Dioden-Transistor-Logik 240
Direct Coupled Transistor Logic
241, 270
Direktoperand 50
Disjunktion 76
Diskette 30
diskretisieren 11
Don't-Care-Wert 38, 87
Dotierung 260
Dotierungsatome 260
Drain 244
Dreieck-Funktion 199
Dreieck-Stern-Wandlung 176
Drei-Excess-Code 14
Dreitaktsystem 103
Drucker 34
-, mechanischer 34
-, nicht-mechanischer 34
dual 12
Dualcode 14
Dualitätsprinzip 78, 172
Dualsystem 12
Dualzahl 12
Dualzahlenaddition 13
Dualzähler 134
Dünnoxid 264
Durchbruch 216
Durchlaufzustand 118
DV-Flipflop 123
Ebene
-, elektrischer Schaltungen 17
-, elektrische 167
-, physikalische 17, 259
Ebers-Moll-Gleichungen 227
Echtzeit-Verarbeitung 35
Effekt, parasitärer 168, 263
Effektivwert 195
Eigenfrequenz 190
Ein-Adreß- Befehl 50
Ein-Chip-Mikrocomputer 29, 276
Ein-Einhalb-Adreßbefehl 58
Eingabe
-, direkte menschliche 33
-, grafische 33
-, indirekte menschliche 32
- OFF-Line-
Eingabegerät 25, 32
Eingabewerk 52
Eingang 21
Eingang, offener 43
Eingangsanschluß 203
Eingangskennlinie 220
Eingangs-
- Kurzschlußwiderstand 207
- Leerlaufwiderstand 207
Eingangsleitwert 204
Eingangsvariable 72, 99
Eingangsvektor 99
Eingangswiderstand 206, 220
Einheit s. Maßeinheit
Einheit, arithmetisch logische 39
Einheitengleichung 173
Eins-Komplement
s. (B-1)-Komplement
Einsfunktion 75
Ein-Wort-Befehl 57
Electrical Rule Check 282
Elementarfunktion 75
Elementarladung 215
Elementarregister 136
Emitter 226
Emitter-Coupled-Logic 242
Emitter-Diodensperrstrom 227
Emitterreststrom 228
Emitterschaltung 227, 231
Empfänger 2
Endzustand, stationärer 185
Energie 174
enhancement s. Anreicherungstyp
Entwurf, testfreundlicher 284
Entwurfsebene 20
Entwurfsergebnis 18
Entwurfsfehler 281
Entwurfsregel 20, 261
Entwurfsvorgang 18
Epitaxprozeß 260
Epitaxschicht 260
Ersatzschaltung 19
Ersatzspannungsquelle 174, 179
Ersatzstromquelle 175
Ersatzzweipol 179
Ersatzzweitor 205
Exklusiv-ODER-Glied 76
Exklusiv-ODER-Funktion 76
Exklusiv-ODER-NICHT-Glied 76
Exklusiv-ODER-NICHT-Funktion 76
extended binary coded decimal
interchange code 15
Extraktor 283

Fabrikationsfehler 267
Fadenkreuz 33
Fall
-, aperiodischer 189
-, periodischer 190
Fehler (integrierte Schaltung) 267
Fehlererkennung 15
Fehlerkorrektur 15
Fehlermodellierung 283
Fehlersimulation 284
fehlertolerierend 284
Fehlerüberdeckung 284
Feld (Schaltwerke) 73
Feldeffekt-Transistor 243
Feldrechner 28
Fernschreibcode 15
Festkopf-Magnetplattenspeicher 30
Festwertspeicher 146
field programmable logic array
278
Firmware 166
Flag 134
Flag-Register 65
Flagwort 39
Flipflop 122
-, pseudo-zweiflankengesteuertes
123

-, rückflankengesteuertes 122
-, taktpegelgesteuertes 122
-, vorderflankengesteuertes 122
-, zweiflankengesteuertes 122
Flipfloptyp 122
floppy disk s. Diskette
Fluß, magnetischer 187
Flußtafel 112
-, primitive 119
Folgeadresse 152
Folgewortteil 152
Fotolack 262
Fotolithografie 262
Fourier-Analyse 199
Frequenz 191
Frequenzabhängigkeit 195
full custom circuit
s. Voll-Kundenschaltung
Full-Custom-Technologie 278
Funktion, periodische 199
funktional vollständig 77
Funktionsbündel 88
Funktionseinheit 17
-, elementare 17
Funktionshasard 114
Funktionsregister 136, 148
Funktionstabelle 73
-, inverse 125
-, kompakte 90

Gate (MOS-Transistor) 244
Gate Array 278
Gate-Spannung 245
Gerätesystem 278
Germaniumdiode 215
Gleichsetzung 38
Gleichung, charakteristische 123
Gleichungssystem, lineares 178
Grafikeditor 282
grafische Eingabe
s. Eingabe, grafische
Graph s. Netzgraph
Gray-Code 14
Grenzfall, aperiodischer 190
Grenzfrequenz 200
Größe 173
-, zeitveränderliche 183
Größengleichung 173
Großsignalverhalten 234
Grundfrequenz 199
Gruppencodierung 163
Gyrator 205

Haftfehlermodell 283
Halbaddierer 134
Halbleiterdiode 214
Halteregister 43
Hardware 24
Hardwarebeschreibungssprache 20
Hardware-Struktur
-, VLSI-gerechte 279
Handshake-Dialog 145
Hasard 114
-, dynamischer 114
-, essentieller 115
-, inessentieller 115
-, statischer 114
Hasardfehler 114
Hasardtyp 114
Hauptblock 24
Hauptblockebene 16
Hauptsatz der Schaltalgebra 81
Hauptschritt 59, 67
Hauptspeicher 25, 29, 46
-, bit-organisierter 141
-, wort-orientierter 141
Hauptspeicher-Transfer 56
Hersteller 265
Hexa-Notation 9, 12
Hexazahl 12
Hexazeichen 12
HIGH 38
Hilfssymbol 50
Hochpaß 209
Huntington 78
Hybridform 207

Identitätsfunktion 75
Imaginär-Achse 197
Implikation 75
Implikations-Glied 93
Impuls 199
Indexregister 63
Individualisierung 275
Induktivität 187
Information 1
Informationsverarbeitung 1, 5
-, maschinelle 2
instabil 111
Integralform 183
integrated circuit
s. Schaltung, integrierte
Integrated Injection Logic 272
Integrationsgrad 265, 266
integrierte Schaltung
s. Schaltung, integrierte
Interpretation 2
Interrupt 70
Interrupt-Service-Routine 70
Ionenimplementation 265
Isolationsgebiet 260
ISO-7-Bit-Code 9
invers (Transistor) 272
Inverterpaar-Verzögerung 252
Inverterstufe 249

JK-Flipflop 123
Job 16
John-von-Neumann-Konzept
s. von-Neumann-Konzept
joy stick 33

Kanal (elektrisch)
s. Übertragungskanal
Kanal (Transistor) 244
Kanallänge 244
Kanalweite 244
Kapazität (des Speichers) 30
Kapazität (elektrisch) 183
Karnaugh-Veitch-Diagramm
s. KV-Diagramm
Kartenlocher 32
Kathode 215
Kennfrequenz 189
Kennlinie 170
-, nichtlineare 211
Kennlinienfeld 219
Kernzellen 278
Kettenform 206
Kettenschaltung 208
Kirchhoffsche Gesetze 175
Kleinsignalverhalten 207, 212
Kleinsignalverstärkung 225
Klemmspannung 174
Knickspannung 215
Knoten 175
Knotenregel 175
Koinzidenzzugriff 141
Kollektor 226
Kollektordiodensperrstrom 227
Kollektor-Emitter-Reststrom 232
Kollektorreststrom 228
Kollektorschaltung 227
Kollektorstufe 241
Kompaktor 282
Komplement 130
Komplex-Glied 251
Komponente, elektrische 259
Komponentenausbeute 267
Komponentenkosten 266
Kondensator 183
Konjunktion 76
Konkretisierung 2
Kontaktloch 260
Kontaktnetz 94
Koordinatenquersumme 75
Koordinatensystem 174
Kopf-Einstellzeit 30
Kopplung
-, lose 149
-, starre 149
Kosten, anteilige 267
Kreisfrequenz 191
Kreuz-Compilierung
s. cross compiling
Kundenschaltung 277
Kurzadresse 64
Kurzschluß 204
-, am Ausgang 204
-, am Eingang 204
Kurzschlußleistung 174
Kurzschlußstrom 179
Kurzschlußstromverstärkung 223
KV-Diagramm 73

Ladungsmenge, elektrische 185
Laplace-Transformation 191
Large Scale Integration 269
Lasttransistor 250
Lastwiderstand 221
Latch-Register 42
Layer 282
Layout 261
Layout-Entwickler 261
Layout-Konstruktion 282
Leerlauf 179
-, am Ausgang 204, 206
-, am Eingang 204, 206
Leerlaufspannung 179
Leistung 174
Leistungsanpassung 175
Leistungsverstärkung 223
Leiterbahn 260
Leitwerk 25, 29
Leitwert 170
Leitwertform 204
Leitzustand 234
Lesen 46, 56
Lese-Schreib-Kopf 30
Leuchtdiode 34, 217
Lichtgriffel 33

light pen s. Lichtgriffel
Loch (Halbleiterphysik) 244, 260
Lochkarte 8
Lochkartenleser 8, 32
Lochkartenstanzer 35
Lochstreifenleser 32
Lochstreifenstanzer 35
logic inverter voltage 249
Logik, negative 182
Logik, positive 182
Logiksimulation 282

Magnetbandspeicher 30
Magnetic Bubble 31
Magnetkernspeicher 29
Magnetplattenspeicher 30
Magnetschriftleser 33
Magnettrommelspeicher 30
Markierungsleser 33
Masche 176
Maschenregel 176
Maschinenbefehl 48
Maschinenprogramm 26, 48
Maske (Funktionseinheit) 40, 128
Maske (Herstellungsprozeß) 261
Maskenregister 142
Maskensatz 262
Maskenvorlage 261
Maskenzentrum 262
Maßeinheit 173
Matrixdrucker s. Rasterdrucker
Maxterm 81
Mealy-Modell 99, 110
Medium Scale Integration 269
Mehrfachfehler 284
Mehrprogrammbetrieb 28
Mehrtaktsystem 103
message carrier
s. Nachrichtenträger
Mikrobefehl 152
Mikroelektronik 258
Mikroprogramm 152
Mikroprogrammierung 152
-, horizontale 162
-, vertikale 164
Mikroprogramm-ROM 153
Mikroprozessor 275
Mikroprozessorsystem
-, dediziertes 276
Minterm 80
Mittelwert, arithmetischer 195
MSKA-Einheitensystem 173
mode 50
Modifikationsteil 50
Mod-m-Zähler 136
Modulation 200
Moore-Modell 99, 110
MOS-Transistor 243
Motor des Fortschritts 274
mouse s. Rollkugel
Multi-Emitter-Transistor 270
Multi-Instruction-Stream/ Multi-Data-Stream-Machine 28
Multi-Kollektor-Transistor 272
Multiplexer 40, 128
Multiplikation 13
Mustergenerator 262

Nachfolgemodus 67
Nachricht 2
-, binäre 10
-, dauerhafte 3
-, gesprochene 3
-, schriftliche 3
-, vorübergehende 3
Nachrichtenebene 16
Nachrichtenträger 5
-, dauerhafter 5
-, vorübergehender 5
NAND-Basis-Flipflop 122
NAND-Funktion 76
NAND-Glied 76, 250
NAND-Netz 92
Nanoprogramm-ROM 162
Netz, elektrisches 179
Netzanalyse 175
Netzgraph 178
Neunerkomplement 14
nicht-deterministisch 105
NICHT-Glied 76
Nichtlinearität 211
n-Kanal 244
n-Kanal-Transistor 244
-, selbstleitender 244
-, selbstsperrender 244
n-leitend 260
NOR-Basis-Flipflop 111
NOR-Funktion 76
NOR-Glied 76, 250
NOR-Netz 92
Nonterminal s. Hilfssymbol
Normalform 81
-, disjunktive 81
-, konjunktive 81
npn-Transistor 226
n-Substrat 245
Nullfunktion 75
numeric s. numerisch
numerisch 4
Nur-Lese-Speicher
s. read only memory
n-Würfel 73

Objektteil 50
OCR-A-Schrift 8
ODER-Feld 145
ODER-Funktion 76
ODER-Glied 76
OFF-Line-Eingabe 32
Ohm 174
Ohmsches Gesetz 170
opcode 50
Open-Collector-Schaltung 272
Operandenangabe, unmittelbare 52
Operandenbereich 25
Operandennachricht 6
Operandenprozessor 7
Operation, logische 39
Operationsteil 50
Operationswerk 149

pad s. Anschlußfleck
Paralleldrucker 34
Parallelleitwert 172
,- innerer 175
Parallelschaltung 171
Parallelschwingkreis 191
Parameterangaben 220
Parameterübergabe 23
Parity-Bit 15
Partitionierung 123
PASCAL-Programm 48
Paß 209
Pass-Transistor 251
pattern generator
s. Mustergenerator
Periodenlänge 191
Peripheriezelle 277
Personal Computer 32
Personalisierung 275
Pfadsensibilisierung 284
Phasenverschiebung 191
Phasenwinkel 191, 210
pinch off voltage
s. Abschnürspannung
p-Kanal-Transistor 245
Placierungsprogramm 282
Planarprozeß 259
Plattenspeicher
s. Magnetplattenspeicher
p-leitend 260
Plotter 34
pnp-Transistor 226
polling 70
Polysilizium-Gate 264
Portregister 52
position s. Stelle
Potential 175
Precharging 252
Primimplikant 84
programable array logic 146
programable logic array 145
Programm, maschinennahes 49
Programmadresse 63
Programmbereich 25
Programmzähler 52
Prozeß, fotolithographischer 262
Prozeßadresse 63
Prozeßdatenverarbeitung
s. Prozeßlenkung
Prozeßlenkung 35
Prozeßrechner 35
Prozeßregelung s. Prozeßlenkung
Prozeßtechnologie 259
Prozessor 5
-, realer 7
-, technischer 35
-, virtueller 7
Pseudo-Zweiflankensteuerung 101
p-Substrat 244, 260
Punkt 73
Punkte, benachbarte 82
Punktkoordinate 73

Quelle 175
-, ideale gesteuerte 219
Quellenprogramm 27
Quellentext 27

race s. Wettlauf
random access memory 140
Rasterdrucker 34
Rasterplotter 34
ratioless s. verhältnisfrei
RC-Glied 184
read s. Lesen
read only memory 143
-, maskenprogrammierte 143
-, programmierbare 143
-, löschbare 143
read write memory 141
Real-Achse 197

real time processing
s. Echtzeit-Verarbeitung
Rechenwerk 25, 29, 44
Rechner, dedizierter 36, 143
Rechnerarchitekturen 37, 52
Rechnerebene 16
Rechnerkern 25
Rechnerkopplung 35
Rechnerstruktur, innovative 279
Rechteck-Funktion 199
reduced instruction set computer 69
Register 42, 103, 136
-, temporary 50
Registertransfer 44, 56
Registertransferebene 16, 37
Registerinhalt 44
Registertyp 22, 38
Registerzelle
-, dynamische 253
-, quasi-statische 253
Reihen-RC-Glied 184
Reihenschaltung 171
Reihenschwingkreis 188
Reihenwiderstand 171
resistance s. Widerstandswert
resistor s. Widerstand
Resistor-Coupled-Transistor-Logic 241
Richtungen 175
RISC-Konzept 69
Rollkugel 33
ROM, programmierbares 278
ROM-Schaltwerk 144
Rotationsbefehl 66
Rückflankensteuerung 101
Ruhekontakt 94

Sägezahn-Funktion 199
Sättigungsbereich 247
Scan Path 284

Schaltalgebra 79
Schaltfunktion 73
Schaltkreisextraktor 283
Schaltkreiskonstruktion 282
Schaltkreissimulation 282
Schaltnetz 72
-, disjunktives 84
-, konjunktives 85
-, minimales 84
-, zweistufiges 84
Schaltnetzanalyse 76
Schaltnetzhasard 115
Schaltnetzstruktur 76
Schaltnetzsynthese 76
Schaltnetzverzögerung 101
Schalttransistor 249
Schaltung
-, anwenderspezifische integrierte 146, 277
-, diskrete 269
-, integrierte 258
-, integrierte hybride 258
-, integrierte monolithische 258
Schaltungsfamilie 270
Schalttyp 21, 38
Schaltwerk 72
-, getaktetes 99
-, komplexes 149
-, nicht-getaktetes 111
-, sequentielles 72
-, synchrones 99
Schaltwerkebene 17
Schaltwerkentwurf 72
Schaltwerkkonstruktion 282
Schaltwerkmodell 99
Scheibenkosten 266
-, anteilige 266, 268
Scheinleitwert 195
Scheinwiderstand 192
Schieberegister 108
Schleife 83
-, maximale 84
Schlüsselwort 7
Schottky-Diode 217
Schreiben 46, 56
Schreib-Lese-Speicher
s. read write memory
Schreiber s. Seriendrucker
Schwellspannung 244

Selbsttest 284
Semantik 47
semi custom circuit
s. Semi-Kundenschaltung
Semi-Kundenschaltung 277
Sender 2
Sender-Empfänger-Modell 6
Sender-Prozessor-Empfänger-Modell 6
Sender-Zweitor-Empfänger-Modell 203
Sensor 35
Seriendrucker 34
Sieben-Segment-Anzeige 89
Siemens 174
Signal 5
Signalquelle 222
Signalverstärker, linearer 222
Signalverstärkung 212, 222
Signalverzerrung 225
Silicon Compiler 283
silicon wafer s. Siliziumscheibe
Siliziumdiode 215
Silizium-Dioxid 260
Silizium-Gate-Technologie 264
Silizium-Halbleiterscheibe
s. Siliziumscheibe
Siliziumscheibe 259, 266
Simulation, symbolische 283
Single-Instruction-Stream/ Multi-Data-Stream-Machine 28
Single-Instruction-Stream/ Single-Data-Stream-Machine 28
Sinus-Funktion 191
Small Scale Integration 269
Software 24
Source 244

Spannungspfeil 175
Spannungspotential s. Potential
Spannungsquelle 170
-, ideale 170
-, reale 174
-, spannungsgesteuerte 219
-, stromgesteuerte 219
Spannungsrichtung 175
Spannungsrückwirkung 207
Spannungsschalter 234
Spannungsschwelle 181
Spannungsübersetzung, rezipoke 207
Spannungsverstärkung 223
Speicher
-, magnetomotorischer 31
-, optischer 31
-, peripherer 25, 29
Speicherbaustein 274
Speicherkapazität 29
Speicherlänge 47
Speicherung (spezielle Zuweisung) 38
Speicherverhalten 42
Speicherwort 46
Speicherzeit (Transistor) 238
Speicherzelle 140
-, dynamische 275
-, statische 274
Sperrbereich 235
Sperrsättigungsstrom 215
Sperrschichtkapazität 235
Sperrzustand 234
SPICE 202
Sprachausgabe 35
Spracheingabe 34
Sprung
-, bedingter 65
-, unbedingter 65
Sprungbedingung 65
Sprungbefehl 64
Sprungziel 64
Spule 187
Spur 30

SR-Flipflop 123, 140

stabil 111
Standardbauelement 269
Standardschaltung 269
Standardzellenverfahren 277
Stapelbetrieb 32
Status-Bit 65
Status-Flag 39
Steilheit 247
Stelle 4, 38
Stellenanzahl 38
Stellenwert 38
Step-and-Repeat-Verfahren 262
Stern-Dreieck-Wandlung 176
Steuerkennlinie 245
Steuerkennlinienfeld 247
Steuerknüppel s. joy stick
Steuernachricht 6
Steuerprozessor 7
Steuerschritt 53, 59, 67
Steuerspannung 219
Steuerwerk 149
-, mikroprogrammiertes 152
Steuerwort 152
Steuerwortteil 152
Stickdiagramm 283
Stimuli 282
Streifenlocher 32
Strich-Code s. Balken-Code
Stromquelle 171
-, ideale 171
-, reale 171
-, spannungsgesteuerte 219
-, stromgesteuerte 219

Stromrichtung 175
Stromschalter 241
Strom-Spannungs-Beziehung 167
Stromsummenschaltung 11
Stromübersetzung, reziproke 207
Stromverstärkung 207, 223,231
-, inverse 227
-, normale 227
Stromverstärkungsfaktor 220
Struktur 17
Struktur, physikalische 260
Strukturbeschreibung 18
-, textuelle 22
Strukturhasard 114
Strukturmodell 18
stuck at 284
stuck at model s. Haftfehlermodell
Stückzahlenproblem 274

Submikrontechnologie 266, 275
Substrateffekt 250
Suchwert 142
switch 41, 128
Symbol 5
Syntax 47
Synthese 18, 180
System, fehlertolerierendes 284
systolisches Array
s. Array, systolisches

Takteingang 42
Taktflankensteuerung 101
Taktimpuls 42, 100
Taktimpulsdauer 101
Taktimpulspause 101
Taktimpulsverschiebung 102
Taktpegelsteuerung 101
Temperaturabhängigkeit 239
Temperaturspannung 215
Temporary Register
s. Register, temporary
Terminal (Sprachsymbol) 51
ternär 12
T-Ersatzzweitor 206
Testmustererzeugung 283
Testmusterfolge 283
Textbearbeitung 27
textuell 20
T-Flipflop 123
threshold voltage
s. Schwellspannung
Tiefpaß 209
timesharing 28
Tischplotter 34
Toleranz 10, 239
Top-Down-Methode 19
Tor 52
Träger 200
Trägerfrequenz 200
Transfercharakteristik 249
Transfersymbol 44
Transistor
-, äußerer 238
-, idealer 227
-, innerer 238
Transistor-Transistor-Logik 270
Transmission Gate 257
Trapez-Funktion 199
Trefferregister 143
Treffersuche 142
Tristate-Bus 41, 138
Tristate-Empfänger 41, 139
Tristate-Glied 139, 272
Tristate-Tor 41
Trommelplotter 34
Trommelspeicher
s. Magnettrommelspeicher
TTL-kompatibel 272
Two-Port-Registerbank 57, 147
Typendrucker 34

Überführungsfunktion 99
Übergangstabelle 104
Überlagerungssatz 177
Überlauf 130
Übersetzer 27
Übersetzungsprogramm 27
Übersteuerungsbereich 230, 235
Übersteuerungsgrad 237
Übertrag 130
Übertragungsfunktion 209
Übertragungskanal 2
Übertragungsleitwert 205
Übertragungsmaß 210
Übertragungsverhalten 203
Übertragungswiderstand 206
Umkehrsatz 205
Umlaufrichtung 176
unconnected logic array 278
UND-Feld 145
UND-Funktion 76
UND-Glied 76
Unipolar-Transistor 245
Universalschaltnetz 128, 143
Unterbrechungsmechanismus
s. Interrupt
unterbrochen 38
Untermikroprogramm 162
Unterschritt 59, 67
unvollständig spezifiziert 104
Urlader 25

Vektor (Schaltwerke) 73
Vektor (Elektrotechnik) 197
Vektorablenkung 34
Vektorplotter 34
Verarmungstyp 245
Verbindungszweig 178
Verbraucher 175
Verdrahtungsalgorithmus 282
Verhalten 17
Verhaltensbeschreibung 18
-, textuelle 21
verhältnisfrei 254
Verifikation 283
Verknupfungsglied 75, 213
Verlauf, periodischer 199
Verschmelzung 119
Verschmelzungsdiagramm 119
Verschmelzungsgesetz 78
Very Large Scale Integration 269
Verzerrung 212
Verzögerungszeit (Transistor) 236
Verzweigung 67
Vierer-Schleife 83
Vierphasentechnik, verhältnisfreie 254
Vierpol s. Zweitor
VLSI-Algorithmen 279
VLSI-Theorie 279
Volladdierer 18
Voll-Kundenschaltungen 277
von-Neumann-Konzept 24
Vorderflankenregister 42
Vorderflankensteuerung 101
Vorderflankenzähler 42

Wechselplattenspeicher 30
Wettlauf 115
-, kritischer 115
-, unkritischer 115
Widerstand 170, 263
-, differentieller 212
-, innerer 174
-, komplexer 197
-, statischer 211
Widerstandsanpassung 175
Widerstandsbereich 246
Widerstandsform 206
Widerstandsschaltnetz 182
Widerstandswert 170
WIRED AND 95, 272
WIRED DOT 95, 272
WIRED OR 95
Wirkleitwert 195
Wirkung (eines Befehls) 48
Wirkungsgrad 175
Wirkungsrichtung 167, 210
Wirkwiderstand 192
word s. Wort
workstation s. Arbeitsstation
Worst-Case-Dimensionierung 239
Wort 4, 38, 47
Wortanzahl 47
Wortlänge 38
Wortleitung 140
wortorganisiert 141
Wortwert 38
write s. Schreiben
Würfelbild 73

X-Zweitor, allgemeines 204

yield s. Ausbeute

Zahl
-, negative 130
-, vorzeichenlose 130
Zahlenebene, komplexe 197
Zahlenkreis 130
Zahlensystem 12
Zahlenwertgleichung 173
Zähler 42, 136
-, asynchroner 137
-, Mod-4-Dual- 104
-, -, Vorwärts-Rückwärts-
-, synchroner
Zeichen 3
Zeichenvorrat 3
-, alphanumerischer 15
Zeiger 197
Zeigerdiagramm 197
Zeilendrucker s. Paralleldrucker
Zeilenraster 34
Zeitglied 99
-, pseudo-zweiflankengesteuertes 101
-, taktgesteuertes 99
-, taktpegelgesteuertes 101
-, taktrückflankengesteuertes 101

-, taktvorderflankengesteuertes 101
-, ungetaktetes 113
-, zweiflankengesteuertes 101
Zeitgliedverzögerung 101
Zeitkonstante 186, 188
Zeitscheibenverfahren 28
zeitunabhängig 169
Zenerdiode 217
Zentraleinheit 25
Zielprogramm 27
Zieltext 27
Zugriff
-, inhaltsorientierter 141
-, wahlfreier 141
Zugriffszeit 29
-, mittlere 30
Zustand 99
-, äquivalenter 119
-, gegenwärtiger 99
-, instabiler 111
-, nächster 99
-, stabiler 111
Zustandscodierung 104
-, einschrittige 118
Zustandsdiagramm 104
-, primitives 119
Zustandsreduktion 119
Zustandsumlenkung 118
Zustandsvariable 99
Zustandsvektor 99
Zuweisungszeichen 21, 38
Zweierkomplement
s. B-Komplement
Zweier-Schleife 83
Zweiflankensteuerung 101
Zweipol 169
-, nichtlinearer passiver 211
-, linearer 169
-, linearer zeitabhängiger 183
-, linearer zeitunabhängiger 169
-, zeitabhängiger 169
Zwei-Register-Befehl 64
Zweitaktsystem 103
Zweitor 202
-, lineares passives 203
-, kettengeschaltetes 208
-, parallelgeschaltetes 207
-, reihengeschaltetes 208
Zweitorgleichung in
- Hybridform 207
- Kettenform 206
- Leitwertform 204
- Widerstandsform 206
Zweitorkoeffizienten 204, 206
Zweitorstrukturen 207
Zwei-Wort-Befehl 57
zyklische Situation 85

0-Hasard 114
0-Punkt 74
0-Punkt-Menge 74
0-Punkt-Menge, erweiterte 87
1-Bit-Rechnernetz 133
1-Hasard 114
1-Punkt 74
1-Punkt-Menge 74
1-Punkt-Menge, erweiterte 87
2-aus-5-Code 15
7-Bit-Code 9